제 2 판

자동차 개론
자동차 전기 기초
자동차 전기 시스템
자동차 전자 기초
자동차 전자제어 시스템
자동차 엔진의 전자제어
자동차 섀시의 전자제어
자동차의 운행,정보통신,편익 제어장치
자동차의 계기.표시.보안장치
디젤 및 LPG 자동차의 전자제어
자동차의 일[illegible]정비

자동차 전기·전자제어공학

김 청 균 저

D.B.Info

머 리 말

자동차는 기계식 엔진으로 대표되는 전기장치와 기화기 연료 공급 방식에서 전자제어 엔진으로 대표되는 전자제어 연료분사 시스템으로, 그리고 반도체 기술의 접목으로 새시장치의 전자제어 적용기술로 빠르게 개량되면서 자동차는 최적의 운전조건을 항상 유지하기 위해 전자제어 시스템으로 대부분 바뀌었다. 자동차 전자제어 기술의 혁신적인 변천은 무한대 속도와 고출력 경쟁, 여기에 고갈되고 있는 탄화수소 계열의 연료와 세계적인 환경 규제와 개선책은 자동차도 단순 운반기계 개념에서 복합기술이 적용된 다기능, 다목적 자동차로 전환되고 있다.

자동차의 대중화에 따른 편익성, 안전성, 출력과 효율성, 환경 친화적 기술개발과 같은 소비자의 다양한 요구는 전통적인 기계공학과 전기공학에 전자·제어·무선통신공학의 접목으로 자동차를 단순한 운송기계에서 다목적의 비즈니스 공간을 제공하고, 레져 스포츠를 새로운 이동 시스템으로 확대 개편되고 있다. 즉, 자동차는 출력과 속도 중심의 기계식에서 환경 친화적 연비 중심의 전자제어식으로, 그리고 최근에는 인터넷과 무선통신 시스템이 접목된 텔레매틱스 자동차 또는 e-카의 개념으로 미래의 자동차는 컨셉이 다르게 발전하고 있다.

따라서, 초창기 자동차에서 작은 비중을 갖던 전기장치 분야는 단순히 자동차의 시동, 점화, 충전에 연계된 전기 시스템을 탈피하여 반도체 기술과 전자제어 시스템 기술이 적용된 자동차로 바뀌었다. 자동차는 본격적인 전자제어 엔진, 아니 전자제어 자동차라는 개념으로 확대 개편되어 엔진의 출력을 극대화하고, 연비를 향상시켜 자동차를 항상 최적화 운행조건과, 최고의 안전성과 편익성을 확보토록 시스템적으로 제어하고 있다. 이것을 위해 자동차는 각부에 설치된 센서에서 검지된 데이터를 분석하고 지시하는, 즉 사람의 두뇌에 해당하는 전자제어 유니트(ECU)와 결정된 최적의 작동조건을 수행하는 각종 액츄에이터의 구동은 기존의 자동차가 시동과 점화, 점등을 하는데 필요한 전기 에너지를 공급하는 단순한 전기장치에서 전기·전자·제어장치의 개념으로 바뀌게 되었다.

자동차의 전기 장치와 전자제어 장치에서 필요한 기초 전기공학과 전자공학을 기술한 것을 제외하고는 가능한 이론적 고찰을 피하고 자동차의 제품 위주의 설명, 해설, 그림 등을 제시하고 있다. 특히, 현장 중심의 해석은 최근에 출시되고 있는 저연비, 고출력, 환경 친화적 자동차에 관련된 엔진, 섀시 시스템의 전자제어 기술과 무선통신, 인터넷, GPS 등으로 연결되는 텔레매틱스 자동차에 이르기까지 최첨단 기술내용을 가능한 포함하려고 노력하였다. 여기에, 자동차에 대한 간단한 정비내용도 소개하고 있어 보다 친근감 있고 자동차를 이해하기 쉬운 내용이 되도록 구성하였다.

오늘날의 자동차는 가장 핵심적인 기술 분야로 엔진, 섀시, 전기·전자제어 기술로 분류할 수 있다. 그 중에서 전기·전자제어 기술은 자동차 운전조건의 최적화와 편익성, 환경 친화성에 관련된 핵심기술로 자동차 회사의 미래기술 수준을 평가하는 중요한 척도이고, 세계 시장에서 최고의 미래 경쟁력을 확보하고 있다는 증거이기 때문에 자동차 메이커는 향후 세계시장의 선점과 살아남기 위한 최후의 핵심기술 분야로 전기·전자제어 기술에 텔레매틱스 분야를 생각하고 있다.

그 동안 대학에서 자동차 관련 전기분야는 자동차 전기, 자동차 전기·전자 등의 명칭으로 시대에 적합하도록 변천되어 왔으나, 현재 자동차의 발전 추세로 보아 2000년대에 들어서는 "자동차 전기·전자제어공학"으로 개편되어 교육하는 것이 합당하다고 생각된다. 즉, 현대의 자동차는 기계장치에서 발생되는 연비와 출력, 안전성, 편익성과 같은 전기기술과 전자기술에, 최적의 주행조건과 운전상태를 확보하기 위한 제어기술을 효과적으로 연계 적용해야 비로소 환경 친화적이면서 텔레매틱스 기술을 적용한 21세기 최첨단 자동차가 탄생할 수 있게 된다.

"자동차 전기·전자제어공학"은 자동차에서 절대적 우위를 차지하고 있는 가솔린 엔진에 관련된 전기와 전자제어 기술을 중점적으로 다루었고, 디젤 엔진은 상대적으로 약하게 다루었다. 특히, 최근의 자동차 엔진은 기계식 엔진보다는 전자제어 엔진의 개념으로 바뀌었기 때문에 이에 대한 내용을 보다 많이 보강하였다. 또한, 엔진의 설계와 구조에 대한 이해력을 높이기 위해 많은 그림을 첨부하였고, 동시에 자동차의 정비분야를 다루어서 자동차의 전기와 전자제어 분야를 공부하고자 하는 학생이나, 현장의 엔지니어들에게 유익한 참고서로 활용될 수 있도록 내용을 구성하였다.

대다수의 사람들이 자동차를 운전하고 있는 현 시대에서 "자동차 전기·전자제어공학"은 전문적으로 공부를 해야 하는 자동차공학, 기계공학, 기계설계, 기계정보 등 기계 관련 학생들과 자동차 전기·전자제어 분야를 직접 다루어야 하는 전기공학, 전자공학, 제어공학, 무선통신공학, 컴퓨터공학 등의 학생들을 비롯한 항공공학, 조선공학, 재료공학, 화학공학 분야의 학생들도 이수할 것을 권장한다. 자동차는 모든 공학기술이 함축된 종합 제품이고, 사람들에게 생활의 일부로 평생을 같이 해야 한다는 점을 고려하면 특히 공학도들이 실용적 교양과목으로 이수해도 현대의 레포츠·관광시대에 좋으리라 생각한다. 그 동안 4년제 대학에서는 대부분 이론중심으로 강의가 진행되어 왔고, 2년제 대학에서는 최근 지나치게 실무 중심으로 가려는 경향이 있어서 약간의 혼란을 주고는 있지만, 이 책에서는 오래된 이론보다는 현재의 실무기술에 무게를 두고 집필을 추진하였다.

본 서는 연구자들에 의해 수행된 기존의 많은 결과와 다양한 기술자료, 전문서적을 참고로 하여 빠르게 발전하는 최신의 자동차 혁신기술을 기반으로 새롭게 집필하였다. 따라서, 이 책을 완성하기까지 도움이 된 참고자료를 모두 열거하는 것이 원칙이나 부기하지 못한 점에 깊은 이해를 구하고자 하며, 자동차 전기 및 전자제어 분야의 발전에 일조하고자 발간된 이 책이 오히려 누가 되지 않을까 하는 염려가 앞서면서 여러분들의 격려와 많은 채찍을 받고자 한다.

끝으로 이 책을 발간하기까지 수고를 아끼지 않은 여러분들에게 감사드리고, 특히 출간에 적극 협력해 주신 복두출판사 관계자 여러분께 깊은 감사의 말씀을 드리고자 한다.

2005년 1월 저자 씀

차 례

chap 1 자동차 개론 / 11

chap 2 자동차 전기 기초 / 39

chap 3 자동차 전기 시스템 / 95

chap 4 자동차 전자 기초 / 145

chap 5 자동차 전자제어 시스템 / 175

chap 6 자동차 엔진의 전자제어 / 227

chap 10 디젤 및 LPG 자동차의 전자제어 / 407

chap 11 자동차의 일반정비 / 455

제 1 장

자동차 개론

1.1 자동차 발달사

1.2 자동차 엔진

1.3 자동차 섀시

1.1 자동차 발달사

1.1.1 고대 운반기구의 등장

자동차 바퀴에 관련된 기록을 보면, 고대 바빌론 시대인 BC 6000여년 전의 우르 유적에서 2륜차 그림이 발견된 것으로 보아 기록상으로는 가장 오래된 바퀴로 알려져 있다. 그 이후로 BC 4000년경에 남부 메소포타미아의 수메르 문명인들이 사용하던 그림 1.1과 같은 바퀴가 출토되어 옛날 사람들이 바퀴를 사용하였다는 흔적을 확인할 수 있다. 또한, BC 약 3000년 전에는 차축에 고정된 형태로 제작된 바퀴가 만들어져 사람이나 동물이 끌고 다니는 운반기구 형태로 발전하였다.

또한, BC 1세기에는 이집트의 헤론왕이 수증기 힘을 이용한 증기 바람개비를 만들었다고 전하며, 고대 그리스의 시인 호모의 서사시 “일리어드”에는 수증기에 의해 움직이는 3륜차로 추정되는 “Vulcan's Tricycles”라는 기록이 있다. 흔히, 고대 이집트나 중국의 전쟁에는 말이나 사람들이 바퀴달린 수레를 사용한 기록과 유물이 많이 발견되었다. 특히, 중국 진시황(BC 259~210)의 지하무덤 병마용에서 발굴된 여러 말이 끄는 전차(그림 1.2)는 차축에 바퀴가 결합되어 물건이나 무기를 원활하게 운반할 수 있도록 제작되어 있으며, 군대뿐만 아니라 일상생활에서도 많이 사용되었을 것으로 예상된다.

이탈리아의 레오나르도 다빈치(Leonardo da Vinci, 1452~1519)는 스프링의 탄성력을 이용하여 3륜 태엽 자동차를 고안하였고, 1569년에 네델란드의 시몬 스테핀은 바람의 힘을 받아 달리는 돛 달린 풍력 자동차(그림 1.3)를 만들어 28명을 태우고 시속 34km로 달렸다는 기록도 있다. 또한, 프랑스의 니콜라 조제프 퀴뇨가 1769년에 제작한 세계 최초의 동력 3륜 증기 자동차를 그림 1.4에서 보여주고 있다.

그림 1.1 BC 4000년경에 남부 메소포타미아의 수메르인에 의해 개발된 바퀴

(a) 말들이 끄는 지휘차

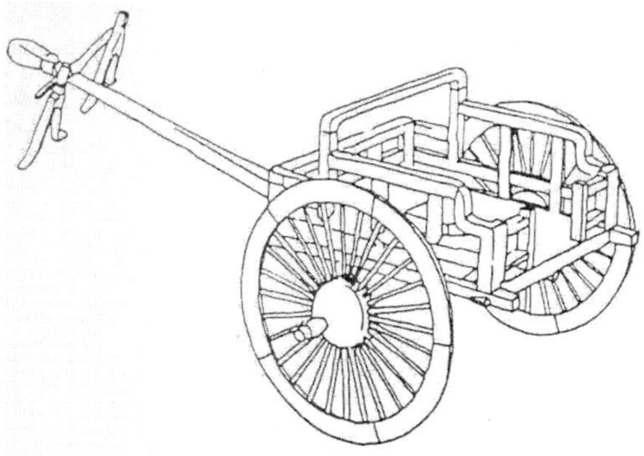

(b) 전차 복원도

그림 1.2 바퀴와 차축이 있는 전차(중국 서안의 진시황릉 병마용에서 발굴)

이탈리아의 죠반니브랑카는 1630년에 보일러에서 생산된 수증기를 노즐로 분출시켜 발생하는 힘으로 바퀴를 돌리는 새로운 방법을 발명하였으며, 이 원리는 나중에 개발된 증기기관(steam engine)의 시초가 되었다고 할 수 있다. 포르투갈의 선교사이자 천문학자였던 프래들린 펠피스트는 1680년에 네 개의 바퀴를 가진 총 길이 60cm의 증기 자동차를 만들었고, 프랑스의 물리학자 도나빠빵은 1690년에 외부에서 열을 가하면 실린더 안의 수증기가 팽창하여 피스톤을 밀어 올리고, 냉각하면 수증기의 부피가 수축되어 피스톤이 다시 내려오는 피스톤 원리를 발명함으로써 현재와 같은 자동차 엔진의 시초가 되었다. 운반기구에 대한 선각자들의 혁신적인 생각은 스코틀랜드의 제임스 와트(James Watt)에 의하여 보다 구체적인 성과를 거두는데, 그는 1765년에 증기(steam)를 사용하여 기계적으로 왕복운동을 회전운동으로 변환하는 혁신적 기술을 개발하였다. 이러한 혁신기술은 왕복동식 피스톤에 크랭크축을 설치하여 회전력을 발생시키는 증기기관의 개발로 실용화에 큰 성공을 거둔다. 결국, 제임스 와트가 발명한 증기기관은 영국의 산업혁명을 이끌었고, 오늘날과 같은 자동차가 출현하는데 가장 중요한 기반기술이 되었다.

바퀴를 사용한 운반기구는 사람이나 말이 끄는 바퀴에서 동력을 이용한 자동차 바퀴로 발전하였다. 자동차 역사에서 가장 큰 기여를 한 사람중의 하나인 독일의 고트립 다임러(Gottlieb Daimler)와 칼 벤츠(Karl Benz)는 오늘날의 자동차와 대단히 유사한 4행정 가솔린 엔진을 탑재한 자동차를 1885년대에 개발하기 시작하였다. 그림 1.5에서 보여준 3륜 자동차는 칼 벤츠가 1886년에 싱글 실린더(single cylinder)의 4행정 가솔린 엔진을 개발하여 탑재한 3륜 자동차를 보여주고 있다. 세계 최초의 3륜 가솔린 엔진 자동차는 수냉식 984cm^{3}의 싱글 실린더로 0.9hp의 출력을 내었고, 더욱이 차동장치가 달린 획기적인 수송기계로 사람들의 관심을 많이 끌었다.

그림 1.3 네덜란드의 시몬 스테핀이 제작한 1569년의 풍력 자동차

그림 1.4 프랑스의 니콜라 조제프 퀴뇨가 1769년에 제작한
세계 최초의 동력 3륜 증기 자동차

그림 1.5 독일의 칼 벤츠(Karl Benz)가 1886년에 제작한
싱글 실린더의 4행정 가솔린 자동차

1.1.2 외국의 자동차 발달사

(1) 근대 자동차

19C말에는 자동차에 대한 기반연구 단계를 지나서 일반인들이 자동차를 실제로 사용하게 되었다. 즉, 1880년대 초에 들어서면서 고속의 경량 엔진과 고출력의 자동차를 제작하기 시작

하였다. 특히 유럽에서는 자동차를 전문으로 생산하기 위한 제작사를 설립하면서 오늘날과 같은 자동차 산업의 기반을 마련하였다.

1883년에는 독일의 칼 벤츠(Karl Benz), 1889년에는 독일의 마이바흐와 이탈리아의 비안키, 1890년에는 독일의 고트립 다임러(Gottlieb Daimler), 1893년에는 미국의 두리에이 형제가 자동차를 생산하였고, 1896년에는 프랑스의 아르망 푸조(Armand Peugeot), 1898년에는 르노(L. Renault), 1899년에는 이탈리아의 피아트(Fiet, 1906년에 현재의 Fiet로 바뀜)가 각각 자동차 회사를 설립하여 일반인들을 위한 자동차를 생산 판매하기 시작하였다. 1901년에 미국의 올스(R.E. Olds)는 그림 1.6과 같은 올스모빌(Oldsmobile) 자동차를 7년간에 걸쳐 22,400대나 판매함으로서 세계 최초의 자동차 양산 제조업체가 되었다. 자동차에 대한 지속적인 기술 개발에 힘입어 이들 업체는 국내외적으로 늘어나는 자동차 수요를 맞추고자 점진적으로 자동차 생산량과 판매망을 확대하였다.

자동차의 동력원으로 개발된 가솔린 엔진에 이어 1894년에는 디젤 엔진에 대한 기술 개발을 완료하였다. 독일의 루돌프 디젤(R. Diesel)은 엔진 내에서 공기를 강하게 압축시켜 얻은 높은 열로 분사된 연료를 자연적으로 태워 폭발시키는 혁신적인 디젤 엔진을 4년간의 연구 끝에 발명하였다. 이러한 연소방식이 높은 에너지 효율을 얻는 경제적인 엔진으로 소개되면서 미국과 유럽에서 큰 인기를 얻었다. 디젤 엔진이 자동차에 사용된 것은 1922년에 벤츠사(Benz Co.)가 트럭에 탑재함으로써 이루어졌고, 1936년에는 승용차에도 처음 사용한 것으로 알려져 있다.

초창기의 자동차는 대단히 원시적인 것이었고, 오늘날과 같은 형태로 개발된 최초의 자동차는 1900년에 다임러(G. Daimler)가 제작한 메르세데스(Mercedes) 제품이었다. 당시에 제작된 메르세데스 자동차는 벌집 모양의 라디에이터, 둥근 핸들, 반타원형 스프링 등의 각종 장치 외에 자동기어 장치(1827년 프랑스의 페쿠르), 변속기(1832년 영국의 제임스), 공기 타이어(1845년 톰프슨)를 장착한 첨단 자동차 기술의 집합체였다.

특히, 자동차 기술의 획기적인 발달은 1908년의 헨리 포드(Henry Ford)에 의해 시도된 일관조립 생산라인의 도입이었다. 헨리 포드가 개발한 검은색의 포드 T형(그림 1.7)는 간결하고 신뢰성이 높은 설계와 새로운 합금강 사용으로 튼튼할 뿐만 아니라, 자동차를 대량으로 생산할 수 있는 조립생산 시스템으로 인해 자동차 판매가를 대단히 저렴하게 책정할 수 있게 되었다. 포드 T형 모델은 1908~1927년까지 15,007,033대라는 기록적인 판매량을 보여주었다.

최근 자동차 강국으로 부상한 일본의 자동차 역사는 1935년에 니산 자동차(Nissan Motor Co.)가 개발한 그림 1.8과 같은 현대 감각의 자동차로부터 시작된다. 비록 당시의 자동차 엔진이 722m^{3}로 작고, 출력이 포드 자동차의 1907년도 T형 모델보다도 낮은 16hp로 시작하였지만, 제2차 세계대전을 거치면서 획기적인 발전을 거듭하였고, 현재는 미국 다음으로 자동차 생산량이 많은 나라가 되었다.

1920년대에 속도를 즐기기 위해 만들어진 새로운 스포츠카(sports car)가 큰 인기를 끌었다. 알파로메오, 부가티, 벤틀리, 시보레, 뒤센버그 등은 모두 자동차 경주에서 명성을 얻은 차들로 경주에서 승리하기 위해 새로이 개발된 혁신적인 스포츠카 관련 기술은 일반 자동차의 제작에 그대로 적용되었다.

자동차 발전사에서 1920년대가 속도를 추구하던 시대라면, 1930년대는 디자인의 발전기로 미국의 오번, 코드, 패카드 등이 호화로운 디자인의 자동차를 생산하였다. 또한, 1934년에 프랑스의 앙드레 시트로엥(Andre Citroen)은 세계 최초로 그림 1.9의 전륜구동 자동차를 생산하였다. 오늘날과 같은 미니 승용차의 개념은 1959년에 영국의 오스틴(Austin) 자동차가 제작한 형태로 그림 1.10에서 보여주고 있다.

1950년대에는 재규어(Jaguar, 영국), 벤츠(Benz, 독일), 포르셰(Porsche, 독일), 페라리(Ferrari, 이탈리아) 등의 스포츠카가 본격적으로 생산되어 일반도로와 경주용 트랙을 달렸지만, 폴크스바겐(Volkswagen)의 비틀(Beetle)과 르소나 등과 같은 자동차는 대단히 경제적으로 대량 생산되었기 때문에 자동차는 새로운 운반기계로써 자리를 확고하게 잡아갔다.

기차나 비행기에 비하여 자동차가 갖는 우수한 편익성은 1950년에 들어서 세계 자동차 생산량이 년간 1천만대라는 기록을 돌파하였고, 1977년에는 년간 4천만대가 넘는 차량을 기록적으로 생산하였다. 자동차 생산량의 급증은 생산 단가의 하락을 가속화하였고, 이것은 많은 사람들이 자동차를 소유하고, 즐기는 자동차 문화를 탄생시켰다. 결국, 1986년에 추정된 세계 자동차 보유 대수는 약 5억대를 넘어섰고, 자동차는 사람들에게 가장 중요한 운송수단으로 자리를 잡으면서 자동차의 대중화, 아니 필수품으로 등장하였다.

그림 1.6 미국의 올스모빌 자동차가 1901년부터 7년간 생산한 자동차

그림 1.7 미국의 포드 자동차가 1909년에 생산한 T형 자동차(수냉식, 20hp)

그림 1.8 일본의 니산 자동차가 1935년에 생산한 4실린더 가솔린 자동차(수냉식, 15hp)

그림 1.9 프랑스의 시트로엥 자동차(Citroen)가 1934년에 세계 최초로 생산한 전륜구동 자동차

그림 1.10 영국의 오스틴(Austin) 자동차가 1959년에 제작한 미니 자동차

(2) 미래 자동차

자동차의 대중화가 급속하게 진행된 요즈음, 미래의 자동차는 환경 친화적 자동차와 디지털 제어 기능이 적용된 컴퓨터 자동차의 조화로운 발전을 예상할 수 있다. 환경에 관련해서 매연가스를 배출하지 않는 수소 자동차가 현재까지 개발된 무공해 자동차로 인식되어 가장 이상적인 미래형 자동차로 평가되고 있다. 그러나, 폭발성이 강하다는 위험성과 고비용의 문제점이 있기 때문에 아직은 실용화되기 어려운 상황이다. 반면에 연료전지 전기 자동차(FCEV)는 전기 자동차의 큰 문제점으로 지적되었던 1회 충전에 의한 짧은 주행거리 문제를 해결한 형태로 탄화수소 연료를 사용한 현재의 가솔린 엔진이나 디젤 엔진을 대체할 수 있는 차세대 자동차로 평가되고 있다. 독일의 다임러 벤츠사는 2004년까지 연간 20만대 규모의 전기 자동차를 생산할 계획을 하고 있으며, 2010년까지 세계 자동차 생산량의 약 10%까지 확대될 것으로 전망하고 있다.

여기에, 천연가스 자동차는 NG나 CNG 등의 연료를 이용하는 것으로 일반 디젤 차량에 비해 배기가스 배출 오염도가 현저히 낮을 뿐만 아니라 천연가스 에너지원이 가장 풍부한 것으로 알려져 있기 때문에 에너지 확보가 용이하므로 유지비가 적게 들고, 다른 연료에 비해 엔진의 수명이 길다는 장점을 갖고 있다. 따라서, 천연가스 자동차는 전 세계적으로 100만대 이상이 보급되어 있으며, 우리 나라에서도 2002년의 월드컵을 계기로 시내버스나 청소용 차량을 천연가스 자동차로 대체하는 환경 친화적 사업을 적극 추진하고 있다.

현대의 자동차는 전자제어 기술을 응용한 자동차 개발, GPS 단말기를 이용하여 통신위성으로부터 받은 신호를 분석하는 텔레매틱스(telematics) 기술로 현재의 차량 위치정보를 정확히 읽어서 출발지에서 목적지까지 최적의 운전조건에서 최단의 거리 정보를 제공해 주는 CNS(Car Navigation System) 차량 자동 항법장치(GPS)의 실용화가 확대 진행될 것이다. 궁극적으로는 인간의 기억력과 판단력에 근접한 전자두뇌 칩을 개발하여 무선 통신에 의한 무인 자동차 개발이 활발하게 진행될 것이다.

1.1.3 국내의 자동차 발달사

(1) 초기 도입기

우리나라에서 자동차가 소개된 최초의 사례는 고종황제 즉위 40주년을 맞이하여 칭경식의 의전용 어차로 1903년에 미국 공관을 통하여 "포드 A형 리무진(그림 1.11)" 자동차가 들여오면서 우리나라의 자동차 역사 100년이 시작되었다.

우리나라 최초의 승합차 영업은 경남 진주의 일본인 에가와가 1911년에 포드 8인승 무개차 1대(그림 1.12)를 들여와 마산-삼천포 사이를 운행하면서 시작되었고, 이 때부터 일반인들도 비로소 자동차를 접하게 되었다. 당시에 10명 정도를 태울 수 있는 버스의 요금은 1인당 마산-진주가 3원 80전, 진주-삼천포가 1원 30전으로 마산-진주 구간의 요금은 그 당시 쌀 한 가마니와 비슷한 가격으로 대단히 고가였기 때문에 일반인들이 자동차를 타기는 어려웠다.

1912년에 서울의 이봉래는 일본인 곤도, 오리이와 함께 미국의 포드 T형 2대를 들여와 자동차 회사를 설립하여 시간제 임대 사업을 하였는데, 이것이 우리나라 최초의 택시 영업으로 기록된다. 1910년대 말에는 함경도의 방의석, 방예석 형제가 함흥-홍남을 연결하는 자동차 도로를 개설하고, 운수사업 허가를 받아 8인승 포드차로 영업을 독점적으로 시작하였다. 1914년에는 이태리 공사관에 근무하던 윤권은 공관 자동차로 운전을 배워 의친왕 이강공이 들여온 미국의 오버랜드 자동차(Overland Automotive Co.)를 운전함으로써 우리나라 최초의 운전기사로 기록되었다.

1920년대에 들어서면서부터 지방에서는 택시보다 요금이 저렴한 15~20명 정도를 태우고 운행하는 승합버스가 도입되면서 자동차 영업은 매력적인 사업으로 바뀌고 있었다. 이러한 경향은 지역적으로 볼 때, 도로 여건상 자동차를 운행하기 곤란하여 경제성이 없었던 이북 지역과는 달리 전주, 군산, 이리와 같은 남부 지방에서는 버스회사의 황금노선이라 할 정도로 운수사업이 잘 되었다.

한편, 서울의 경성부청(현재의 서울시청)은 1928년에 20인승 버스(그림 1.13) 10대를 일본에서 들여와 우리나라 최초의 정기 노선 버스를 운행하였으나, 전차보다 비싼 요금으로 인해 시민들이 많이 이용하지는 않았다. 1920년대 말에는 일본인 에가와가 강천상회라는 자동차 정비공장을 만들어 조선 왕실의 자동차를 수리해주고 무개차의 지붕도 만들어 주는 수리 작업을 하였는데, 이것이 우리나라 자동차 공업의 시초로 알려져 있다.

1931년에는 일본인 구스모도가 서울의 종로구 인현동에 자동차의 차체(body)를 제작하는 공장과 자동차를 수리하기 위한 정비공장을 설립한 후에 일본으로부터 프레임, 엔진, 미션, 핸들 및 앞/뒤 차축이 달린 하체만을 부품으로 들여와 20인승과 30인승의 대형버스를 국내 최초로 제작하여 판매하기 시작하였다.

(a) 고종황제의 의전용 어차

(b) 초창기 포드 자동차 모델

그림 1.11 1903년에 도입되어 고종황제의 의전용 어차로 사용한 포드 A형 자동차 및 초창기 포드 자동차

그림 1.12 1911년에 남해안을 운행하던 승합차

그림 1.13 1928년 서울에 등장한 부영버스

(2) 중기 도입기

우리나라 최초의 자동차 관련 단체인 "조선자동차차체공업조합"이 1940년에 설립되었으나, 일본의 식민지 정책으로 인해 정상적인 발전을 하지는 못하였다. 그러나, 1945년 해방 이후로 자동차 도입이 활발해지면서 1949년 3월에는 "대한자동차공업회"가 다시 발족되었다.

1950년에 정부는 자동차 업계의 자구노력을 지원하고 자동차 부품공업의 육성을 위해 자동차 공업 발전 방안을 발표하였다. 자동차 산업 발전 방안에 포함된 핵심 내용은 상공부, 교통부, 국방부 공동으로 피스톤, 브레이크 라이닝 등 13개 품목을 국산화 장려품목으로 지정하여 군납하도록 하는 것이었다. 1950년의 6.25전쟁으로 트럭이나 지프차, 쓰리쿼터 등과 같은 군수용품과 미군으로부터 받은 차량을 운수업자나 정비업자들이 버스나 트럭으로 개조하여 판매하는 재생 자동차 산업이 번창하였다.

우리나라에서 최초의 자동차 회사의 뿌리로 인정받고 있는 경성정공이 1944년에 설립되었고, 1952년 10월에는 기아산업(지금의 기아자동차 전신)으로 사명을 개칭하여 실질적인 자동차 회사로 발돋움하였다. 1946년에는 현대자동차 공업사가 설립되어 오늘날 현대자동차로 발전하였다. 또한, 1955년에 부산에서 설립된 신진 공업사(지금의 대우자동차 전신)는 합승버스 25인승을 2천여대나 판매하여 큰 호황을 누렸고, 서울에서 이 버스는 노란색으로 칠해졌기 때문에 사람들은 "노랑차"라고 불렀다. 또한, 서울에서 정비업을 하던 최무성의 국제차량공업사는 미군으로부터 받은 지프 엔진과 변속기, 차축 등과 드럼통 등을 가공하여 만든 우리나라 최초의 국산차 "시발"(그림 1.14)을 1955년에 제작하였다. "시발"차는 50% 이상을 국산화하였다는 점에서 자동차 제작 기술에 대한 긍지가 대단하였지만, 대당 가격이 높았기 때문에 판매가 잘 이루어지지 않았다. 그러나, 1955년 5월에 개최된 산업 박람회에서 시발 자동차가 최우수 상품으로 선정되면서 차량 가격은 크게 오르고, 판매량도 급증하면서 큰 인기를 누리게 된다. 시발 자동차는 1963년에 생산을 중단할 때까지 약 3000여대가 판매되었다.

1962년에 일본의 닛산(Nissan) 자동차와 기술 제휴로 박노정에 의해 세워진 새나라 자동차는 우리나라 자동차 공업의 새로운 기수로서 블루버드(그림 1.15)를 현지 반제품 조립방식(Knock Down : KD)으로 들여와 꾸준히 생산하다가 외환사정의 악화로 1963년 5월 폐업할 때까지 하루에 10대를 만들어 총 2,722대를 판매하였다. 그 이후로 1965년에는 김창원의 신진공업으로 소유권이 넘어가면서 새나라 자동차는 없어졌다.

1952년 세워진 기아산업(현재의 기아자동차)은 1962년에 국내 최초의 3륜 화물차인 K-360을 생산하여 큰 인기를 얻었다. 이어서, 1962년에는 하동환자동차(현재의 쌍용자동차), 1965년 7월에는 아시아자동차, 1967년 12월에는 현대자동차가 각각 설립되어 현재와 같은 자동차 메이커 체계를 잡으면서 본격적인 발전을 하기 시작한다.

그림 1.14 1955년에 등장한 최초의 국산차 "시발 자동차"

그림 1.15 1962년에 일본 블루버드 승용차를 KD 방식으로 조립한 새나라 자동차

(3) 자동차 제작사의 등장

1960년대에 김창원에 의해 오늘날과 같은 자동차 회사가 설립되었다고는 하지만 기술적으로는 대단히 미약한 자동차 회사였으며, 양산 체제를 갖추게 된 것은 비로소 1970년대에 들어서 가능하였다. 현대자동차는 1974년에 자동차 설계부터 생산까지 전 생산과정을 국내 기술진에 의해 이루어낸 국내 최초의 고유 모델 "포니" 승용차(그림 1.16)를 개발하여 1984년 단종될 때까지 단일 차종으로는 50만대 생산이라는 대기록을 세우게 된다.

한편, 1965년에 김창원에 의해 설립된 신진자동차는 1976년에 미국 GM사와 GMK(GM Korea)라는 합작사를 설립하여 운영하다가, 새한자동차로 회사명을 변경하였다. 1983년에는 대우자동차로 통합되어 자동차 종합 메이커로 눈부신 발전을 거듭하였다. 그러나, 대우자동차는 2002년에 미국의 GM이 인수하면서 GM 대우자동차로 다시 창업되는 복잡한 변천사를 겪는다. 국내에서 가장 늦게 설립된 삼성자동차는 2000년에 프랑스의 르노(Renault)가 인수하면서 르노삼성자동차로 다시 출범하는 파란을 겪었다.

국내 자동차 산업은 1981년의 자동차 공업 합리화 조치로 승용차와 픽업트럭은 새한자동차(현재의 GM 대우자동차)와 현대자동차, 1톤~5톤 트럭 및 라이트 버스는 기아자동차, 특장차는 동아자동차, 2륜차는 기아와 대림이 합병된 업체와 효성이 생산하고, 방산용 차량은 아시아자동차에서 생산하게 되었다. 1982년에 현대자동차는 우리나라 최초의 전륜 구동방식의 승용차를 생산하였고, 5도어 해치백 스타일의 전륜 구동방식인 "엑셀"을 생산하여 미국을 비롯한 세계 시장으로 수출하기 시작하면서 오늘날과 같은 세계적인 자동차 메이커로 성장하는 기반을 구축한다.

그 동안 우리나라 자동차 산업의 걸림돌로 지적된 자동차 공업 합리화 조치는 1989년 7월에 전면 해제됨으로써 국내 자동차 업계는 본격적인 자율 무한경쟁이 국내외적으로 시작되었다. 1991년에는 대우조선(현재의 GM 대우자동차)에 의해 국내 최초의 경승용차인 800cc급 "티코" 자동차(그림 1.17)가 생산되었다.

우리나라의 자동차 등록 대수는 1984년에 90만대를 넘어서면서 급속한 자동차 마이카 시대로 접어들었다. 드디어, 1985년 5월에는 100만대 돌파라는 자동차 산업의 활성화를 상징하는 이정표를 세웠다. 전반적인 소득 수준의 향상으로 자동차 보급률이 급속히 증가하면서 1992년의 500만대, 1995년 7월의 800만대, 1997년 7월의 1000만대를 넘어 현재는 1400만대의 차량이 전국을 누비고 있다. 따라서, 우리나라도 자동차의 대중화와 2차량 소유의 일반화가 빠르게 진행되고 있다. 우리나라의 자동차 생산 규모는 현재 세계 6위권에 머물고 있으나, 한국의 현대자동차, 기아자동차, GM 대우자동차, 르노삼성자동차, 쌍용자동차의 생산규모와 성장 속도로 보아 2005년에는 세계 5위권의 자동차 생산 강국으로 부상될 수 있을 것으로 예상된다.

그림 1.16 현대 자동차가 1974년에 제작한 국내 최초의 고유모델 "포니" 자동차

그림 1.17 대우 자동차가 1991년에 제작한 국내 최초의 800cc 경승용차 "티코"

1.2 자동차 엔진

1.2.1 자동차 엔진의 개요

자동차를 움직이는데 필요한 동력원을 생산하는 기계장치가 엔진(engine)이다. 즉, 엔진은 열적 에너지(heat energy)를 기계적 에너지(mechanical energy)로 변환시키는 동력생산 장치로 자동차의 핵심이다. 따라서, 동력을 발생시켜 스스로 움직이는 자동차를 개발하기 위해 1800년대 중반부터 1900년대 초반에 이르기까지 많은 연구자들이 특히 엔진 기술개발을 추진하였다.

자동차에서 엔진이라고 하는 내연기관(internal combustion engines)은 피스톤과 실린더로 구성되는 연소실 내부에서 유입된 연료-공기 혼합기를 압축한 다음, 스파크 불꽃에 의해 연소하는 과정에서 발생된 팽창 에너지를 피스톤의 왕복운동으로, 이것을 다시 크랭크축의 회전운동으로 전환하는 열기계 시스템을 말한다. 자동차 엔진은 연소 가스를 작동 유체로 사용하는 경우로 가솔린 엔진과 디젤 엔진이 여기에 속하며, 모두 자동차 내연기관으로 분류될 수 있다.

자동차 엔진은 소형화, 경량화, 고출력, 저연비, 배출가스 저감 등의 측면에서 우수해야 하며, 이러한 목적에 적합하게 개발된 엔진을 분류하면 다음과 같다.

(1) 연료에 따른 분류

① 가솔린 엔진 : 휘발유, LPG, CNG

② 디젤 엔진 : 경유

(2) 피스톤 운동방식에 따른 분류

① 왕복 엔진 : 피스톤의 왕복동 운동(reciprocating motion)을 크랭크축의 회전운동으로 변환하는 엔진이다.

② 로터리 엔진 : 연료의 연소과정에서 발생되는 팽창 에너지에 의해 편심 로터가 회전운동을 하면서 크랭크축에 회전운동을 발생시키는 엔진이다.

(3) 사이클에 따른 분류

① 2행정 엔진 : 2번의 행정(360°회전)으로 한번의 동력을 얻는 엔진이다. 주로 오토바이나 선박 엔진에 사용되고 있다.

② 4행정 엔진 : 4번의 행정(720°회전)으로 한번의 동력을 얻는 엔진이다. 대부분의 자동차에서 사용되며, 흡입, 압축, 폭발, 배기라는 행정이 순차적으로 진행된다.

(4) 연소 방식에 따른 분류

① 정적 사이클 : 일정 체적하에서 연소가 진행되는 것으로 가솔린 엔진이 이에 해당된다. 정적 사이클의 대표적인 사례를 보면, 4사이클의 오토 사이클(Otto cycle)과 2사이클의 클러크 사이클(Clerk cycle)이 있다.

② 정압 사이클 : 일정 압력하에서 연소가 진행되는 것으로 디젤 엔진이 이에 해당된다. 자동차용 디젤 엔진에서 최고 회전속도가 1,000rpm 이하인 중저속 디젤 엔진이 이에 해당된다.

③ 복합 사이클 : 부분적으로는 정적 상태에서 연소가 일어나고, 부분적으로는 정압 상태에서 연소가 진행되는 것으로, 이를 사바테 사이클(Sabathe cycle)이라고도 한다. 대부분의 자동차에서 사용되는 디젤 엔진이 복합 사이클에 해당한다.

(5) 점화방식에 따른 분류

① 불꽃 점화방식 : 연료-공기 혼합기를 압축하여 전기 스파크에 의해 불꽃 점화시키는 것으로 가솔린 엔진이 이에 해당된다.

② 압축 착화방식 : 연소실에 공기만을 압축하여 고온(500~550℃)에 도달하면 분사 노즐에서 연료를 순간적으로 분사하여 자연적으로 압축 착화시키는 것으로 디젤 엔진이 이에 해당된다.

(6) 흡·배기 밸브 수에 따른 분류

① SV(Side Valve) : 실린더의 양쪽에 밸브를 설치한 것으로 자동차용 엔진으로는 거의 사용하지 않는다.

② OHC(Over Head Camshaft) : 실린더 헤드 위에 흡입밸브와 배기밸브를 한 개씩 설치하고, 캠축도 실린더 헤드의 위쪽에 놓여 있는 형태이다. OHC 타입은 고속 회전에 유리하기 때문에 대다수의 승용차가 채택하고 있다. 여기서, OHC는 SOHC(Single Over Head Camshaft)와 같은 뜻으로 사용한다.

③ DOHC(Double Over Head Camshaft) : 보통의 엔진은 각 실린더마다 흡입밸브와 배기밸브가 하나씩 설치된 2밸브 방식이지만, 고출력 엔진은 실린더마다 4개(흡입 2개, 배기 2개)의 로커암이 밸브를 눌러주기 위한 구동을 2개의 캠축(twin camshaft)이 담당한다. 따라서, 4실린더 엔진은 16개의 밸브, 6실린더 엔진은 24개의 밸브를 갖는다. 보통 DOHC를 투인캠(twin cam)이라고도 한다.

1.2.2 가솔린 엔진

(1) 가솔린 엔진의 특징

그림 1.18에서 보여준 가솔린 엔진은 연소실에 연료와 공기 혼합기를 흡입하여 압축한 다음, 스파크 플러그에서 공급된 불꽃(spark)에 의해 강제적으로 점화하여 동력을 얻는 엔진을 말한다. 가솔린 엔진의 압축비는 8~12로 디젤 엔진에 비해 낮게 유지해야 하는데, 그 이유는 연료-공기 혼합기를 압축하기 때문에 압축비 상승은 노크(knock)를 유발할 위험성이 매우 높아지기 때문이다. 따라서, 가솔린 엔진에서는 불가피하게 스파크 점화(spark ignition)를 해야 하고, 이러한 불꽃점화 방식이 디젤 엔진과 근본적으로 다른 점이다.

결과적으로 전기 에너지에 의한 연소방식은 비교적 안정적이고, 간단하기 때문에 차량 생산량에서 가솔린 엔진 차량이 디젤 엔진 차량에 비하여 절대적으로 높은 시장성을 확보하고 있다.

그림 1.18 가솔린 엔진

(2) 가솔린 엔진의 연료 공급방식

종래의 가솔린 엔진에서 널리 사용하던 기화기(carburetor) 연료 공급방식은 고출력과 강화된 환경 규제조건을 기술적으로 만족하기가 어려웠기 때문에 연료의 미립자화, 공급량 조절, 공급시기 조절 등에서 유리한 연료 분사방식의 전자제어 시스템을 가솔린 엔진에도 채택하게 되었다. 결국, 가솔린 엔진은 엔진의 출력 향상과 저연비 달성, 국제적 환경 규제조건을 모두 만족하는 고출력의 환경 친화적 차량을 개발하기 위해서 불가피하게 엔진의 전자제어화와 고압분사가 주류를 이루게 되었다.

▣ 벤튜리 기화기식(venturi type carburetor)

유입된 공기가 기계식의 벤튜리 튜브를 통과하는 과정에서 발생된 부압에 의해 연료를 무화시키는 방식으로 구조가 간단하고 저렴한 기계식의 연료 공급방식이다. 그러나, 엔진의 고출력, 저연비, 특히 저공해를 추구하는 현대의 환경 친화적 자동차 개념에는 적절치 못한 연료 공급장치로 인식되어 이제는 사용하지 않는다.

▣ 연료 분사방식(fuel injection type)

실린더에 연료-공기 혼합기를 공급하기 위해 개발된 분사 시스템은 흡기 매니폴드의 앞쪽에 1개를 설치한 SPI(Single Point Injection), 엔진의 연소실 입구 직전에 실린더마다 1개씩 설치한 MPI(Multiple Point Injection), 엔진의 각 연소실에 노즐을 직접 삽입하여 연료를 분사하는 GDI(Gasoline Direct Injection) 등이 사용되고 있으며, 최근에는 커먼레일 고압 분사방식(common rail type high-pressure injection)이 빠르게 도입되고 있다.

1.2.3 디젤 엔진

(1) 디젤 엔진의 특징

그림 1.19에서 보여준 디젤 엔진은 연소실에 공기만을 흡입하여 압축비를 크게 높인 상태에서 연료 분사노즐로 연소실에 고압으로 분사하여 압축착화에 의해 동력을 얻는 엔진을 말한다. 디젤 엔진의 압축비는 13~23으로 가솔린 엔진에 비해 2배 정도나 높고, 실린더로 흡입된 공기를 압축시켜 약 500℃ 이상으로 가열된 공기에 착화온도가 300℃인 경유(light oil)를 분무하면 자연적으로 착화한다. 디젤 엔진은 흡입된 공기를 압축하는 과정에서 발생된 열에 의한 압축착화 방식을 채택하고 있는 것이 스파크 플러그로 불꽃점화 방식을 채택하고 있는 가솔린 엔진과 크게 다른 점이고, 그 외의 기능이나 작동은 대단히 유사하다.

그림 1.19 디젤 엔진

(2) 디젤 엔진의 연소 공급 방식

▣ 직접 분사식(direct injection type)

분사 구조는 실린더와 피스톤 헤드 사이에 형성된 연소실에 연료를 고압으로 분사하여 연소하도록 한다. 따라서, 연료를 완전 연소시키기 위해 150~300kg/cm^{2}의 초고압으로 분사할 수 있도록 노즐 구멍을 정밀하게 가공하여 연료를 완벽하게 무화시킨다. 연료의 분사 구조가 간단하므로 2사이클 엔진에서 널리 사용하는 형식이다.

▣ 예연소실식(precombustion chamber type)

예연소실은 주연소실의 위쪽 부분에 설치된다. 인젝터는 연료를 예연소실에 분사하여 연료의 일부를 연소시키면 연소과정에서 발생한 압력에 의해 남아 있는 연료가 연결공을 통하여 주연소실로 급격하게 분출하면서 소용돌이를 일으켜 주연소실의 압축공기와 급격히 혼합하면서 연소가 잘 이루어진다. 일반적으로 예연소실의 용적은 용적비(전체 압축용적에 대한 예연소실 용적의 비율)가 30~50%이다.

▣ 와류실식(swirl chamber type)

와류실식은 실린더의 헤드에 와류실을 만든 것으로 압축행정이 진행되면서 와류실 내부의 공기가 소용돌이를 일으키고, 이 곳에 연료를 분사하여 연소시키는 방식이다. 예연소실에서는 연료를 부분적으로 연소시키지만 와류실식은 내부에 있는 모든 연료를 완전히 연소하도록 설계되어 있다. 따라서, 와류실의 용적은 전체 연소용적의 70~80%를 차지하고 실린더로 연결된 통로는 하나이다. 따라서, 와류실식은 직접 분사식과 예연소실식의 중간적 특성을 가지고 있다.

▣ 공기실식(air chamber type)

공기실식은 주연소실 외에 공기실이 별도로 있는데, 연료를 주연소실에 분사하면 그 일부가 공기실로 들어가 연소된다. 이 연소로 인해 공기의 분출 에너지를 크게 해 연소를 향상시키는 것과, 공기실 안에는 연료를 분사하지 않고 피스톤이 하강함에 따라 공기실에서 공기를 분출하여 산소를 공급하고 소용돌이를 일으켜 연소하는 두 가지 방식이 있다.

1.2.4 로터리 엔진

로터리 엔진(rotary engine)은 독일의 Felix Wankel에 의해 1924년에 개발된 것으로 NSU사가 1959년에 실험적 연구에 성공하여 로터리 엔진을 장착한 Wankel 자동차를 발표하였다. 그 후로 여러 나라에서 NSU사와 기술 제휴를 통하여 로터리 엔진의 실용화 연구를 많이 진행하였으나, 실질적으로는 가솔린 엔진에 비해 큰 효과를 보지는 못하였다.

그림 1.20에서 보여준 로터리 엔진은 로터(rotor)의 한 면에 가해지는 연소가스의 폭발압력으로 로터의 주축과 편심을 이루는 로터에 의해 주축에 회전력이 전달되도록 고안된 것이다. 따라서, 로터리 엔진이 왕복동 엔진과 회전력(torque)의 발생 과정이 서로 다르다는 특징을 갖고 있다.

로터리 엔진을 구성하는 주요부품으로는 하우징, 로터, 기어, 편심축(eccentric shaft)이 있다. 로터리 엔진은 기본적으로 회전운동을 하는 엔진이므로, 왕복 부분이 없어서 왕복 운동부에 의한 관성력 발생과 충격력이 없으므로 대단히 정숙하고 원활한 작동을 한다. 로터리 엔진을 왕복동 엔진과 비교하였을 때 내구성과 경제성에서 문제가 되지 않는다면 향후 자동차 엔진을 혁신적으로 바꿀 수 있는 엔진으로 생각된다. 그러나, 이러한 희망은 로터의 아펙스 시일(apex seal)에 의한 밀봉기술 개발이 선행되어야 왕복동 엔진 대비 경쟁력을 확보할 수 있다.

(a) 로터리 엔진

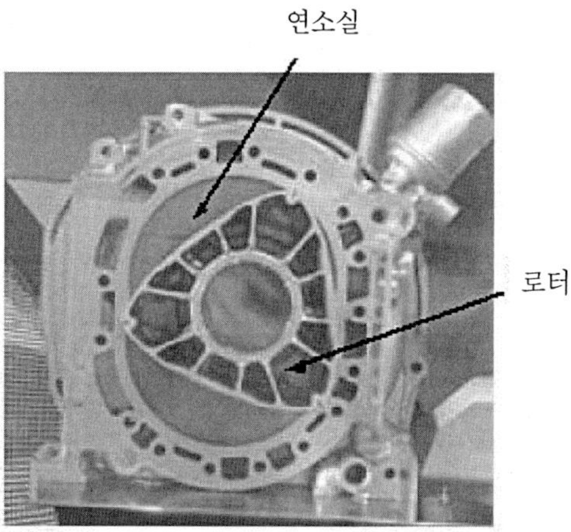

(b) 로터와 연소실 단면도

그림 1.20 로터리 엔진

1.2.5 전자제어 엔진과 커먼레일 엔진

(1) 전자제어 엔진

▣ 전자제어 가솔린 엔진

전자제어 가솔린 엔진은 초기의 SPI(Single Point Injection)에서 MPI(Multi Point Injection) 엔진으로 통합되고 있으며, 전자제어 유니트(ECU)에 의해 연료분사 제어, 점화시기 제어, 공회전 회전수 제어, 엔진 자기진단(engine diagnosis) 등의 기능을 첨가하여 효율성을 관리하고 있다. 즉, 엔진을 항상 최적의 작동상태에서 구동시켜 강력한 출력, 저연비, 최고의 연소효율,

환경규제 기준에 적합한 유해 배기가스를 배출할 수 있도록 엔진을 제어하는 것이 전자제어 엔진이다.

MPI 엔진은 각 실린더의 흡기밸브 바로 앞에 1개씩의 연료 분사노즐(injector)을 설치하여 각 실린더의 운전조건에 가장 적합한 연료 분사량과 분사시기를 조절한다. 그러나, 최근에는 연비의 향상과 환경 규제조건에 대응하기 위해 희박연소 기능을 강화하고, 특히 연소실에 가솔린 연료를 직접 분사하는 직접분사 가솔린 엔진(GDI engine)도 최근에 개발되어 사용되고 있다.

▣ 전자제어 디젤 엔진

전자제어 디젤 엔진은 연료 분사량, 연료분사 개시 타이밍, 흡기 조리개, 글로우 플러그 전류 등을 전자적으로 통합 제어함으로써 출력을 향상시키고, 유해 배출가스 발생량을 환경기준에 만족하도록 개발된 엔진이다. 특히, 디젤 엔진은 압축압이나 출력압이 높기 때문에 구조적으로 중량이 많이 나가도록 설계해야 한다. 따라서, 디젤 엔진은 구조적으로 진동과 소음발생이 크다. 이러한 문제점을 해결하기 위하여 디젤 엔진은 전자제어 시스템과 최적화 기술을 도입하여 진동과 소음을 개선하고 있다. 결국, 전자제어 디젤 엔진은 연료분사 펌프를 기계식 제어방식에서 전자식 제어 방식으로 바꾼 엔진 시스템을 개발하였다.

연료 분사펌프를 기계식에서 전자제어 시스템으로 바꾸면서 연료의 미립자 정도와 무화시기를 최적의 상태로 조절하여 동력을 증대시키고, 동시에 유해 배출가스 발생량을 획기적으로 줄이려는 엔진 기술개발은 반도체 전자제어 기술의 적용으로 가능해졌다.

1990년대에 들어서면서 미국과 유럽(Euro 3, 4, 5)을 중심으로 미립 탄화입자(particulate)와 질소산화물(NO_x) 배출에 대한 규제가 크게 강화되면서 디젤 엔진의 전자제어 시스템 기술의 적용은 더욱 가속되고 있다. 이러한 전자제어 기술도 빠르게 강화되고 있는 환경 규제조건을 만족시키기가 어렵기 때문에 2000년대에 들어서 유니트 인젝터 시스템과 커먼레일 고압분사 시스템을 적용한 새로운 디젤 엔진이 개발되었다.

(2) 커먼레일 디젤 엔진

▣ 개론

그림 1.21에서 보여준 커먼레일 디젤 엔진은 고압 분사펌프에서 공급된 연료를 커먼레일(common rail)에 연료를 잠시 체류시켰다가 일정하게 유지된 고압의 연료를 피스톤 상단부 연소실에 1350bar 이상의 초고압으로 직접 분사하여 압축착화 연소시키는 엔진을 말한다.

기존의 전자제어 연료분사 디젤 엔진은 분사 사이클마다 매번 압력을 다시 발생시켜 연료를 분사하였지만 커먼레일 엔진은 매 사이클마다 분사 순서에 관계없이 저장된 커먼레일의 연료 분사압력을 항상 균일하게 고압으로 유지하다가 분사하는 장점이 있다.

즉, 커먼레일 시스템의 분사압력은 연료 라인을 따라 항상 일정하게 유지되고, 엔진의 전자제어 타이밍은 엔진속도와 부하의 변동에 따라 분사압력을 조정할 수 있다. 전자제어 유니트(ECU)는 캠과 크랭크 각도 센서(CAS)로부터 얻은 데이터를 기반으로 분사압력을 필요에 따라 적정하게 조정하여 압축과 분사를 각각 독립적으로 발생할 수 있게 한다. 결국, 커먼레일 연료 분사기술은 엔진의 출력조건에 따라 연료를 분사할 수 있기 때문에 연료를 절약하고 유해 배기가스 발생량을 줄일 수 있다.

1350bar 이상의 초고압 분사압력을 일정하게 유지하기 위해서는 특수한 연소실을 필요로 하기 때문에 커먼레일의 연료분사 시스템이 도입된 것이다. 연료의 분사시기와 분사량을 조정하는 고속 솔레노이드 밸브의 끝단에는 4개의 분사노즐이 연결되어 있다. 마이크로 컴퓨터는 엔진의 작동조건에 따라 밸브가 열리는 시간을 조정하여 연료의 분사량과 얼마나 많은 출력이 필요한지를 결정한다. ECU의 신호에 따라 솔레노이드 밸브가 닫히는 순간에 연료분사는 즉시 중지한다.

직접 연료 분사방식의 소형 디젤 엔진에서 연료 분사장치의 고압분사는 연소실에서 연료입자와 압축공기가 서로 혼합되면서 착화되는데 대단히 중요한 요소로 출력향상에 기여하고, 동시에 매연 발생량 저감에 큰 역할을 한다. 특히 ECU에 의해 연료 분사시기와 분사패턴을 제어함으로써 엔진의 안정된 연소효율을 얻을 수 있다. 기존의 기계식 연료분사 장치보다 높은 자유도를 확보할 수 있게 되었다. 전자제어 연료 분사장치는 최적의 분사시기와 분사량을 조절할 수 있기 때문에 동일한 출력성능에서 발생되는 질소산화물 NO_x와 입자상의 매연물질이나 흑연 등을 크게 줄일 수 있다.

유럽, 일본, 한국 등 대부분의 자동차 메이커들은 커먼레일 엔진을 저공해 환경규제와 연비향상을 동시에 만족시킬 수 있는 유일한 대안으로 보고 중·소형 디젤 엔진에 커먼레일 분사기술을 적극적으로 채택하고 있다. 대부분의 커먼레일 엔진은 최적의 분사시기와 분사패턴을 조정하기 위해 실린더마다 독립적인 분사밸브를 설치하고 ECU에 의해 제어된다.

그림 1.21 커먼레일 디젤 엔진

▣ 커먼레일 엔진의 주요 구성요소

① 고압 분사펌프(high-pressure injection pump) : 커먼레일에 연료를 1350bar 이상의 고압으로 공급하여 노즐의 안정적 고압분사가 가능하도록 연료압력을 공급하는 고압 분사펌프이다.

② 커먼레일(common rail) : 커먼레일은 고압 분사압력을 항상 균일하게 유지시켜 주는 핵심 부품으로 제1세대는 1350bar, 제2세대는 1800bar 이상으로 축압(accumulated pressure)이 가능하도록 노즐에서 연료를 분사하기 직전의 연료 저장탱크이다.

③ 압력조정 밸브(pressure control valve) : ECU의 지시와 통제를 받아 커먼레일의 압력이 항상 균일하게 유지될 수 있도록 솔레노이드 밸브를 조정한다.

④ 압력센서(pressure sensor) : 커먼레일의 압력을 상시적으로 검지하여 레일의 분사압력을 항상 일정하게 유지하도록 ECU에 압력 신호를 공급하는 역할을 한다.

⑤ 인젝터(injector) : 각 실린더에 파일럿 분사(pilot injection)와 포스트 분사(post injection)를 수행하여 완전연소를 추구하는 핵심 구성품이다.

⑥ 전자제어 유니트(ECU) : 커먼레일의 압력센서를 비롯한 각종 센서에서 검지된 각종 신호를 받아 연산 처리한 결과를 펌프와 인젝터와 같은 액츄에이터에 보내어 엔진의 운전조건에 가장 적합한 연료 분사량, 연료 분사시기, 연료 분사기간 등을 제어하는 유니트로 사람의 두뇌 역할을 하는 컴퓨터이다.

⑦ 센서와 액츄에이터(sensors and actuators) : 센서는 공기질량, 엔진 회전수, 온도, 압력 등 엔진의 모든 운전조건이나 작동상태를 측정하기 위한 것이고, 액츄에이터는 ECU에 의해 결정된 신호 지시사항을 구동하기 위한 펌프, 릴레이, 인젝터, 솔레노이드 밸브 등이 여기에 해당된다.

1.3 자동차 섀시

자동차에서 섀시(chassis)는 엔진과 차체(body)를 떼어낸 나머지 부분을 총칭하는 것으로 그림 1.22에서 잘 나타내고 있다. 자동차의 주요 섀시장치로는 동력 전달장치, 현가장치, 조향장치, 제동장치, 주행장치, 전기장치, 공조장치, 안전장치, 내외장품 등 운전자의 운전성과 주행성을 확보하기 위한 장치들이 대부분 여기에 포함된다.

(a) 섀시

(b) 차체

그림 1.22 자동차의 섀시와 차체의 구성도

(1) 프레임

자동차의 프레임(frame)은 하중지지를 위한 뼈대에 해당하는 부분으로, 여기에는 엔진, 동력 전달장치 등의 주요 부품들이 장착된다. 프레임은 노면과의 하중전달에 대하여 안전성을 보장할 수 있는 강도와 강성도를 충분히 확보함은 물론 경량화 구조물이어야 연비측면에서 유리하다.

버스나 트럭과 같이 큰 하중을 담당해야 하는 구조물은 프레임과 차체를 분리한 형식을 취하지만, 승용차의 경우는 그림 1.22(b)에서 보여준 것처럼 프레임을 차체와 일체형으로 제작함으로써 차체를 낮게 설계할 수 있고, 동시에 전체적인 중량도 줄일 수 있다는 장점이 있다.

(2) 동력 전달장치

엔진에서 발생된 동력을 효율적으로 바퀴(wheel)에 전달하는 여러가지 구성 부품을 총칭하여 동력 전달장치(power transmission system or power train)라 한다. 여기서 동력 전달장치에는 클러치, 변속기, 드라이브 라인, 증감속 기어, 차동 기어, 구동 차축, 구동 바퀴 등으로 구성되어 있다.

(3) 현가장치

현가 스프링으로 차축을 연결한 장치를 현가장치(suspension system)라 하고, 주행중에 노면에서 공급되는 충격을 완충하여 차체나 엔진에 직접 전달되는 것을 방지함으로써 자동차의 안전성과 승차감을 향상시켜 준다. 현가장치는 현가 스프링, 쇽업소버, 스태빌라이져 등의 주요부품으로 구성되며, 차축의 형식에 따라 일체 현가식(suspension or conventional suspension)과 독립 현가식(independent suspension) 등이 개발되어 있다.

(4) 조향장치

자동차의 주행 방향을 임의로 바꾸기 위한 장치를 조향장치(steering system)라 하고, 차량의 선회에 따른 안정성이 확보되어야 한다. 또한, 차량의 조향장치는 선회 반경이 가능한 작아야 하고, 조향의 조작은 가벼우면서 자유로워야 한다. 조향장치에는 조향휠(또는 핸들), 조향 기어박스, 피트맨 암(pitman arm), 드래그 링크, 타이로드, 조향 너클 등의 부품으로 구성되어 있다.

(5) 제동장치

주행중인 자동차의 속도를 줄이거나, 정지시키기 위한 안전장치를 제동장치(brake system)라 한다. 자동차의 동력 발생장치로 엔진이 있지만, 이동하는 자동차를 안전하게 정지시키기 위해서는 브레이크가 필요하다. 자동차의 제동 시스템으로는 자동차의 속도를 완화시키거나 정지하기 위해 발로 제동력을 가하는 푸트 브레이크(foot brake)와 정지하고 있는 차량의 움직임을 손으로 제동하기 위한 핸드 브레이크(hand brake)가 있다. 핸드 브레이크에는 마스터 실린더, 휠 실린더, 브레이크 드럼(또는, 디스크), 브레이크 슈, 브레이크 파이프 등의 부품으로 구성되어 있다.

최근에는 전자제어 제동장치(ABS, TCS 등)의 개발로 제동성이 크게 향상되었다. 자동차에 공급하는 제동력은 기존의 저렴한 기계 마찰식 제동장치보다는 ECU에 연계된 고가의 전자제어 브레이크가 일반화되면서 자동차의 제동 안전성은 크게 향상되었다.

(6) 휠 및 타이어

휠(wheel)과 타이어(tire)로 구성된 자동차 바퀴는 엔진에서 트랜스미션을 거쳐 전달된 동력을 노면에 구름 마찰력을 발생시켜 주행성을 확보하고, 동시에 제동력을 확보하여 자동차의 속도를 줄여주거나 정지시키는 등 중요한 역할을 한다. 자동차에서 휠과 타이어는 항상 노면과 마찰접촉 운동을 하면서 자동차의 이동에 관련된 주행성, 승차감, 안전성, 제동성 등에 모두 연계되어 있다.

휠은 자동차에서 전달되는 모든 하중을 타이어에 균일하게 분담하도록 하는 중요한 역할을 하고, 타이어는 휠에 설치되어 노면에 대하여 주행력, 제동력, 충격력을 안전하게 확보해주는 자동차의 이동에 관련된 핵심부품이다.

(7) 에어백 시스템

운전자와 탑승자를 자동차의 충돌로부터 보호하기 위한 안전장치로 자동차에 가해지는 순간 충돌 에너지의 크기가 일정 규정치를 넘어서면 에어백(air bag)을 순간적으로 팽창시켜 운전자의 운동을 구속하는 장치를 에어백 시스템이라 한다. 에어백은 자동차가 충돌하면서 발생되는 충돌 에너지를 차체(body)에 설치된 충격센서(impact sensor)에 의해 검출된 신호가 ECU에 입력되어 기존에 설정한 충격 에너지 이상으로 판정되면 핸들(steering wheel)에 설치된 에어백을 즉시 팽창시켜 운전자와 탑승자의 움직임을 억제하면서 충돌 에너지를 흡수하도록 하여 이들의 안전성을 확보해주는 안전장치이다.

(8) 에어콘과 카히터

자동차에서 에어콘은 여름에 실내 공간을 주변의 온도보다 낮게 유지하여 냉방을 유지하고, 카히터는 겨울에 온도를 높게 유지하여 차량 내부의 온도를 탑승자가 항상 쾌적한 환경에서 운전될 수 있도록 하는 냉난방 장치이다.

차량의 실내공간 온도를 항상 쾌적하게 유지할 수 있도록 냉방, 난방, 제습 등을 자동적으로 콘트롤하는 전자제어 냉난방 시스템이 가동되고 있다. 이러한 시스템은 차량의 실내온도, 외기온도, 엔진수온, 일사량 등을 검지하여 ECU는 실내의 온도 제어나 풍량의 조절 등을 자동적으로 조절하기 위해 에어믹스 댐퍼 개도, 워터 밸브 개도, 풍량의 흡입구와 배출구를 바꾸는 등 최적의 전자제어를 한다.

연습문제

1.1 연소 방식에 따라 분류하고 있는 가솔린 엔진과 디젤 엔진의 대표적인 연소 사이클 3가지를 간략하게 설명하시오.

1.2 가솔린 엔진의 특징을 간략하게 기술하고, 디젤 엔진에 비하여 상대적으로 시장성을 많이 확보하고 있는 이유를 설명하시오.

1.3 디젤 엔진의 특징을 가솔린 엔진에 대비하여 차이점을 중심으로 간략하게 설명하고, 연료의 공급 방식에 대하여 기술하시오.

1.4 로터리 엔진이 피스톤-실린더 타입의 왕복동 엔진에 비하여 우수한 점을 기술하고, 아직도 문제가 되고 있는 기술을 간략하게 설명하시오.

1.5 커먼레일 디젤 엔진이 기존의 전자제어 디젤 엔진에 비하여 우수한 특징을 기술하시오.

1.6 자동차에서 엔진을 제외한 섀시와 차체의 역할 및 섀시의 주요 구성 부품에 대하여 간략하게 설명하시오.

제 2 장

자동차 전기 기초

2.1 전기의 기초

2.1.1 전기의 개요

천으로 호박을 문지르고 나서 종이(paper)나 털(wool)에 접촉하면 이들 두 물체는 서로 잡아당기는 현상이 일어난다는 사실을 BC 600년전 그리스의 철학자 탈레스(Thales)에 의해 발견되면서 전기(electric)의 존재를 처음으로 알게 되었다. 이렇게 두 물체가 서로 잡아당기는 힘이 생기는 것은 두 물체가 마찰하기 때문에 발생되는 것으로, 이것을 전기에 의한 힘이라 한다. 이와 동일한 성질의 현상이 자기(magnetic)에도 나타난다는 사실은 그리스 시대에 이미 알려져 있었다.

전기에는 흐르는 전기와 정지한 전기 두 가지가 존재한다. 우리들이 일반적으로 전기라고 부르는 것은 흐르는 전기를 의미하는 경우가 대부분이다. 예를 들면, 우리들이 편리하게 사용하는 전기는 스위치를 넣으면 전등에 바로 켜지는데, 이것은 전기가 도선을 타고 빠른 속도로 전달되어 오기 때문이다. 즉, 전기가 흐른다는 것은 전하가 빠른 속도로 이동한다는 것을 의미한다.

이와 같이 흐르는 전기에 대한 응용이 광범위하게 진행되고 있기 때문에 정지하고 있는 전기는 상대적으로 관심을 끌지 못하고 있다. 그러나, 초창기의 전기는 정지하고 있는 전기, 즉 정전기(static electricity or electrostatics)로부터 시작되었다. 일상 생활에서 특히 합성 섬유 옷을 입었을 때, 작은 불꽃이 번쩍이면서 큰 소리가 함께 발생하는 경험을 하게 되는데, 이것이 정전기이다. 정전기 현상은 마찰 등의 원인에 의해 옷이 대전되어 많은 정전기를 가진 상태에서 사람의 몸과의 접촉에 의해 흘러가기 때문에 나타나는 현상이고, 이 때 발생하는 소리는 전하의 흐름에 의해 정전하와 부전하가 서로 충돌하는 소리이다. 정전기는 주로 마찰이나 원자들의 충돌에 의해 발생한다.

자동차가 지면에 닿을 정도의 쇠사슬을 매달고 도로를 달리는 광경을 흔히 볼 수 있는데, 이것도 자동차가 주행할 때 흔들려서 가솔린 분자들의 충돌 및 마찰에 의해 생기는 정전기를 땅(ground)으로 흘려주기 위한 것이다.

2.1.2 물질의 구성

모든 물질의 구성은 기계적 최소 단위인 분자(molecule)로 구성되어 있고, 이들 분자는 화학적 최소 단위 입자인 원자(atom)의 집합체로 구성되어 있다. 전자론에 의하면 이들 원자는 양(+)의 전기를 띤 원자핵과 음(-)의 전기를 띤 전자로 구성되어 있고, 원자핵은 다시 양자(proton)와 중성자(neutron)로 나누어진다. 그러나, 보통의 물질은 원자핵이 가지는 양전기와 전자가 가지는 음전기가 동일하기 때문에 서로 상쇄되어 전기의 성질을 나타내지 않는 중성의 상태로 존재한다. 이 때 중성의 물질에 열이나 빛, 또는 자력을 가하여 중성 물질로부터 전자가 튀어나오면 이 물질은 양(+)의 전기를 발생하고, 반대로 전자가 물질로 들어가면 음(-)의 전기가 발생한다.

모든 물질이 분자로 구성되어 있는데, 분자는 다시 원자의 집합체로 구성되고, 원자는 다시 3개의 소립자로 구성되는 것으로 알려져 있다. 그림 2.1은 양자, 중성자, 전자라는 원자의 기본 구조와 자유전자의 이동 패턴을 보여주고 있다.

원자의 기본 구조인 양자, 중성자, 전자의 3가지에 대하여 간략하게 설명하면 다음과 같다.

(1) 양자

양자(proton)는 최소량의 (+)전기를 가지며, 질량은 전자의 약 1840배에 해당하고, 중성자와 함께 핵을 구성한다.

(2) 중성자

중성자(neutron)는 양자와 거의 같은 질량을 가지고 있으나, 전기적으로는 중성을 나타내며, 중성자는 양자와 함께 핵을 구성한다.

(3) 전자

전자(electron)는 최소량의 (-)전기를 띠고 있으며, 질량은 양자의 1/1840 정도이고, 원자핵 주위를 원형 또는 타원형의 궤도를 따라 빛의 1/10 속도로 운동한다. 전자 1개의 전기량은 양자 1개의 전기량과 같으나, 그 특성은 서로 다르다. 원자내의 미립자인 전하와 질량의 크기를 표 2.1에서 제시하고 있다.

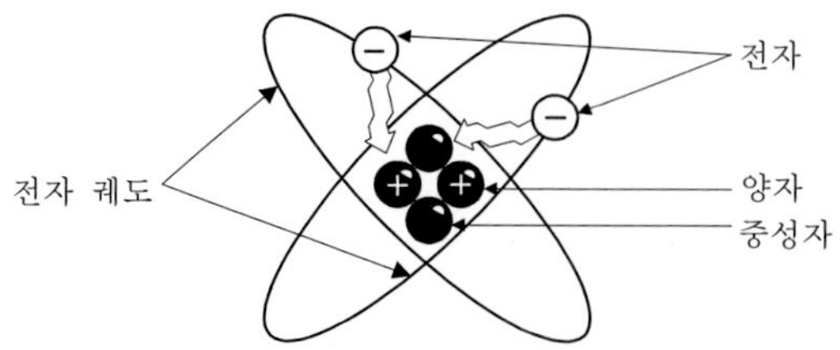

(a) 원자의 구조

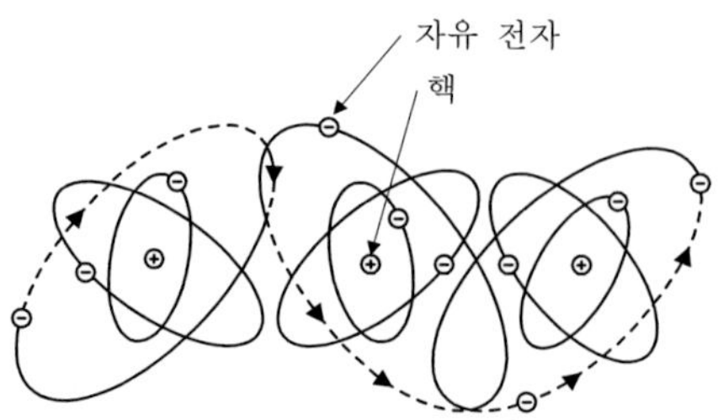

(b) 자유전자의 이동 궤적

그림 2.1 원자의 기본구조와 자유전자의 이동 패턴

표 2.1 원자내의 미립자

명 칭	기 호	전 하	질 량, kg
전 자	e^-	0.16×10^{-18}C(−)	9.108×10^{-31}
양 자	p	0.16×10^{-18}C(+)	1.672×10^{-27}
중성자	n	없음	1.675×10^{-27}

2.2 직류회로

2.2.1 전류

사람이 전기에 감전되면 몸안으로 "전기가 흘렀다." 또는 "전기가 통했다."라는 표현을 하지만, 가장 정확한 표현은 "전류(electric current)가 흘렀다."라고 해야 한다. 전류는 전위차에 의해 발생되는 것으로 단위는 암페어(Ampere : A)를 사용한다.

전류의 크기는 어느 도선의 단면을 단위시간[sec] 동안에 통과하는 전하량으로 결정된다. 즉,

$$I = \frac{Q}{t} \tag{2.1}$$

여기서 I는 전류[A], Q는 전하량[C], t는 시간[sec]을 각각 나타낸다.

전류의 크기를 나타내는 식 (2.1)에서 큰 전류가 형성되기 위해서는 대단히 짧은 시간에 많은 양의 전하 입자가 이동해야 한다. 따라서, 전류는 전하 입자의 개수와 이동 속도에 비례하고, 이동 속도는 주어진 전위차(전압)가 크면 큰 전계가 형성되어 전하를 가속하는 힘이 매우 크게 되므로 빨라질 수 있다.

(+)전기를 갖는 물질과 (-)전기를 갖는 물질을 서로 맞대어 놓으면 (+)와 (-)전기는 서로 이끌리어 중화가 되려고 한다. 이 때에 (-)전기인 전자가 (+)전기를 갖는 쪽으로 이동해 가는 것이 여러 가지 실험에 의해 관찰되었다. 즉, 전자는 양자에 비해서 훨씬 가볍기 때문에 이동하기 쉽다는 것이다. 이와 같이 (-)전기를 갖는 전자가 이동하는 것을 전류가 흘렀다고 한다. 일반적으로 전류는 전자의 흐름이며, 그림 2.2는 (-)전기인 전자가 (+)전기인 물질 쪽으로 이동하는 것을 보여준다. 그러나, 전류의 흐름은 (+)에서 (-)로 이동한다. 즉, 전자의 이동 방향과 전류의 이동 방향은 서로 반대가 된다.

2.2.2 전압

전압(voltage)은 전위차 또는 전류를 흐르게 하는 전기적 압력을 말한다. 즉, 어떤 물체에 전하를 많이 담아 두면 같은 종류의 전하 상호간에는 반발력이 작용하여 다른 종류의 전하가 있는 쪽으로 이동하려는 압력이 발생하는데, 이 때의 전기적 압력을 전압이라 한다.

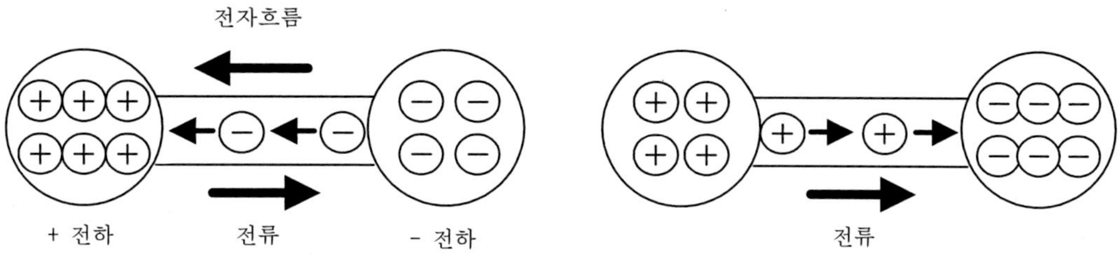

(a) 전자의 이동 (b) 전류의 이동

그림 2.2 전류가 흐르는 방향

전압을 설명하는 그림 2.3에 의하면, 양쪽의 물체에 (+)전하를 많이 담아두면 다같이 전위가 높아지는데, 만약 양쪽의 전위가 같다면 양쪽 사이에는 전하를 이동시킬 만한 전기적인 압력, 즉 전압차가 없기 때문에 전하의 이동은 일어나지 않는다.

그러나, 그림 2.4에서 보여준 것처럼 한쪽은 전위가 높고 다른 쪽은 전위가 낮다면 양쪽 사이에는 전위차가 있어 전하를 이동시킬 수 있는 전압이 나타나게 된다. 여기서, 전압을 전위의 크기만으로 표현하기는 곤란하고, 항상 두 지점간의 전위차 크기로 표현한다. 어떤 전하가 이동할 때에는 열을 방출하는 등 상당한 일을 하게 되는데, 같을 양의 전하가 이동할지라도 전압이 높으면 더 많은 일을 하게 된다. 따라서, 전압의 크기는 일정량의 전하가 하는 일의 양으로 표현하고, 전압의 단위는 볼트(Volt : V)로 나타낸다.

전압 1[V]는 전하 1[C]가 1[J]의 일을 하는데 필요한 크기를 나타낸 것이다. 이것을 식으로 표현하면 다음과 같다.

$$V = \frac{W}{Q} \tag{2.2}$$

여기서 V는 전압[V], W는 일의 크기[J], Q는 전하량[C]을 각각 나타낸다.

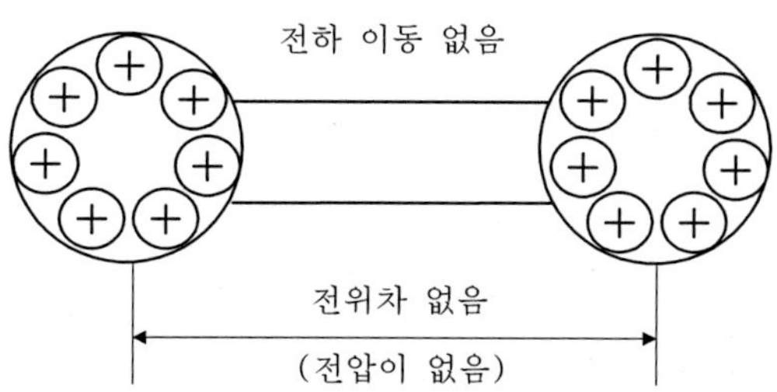

그림 2.3 전하의 이동이 없는 경우

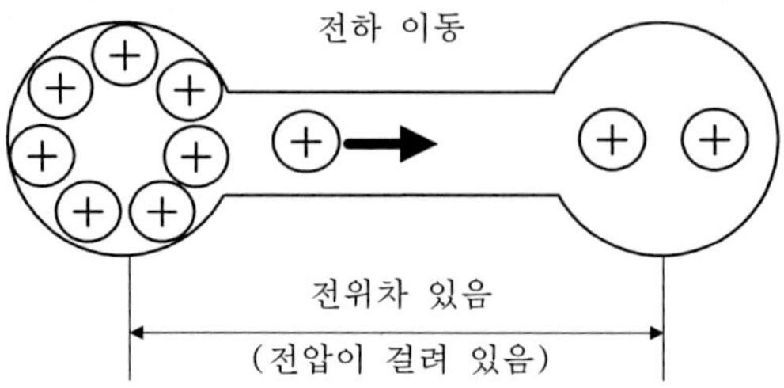

그림 2.4 전하의 이동이 있는 경우

2.2.3 저항

(1) 전기저항

전기저항(electric resistance)은 전류가 어떤 물질의 내부를 흐를 때 방해받는 정도의 크기를 나타낸 것으로 저항의 단위는 옴(ohm : Ω)으로 나타낸다. 모든 물질은 전류의 흐름을 방해하는 성질, 즉 전기적 저항을 가지고 있으며, 전류가 흐르기 어려울수록 그 물질이 갖는 저항은 크다고 한다. 전류 그 자체는 물질을 통과하는 자유전자의 이동이다.

전류의 흐름을 방해하는 힘의 크기를 나타내는 전기저항은 도체의 길이에 비례하고 단면적에 반비례한다. 즉,

$$R = \rho \frac{L}{S} \tag{2.3}$$

여기서 R은 도체의 전기저항[Ω], L은 도체의 길이[m], S는 도체의 단면적[m^2], ρ는 도체의 고유저항(specific resistance)을 각각 나타낸다.

결국, 전기저항 R은 도체에 1[V]의 전압을 가하여 1[A]의 전류를 흐르게 하고자 하는 경우에 그 회로에서 필요한 저항의 크기를 나타낸 것이다.

모든 소재들의 고유 저항값은 온도에 따라 다르게 나타나는데, 20℃에서 측정한 경우의 대표적인 금속과 합금 소재에 대한 고유 저항값 ρ를 표 2.2에서 제시하고 있다. 보통 물질의 기계적, 물리적 특성은 온도에 의해 영향을 받는다. 또한 전류도 온도의 변화에 따라서 물질을 통과하는 자유전자의 이동에 제한을 받게 된다.

표 2.2 20℃에서 측정한 각종 금속 및 합금 소재의 고유 저항값, ρ

금속	고유 저항값(20℃) [μΩ · cm]	금속	고유 저항값(20℃) [μΩ · cm]
금(Au)	2.40	백금(Pt)	10.5
은(Ag)	1.62	주석(Sn)	11.4
동(Cu)	1.69	강(Steel)	20.6
크롬(Cr)	2.60	납(Pb)	21.9
알루미늄(Al)	2.62	양은(Ni-Cu-Zn)	17~41
텅스텐(W)	5.48	규소강(Fe-Si)4.5%	62.5
황동(Bronze)	5.7	수은(Hg)	95.8
아연(Zn)	6.10	동-망간(Cu-Mn)	34~100
니켈(Ni)	6.90	주철(Cast Iron)	57~114
철(Fe)	10.0	니켈-크롬(Ni-Cr)	100~110

(2) 옴의 법칙

옴의 법칙(Ohm's law)은 1827년에 독일의 유명한 물리학자 옴(George Simon Ohm)이 실험적으로 증명한 것으로 "도체를 흐르는 전류는 공급된 전압에 정비례하고, 그 도체의 저항에 반비례한다."는 것이다. 즉,

$$I = \frac{V}{R} \tag{2.4}$$

여기서 I는 도체에 흐르는 전류[A], V는 도체에 가해진 전압[V], R은 도체의 저항[Ω]을 각각 나타낸다.

도체는 일반적으로 옴의 법칙을 따르지만, 절연체의 경우는 옴의 법칙이 항상 성립하는 것은 아니다. 따라서, 옴의 법칙이 성립하는 전압의 영역과 그렇지 못한 영역이 존재하므로 옴의 법칙이 모든 물체에 대하여 항상 성립하는 것은 아니라고 할 수 있다.

(3) 저항의 접속

저항의 접속은 둘 이상의 저항을 차례로 이어서 회로의 전체 전류가 각각의 저항에 순차적으로 흐르게 하는 직렬 접속, 둘 이상의 저항 양끝을 두 점에 이어서 회로의 전체 전류가 각각의 저항에 나뉘어 흐르도록 하는 병렬 접속, 이러한 접속 방법을 혼합한 혼합 접속의 3가지가 있다.

▣ 직렬 접속

직렬 접속(series connection)은 전압을 이용하고자 하는 경우에 연결하는 방법으로 n개의 저항 R_1, R_2, R_3, … R_n을 직렬로 접속하고, 여기에 E[V]의 전압을 가할 때 회로를 따라서 흐르는 전류 I[A]는 다음과 같다.

$$I=\frac{E}{R_1+R_2+\ \cdots\ +R_n}=\frac{E}{\Sigma R_n} \tag{2.5}$$

여기서 ΣR_n은 직렬 회로의 합성 저항을 나타내는 것으로 각각의 저항을 합한 것과 같다. 즉,

$$\Sigma R_n = R_1+R_2+\ \cdots\ +R_n \tag{2.6}$$

그림 2.5는 직렬 접속을 보여주는 그림으로 전류는 a점에서 저항치 R_1, R_2, R_3, … R_n을 차례로 지나서 b점을 빠져 나오는 회로로, 각 저항에서 전류의 세기는 같다. 즉, 직렬 회로에서 전류는 모두 같다.

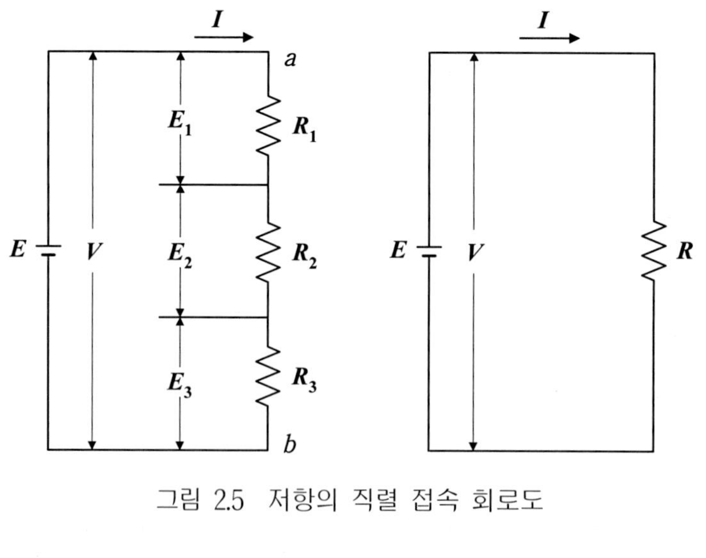

그림 2.5 저항의 직렬 접속 회로도

▣ 병렬 접속

병렬 접속(parallel connection)은 전류를 이용하고자 하는 경우에 연결하는 방법으로 n개의 저항 R_1, R_2, R_3, … R_n을 병렬로 접속하고, 여기에 E[V]의 전압을 가할 때 회로를 따

라서 흐르는 전류 I[A]는 다음과 같다.

$$I=\frac{E}{\dfrac{1}{\dfrac{1}{R_1}+\dfrac{1}{R_2}+\dfrac{1}{R_3}+\ \cdots\ +\dfrac{1}{R_n}}}=\frac{E}{R_0} \tag{2.7}$$

여기서 R_0은 병렬 회로의 합성 저항을 나타내는 것으로 각각의 저항을 다음과 같이 합한 것과 같다. 즉,

$$R_0=\frac{1}{\dfrac{1}{R_1}+\dfrac{1}{R_2}+\ \cdots\ +\dfrac{1}{R_n}}=\frac{1}{\Sigma\dfrac{1}{R_n}} \tag{2.8}$$

등가 저항이라고도 불리는 합성 저항 R_0은 각각의 저항 R_1, R_2, R_3, $\cdots$ R_n의 어느 저항값 보다도 작은 값이 된다. 그림 2.6은 병렬 접속을 보여주는 것으로 전류가 2곳 이상의 통로로 나뉘어 흐르도록 접속하고 있다. 병렬 접속에서 각 저항에는 어느 것이나 같은 값의 전압이 걸린다. 즉, 병렬회로에 걸리는 전류 I는 다음과 같이 표현된다.

$$I=I_1+I_2+I_3 \tag{2.9}$$

여기서, $I_1=\dfrac{E}{R_1}$

$I_2=\dfrac{E}{R_2}$

$I_3=\dfrac{E}{R_3}$

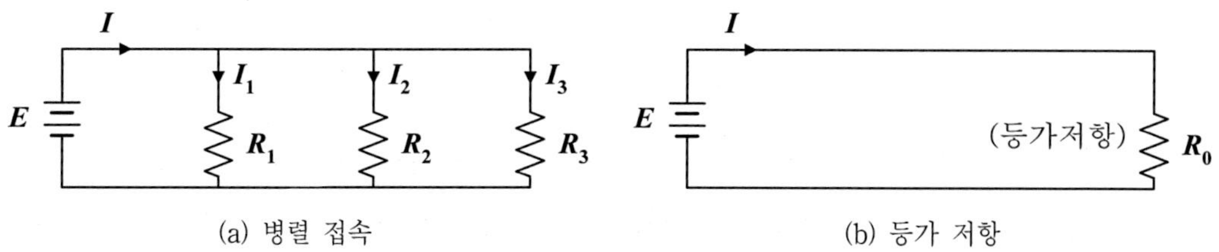

그림 2.6 저항의 병렬 접속 회로도

▣ 혼합 접속

혼합 접속(series-parallel connection)은 직・병렬 접속이라고도 하며, 회로의 접속에서 직렬 연결과 병렬 연결을 조합한 것이다. 즉, 직렬과 병렬을 혼합하여 같이 연결한 것이다. 그림 2.7과 같은 혼합 접속에서 합성 저항을 구하기 위해서는 먼저 병렬 회로의 합성 저항을 계산하고, 그 저항에 직렬 저항을 합치면 된다. 즉,

$$R_0 = R_1 + \frac{1}{\frac{1}{R_2} + \frac{1}{R_3}} + \frac{1}{\frac{1}{R_4} + \frac{1}{R_5} + \frac{1}{R_6}} \tag{2.10}$$

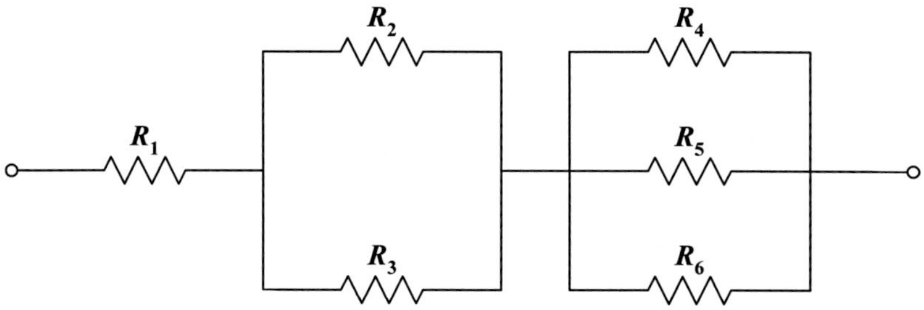

그림 2.7 저항의 혼합 접속 회로도

2.2.4 전압 강하

도체에 전류가 흐를 때 저항에 의해 소비되는 전압을 전압 강하(voltage drop)라고 한다. 전압 강하는 직렬 접속에서 많이 발생하는데, 특히 배터리의 단자, 스위치, 배선, 접속부 등에서 전압 강하가 발생하기 쉽다. 따라서, 도체에 전류가 흐를 때 저항을 줄이기 위해서는 배선의 길이를 짧게 하고, 굵기는 적합한 것을 사용해야 하며, 배선의 연결부는 완벽하게 접속되도록 연결해야 한다.

(1) 키르히호프의 제1법칙

비교적 간단한 회로는 옴의 법칙(Ohm's law)으로 계산할 수 있지만, 저항과 기전력이 여러 개로 접속되어 있는 복잡한 회로에서는 키르히호프 법칙(Kirchhoff's law)을 이용하는 것이 편리하다.

키르히호프의 제1법칙은 전류에 관한 것으로 복잡한 회로에서 임의의 한 점으로 유입된 전류는 다른 통로를 통하여 유출되기 때문에 회로내의 한개의 점으로 유입된 전류의 총합은 유출된 전류의 총합과 같다는 것이다. 즉,

$$\Sigma\ I_0 = 0 \qquad (2.11)$$

그림 2.8과 같은 전기회로에서 접속점으로 유입하는 전류를 I_1, I_4, I_5라 하고, 접속점 O에서 유출하는 전류를 I_2, I_3라고 하면, $I_1 + I_4 + I_5 - I_2 - I_3 = 0$, 또는 $I_1 + I_4 + I_5 = I_2 + I_3$으로 표현된다. 결국 접속점 O를 기준으로 볼 때 유입되는 전류의 총합과 유출하는 전류의 총합은 항상 같다는 것으로, 이것을 키르히호프 제1법칙이라 한다.

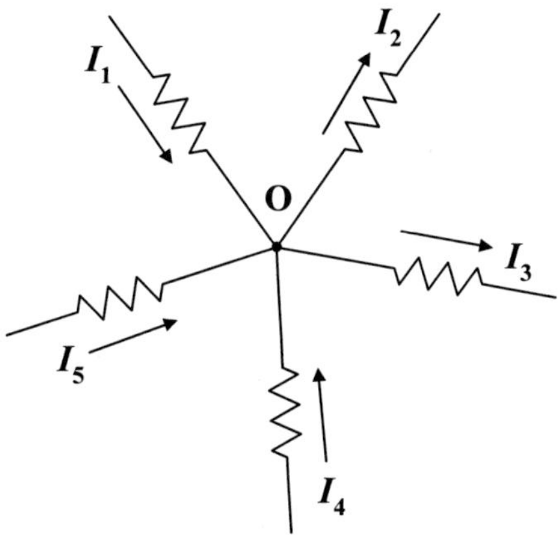

그림 2.8 Kirchhoff의 제1법칙

(2) 키르히호프의 제2법칙

키르히호프의 제2법칙은 전압에 관한 것으로 임의의 폐회로에서 소비된 전압 강하의 총합은 기전력의 총합과 같다. 즉,

$$\Sigma E_n = \Sigma I_n R_n \qquad (2.12)$$

그림 2.9와 같은 회로망에서 전류는 I_1, I_2, I_3, I_4, I_5가 흐르고 있으나, 전류의 방향이 일정한 것이 아니고 각각 다르다. 임의로 전류 방향을 일정하게 (+)로 정하고, 이것과 반대되는 방향을 (-)로 정하여 방정식을 세운다. 그림 2.9에서 점선은 시계 방향을 전류의 (+)방향으로 취하고, 기전력의 방향도 이것에 준한다고 가정할 경우에 전압 강하의 총합과 기전력의 총합은 키르히호프 제2법칙에 의하여 다음과 같이 된다. 즉,

$$I_1R_1 + I_2R_2 - I_3R_3 + I_4R_4 + I_5R_5 = E_1 + E_2 - E_3 + E_4 + E_5 \qquad (2.13)$$

여기서 적용된 키르히호프 법칙(Kirchhoff's law)의 순서는 다음과 같다.

① 각 지로에서 전류의 기호를 정하고, 그 방향을 가정하여 관계식을 수립한다.
② 각 접속점에 제1법칙을 적용하여 각 지로의 전류간 관계식을 수립한다.
③ 폐회로에 키르히호프의 제2법칙을 이용하여 관계식을 수립한다.
④ 방정식은 각각 독립적인 것으로 세운다.
⑤ 전체 방정식의 수와 미지수는 같게 세운다.

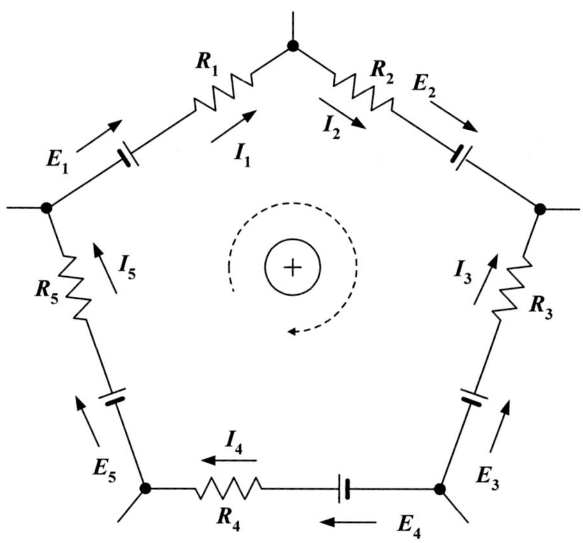

그림 2.9 Kirchhoff의 제2법칙

2.2.5 전력과 전력량

전력(electric power)은 단위 시간당 전기가 한 일의 총량, 즉 전기가 하는 일의 크기를 나타낸다. 전력은 전압이 높을수록 많은 전류가 흐르고, 또한 전류가 많을수록 일을 많이 하기 때문에 전기가 하는 일은 전압과 전류에 비례한다고 할 수 있다.

전력의 단위로는 와트(Watt : W)를 사용하고, 기호는 P[W]라고 표현한다. 1W의 전력은 1초 동안에 1V의 전위차에 의해 1C(Coulomb)의 전하를 이동시키는데 소비된 일의 양과 같다. 이것을 수식으로 표현하면 다음과 같다.

$$P = VI = I^2 R = \frac{V^2}{R} \tag{2.14}$$

전력량 W는 전기가 한 일[W]의 총량을 나타낸 것이다. 즉,

$$W = VIt = Pt \tag{2.15}$$

전력은 단위 시간당 한 전력량[W=J/sec]의 크기를 표현한 것으로 다음의 관계식이 성립된다. 즉,

$$P = \frac{W}{t} = VI \tag{2.16}$$

전력량의 단위는 [Wh]을 사용하며, 1[Wh] = 3600[J]이 된다. 전력을 절약하려면, 큰 전력을 필요로 하는 것일수록 짧은 시간 동안 사용하는 것이 유리하다.

2.3 전기와 자기

2.3.1 자기의 성질

전자기기라 불리는 전동기, 발전기, 변압기 등은 전기와 자기의 조합에 의해 구동된다. 이들 전자기기는 전기 에너지를 기계 에너지로, 또는 기계 에너지를 전기 에너지로 변환시켜 준다. 따라서, 실제의 전자기기에서 전기와 자기는 대단히 밀접한 관계를 맺고 있다.

자철광이 철이나 니켈 등을 잡아당기려는 성질을 자성(magnetic)이라 하고, 잡아당기는 작용을 자기(magnetism)라 한다. 그리고, 자성을 지니고 있는 물질을 자석이라 하고, 이것의 특성을 요약하면 다음과 같다.

① 자석은 철을 끌어당기는 작용을 하지만, 그 작용은 자기의 양단 자극(N극과 S극)에 의하여 작용된다.

② 자석에는 두 개의 자극(N극과 S극)이 있는데, 같은 극(pole)끼리는 서로 반발하지만 다른 극끼리는 서로 잡아당긴다.

③ 자축을 수평으로 하여 자유로이 회전하는 자침(magnetic needle)에서 북방지시 자극을 N극 또는 양(+)극이라 하고, 남방지시 자극을 S극 또는 음(-)극이라 한다.

④ 자극의 세기는 그 자극이 갖고 있는 자기의 양으로 결정하고, 단위는 웨버(Weber : Wb)를 사용한다. 진공중에서 1m 거리에 있는 두 개의 동일한 자극간에 작용하는 힘이 6.33×10^4[N]일 때, 이 자극의 세기를 1[Wb]라 한다.

⑤ 두 개의 자극간에 작용하는 자극의 힘은 자극간 거리의 2승에 반비례하고, 두 개의 자극 세기를 곱한 크기에 비례한다. 이들 관계를 표현한 것이 자극에 대한 쿨롱 법칙(Coulomb law)이라 한다.

2.3.2 쿨롱 법칙

같은 자극을 띠고 있는 자석 사이에서는 반발력이 발생하고, 다른 자극 사이에서는 흡인력이 작용한다. 자석에서 두 자극의 세기(자하 : magnetic charge)를 각각 m_1[Wb], m_2[Wb]라 하고, 두 자극이 떨어진 거리를 r[m]라 할 때, 서로 잡아당기는 힘의 크기 F[N]는 다음의 관계식은 쿨롱 법칙으로 표현할 수 있다. 즉, F는 두 자극 세기의 곱에 비례하고 거리의 제곱에 반비례한다.

$$F = k\frac{m_1 m_2}{r^2} \tag{2.17}$$

여기서 F= 자극간에 작용하는 반발력 또는 흡인력, N

m_1, m_2= 자극의 세기, Wb

r= 자극간의 거리, m

k= 자력이 작용하는 장소의 물질(매질)에 의해 정해지는 정수

- 진공에서 $k = 6.33\times10^4 = \frac{1}{4\pi\mu_0} \left[\frac{N\cdot m^2}{Wb^2}\right]$
- 매질에서 $k = \frac{6.33\times10^4}{\mu_s} = \frac{1}{4\pi\mu_s\mu_0} = \frac{1}{4\pi\mu} \left[\frac{N\cdot m^2}{Wb^2}\right]$

여기서,

μ_0= 진공에서의 투자율(permeability)

$$\left(= \frac{1}{4\pi\times6.33\times10^4} = 1.257\times10^{-6} \left[\frac{N\cdot m^2}{Wb^2}\right]\right)$$

μ_s= 매질에서의 비투자율(relative permeability)

이 때에 진공중에서 비투자율 $\mu_s = 1$, 공기중에서 비투자율 $\mu_s = 1$의 값이 제시된다. 또한, μ는 투자율이라 하며, $\mu = \mu_s\mu_0$의 관계가 있다. 일반적으로 투자율이 1보다 작은 것을반자성체, 1보다 큰 것을 상자성체, 투자율이 1보다 훨씬 큰 것을 강자성체라 한다.

자동차의 전기장치에서 사용하는 자석은 인공적으로 제작한 것으로, 시동 모터(start motor)의 계자코일과 계자철심, 솔레노이드 스위치, 각종 릴레이, 냉각팬 모터 등에 사용되고 있다. 또한, 와이퍼 모터와 엔진의 전자제어 연료 펌프는 영구 자석과 인공 자석을 병행하여 사용하고 있다.

2.3.3 자계와 자력선

자석 근처에 도체인 철편(steel specimen)을 가져가면 서로 당기려는 흡입력이 작용하는데, 이렇게 자력이 작용하는 공간을 자계(magnetic field) 또는 자장이라 한다. 그림 2.10(a)는 막대 자석과 말굽 자석에서 자력선이 N극에서 S극으로 이동하는 자장 모형을 보여주고 있다. 또한, 그림 2.10(b)에서는 N극과 S극 사이에서 발생하는 흡인력과 N극과 N극 또는 S극과 S극 사이에서 발생하는 반발력 모델을 제시하고 있다. 결국 동일한 자극이 만나게 되면 서로 밀어

내려는 힘이 작용하지만, 다른 자극이 접촉하게 되면 서로 당기려는 힘이 작용한다는 것이다.

자계는 자력이 미치는 공간을 나타내는 것으로 자계의 세기 단위는 보통 암페어・회수/거리(Ampere-Turn/Meter, AT/m)로 표시한다. 즉, 1[AT/m]는 1[Wb]의 정자하(magnetic change)에 작용하는 힘이 1[N] 정도가 될만한 자계의 세기를 말한다. 또한, 1[AT/m]는 진공중에서 직경 1[m]인 1권수의 원형 코일에 직류 1[A]를 흘렸을 때, 코일 중심부에서 발생하는 자계의 크기와 같다.

m[Wb]의 자하를 가진 극에서 r[m]만큼 떨어진 지점에서 진공상태나 매질중에서 자계의 세기 H는 다음과 같다.

- 진공(또는, 공기)에서 $H = 6.33\times10^4 \dfrac{m}{r^2} = \dfrac{m}{4\pi\mu_0 r^2}$ [AT/m] (2.18)

- 매질중에서 $H = 6.33\times10^4 \dfrac{m}{\mu_s r^2} = \dfrac{m}{4\pi\mu_s\mu_0 r^2} = \dfrac{m}{4\pi\mu r^2}$ [AT/m] (2.19)

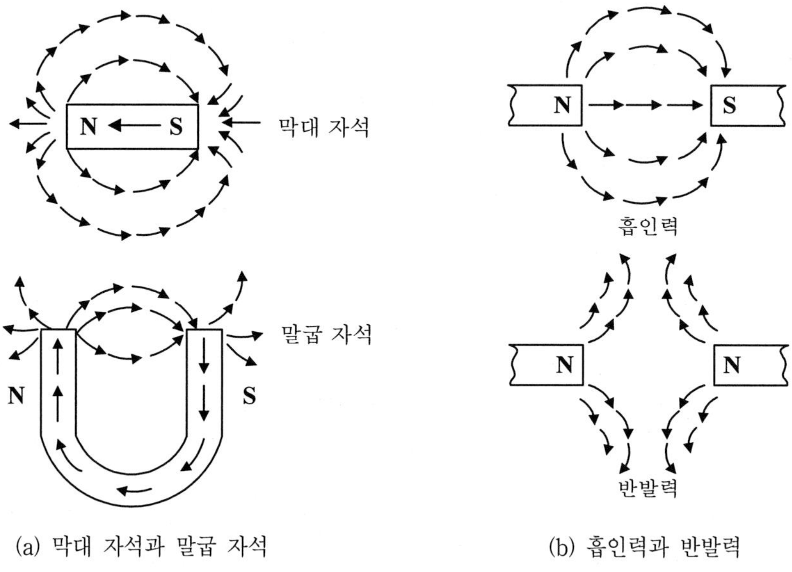

(a) 막대 자석과 말굽 자석 (b) 흡인력과 반발력

그림 2.10 자석과 자력선

2.3.4 전류가 만드는 자계

(1) 전류의 자기작용

전선에 전류를 흘리면 그 주위에는 오른쪽 나사가 진행하는 방향으로 자력선이 발생한다. 이것을 앙페르의 오른나사 법칙(Ampere's right-hand rule)이라 한다. 전선에 전류가 흐르게 되면 그 주위에 전류의 세기에 비례하고, 전선에서의 거리에 반비례하는 자계가 발생하며, 그 자력선은 전선을 중심으로 동심원상을 형성하게 된다. 전류가 흐르는 방향과 자력선의 방향은 그림 2.11에서 보여주는 것처럼 전류의 진행 방향을 오른나사의 진행 방향과 일치시키면 오른나사가 돌려지는 방향과 일치한다.

그림 2.12는 오른나사의 법칙에 의해 도체에 흐르는 전류와 자장의 진행 방향을 보여주고 있다. 이들의 방향은 그림 2.12처럼 간단한 기호로 표시할 수 있다. 즉, 도체에 흐르는 전류의 진행 방향을 • 또는 ×로 간단하게 표시할 수 있다. 전류가 관찰자의 방향으로 튀어나올 때는 도체의 단면 ○에 •을 찍어 ◉로 표시한다. 그러나, 전류가 관찰자로부터 도체 내부로 흘러 들어갈 때는 도체의 단면 ○에 ×를 하여 ⓧ로 표시하여 구별한다. 자장의 방향도 전류의 방향과 동일하게 표시한다.

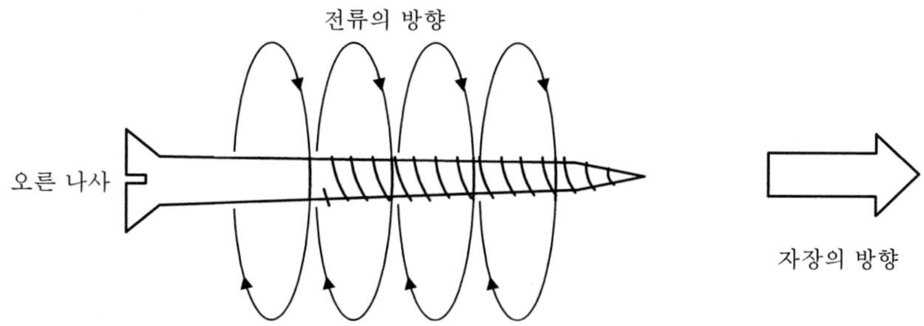

그림 2.11 앙페르의 오른나사 법칙

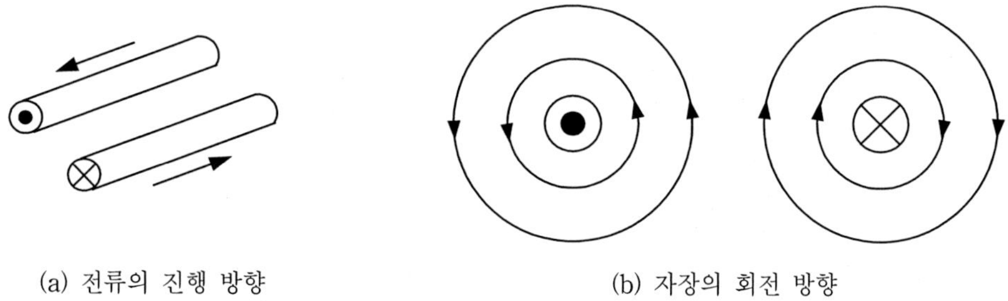

(a) 전류의 진행 방향 (b) 자장의 회전 방향

그림 2.12 전류와 자장의 방향

(2) 코일에 형성되는 자계

전선을 코일 모양으로 여러 번 감아서 전류를 흘리면 자력선의 세기는 각 코일에 생긴 자력선을 합한 것이 된다. 그림 2.13에서 보여주는 것처럼 코일의 양끝에서 보면 자력선이 나오는 쪽이 N극, 자력선이 들어가는 쪽이 S극이 된다.

그림 2.13은 전류가 흐르는 진행방향을 따라서 코일에 생성된 자력선을 보여주는 것으로 전류를 코일 도선에 흐르게 하면 코일의 각부에는 화살표 방향으로 자력선이 발생하고, 코일의 권선수를 많게하면 코일에 생긴 자력선의 세기는 증가한다. 이러한 코일내의 자계에 대한 원리를 응용하여 사용중인 자동차 부품으로는 시동 모터(starter)의 솔레노이드 스위치, 계자코일, 계자철심 등이 있다.

코일에 발생하는 자력선은 그림 2.10에서 보여준 막대 자석에 형성된 자력선과 유사하다. 즉, 코일의 자력선 방향을 알고자 하는 경우, 앙페르의 오른손 엄지 손가락 법칙을 사용하면 쉽게 알 수 있다. 그림 2.14에서 오른손 손가락은 전류의 진행 방향을 가리키도록 코일을 감아쥐고, 엄지는 코일 내부의 자력선 방향을 표시한다.

즉, 감아진 코일에 의해 형성된 자력선 Φ는 코일에 흐르는 전류 I와 권선수 N의 곱으로 나타낸다.

$$\Phi = I \times N \tag{2.20}$$

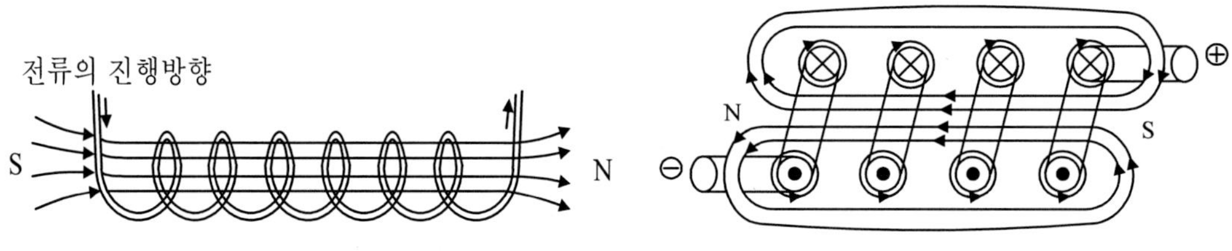

(a) 전류의 방향 (b) 자장의 방향

그림 2.13 코일에 흐르는 전류에 의한 자력선

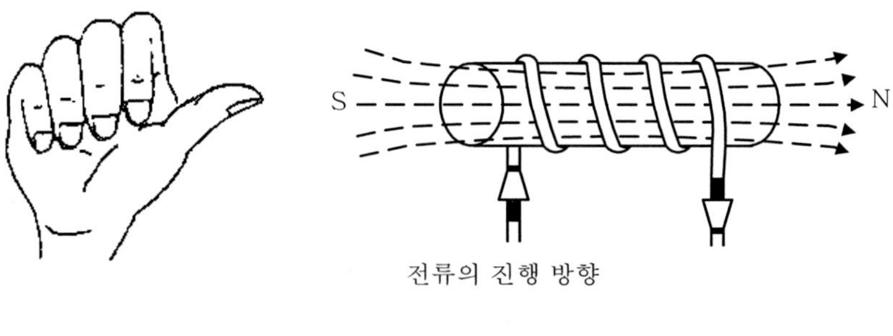

그림 2.14 코일의 법칙(오른손 엄지 손가락의 법칙)

2.3.5 전자력

자계에 도체를 놓고 전류를 흘리면 힘이 발생하는데, 이 힘을 전자력(electromagnetic force)이라 한다. 그림 2.15에서 전자력의 크기는 자계의 방향과 전류의 방향이 서로 직각이 될 때에 가장 크다. 또한, 전자력은 자계의 세기, 도체의 길이, 도체에 흐르는 전류의 크기에 비례하여 증가한다.

도선에 전류를 흘리면 앙페르의 오른나사 법칙(Ampere's right-hand rule)에 의해 도선(coil) 주위에 형성된 자계를 그림 2.13에서 보여주고 있다. 자석의 자력선은 직선으로 되려는 성질이 있기 때문에 도선을 밀어내는 힘이 작용하는데, 이 도선에 작용하는 힘을 전자력이라 한다. 전자력의 방향은 자석에서 나오는 자력선의 방향과 도체에 흐르는 전류의 방향에 의해 결정되는데, 이들 진행 방향은 그림 2.16과 같이 플레밍(John A. Fleming)의 왼손 법칙에 의해서 다음과 같이 결정된다.

즉, 플레밍의 왼손 법칙은 왼손의 엄지, 검지, 중지를 직각으로 펴서 검지를 자력선의 방향에 맞추고, 중지를 전류의 방향에 일치시키면 도체의 전자력은 엄지 방향으로 작용한다는 것이다. 이러한 전자력의 원리를 응용하여 자동차 부품에 적용한 사례로는 시동 모터, 전류계, 전압계 등이 있다.

전자력의 크기는 자계(자속밀도 B)가 강할수록 커지고, 도선에 흐르는 전류 I가 클수록, 그리고 자계속의 도선 길이 l이 길수록 강한 힘이 발생한다. 전자력 F를 식으로 나타내면 다음과 같다.

$$F = B \times I \times l \tag{2.21}$$

여기서 F는 전자력[N], B는 자속밀도, I는 전류, l은 도체의 길이를 각각 나타낸다.

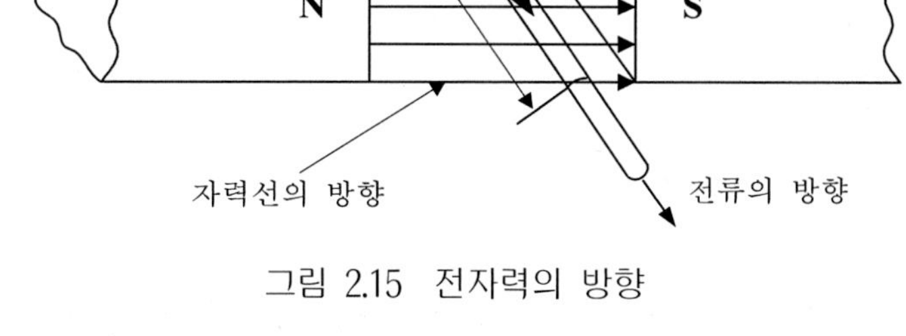

그림 2.15 전자력의 방향

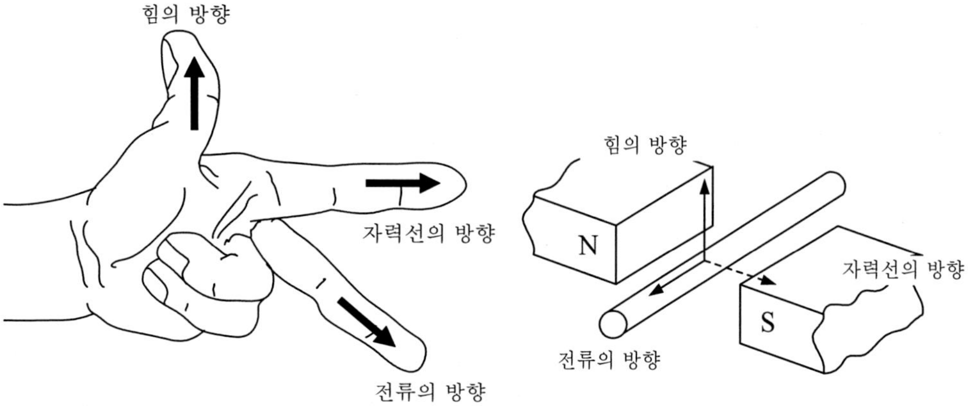

그림 2.16 플레밍의 왼손 법칙

2.4 교류회로

2.4.1 교류와 주파수

(1) 교류

시간의 변화에 따라 전류의 크기와 방향이 일정한 주기로 변화하는 것을 교류(Alternating Current : AC)라 한다. 그러나, 교류와 대별되는 직류(Direct Current : DC)는 시간이 변화하여도 전류의 크기와 방향이 변화하지 않고 항상 일정하다. 자동차의 교류 발전기에서는 3상 교류가 발생하지만, 반도체 다이오드(diode)를 통하여 교류를 직류로 바꿔준다.

또한, 전류가 흐르는 방향은 일정하나 크기는 수시로 변화하는 전류가 있는데, 이것을 맥류라고 한다. 직류는 축전지(battery)와 같은 전류이고, 교류는 특별히 구별하지 않고 교류라고 한다. 교류는 주기적으로 크기와 방향이 변화하는데, 그 크기와 방향이 변하는 속도, 즉 주기(period)를 사용한다. 주기의 단위는 초[s], 기호는 T로 1회의 변화, 즉 1주파의 진행시간을 의미한다.

그림 2.17에서는 시간의 흐름에 따라 변화하는 교류, 직류, 맥류의 전류 특성을 각각 보여주고 있다.

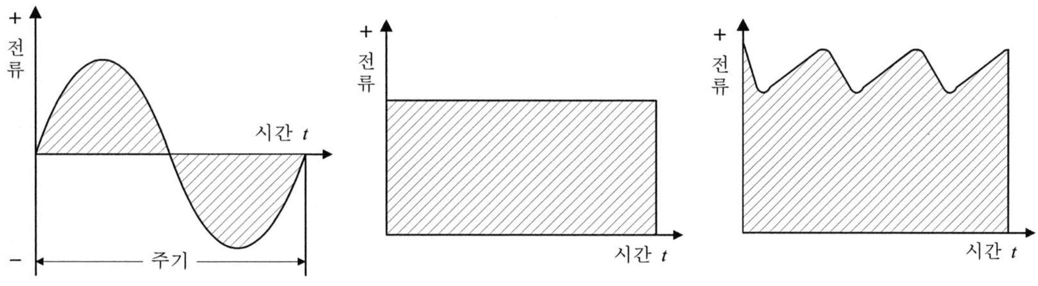

(a) 교류 (b) 직류 (c) 맥류

그림 2.17 전류의 종류

(2) 주파수

교류의 변화 속도, 즉 주파수(frequency)는 1초[s] 동안에 양(+)과 부(-)로 반복하는 변화의 회수를 나타낸 것으로, 그림 2.18에서 보여주고 있다. 주파수의 단위는 헤르쯔(Hertz : Hz), 또는 [c/s]를 사용한다. 주기 T와 주파수 f의 관계식은 다음과 같다.

$$T=\frac{1}{f}\,[\mathrm{s}] \text{ 또는 } f=\frac{1}{T}\,[\mathrm{Hz}] \tag{2.22}$$

교류에는 그림 2.19에서 보여준 것처럼 여러 가지 파형(구형파, 정현파, 톱니파 등)이 있으나, 일반적으로 그림 2.19(b)의 정현파(sinusoidal wave)를 주로 사용한다. 이러한 정현파 교류는 1초 동안에 60 사이클의 파형이 발생되는 것으로 60Hz의 주파수를 갖는다.

교류에서 파장 λ와 주파수 f의 관계는 다음과 같다.

$$\lambda=\frac{3\times10^8}{f} \tag{2.23}$$

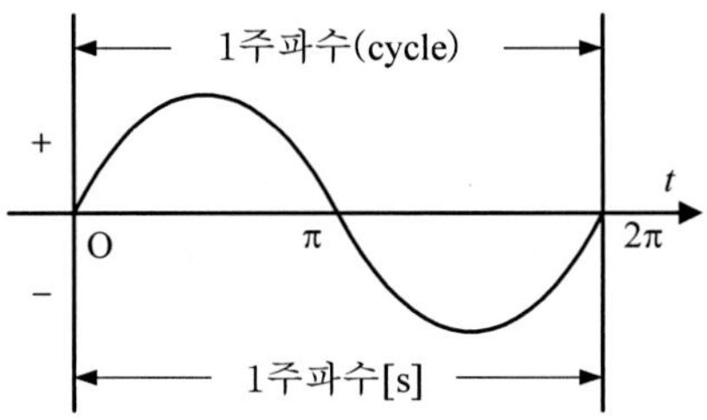

그림 2.18 교류의 주기

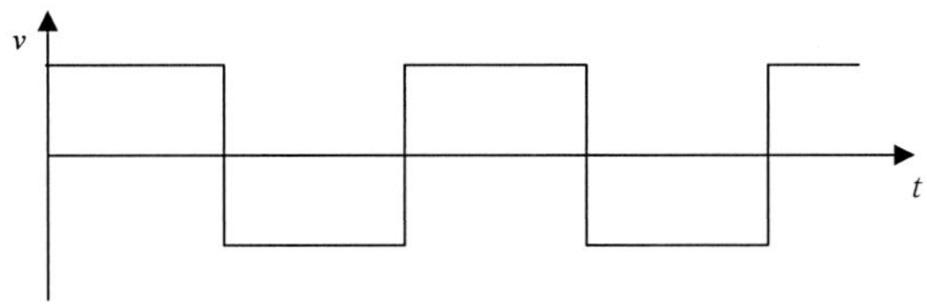

(a) 구형파

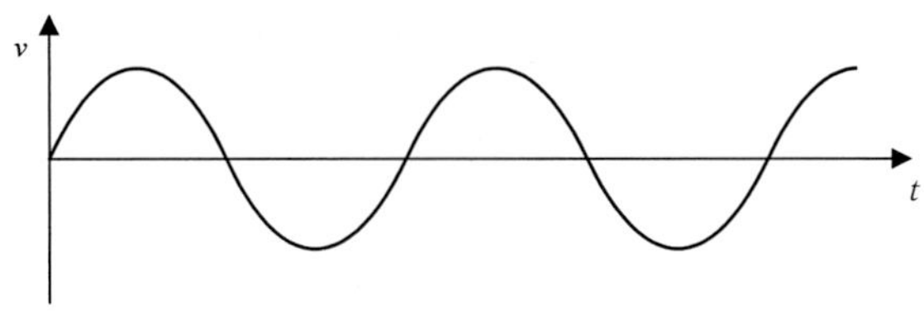

(b) 정현파

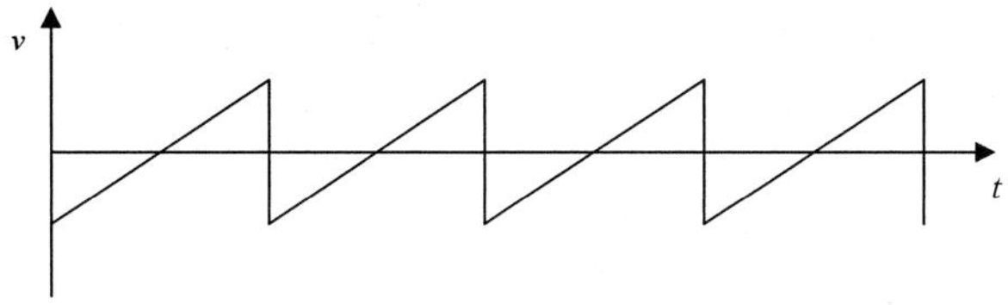

(c) 톱니파

그림 2.19 교류의 여러 가지 파형

2.4.2 교류의 발생과 크기

(1) 정현파 교류의 발생

전류는 전압의 차이에 의해 흐르게 되는데, 어느 정도의 시간이 경과하면 그림 2.20과 같이 전기적으로 평형상태에 도달하여 전압의 차이가 없어지므로 전류는 흐르지 않는다. 따라서, 전류를 계속 흐르게 하려면 전압의 차이를 만들어야 한다. 전압의 차이를 만들어 내는 힘을 기전력(electromotive force)이라 하고, 기전력을 발생시키는 것이 전원이다. 기전력의 단위는 전압과 같이 볼트[V]를 사용한다.

또한, 전류가 흐르도록 하는 근원인 기전력에는 항상 일정한 방향으로 동일한 크기의 전압을 발생하는 직류(DC)의 기전력과 시간이 경과함에 따라 기전력의 크기와 방향이 주기적으로 변화하는 교류(AC)의 기전력 두 가지가 있다.

A와 B의 전압이 균형을 이룰 때는 전선에서 전자를 움직이는 힘이 없어진다.

그림 2.20 전압의 평형

자속밀도가 B[Wb/m^2]인 균일한 자장속에서 그림 2.21에서 보여준 길이가 l[m]인 사각형 코일을 속도 V[m/s]를 반시계 방향으로 회전시키면, 그림 2.21과 같은 사각형 코일이 각도 Θ만큼 회전하였을 때 발생하는 기전력 e는 다음과 같이 된다.

$$e = BlV\sin\Theta \qquad (2.24)$$

여기서, e는 기전력[V], B는 자속밀도[Wb/m^2], l은 코일(도체)의 길이[m], $V(=V\sin\Theta)$는 반시계 방향으로 돌아가는 코일의 회전속도[m/s]를 각각 나타낸다.

상기의 기전력 (2.24)에서 도체(코일)에 유기되는 최대 기전력은 코일의 각도가 $\Theta=90°$일 때 $e=BlV$이 된다. 그러나, 회전하는 코일 회전체의 순간적인 값을 표시할 때는 도체의 임의의 정지상태를 기준으로 하기 때문에 코일의 회전속도 V를 세분해야 한다.

따라서, 정현파 교류를 각도의 단위인 라디안[rad]으로 나타내는 것이 회전 각도를 계산하는데 편리하다. 전기가 1사이클 변화하는 동안에 2π[rad]의 전기각이 나가므로 1초 사이에 f 사이클인 주파수라면 매초 $2\pi f$[rad]의 전기각이 변화하게 된다. 따라서, $2\pi f$를 각도에 대한 각속도 ω로 표현하면, 다음의 관계식이 성립한다.

$$\omega=\frac{2\pi}{T}=2\pi f \tag{2.25}$$

각속도 ω는 1초 동안에 변화하는 회전각도이므로, t초가 지난 후에 변화한 각도 Θ[rad]는 ωt로 표현된다. 즉,

$$\Theta=\omega t \tag{2.26}$$

따라서, 순간적인 기전력 값을 나타내는 식 (2.24)를 각속도와 순시값에 대하여 표현하면 다음과 같다.

$$e=BlV\sin\omega t=E_m\sin 2\pi ft \tag{2.27}$$

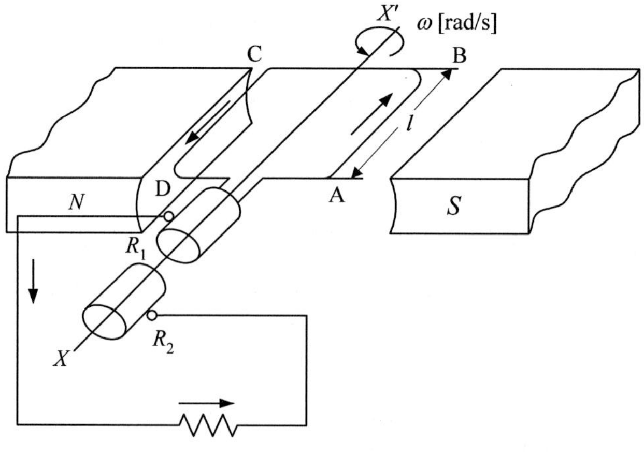

그림 2.21 교류 전압의 발생

(2) 교류의 크기

교류의 기전력은 식 (2.27)에서 $e = BlV\sin\omega t = E_m\sin\omega t$ 으로 표시되고, 기전력은 시간에 따라 변화하기 때문에 정현파 교류의 크기를 나타낼 때는 일정한 규약에 따라 표시하여야 한다.

▣ 순시값과 최대값

교류의 기전력은 어떤 시간의 크기를 그 교류의 순시값이라 하고, $e = E_m\sin\omega t$로 표시한다. 이 때 순시값 중에서 가장 큰 값은 $\omega t = \Theta = \pi/2$인 경우로 $e = BlV$[V]가 되어 가장 큰 최대값을 갖게 된다. 여기서 E_m을 BlV로 나타내면, 정현파 교류의 기전력은 $e = BlV\sin\omega t$이 된다. 이것을 정현파 그림으로 나타내면, 그림 2.22와 같이 된다.

전류에 대해서도 같은 방법으로 표시하면 $i = I_m\sin\omega t$이 된다. 여기서 i는 전류의 순시값, $\omega t = \Theta = \pi/2$인 경우 I_m은 전류의 최대값을 나타낸다.

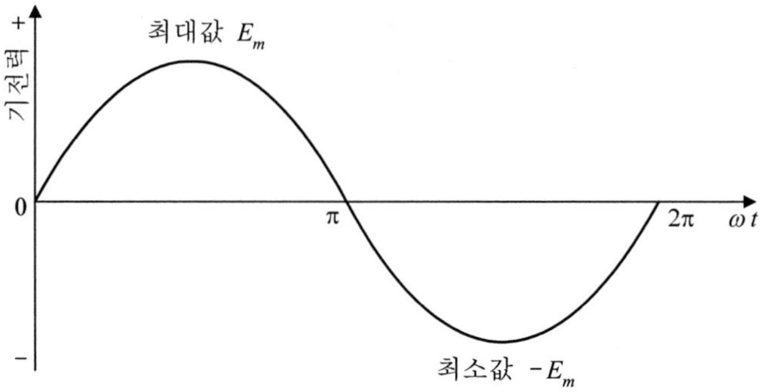

그림 2.22 교류의 최대값과 최소값

▣ 평균값

교류의 최대값을 100%로 하고, 어느 순간의 크기를 평균하게 되면, 그림 2.23과 같이 항상 63.7% 정도가 되는데, 이것을 평균값(average value)이라 한다. 따라서, 최대값×0.637=평균값이 된다. 즉,

$$E_{av} = \frac{2}{\pi} E_m = 0.637 E_m \ [\text{V}] \tag{2.28}$$

여기서, 교류의 평균값은 반파형의 것을 기준으로 한다. 교류의 평균값은 일반적으로 사용하지 않으나 교류를 정류기에서 직류로 변환할 때 그 값을 계산하는데, 이 때에 평균값과 최대값이 필요하다. 전류의 평균값은 최대값의 2/π 관계가 있다. 즉,

$$I_{av} = \frac{2}{\pi} I_m = 0.637 I_m \tag{2.29}$$

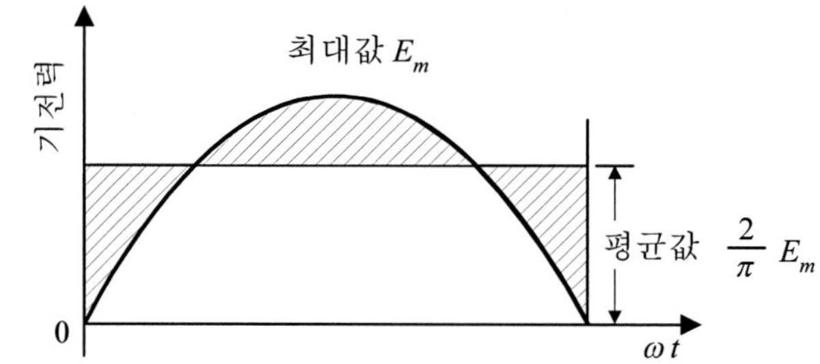

그림 2.23 교류의 평균값

실효값

어떤 저항에 순시값 i인 교류를 그림 2.24처럼 흘렸을 때, 그 교류와 동일한 열작용을 나타내는 직류값으로 표시한 것을 그 교류의 실효값(effective value)이라 한다. 즉,

$$P_{AC} = P_{DC} \tag{2.30}$$

정현파 전류의 실효값은 균일하게 둔 순시값을 제곱하여 그 평균의 제곱근으로서 계산하면 다음과 같이 된다.

$$\text{실효값} = \frac{\text{최대값}}{\sqrt{2}} = 0.707 \times \text{최대값}$$

$$E = \frac{E_m}{\sqrt{2}} \tag{2.31}$$

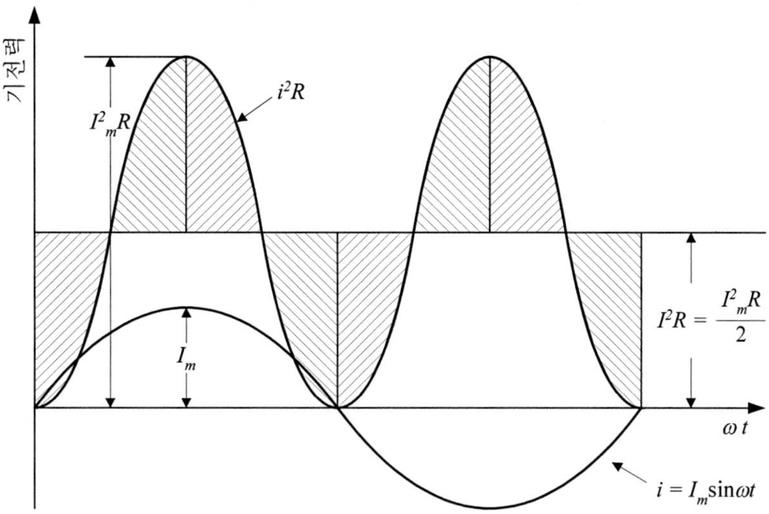

그림 2.24 실효값

2.4.3 R-L-C 교류회로

교류회로는 전기저항, 코일의 자기 유도작용, 콘덴서(condenser)의 충전 및 방전작용에 의하여 전류를 제한하므로, 전기저항만을 제한하는 직류회로에 비하여 대단히 복잡하다.

(1) 저항 회로

그림 2.25에서 제시한 전체저항 R만이 있는 회로에서 정현파 교류전압 e는 다음과 같다.

$$e = E_m \sin\omega t \ [\mathrm{V}] \tag{2.32}$$

저항 R만이 있는 전기회로에 전압을 공급하면, 옴의 법칙(Ohm's law)에 의하여 전류의 순시값 i는 다음과 같이 된다.

$$\begin{aligned} i &= \frac{E_m}{R} \sin\omega t \\ &= I_m \sin\omega t \end{aligned} \tag{2.33}$$

즉, R만이 있는 전기회로에 교류전압을 공급하면, 회로에 흐르는 전류는 전압과 같은 위상이 된다. 여기서,

• 최대값 $I_m = \frac{E_m}{R}$ [A]

• 실효값 $I = \frac{I_m}{\sqrt{2}} = \frac{\frac{E_m}{R}}{\sqrt{2}} = \frac{\frac{\sqrt{2}E}{R}}{\sqrt{2}} = \frac{E}{R}$ [A]

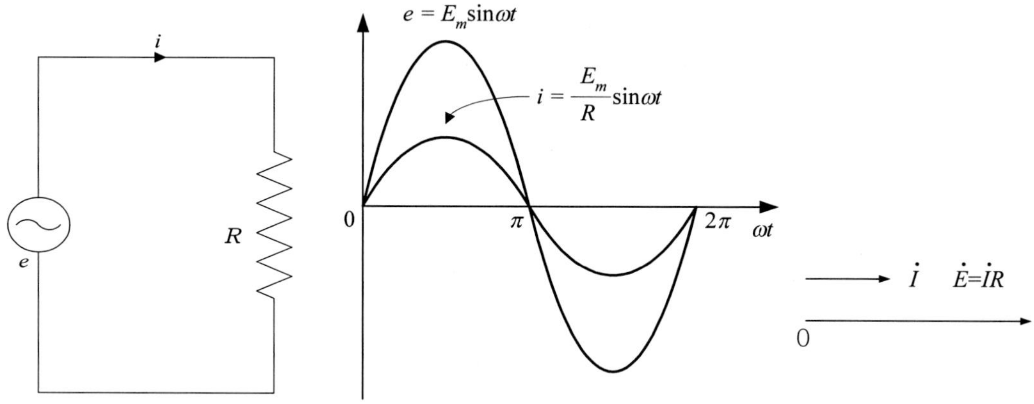

(a) 저항 회로 (b) 정현 파형 (c) 위상도

그림 2.25 저항회로의 파형 및 위상도

(2) 인덕턴스 회로

인덕턴스(inductance) L이 있는 병렬회로에서 그림 2.26과 같은 $e = E_m \sin\omega t$의 정현파 교류를 흐르게 하면, L 회로에 유기되는 전류 i는 렌츠 법칙(Lent's law)에 의해 코일 내부에 공급 전압과는 반대 방향으로 역기전력이 발생되어 전류의 변화를 방해하기 때문에 전류의 흐름을 제한한다. 그림 2.26과 같은 유도회로에 발생되는 역기전력은 다음과 같이 발생한다.

$$e = -L\frac{di}{dt}$$
$$e + e_L = 0 \tag{2.34}$$

$$\therefore\ e = -e_L = L\frac{di}{dt}$$
$$\therefore\ E_m \sin\omega t = L\frac{di}{dt} \tag{2.35}$$

여기서, 전류 i를 구하면 다음과 같다.

$$i = \frac{E_m}{L}\int \sin\omega t \cdot dt = -\frac{E_m}{\omega t}\cos\omega t$$
$$= \frac{E_m}{\omega L}\sin\left(\omega t - \frac{\pi}{2}\right) = I_m \sin\left(\omega t - \frac{\pi}{2}\right) \tag{2.36}$$

인덕턴스 L[H]에 흐르는 전류는 공급 전압보다 $\pi/2(90^\circ)$의 위상이 늦어진다. 여기서, $I_m = E_m/\omega L$으로 표현되기 때문에 실효값 I는 다음과 같이 제시된다. 즉,

- 실효값 $I = \dfrac{E_m}{\omega L}$ [A]

여기서, 각속도 ω와 유도 리액턴스 ωL의 관계식을 정리하면 다음과 같다. 즉,

- 유도 저항 또는 유도 리액턴스 $\omega L = 2\pi f L$

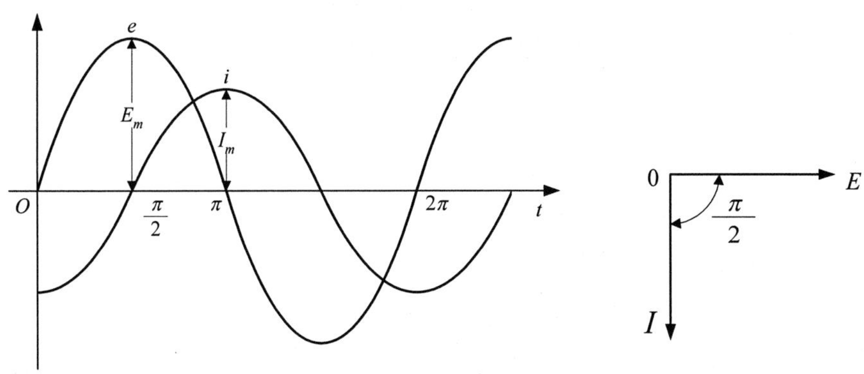

(a) i가 e보다 $\pi/2$ 늦은 파형 (b) 실효값 위상도

그림 2.26 L 회로의 파형 및 위상도

(3) 정전용량 회로

그림 2.27에서 제시한 콘덴서 C만 있는 회로에서 교류전압 $e = E_m \sin\omega t$를 공급하면 C에 축적되는 전하 q는 다음 식으로 표현된다.

$$q = C \cdot e = CE_m \sin\omega t \text{ [C]} \tag{2.37}$$

교류전압 e는 시간이 경과함에 따라 변화하게 되면, 콘덴서에 축적된 전하 q도 따라서 변화한다. 그리고, q가 시간에 따라 변화하면 정전용량 회로중에 전하가 많이 있으므로 회로에는 전류가 흐르게 된다.

전류 i[A]는 단위시간당의 전하 q[C]의 크기를 나타내므로, 미소시간 dt 동안에 이동한 전하를 dq라고 하면 다음과 같이 표현된다.

$$
\begin{aligned}
i &= \frac{dq}{dt} = \omega C E_m \cos\omega t \\
&= \omega C E_m \sin(\omega t + \frac{\pi}{2}) \\
&= I_m \sin(\omega t + \frac{\pi}{2}) \qquad (2.38)
\end{aligned}
$$

여기서,

$$I_m = \omega C E_m = \frac{E_m}{1/\omega C} \quad [\mathrm{A}] \qquad (2.39)$$

$$\therefore \ I = \frac{E}{1/\omega C} \quad [\mathrm{A}] \qquad (2.40)$$

콘덴서(condenser)에 흐르는 전류는 공급 전압보다 π/2[rad], 즉 90°만큼 위상이 앞선 것을 나타낸다. $1/(\omega C)$를 용량 리액턴스(capacitive reactance)라 하고, 그 단위는 옴[Ω]으로 표시한다. 또한, $1/(\omega C) = 1/(2\pi f C) = X_c$로 나타낸다.

그림 2.28은 정전용량을 갖는 회로의 파형과 위상 관계를 각각 보여주고 있다.

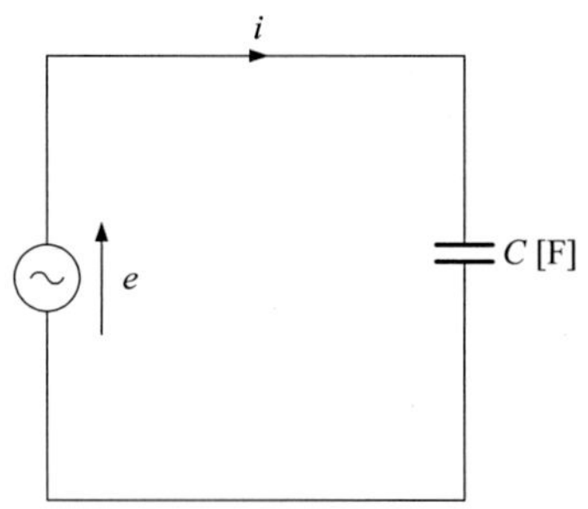

그림 2.27 정전용량 C 회로

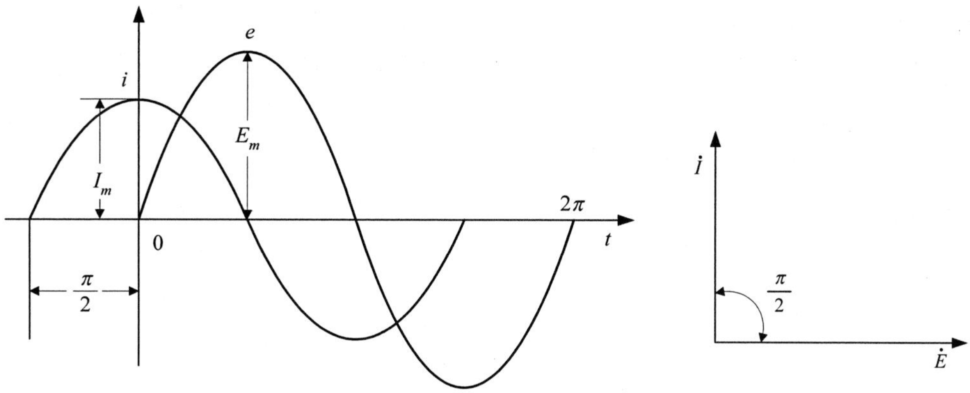

(a) i가 e보다 90°앞선 파형　　　(b) 실효값 위상도

그림 2.28 정전용량 C 회로의 파형 및 위상도

2.4.4 임피던스 회로

(1) 직렬회로

▣ $R-L$ 직렬회로

저항 R와 자기 인덕턴스(self-inductance) L이 있는 그림 2.29와 같은 직렬회로에서 $i=I_m\sin\omega t$의 정현파 교류를 흐르게 하는데, 필요한 전압은 다음과 같다.

- L의 양단에는 $L\dfrac{di}{dt}$의 전압강하
- R의 양단에는 Ri의 전압강하

이때의 전압 평형식은 저항 R에 의한 전압과 인덕턴스 L에 의한 전압의 크기를 더한 것으로 다음과 같이 주어진다. 즉,

$$e=Ri+L\frac{di}{dt} \tag{2.41}$$

따라서, 인덕턴스 회로에 걸리는 순시값은,

$$
\begin{aligned}
e &= e_R + e_L = Ri + L\frac{di}{dt} = I_m(R\sin\omega t + \omega L\cos\omega t) \\
&= I_m\sqrt{R^2+(\omega L)^2}\left\{\sin\omega t\,\frac{R}{\sqrt{R^2+(\omega L)^2}} + \cos\omega t\,\frac{\omega L}{\sqrt{R^2+(\omega L)^2}}\right\} \\
&= I_m\sqrt{R^2+(\omega L)^2}\,(\sin\omega t\cdot\cos\phi + \cos\omega t\cdot\sin\phi) \\
&= I_m\sqrt{R^2+(\omega L)^2}\sin(\omega t+\phi) \qquad (2.42)
\end{aligned}
$$

여기서,

위상각 $\phi = \tan^{-1}\left(\frac{\omega L}{R}\right)$ (2.43)

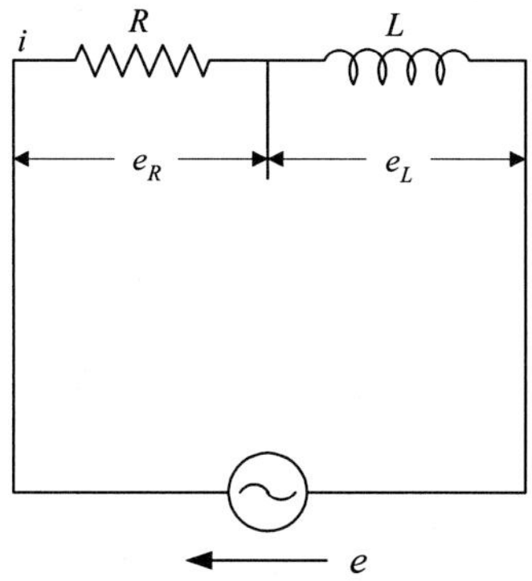

그림 2.29 $R-L$ 직렬회로

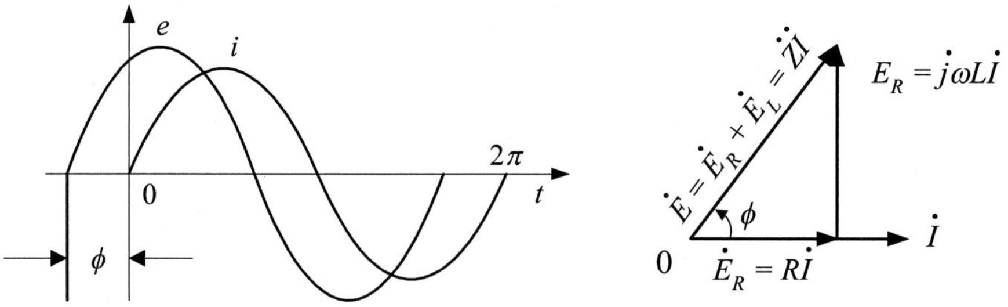

(a) $R-L$ 회로의 파형 (b) 위상도

그림 2.30 $R-L$ 직렬회로의 파형 및 위상도

따라서, 전압 e는 전류 i보다 ϕ만큼 위상이 앞선다. 이것을 반대로 표현하면, 전류 i는 전압 e보다 ϕ만큼 위상이 늦어진다는 것으로 표현된다. 그림 2.30에서는 $R-L$ 직렬회로의 파형과 위상 관계를 각각 보여주고 있다.

실효값은 $E_m = I_m\sqrt{R^2+(\omega L)^2}$에서

$$E = I \cdot \sqrt{R^2+(\omega L)^2} \tag{2.44}$$

$$\therefore\ I = \frac{E}{\sqrt{R^2+(\omega L)^2}}\ \ [\mathrm{A}] \tag{2.45}$$

상기 식에서 $\sqrt{R^2+(\omega L)^2}$를 $R-L$ 회로의 임피던스(impedance)라 하고, 기호는 Z를 사용한다. 여기서, 임피던스 Z의 단위는 [Ω]으로 나타낸다. 즉,

$$Z = \sqrt{R^2+(\omega L)^2} \tag{2.46}$$

▣ $R-C$ 직렬회로

저항 R과 콘덴서 C가 있는 그림 2.31과 같은 직렬회로에서 $i = I_m \sin\omega t$의 정현파 교류를 흐르게 하는데, 필요한 전압은 전압 평형식에서 다음과 같이 요약된다.

$$\begin{aligned} e &= e_R + e_C = Ri + \frac{1}{C}\int i dt = I_m\left(R\sin\omega t - \frac{1}{\omega C}\cos\omega t\right) \\ &= \sqrt{R^2+\left(\frac{1}{\omega C}\right)^2} \cdot I_m\left\{\frac{R}{\sqrt{R^2+\left(\frac{1}{\omega C}\right)^2}}\sin\omega t - \frac{\frac{1}{\omega C}}{\sqrt{R^2+\left(\frac{1}{\omega C}\right)^2}}\cos\omega t\right\} \\ &= \sqrt{R^2+\left(\frac{1}{\omega C}\right)^2} \cdot I_m \sin(\omega t - \Phi) \\ &= E_m \sin(\omega t - \Phi) \end{aligned} \tag{2.47}$$

여기서,

$$\text{위상각}\ \ \Phi = \tan^{-1}\left(\frac{-\frac{1}{\omega C}}{R}\right) \tag{2.48}$$

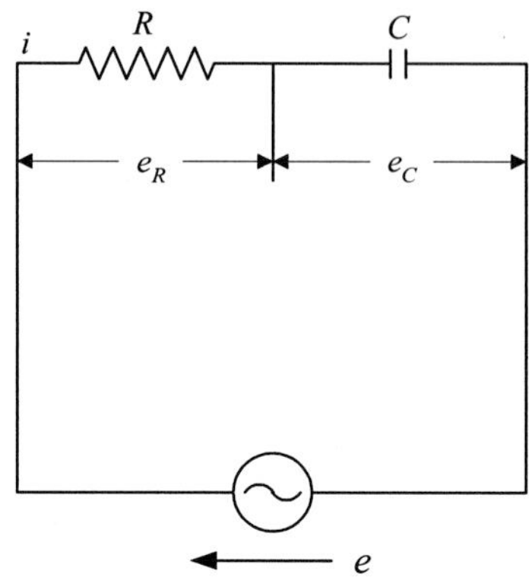

그림 2.31 $R-C$ 직렬회로

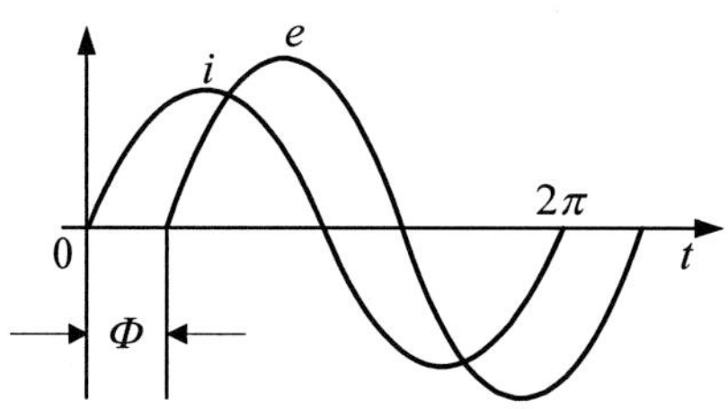

(a) $R-C$ 직렬회로의 파형

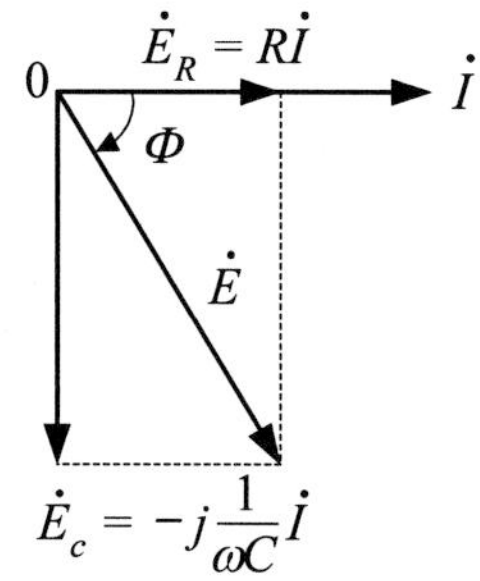

(b) 위상도

그림 2.32 $R-C$ 직렬회로의 파형 및 위상도

상기 식에서 위상각 Φ는 부각(negative angle)이므로, 전압 e는 전류 i보다 Φ만큼 위상이 늦어진다. 그림 2.32에서는 $R-C$ 직렬회로의 파형과 위상 관계를 보여주고 있다.

실효값은 $E_m=\sqrt{R^2+(\frac{1}{\omega C})^2}\cdot I_m$에서

$$E=\sqrt{R^2+(\frac{1}{\omega C})^2}\cdot I \tag{2.49}$$

$$\therefore\ I=\frac{E}{\sqrt{R^2+(\frac{1}{\omega C})^2}}\ \ [\mathrm{A}] \tag{2.50}$$

상기 식에서 $X_C=1/(\omega C)$를 용량 리액턴스(capacitive reactance)라 하고, 임피던스(impedance)

Z는 다음 식으로 나타낸다.

$$Z=\sqrt{R^2+\left(\frac{1}{\omega C}\right)^2}\ [\Omega] \tag{2.51}$$

▣ R−L−C 직렬회로

그림 2.33과 같은 R, L, C의 직렬회로에서 $i=I_m\sin\omega t$되는 정현파 교류를 흐르게 하는데, 필요한 전압은 다음과 같이 주어진다.

$$\begin{aligned} e &= e_R+e_L+e_C=Ri+L\frac{di}{dt}+\frac{1}{C}\int idt \\ &= I_m\left\{R\sin\omega t+\left(\omega L-\frac{1}{\omega C}\right)\cos\omega t\right\} \\ &= E_m\sin(\omega t+\phi) \end{aligned} \tag{2.52}$$

여기서,

$$\text{위상각}\quad \phi=\tan^{-1}\left(\frac{\omega L-\frac{1}{\omega C}}{R}\right) \tag{2.53}$$

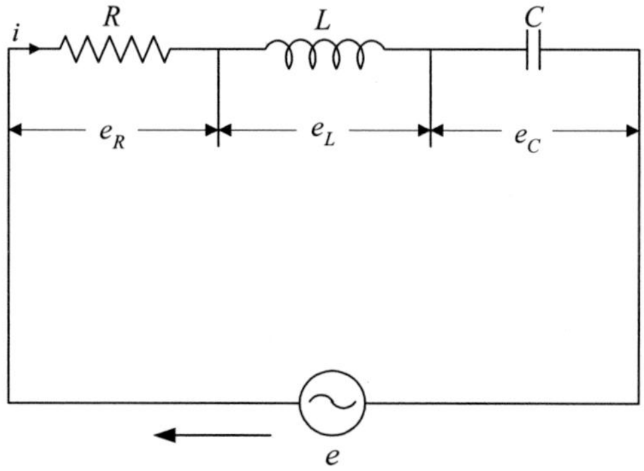

그림 2.33 $R-L-C$ 직렬회로

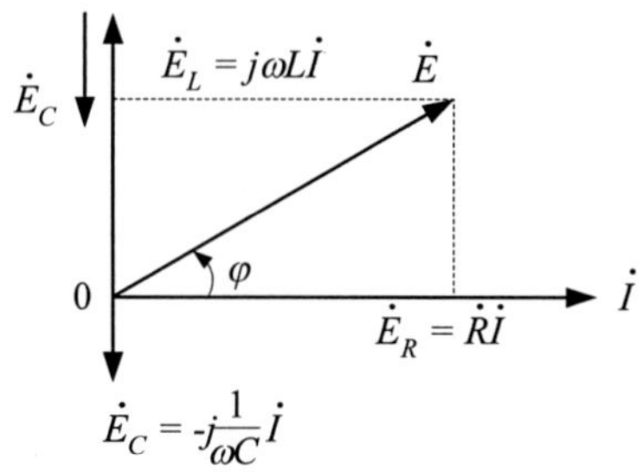

그림 2.34 $R-L-C$ 회로의 위상도

따라서, 상기 식에서 위상각 ϕ는 양각(positive angle)이므로, 전압 e는 전류 i보다 ϕ만큼 위상이 앞선다. 그림 2.34는 $R-L-C$ 직렬회로의 위상 관계를 보여주고 있다.

실효값은 $E_m = I_m\sqrt{R^2+(\omega L-\frac{1}{\omega C})^2}$에서

$$E = I\cdot\sqrt{R^2+(\omega L-\frac{1}{\omega C})^2} \tag{2.54}$$

$$\therefore\ I = \frac{E}{\sqrt{R^2+(\omega L-\frac{1}{\omega C})^2}}\ [\mathrm{A}] \tag{2.55}$$

여기서, 임피던스 Z는 다음 식으로 나타낸다.

$$Z = \sqrt{R^2+(\omega L-\frac{1}{\omega C})^2}\ [\Omega] \tag{2.56}$$

(2) 병렬회로

▣ $R-L$ 병렬회로

그림 2.35와 같은 R과 L의 병렬회로에서 V볼트, f헤르쯔의 정현파 교류전압을 가할 경우, 각각에 흐르는 전류 I_1, I_2를 독립적으로 한 쪽을 취하거나 없애도 다른 쪽 전류에는 변화가 없다. 즉, 각각에 V의 전압이 가해지는 단독인 경우와 전류는 같다. 따라서, I_1과 I_2의 전류는 다음과 같은 식으로 표현된다.

- $I_1 = \frac{V}{R}$ (전압과 같은 위상이다.)
- $I_2 = \frac{V}{2\pi fL} = \frac{V}{\omega L}$ (전압보다 90° 늦은 위상이다.)

$R-L$ 병렬회로에서 합성 전류 I_0는 I_1과 I_2의 벡터 합으로 그림 2.36에서 구해진다. 여기서, 전압을 기준으로 합성 전류를 벡터로 나타내면 그림 2.36과 같이 된다. 따라서, 합성 전류 I_0는 다음의 식으로 나타낸다.

$$I_0 = \sqrt{I_1^2 + I_2^2} = \sqrt{(\frac{V}{R})^2 + (\frac{V}{\omega L})^2}$$

$$= V\sqrt{(\frac{1}{R})^2 + (\frac{1}{\omega L})^2} \quad (2.57)$$

또한, V와 I_0의 위상각 Θ는 그림 2.36에서 나타낸다.

$$\Theta = \tan^{-1}\left(\frac{I_2}{I_1}\right) = \tan^{-1}\left(\frac{R}{\omega L}\right) \quad (2.58)$$

$R-L$ 병렬회로에서 합성 임피던스 Z는 전압 V에 대하여 합성 전류 I_0가 흐르므로 다음과 같이 표현된다.

$$Z = \frac{V}{I_0} = \frac{1}{\sqrt{(\frac{1}{R})^2 + (\frac{1}{\omega L})^2}} \ [\Omega] \quad (2.59)$$

$R-L$ 병렬회로에 대한 계산은 각 분로의 전류 I_1과 I_2를 구해서 각각을 벡터합에 의해 합성 전류 I_0를 구하면 된다.

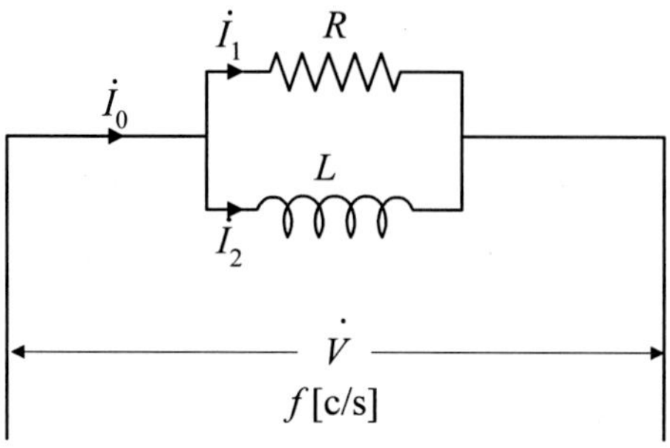

그림 2.35 $R-L$ 병렬회로

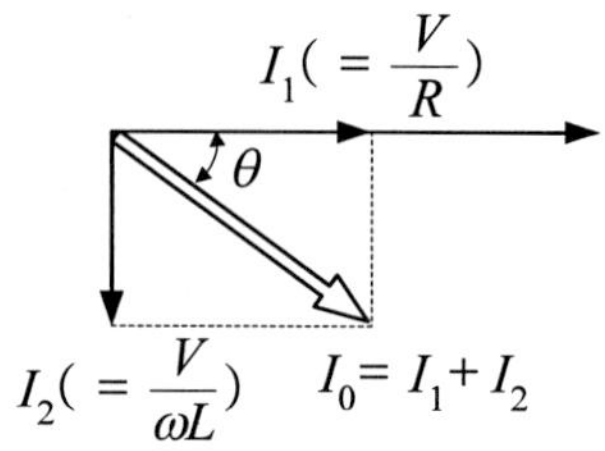

그림 2.36 합성 전류의 벡터

▣ R−C 병렬회로

그림 2.37과 같은 $R-C$ 병렬회로에서 R에 흐르는 전류를 I_1, C에 흐르는 전류를 I_2 라 하면, 이들의 전류는 다음과 같아진다.

- $I_1 = \frac{V}{R}$ (전압과 같은 위상이다.)
- $I_2 = \frac{V}{\frac{1}{2\pi fC}} = 2\pi fCV$

  $= \omega CV$ (전압보다 90° 앞선 위상이다.)

합성 전류 I_0는 $I_0 = I_1 + I_2$이므로, 이것을 전압의 기준 벡터로 그림 2.38과 같이 나타낼 수 있다. 따라서, 합성 전류의 크기 I_0는 다음과 같이 표현할 수 있다.

$$I_0 = \sqrt{I_1^2 + I_2^2} = \sqrt{(\frac{V}{R})^2 + (\omega CV)^2}$$

$$= V\sqrt{(\frac{1}{R})^2 + (\omega C)^2} \tag{2.60}$$

또한, 위상각 Θ는 다음과 같다.

$$\Theta = \tan^{-1}\left(\frac{I_2}{I_1}\right) = \tan^{-1}(\omega RC) \tag{2.61}$$

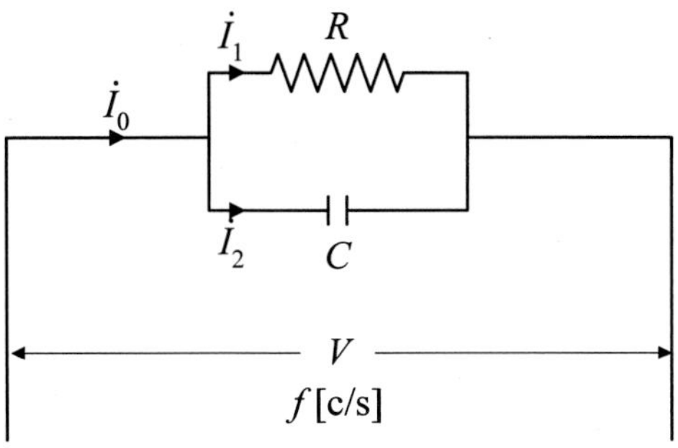

그림 2.37 $R-C$ 병렬회로

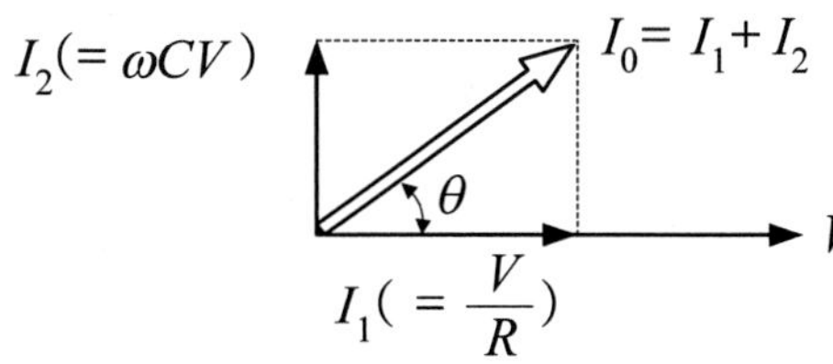

그림 2.38 합성 전류의 벡터

▣ $R-L-C$ 병렬회로

그림 2.39와 같은 $R-L-C$ 병렬회로에서 R에 흐르는 전류를 I_R, L에 흐르는 전류를 I_L, C에 흐르는 전류를 I_C라 하면, 이들의 전류는 다음과 같이 표현된다.

- $I_R=\frac{V}{R}$ (전압과 같은 위상이다.)
- $I_L=\frac{V}{2\pi fL}=\frac{V}{\omega L}$ (전압보다 90° 늦은 위상이다.)
- $I_C=\frac{V}{\frac{1}{2\pi fC}}=2\pi fCV=\omega CV$ (전압보다 90° 앞선 위상이다.)

합성 전류 I_0는 $I_0=I_R+I_L+I_C$이므로, $\omega L < 1/(\omega C)$의 경우에 대한 벡터로 나타내면 그림 2.40과 같이 된다. 그림 2.40에서 전류의 크기를 나타내면, 합성 전류 I_0는 다음과 같이 된다.

$$I_0=\sqrt{I_R^2+\{I_L+(-I_C)\}^2}=\sqrt{(\frac{V}{R})^2+(\frac{V}{\omega L}-\omega CV)^2}$$

$$=V\sqrt{(\frac{1}{R})^2+(\frac{1}{\omega L}-\omega C)^2}\ [\mathrm{A}] \qquad (2.62)$$

또한, 위상각 Θ는 그림 2.40에서 나타낸다. 즉,

$$\Theta = \tan^{-1}\left(\frac{I_L - I_C}{I_R}\right) = \tan^{-1} R\left(\frac{1}{\omega L} - \omega C\right) \qquad (2.63)$$

$R-L-C$ 병렬회로에서 임피던스 Z는 V에 대하여 I_0가 흐르므로, 다음과 같이 표현된다.

$$Z = \frac{V}{I_0} = \frac{1}{\sqrt{\left(\frac{1}{R}\right)^2 + \left(\frac{1}{\omega L} - \omega C\right)^2}} \ [\Omega] \qquad (2.64)$$

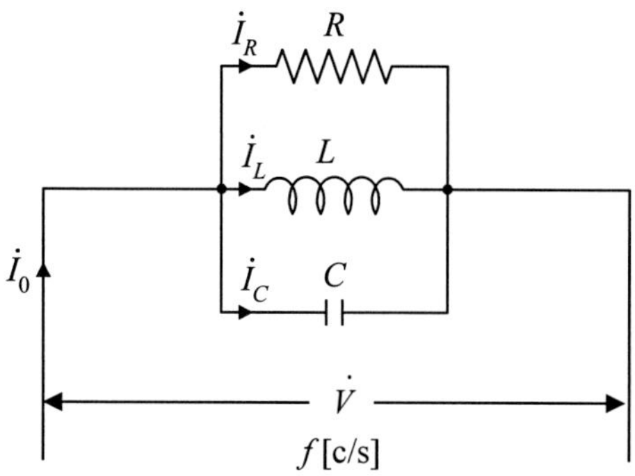

그림 2.39 $R-L-C$ 병렬회로

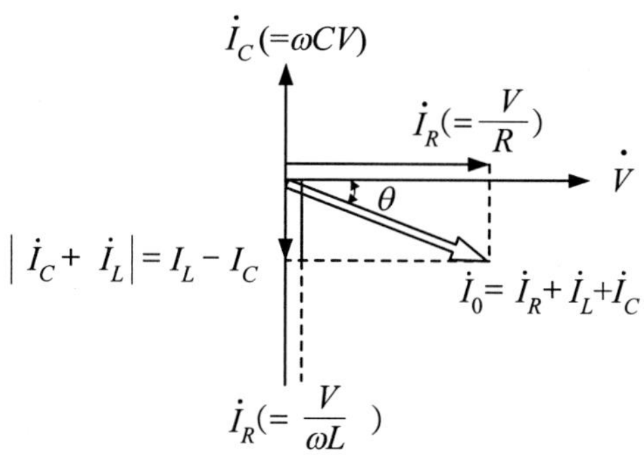

그림 2.40 합성 전류의 벡터

2.4.5 교류회로의 전력

교류의 경우, 어떤 순간에 발생되는 전력은 그 순간의 전압과 전류에 의하여 계산된다. 교류회로에서 전압과 전류는 모두 변화하므로 전력은 결국 시간에 따라 변화하게 되는 것이다. 일반적으로 전기는 평균 전력으로 일을 하므로, 전력을 측정하는 전력계도 평균값이 나타나도록 만들어 사용하고 있다.

(1) 교류 전력과 역률

특정 회로에 대하여 어느 순간에 전압 V를 가하여 전류 i가 흐르고 있을 때, 이 회로의 전력은 Vi[W]로 주어진다. 따라서, 전압과 전류는 $V = \sqrt{2}\,V\sin\omega t$, $i = \sqrt{2}\,I\sin(\omega t - \Theta)$으로 각각 주어진다. 즉, 실효값이 V인 교번전압과 이것에 대하여 위상이 Θ만큼 늦어지고, 실효값이 I인 같은 주파수의 교류 사이에서 얻어지는 전력 p는 각 순간에 대하여 다음과 같이 된다.

$$p = Vi$$
$$= 2VI\sin\omega t \cdot \sin(\omega t - \Theta)$$
$$= VI\{\cos\Theta - \cos(2\omega t - \Theta)\} \tag{2.65}$$

상기 식의 오른쪽 괄호 안에서 제1항은 V와 i의 위상차 Θ에 의하여 정해되는 일정한 값이 되고, 제2항은 V와 i의 두 배인 주파수의 여현파(cosine wave)가 된다. 따라서, 전력의 순시값 p는 어떤 일정값의 위・아래로 전류와 전압의 두 배인 주파수로 변화한다는 것을 알 수 있다. p를 1주기 T에 대한 평균값을 취해서, 이들 관계를 그림으로 나타내면 그림 2.41과 같이 된다.

전력 p는 i와 V가 0으로 되는 순간에 0이 되고, V와 i가 정(+) 또는 부(-)의 같은 부호일 때에는 정 $(p > 0)$, V와 i가 다른 부호일 때에는 부 $(p < 0)$가 된다. $(p > 0)$일 때는 전원에서 전력이 이 회로에 보내지고, $(p < 0)$일 때는 반대로 회로측에서 전원으로 전력이 보내진다는 것을 나타내고 있다. 정(+)・부(-)의 평균값, 즉 전체로서 전원에 공급되는 평균 전력 p는 다음과 같이 된다.

$$p = VI\cos\Theta \ [\mathrm{W}] \tag{2.66}$$

이 값은 그림 2.41에서 p의 평균 높이에 해당한다. 교류 회로의 전력 p는 VI에 $\cos\Theta$를 곱한 값으로 나타내며, $\cos\Theta$는 다음의 식으로 나타낸다. 즉,

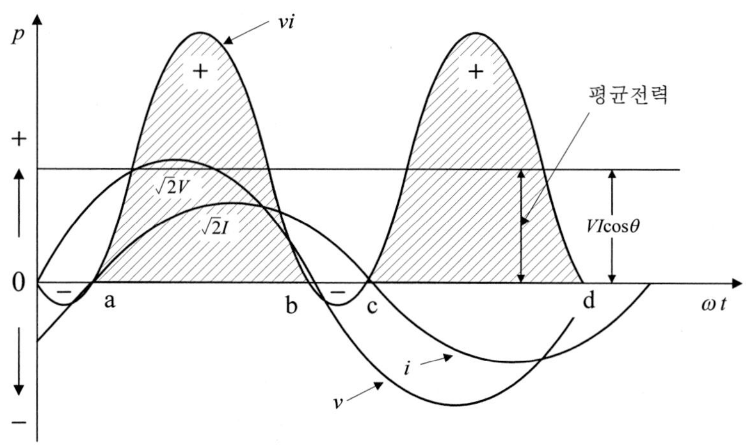

그림 2.41 전압과 전류사이에 Θ의 위상차가 있는 경우의 전력

$$\cos\Theta = \frac{p}{VI} \tag{2.67}$$

이것을 역률(power factor)이라 하며, 보통은 백분율(%)로 나타낸다.

V와 I가 아무리 크더라고 역률이 나쁘면 평균전력, 즉 회로에 공급되는 유효한 교류전력은 줄어든다.

(2) 피상전력과 무효전력

교류회로에 가해지는 전압 V와 흐르는 전류 I와의 곱 VI를 피상전력이라 하고, 볼트-암페어[VA]로 나타낸다. 그림 2.42에서 무효전력 P_x는 다음과 같이 나타낸다.

$$P_x = \sqrt{(VI)^2 - P_a^2} = VI\sin\Theta \tag{2.68}$$

여기서, 무효전력의 단위는 Var(Voltampere reactive)를 사용한다. 또한, 유효전력은 $VI\cos\Theta$로 나타낸다.

$\Theta = \pm\pi/2$, 즉 전압과 전류 사이에 90°의 위상차가 있으면 전압과 전류의 값이 커져도 유효전력은 0(zero)이 되고, 피상전력은 모두 무효전력으로 된다. 그러나, $\Theta = 0$, 즉 전압과 전류가 같은 위상을 나타내면 피상전력이 그대로 유효전력으로 되고, 유효전력은 직류의 경우와 같이 V와 I의 곱으로 나타낸다.

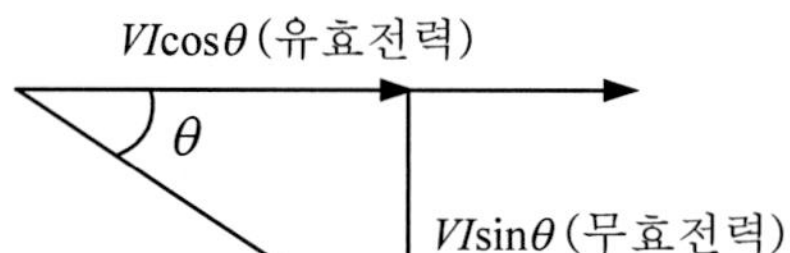

그림 2.42 피상전력과 무효전력의 벡터

(3) 저항중의 전력

그림 2.43(a)에서 보여주는 것과 같은 저항 R에 $v = \sqrt{2}V\sin\omega t$의 전압을 가하면 흐르는 전류가 $i = \sqrt{2}V/R\sin\omega t = \sqrt{2}I\sin\omega t$로 되며, 전압과는 같은 위상이 된다. 따라서, 저항에 공급되는 순시전력은 $P_R = 2VI\sin^2\omega t = VI(1-\cos^2\omega t)$, 평균전력은 $P = VI = V^2/R = I^2R$

이 된다. 전력 관계식을 그림으로 나타내면, 그림 2.43(b)와 같이 된다.

V와 i는 항상 정(+)·부(-)가 일치하며, 순시전력 P_R은 부의 값으로 되지 않는다. 즉, 저항 부하는 전원에서 공급되는 전력은 각각의 순간에 모두 저항 손실에 의한 열로 소산되어 없어진다. 따라서, 순 저항회로에서 무효전력은 0(zero)이 된다.

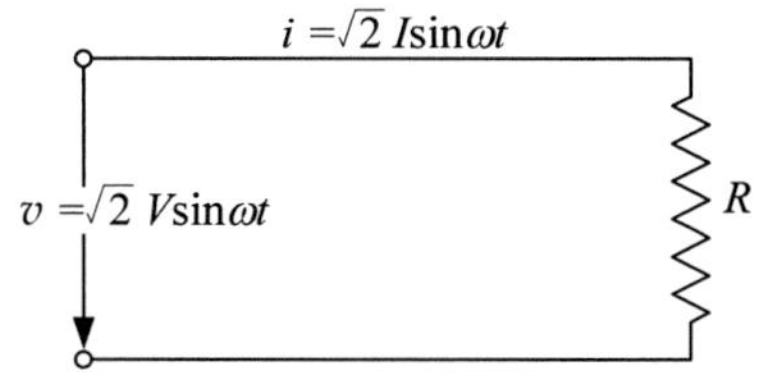

(a) 저항 회로

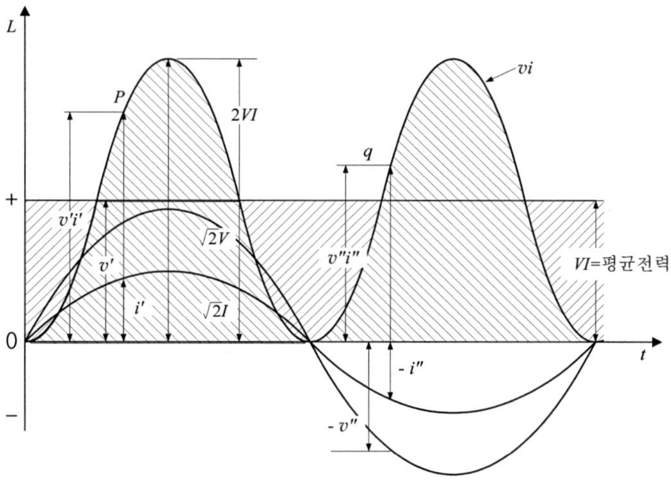

(b) 전력

그림 2.43 전압과 전류가 동상인 경우의 전력

(4) 인덕턴스중의 전력

인덕턴스 L[H]에 교번전압 $V=\sqrt{2}\,V\sin\omega t$를 가하면 $i=\sqrt{2}I\sin(\omega t-\pi/2)$의 전류가 흐른다. 따라서, 순시전력 P_L의 평균전력은 0(zero)이 되며, 다음의 식으로 표현된다.

$$P_L = VI\left\{\cos\frac{\pi}{2} - \cos(2\omega t - \frac{\pi}{2})\right\} \tag{2.69}$$

(5) 정전용량중의 전력

그림 2.44(a)에서 보여주는 것과 같은 정전용량 C에 $v=\sqrt{2}V\sin\omega t$의 전압을 가하면, 전류 i는 그림 2.44(b)와 같이 $i=\sqrt{2}I\sin(\omega t+\pi/2)$가 흘러 전류가 90°나 앞선다. 여기서, 전류 $I=\omega CV$이다. 따라서, 순시전력 P_C의 평균전력은 0(zero)이 되며, 다음의 식으로 표현된다.

$$P_C= VI\cos\left(2\omega t+\frac{\pi}{2}\right) \tag{2.70}$$

또한,

$$i=\sqrt{2}I\sin\left(\omega t+\frac{\pi}{2}\right) \tag{2.71}$$

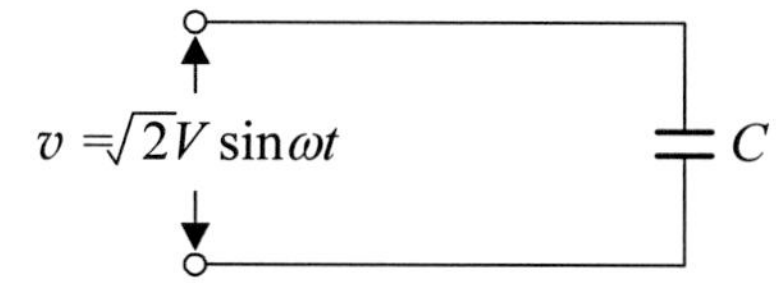

(a) 정전용량 회로

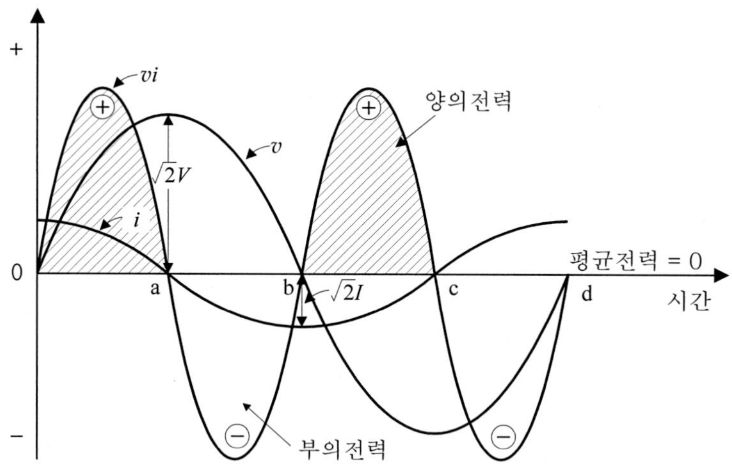

(b) 전력

그림 2.44 전압과 전류 사이에 90° 위상차가 있는 경우의 전력

(6) $R-X$ 직렬회로의 전력

그림 2.45(a)와 같이 저항 R와 유도 리액턴스 X를 직렬회로로 연결하고, 이것에 V볼트

의 전압을 가한 경우, 전류 I는 다음과 같다.

$$I = \frac{V}{Z} = \frac{V}{\sqrt{R^2 + X^2}} \text{ [A]} \tag{2.72}$$

전류가 전압보다 늦은 위상각을 Θ라 하면, 그림 2.45(b)와 같이 된다. 따라서, $R-X$ 회로의 역률은 그림 2.45(b)에서 다음과 같이 나타낸다.

$$\cos\Theta = \frac{V_R}{V} = \frac{IR}{I\sqrt{R^2 + X^2}} = \frac{R}{\sqrt{R^2 + X^2}} = \frac{R}{Z} \tag{2.73}$$

R과 X의 직렬회로에서 역률은 저항을 임피던스로 나누면 된다. 즉,

$$\text{역률} = \frac{\text{저항}}{\text{임피던스}} \tag{2.74}$$

그림 2.45와 같은 $R-X$ 회로의 유효전력 $P = VI\cos\Theta$으로 표현되기 때문에 다음과 같은 식으로 표현된다.

$$V = IZ = I\sqrt{R^2 + X^2} \tag{2.75}$$

또한, 유효전력 P는 다음과 같이 된다.

$$P = VI\cos\Theta = I\sqrt{R^2 + X^2} \cdot I \cdot \frac{R}{\sqrt{R^2 + X^2}} = I^2 R \text{ [W]} \tag{2.76}$$

상기 식 (2.76)은 임피던스 회로에서 유효전력이 저항 R에 의해서 소비된다는 것을 의미한다. 또한, 무효전력은 $P_X = VI\sin\Theta$이므로 다음의 식으로 나타낼 수 있다.

$$P_X = VI\sin\theta = I\sqrt{R^2+X^2}\cdot I\cdot\frac{X}{\sqrt{R^2+X^2}} = I^2X \ \ [\mathrm{Var}] \tag{2.77}$$

이와 같이 임피던스 회로의 무효전력은 리액턴스에서 생긴다.

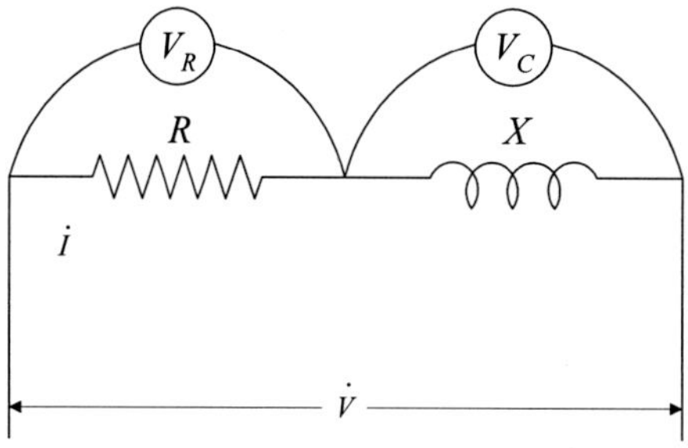

(a)

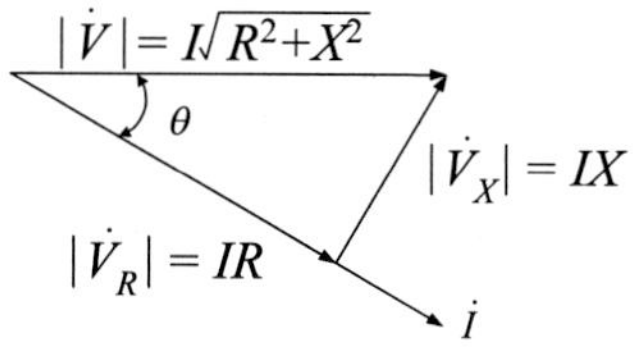

(b)

그림 2.45 $R-X$ 직렬회로의 전력

2.5 전자유도

운동하는 전자에는 자계(magnetic field)가 따르고, 운동하는 자계는 전자를 이동시킨다. 즉, 전자가 이동하면 자계가 생기고, 자계가 변화하면 전자가 이동하는 현상이 발생하는데, 이것을 전자유도(electromagnetic induction) 작용이라 한다. 즉, 코일속의 자속이 변화하기 때문에 코일에는 기전력이 유도되는 현상이 발생하는데, 이것을 전자유도라 한다.

기전력은 렌츠의 법칙(Lentz's law)에 따라 코일에 유도되는 기전력의 방향은 그 유도 기전력에 의해서 흐르는 전류가 코일내의 자속의 변화를 방해하는 것과 같은 방향으로 발생한다. 이 때에 발생된 기전력을 유도 기전력이라 하고, 그 전류를 유도전류라 한다. 전자유도 작용에 의해 발생되는 기전력의 방향은 플레밍의 오른손 법칙에 의하여 그림 2.46과 같이 주어진다.

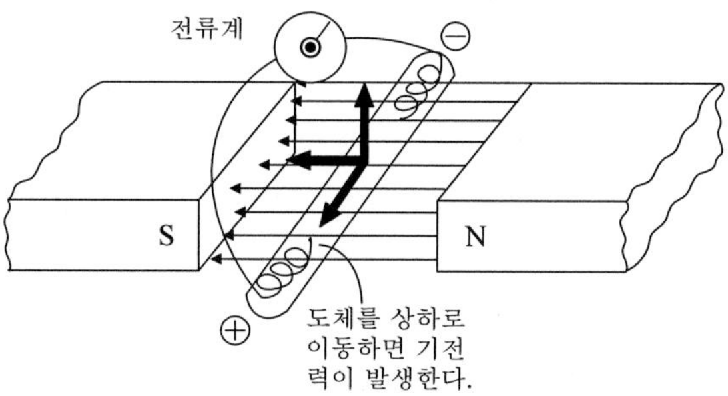

(a) 도체를 상하로 이동하는 과정에서 발생한 자력선과 기전력

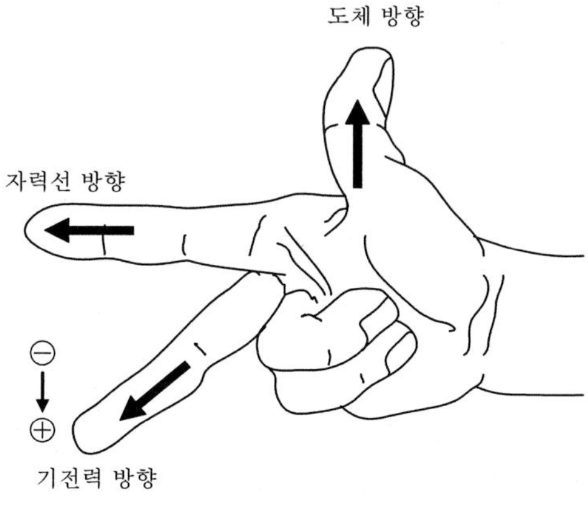

(b) 플레밍의 오른손 법칙

그림 2.46 플레밍의 오른손 법칙에 의한 전자유도 작용

2.6 패러데이의 전자유도 법칙

전자유도에 의하여 발생되는 기전력의 크기는 패러데이(Faraday)의 전자유도 법칙에 의하여 결정된다. 즉, "전자유도 작용에 의하여 발생되는 기전력의 크기는 코일을 끊는 자속의 변화율과 코일 권선수의 상승적에 비례한다."는 패러데이 법칙에 의해 유도된다. 따라서, 권선수가 N인 코일을 끊는 자속이 미소시간 dt 동안에 $d\Phi$[Wb]의 자속 변화가 발생하였다면, 유도 기전력 e는 다음과 같이 주어진다.

$$e = N\frac{d\Phi}{dt} \text{ [V]} \tag{2.78}$$

그림 2.47과 같이 자속밀도 B의 평등 자계내에 ABCD 직각형상의 코일 도선이 있다. 여기서, 길이 l[m]인 코일 도선을 EF의 위치에 놓고, 이 도선을 왼쪽 방향으로 v[m/s]의 속도로 dt초 동안 거리 S[m]만큼 떨어진 E′F′의 위치까지 이동시켰을 때 코일에 걸리는 자속의 변화는 $d\Phi = BlS = Blvdt$[Wb]이 되므로, 상기 식 (2.78)은 다음과 같이 정리된다.

$$\begin{aligned} e &= \frac{d\Phi}{dt} = \frac{B \cdot l \cdot v \cdot dt}{dt} \\ &= B \cdot l \cdot v \text{ [V]} \end{aligned} \tag{2.79}$$

즉, 코일의 권선수가 1인 경우, 그림 2.47과 같은 직사각형 코일에 형성된 유도 기전력은 자속밀도 B, 도체의 길이 l, 도체의 이동속도 v의 상승적으로 결정된다.

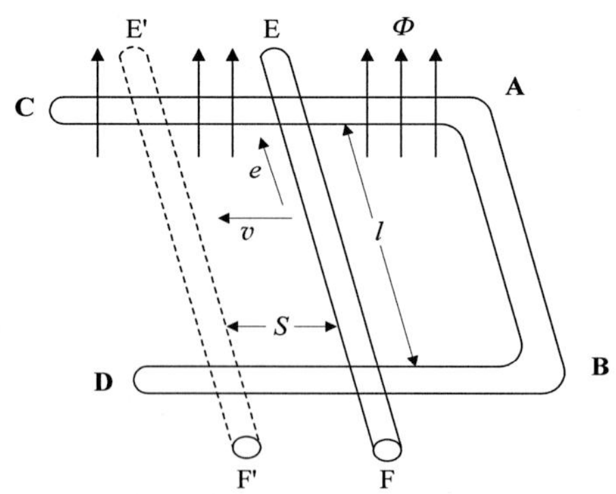

그림 2.47 직사각형 코일에 형성된 자속밀도

2.7 자기유도와 자기 인덕턴스

그림 2.48과 같은 자기유도 회로에서 스위치(switch) SW를 개폐하는 순간에 코일의 자속은 변화한다. 즉, $0 \rightarrow \Phi$ 또는 $\Phi \rightarrow 0$으로 자속은 변화한다.

코일내에서 자속이 변화하면, 렌츠의 법칙(Lentz's law)에 따라 기전력은 자속의 변화를 방해하는 방향으로 유도되는데, 이러한 현상을 코일의 자기유도 작용이라 한다. 이 때의 유도 기전력의 크기는 자속이 변화하는 시간적 비율 즉, 전류의 변화율에 비례한다. 미소시간 dt 초 동안에 dI[A]가 변화하였다고 가정하면, 이 때에 유도된 기전력의 크기 e는 다음과 같이 주어진다.

$$e = -L\frac{dI}{dt} \text{ [V]} \tag{2.80}$$

상기 식 (2.80)에서 인덕턴스 L은 비례정수로 회로의 크기, 형태, 권선수, 매질 등에 의해 결정되며, 이것을 자기 인덕턴스(self-inductance)라고 한다. 이것은 코일에 1[A]의 전류가 흐를 때의 자속 쇄교수와 같다.

I[A]의 전류가 흐르고 있을 때, 코일에 발생되는 자속이 코일과 쇄교하는 자속 쇄교수를 Φ라고 하면, 다음과 같은 식으로 제시된다.

$$\Phi = LI \tag{2.81}$$

또한, 회로의 권선수가 N일 때에 코일에 걸리는 자속 쇄교수는 $N\Phi = LI$으로 표현되므로 L은 다음과 같이 정리된다. 즉,

$$L = \frac{N\Phi}{I} \text{ [H]} \tag{2.82}$$

여기서 인덕턱스 L의 단위는 헨리(Henry : H)를 사용한다.

1[H]의 자기 인덕턴스(self-inductance)는 그림 2.48과 같은 자기유도 코일 회로에서 1초 동안 1[A]의 전류 변화가 있을 때, 1[V]의 기전력을 유도시키는 것을 말한다.

유도 기전력은 미소 전류에서도 변화 속도를 크게 하면 순간적으로 대단히 큰 고압을 유도할 수 있으므로, 유도 기전력의 이러한 특성을 활용하여 가솔린 엔진의 점화코일에서는 30,000V 정도의 고전압으로 승압시킨 전기 에너지를 점화에 이용하고 있다.

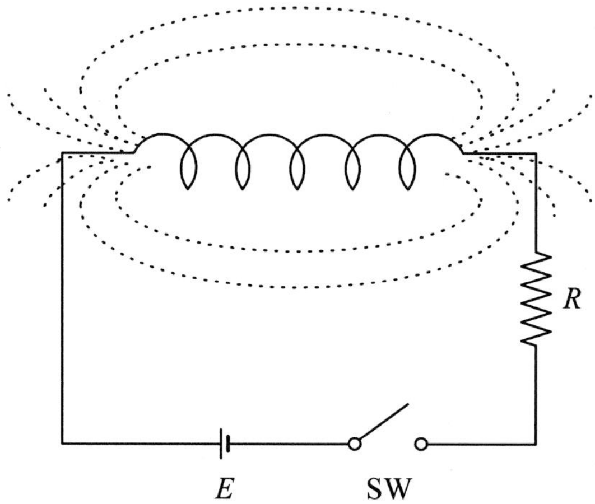

그림 2.48 자기유도 코일

2.8 상호유도와 상호 인덕턴스

그림 2.49에서 보여주는 것처럼 권선수 N_1, N_2를 가진 두 개의 코일 P와 코일 S가 있다. 그림 2.49(a)에서 코일 P에 흐르는 전류 I_1이 미소시간 dt초 동안에 dI_1만큼 변화하여 코일 S와 쇄교한 자속이 $d\Phi_1$[Wb]만큼 변화하였다고 하면, 코일 S에 걸리는 유도 기전력 e_2는 다음과 같이 주어진다.

$$e_2 = -N_2 \frac{d\Phi_1}{dt} \text{ [V]} \tag{2.83}$$

따라서, μ가 일정하다고 할 경우는 $d\Phi_1 = N_1 dI_1 / R$이 되므로 S코일에 걸리는 유도 기전력은 다음과 같이 정리된다. 즉,

$$e_2 = -\frac{N_2 N_1}{R}\left(\frac{dI_1}{dt}\right) \text{ [V]} \tag{2.84}$$

여기서, $M = N_2 N_1 / R$[H]의 관계식으로 표현하면, 유도 기전력을 다음과 같이 간단하게 표현할 수 있다.

$$e_2 = -M \frac{dI_1}{dt} \text{ [V]} \tag{2.85}$$

이와 같이 코일 P에 흐르는 전류 I_1[A]가 변화하면, 타 코일 S에 기전력 e_2가 유기되는 현상을 상호 유도작용이라 하고, 이 때의 기전력을 상호유도 기전력 M으로 나타내며, 이것을 상호 인덕턴스라 한다. 상호유도 기전력 M의 단위는 헨리[H]를 사용한다.

그림 2.49(b)의 코일 회로에서 기전력 $e_1 = -N_1(d\Phi_2/dt)$이 유기되며, 회로에서 μ가 일정하고 항상 같다고 가정하면, 코일에 유도되는 자속 변화 $d\Phi_2$와 기전력 e_2는 다음과 같이 주어진다.

$$d\Phi_2 = \frac{N_2 dI_2}{R} \text{ [Wb]} \tag{2.86}$$

$$e_1 = -\frac{N_1 N_2}{R}\left(\frac{dI_2}{dt}\right) \text{ [V]} \tag{2.87}$$

여기서, 상호 인덕턴스 $M = N_1 N_2 / R$이므로 유도 기전력 e_1은 다음과 같이 간단하게 표현하게 된다. 즉,

$$e_1 = -M\frac{dI_2}{dt} \tag{2.88}$$

코일 P에서 코일 S에 대한 상호 인덕턴스와 코일 S에서 코일 P에 대한 상호 인덕턴스는 서로 같다는 것을 알 수 있다. 상호 인덕턴스 M은 비례정수로 코일의 크기, 형태, 상호간의 관계 위치, 물질의 투자율에 의해 결정되는 상수이다.

또한, 이러한 성질을 이용한 것이 트랜스(transformer)이며, 전류를 공급하는 쪽을 1차코일, 전압이 발생되어 나가는 쪽을 2차코일이라 할 때 다음의 관계식이 성립한다. 즉,

$$V_2 = \frac{N_2}{N_1} V_1 \tag{2.89}$$

여기서 V_1과 N_1은 1차코일의 공급전압과 코일의 권선수를, 그리고 V_2와 N_2는 2차코일의 공급전압과 코일의 권선수를 각각 나타낸다.

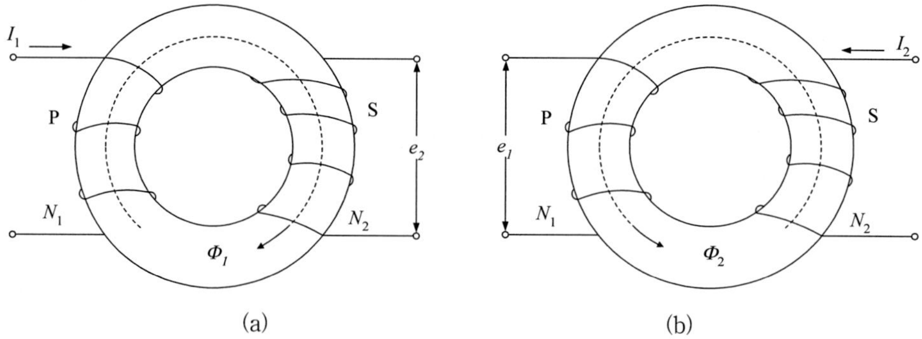

그림 2.49 코일의 권선수 N_1과 N_2를 갖는 상호유도 코일

연습문제

2.1 전기에서 널리 사용되고 있는 전류, 전압, 저항에 대하여 기술하고, 이들의 상호 연관성을 수식적으로 표현하여 간략하게 설명하시오.

2.2 간단한 전기 회로에서는 옴의 법칙으로 해석하지만, 비교적 복잡한 전기 회로에서는 전류와 전압을 구하기 위해 키르히호프 제1법칙과 키르히호프 제2법칙을 사용하는데, 이들 법칙에 대하여 간략하게 설명하시오.

2.3 자석의 두 자극(N극과 S극) 사이에는 서로를 끌어당기거나 또는 밀어내는 힘이 발생하는데, 이러한 인력과 척력의 크기를 쿨롱의 법칙으로 간략하게 설명하시오.

2.4 전선을 따라서 흐르는 전류의 이동 방향을 잘 나타내고 있는 앙페르의 오른나사 법칙에 대하여 설명하시오.

2.5 전기 유동에서 교류와 직류의 차이점을 설명하고, 교류의 변동을 나타내는 주파수에 대하여 간략하게 수식으로 표현하시오.

2.6 자기장에서 전자 유도에 의해 발생되는 기전력의 크기를 나타내는 패러데이 법칙에 대하여 설명하시오.

제 3 장

자동차 전기 시스템

3.1 엔진의 전기 시스템

엔진을 구동하는데 필요한 전기는 배터리(battery)에 의해 처음 공급되지만, 일단 엔진에 시동이 걸리게 되면 출력의 대부분은 발전기(generator)에 의해 스스로 발전하여 사용하고, 발전된 전기 에너지의 일부는 배터리를 충전하는데 사용한다. 따라서 자동차의 배터리와 발전기는 자동차에서 필요한 모든 전기적 에너지를 담당하는 핵심 전기장치이다.

자동차 엔진에서 사용하는 전기장치의 순환 시스템은 배터리에서 시동장치, 점화장치, 충전장치에 이르기까지 복잡하지만 연계적으로 구성된다. 엔진의 전기장치는 엔진에 전기 에너지를 공급하여 연소가 항상 성공적으로 이루어지도록 다음과 같은 전기 순환 시스템이 원활하게 작동되어야 한다.

① 시동 스위치(starter switch), 또는 점화 스위치(ignition switch)를 돌린다.

② 배터리에서 공급된 전원으로 시동모터(start motor)에 전류를 공급하여 피니언을 구동하고, 이 피니언을 순간적으로 플라이휠(flywheel)의 링기어와 접속하여 플라이휠을 회전시킨다.

③ 플라이휠은 연결된 크랭크축을 돌려 실린더에 흡입된 연료-공기 혼합기를 피스톤으로 압축한다.

④ 크랭크축에 연결된 캠축의 회전으로 점화코일(ignition coil)에 고전압이 흐르도록 하고, 유도된 10,000~30,000V의 고전압은 무접점식의 DLI(distributorless ignition)에 의해 점화 순서에 맞도록 분배되어 각 실린더의 점화 플러그(spark plug)에서 전기적 불꽃을 일으킨다.

⑤ 점화 플러그에서 발생된 불꽃으로 혼합기가 착화, 연소되면서 발생된 고압의 팽창압력이 피스톤의 상단부를 충격적으로 가압하면서 엔진은 구동하게 된다.

⑥ 엔진의 구동력으로 교류 발전기(alternator)를 돌려서 발전된 전기 에너지를 배터리에 공급하여 소비된 전력을 충전한다.

엔진의 전기 시스템은 크게 시동장치, 점화장치, 충전장치로 분류되며, 이들 전기장치는 그림 3.1에서 보여주는 것처럼 전기장치 상호간에는 서로 긴밀하게 연계되어 작동하기 때문에 항상 양호한 상태를 유지하도록 점검해야 한다.

전기 시스템에서 가장 기본적인 전원은 배터리(battery)로, 자동차의 전기 에너지를 최초로 공급한다. 배터리는 일정한 시간이 지나면 충전 기능이 약화되어 수명이 다 되기 때문에 교환을 한다. 또한 점화코일에서 승압된 고전압으로 불꽃을 튀기는 점화 플러그는 고온 스파크에 의한 용융마모가 발생되어 충분한 불꽃 에너지를 발생하지 못하므로 일정시간 사용을 하면 교체해야 한다.

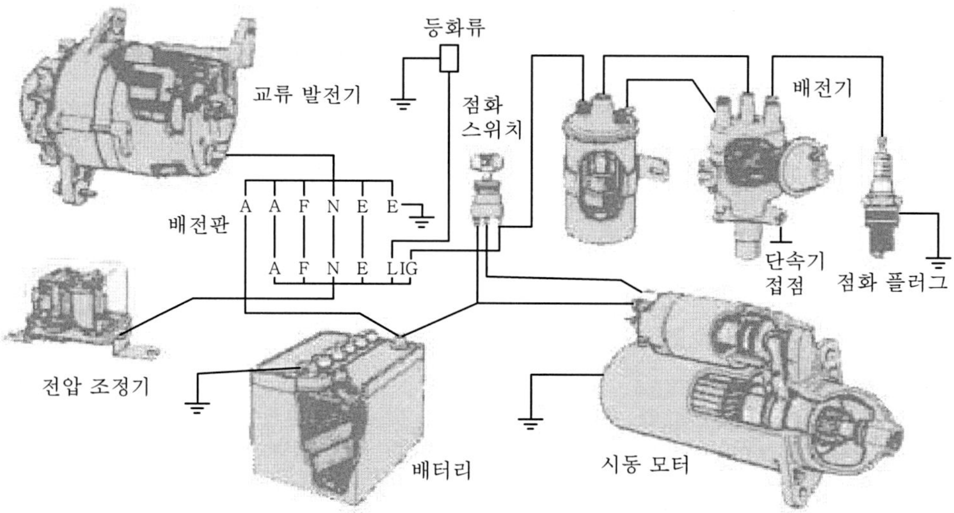

그림 3.1 엔진의 시동, 점화, 충전에 연계된 전기 시스템

3.2 시동 시스템

3.2.1 시동장치 개론

가솔린 엔진에서 점화 플러그의 불꽃 점화에 의해 발생되는 연료의 초기 연소 에너지로는 자동차 엔진을 처음 구동하는데 필요한 동력을 충분히 얻을 수 없다. 즉, 점화 플러그에 의한 최초의 점화작용으로는 정지하고 있던 엔진의 초기 마찰력을 극복할 수 있을 정도로 충분한 초기 동력을 얻을 수 없기 때문에 초기 구동력을 충분히 얻기 위해 개발된 장치가 시동 시스템(starting system)이다.

자동차 엔진의 초기 구동은 엔진의 점화 스위치(ignition switch)를 시동키(starting key)로 연결하여 배터리에서 공급되는 전류로 시동모터(start motor)(또는, 기동장치)를 회전시키면, 오버런링 클러치(over-running clutch)에 연결된 피니언(pinion)이 크랭크축에 연결된 플라이휠 바깥의 링기어(ring gear)와 대단히 빠르게 맞물리면서 회전한다. 이렇게 엔진을 처음 구동하기 위한 전기 시스템을 시동장치(starting motor system)라 한다.

시동장치는 배터리, 점화 스위치, 시동 모터, 마그네틱 스위치, 인히비터 스위치, 커넥터, 와이어와 배터리 케이블 등으로 구성된다. 그림 3.2는 시동 시스템의 핵심이라 할 수 있는 시동 모터와 시동 장치의 전기 회로도를 보여주고 있다.

시동장치에서 점화 스위치를 “START” 위치로 돌리면 시동모터의 솔레노이드에 전류를 흘려보낸다. 그 결과 솔레노이드 플런져와 클러치 시프트 레버(shift lever)가 작동하면서 클러치 피니언과 링기어가 맞물리고, 동시에 마그네틱 스위치와 접촉되어 시동모터를 작동시킨다. 엔진에 시동이 걸리면 즉시 오버런닝 클러치에 의해 스타트 아마츄어의 마멸량 발생을 방지하기 위하여 클러치 피니언 기어가 작동하게 된다. 일단 엔진이 작동하면 점화 스위치가 “ON” 상태의 원위치로 되돌아가므로 시동모터의 마멸을 방지하게 된다.

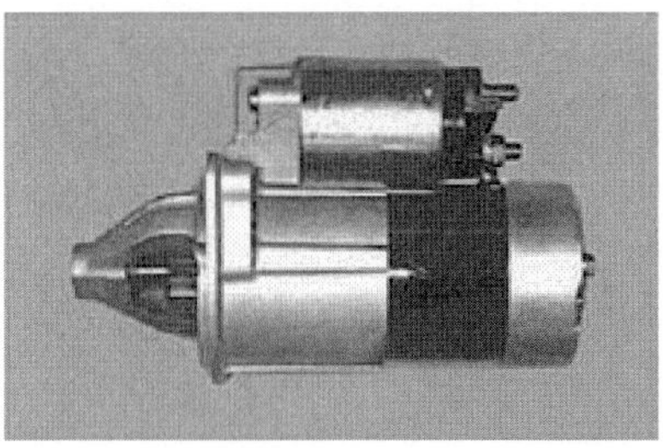

(a) 시동 모터

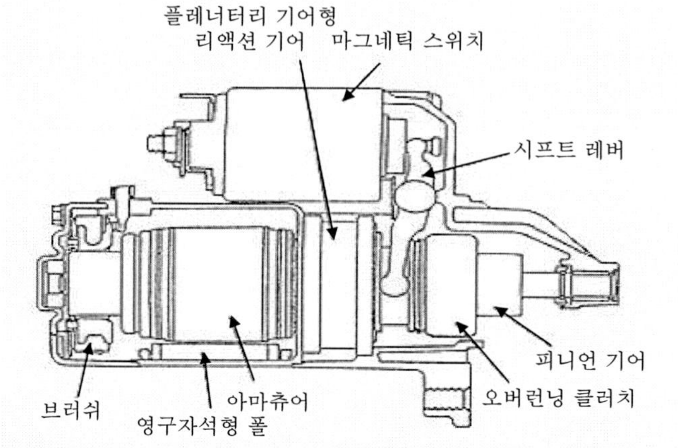

(b) 시동모터 구조

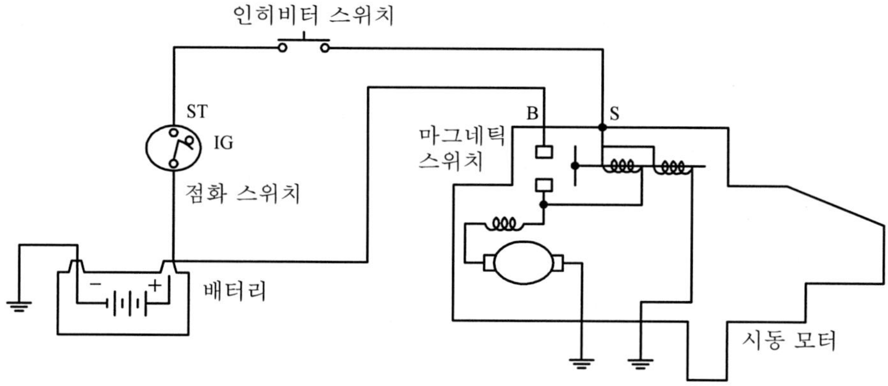

(c) 시동 시스템의 회로도

그림 3.2 시동 모터의 구조 및 시스템 회로도

3.2.2 시동장치의 주요 부품

(1) 시동 모터

스타트 모터라고도 하는 시동 모터(start motor)는 그림 3.3과 같이 회전력을 발생하는 전동기(motor), 회전력을 엔진에 전달하는 동력 전달기구와 마그네틱 스위치(magnetic switch)의 작동에 의해 피니언을 이동시켜 플라이휠의 외주면을 따라서 가공한 링기어에 맞물리게 하는 마그네틱 스위치로 구성되어 있다. 여기서 마그네틱 스위치는 점화 스위치(ignition switch)와 같은 표현이다. 시동 모터를 구동하는 전기 에너지는 배터리의 전원을 사용하기 때문에 가능한 한 짧은 시간에 엔진을 구동해야 한다.

(a) 시동 모터

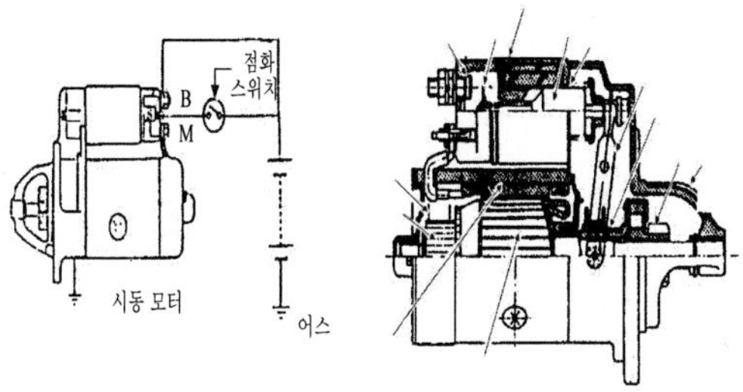

(b) 시동 모터의 배선

그림 3.3 시동 모터

(2) 점화 스위치

점화 스위치(magnetic switch)는 그림 3.4(a)에서 보여주는 것처럼 시동키(starting key)의 위치에 따라 다음과 같이 작동할 수 있다.

① "0" 위치 : 점화를 할 수 없고, 시동키를 제거하면 핸들이 고정된다.
② "1" 위치 : 점화를 할 수는 없지만, 핸들은 자유롭게 움직일 수 있다.
③ "2" 위치 : 점화를 하게 되고, 핸들을 자유롭게 움직일 수 있지만 시동키를 제거할 수 없다.

그림 3.4(b)의 점화 스위치는 배터리에서 시동 모터로 흐르는 큰 전류를 단속하는 작용을 하고, 또한 피니언 기어(pinion gear)가 링기어(ring gear)에 맞물리게 하는 작용을 보여주고 있다. 시동키(starting key)를 넣게 되면 전류가 흘러 내부 코일에 자력이 발생하여 플런저를 흡입한다. 플런저가 이동되면 접점 스위치를 작동시켜 배터리의 전류가 전동기(motor)에 흐르게 되고, 동시에 시프트 레버가 당겨져 피니언 기어를 밀어냄으로써 플라이휠의 링기어와 피니언 기어가 맞물려 돌아가면서 엔진의 시동이 걸리게 된다. 여기서, 점화 스위치는 마그네틱 스위치, 시동 스위치 등으로 표현되기도 한다.

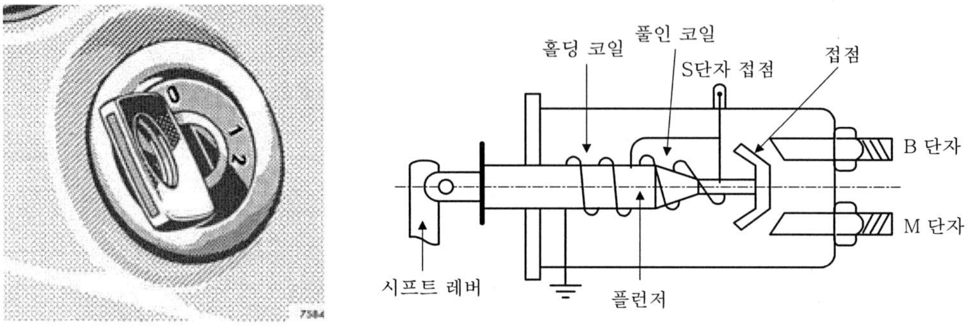

(a) 점화 스위치　　　　(b) 점화 스위치 구조

그림 3.4 점화 스위치

(3) 동력전달 기구

동력전달 기구는 시동모터에서 발생한 회전력을 플라이휠에 전달하여 엔진을 회전시키는 기구이다. 점화 스위치가 작동하여 시동 모터의 피니언과 플라이휠의 외주면에 가공된 링기어가 순간 맞물리면서 엔진의 시동이 걸린다. 엔진의 시동이 성공적으로 진행되면 엔진의 회전력이 시동 모터에 전달되지 않도록 차단 작용을 하는 오버런닝 클러치(over-running clutch)가 있다. 오버런닝 클러치의 구조는 그림 3.5와 같다.

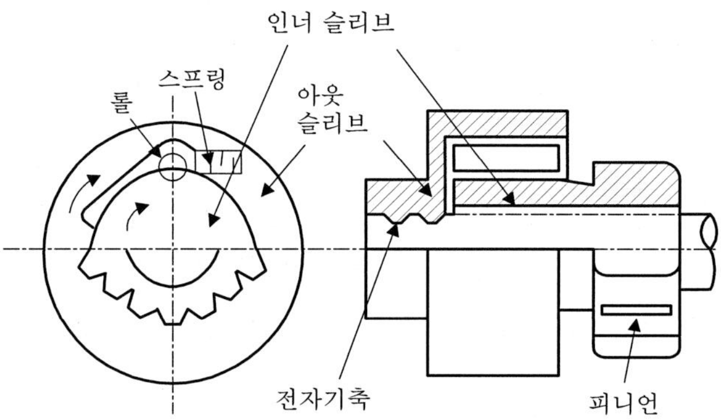

그림 3.5 오버런닝 클러치의 구조

3.3 점화 시스템

3.3.1 점화장치 개론

자동차의 점화장치(ignition system)는 배터리에서 공급된 초기 전압을 초고압으로 승압시켜 연소실에 설치된 점화 플러그에 안정적으로 공급하고, 점화 플러그는 실린더의 정해진 점화순서에 따라 불꽃을 주기적으로 발생하여 연료-공기 혼합기에 강제로 점화시키는 전기 점화 시스템을 말한다. 점화 시스템에는 배터리, 점화코일, 배전기, 점화 플러그 등으로 구성된다.

점화 시스템(ignition system)은 엔진의 정상적인 스파크 점화가 가능한 전기 에너지를 확보해야 하고, 엔진의 작동상태에 따라 최적의 점화시기와 점화기간을 선정하여 연료-공기 혼합기에 원활한 연소가 이루어지도록 해야 한다. 특히, 전자제어 점화장치는 전자제어 유니트(ECU)로부터 공급되는 드웰시간(dwell time)과 점화시기를 최적의 상태로 제어하여 점화장치의 정상적 연소작용을 보장함으로써 최고의 출력과 연료 소비량 저감, 유해 배기가스 발생량 저감에 큰 기여를 한다.

점화 시스템은 그림 3.6에서 보여주는 것처럼 초기의 전원을 공급하는 배터리(battery), ECU로부터 점화시기와 드웰시간 제어 신호를 받아 작동하는 파워 트랜지스터(power transistor), 전기 에너지를 승압하는 점화코일(ignition coil), 엔진의 연소 순서에 따라 전기 에너지를 공급하는 배전기(distributor), 불꽃 점화를 수행하는 스파크 플러그(spark plug)로 구성된다.

엔진에 고출력의 전자제어 시스템이 보편적으로 도입되면서 전기 점화 시스템에서 가장 큰 변화는 기존의 접점식 배전기 제어(contact type distributor control)에서 무접점식의 전자제어 배전기(Distributorless Ignition : DLI)로 바뀌어 전기 에너지를 각각의 실린더 조건에 적합하도록 직접 제어하여 조정하는 전자제어 배전 시스템으로 개량되었다.

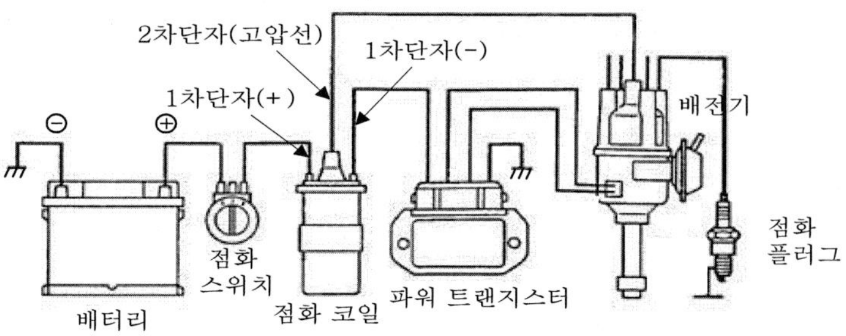

그림 3.6 점화 시스템

(1) 점화코일

점화 플러그(spark plug)에서 연료-공기 혼합기에 착화시킬 정도의 불꽃을 일으키려면 2차코일에서 최소한 10,000V 이상의 고전압이 필요하다. 그러나, 배터리의 전압은 보통 12V를 사용하므로, 이것을 고전압으로 승압하기 위해 필요한 변압기로 그림 3.7과 같은 점화코일(ignition coil)을 사용한다. 2차코일에서 30,000V 정도로 승압된 고전압은 배전기(distributor)를 통해 각 실린더로 보내져 점화 플러그에 의해 강력한 전기 불꽃을 일으켜 점화를 하게 된다.

연료 분사장치를 사용하는 가솔린 엔진에서는 고전압으로 승압하기 용이한 그림 3.8과 같은 폐자로형 점화코일을 널리 사용하고 있다.

그림 3.7 점화코일

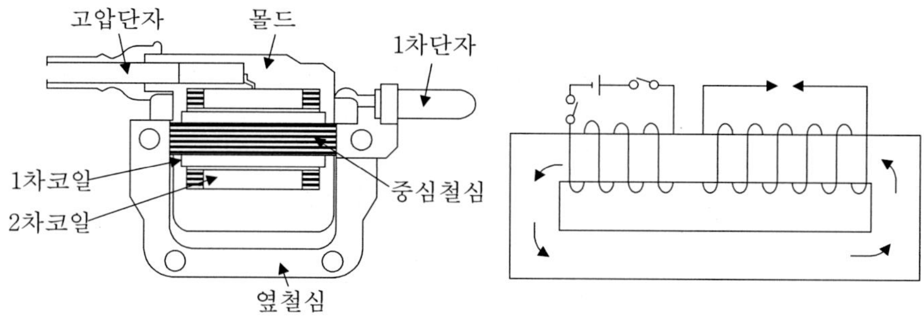

(a) 폐자로 철심형의 구조 (b) 폐자로 철심형의 원리

그림 3.8 폐자로 점화코일

(2) 배전기

가솔린 엔진의 전기 점화 시스템에서 그림 3.9와 같은 배전기(distributor)는 실린더의 연소 순서에 따라 점화 코일에서 공급되는 고전압 전기를 주기적으로 배전하여 스파크 플러그에서

불꽃을 일으키도록 하는 전기장치이다. 일반적으로 SOHC 엔진은 간접 점화방식을, DOHC 엔진은 직접 점화방식인 DLI(Distributorless Ignition)을 채택하고 있다.

여기서, 간접 점화방식은 점화코일에서 발생한 고압의 전기를 로터(rotor)라는 분배장치가 회전하면서 각 실린더의 연소 순서에 따라 고압의 전기를 공급하는 방식이지만, 직접 점화방식은 점화코일에서 로터라는 분배장치를 거치지 않고 점화 플러그에 직접 고압의 전기를 공급하는 방식이다

엔진의 연소 순서에 따라 스파크 플러그의 불꽃점화를 발생시키기 위해 고전압을 공급하는 배전기는 다음과 같은 3가지 기능을 갖고 있다.

① 각 실린더의 점화 플러그에 정해진 순서대로 전기를 공급하는 배전 기능을 갖는다.
② 배터리에서 점화코일로 보내지는 전류를 접점(point contact)이나 광센서로 단속하는 회로 차단(변압) 기능을 갖는다.
③ 엔진의 회전상태나 혼합기의 연소상태에 따라 스파크 플러그에 보내는 고전압의 타이밍을 적절하게 변화시키는 점화 진각을 조절하는 기능을 갖는다.

그림 3.9 접점식 배전기

(3) 점화 플러그

점화 플러그(spark plug)는 점화코일에서 승압된 고전압을 받아 순간적으로 전기 스파크를 발생시켜 연료-공기 혼합기에 불꽃을 공급하여 점화시키는 기구로 전극, 절연체, 중심축, 쉘 등으로 구성된다. 점화 플러그의 전극은 그림 3.10에서 보여주는 것처럼 중심 전극(+)과 접지 전극(-)이 있고, 이들 간극(gap)에서 고전압에 의한 전기적 불꽃 방전이 일어난다. 순간적으로

반복되는 고온의 불꽃 발생으로 인해 초기의 0.5~1mm 간극이 벌어지게 되면, 변화된 간극을 조정하여 항상 최적의 간극을 유지하도록 한다. 또한, (+)극과 (-)극에서 용융마모(melting wear)가 발생하면 간극을 연마하여 재조정한다.

점화 플러그의 간극은 일반적으로 권장 기준값보다 너무 작으면 불꽃발생이 약해지고, 너무 크면 불꽃 발생이 어려워 실화(misfire)가 발생한다. 또한, 점화 플러그를 오랫동안 사용하게 되면, 중심 전극에서는 용융마모가 발생하여 엔진 점화에 필요한 불꽃방전을 일으키지 못하는 경우가 발생하기 때문에 간극 수정이 필요하다. 결국, 점화 플러그는 일정한 사용시간이 지나면 전극의 마모, 탄소와 같은 이물질의 퇴적에 의한 노크 발생 등 때문에 정기적으로 교환해야 한다.

점화 플러그는 전기 절연성이 좋아야 하므로 절연체 특성은 점화 플러그의 성능을 좌우하는 주요 부품이다. 따라서, 점화 플러그의 절연체로 보통은 절연성, 내열성, 열전도성, 기계적 강도가 우수한 세라믹 소재를 사용한다. 셀(shell)은 절연체를 보호하는 부분과 설치용 나사 부분, 렌치(wrench)를 끼우기 위한 평면 부분으로 구성된다. 점화 플러그의 나사 지름은 10~18mm가 있으나, 보통은 14mm의 지름을 갖는 점화 플러그를 많이 사용한다.

점화 플러그는 내열성, 내식성, 방열성, 열전도성, 전기 절연성 등이 요구되는 불꽃 방전성능과 반복적 불꽃발생에 따른 전극소모가 작아야 하고 수명 또한 길어야 한다. 또한 중심 전극(+)과 접지 전극(-) 사이에서 발생되는 불꽃의 안정성이 우수해야 양질의 점화가 가능하다. 점화 플러그의 전극은 내열성과 내식성이 좋아야 하므로 니켈 합금, 백금 합금, 내열 합금 등 고가의 전극 소재를 사용한다.

(a) 점화 플러그

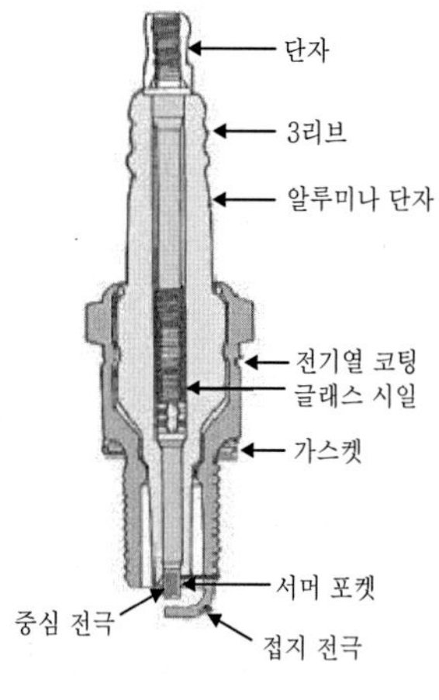

(b) 점화 플러그의 구조

그림 3.10 점화 플러그

(4) 배터리

자동차의 모든 전기장치를 작동하게 하는 기본 전원으로 축전지라고도 하는 배터리(battery)가 사용되는데, 배터리는 2가지 계통으로 구성된다. 즉, 엔진의 정지시나 시동시에는 배터리에 의해 전원이 공급되지만, 엔진의 정상 가동중에는 얼터네이터(alternator)에 의해 전원이 공급된다.

자동차에서 많이 사용되고 있는 납산 배터리는 그림 3.11과 같은 구조로 조립되어 있으며, 보통은 6개의 셀(cell)로 이루어진 케이스로 조립되어 있다. 각각의 셀(cell)마다 양극판, 음극판, 격리판, 전해액이 들어있다.

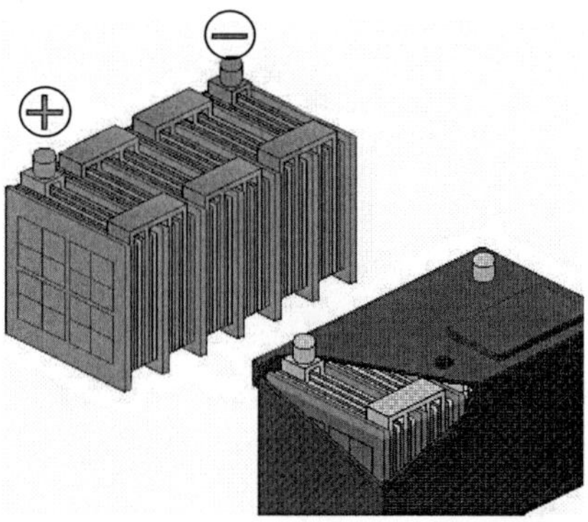

그림 3.11 배터리의 외관도

3.3.2 점화장치의 분류

(1) 접점식 점화장치

▣ 점화회로의 작동 메카니즘

그림 3.12는 접점식의 점화장치를 나타낸 것으로 점화 스위치(ignition switch)를 닫으면 배터리, 또는 발전기의 전류가 접점으로 흐른다. 이 때 접점이 닫혀 있으면(TR식에서는 베이스에 “ON” 신호), 전류는 접점을 통하여 1차 코일에 자력선을 발생시킨다. 엔진이 회전하여 접점이 열리는 순간(TR식에서는 “OFF” 신호) 흐르던 전류는 차단되고 급격한 자력선 감소(변화)로 인하여 10,000~30,000V라는 고전압이 2차 코일에 발생한다. 이 고전압을 배전기와 점화케이블을 통해 점화 플러그로 공급하여 연소실 내부에서는 압축행정 말기에 불꽃방전을 일으키고, 이 불꽃에 의해 압축된 연료-공기 혼합기가 점화하게 되면서 정상 연소가 이루어진다.

최근의 자동차는 그림 3.12와 같은 기존 접점식 점화장치의 단점을 보완한 트랜지스터식 점화장치를 대부분 사용하고 있다.

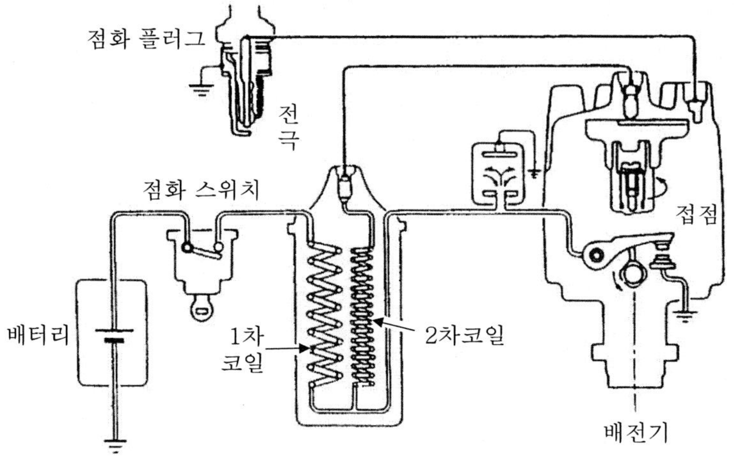

그림 3.12 접점식 점화장치의 구성도

▣ 점화장치의 구성 및 작용

① 1차 저항

1차 저항은 그림 3.13과 같이 1차 코일에 장시간의 전류가 흐르면 온도가 높아지는 것을 방지하기 위하여 1차 회로(개자로형 점화 코일에 부착)에 직렬로 접속하는 밸러스트 저항(ballast resistor)이다. 1차 저항은 온도에 민감한 일종의 가변저항이라 할 수 있다.

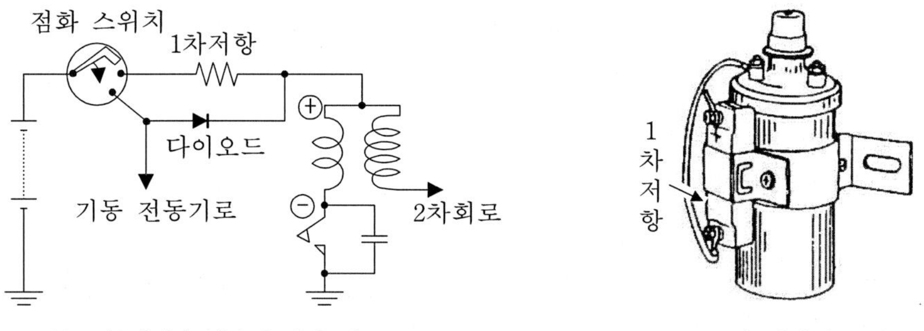

(a) 1차 저항을 이용한 점화 회로 (b) 1차 저항의 부착

그림 3.13 1차 저항

② 점화코일

기화기(carburetor) 연료 공급방식의 기계식 엔진에서는 그림 3.14와 같은 개자로형 점화코일을 많이 사용하였으나, MPI 엔진에서는 개자로형보다 더 높은 전압을 낼 수 있는 그림 3.8과 같은 폐자로형 점화코일을 사용하고 있다.

개자로형 점화코일의 철심은 자력선의 손실과 발생되는 열을 줄이기 위해서 얇은 규소 강판을 겹치거나 말아서 중심 철심을 만든다. 이 철심에는 약 0.05~0.1mm 정도의 2차 코일을 20,000~30,000회 정도로 먼저 감아 놓고, 그 위에 0.5~1mm 정도의 1차 코일을 200~300회 정도 감는다. 점화코일에서 1차 코일에 전류를 통하면 자력선이 형성되고, 흐르던 전류를 단속하면 변화된 자력선을 2차 코일이 받게 되어 2차 코일에는 높은 전압이 상호 유도작용에 의해 유기된다.

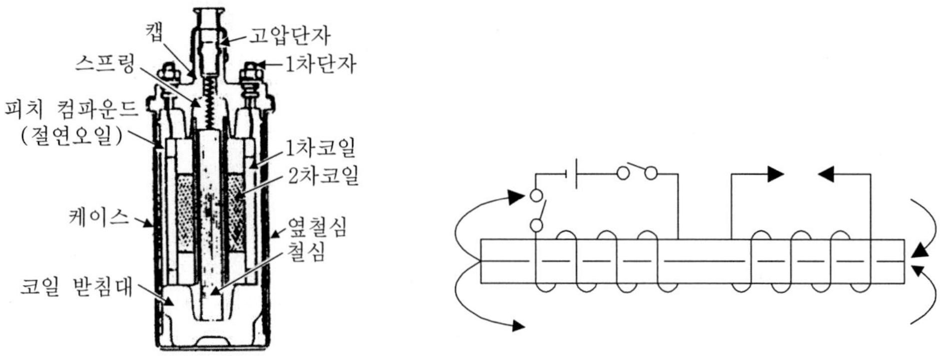

(a) 개자로 철심형의 구조 (b) 개자로 철심형의 원리

그림 3.14 개자로 점화코일

③ 배전기

배전기(distributor)는 엔진의 점화순서에 따라 전기를 스파크 플러그에 분배하는 역할을 한다. 배전기를 기능별로 구분하면 그림 3.15와 같이 배전부, 단속부, 진각부, 구동부라는 4개의 주요 부분으로 나뉠 수 있다.

▷ 배전부

배전부는 점화코일의 2차측에서 발생한 고전압을 엔진의 실린더 헤드에 설치한 점화 플러그의 점화 순서에 따라 전기를 기계적으로 분배하는 역할을 한다. 배전부의 주요 구성부품은 배전기 캡과 로터로 구성된다.

▷ 단속부

단속부는 점화코일의 1차 회로를 단속하여 점화코일의 2차측에 고전압을 발생시키는 부분이다. 접점식에는 그림 3.16과 같이 접점, 단속기 암, 캠, 배터리 등으로 구성되어 있으며, 무접점식(전자파 차단)에서는 이그나이터(ignitor)와 트리거 휠로 구성되어 있다.

▷ 진각부

배전기의 진각부에서는 엔진의 회전수에 따라 진각하는 원심식 진각장치(그림 3.17)와 엔진에 걸린 부하에 따라 진각하는 진공식 진각장치(그림 3.18)의 두 가지가 있다. 연소시에 발생하는 최대압력은 상사점 후 10°~15° 부근에서 폭발하도록 점화시기를 조절하는 역할을 한다.

▷ 구동부

구동부는 엔진의 캠축이나 크랭크축에 직접 결합되어 회전하는 부분으로 크랭크축 기어와 캠축의 헬리컬 기어가 서로 맞물려 구동한다. 4사이클 엔진에서 캠축은 엔진 회전수의 1/2로 구동한다.

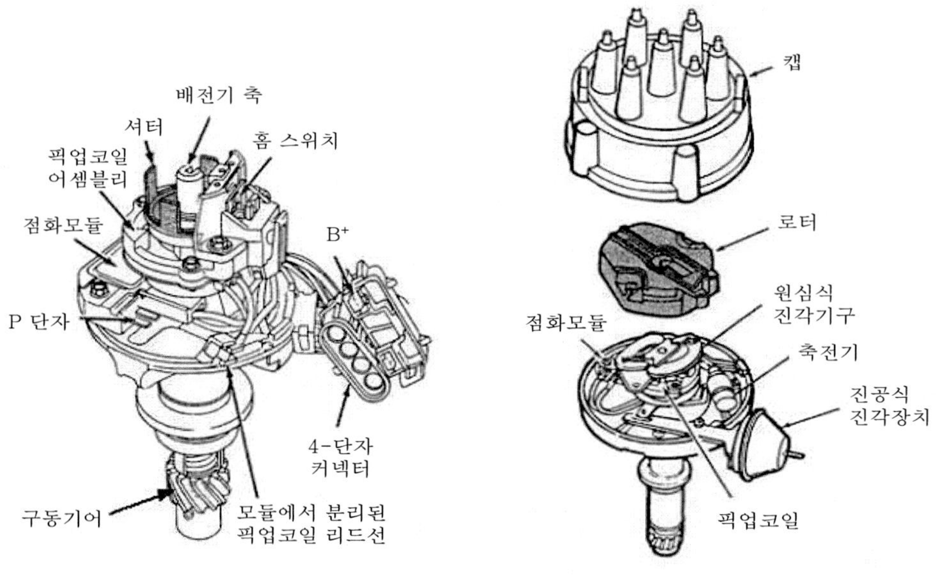

그림 3.15 배전기의 구조

그림 3.16 단속기의 구조

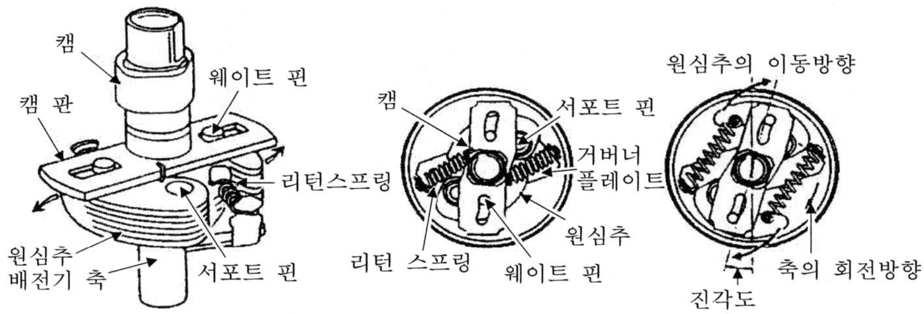

(a) 진각기구 구조 (b) 진각 전 (c) 진각 후

그림 3.17 원심식 진각장치의 작동

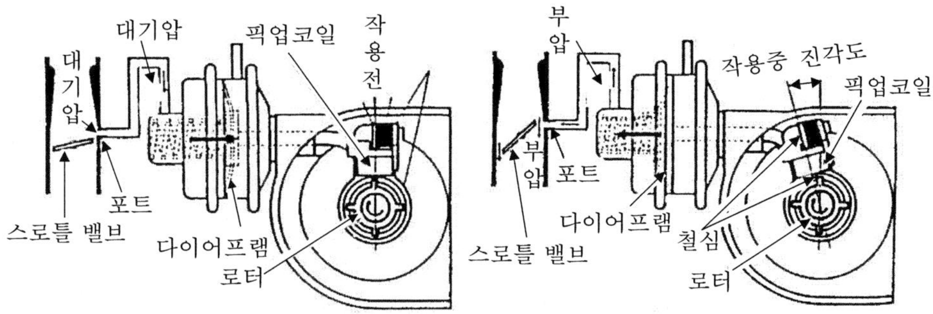

그림 3.18 진공식 진각장치

④ 점화 플러그

그림 3.19의 점화 플러그(spark plug)는 점화 2차 회로의 한 부품으로 실린더 헤드의 연소실에 체결되어 있다. 점화 플러그는 점화코일에서 유도된 고압 전류로 점화 플러그의 중심 전극(+)과 접지 전극(-) 사이의 간극에서 불꽃 방전을 일으켜 전극에 인접한 압축 혼합기에 점화하는 일을 한다. 여기서, 점화 플러그는 가솔린 엔진에서 압축된 연료-공기 혼합기를 강제로 점화하기 위해서 불꽃을 발생시키는 기구로 스파크 플러그(spark plug)라고도 한다.

전극은 둥근 것보다 모서리지게 제작된 것이 불꽃방전에 보다 유리하다. 또한, 연소과정에서 생성되는 카본의 퇴적을 막고, 조기점화를 방지하기 위해 자기 청정온도(450~800℃)에서 사용될 수 있도록 적절한 열가를 가지고 있다. 여기서, 열가는 점화 플러그의 열발산 정도를 수치적으로 나타낸 것이다.

점화 플러그에서 열발산이 잘되고 타기 어려운 플러그를 냉형(고속형) 점화 플러그, 열을 잘 발산시키지 못하고 타기 쉬운 플러그를 열형(저속용) 점화 플러그, 그 중간의 것을 중열형 점화 플러그라 한다.

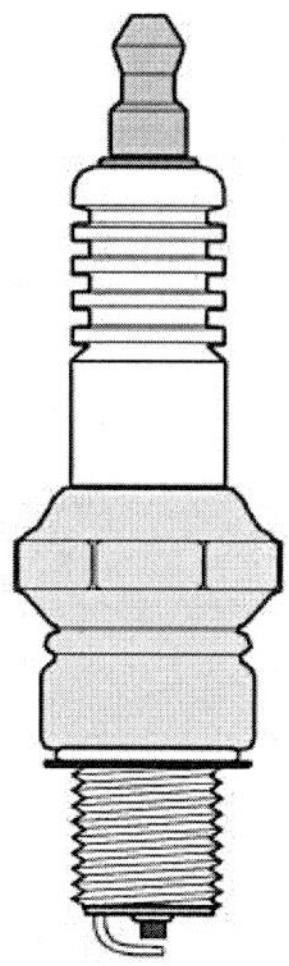

(a) 외관도

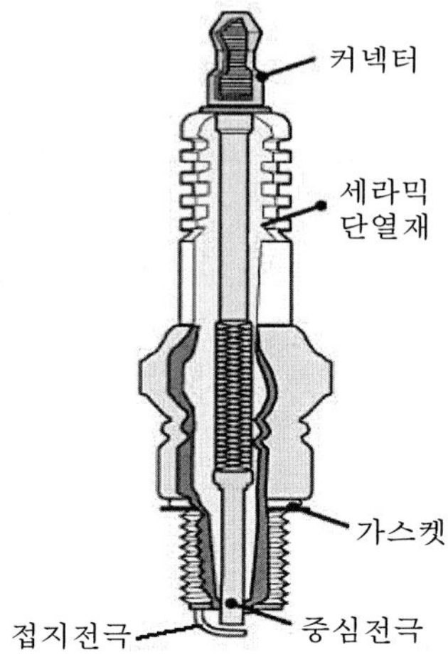

(b) 절개도

그림 3.19 점화 플러그의 외관 및 절개도

(2) 트랜지스터식 점화장치

자동차의 점화장치는 그림 3.9에서 보여준 접점식 배전기에서 무접점의 트랜지스터 무접점식 배전기(DLI) 타입으로 급속히 바뀌고 있다. 접점식 점화장치는 기계식 접점을 사용하므로 저속으로 회전할 때의 접점 불꽃으로 인한 2차 전압의 저하, 접점(point contact)의 소손, 고속시 2차 전압의 저하는 물론 접점 간극의 변화로 점화시기가 맞지 않거나 고속시에 접점에서 채터링(chattering)이 발생하는 등의 문제가 발생한다.

그러나, 접점 대신에 신호 발신기를 사용하여 정확한 점화시기를 검출하는 트랜지스터식 점화장치는 전기적으로 점화시기를 결정하기 때문에 유리한 측면이 많이 있다. 트랜지스터식 점화장치는 신호를 발생하는 방법에 따라 신호 발전식, 전자파 차단식, 광선 차단식으로 분류할 수 있다.

▣ 신호 발전식

신호 발전기(signal generator)는 그림 3.20과 같이 점화시기 신호를 만드는 일종의 작은 발전기로 엔진의 실린더 수와 같은 수의 돌기 부분이 있는 타이밍 로터가 회전함에 따라서 픽업 코일에 신호 전압을 발생시키고, 이 신호 전압에 의해 트랜지스터가 작동하면 1차 코일에 흐르는 1차 전류를 단속하여 2차 전류를 유도한다.

그림 3.20과 같은 신호 발전식 점화장치는 가솔린 엔진에서 많이 이용되고 있는 트랜지스터 형식이다.

▣ 전자파 차단식

전자파 차단식은 그림 3.21과 같이 이그나이터(ignitor) 내부에 있는 발진 코일에서 수백 [kHz] 고주파의 전자파를 발생시키고, 픽업 코일(검출 코어)에서 수신할 수 있도록 한 다음, 실린더 수와 같은 차단판이 있는 트리거 휠(trigger wheel)을 회전시켜 점화 신호를 발생한다. 즉, 로터의 돌기가 검출 코어와 가까워졌다가 멀어짐에 따라 자속 손실의 변화가 발생하고, 이러한 자속 손실의 변화는 고주파의 발진 상태로써 발진 검출기에서 검출된 후 증폭하여 최종적으로 파워 트랜지스터를 "ON"-"OFF" 시켜서 점화 코일의 1차 전류를 단속한다.

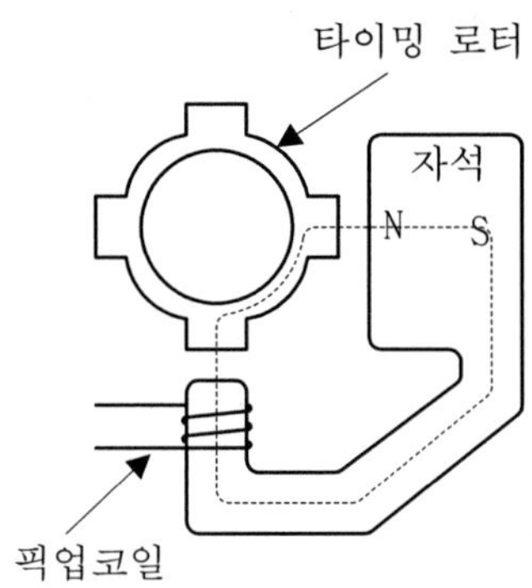

그림 3.20 신호 발전식 점화장치

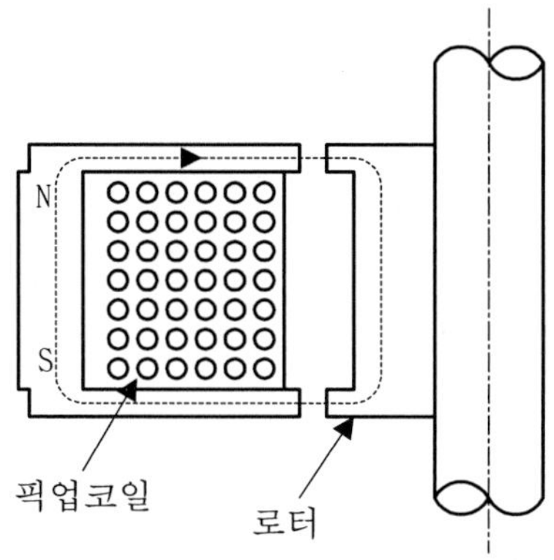

그림 3.21 전자파 차단식 점화장치

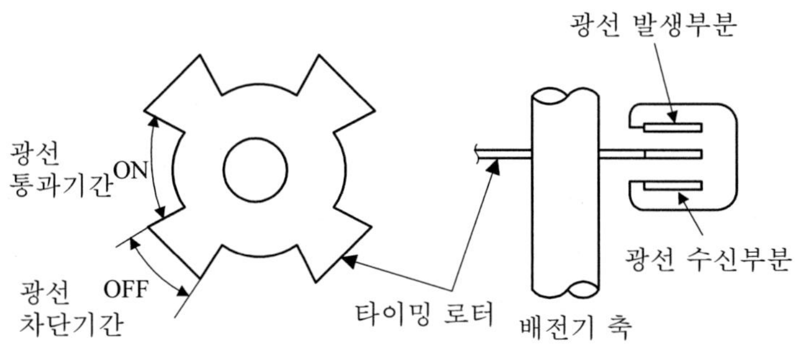

그림 3.22 광선 차단식 점화장치

▣ 광선 차단식

광선 차단식은 그림 3.22와 같이 배전기 안에 슬릿 판(slit plate)을 설치하여 아래 위 발광 다이오드와 포토 다이오드를 두고, 배전기 축이 회전함에 따라서 슬릿 판이 회전하게 되어 발광 다이오드에서 발광하는 빛을 포토 다이오드가 슬릿 틈새를 통하는 빛을 받아 전기 신호로 컴퓨터(ECU)에 보낸다.

또한, 컴퓨터(ECU)는 엔진의 각종 상황에 가장 알맞은 점화신호를 결정한 후에 파워 트랜지스터에 점화신호를 보내게 되고, 파워 트랜지스터에 의해 폐자로 점화코일의 1차전류가 단속되어 고전압을 얻는 형식이다. 이러한 광선 차단식의 대표적인 점화장치 형식이 MPI 전자제어 가솔린 엔진이다.

(3) 전자배전식 점화장치(DLI)

무접점 방식의 전자배전 점화장치(distributorless ignition : DLI)는 접점식의 배전기가 없는 대신에 컴퓨터(ECU)를 이용한 전자배전 방식(또는, 무접점 방식)의 점화장치이다. 전자제어장치에 따라 전자배전 방식을 분류하면, 크게 코일 분배식과 다이오드 분배식으로 나눌 수 있다. 코일 분배 방식에는 동시 점화방식과 독립 점화방식의 두 가지가 있다. 전자배전 점화방식의 점화장치는 가격면에서 유리한 코일 분배식의 동시 점화방식을 이용하고 있다.

전자제어 배전 점화장치(DLI)의 동시 점화방식은 2개의 실린더에 1개의 점화 코일을 이용하여 압축행정의 상사점과 배기행정의 상사점에서 동시에 점화시키는 방식이다. 즉, 1번 실린더와 4번 실린더의 점화를 동시에 진행하고자 할 경우 1번 실린더는 압축행정의 상사점에 있기 때문에 연소가 이루어지지만, 4번 실린더는 배기행정의 상사점에 있기 때문에 무효방전이 된다.

그림 3.23과 같이 ECU의 신호에 따라 트랜지스터 Ⓐ가 "ON" 되면 점화코일 Ⓐ의 1차 전류가 "ON" 되고, 파워 트랜지스터 Ⓐ가 "OFF" 되면 점화코일 Ⓐ의 2차 코일에는 (+)와 (-)의 양극성 고전압이 발생된다.

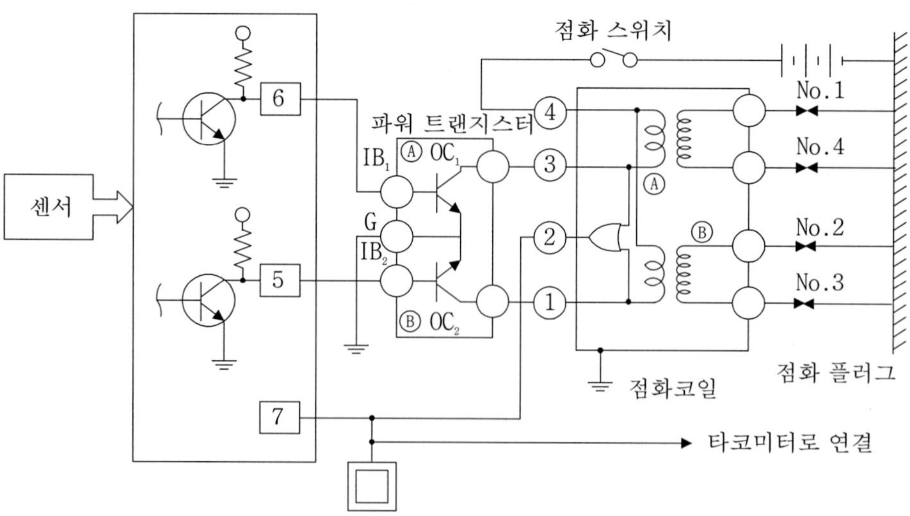

(a) 4실린더의 회로도

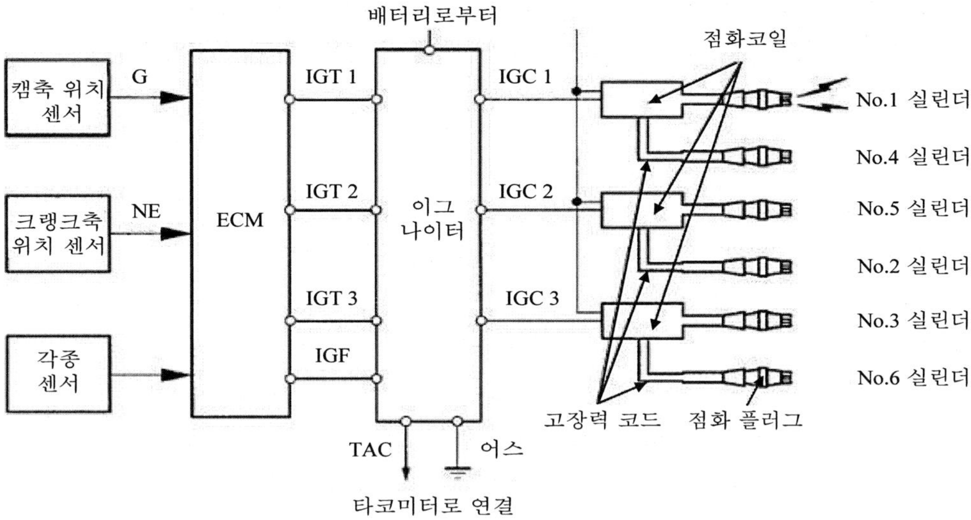

(b) 6실린더의 시스템 구성도

그림 3.23 전자제어 배전식 점화장치(DLI)의 회로 및 시스템 구성도

3.4 충전 시스템

3.4.1 충전 시스템 개론

자동차 엔진의 충전 시스템(charging system)은 시동장치, 점화장치, 각종 전장품, 램프류, 에어콘 등 각종 전기장치에 초기 전원을 공급하기 위한 배터리, 배터리에 전기를 충전하기 위한 교류 발전기(alternator), 발전기의 출력전압을 제어하기 위한 전압 조정기(voltage regulator)가 그림 3.24와 같이 구성된다. 발전기는 엔진의 크랭크축에 벨트로 연결되어 구동되고, 발전기에서 생산된 전기는 엔진에서 필요한 전기 부하량을 담당한다. 엔진의 회전수에 따라 다르기는 하지만 발전량이 엔진에서 필요한 전기 부하량보다 많으면 발전기에 의해 배터리를 충전시키고, 반대로 부족하면 배터리는 일시적으로 방전하게 된다.

발전기(generator)와 함께 사용하는 전압 조정기(voltage regulator)는 발전기의 계자 코일에 흐르는 전류(계자 전류)를 제어하여 발전기의 출력 전압을 제어한다. 따라서, 전압 조정기는 각 전기장치에 적합한 전력을 공급하고, 또한 배터리에 규정용량으로 충전하는 기능을 가진다. 특히, 발전기와 전압 조정기는 방전된 배터리를 충전하는 기능을 가졌기 때문에 충전장치라고도 한다.

발전기는 발전기에서 발생하는 교류 전기를 직류로 바꾸는 정류방식에 따라 그림 3.25의 직류 발전기(DC generator, 또는 dynamo)와 그림 3.26의 교류 발전기(alternator)의 두 가지로 분류한다. 자동차 엔진은 직류 발전기보다 소형·경량의 교류 발전기를 대부분 사용하고 있다. 이는 엔진의 고속회전, 공회전, 저속회전 등에 적합하기 때문이다. 또한, 교류 발전기는 교류를 직류로 변화시키는 정류기로 실리콘 다이오드를 사용하기 때문에 일정 방향의 전류만 흘리는 성질을 가진다. 따라서, 레귤레이터 등의 보조기기가 필요 없고, 단지 교류 발전기용 조정기(regulator)가 필요하다.

발전기는 엔진과 벨트로 연결되어 구동되며, 그 발전량은 엔진의 회전수에 따라 다르다. 발전량이 부하량보다 많은 경우는 발전기만으로 자동차의 모든 전기장치에 전력을 공급하고, 잉여 발전량은 배터리를 충전하게 된다.

자동차에서 널리 사용하는 교류 발전기는 그림 3.26과 같이 원통형으로 제작된 철심(stator) 내면에 코일을 3조로 감아 놓고, 그 안에서 자석(로터)을 회전시키면 3상의 교류전압이 발생하게 된다. 자동차 엔진의 교류 발전기는 3상 교류 발전기의 출력을 실리콘 다이오드에 의해 정류하여 직류로 바꾸는 방식이다. 자동차는 직류 발전기보다 교류 발전기를 많이 사용하는데, 그 이유는 다음과 같다.

① 크기가 작고 가볍다.

② 내구성이 우수하고, 공회전시나 저속시에도 충전이 가능하다.

③ 출력 전류의 제어 작용을 하고, 조정기의 구조가 간단하다.

④ 브러시의 수명이 길고, 불꽃 발생이 작다.

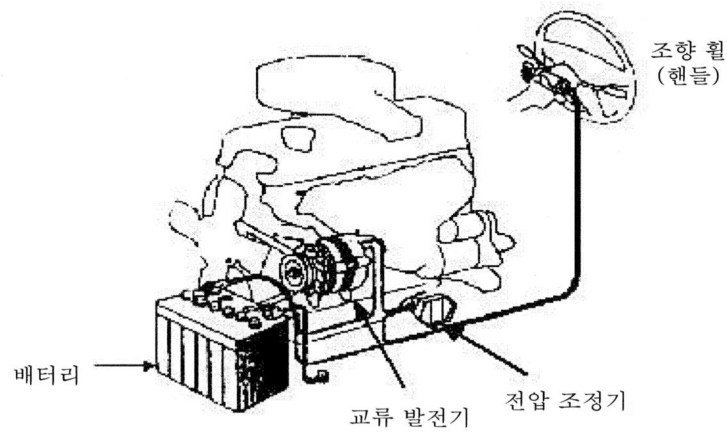

(a) 시스템 구성도

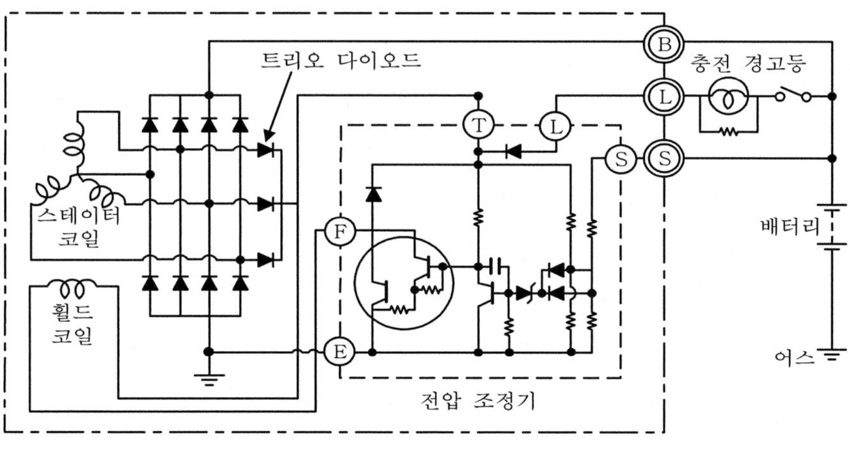

(b) 충전 회로도

그림 3.24 충전 시스템의 구성도

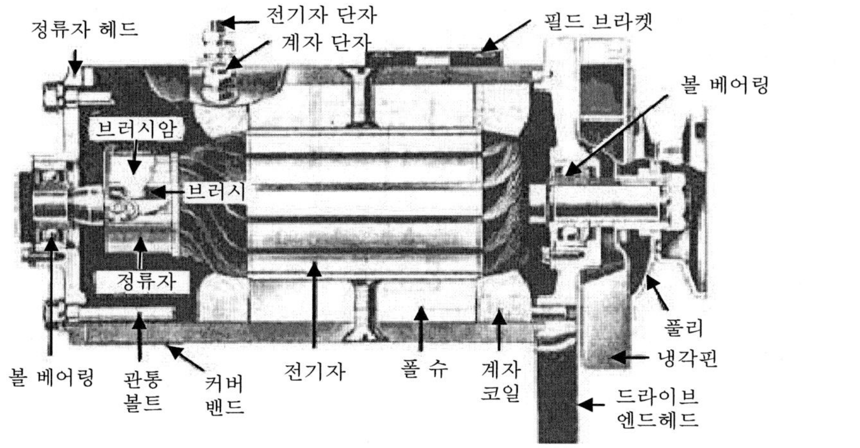

그림 3.25 직류 발전기의 구조

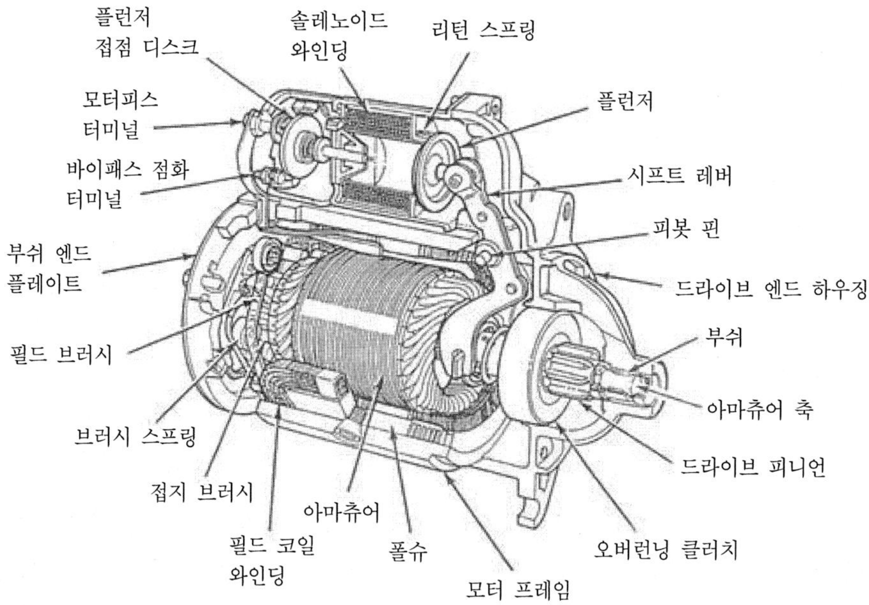

그림 3.26 교류 발전기의 구조

3.4.2 교류 발전기의 구조

(1) 로터

로터(rotor)는 그림 3.27과 같이 로터 철심(rotor core), 로터 코일(rotor coil), 슬립링(slip ring), 로터 축으로 구성된다. 회전 로터의 축은 크랭크 풀리와 V-벨트로 연결되어 있다.

로터 코일은 브러시와 슬립링을 통해 들어온 여자 전류(레귤레이터에 의해 조정된 전류)로 자장을 발생하는 부분이며, 코일의 양끝에는 스테인레스로 만들어진 슬립링(slip ring)에 각각 연결되어 있다. 로터 철심은 로터 코일에서 자장으로 자석이 되는 부분이다.

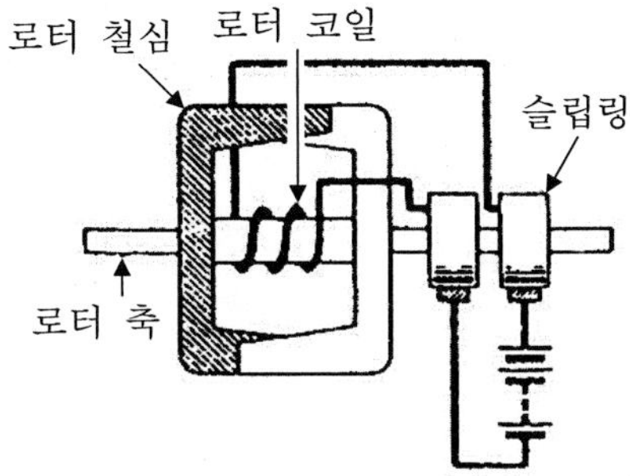

(a) 로터

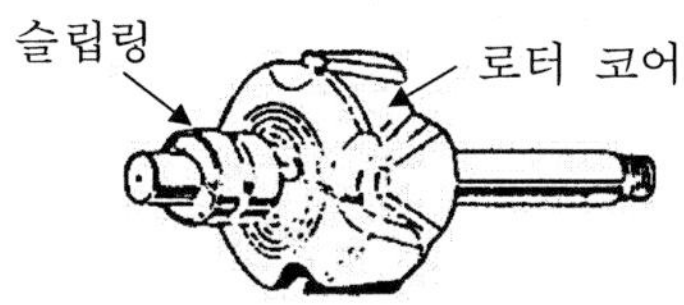

(b) 슬립링

그림 3.27 교류 발전기의 로터와 슬립링

(2) 스테이터

발전기에서 스테이터(stator)는 그림 3.28에서 준 것처럼 코어와 코일로 구성되어 있고, 로터에서 발생한 자장의 크기와 회전수에 따라 높고 낮은 3상 교류전압이 발생되며, 3상 교류전압은 다이오드에 의해 직류로 정현파 정류가 된다. 스테이터 철심은 자장의 손실을 적도록 하기 위해서 0.8~1.2mm의 강판이나 규소 강판을 여러장 겹쳐서 만들고, 로터 철심과 함께 자기 회로를 형성한다. 철심의 안쪽에는 코일이 들어가는 홈이 있으며, 코일은 120° 간격의 Y결선 방식으로 감는다.

(3) 전압 조정기

전압 조정기(voltage regulator)는 발전기의 로터 코일에 흐르는 계자 전류를 제어하여 발전기의 출력 전압을 조성하는 역할을 한다. 접점식 전압 조정기는 접점에 의해 로터코일 전류를 기계적으로 단속하고, IC 전압 조정기는 반도체 회로에 의해 로터 코일의 전류를 단속한다. 또한, 발전기의 출력 전압이 낮을 경우에는 충전 경고등이 점등되도록 한다.

(4) 브러시

회전하는 정류자를 지지하는 브러시(brush)는 금속 흑연을 이용하여 만든 것으로 전압 조정기에서 제어된 계자 전류를 슬립링까지 전달하는 역할을 한다.

(5) 팬과 풀리

발전기에서 팬(fan)을 이용한 냉각 방식은 그림 3.29와 같이 뒤쪽에서 들어간 외부 공기가 로터와 스테이터의 간극을 지나 앞쪽으로 나가는 방식이 보통이다. 특히, 발열이 큰 다이오드와 코일은 냉각이 대단히 중요하다.

발전기의 냉각팬을 돌리기 위한 풀리(pulley)는 보통 그림 3.30에서 보여준 V-벨트를 사용하나, 최근에는 벨트의 접촉면적을 키워 미끄럼을 방지하기 위해 V-리브 타입의 벨트를 많이 사용하고 있다.

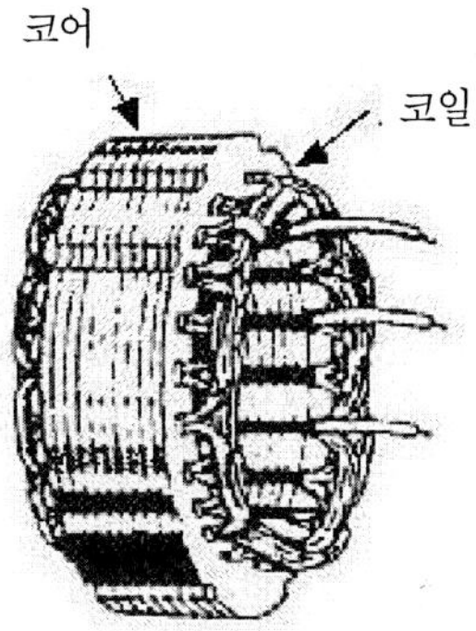

그림 3.28 스테이터

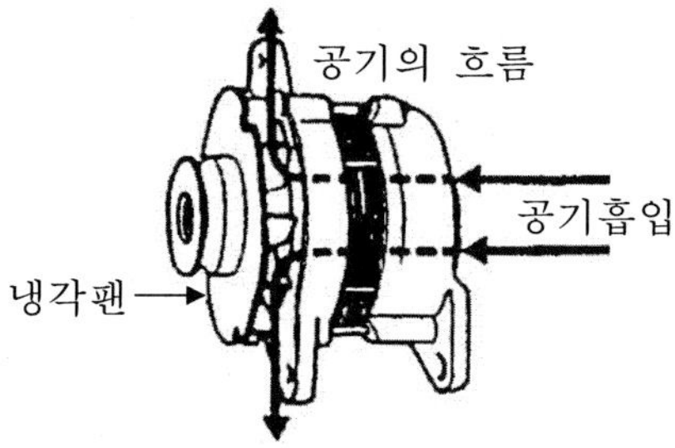

그림 3.29 발전기의 냉각

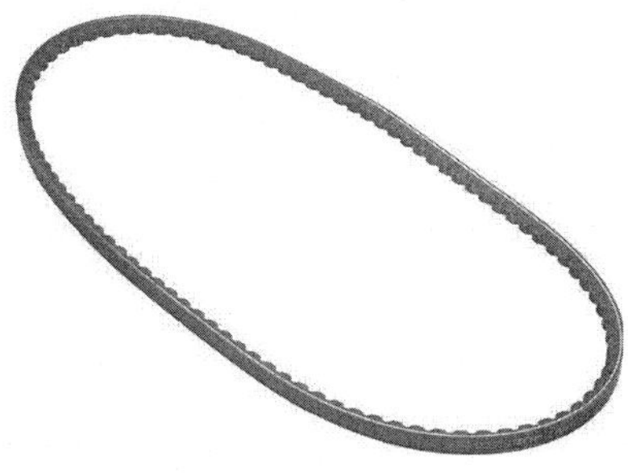

그림 3.30 V-벨트

3.5 배터리

3.5.1 배터리 개론

배터리(battery)는 엔진이나 전장계통에 초기 전기를 공급하기 때문에 자동차 전기・전자・제어 시스템에서 가장 중요한 핵심 부품이다. 배터리는 엔진의 모든 장치에 대하여 전기 에너지를 공급하고, 저장하는 역할을 수행하고 있다. 즉, 배터리는 엔진의 시동을 위한 초기 전기에너지를 공급하지만, 주행중에는 교류 발전기에서 발생한 잉여 전기 에너지를 화학적 에너지로 변환・저장하는 역할을 담당한다.

배터리는 특히 저온 상태에서 콜드 스타트(cold start)를 하기 위해 필요한 순간 고전류를 공급할 수 있는 성능을 확보하고 있어야 한다. 또한, 제한된 시간(공회전, 엔진 비작동시)에 엔진이나 섀시의 주요 시스템 부품들이 요구하는 전류의 일부 또는 모두를 즉시 공급할 수 있어야 한다. 이러한 전기 공급기능은 황산-납 배터리에 의해 충족되며, 배터리의 대표적인 정격 전압은 승용차의 경우는 12V이고, 트럭의 경우는 24V(12V 배터리를 직렬로 연결 사용)가 일반적이다.

엔진에서 요구하는 배터리의 조건(시동전류, 용량, 충전전류 흡수 등)은 자동차가 지구상의 일반적 온도조건 -30℃~70℃을 만족해야 한다. 그러나, 특수한 환경에서 자동차를 사용하는 경우는 특별한 요구 사항에 적합한 배터리를 사용한다. 자동차에 사용하는 배터리는 황산-납 배터리가 대부분이었지만, 현재는 알카리 배터리나 무보수(Maintenance Free : MF) 배터리가 더 많이 사용되고 있다.

① 황산-납 배터리 : 대표적인 자동차 배터리로 가솔린 자동차의 경우는 12V를 사용한다.
② 알칼리 배터리 : 수산화나트륨을 전해액으로 사용한 것이다. 보통 선박 엔진용으로 사용되며, 가격이 비싸지만 수명은 길다.
③ MF 배터리 : 무보수 배터리(maintenance free battery)는 극판이 납칼슘으로 구성되어 가스 발생량이 적고, 전해액이 필요하지 않으며, 자기 방전이 작다는 특징이 있다.

3.5.2 배터리 구조

배터리는 폴리프로필렌 케이스, 셀, 극판, 격리판, 단자, 전해액 등으로 구성되며, 배터리는 전기 에너지의 방전과 충전이라는 화학적 반응에 의해 자동차의 엔진에는 초기점화와 시동을 위해 전기를 공급하고, 차체에 고정된 등화장치나 신호장치에도 필요한 전기를 공급한다.

가솔린 자동차에서 널리 사용하는 12V 용량의 배터리는 폴리프로필렌 케이스에 6개의 셀(cell)로 구획된 칸막이가 있고, 이들 셀은 직렬로 연결되어 있다. 각각의 셀은 양극과 음극을 구성하는 하나씩의 극판(경압 격자와 작용 물질을 압착시킴)과 이들 극판 사이를 격리시키는 다공성의 격리판을 갖고 있다.

배터리의 전해액은 황산용액으로 극판과 격리판 사이의 공극 및 셀의 공간을 채운다. 전극단자, 셀 커넥터, 극판 스트랩들은 납(Pb)으로 제조되어 있고, 셀간의 통로는 완벽하게 밀봉되어 있다. 배터리의 상부 시일(upper seal)은 제조 과정에서 배터리의 하부 케이스에 열처리 몰딩 공정으로 결합된 커버이다.

기존의 배터리는 초기 충진, 보수, 가스 방출구 역할을 하도록 각각의 셀마다 플러그가 있으나, 최근의 무보수 배터리(maintenance free battery)는 마치 완전 밀봉된 것처럼 제조되었지만, 실제로는 통기구가 설치되어 있다. 기존의 배터리 구조를 나타낸 그림 3.31의 구성부품을 요약하면 다음과 같다.

(1) 배터리 용기

플라스틱으로 제조된 케이스는 내부에 2.1[V]의 전압을 갖는 6개의 셀(cell)로 분할되어 있다. 따라서, 가솔린 자동차에 사용하는 배터리는 보통 12[V] 용량을 갖게 된다.

(2) 양극판

양(+) 극판은 납산화물의 분말을 묽은 황산과 함께 혼합한 페이스트(paste)로 도장되어 갈색 빛을 띠고 있다.

(3) 음극판

음(-) 극판은 납(Pb) 분말로 도장되어 회색 빛을 띠고 있다.

(4) 격리판

격리판은 양극판과 음극판 사이에 삽입되어 있고, 양극판은 판에 비하여 활물질의 결합력이 약하기 때문에 기판에서 활물질이 탈락되기 쉽다. 이를 방지하기 위하여 유리섬유(glass mat)를 격리판에 부착시켜 양극판과 음극판을 각각 지지하여 준다.

(5) 단자

단자에는 (+)단자와 (-)단자가 있고, 양극 단자는 음극 단자보다 단자의 지름이 약간 크다.

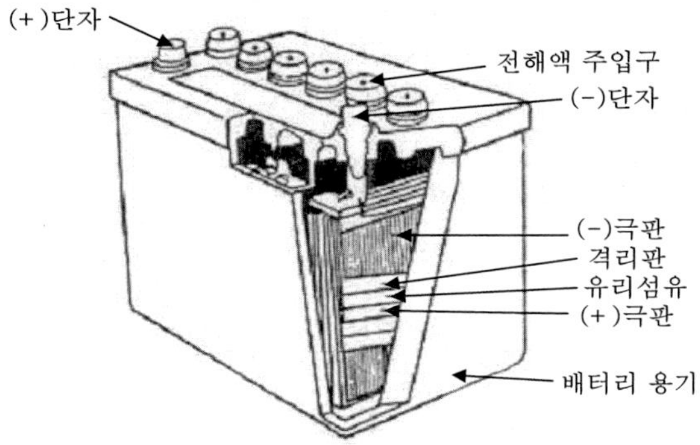

그림 3.31 배터리의 구조

3.5.3 방전과 충전의 화학작용

배터리 용기에는 황산 전해액이 밀봉된 상태로 충전되어 있다. 배터리에서 전기는 과산화납(PbO_2)으로 제조된 양극판과 해면상납(Pb)으로 제작된 음극판이 황산(H_2SO_4)이라는 전해액의 화학적 반응에 의해 충전된다. 그림 3.32(a)는 배터리의 방전과정에 의해 전기가 들어오고, 관련된 점화와 점등과 같은 전기장치가 작동하고 있음을 보여준다. 또한, 방전된 전기 에너지를 충전시키는 화학공정을 그림 3.32(b)에 의해 설명해주고 있다.

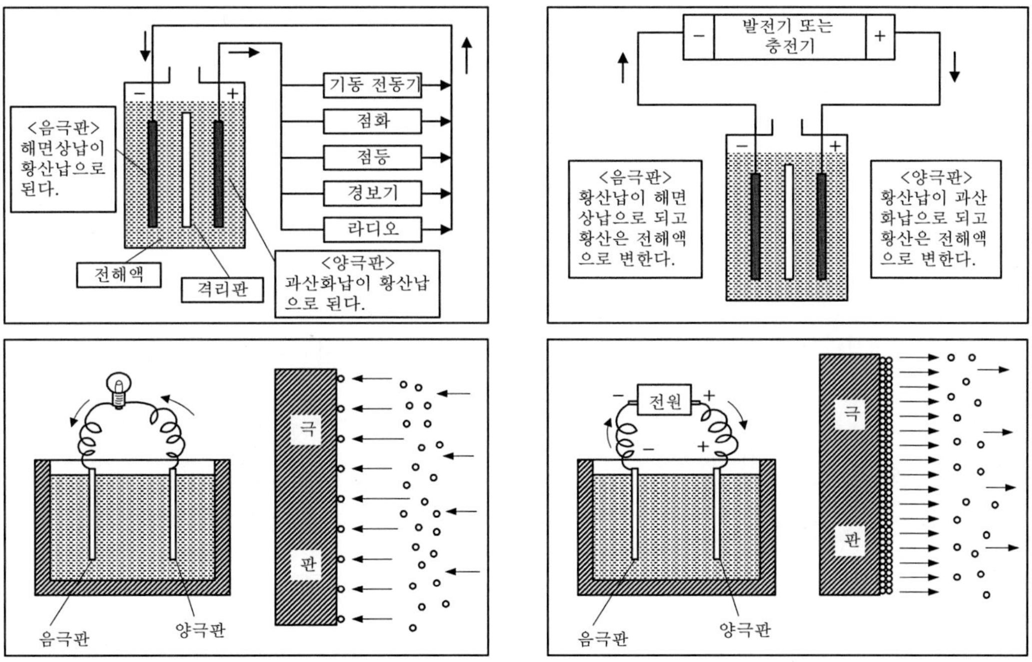

(a) 방전과정 (b) 충전과정

그림 3.32 배터리의 방전과정과 충전과정

(1) 방전과정

그림 3.35에서 제시한 공정을 거쳐서 배터리의 방전이 일어나게 되면 양극판의 과산화납(PbO_2)은 전해액인 황산(H_2SO_4)에 의해 서서히 황산납($PbSO_4$)으로 변화하고, 음극판의 해면상납(Pb)은 황산납($PbSO_4$)으로 변화하며, 전해액 황산은 점차로 물(H_2O)로 변화하는 방전과정을 화학 반응식으로 나타내면 다음과 같다.

$$\underset{(과산화납)}{\overset{(양극)}{PbO_2}} + \underset{(황산)}{\overset{(전해액)}{2H_2SO_4}} + \underset{(해면상납)}{\overset{(음극)}{Pb}} \Rightarrow \underset{(황산납)}{\overset{(양극)}{PbSO_4}} + \underset{(물)}{\overset{(전해액)}{2H_2O}} + \underset{(황산납)}{\overset{(음극)}{PbSO_4}}$$

배터리는 차량에서 필요한 전기를 공급하면서 방전되며, 배터리의 방전종지 전압은 1.7V~1.8V이다. 배터리의 방전과정에 의해 자동차의 시동모터, 점화장치, 점등장치, 경보장치, 각종 릴레이, 전자 시스템, A/V장치 등이 작동하게 된다.

▣ 양극판

음극판에서 전자를 받아들여 형성된 수소, 그리고 과산화납(PbO_2)의 (-)산소이온과 전해액 중의 (+)수소이온이 점차적으로 결합하게 되면 물(H_2O)로 변화한다. 이로 인해 양극판에 남아 있는 (+)납이온은 전해액중의 (-)황산이온과 순차적으로 결합하여 황산납($PbSO_4$)으로 변하면서 양극판에 부착된다.

그림 3.33의 양극판에 부착된 (+)수소이온은 음극판에서 전자를 받아 중성화된다. 이때 전자의 흐름으로 전류가 흐르게 된다. 양극판에 생산된 과산화납은 (+)납이온과 (-)산소이온이 결합된 것이다.

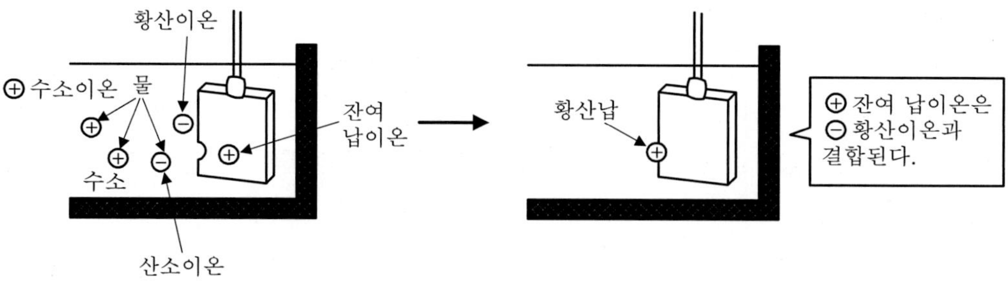

그림 3.33 양극판의 이온결합

▣ 음극판

그림 3.34에서 음극판의 해면상납(Pb)은 전해액(H_2SO_4)에 의해 용해되고, (+)납이온은 극판에서 전해액속으로 이동하게 된다. 배터리의 납이 용해되면, 음극판에는 (-)전자가 남게 되어 (-)로 충전된다. (+)납이온은 (-)황산이온과 결합하여 황산납으로 분리되어 음극판에 부착된다.

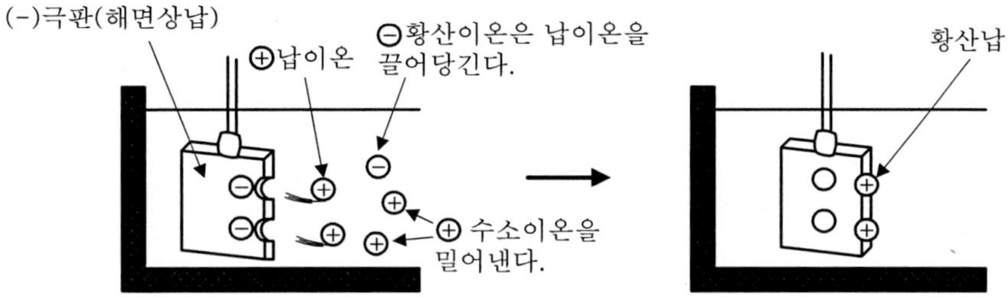

그림 3.34 음극판의 이온결합

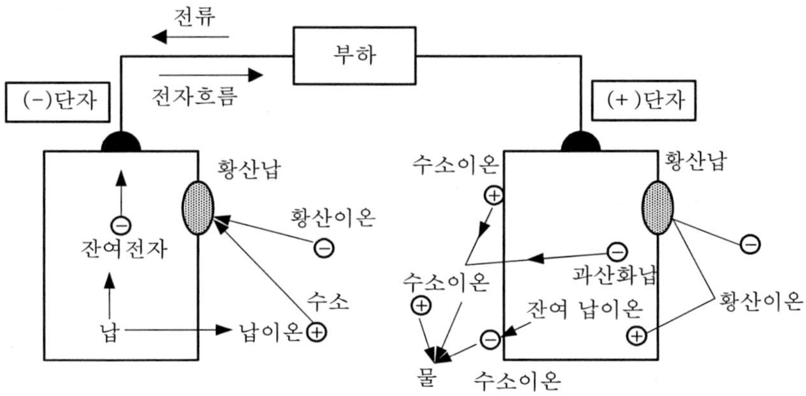

그림 3.35 방전과정

(2) 충전과정

배터리에서 교류 발전기(alternator)에 의해 충전이 일어나게 되면, 그림 3.36에서 보여주는 것처럼 (+)수소이온이 음극판에서 전자로 이탈 증발하면서 배터리의 충전은 진행된다. 충전과정에서 전해액(H_2SO_4)은 물(H_2O)로 분해되면서 발생한 약간의 산소이온은 양극판에 전자를 주고 산소를 환원 증발된다. 배터리의 충전과정을 화학 반응식으로 나타내면 다음과 같다.

(양극)		(전해액)		(음극)		(양극)		(전해액)		(음극)
PbO_2	+	$2H_2SO_4$	+	Pb	⇦	$PbSO_4$	+	$2H_2O$	+	$PbSO_4$
(과산화납)		(황산)		(해면상납)		(황산납)		(물)		(황산납)

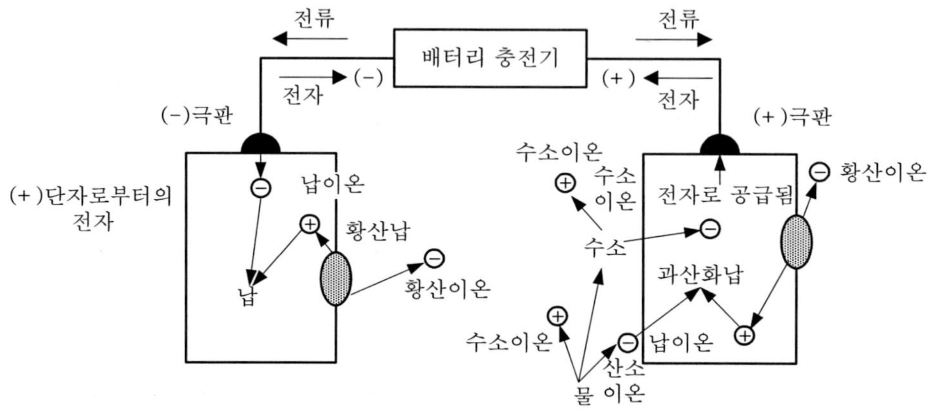

그림 3.36 충전과정

3.5.4 전해액

배터리에 사용되는 황산(H_2SO_4)이라는 전해액은 전류를 저장하고, 전류를 발생시키는 작용을 한다. 전해액은 셀(cell) 내부에서 전류 전도의 일을 하는 액체로 순도 높은 무색, 무취의 묽은 황산을 사용한다.

(1) 황산 비중

20℃의 묽은 황산을 완전히 충전한 상태에서 측정한 비중값을 그림 3.37에서 보여주고 있다. 배터리 전해액의 비중은 온도가 1℃ 변화함에 따라 0.0007 정도 변화하는 것으로 알려져 있다. 또한, 배터리에 채워진 황산은 사용하는 지역에 따라 비중값이 다음과 같이 약간씩 달라진다.

① 열대지방 : 1.240
② 온대지방 : 1.260
③ 한대지방 : 1.280

(2) 전해액의 비중과 온도 관계

배터리의 전해액으로 사용하는 황산(H_2SO_4)은 온도의 변화에 따라 달라지는 것으로 알려져 있다. 임의의 온도에 대한 전해액의 비중은 20℃의 표준온도로 환산하여 전해액의 비중을 온도조건에 따라 다음의 식으로 계산할 수 있다.

$$S_{20} = S_T + 0.0007(T-20)$$

여기서 S_{20} = 표준온도로 환산한 전해액의 비중

S_T = T ℃에서 측정한 전해액의 비중

T = 측정하고자 하는 전해액의 온도, ℃

(3) 전해액의 빙결

전해액이 빙결되는 온도는 황산(H_2SO_4)의 농도에 따라 다르다. 배터리의 전해액이 빙결되면, 양극판의 작용물질이 붕괴되어 사용할 수 없게 된다.

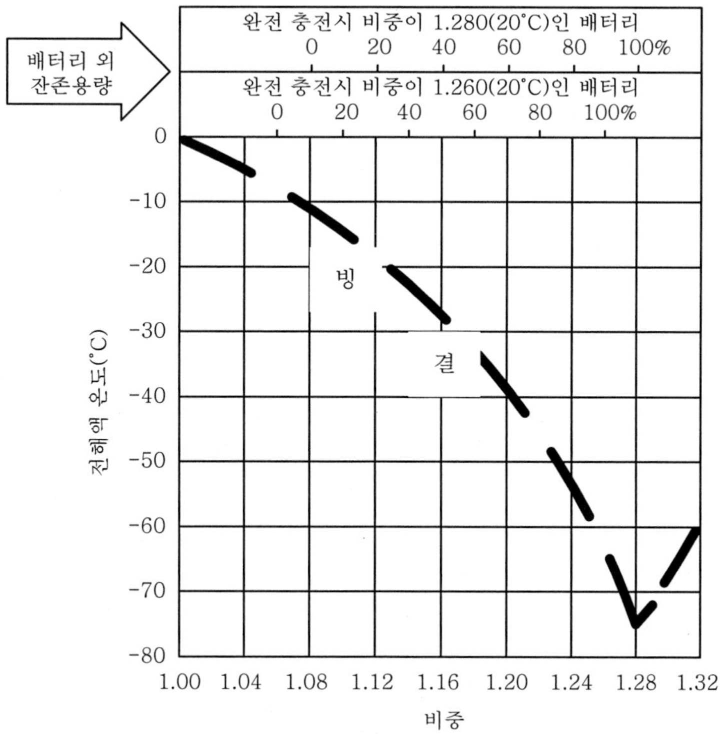

그림 3.37 전해액의 비중

3.5.5 배터리의 충전 연결법

(1) 직렬 연결법

배터리를 충전하기 위해 사용하는 일반적인 방법으로 그림 3.38(a)의 직렬 연결법을 많이

사용한다. 충전시의 전압 선정은 배터리 수[Number]×12[V]로 하고, 전류는 배터리 1개를 충전시킬 때와 동일하게 선정한다.

(2) 병렬 연결법

배터리를 그림 3.38(b)와 같이 병렬로 접속시켜 충전시키며, 전압은 12[V]로 선정하고 전류는 1개 충전전류×배터리 수로 선정하여 충전시킨다.

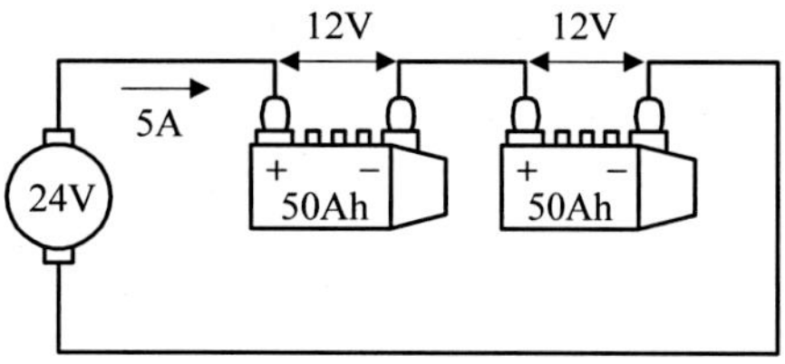

(a) 직렬 연결

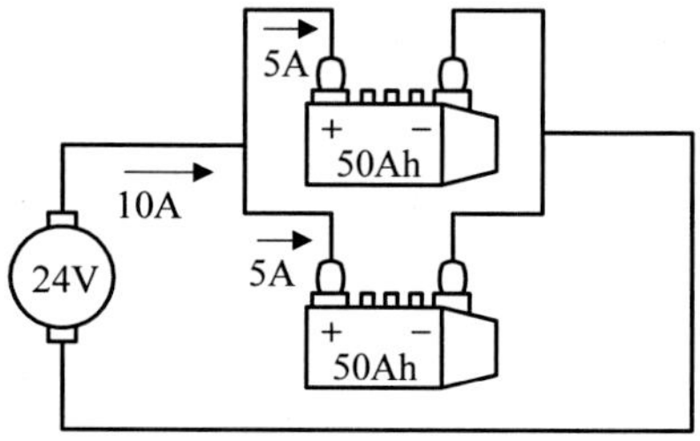

(b) 병렬 연결

그림 3.38 직렬 연결법과 병렬 연결법

3.6 자동차의 등화장치

3.6.1 등화장치 개론

차량의 전기 시스템은 엔진의 점화·연소를 위해 개발되었기 때문에 초창기의 자동차는 낮에만 움직이는 운송장치이지, 어두운 밤에 이동하는 운송기계 장치는 아니었다. 그러나, 자동차의 엔진기술이 급속하게 발달하고, 어두운 밤에도 스스로 이동할 수 있는 자동차를 개발하고자 하는 필요성이 크게 제기되면서 자동차의 등화장치(lighting system)에 대한 관심이 높아졌다.

초창기의 자동차는 단순히 야간에 이동할 수 있는 조명기능을 확보하기 위해 그림 3.39에서 보여준 것처럼 기름(oil)을 사용한 원시적인 조명등(lamp)을 운전석 옆에 장착하여 사용하기도 하였다. 전기장치에서 램프의 개발은 야간에도 안전하게 주행할 수 있는 획기적인 자동차로 발전하게 되었고, 특히 자동차의 편익성을 증대하는데 결정적인 기여를 하였다. 결국, 자동차의 전기장치는 초창기의 엔진 시동과 점화를 위한 자동차의 필수 전기장치 개념을 넘어서, 운전자의 야간 주행성을 확보하기 위한 등화장치로 확대 발전하게 되었다.

자동차의 등화장치는 운전자가 주행중에 전방의 대상물을 잘 볼 수 있도록 하기 위한 조명장치와 다른 자동차나 도로 이용자에게 자동차의 주행 상태를 알려주기 위한 목적으로 사용하는 신호장치, 자동차의 현재 상태를 주변의 차량이나 사람들에게 알려주는 표시장치가 있다. 최근의 전기·전자공학의 발달은 다양한 기능의 램프를 개발하여 전조등, 실내등, 계기판, 제동등, 보조등과 같은 편익성과 안전성을 제공하는 등화장치의 다양화가 이루어졌다. 기존의 램프는 전기 에너지가 필라멘트(filament)를 따라서 이동하면서 발생하는 열에 의해 빛을 발광하는 형태에서 전자기 발광현상에 의한 반도체 기술의 LED 반도체 소자 기술에 이르기까지 많은 발전이 이루어졌다.

현재의 조명장치는 단순히 야간조명을 위해 사용한다는 램프기능에서 자동차의 인식성, 안전성, 자동차의 이미지에 이르기까지 다양한 조건으로 변화하였다. 자동차의 등화장치는 전조등(headlight)에 의한 주행성을 확보하고, 점멸등(flasher)에 의한 회전의사 표시, 브레이크등에 의한 제동거리 확보, 후진등(backlight)에 의한 후진 안전성 확보 등 다양한 기능을 요구하고 있는 것은 당연한 등화기술이다. 여기에 추가하여 자동차의 조명장치는 램프 기술과 디자인 기술의 발달로 자동차의 이미지 관리에도 많은 기여를 하고 있다.

(a) 조명등을 설치한 자동차

(b) 기름을 사용한 조명등

그림 3.39 초창기 자동차에 설치된 조명등

3.6.2 램프의 종류

자동차에는 다양한 종류의 램프(lamp)가 사용되고 있으며, 빛을 발생하는 원리에 따라 램프의 발광 효율성과 수명이 크게 달라진다. 램프는 저항체의 열에 의해 빛을 발생하는 필라멘트 타입, 고압 전기의 방전을 이용하는 아크(arc) 방전 타입, 반도체 소자의 발광효과를 이용하는 LED 타입 등으로 분류할 수 있다.

(1) 일반 램프

보통 램프에서 널리 사용하는 필라멘트(filament)는 발광부 도체의 고유저항 특성에 따라 전류가 흐를 때 발생하는 열을 이용한 형태의 전도체이다. 필라멘트에 전압이 인가되는 순간에 자기장이 형성되고, 동시에 고열 발생에 의해 필라멘트 소재는 열팽창 계수의 크기에 따라 인장과 수축이 일어난다. 또한, 도체가 가열되는 순간에 텡스텐 필라멘트는 주변의 산소에 노출되면서 산화가 진행되어 전구(bulb) 내부는 탄화물질에 의한 흑점(black spot)으로 변질된다. 이러한 흑점 현상을 방지하기 위하여 전구에는 불활성 가스인 아르곤 가스를 충전하여 봉입한다. 전구에 봉입되는 가스의 종류에 따라 램프의 색깔이 달라진다. 차량에 사용되는 일반 램프는 굴곡진 노면의 진동에 의해 항상 흔들리므로 필라멘트의 재질과 형상, 봉입가스의 종류, 필라멘트의 설치방법과 형상에 따라서 내구성이 크게 달라진다.

그림 3.40과 같은 자동차의 일반 전구에서 전도체로 많이 사용하는 필라멘트는 용융점이 3387℃인 텅스텐(tungsten)을 사용한다. 전조등(headlight)에 텅스텐 필라멘트를 사용한 경우는 1개의 전구 내에 상향(high beam)과 하향(low beam)으로 빛을 비출 수 있는 두 개의 필라멘트를 동시에 설치한다. 이러한 일반형 전구의 수명은 약 1000시간 정도로, 인가되는 전압이 높아짐에 따라 필라멘트에서 발생되는 발열량은 크게 증가하지만, 수명은 광도의 증가량에 반비례하여 단축하게 된다.

일반 램프는 차량의 계기판, 실내등과 같은 조명 전구에 주로 사용되며, 그 형태에 따라 다음과 같이 분류할 수 있다.

① 카트리지 타입(cartridge type) : 실내등에 사용
② Bayonet 타입 : 브레이크등, 보조등에 사용
③ Wedge Base 타입 : Dash 또는 Deck 후면 조명등으로 사용

그림 3.40 자동차의 다양한 일반 전구

(2) 할로겐 램프

그림 3.41의 할로겐 램프(halogen lamp)는 1962년에 네델란드의 필립스(Philips)사가 개발한 제품으로 불활성 가스를 전구에 봉입하였기 때문에 일반 전구에 비해서 발광효율이 우수하고 내구성이 크게 증가되었다. 전구에 할로겐 가스를 사용하면 필라멘트의 가열온도를 높일 수 있기 때문에 텅스텐 필라멘트가 가열(600~1400℃)되면서 할로겐과 결합하고, 이 결합물질은 다시 필라멘트 주위에서 발생된 필라멘트의 고열에 의해 텅스텐과 할로겐으로 재분해 하는 과정, 즉 '할로겐 사이클' 현상이 일어난다. 이것은 일반 전구에서 발생하는 필라멘트의 증발 현상에 의한 흑점(black spot)을 억제할 수 있기 때문에 상대적으로 빛의 발광도를 높일 수 있고, 동시에 수명을 연장할 수 있다.

동일한 저항값을 갖는 필라멘트에 대하여 일반 전구와 할로겐 전구의 광도차를 비교하면 할로겐 가스를 봉입한 전구가 약 25% 정도 우수하고, 동시에 수명도 2000시간 정도로 연장된다.

그림 3.41 할로겐 램프

(3) HID 램프

HID(High Intensity Discharge) 램프(그림 3.42)는 아크(arc) 방전기술을 이용하는 것으로 15kV 이상의 고압을 두 개의 전극에 공급하면 스파크 점핑(spark jumping) 현상이 일어나면서 청색 불빛을 발광하고, 램프에 스파크가 발생한 후에는 80V 정도의 전압으로 발광을 유지시킬 수 있다. HID 램프는 동일한 밝기를 기준으로 볼 때, 전구에서 발생하는 아크와 열발산을 줄일 수 있으므로 자동차에 적합한 전조등(headlight) 디자인을 용이하게 할 수 있다는 장점이 있다.

그러나, HID 램프는 15kV 이상의 고전압을 필요로 하기 때문에 차량의 배터리 전압(12V)을 승압하기 위한 별도의 변압기(transformer)와 구동회로가 필요하다. 따라서, HID 램프는 기존의 할로겐 램프에 비해 설치비가 상승하는 문제점 때문에 보통은 고급 차량에 장착한다.

HID 램프는 독일의 BMW사가 1993년에 처음 채택한 램프로, 그 동안 많이 사용하던 할로겐 램프에 비하여 다음과 같은 특징을 갖고 있다.

① 할로겐 램프보다 발광효과가 3배 이상 우수하다.
② 할로겐 램프보다 2배 이상 넓게 퍼지는 조명 효과가 있다.
③ 할로겐 램프보다 전력 소모량이 1/3 정도로 줄어든다(그림 3.43).
④ 할로겐 램프와는 달리 고압배선 등 별도의 전용 구동장치를 필요로 한다.

(a) HID 램프 (b) 왼쪽의 할로겐 램프와 오른쪽의 HID 램프

그림 3.42 HID 램프와 적용 사례

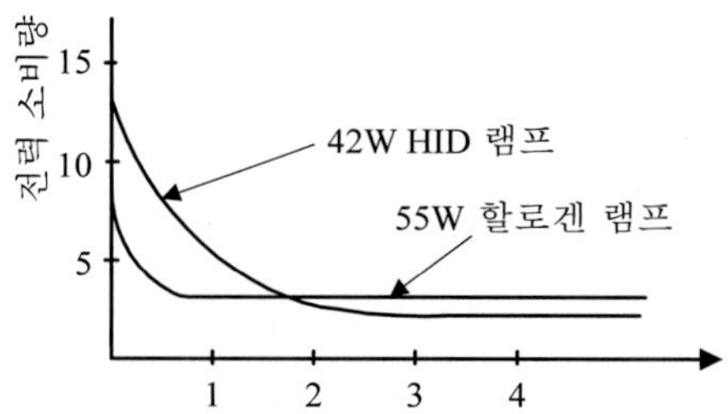

그림 3.43 HID 램프(42W급)와 할로겐 램프(55W급)의 전력 소비량 비교

(4) LED 램프

LED(Light Emitting Diode) 램프(그림 3.44)는 반도체에 전압을 가할 때 백색을 발광하는 전자기 발광현상(luminescence effect)을 이용한 것이다. 1923년에 비소화갈륨(GaAs)의 p-n 접합 고효율 발광현상이 발견되면서 현재까지 다양한 성능을 갖는 여러 가지 발광소자가 개발되어 왔다. 반도체 소재로는 비소화갈륨, 갈륨-비소-인 등 다양한 화합물이 사용되며, 화합물의 조성에 따라 파장이 다르지만, LED 램프의 기본적인 특징은 다음과 같다.

① 휘도에 비해 전력 소모량이 극히 작다.
② 고효율, 저발열 특성을 갖는다.
③ 10,000 시간 이상을 사용할 정도로 수명이 길다.
④ 스위칭 타임(switching time)이 짧다.
⑤ HID 램프처럼 별도의 승압기를 장착하지 않고, 배터리 전압을 그대로 이용할 수 있다.
⑥ 필라멘트와 전극을 사용하지 않으므로 진동에 강하다.

LED 램프는 차량의 대시 램프(dash lamp), 인디케이션 램프(indication lamp) 등에 많이 사용하고 있다. 특히, LED는 점멸 속도가 빠르고 시각적 인식성이 우수하기 때문에 고급 승용차의 각종 신호용 등화장치(signal light)로 많이 응용되고 있다.

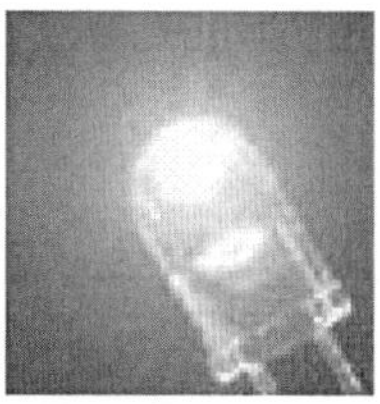

그림 3.44 백색을 발광하는 고효율 LED 램프

3.6.3 등화장치의 분류

(1) 조명용 등화장치

▣ 전조등

헤드 라이트(headlight) 또는 헤드 램프(head lamp) 등으로도 알려진 전조등은 자동차의 야간 주행을 위한 조명등이다. 전조등은 보통 100m 이상 앞에 있는 물체를 확인할 수 있을 정도의 밝기를 확보해야 하고, 빛을 아래쪽으로도 비출 수 있어야 한다.

전조등에서 텅스텐 전구는 발광부인 필라멘트(filament)에 텅스텐을 사용하고 있지만, 텅스텐이 고온으로 발열하면 전구 내부에서 발생된 흑색 탄화물질이 유리면에 부착되는 현상이 발생한다. 따라서, 전조등을 오래 사용하면 탄화물질에 의한 흑색화가 점점 진행되어 전구가 어두워지는 문제점이 있다. 그러나, 할로겐 전구는 전구속에 봉입된 할로겐 가스가 발열된 텅스텐을 다시 한번 필라멘트에 반사시켜 주기 때문에 할로겐 전구는 일반 전구에 비해 수명이 길고, 높은 와트수의 전구에서도 밝기의 변화가 없다는 장점이 있다. 그렇지만, 할로겐 전구는 유리면을 손으로 자주 만지면 램프의 수명이 짧아지므로 반드시 금속부위를 잡고 취급해야 하는 등 세심한 주의가 필요하다.

전조등(headlight)은 야간 주행에 필요한 시야를 확보하기 위한 조명등으로 차량의 디자인과 공기저항에 영향을 미치는 중요한 요소이다. 전조등의 렌즈(lens) 형상은 환형(둥근형) 또는 각형의 실드빔(sealed beam type)이 표준이지만, 최근에는 그림 3.45에서 제시한 것처럼 자동차의 디자인에 적합한 다양한 렌즈 형상이 개발되고 있다.

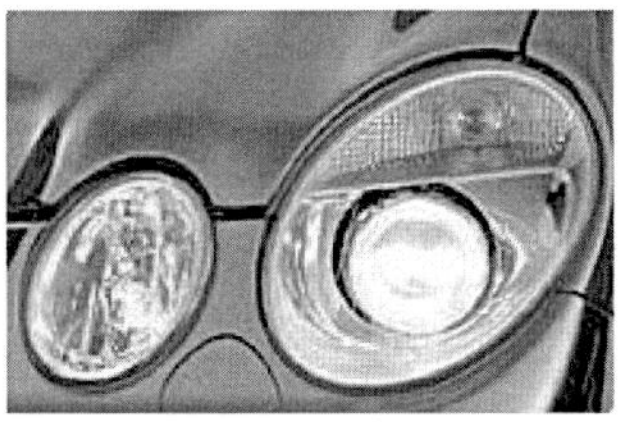

(a) 모델 A

(b) 모델 B

그림 3.45 차량의 디자인을 고려하여 개발된 다양한 전조등

자동차의 야간 주행성을 확보하기 위한 전조등은 초창기의 기름을 태워서 비추는 불빛으로 시작하였지만, 현재의 차량은 고속·고출력 주행을 하면서 각종 첨단장치를 사용하기 때문에 운전자가 원거리를 주시하면서 운전을 할 수 있도록 전조등이 개발되었다. 여기에 자동차 메이커는 주행중의 공기저항과 특별히 다지인을 고려해야 하기 때문에 다양한 전조등이 개발되었다. 전조등을 형상과 기능에 따라 분류를 하면 다음과 같다.

① 실드형 전조등

실드형 전조등(sealed-beam headlight)은 1970년대 이전의 차량에 널리 사용하던 전조등으로 렌즈(lens)와 필라멘트(filament), 아르곤 가스, 반사경(reflector)을 정사각형 또는 원형의 일체형 어셈블리로 제작된 형태를 말한다. 그림 3.46(a)의 실드형 전조등은 일체형이므로 사용중에 필라멘트가 끊어지게 되면 전조등 어셈블리 전체를 교환해야 한다.

그림 3.46(a)에서 보여주는 것처럼, 전조등 전체를 교환하게 되면 수리비가 많이 들어가기

때문에 그림 3.46(b)의 세미 실드형 전조등(semi-sealed beam headlight)은 전체가 아닌 전구만을 교환할 수 있도록 제작하여 이러한 문제점을 해결하고 있다. 즉, 세미 실드형 전조등은 전구와 단자를 렌즈와 반사경으로부터 분리시켜 조립과 분해가 간편하도록 제조한 것이다.

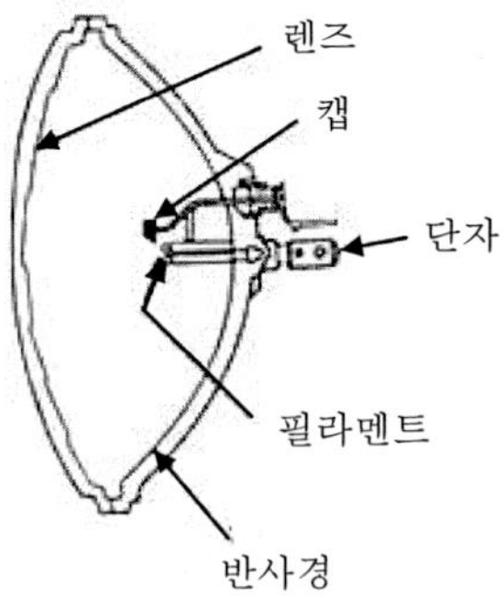

(a) 실드형 전조등

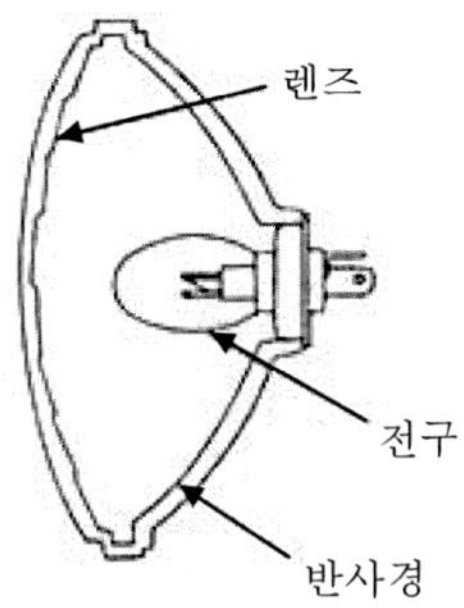

(b) 세미 실드형 전조등

그림 3.46 전조등

② 사각 전조등

기존의 전조등은 둥근 형상의 램프가 대부분이었지만, 최근에는 자동차의 전체 디자인 개념이 라디에이터와 전조등을 포함한 시스템 디자인으로 바뀌면서 자동차 디자인 특성에 적합한 전조등이 다양하게 개발되었다. 이러한 시스템 설계에서 그림 3.47의 사각 전조등은 기존의 원형을 사각으로 기하학적 형상을 단순히 바꾼 것이지만, 최근의 자동차는 공기저항을 작게 하기 위해 가능한 라디에이터 그릴의 높이를 낮추는 경향이므로 차량에 적합한 사각 램프 형상을 다양하게 개발하고 있다.

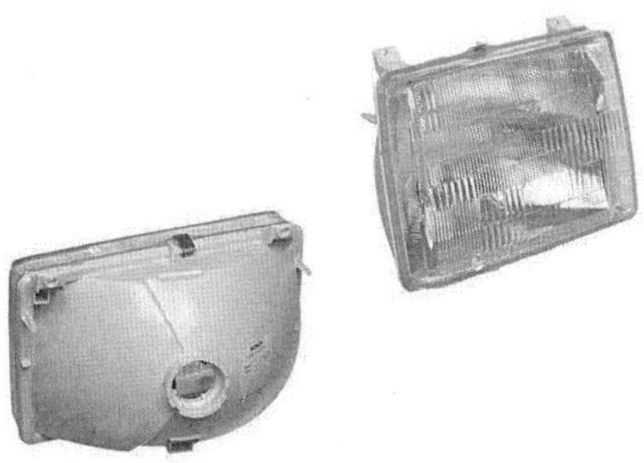

(a) 모델 A

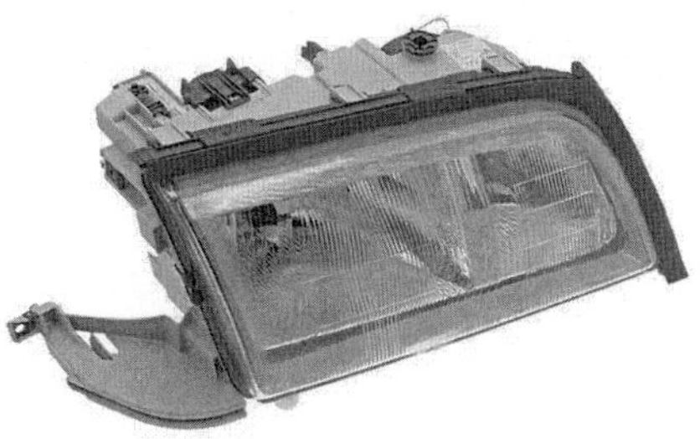

(b) 모델 B

그림 3.47 사각 전조등

③ 복합형 전조등

전조등에서 복합형(composite type)은 내부에서 발생된 열을 외부로 발산시키기 위한 통기공이 있다. 따라서, 전구 내부에 응축되었던 수분은 램프가 점등이 되는 순간 고온에 의해 증발이 일어난다. 복합형 전조등은 그림 3.48에서처럼 로빔(low beam), 하이빔(high beam), 안개등(fog lamp) 등을 하나로 묶어서 설치한 콤비네이션 형태이다. 보통은 전조등의 앞면에 가느다란 모양의 프리즘(prism)을 가공함으로써 내부에서 포커싱(focusing)된 빛을 적절히 분산하도록 설계한다.

복합형 전조등은 전조등의 후방에서 램프를 교환할 수 있도록 제작된 형태로 다양한 모양의 복합형 조명등이 개발되었다.

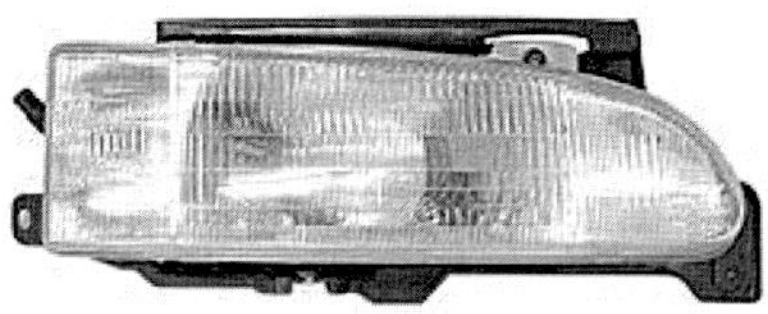

그림 3.48 여러 개의 램프를 동시에 내장한 복합형 전조등

④ 팝업형 전조등

그림 3.49의 팝업형 전조등(pop-up headlight)은 가동식 전조등으로 기존의 고정식 전조등과는 다른 기능을 갖는다. 이러한 팝업형 전조등은 야간 주행을 위해 사용해야 하는 경우를 제외하고는 보통 차량의 후드(hood)안에 넣어둔 상태로 운행한다. 그러나 조명등을 필요로 하는 경우는 외부로 노출하여 불빛을 발생하는 격납식 전조등이므로 콘실드 타입(concealed type)이라고도 한다. 팝업 타입의 전조등은 차량의 주행에 따른 공기 역학적 측면에서 공기의 마찰 저항력을 줄일 수 있어 좋지만, 차량이 고속 주행을 하고 있는 상태에서 후드에 있던 전조등이 외부로 올라오게 되면 순간적으로 차량의 주행 안전성은 크게 위협받을 수 있다.

팝업형 전조등은 전조등을 후드에서 올리고 내리기 위한 구동 모터와 레버기구를 별도로 장착해야 하고, 램프는 원형 또는 직사각형 형태가 일반적이며, 2개 이상의 램프를 동시에 내장하기도 한다.

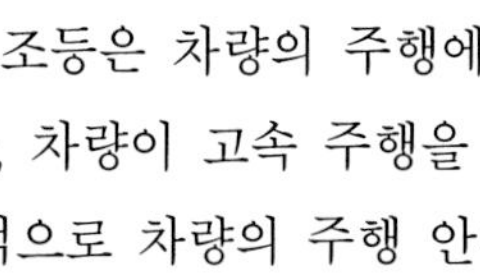

그림 3.49 팝업형 전조등

▣ 안개등

그림 3.50의 안개등(fog lamp)은 대표적인 보조등으로 안개와 같이 시계를 방해하는 현상이 발생하였을 때 운전자의 시야를 확보해주고, 동시에 상대 차량에게 식별을 용이하게 할 수 있도록 조명을 제공하여 상호간 주행 안전성을 확보해주는 램프이다. 안개등은 전조등보다 가까운 것을 조명하지만 폭넓게 빛이 번지고, 상대측 운전자에게 용이하게 식별하도록 설계되어 있다. 안개등은 일반적으로 엷은 황색등이 많고, 범퍼의 위쪽 또는 아래쪽에 장착하여 식별이 용이하도록 조명한다.

안개등은 불빛의 직진성보다 넓은 각도로 전방을 비출 수 있도록 제작되어야 짙은 안개속에서도 식별이 용이하다. 안개등은 25A 이상의 많은 전류를 소모하므로 안개등을 추가 설치하고자 할 경우는 배터리와 충전기(charging system)의 용량을 고려해야 한다. 보통 노란색을 사용하는 안개등이 전방 조명에 유리한 것으로 알려져 있으나, 실제의 안개등 성능은 노랑 색상에 의해 결정되는 것이 아니라 빛의 분산과 굴절에 영향을 주는 프리즘의 형상 설계에 관련된 빛의 분산 각도라 할 수 있다.

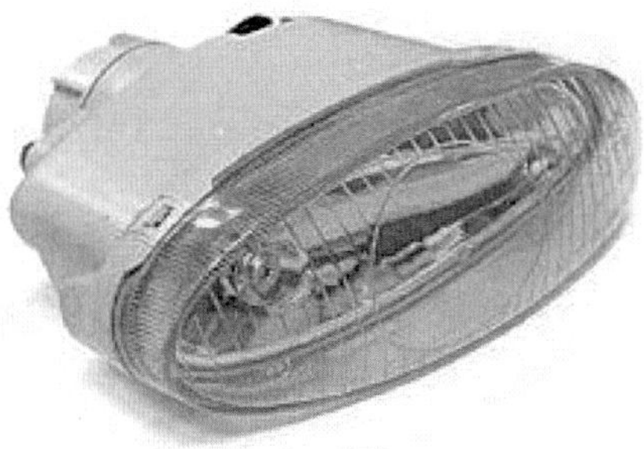

(a) 모델 A

(b) 모델 B

그림 3.50 안개등

▣ 후진등

후진등(reverse lamp)은 자동차가 후진할 때 뒤쪽의 물체를 확인하고, 또한 후방에 있는 자동차에게 후진하고 있다는 것을 미리 알려주기 위한 램프이다. 차량이 후진을 위해 시프프 레버(shift lever)를 후진 위치에 넣으면 자동차의 후면에 있는 후진등은 그림 3.51에서 보여주는 것처럼 백색 불빛을 점등하게 된다. 따라서 앞에 가던 차량의 후진등이 점등되면 자동차의 후방에 있던 차량은 즉시 안전조치를 취해야 한다.

그림 3.51　후진등

▣ 실내등

그림 3.52의 실내등(room lamp)은 자동차 도어를 열고 닫음에 따라 작동하는 실내 조명용 램프이다. 실내등은 수동으로 작동하기도 하고, 도어의 개폐 과정에서 자동적으로 20~30초 동안 점등이 지속되기도 한다.

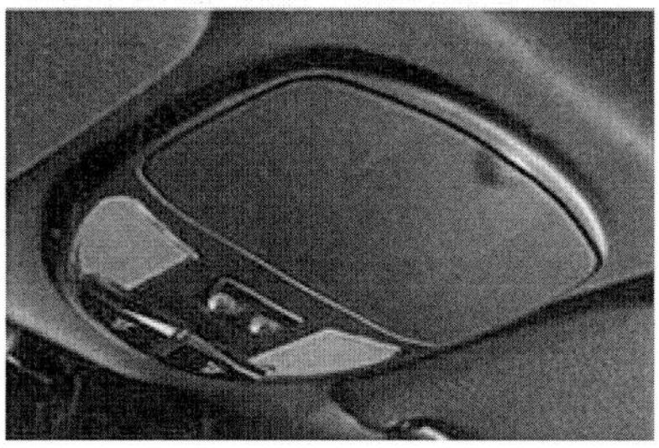

그림 3.52　실내등

▣ 계기등

그림 3.53의 계기등(instrument lamp)은 자동차의 각종 계기 정보를 표시창(display)에 나타나게 하는데 필요한 램프이다. 특히, 야간의 운전 정보를 운전자에게 제공하기 위해 계기판에 설치되어 점등하는 램프이다.

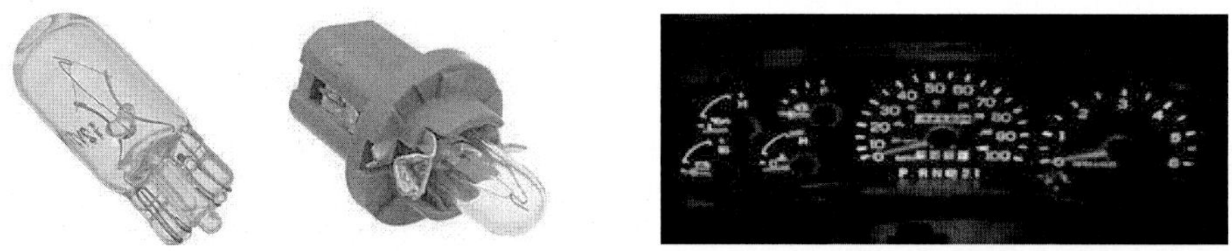

(a) 계기등　　(b) 계기등이 점등된 계기판

그림 3.53　계기등

▣ 트렁크등

트렁크를 열게 되면, 어두운 트렁크 내부와 윗면의 야간 조명을 위해 5~10W 정도의 전구를 사용하는 것이 그림 3.54의 트렁크등(trunk lamp)이다. 특히, 트렁크등은 야간에 트렁크의 물건을 꺼내거나 넣어두기 위해서 필요한 조명을 제공한다.

(a) 트렁크등 (b) 트렁크등 설치

그림 3.54 트렁크등

(2) 신호용 등화장치

▣ 방향 지시등

그림 3.55의 방향 지시등(turn signal lamp)은 자동차가 우회전, 또는 좌회전을 하기 전에 앞서가거나 뒤에서 따라오는 차량이나 보행자에게 차량의 진행 방향을 미리 알려주기 위해 깜박이는 지시등으로 깜박이(winker), 플러셔(flasher)라고도 한다. 방향 지시등은 법규에 의해 자동차의 앞뒤와 양옆에 반드시 설치하도록 되어 있다.

방향 지시등은 점멸을 제어하기 위해 바이메탈 원리를 응용한 기계식과 IC 회로를 이용한 전자식의 두 가지가 있다.

그림 3.55 방향 지시등

▣ 브레이크등

제동등(stop lamp)이라고도 하는 그림 3.56(a)의 브레이크등은 운전자가 브레이크 페달을 밟았을 때 뒤에서 따라오는 차량에게 제동(braking)을 알리는 램프로 차량의 주행 안전성에서 대단히 중요한 기능을 갖는다. 브레이크등은 안전상 밝기가 법규에 규정되어 있고, 인식성을 높이기 위해 중앙에 검은색으로 마감처리 한 제동등이 많다.

브레이크등은 법규에 의해 자동차의 후면에 설치되며, 등광색은 적색을 하고 있다. 제동등과 후미등(tail lamp)을 같이 사용하는 경우는 그림 3.56(b)에서처럼 1개의 전구에 후미등과 제동등의 두 개 필라멘트를 같이 설치하고 있다. 또한, 뒤에서 따라오는 차량의 운전자에게 앞차의 제동에 따른 안전성을 더욱 확보할 수 있도록 제동등을 독립적으로 트렁크 상단부나 차량내부의 상단 공간에 1개를 더 설치하고 있다.

(a) 브레이크등 (b) 제동등과 후미등 겸용전구

그림 3.56 브레이크등과 겸용전구

▣ 비상 점멸 표시등

그림 3.57의 비상 점멸 표시등(hazard flasher lamp)은 비상시에 사용하는 램프로서 다른 차량이나 주변의 사람들에게 양쪽 방향 지시등을 동시에 점멸시켜 차량이 비상상태에 있음을 알리는 표시등이다.

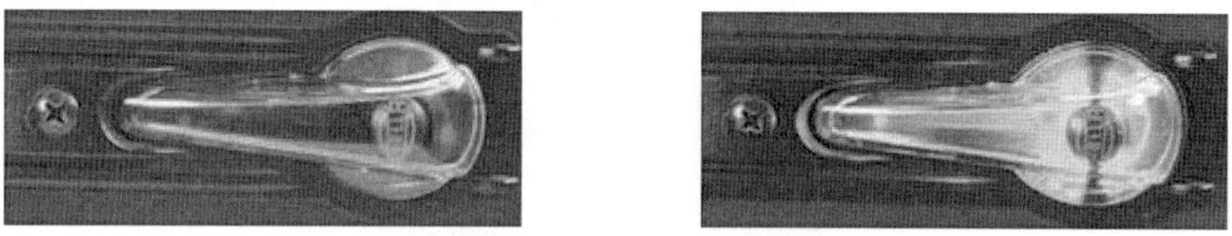

(a) 점등 전의 점멸 표시등 (b) 점등 후의 점멸 표시등

그림 3.57 비상 점멸 표시등

▣ 위험 신호등

위험 신호등(warning lamp)은 엔진오일에 걸리는 압력이 적절하게 유지 못하는 경우에 경고하는 램프로 운전자에게 엔진오일이 위험한 상태에 있다는 것을 경고하는 엔진오일 압력 경고등이다.

(3) 표시용 등화장치

▣ 차고등

차고등(height light)은 야간에 전후방의 다른 차량이나 주변의 사람들에게 차량의 존재와 높이를 표시하는 램프이다.

▣ 차폭등

차폭등(side lamp)은 야간에 전후방의 다른 차량이나 주변의 사람들에게 차량의 존재와 넓이를 표시하는 램프이다.

▣ 주차등

주차등(parking lamp)은 특히 야간에 주차하고 있다는 사실을 전후방의 다른 차량이나 주변의 사람들에게 알리기 위한 램프이다.

▣ 번호판등

그림 3.58의 번호판등(license plate lamp)은 자동차의 번호판을 조명하기 위한 것으로 안전기준에 설치가 규정되어 있다. 번호판등은 야간에 번호판 인식이 잘 되도록 번호판의 상하, 좌우 방향에서 조명할 수 있도록 설치하고, 번호판등의 조명이 밖으로 새나가지 않도록 해야 한다. 또한, 번호판등은 전조등의 회로에 접속되어 전조등 스위치를 넣으면 번호판등도 동시에 작동하도록 규정되어 있다. 전구는 번호판등 전용으로 설치해야 하고, 등광색은 백색이다.

그림 3.58 번호판등

▣ 후미등

그림 3.59의 후미등(tail lamp)은 야간주행이나 정지중인 자동차의 존재를 뒤에 있는 차량에게 알려서 안전성을 확보하는 점등장치이다. 후미등은 제동등과 같이 자동차의 후면 좌우에 설치되어 있고, 렌즈는 적색으로 착색되어 있다.

후미등은 전조등의 회로에 접속되어 전조등 스위치를 넣으면 후미등과 계기등이 동시에 작동하도록 규정되어 있다. 또한, 후미등에 사용하는 전구는 후미등과 제동등이 그림 3.56(b)와 같이 겸용으로 사용하는 것이 있고, 독립적으로 사용하는 두 가지가 있다.

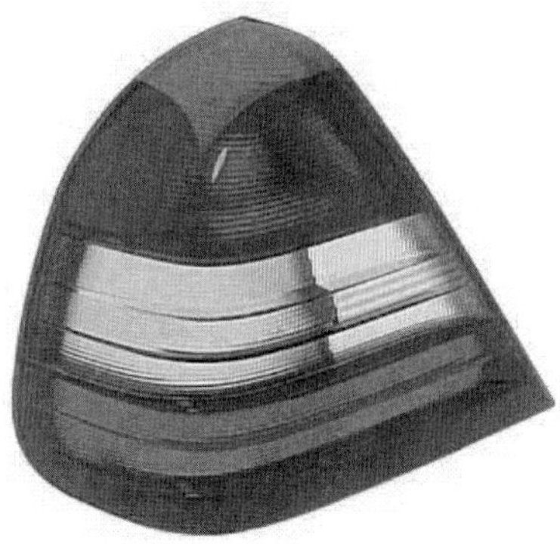

그림 3.59 후미등과 제동등

▣ 리어 리드등

그림 3.60의 리어 리드등(rear lid lamp)은 트렁크 리드등 가니쉬 내에 후미등, 제동등 등을 함께 내장한 것으로서 램프 점등시 차량에 와이드(wide)한 느낌을 주고, 뒤에서 따라오는 차량에게 인지성을 향상시켜 준다.

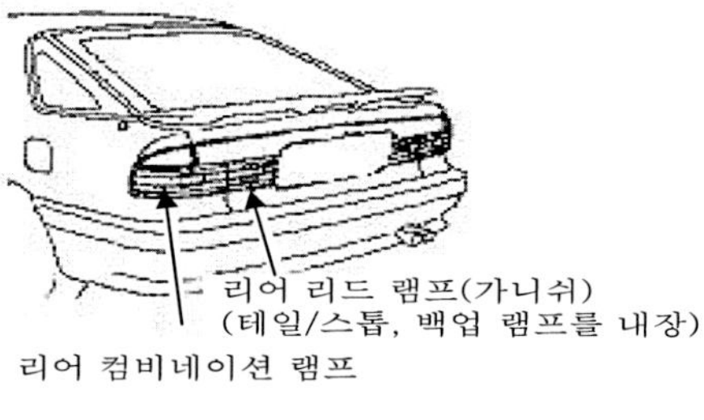

그림 3.60 리어 리드등

연습문제

3.1 엔진을 처음 구동하기 위해 사용하는 전기 시동장치의 역할과 엔진의 시동 프로세스에 대하여 설명하시오.

3.2 엔진의 동력을 얻기 위한 첫 번째 단계로 점화장치의 정상적인 작동이 필수적이고, 동시에 점화장치의 안정성을 유지해야 유해 배기가스 발생량을 줄일 수 있다. 이러한 점화 안정성 확보를 위해 필요한 점화장치의 주요 구성부품에 대한 역할과 점화 프로세스를 자세하게 설명하시오.

3.3 전기 에너지에 의해 가솔린 엔진의 불꽃 점화를 안정적으로 확보하는데 필요한 점화 플러그의 기능과 점화 과정에 미치는 점화 플러그의 영향에 대하여 기술하시오.

3.4 자동차 충전 시스템의 구성 부품과 충전 프로세스에 대하여 간략하게 설명하시오.

3.5 배터리의 방전과정과 충전과정을 화학 방정식으로 표현하고, 양극판과 음극판의 역할에 대하여 각각 설명하시오.

3.6 자동차 등화장치의 중요성과 램프의 종류에 대하여 간략하게 설명하시오.

제 4 장

자동차 전자 기초

4.1 전자공학의 일반
4.2 반도체
4.3 다이오드
4.4 트랜지스터
4.5 직접회로(IC)
4.6 마이크로프로세서

4.1 전자공학의 일반

전자공학(electronics engineering)은 기체, 진공, 또는 반도체 안에서 전하를 가진 입자들의 움직임을 다루는 과학·기술 분야이다. 19C 후반에 들어서 전자기학과 전자파의 존재를 확립하였고, 전자의 실체를 실험적으로 확인하면서 전자공학은 급속하게 발전하기 시작하였다. 전자공학은 반도체 기술의 발전으로 그 동안 인류가 경험하지 못했던 새로운 기술혁신을 제공하고 있다.

1906년에 포리스트(Lee De Forest)의 삼극 진공관(Audion) 발명은 정류, 검파, 증폭, 발진, 변조회로의 설계를 가능케 하였고, 특히 무선 통신과 라디오 방송 분야에서 획기적인 발전을 가져왔다. 1947년에 미국의 쇼클리(W. Shockley) 등에 의해 개발된 트랜지스터(transistor)는 오늘날의 반도체 시대를 열었고, 1959년에 개발된 집적회로(Integrated Circuit : IC)는 전자공학의 근본을 마이크로 전자공학으로 바뀌어야 할 정도로 큰 변혁을 가져왔다.

오늘날의 전자공학은 집적회로(IC)와 함께 발전해 왔다. 전자공학의 발전을 획기적으로 주도한 초창기의 진공관 시대에서 현재의 인터넷, 무선 통신 시대에 이르기까지 주요 기술혁신 내용을 중심으로 발전추세를 요약하면 다음과 같다.

(1) 진공관의 발명

포리스트(Lee De Forest)가 1906년에 삼극 진공관(Audion)을 발명하였고, 1915년에는 미국 AT&T사의 주윗(Frank Jewett)과 아놀드(H.D. Arnold)가 이를 개량해서 고진공 증폭관을 개발하였다. 이러한 진공관 기술의 혁신은 미국의 동부지역과 서부지역을 연결하는 장거리 전화의 개통을 가능하게 하였다. 그 이후로 진공관 기술은 장거리 전화, 라디오, 텔레비젼 등과 같은 전화와 방송매체를 중심으로 발전하였으며, 전자공학의 기술 혁신을 가져오는데 큰 기여를 하였다.

(2) 트랜지스터의 발명

미국 AT&T사의 벨 연구소(Bell Lab)에 근무하던 존 바딘(J. Barden)과 월터 브래튼(W.H. Brattain), 윌리엄 쇼클리(W. Shockey)는 1947년 12월에 점접촉 트랜지스터를 세계 최초로 발명하였다. 한편, 전계효과 증폭기에 관한 이론을 전개시켰던 쇼클리(W. Shockey)는 점접촉 트랜지스터가 아닌 새로운 접합형 트랜지스터 개발을 예측하였다. 이러한 집적형 트랜지스터는 초창기에 개발된 점접촉 트랜지스터를 대체하면서 새로운 집적형 반도체 시대가 열리게 되었다.

(3) 집적회로의 개발

미국 TI(Texas Instrument) 회사의 킬비(Jack St. Claire Kilby)와 페어차일드(Fairchild Co.) 회사의 로버트 노이스(Robert Noyce)는 1959년에 집적회로(IC)를 세계 최초로 개발하였다. 그 이후로 IC의 집적화 기술이 개발되면서 대규모 집적회로(LSI)로 발전하게 되었고, 1980년대에는 초고밀도 집적회로(ULSI)까지 집적도가 높아져 모든 전자제품의 소형화와 고성능화가 가능하게 되었다.

(4) 마이크로프로세서의 개발

페어차일드 회사의 노이스(Robert Noyce)와 무어(Gordon Moore), 그리고 그로브(Andrew Grove)가 주축이 되어 1968년에 Intel(Integrated Electronics)사를 미국의 실리콘 밸리(silicon valley)에 설립하였다. 미국의 인텔사(Intel Co.)는 일본의 계산기 회사인 Busicom과의 계약을 바탕으로 스탠퍼드 대학의 화학과 교수였던 Ted Hoff의 감독하에 단일 칩속에 모든 연산과 논리 회로를 집적시킨 특별한 목적의 새로운 칩 개발에 착수하였다. 그 결과로 인텔사는 1971년 11월에 세계 최초의 마이크로프로세서(microprocessor) Intel 4004를 개발하여 판매하게 시작하였다. 인텔사의 마이크로프로세서 Intel 4004에는 2,250개의 트랜지스터를 집적한 획기적인 고밀도 칩으로 오늘날 컴퓨터의 소형화와 대용량화의 길을 여는 이정표로 기록된다. 인텔사의 마이크로프로세서 개발은 컴퓨터의 고성능화, 소형화는 물론 항공기, 자동차와 같은 운송기계를 비롯한 기계장치의 자동화에 큰 기여를 하게 된다.

(5) PC의 등장

미국 인텔사의 마이크로프로세서 개발은 개인용 컴퓨터(PC)의 생산을 가능하게 만들었다. 개인용 컴퓨터는 1977년의 Apple II를 위시하여 1981년의 IBM PC, 1983년의 IBM PC-XT가 속속 등장하였다. 1984년에는 Apple사의 Macintosh가 시판되면서 컴퓨터 시장은 PC에 의한 새로운 기술혁신이 시작되었다. PC의 대명사인 IBM 기종에서는 AT(1984년), 386(1986년), 486(1989년), Pentium(1993년)이 계속 개발되어 현재는 고성능 Pentium IV까지 출시되었고, Apple 기종에서는 Macintosh Plus(1986년), Macintosh II(1987년), Mac Classic(1990년), Power Mac(1994년) 등이 개발되면서 PC 혁명은 경쟁적으로 가속화되고 있다. IBM PC는 연산기능 위주의 개인용 컴퓨터라는 특성을 가지고 있지만, Macintosh 컴퓨터는 그래픽과 디자인 기능을 강조한 PC로 자리를 잡았다.

(6) 인터넷 네트워크의 등장

최근에 독립적으로 운영되는 개인용 컴퓨터(PC)가 대량으로 보급되면서 이들을 통합시키기 위한 새로운 정보망의 필요성을 제기하였다. 즉, PC를 가진 많은 사람들이 정보를 동시에 공유하고, 데이터를 실행하기 위한 새로운 네트워크 시스템의 도입을 요구하게 되었다. 이것을 위해 기존에 보급된 단말기(PC)를 적절하게 연결하는 통합화 작업이 필요하였고, 이것들을 효과적으로 전송하고, 저장하기 위한 중계 네트워크 시스템의 구축이 필요하게 되었다.

결국, 정보를 자유롭게 이동하는 정보 네트워크 고속도로가 지구상에 통신 케이블을 통하여 깔리게 되었다. 이들 정보를 저장하고 분배하는 기능을 강화시키기 위하여 새로운 중계 시스템이 대규모로 구축되면서 비로소 세계는 하나의 인터넷 네트워크(internet network) 시스템으로 완성하게 되었다. 이제는 인터넷 네트워크가 보편적으로 활용되면서 단체, 회사, 정부, 개인 상호간의 접근이 인터넷을 통하여 자유롭게 이루어지는 전자 정보 시스템 시대에 진입하게 되었다. 따라서, 모든 인프라가 이러한 인터넷 정보망을 개입시키지 않고는 생활하기가 곤란한 정보통신 홍수 시대에 급속하게 접근하였다.

인터넷 기술은 PC와 무선통신, 마이크로컴퓨터의 소형화 기술 등에 인터넷에 의한 연계 기술의 급속한 발전으로 자동차(최근의 e-car)에도 활용되고 있다. 즉, 기존의 독립적 운송기계에서 인터넷 정보망을 활용한 첨단 자동차가 등장하는 시대로 진입하였다. 기존의 기계식 자동차에서 전자제어 자동차로, 이제는 인터넷 네트워크를 활용한 정보통신 자동차가 개발되어 우리의 생활권을 하나로 통합하는 가상적(virtual) 시대에 진입된 상태이다. 따라서 미래의 자동차는 텔레매틱스(telematics) 기술을 탑재한 무인 제어 자동차가 될 것이다.

4.1.1 전자의 운동

전자의 전하량과 질량은 매우 작아서 그 실체를 정확하게 파악하기는 대단히 어렵다. 또한 전자는 여기 저기에 대단히 많이 존재하며, 거의 무한대라 할 수 있을 정도로 자연의 공간 속에 자유롭게 떠돌아다닌다. 결국 전자는 우주 전체의 공간을 고려하면 그 크기는 너무 작지만, 숫자는 무한대로 많다는 것이다.

그렇지만, 전자를 에너지 공간에서 지켜보면, 엄격한 질서와 주어진 틀안에서 규칙적으로 순응하고 있다는 사실을 또한 알 수 있다. 전자 하나가 지니고 있는 에너지는 사람이 경험하는 에너지와 비교할 때 대단히 작기 때문에 특별한 단위를 사용한다. 즉, 1V의 전위차에서 주어지는 전자의 위치 에너지를 1eV라고 정의하면, $1eV=1.6\times10^{-19}$[J]이 된다.

그림 4.1에서 보여준 것처럼 원자의 구조를 평면적으로 살펴보면, 원자번호와 같은 수의 전자가 정해진 궤도상을 정해진 개수만큼 원자핵을 중심으로 그 주위를 돌고 있다. 이 궤도를 원자핵에서 가까운 순서대로 나열하면 K, L, M, … Q의 궤도로 표시할 수 있다. 각각의 궤도에는 원자핵 쪽으로부터 n번째에는 최대 $2n^2$개의 전자가 들어갈 수 있다. 이러한 규칙대로 전자수를 계산하면 K 궤도에는 2개, L 궤도에는 8개, M 궤도에는 18개의 전자가 들어갈 수 있다.

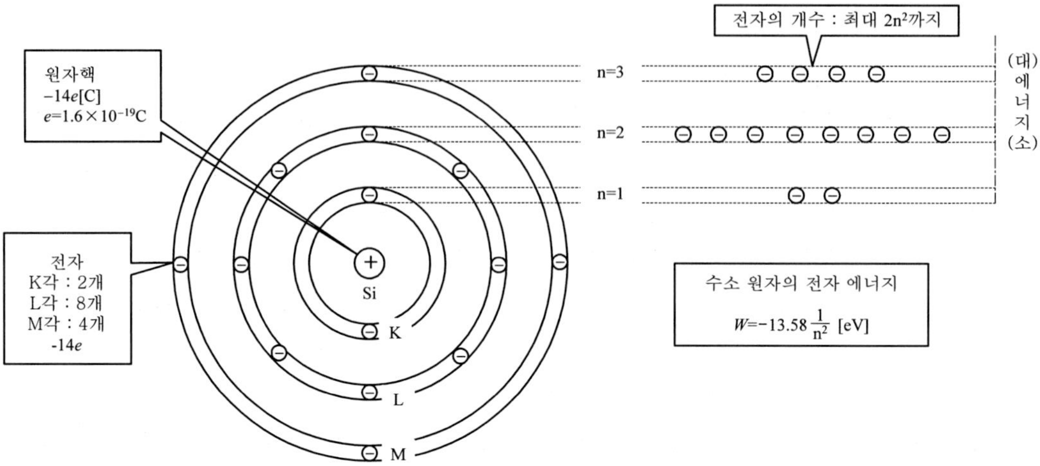

그림 4.1 전자의 운동 구조

4.1.2 에너지대의 구조

원자가 모여서 분자를 이루고, 분자는 물질을 구성하는 최소 단위가 된다. 물질은 주위의 온도와 압력에 따라서 고체, 액체, 기체의 3가지 상태를 나타낸다. 물질을 용이하게 가공하고 보존할 수 있는 상태가 고체인데, 이를 구성하는 원자나 분자들은 일반적으로 격자(lattice)로 짜여져 있어서 고체는 결정구조를 갖는다. 고체의 결정구조는 다양하고, 사용조건에 따라 구조가 변화되기도 한다.

고체의 결정에서 단일원자의 전자가 차지하는 에너지 준위는 비교적 명확하고 단순하다. 그러나, 결정내에서 각 원자를 구성하는 전자가 다른 다수의 원자핵으로부터 영향을 받아, 각각 원자의 같은 궤도상에 있던 전자의 에너지 준위(energy level)가 겹쳐지거나, 약간 틈이 있거나 하면 밴드의 상태는 넓어진다. 이 밴드 상태에서 넓어진 에너지 준위를 에너지대(energy band)라고 한다.

에너지대는 에너지가 낮은 순서대로 충만대, 금지대, 전도대라고 하는 일정한 폭을 가진 3단계의 대역으로 구성되어 있다. 에너지대에서 충만대는 가전자가 존재하는 층에 해당하고, 전자가 완전히 충만되어 있다. 금지대는 전자가 들어갈 수 없는 곳인데, 실리콘과 같은 반도체는 이 폭이 극도로 좁게 되어 있다. 그리고, 전도대는 충만대에 어떤 전자가 에너지를 얻으면, 그 전자가 들어갈 수 있는 곳이다. 일반적으로 금지대가 비교적 큰(약 5eV) 물질을 절연체, 작은(약 1eV) 물질을 반도체, 거의 없거나(약 0eV) 충만대와 전도대가 겹쳐진 물질을 도체라 한다.

4.1.3 전자의 방출

어떤 원자 안에 구속되어 있는 전자가 0에서 Pauli의 배타율에 따라 기저 준위로부터 차례로 채워져 나갈 때 가질 수 있는 최고의 에너지 준위(energy level)를 페르미(Enrico Fermi, 이탈리아의 물리학자) 준위라 하고, 이 준위로부터 전자가 자유공간 밖으로 방출되어 원자핵과 결정체의 응집력에서 해방되는데 필요한 최소한의 에너지를 일(work) 함수라 한다. 일 함수가 갖는 전위차를 전자가 뛰어 넘는다는 관점에서 전위 장벽으로 부를 수 있다.

에너지 공간의 충만대에 갇혀 있던 전자는 원자핵의 양성자와 전기적 인력으로 현재 소속된 원자 안에 구속되어 있다. 이 구속된 전자가 외부로부터 어떤 에너지(보통은 열 또는 광에너지)를 받아 에너지 공간의 금지대를 뛰어넘어 전도대로 옮겨지면, 특정한 원자로부터는 해방되나 물질 안에 포함된 모든 양성자와는 여전히 전기적으로 결합되어 있다. 금속의 가전자는 외부 에너지의 도움 없이도 이렇게 존재하고 있다. 그러나, 일 함수보다 더 큰 에너지를 얻은 전도대의 전자는 물질 표면으로부터 이탈하게 되어 자유롭게 움직일 수 있다.

(1) 에너지 대역에 따른 전자 분류

여러 종류의 전자를 충만대, 금지대, 전도대와 같은 에너지 대역으로 분류하면 다음과 같이 된다.

① 구속전자 : 충만대에 있는 전자로서 특정 원자 안에 구속되어 있다.

② 자유전자

- 전도전자 : 전도대에 있는 전자로 특정 원자로부터 해방되어 물질 안에서 자유롭게 돌아 다닐 수 있다.
- 방출전자 : 전위장벽을 넘어선 전자로 물질 표면으로부터 탈출하여 공간에서 홀로 존재한다.

(2) 방출 전자에 따른 분류

물질의 표면 밖으로 전자가 튀어나오는 현상을 전자 방출이라 한다. 전자 방출의 원인으로 알려진 에너지의 형태에 따라 방출 전자를 분류하면 다음과 같다.

① 열전자 : 열에너지에 의하여 방출된 자유전자

② 광전자 : 광에너지에 의하여 방출된 자유전자

③ 2차전자 : 충돌된 1차 전자의 운동 에너지에 의하여 방출된 자유전자

④ 전장전자 : 강한 전장에 의하여 방출된 자유전자

4.2 반도체

물질을 전기적으로 분류하면 전기가 잘 통하는 도체, 전기가 잘 통하지 않는 절연체, 도체와 절연체의 중간 성질을 띠고 있는 반도체(semi-conductor)의 세 가지가 있다. 그림 4.2는 물질의 전기적 특성을 나타내는 도체, 반도체, 절연체에 대한 고유 저항치를 보여주고 있다. 일반적으로 물체는 상온에서 도체의 저항은 $10^{-8} \sim 10^{-3}\Omega m$, 반도체의 저항은 $10^{-3} \sim 10^{6}\Omega m$, 절연체의 저항은 $10^{6} \sim 10^{12}\Omega m$ 정도의 저항값을 가진 물질로 구성되어 있다.

반도체 소자(semiconductor devices)는 전자 회로의 기본적인 구성 요소이다. 반도체 소자는 고체 속에서 일어나는 전기유동 현상을 이용하기 때문에 고체 소자라고도 한다. 물질이 도체도 아니고 절연체도 아닌 중간적 물질을 반도체 물질이라 하고, 반도체 물질로 만들어진 소자를 반도체 소자라 한다.

자동차 전자에서 트랜지스터와 다이오드가 가장 중요하게 응용되는 반도체 소자라 할 수 있다. 이들 소자는 거의 모두가 집적회로(IC)를 구성하는데 사용되는 기본적인 반도체 부품이라고 할 수 있다. 따라서, 자동차의 반도체 소자에 대한 적용 기술은 이들 두 가지를 중점적으로 검토하는 것이 바람직하다.

초창기의 트랜지스터는 게르마늄(Germanium : Ge)으로 만들어졌지만, 오늘날에는 실리콘(Si)이 다이오드나 트랜지스터 등 여러 가지 반도체 소자를 만드는데 가장 일반적으로 사용되는 반도체 물질이 되었다. 반도체 물질은 그 속에 불순물을 넣으면 전기 전도도가 높아진다. 실리콘의 전기 전도도를 변화시키는 불순물로 붕소(B)와 인(P)이 널리 사용된다. 붕소가 사용되면 반도체 물질은 p형 반도체가 되고, 인이 사용되면 n형 반도체가 된다.

다이오드(diode)나 트랜지스터와 같은 반도체 소자는 저항, 캐패스터(capacitor), 인덕터(inductor), 변압기 등의 일반적인 선형 소자들과는 그 특성이 다르다.

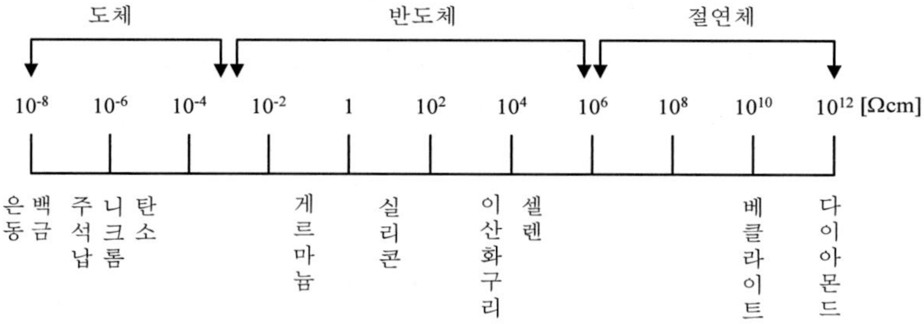

그림 4.2 물질의 고유 저항

4.2.1 n형 반도체

그림 4.3과 같이 4가의 규소(Si) 원자에 안티몬(Sb)과 같은 5가의 원자를 미량 혼합하면, 결정 모양은 변하지 않으나 일부의 규소 원자가 있던 위치에 안티몬의 원자로 대체되어 5개의 가전자중에서 4개는 원래의 규소와 결합할 수가 있다. 그러나, 1개의 전자는 남게 되는데, 이것을 과잉 전자(excess electron)라 한다. 이 과잉 전자를 만드는 불순물을 도너(donor)라 하고, 그 준위를 도너 준위(donor level)라 한다. p형 반도체를 나타낸 그림 4.3에서 과잉 전자가 근소한 에너지를 받으면 전도대로 올라가서 전도 전자가 되는 한편, 먼저의 도너 원자는 양이온이 된다. 이와 같이 반송자의 대부분이 전자인 반도체를 n형 반도체(n-type semiconductor)라 한다. n형 반도체의 반송자 대부분은 전자이고, 정공(hole)은 소수이다.

① 다수 캐리어(majority carrier) : 전자(electron)
② 소수 캐리어(minority carrier) : 정공(hole)

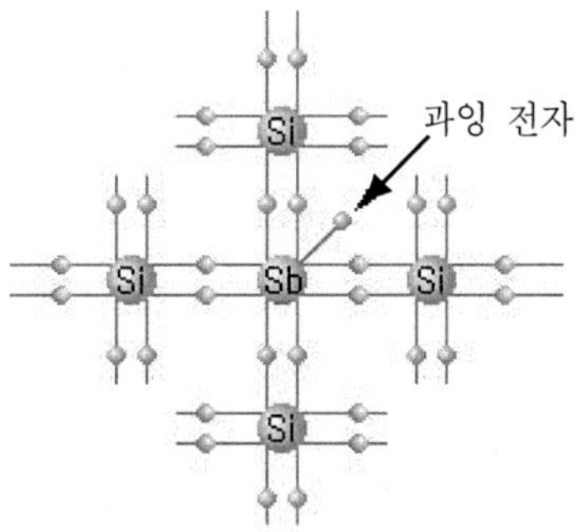

그림 4.3 n형 반도체의 결정구조

4.2.2 p형 반도체

그림 4.3과 같이 n형 반도체에 사용된 5가의 불순물 원소 대신에 그림 4.4에서 보여준 것처럼 갈륨(Ga)과 같은 3가의 원소를 미량 혼합하면, 갈륨의 가전자는 3개밖에 없으므로 규소(Si)와 결합하기에는 전자 1개가 부족하여 정공(hole)이 생기므로 불순물 반도체의 반송자는 대부분 정공이 된다. 이와 같이 정공을 만들기 위한 불순물을 억셉터(acceptor)라고 하며, 대부분의 반송자가 정공인 불순물 반도체를 p형 반도체(p-type semiconductor)라 한다. 즉, p형 반도체의 반송자 대부분은 정공이고, 전자는 소수이다.

① 다수 캐리어(majority carrier) : 정공(hole)
② 소수 캐리어(minority carrier) : 전자(electron)

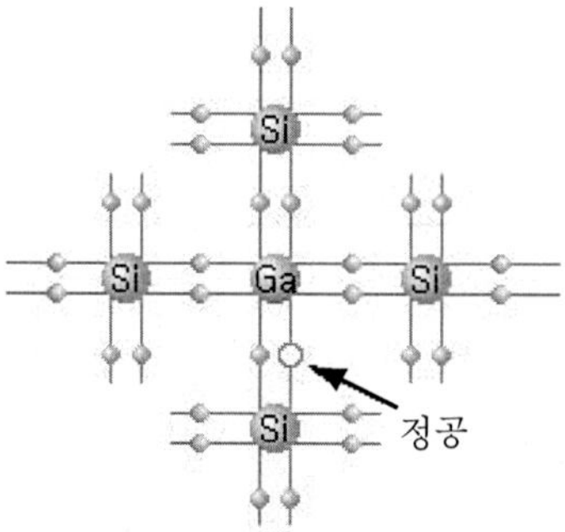

그림 4.4 p형 반도체의 결정구조

4.3 다이오드

다이오드(diode)는 p형 반도체와 n형 반도체를 마주보도록 결합시킨 것으로 양극(p형 반도체)과 음극(n형 반도체)이라 불리는 두 개의 단자를 가지고 있는 전기 소자로 정류작용을 한다. 다이오드는 양극과 음극 사이의 전압 극성에 따라 한쪽 방향으로만 전류가 흐르고 반대 방향으로는 전류가 거의 흐르지 않기 때문에 일방향 저항 또는 전류 점검 밸브로 생각할 수 있다.

양극이 양(+)의 전압이고, 전류가 순(도전) 방향으로 흐르면, 이 때 다이오드는 수 Ω정도의 낮은 저항값을 갖으며, 이것을 순방향 바이어스 조건이라 한다. 그러나, 음극이 양(+)의 전압이고, 전류가 역(비도전) 방향으로 흐르면 다이오드는 수 MΩ정도의 높은 저항값을 갖으며, 이것을 역방향 바이어스 조건이라 한다.

그림 4.5(a)는 다이오드의 회로 기호이고, 그림 4.5(b)는 다이오드의 실제 특성과 이상 특성을 각각 나타낸 것이다. 다이오드를 나타낸 이상적인 특성 곡선에서 다이오드는 양단의 전압이 V_d를 넘기 전까지는 전류가 거의 흐르지 않으나, 임계전압 이상에서는 전류가 급속하게 증가한다. 실리콘 다이오드의 경우, 임계전압 V_d는 0.7V 정도이다. 실제 곡선에서도 임계전압 V_d를 초과한 후에 다이오드의 양단 전압은 0.1V 바뀌지만, 전류는 급격하게 증가한다.

회로를 설계하거나 분석할 때 비교적 높은 전압 회로인 경우는 V_d가 총전압에 비해 아주 작은 부분을 차지하는 관계로 때로는 무시된다. 그러나, 낮은 전압과 낮은 레벨의 신호 회로에서 V_d는 중요한 고려 사항이 된다.

그림 4.6에서 보여주는 것처럼 다이오드(diode)는 어느 한쪽의 리드선에 띠 모양의 마크(mark)가 붙어 있는데, 이 마크가 음극(cathode)측을 나타내고 있다. 그림 4.6에서 전류는 우측에서 좌측으로 흐르지만, 좌측에서 우측으로는 전류가 흐르지 않는다.

다이오드에는 교류 전기를 직류 전기로 변환시키는 실리콘 다이오드(또는, 정류용 다이오드), 실리콘 다이오드의 특성을 이용하여 전압이 어떤 값에 도달하면 역방향으로 전류가 흐르는 제너 다이오드, pn 접합면에 빛을 가하면 역방향으로 전류가 흐르는 포토 다이오드(photo diode), 순방향으로 전류를 흐르게 하면 빛을 발생시키는 발광 다이오드(light emitting diode : LED) 등으로 분류된다.

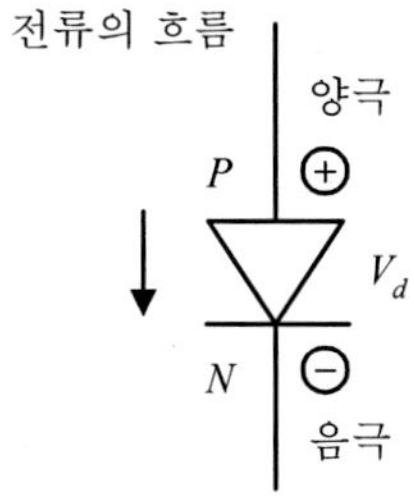

(a) 회로 기호

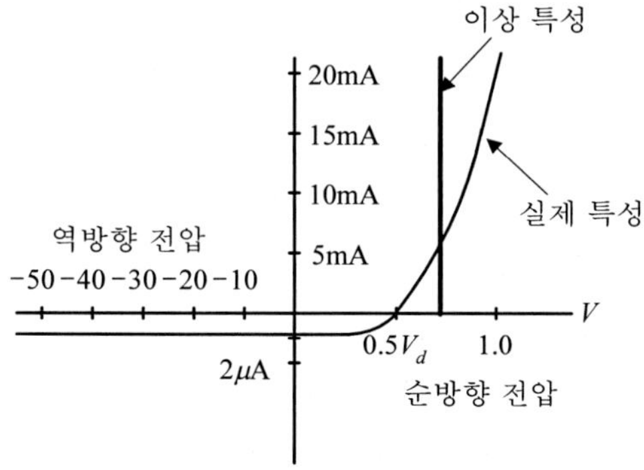

(b) 전달 특성

그림 4.5 다이오드의 특성

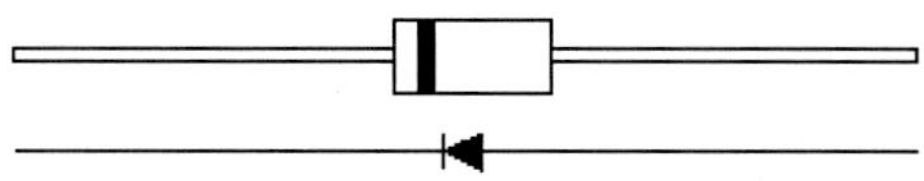

(a) 음극측 표시

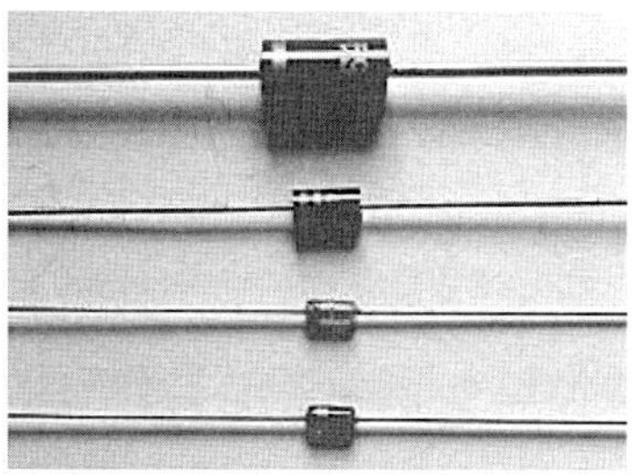

(b) 다이오드

그림 4.6 다이오드

4.3.1 실리콘 다이오드

실리콘 다이오드는 ⊕전하를 많이 함유한 p형 반도체와 ⊖전하를 많이 함유한 n형 반도체를 접합한 것이다. 순방향의 접속에서는 전류가 흐르고 역방향의 접속에서는 전류가 흐르지 않는 특성을 갖고 있기 때문에 교류 전기를 직류 전기로 변환시키는 정류 작용을 한다. 또한, p형 반도체와 n형 반도체의 접합 부분에는 과잉 전자(excess electron)나 정공(hole)이 없는 절연 영역이 된다.

(1) 다이오드의 정류작용

실리콘 다이오드의 정류 작용은 교류를 직류로 바꾸는 작용으로 p형 반도체에 ⊕전원을 연결하고, n형 반도체에 ⊖전원을 연결하는 순방향의 경우에 p형 반도체의 정공은 n형 반도체 쪽으로 이동하고, n형 반도체의 과잉 전자는 p형 반도체 쪽으로 이동하기 때문에 순방향으로 전류가 흐르게 된다.

또한, p형 반도체에 ⊝전원을 연결하고 n형 반도체에 ⊕전원을 연결하는 역방향의 경우는 p형 반도체의 정공은 ⊝전원 쪽으로 이동하고, n형 반도체의 과잉 전자는 ⊕전원에 흡인되어 접합 부분에는 정공과 과잉 전자의 이동이 없기 때문에 전류가 흐르지 않게 된다. 이와 같이 순방향 연결에서는 전류가 흐르고, 역방향 연결에서는 전류가 흐르지 않는 것을 정류 작용이라 한다. 이러한 다이오드의 정류 작용을 그림 4.7에서 잘 나타내고 있다. 즉, pn 개방 회로에서 양극이 양의 전압이고 전류가 순방향(전도)으로 흐르면, 다이오드는 수 Ω정도로 낮은 저항값을 갖는 순방향 바이어스를 나타낸다. 그러나, 음극이 양의 전압이고 전류가 역방향(비전도)으로 흐르면 다이오드는 수 MΩ으로 높은 저항값을 갖는 역방향 바이어스를 나타낸다.

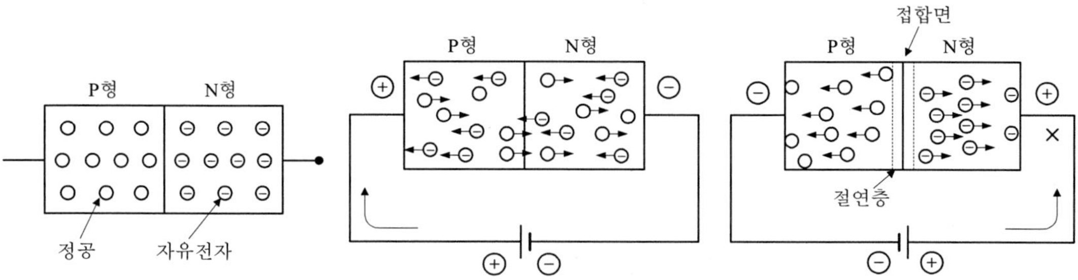

(a) 개방 회로 (b) 순방향 바이어스 (c) 역방향 바이어스

그림 4.7 다이오드의 정류 작동

(2) 다이오드의 특징

실리콘 다이오드에 0.5V~0.6V 정도의 순방향 전압이 가해지면 전류가 흐르고, 역방향으로 작용하면 어느 전압까지는 전류가 흐르지 않는다. 그러나, 역방향 전압을 점차로 높여 가면 어느 값에서 전류가 급격히 흐르게 되면서 다이오드가 파손하는데, 이때의 전압을 다이오드의 항복전압 또는 파괴전압이라 한다. 따라서, 실리콘 다이오드에서 정방향의 전류는 높고 정방향의 전압은 낮아야 한다. 그러나, 역방향 전류는 작고 항복전압은 높으면서 안정되어야 한다.

자동차에서 자려자 방식의 교류 발전기를 사용할 수 없는 이유는 잔류 자기에 의해서 발전이 시작되는 전압을 0.5V~0.6V 이상으로 다이오드에 공급할 수 없기 때문에 회전자 코일에는 전류가 흐르지 않는다. 따라서, 배터리의 전류를 공급받아 회전자 코일을 여자시키는 타려자 방식의 교류 발전기(alternator)를 사용하게 된다.

(3) 다이오드의 정류회로

▣ 단상 반파 정류

단상 반파 정류는 그림 4.8(a)의 단상 반파 회로중에 1개의 실리콘 다이오드를 접속하여 그림 4.8(b)의 교류 전류가 ⊕파형의 경우에만 전류가 흐르기 때문에 전류의 이용률이 단지 1/2 정도이므로 전류의 흐름이 단속되는 그림 4.8(c)의 맥류가 되어 자동차에 사용하는 직류로는 적합하지 않다.

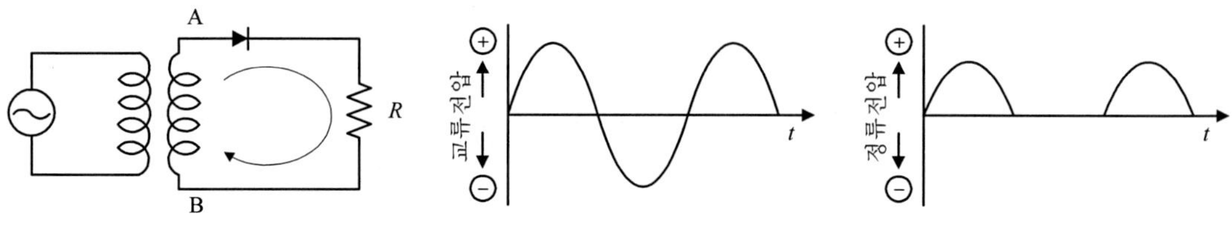

(a) 단상 반파 회로　　(b) 교류 전압　　(c) 정류 전압

그림 4.8 단상 반파 정류

단상 전파 정류

단상 전파 정류는 그림 4.9(a)의 단상 전파 회로중에 4개의 실리콘 다이오드를 브리지 접속하여 교류 전류가 ⊕파형의 경우는 그림 4.9(a)에서 실선으로 표시한 것과 같이 흐르고, ⊖파형의 경우는 점선으로 표시한 것과 같이 흐르기 때문에 교류 전류가 ⊕파형, 또는 ⊖파형에 관계없이 저항에는 항상 일정한 방향으로 전류가 흐르게 되므로 직류로 사용할 수 있다.

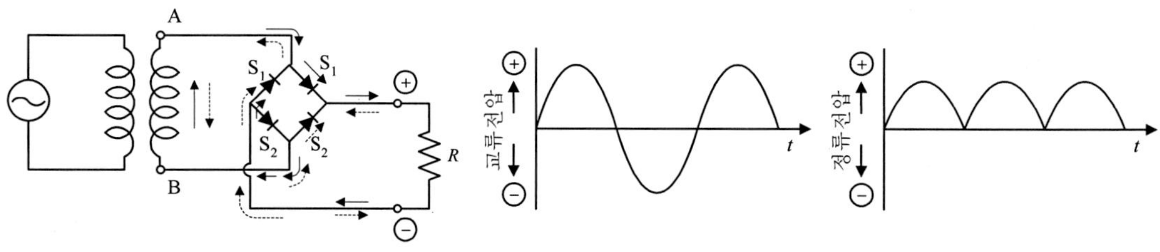

(a) 단상 전파 회로　　(b) 교류 전압　　(c) 정류 전압

그림 4.9 단상 전파 정류

3상 전파 정류

3상 전파 정류는 그림 4.10의 3상 전파 회로중에 6개의 실리콘 다이오드를 브리지 접속하면 각 코일에서 유도된 3상 교류 전류가 ⊕파형, 또는 ⊖파형에 관계없이 저항에는 항상 일정한 방향으로 전류가 흐르게 되므로 직류로 사용할 수 있게 된다. 이때의 정류 파형을 단상 교류의 전파 정류 파형(그림 4.9(c))과 비교하면 파형의 변화가 작은 전류로 할 수 있다는 장점이 있다.

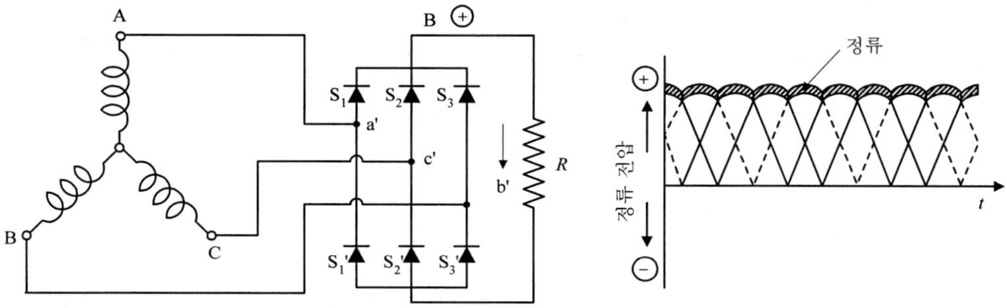

(a) 3상 전파 정류 회로

(b) 3상 전파 정류 전압

그림 4.10 3상 전파 정류

4.3.2 제너 다이오드

정전압 다이오드라고도 하는 그림 4.11의 제너 다이오드(zener diode)는 실리콘 다이오드의 역방향 특성을 이용하기 위하여 특수하게 만든 다이오드로 실리콘 다이오드는 역방향으로 전류가 흐르지는 않지만, p형 반도체와 n형 반도체에 불순물의 양을 증가시켜 역방향의 전압이 어떤 값에 도달하면 역방향 전류가 급격하게 증가하면서 전류가 흐른다. 역방향에 가해지는 전압을 처음의 상태로 낮추면 역방향의 전류는 흐르지 않는데, 이것을 제너 현상이라 하고, 역방향으로 전류가 흐를 때의 전압을 제너 전압(zener voltage)이라 한다.

제너 다이오드(zener diode)의 특성상 역방향으로 흐르는 전류를 차단하지만, 제너 전압(또는, 항복전압이라고도 함)에 도달하면 역방향으로도 전류가 급격하게 흐른다. 제너 전압은 온도나 사용조건에 따른 변화가 작기 때문에 제너 다이오드의 제너 현상을 이용하여 자동차용 전압 조정기의 전압 검출이나 정전압 회로, 트랜지스터식 점화장치 등에서 트랜지스터의 보호용으로 사용되고 있다.

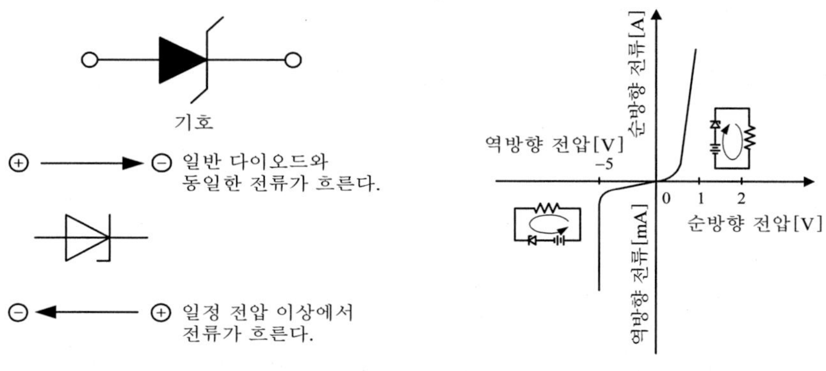

(a) 제너 다이오드

(b) 제너 다이오드의 전압과 전류 특성

그림 4.11 제너 다이오드

4.3.3 발광 다이오드

그림 4.12의 발광 다이오드(Light Emitting Diode : LED)는 순방향으로 전류를 흐르게 하면 전류가 가시 광선으로 변환되어 빛을 발생하는 다이오드를 말한다. 즉, LED는 n형 반도체의 과잉 전자(excess electron)와 p형 반도체의 정공(hole)이 결합되어 발광하는 현상을 이용한 것이다. GaAs, GaP, GaAsP 등을 반도체 재료로 구성한 pn 접합 다이오드는 순방향으로 전류가 흐르도록 하면, 그 재료 특유의 파장 빛을 발광(emitting)하게 된다.

LED가 발광하기 위해서는 순방향으로 10mA 정도의 전류가 필요하다. 전자 회로에서 LED는 파일럿 램프(pilot lamp), 크랭크 각도 센서(CAS), 1번 실린더 TDC 센서, 방위계, 차고 센서 등에 사용된다. 또한, 발광 다이오드(LED)의 수명은 백열 전구의 10배 이상으로 대단히 길고 발열도 거의 없다. 소비 전력이 적고 가격이 저렴하다는 장점이 있지만, 위도가 낮고 직사 광선하에서는 잘 보이지 않는 단점이 있다.

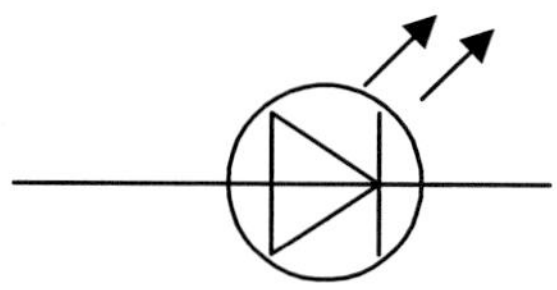

그림 4.12 발광 다이오드

4.3.4 포토 다이오드

그림 4.13의 포토 다이오드(photo diode)는 빛을 전기로 변환시키는 다이오드로 p형 반도체와 n형 반도체를 접합시킨 게르마늄(Ge) 판에 입사 광선이 없을 때는 n형 반도체에 정전압이 역방향으로 가해지기 때문에 전류가 흐르지 않는다. 즉, 포토 다이오드는 역방향의 작동영역에서 사용되는 pn 접합 다이오드의 일종이다.

그림 4.14에서 보여준 것처럼 입사 광선을 접합부에 쪼이면 빛에 의해서 자유 전자가 궤도를 이탈하여 역방향으로 전류가 흐르게 되고, 빛의 발광량을 변화시키면 회로에 흐르는 전류는 빛의 발광량에 비례하여 전류가 흐르게 된다. 즉, 입사 광선이 강할수록 자유 전자수가 증가되므로 더 많은 전류가 흐르게 된다. 이러한 원리를 이용하여 포토 다이오드는 크랭크 각도 센서, 1번 실린더 TDC 센서, 에어콘 일사 센서 등에 사용된다.

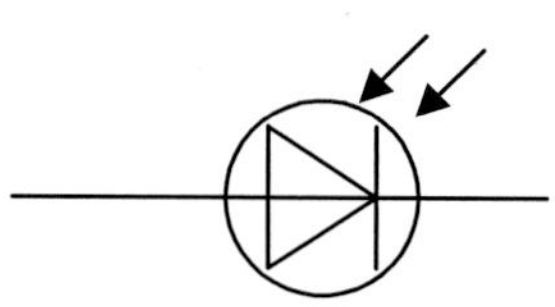

그림 4.13 포토 다이오드

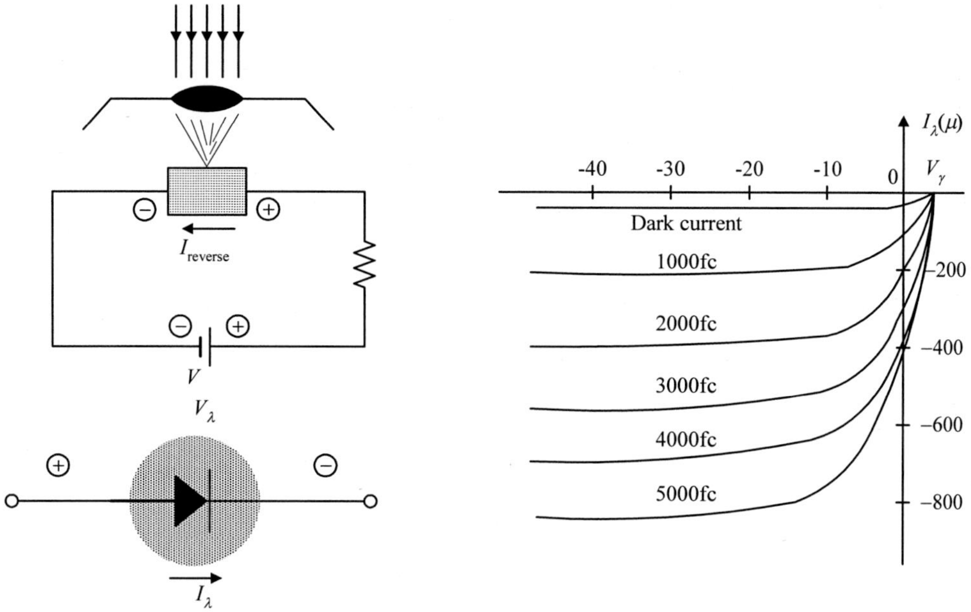

(a) 포토 다이오드 (b) 포토 다이오드의 특성

그림 4.14 포토 다이오드와 그 특성

4.4 트랜지스터

4.4.1 트랜지스터 개론

트랜지스터(transistor)는 1947년에 미국의 AT&T 벨 연구소(Bell Lab)에 근무하던 3명의 물리학자 존 바딘(John Barden), 월터 브래튼(Walter H. Brattain), 윌리엄 쇼클리(William Shockley)에 의해 공동 발명되었다. 트랜지스터의 개발은 기존의 진공관을 대체할 수 있다는 사실이 알려지면서 1950년대 후반에는 여러 분야에서 진공관을 대체하기 위한 트랜지스터 응용기술 개발이 급속도로 진행되었다.

다이오드는 능동 소자이긴 하지만 정적 회로 소자라고도 한다. 이것은 다이오드가 이득이 없고 에너지를 저장하지 못하기 때문이다. 반면에 트랜지스터는 증폭 기능도 있을 뿐만 아니라, 신호 레벨을 변환할 수 있으므로 능동 소자라고 한다.

트랜지스터에는 3개의 단자가 있는데, 한쪽을 이미터(Emitter : E), 중앙을 베이스(Base : B), 다른 한쪽을 컬렉터(Collector : C)라 한다. 그림 4.15는 두 가지 트랜지스터 모델을 보여주고 있는데, 그림 4.15(a)는 2SC1815 트랜지스터 모델의 경우로 왼쪽 리드가 베이스(B), 중앙 리드가 컬렉터(C), 오른쪽 리드가 이미터(E)로 각각 제시된다. 또한, 그림 4.15(b)는 2SD880 트랜지스터 모델의 경우로 왼쪽 리드가 이미터(E), 중앙 리드가 컬렉터(C), 오른쪽 리드가 베이스(B)로 서로 반대로 나타내고 있다. 따라서, 트랜지스터를 사용하기 위해서는 매뉴얼 등을 참고하여 단자를 정확하게 판별할 수 있어야 한다.

트랜지스터는 다이오드의 pn 접합을 변형시킨 것으로 다이오드의 p형 반도체 쪽에 n형 반도체를 접합시킨 구조의 npn형 트랜지스터와 다이오드의 n형 반도체 쪽에 p형 반도체를 접합시킨 구조의 pnp형 트랜지스터의 두가지 종류가 있다.

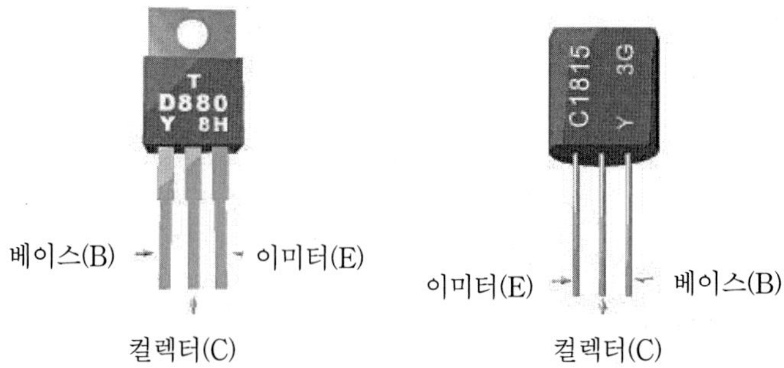

(a) 2SC1815 모델 (b) 2SD880 모델

그림 4.15 트랜지스터 모델의 리드

그림 4.16은 npn형 트랜지스터와 pnp형 트랜지스터를 각각 보여주고 있다. 그림 4.16(a)의 npn형 트랜지스터에서 전류는 베이스와 컬렉터로 흘러 들어가고, 이미터로 흘러나온다. 또한, 그림 4.16(b)의 pnp 트랜지스터에서 전류는 npn의 경우와는 반대로 흐른다. 즉, 전류는 이미터로 흘러 들어가고, 베이스와 컬렉터로 흘러나온다. npn형 트랜지스터와 pnp형 트랜지스터의 유일한 차이는 전류가 흘러 들어가고 나가는 방향이 서로 다르다는 것이다. 그러나, 증폭기와 스위치로서의 기능은 서로 같다.

트랜지스터의 베이스-이미터 접합은 다이오드처럼 작동한다. npn형 트랜지스터의 정상 작동에서 전류는 베이스로 흘러 들어가고 이미터로 흘러나온다. 그러나, 이미터에서 베이스로, 즉 역방향으로는 흐르지 않는다. 트랜지스터의 도면 기호에서 이미터에 있는 화살표로 전류 흐름의 순방향을 나타낸다. 컬렉터-베이스 접합도 항상 다이오드처럼 작동하지만, 전원 전압은 항상 역방향으로 공급된다. 이 접합은 약간의 역방향 전류를 가지는데, 그 전류는 1×10^{-6}~1×10^{-12}로 대단히 작다. 따라서, 극한 조건, 특히 온도가 아주 높은 조건 하에서 작동할 때를 제외하고는 무시할 수 있다. 자동차 응용 분야에서는 극한 온도가 트랜지스터의 작동에 중요한 영향을 미치는 경우도 있으므로, 이러한 응용 분야에는 회로가 트랜지스터 작동을 자동으로 보상해 주는 소자를 포함한다.

정상적인 선형(아날로그) 회로 작동 조건에서 트랜지스터를 증폭기로 사용할 때에 컬렉터-베이스 접합은 역방향 바이어스로 되어있다. 그러나, "ON" 상태의 스위치로 작동할 때 컬렉터-베이스 접합은 순방향 바이어스(forward bias)가 될 수 있다. 정상적인 작동에서 컬렉터-이미터 단자를 통해 흐르는 전류는 베이스 단자를 통해 흐르는 전류에 의해 제어된다. 여기서는 상대적으로 작은 베이스 전류가 복잡한 물리적 과정을 통해 큰 컬렉터 전류를 제어한다. 결국, 트랜지스터는 베이스 전류가 컬렉터 전류를 제어하는 전류 증폭 소자라 생각하면 된다. 전형적인 트랜지스터의 전류 증폭률은 100정도이다. 즉, 베이스 전류를 이용하여 100배나 큰 컬렉터 전류를 제어할 수 있다.

트랜지스터는 기본적으로 전류를 증폭할 수 있는 능동 소자 부품이다. 자동차에 트랜지스터 부품을 사용함에 따라 예상되는 장단점을 요약하면 다음과 같다.

(1) 트랜지스터의 장점

① 진동에 잘 견디고 내진성이 높다.
② 내부의 전압 강하가 대단히 작다.
③ 기계적 강도가 높고, 수명이 길다.
④ 내부의 전력 손실이 작다.
⑤ 예열하지 않아도 곧 작동이 된다.

⑥ 가볍고, 극소형 제작이 가능하다.

(2) 트랜지스터의 단점

① 역내압이 낮기 때문에 과대 전류나 과대 전압에 의해 파손되기 쉽다.

② 정격치 이상으로 사용하면 파손되기 쉽다.

③ 온도가 상승하면 파손되기 쉽다.

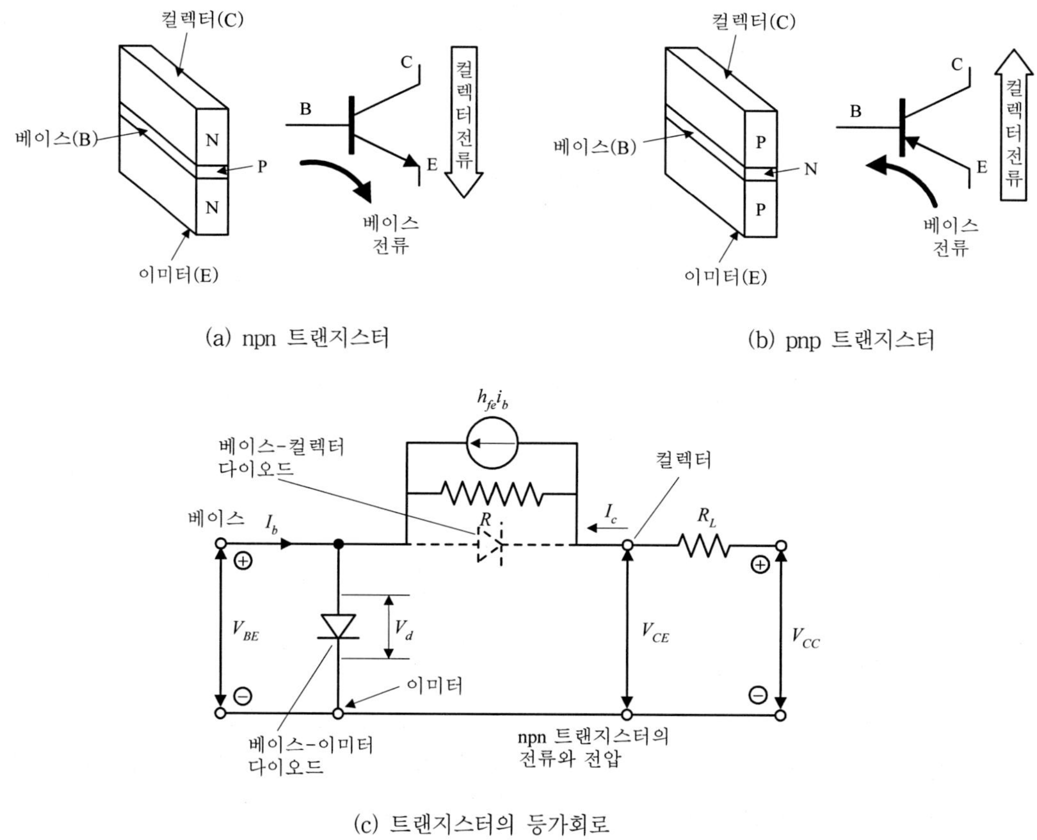

그림 4.16 트랜지스터의 종류 및 등가회로

4.4.2 트랜지스터 스위치

트랜지스터는 스위치로 사용될 수 있다. 그림 4.17은 베이스-이미터 접합에 역방향 바이어스(reverse bias)가 인가된 npn 트랜지스터를 보여주고 있다. 컬렉터-이미터간에는 전류가 흐르지 않기 때문에 트랜지스터는 스위치가 "ON"된 것으로 작동한다. 그림 4.18은 순방향 바이어스(forward bias)가 베이스-이미터 접합에 인가되어 있다. 컬렉터-이미터 전류는 흐를 수 있고, 트랜지스터는 스위치가 닫히게 된 것으로 작동한다.

자동차의 전자회로에는 많은 트랜지스터 스위치가 사용된다. 전자제어 점화 시스템에서 점화코일의 1차 전류를 ON/OFF를 스위칭(switching)하기 위해서 트랜지스터가 사용된다. 최근의 자동차에는 엔진 작동을 제어하기 위한 마이크로 컴퓨터에 수천 개의 스위치가 사용되고 있다.

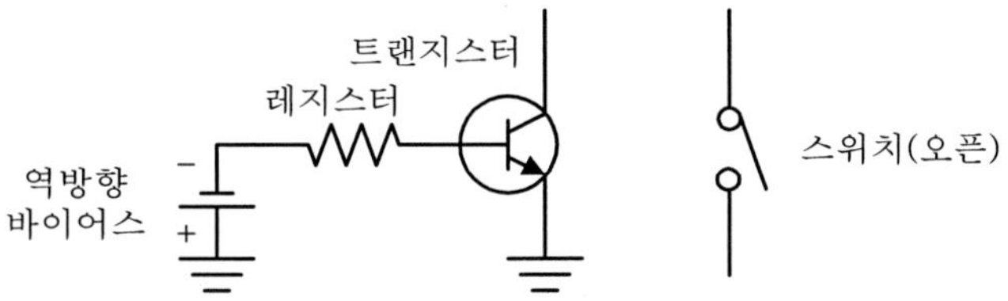

그림 4.17 역방향 바이어스(reverse bias)된 스위칭 트랜지스터
(트랜지스터는 전류가 흐르지 않고 스위치가 개방된 것처럼 작동)

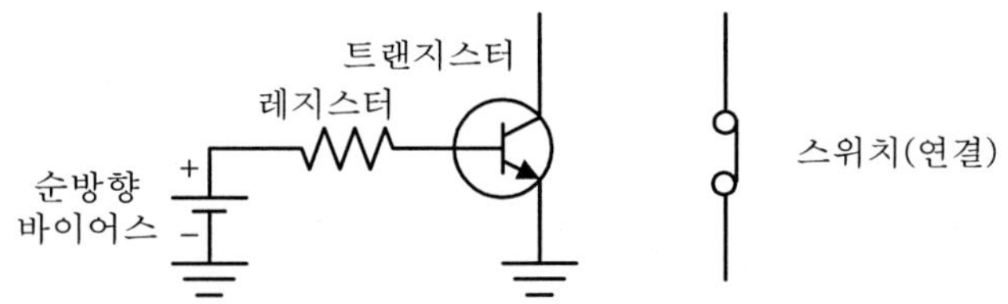

그림 4.18 순방향 바이어스(forward bias)된 스위칭 트랜지스터
(트랜지스터에 전류가 흐르고 스위치가 닫힌 것처럼 작동)

4.4.3 트랜지스터 증폭기

트랜지스터는 신호 레벨을 변환할 수 있을 뿐만 아니라 증폭기로도 작동될 수 있다. 트랜지스터의 증폭 회로에서는 베이스 전압(또는, 베이스 전류)의 작은 변화가 컬렉터-이미터간 전류를 크게 변화시킬 수 있다. 증폭 회로에서 트랜지스터는 항상 전류를 흐르게 한다. 스위치가 열려 있는 것처럼 전류의 흐름이 멈추지 않는다. 그림 4.19는 전자 분배기(electron distributor)에 있는 자기 픽업코일로부터 전압펄스를 보여준다. 이 작은 전압펄스가 트랜지스터 증폭기의 베이스에 인가되면, 컬렉터 회로에서 더 큰 전압펄스로 증폭된다. 전압펄스는 여전히 동일하게 보이지만, 이미 높은 전압으로 증폭되어 있다. 트랜지스터 증폭기를 직렬로 연결하여 사용하면 더 큰 증폭 작용을 제공한다.

자동차에서 증폭기로 사용되는 트랜지스터는 전자점화 시스템, 라디오, 테이프 플레이어 등이 있고, 그 이외에 자동차의 각종 전자회로 구성에 많이 사용되고 있다. 증폭회로에서 일어나는 증폭의 양을 나타내는 말로서 게인(gain)이 사용된다. 예를 들면 10의 게인은 출력 신호의 진폭이 입력 신호의 진폭보다 10배 더 크다는 것을 의미한다. 진폭은 AC 신호의 0(zero) 전압에서부터 신호의 가장 높은 전압까지의 높이와 거리를 나타낸다.

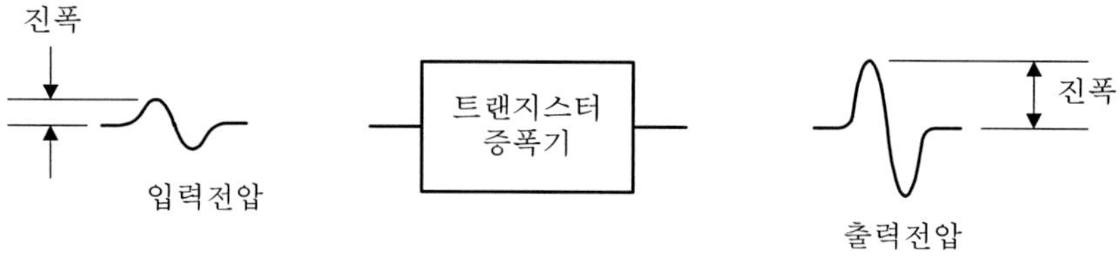

그림 4.19 증폭기로 사용된 트랜지스터

4.4.4 포토 트랜지스터

포토 트랜지스터(photo transistor)는 일반 트랜지스터와 같은 구조를 하고 있으나, 빛이 베이스의 전류로 작용하기 때문에 베이스의 단자가 없다. 포토 트랜지스터에는 pn 접합의 2극 소자 포토 트랜지스터와 npn 접합의 3극 소자 포토 트랜지스터가 있다. 최근에는 증폭 작용을 하는 npn 접합의 포토 트랜지스터를 많이 사용한다.

포토 트랜지스터의 pn 접합부에 입사 광선을 쪼이면, 빛 에너지에 의해서 자유 전자와 정공(hole)이 발생되면서 역전류가 증가하여 입사 광선에 대응하는 출력 전류가 역방향으로 외부 회로에 흐르게 된다. 이 때의 출력 전류를 광전류라 하며, 이러한 원리를 이용하여 전자제어 현가장치의 조향휠 각속도 센서, 차고 센서 등에 이용된다. 또한, 포토 트랜지스터는 소형이고 취급이 간편하며, 광출력 전류가 크고 내구성 및 신호성이 풍부하다는 특징이 있다.

포토 트랜지스터는 그림 4.20에서 보여준 것처럼 빛에 민감한 트랜지스터이다. 하우징의 작은 렌즈가 트랜지스터의 민감한 부분에 빛을 모은다. 빛이 트랜지스터를 치면 자유전자와 정공이 형성되고, 그것은 트랜지스터를 통한 전류의 흐름을 증가시킨다. 따라서, 더 많은 빛은 더 많은 전류를 흐르게 한다. 포토 트랜지스터는 자동차 헤드램프 디머회로에 작동하도록 전류를 흐르게 한다.

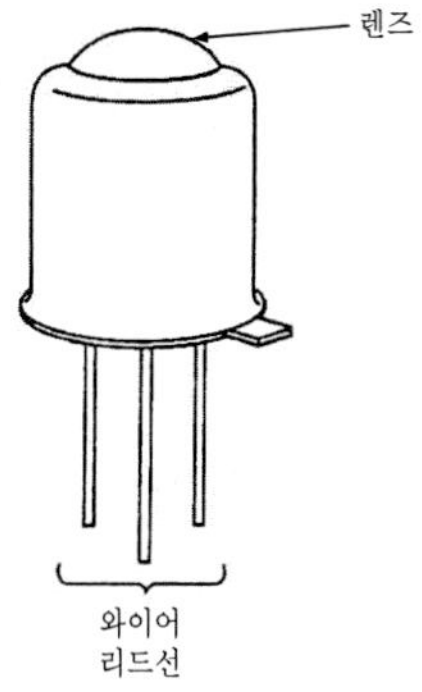

그림 4.20 포토 트랜지스터

4.5 집적회로(IC)

4.5.1 집적회로 개론

집적회로(Integrated Circuit : IC)는 저항, 콘덴서, 트랜지스터, 다이오드 등 많은 회로 소자를 1개의 실리콘 기판에 집적시켜 결합한 일체형으로 초소형 전기 회로이다. IC는 회로 소자가 일체형으로 구성된 회로이기 때문에 일반 트랜지스터 회로에 비하여 신뢰성, 내구성, 내진성, 경제성, 극소형, 경량성, 생산성 등의 측면에서 우수한 특성을 갖고 있다.

IC는 다수의 반도체 소자를 한 개의 기판에 부품에서 배선에 이르기까지 일체형으로 제조한 것이기 때문에 회로 자신이 집약된 또 다른 하나의 부품이라 할 수 있다. 집적회로의 주류로서 관심의 대상이 되고 있는 반도체 집적회로(IC)는 실리콘 단결정을 기판으로 하고, 그 위에 사진 기술을 사용하여 회로를 찍어 넣고 약품 등으로 회로 이외의 부분을 깍아내는 방법(etching)이다. 따라서, 외관으로 보기에 집적회로는 마치 한 개의 트랜지스터와 같다. 집적회로(IC)의 크기는 수mm 정도로 작지만, 이 안에는 최대 1000개에 가까운 트랜지스터가 집적되어 있다.

1960년대에 소개된 초창기의 IC는 비교적 적은 수량의 10~12개 게이트가 포함되었으며, 이들 소자를 SSI(small scale integration)라고 불렀다. 1970년대에는 중규모의 집적회로(medium scale integration : MSI) 기술이 개발되면서 고집적 IC 기술은 급격하게 발전을 하였다.

IC 기술의 발달은 디지털 회로가 전자 시스템, 또는 IC 형태로 사용이 가능해졌다는 것이다. 다시 말해서, 단일 IC 패키지, 또는 "칩(chip)"에 디지털 회로의 기능 집적도가 지난 30년 동안 폭발적으로 증가해 왔다. 대규모 집적회로(LSI) 형태로 사용 가능한 중요 디지털 시스템 중의 하나는 ALU(Arithmetic Logic Unit)이다. 그림 4.21은 다양한 핀을 가진 대표적인 ALU를 보여주고 있다. 이러한 4비트 ALU는 두개의 4비트 입력 A와 B에 대해 16가지의 가능한 논리와 연산을 동시에 수행할 수 있다.

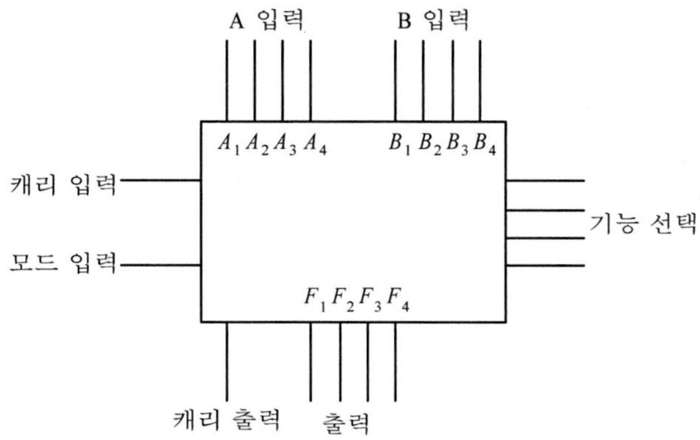

그림 4.21 ALU 회로의 구성

4.5.2 집적회로의 분류

IC에서 집적도는 기본회로를 얼마나 많이 집적하였는가를 나타내는 것으로 대단히 중요한 의미를 갖는다. IC는 회로의 집적도에 따라 소규모 집적회로(SSI), 중규모 집적회로(MSI), 대규모 집적회로(LSI), 초대규모 집적회로(VLSI)로 분류할 수 있다. 국내에서 생산되고 있는 64KD램이나 256KD램은 VLSI급에 속한다. 또한, 집적회로(IC)는 회로 구성에 따라 바이폴라(bipolar) IC와 MOSIC로 구분되는데 메모리(memory)용을 말하며, 64KD램이나 256KD램 등이 이에 해당된다.

집적회로를 구현하는데 적용된 기술도 중요하기 때문에 일반적으로 IC를 분류하는데는 집적도와 적용기술에 따라서 다음과 같이 분류한다.

(1) IC의 집적도에 따른 분류

▣ 소규모 집적(small-scale integration : SSI)

① 10개 이하의 독립적인 게이트가 하나의 칩에 포함된다.
② 게이트의 입출력이 바로 외부 핀에 연결된다.

▣ 중규모 집적(medium-scale integration : MSI)

① 10에서 200개까지의 게이트를 집적한다.
② 디코더, 가산기, 레지스터 등과 같은 기본적인 디지털 장치를 구현한다.

▣ 대규모 집적(large-scale integration : LSI)

① 200~1000개까지 게이트를 집적할 수 있다.
② 프로세서, 메모리 등과 같은 디지털 시스템을 형성한다.

▣ 초대규모 집적(very-large-scale integration : VLSI)

① 수천 개의 게이트를 하나의 칩에 집적한다.

② 대형 메모리, 마이크로 컴퓨터 등의 칩을 형성한다.

(2) IC를 구현하는 적용기술에 따른 분류

▣ TTL(transistor-transistor logic)

① 가장 많이 사용되고 있는 논리군이다.

② 표준 TTL 외에 고속 TTL, 저전력 TTL, 저전력 쇼트키(Schottky) TTL, 고성능 쇼트키 TTL 등이 있다.

③ 전원은 5V, 레벨은 0V와 3.5V이다.

▣ ECL(emitter-coupled logic)

① 게이트의 트랜지스터는 불포화 상태에서 작동한다.

② 고속도가 요구되는 시스템에 사용한다.

③ 전달 지연 시간(propagation delay time)은 1~2ns(nano second)이다.

▣ MOS(metal-oxide semiconductor)

① 단상 트랜지스터를 사용한다.

② 대부분 NMOS이다.

▣ CMOS(complementary MOS)

① NMOS와 CMOS를 연결하여 구성한다.

② 회로의 밀도가 높고, 제조 공정이 단순하며, 전력 소비가 적다

4.5.3 집적회로의 장단점

집적회로는 회로 자신이 집약된 또 하나의 부품으로 IC의 사용에 따른 장단점을 요약하면 다음과 같다.

(1) 집적회로의 장점

① 회로의 소형화 즉, 기기의 소형화가 가능하다.

② 접속점의 수가 작기 때문에 회로의 신뢰성이 향상된다.

③ 신호처리의 고속화에 유리하다
④ 가격이 저렴하다.
⑤ 기능을 크게 확대할 수 있다.

(2) 집적회로의 단점

① 고전압 및 고전류에 약하다.
② 열에 약하므로 납땜(soldering)시 주의해야 한다.
③ 발진 잡음이 일어나기 쉽다.
④ 정전기에 약하다.

4.6 마이크로프로세서

마이크로프로세서(microprocessor : MPU)는 미리 정해진 순서에 따라 연산을 체계적으로 실행할 뿐만 아니라 컴퓨터의 각 장치에 제어신호를 제공하는 제어장치를 1개의 작은 실리콘 칩에 집적시킨 초대규모 집적회로(VLSI)로 구성된 처리장치이다. 마이크로프로세서의 내부는 산술논리 연산기(ALU), 레지스터(register), 프로그램 카운터(program counter), 명령 디코더(decoder), 제어회로 등으로 구성되어 있다. 마이크로프로세서는 주기억장치(main memory)에 저장되어 있는 명령어를 불러내어 해독하고, 해독된 명령어를 실행하며, 실행된 결과를 다시 주기억장치에 저장할 수 있는 기능을 자동적으로 수행함과 동시에 입출력(I/O) 장치들과도 데이터를 교환한다.

반도체 기술은 지난 20여년 동안 혁명적이라 할 수 있을 정도로 발전하여 현재는 대규모 집적회로(LSI)와 초대규모 집적회로(VLSI)의 집적도는 1개의 작은 실리콘 칩에 500만개 이상의 트랜지스터를 집적할 수 있다. 반도체 집적기술의 획기적인 발달로 컴퓨터 시스템의 크기가 초소형으로 설계되었을 뿐만 아니라 마이크로프로세서 시스템의 신뢰도와 작동 속도가 크게 개선되었고 전력 소비도 많이 줄었으며, 가격도 대단히 저렴해졌다. 그러나, 이들 반도체 기술의 획기적 발달보다는 마이크로프로세서의 등장으로 전자제어 시스템의 응용은 디지털 전자제어 시스템의 발전에 획기적인 기여를 하였다.

마이크로프로세서는 ALU(Arithmetic Logic Unit), 레지스터(register), 디코딩 논리부(decoding logic)를 포함하는 비교적 복잡한 디지털 회로의 조합으로 구성되어 있다. 대표적인 마이크로프로세서의 다이어그램을 그림 4.22에서 보여주고 있는데, “버스(bus)”라는 두꺼운 실선은 실제로 마이크로프로세서와 관계하여 디지털 데이터를 운반하는 전선의 한 묶음이다. 일반적인 IC 마이크로프로세서는 8, 16, 32비트의 “버스(bus)”를 사용한다. 아무리 우수한 기능을 갖는 마이크로프로세서라 할지라도 독립적으로 일을 할 수 있는 것은 아니고, 부가적인 외부 디지털 회로가 필요하다.

외부 회로에 의해 수행되는 일 중의 하나는 디지털로 인코딩된 전기신호 형태의 “명령어”를 공급하는 것이다. 예를 들어, 8비트 마이크로프로세서는 8비트 명령어로 작동한다. 이 시스템에는 28(256)개의 논리조합이 가능하고, 256개의 가능한 마이크로프로세서 명령어가 있으며, 각각의 명령어는 특별한 연산을 수행시킬 수 있다.

이렇게 획기적으로 응용되는 마이크로프로세서는 미국 페어차일드사(Fairchild Co.)의 로버트 노이스(Robert Noyce)와 고든 무어(Gordon Moore), 그리고 앤드류 그로브(Andrew Grove)가 1968년에 Intel(Integrated Electronics)이라는 새로운 반도체 회사를 설립하면서 Intel사에 의해 마이크로프로세서가 개발되었다. 인텔사(Intel Co.)는 1971년 11월에 세계 최초로 마이크로프로세서(microprocessor)를 개발하여 판매하기 시작하였다. 당시에 개발된 마이크로프로세서 Intel 4004는 2,250개의 트랜지스터를 집적한 것으로 IC 회로의 고집적이라는 새로운 혁신 기술을 개발함으로써 오늘날의 소형 대용량의 PC와 인터넷 시대를 열게 하는 계기를 제공하였다.

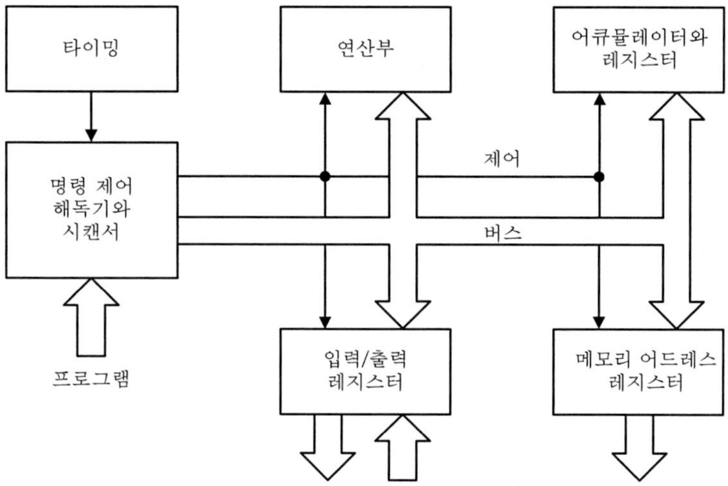

그림 4.22 마이크로프로세서 다이어그램

연습문제

4.1 자동차에서 널리 응용되고 있는 초창기에 개발된 진공관이나 트랜지스터로부터 집적회로(IC), 마이크로프로세서에 이르기까지 이들 전자 부품의 개발이 첨단 자동차의 전자제어 시스템 구축에 미친 영향에 대하여 기술하시오.

4.2 반도체의 특성을 간략하게 기술하고, n형 반도체와 p형 반도체에 대하여 설명하시오.

4.3 다이오드의 특성을 간략하게 기술하고, 발광 다이오드와 포토 다이오드에 대하여 자세하게 설명하시오.

4.4 전류를 증폭하기 위한 능동 소자로 널리 사용하는 트랜지스터의 장점과 단점에 대하여 기술하시오.

4.5 반도체를 집적하여 제조한 집적회로(IC)의 개발이 자동차의 전자제어 시스템 구축에 미친 영향에 대하여 설명하시오.

4.6 반도체 소자를 집적한 IC 제품을 자동차에 널리 사용하게 되면서 예상될 수 있는 장점과 단점을 간략하게 기술하시오.

4.7 마이크로프로세서에 대하여 설명하고, 자동차의 전자제어 시스템 구축에 마이크로프로세서를 사용하게 되면서 긍정적으로 미친 영향에 대하여 설명하시오.

제 5 장

자동차 전자제어 시스템

5.1 자동차의 전자제어 시스템

5.1.1 자동차의 전자제어 역사

기계식 자동차를 만들던 초창기의 전기장치는 연소실의 연료를 안정적으로 점화하기 위한 전기 공급장치가 전부였다. 그 후로 야간 운전을 위한 전조등(headlight)과 시동성 향상을 위한 시동모터(starting motor), 엔진에 안정적인 전기공급을 위한 충전장치 등이 추가로 개발되었다. 1906년에 포러스트(Lee De Forest)가 진공관을 개발한 이후로, 1930년대에 들어서 진공관식 라디오가 자동차에 설치되면서 전자기술이 도입되기 시작하였다. 그러나, 초창기의 진공관은 진동에 약하고, 설치공간이나 전력 소비량이 많은 관계로 자동차에 보급되기에는 문제점이 많았다.

1947년에 미국 AT&T사가 개발한 트랜지스터 기술은 진공관 방식에 비하여 자동차에 곧바로 도입되었고, 1959년에 TI(Texas Instrument)사가 개발한 집적회로(Integrated Circuit : IC) 기술은 1960년대에 이르러 자동차에 적극 사용하게 되었다. 반도체 제품이 자동차용으로 처음 응용된 것은 교류 발전기의 정류용 실리콘 다이오드이다. 이어서 전압 조정기, 점화 장치의 전기적 접점 대신에 파워 트랜지스터가 채용되면서 점화장치는 성능과 신뢰성 측면에서 획기적인 향상을 가져왔다. 1967년 이후로 IC가 자동차에 널리 채용되면서 IC 전압 레귤레이터, IC 점화장치 등 엔진에서 전자제품 사용이 일반화되었다.

한편, 전자제어 시스템 기술의 급속한 발전은 아날로그 회로를 사용하던 연료 분사장치, 정속 주행장치, ABS(Anti-lock Brake System : ABS), 트랜스미션 제어장치 등의 유니트에 전자제어 기술을 적용하면서 자동차의 출력과 연비, 유해 배기가스 저감, 편익성과 안전성이 크게 향상되었다.

특히, 1970년대에 자동차의 안전과 대기환경에 대한 규제조건이 강화되면서 미국을 중심으로 자동차에 전자제어 기술을 적용하려는 노력이 급속도로 진행되었다. 안전장치 측면에서 미국이 주도한 첫 번째는 탑승자를 보호하기 위한 조치로 시트 벨트(seat belt)를 매지 않으면 엔진 시동이 걸리지 않는 안전 시스템 개발을 요구하였다. 따라서, 자동차 업계는 점화 스위치를 "OFF"하여도 항상 전기가 통하도록 하여 시스템을 작동시킬 필요성이 있었기 때문에 배터리의 방전 전류를 줄이는 기술개발에 큰 관심을 갖게 되었다. 즉, 소비 전력이 적은 C-MOS(Complementary-Metal Oxide Semiconductor : C-MOS) 로직에 적합한 IC를 개발하여 채용하게 되었다.

자동차에서 마이크로 컴퓨터를 점화시기 제어장치에 처음 적용한 것은 1976년으로 점화시기의 정밀 제어를 가능케 하였다. 결국, 마이크로프로세서 기술은 엔진의 출력을 크게 향상하는 계기가 되었고, 동시에 연비를 향상시키는 효과를 거두었다. 그러나, 마이크로 컴퓨터 제어기술을 실제로 자동차에 적극 적용하게 된 것은 1970년대 후반부터 1980년대에 걸쳐서 미국을 중심으로 선진국에서 규제하기 시작한 유해 배기가스와 연료에 대한 직접적인 환경규제였다.

유해 배기가스 발생량을 줄이기 위한 기술개발 노력은 반대로 연비, 엔진 성능 등을 떨어뜨리기 때문에 환경규제를 만족하면서 자동차의 성능을 동시에 확보한다는 것은 어려운 문제라고 알려져 있다. 따라서, 엔진에 대한 성능과 환경관련 기술개발을 혁신적으로 진행하여야 한다. 즉, 최적의 점화시기 제어, 공기-연료 혼합비의 정밀한 제어, 공회전 속도를 낮게 제어하는 등 전자제어 기술을 응용한 새로운 기술개발이 필요하게 되었다. 이렇게 자동차의 성능과 환경규제가 복합적으로 동시에 요구하는 엔진의 출력과 연비 향상은 마이크로 컴퓨터를 사용하여 주행조건에 가장 적합한 최적의 작동조건을 도출할 수 있는 디지털 엔진 제어기술이 도입되었다. 따라서, 현대의 자동차는 고출력, 저연비, 높은 안전성, 저공해 측면에서 전자제어 기술에 대한 의존도가 크게 높아진 상태이다.

특히, 1980년대는 자동차 신기술에 대한 획기적인 기술개발이 전 산업에 걸쳐서 진행되었고, 운전자의 다양한 요구조건과 자동차의 대중화는 다양한 기능을 갖는 자동차의 품질향상을 지속적으로 요구하였다. 이에 따라 전자식 디지털 미터, 전자제어 엔진, TCS, 전자제어 현가장치, 전자제어 에어콘, CD/DVD, 브라운관(Cathode Ray Tube : CRT) 표시의 멀티 정보 시스템 등, 마이크로 컴퓨터를 응용하여 자동차를 효율적으로 제어할 수 있는 전자제어 기술에 무선 통신 기술을 접목한 텔레매틱스(telematics) 기술까지 지속적으로 개발되고 있다.

1980년대 후반에는 자동차의 쾌적성, 안전성, 편익성, 제동성을 보다 높이기 위해 전자제어 기술을 적용한 에어콘이나 ABS, TCS, EMS, 에어백 등이 자동차에 본격적으로 채택하게 되었다. 엔진이 전자제어 시스템 기술에 크게 의존하는 단계에 진입하면서 자동차는 더 이상 기계와 전기공학만으로는 구조와 작동을 이해할 수 없게 되었고, 전자제어 기술을 적극적으로 이해하고 적용하는 메카트로닉스 복합기술을 요구하게 되었다.

자동차 기술이 기계와 전기, 전자, 제어기술의 복합체로 발전하는 이유는 대기오염 문제, 안전성, 편익성, 효율성 등이 자동차의 필수적인 요구조건으로 등장하면서 제기되었다. 최근의 에너지 절감과 유해 배기가스 배출량에 대한 규제는 세계적으로 공감된 기술개발 방향으로 첨단화를 재촉하는 원동력이 되고 있다. 특히, 자동차에 대한 환경규제로 대부분의 가솔린 엔진은 유해 배기가스를 줄이기 위해 삼원촉매라는 배기가스 정화장치를 사용하는데, 이 장치는 CO, HC, NO_x, 미세 탄화입자(particulate) 등과 같은 유해 배기가스를 획기적으로 줄여준다. 그러나, 1980년대에 들어와 배기가스 정화장치를 사용한 배기가스의 후처리보다는 배출가스를 줄이기 위해 엔진의 성능과 안전성을 충분히 확보하려는 연구를 많이 진행하였다. 따라서, 자동차 메이커들은 전자제어 엔진(MPI engine)을 개발하기 시작하였다. 엔진에 전자제어 시스템의 도입으로 엔진의 현재 작동조건을 정밀하게 측정하기 위한 여러 종류의 센서(sensor)와 데이터를 처리하고 저장하기 위한 전자제어 유니트(Electronic Control Unit : ECU), ECU에서 전달된 신호에 따라 명령을 수행하는 액츄에이터(actuator) 기술이 크게 발전하게 되었다.

엔진의 전자제어 기술은 1980년대에 마이크로프로세서 응용기술이 획기적으로 발전함에 따라 복잡하고 정밀한 입·출력과 연산 및 제어 시스템의 콘트롤(control)이 가능하게 되었다. 이러한 마이크로프로세서 제어기술은 엔진 시스템을 비롯한 자동차의 현가장치, 조향장치, 제동장치, 운행장치, 동력 전달장치, 안전장치 등에 더 적극적으로 적용될 것이다.

5.1.2 자동차의 전자제어 분류

기존의 기계식 엔진에서 전자제어식 엔진으로 전환되면서 자동차는 안전성과 편익성이 크게 증가하였고, 연료와 윤활유가 절감하는 등 긍정적인 효과가 매우 크다. 결국, 마이크로 컴퓨터로 대표되는 반도체 디바이스의 성능이 비약적으로 향상되고, 이것이 실제로 자동차에 안정적으로 적용되면서 자동차는 신뢰성이 높아지고, 전자제어 시스템 관련 제품의 원가가 크게 줄어들었으며, 소형·경량화가 가능해졌다.

최근의 자동차는 전자제어를 통해 엔진의 고성능, 고출력, 저연비, 저공해가 가능해졌고, 자동차 섀시에도 전자제어 기술의 적용으로 안전성과 편익성이 크게 향상되는 결과를 가져왔다. 여기에, 정보통신 기술과 인터넷 네트워크 기술의 적용은 자동차를 단순한 운반기능에서 복잡하고 다양한 정보를 제공하는 멀티 기능의 텔레매틱스 운송 시스템으로 바뀌고 있다. 자동차에 대한 기본 개념의 변화는 기존의 기계기술을 극대화시켰고, 또한 최근의 전자, 반도체, 정보통신 기술의 획기적인 발달로 자연스럽게 효율성, 안전성, 환경 규제조건을 극복하는 다기능성 기술이 발달하게 되었다.

다음은 자동차에서 적용되고 있는 전자제어 기술을 요약한 것으로 엔진, 동력 전달장치, 섀시, 차체, 정보통신 등에 대한 주요 전자제어 기술을 소개하고자 한다.

(1) 엔진의 전자제어

▣ 가솔린 엔진의 전자제어

가솔린 엔진의 전자제어는 연료분사 제어, 점화시기 제어, 공회전 회전수 제어, 엔진진단(engine diagnosis) 등을 총칭한 것이다. 즉, 엔진을 최적의 운전상태에서 구동시켜 강력한 출력, 저연비, 최고의 연소효율, 환경기준에 적합한 배기가스를 배출할 수 있도록 엔진을 제어하자는 것이다.

각 실린더의 흡기밸브 앞에는 1개의 연료 분사밸브(injector)를 독립적으로 설치한 MPI(Multi Point Injection : MPI) 방식이 가솔린 엔진의 대표적인 전자제어 연료분사 체계이다. 이러한 MPI 가솔린 엔진은 출력을 증대시키고 연비를 절감하며, 환경 규제에 대응하기 위한 희박연소와 분사방식의 전자제어 시스템 개발로 기존 벤튜리 타입의 기화기(carburetor) 연료 공급 방식을 대체할 수 있게 되었다. 최근에는 연료를 연소실 내부에 직접 분사하는 GDI 연료공급 시스템이 개발되어 기존의 SPI나 MPI에 비하여 엔진의 출력과 효율을 크게 높여주고, 완전 연소에 따른 유해 배기가스 저감 특성이 우수한 엔진을 사용하게 되었다.

▣ 디젤 엔진의 전자제어

디젤 엔진에 전자제어 기술을 도입함으로써 연료 분사량, 연료 분사시기와 분사기간, 흡기 조리개, 글로우 플러그(glow plug) 전류 등을 종합적으로 제어하게 되었다. 이를 통하여 배기 과정에서 발생되는 스모그(smog) 물질의 배출, 소음과 진동 등이 크게 개선되었다. 또한, 연료 분사펌프를 기계식에서 전자제어 시스템으로 바꾸어 연료의 무화정도와 무화시기를 최적의 상태로 조절하여 출력을 향상시키고, 동시에 배출가스 발생량을 획기적으로 줄이는 결실을 전자제어 기술에 의해 달성되고 있다.

1990년대 초반에 미국을 중심으로 미세 탄화입자(particulate) 배출에 대한 규제가 엄격하게 실시되었고, 특히 질소산화물(NO_x)에 대한 배출가스 규제가 강화되면서 디젤 엔진의 전자제어 기술 접목은 급속도로 진행되었다. 디젤 엔진에서 경유 연료를 균일하고 안정되게 공급하기 위한 유니트 인젝터 시스템(unit injector system)과 커먼레일(common rail) 방식의 고압 연료공급 분사 시스템은 디젤 엔진의 분사방식을 획기적으로 개선한 최근의 신기술로 출력향상과 배출가스 감소에 큰 기여를 하고 있다.

(2) 동력 전달장치의 전자제어

동력 전달장치(power train)의 전자제어는 주로 자동 변속기를 대상으로 하고 있으며, 스로틀 밸브의 개도와 차량의 속도를 검출하여 토크 컨버터의 최적 변속점 및 록업 작동점, 클러치 유압 등을 제어하고 있다. 또한, 엔진을 제어하기 위해 ECU(Electronic Control Unit)에서 필요한 신호를 보내어 변속, 록업할 때의 엔진 토크를 제어함으로써, 변속시의 충격을 저감하는 전자제어 시스템도 있다.

자동 변속기(AT)의 전자제어는 기계식 제어 시스템에 비하여 변속 정도, 설계 자유도를 크게 향상시켰고, 제어 기구도 간소화하고 있으며, 또한 연료나 동력성능 등의 측면에서 유리하므로 널리 채용되고 있다.

전자제어 시스템에서 엔진 제어용과 트랜스미션 제어용 ECU를 하나로 통합시킨 시스템이 국내외적으로 널리 채용되고 있다. 최근에는 무단 변속기와 4WD(Wheel Drive) 등에도 전자제어 기술을 적용하여 동력전달 성능을 크게 향상시킨 새로운 전자제어 동력전달 시스템이 개발되었다.

(3) 섀시의 전자제어

자동차의 동력 전달장치, 조향장치, 현가장치, 제동장치 등에서 작동조건을 효율적으로 제어하여 응답성, 조향성, 쾌적성, 안전성, 제동성 등을 획기적으로 개선한 시스템을 섀시 전자제어라 한다. 자동차의 섀시 제어에는 현가 제어, 조향 제어, ABS 제어, 4WS 제어, TCS 등이 있다.

현가장치 제어 시스템(suspension control system)은 차량에 걸리는 하중 상태나 주행 상태에 따라 차량의 높이, 스프링 상수, 쇽옵서버 감쇠력을 최적의 조건으로 제어하는 시스템으로 주행 중에 불균일한 노면에서 전달되는 불안정한 진동상태를 안정되게 조절해 준다.

차량의 높이 제어는 적재 하중의 증감에 관계없이 차량의 높이를 항상 일정하게 유지한다. 즉, 차량이 고속으로 주행할 때는 차량의 높이를 낮추어 공기 저항을 감소시키고, 또한 조향 안전성을 향상시키기 위해서 차량의 높이를 제어한다. 전자 제어식은 차량 높이 센서, 차량 속도 센서 등에서 검출되는 신호를 ECU에 입력하여 액츄에이터를 작동시킴으로써, 항상 최적의 차량 높이를 유지할 수 있도록 한다.

스프링 상수 및 쇽옵서버 감쇠력 제어는 조향 안정성을 향상시킨다든지, 급선회, 급가속, 급제동할 때의 자세 변화를 억제하기 위한 것이다. 일반적으로 자동차를 타는 사람의 기분을 좋게 하려면 현가장치(suspension)을 부드럽게(soft) 하는 것이 좋다. 그러나 운행중인 차량의 조향 안정성을 좋게 하려면 반대로 현가장치를 단단하게(hard) 제어할 필요가 있다.

조향장치 제어는 파워 스티어링(power steering)의 조향력을 ECU에 의해 전자제어하는 것으로 저속 주행일 때에는 핸들(steering wheel)의 조향력을 가볍게 하고, 고속 주행할 때에는 무겁게 하여 조향 안전성을 확보하는 것이 일반적이다. 그러나, 운전자의 조향 조작력 특성을 임의로 선택할 수 있도록 제작된 것도 있다.

ABS(Anti-lock Brake System)의 전자제어는 주로 차량을 정지시키고자 하는 경우에 일어나는 차바퀴의 순간 로크(lock) 상태를 방지하여, 차량의 제동 및 조향 안정성을 확보하고자 하는 것이다. 차바퀴의 로크 상태는 차체의 속도와 차바퀴의 속도를 비교하여 검출할 수 있다. 그러나, 실제로 차체 속도(대지 속도)를 정밀하게 검출하는 것은 타이어의 미끄럼 마찰작용 때문에 쉽지는 않다. 따라서, 보통은 차바퀴 속도의 근사 추정치를 통하여 연산된 기준 속도를 대체하여 사용하고 있다.

기존의 ABS는 제동시의 안정성을 확보하기 위해 2개의 바퀴를 제어하는 방식을 채택하였지만, 지금은 4개의 바퀴를 모두 제어하는 방식으로 대부분 바뀌었다. 4바퀴 제어방식의 경우는 조향 차바퀴도 로크 방지를 할 수 있으므로 주행방향 안정성과 함께 조향 안전성을 확보할 수 있다.

4WS 제어(4 Wheels Steering)는 리어 서스펜션에 뒷바퀴를 조향하는 스티어링 기구를 설치하여 4바퀴를 모두 조향할 수 있도록 한 제어 시스템이다. 4WS 제어는 저속시의 선회 성능과 고속시의 조향 안전성을 향상시키고자 개발한 조향장치 제어 신기술이다.

TCS(Traction Control System) 제어는 차량이 출발할 때나 가속할 때, 구동 바퀴에서 발생되는 타이어 스핀(spin)을 막고자 하는 것이다. 차체 속도와 차바퀴 속도의 차이(difference)에서 슬립(slip) 상태를 검지하여 구동 바퀴에 브레이크를 작동시키든지 아니면 엔진의 출력을 저하시켜서 타이어와 노면사이의 슬립율(slip rate)을 최적값으로 유지하여 조향성이나 제동 안정성을 확보한다.

(4) 차체의 전자제어

자동차의 쾌적성, 편리성, 안전성의 향상이나 차량의 상품성을 높이기 위하여 오토 에어콘, 디지털 미터, 와이퍼 제어, 라이트 제어, 후방 장해물 검출 장치, 도난 방지, 다중 통신, 도어 로크, 파워 윈도우, 파워 시트, 자동 시트 벨트, 에어백 등에 연계된 전자제어를 차체(body) 시스템의 전자제어라 한다.

전자제어 에어콘은 온도 설정 스위치에 의해 운전자의 희망 온도가 결정되면, 자동차 실내의 온도를 설정된 온도에 항상 접근하도록 자동적으로 제어하는 시스템이다. 에어콘을 제어하기 위해서 배출구의 온도 제어, 풍량 제어, 배출구 및 흡입구의 제어, 압축기(compressor) 등을 제어한다.

다중 통신제어는 신호선을 따라서 여러 개의 신호를 동시에 전송하는 것으로 와이어 하니스의 개수를 줄여서 경량화가 달성된다. 다중 제어 시스템은 센서 등을 공유한다든지, 또는 각 시스템 사이에서 각종 데이터를 통신함으로써 정밀한 제어가 가능하게 된다. 다중 통신제어를 위한 통신 매체로는 광 파이버(optical fiber)나 트위스트 페어 와이어 등을 사용하고 있다.

도어 로크제어(door lock control)는 차량의 주행속도가 설정된 값(약 40km/h)을 넘어서게 되면 액츄에이터를 작동시켜서 도어를 자동적으로 로크하는 것이다. 도어 로크는 점차로 소형화되고, 휴대형 송신기에 의해 차량의 바깥에서 도어를 로크, 언로크하는 리모트 도어 로크 제어가 실용화되어 차량의 도어 관리가 편리해졌다.

에어백(air bag)은 자동차의 충돌에 따른 충격정도를 순간적으로 검지하여 핸들(steering wheel)의 내부에 장착된 백(bag)에 질소 가스 등을 급속하게 충진함으로써 에어백을 순간 팽창시키고, 탑승자를 충돌에 의한 충격으로부터 보호하는 안전 시스템이다.

(5) 자동차의 정보통신

운행중인 자동차에서 외부와의 통신으로 얻은 데이터를 운전자나 동승자에게 여러 가지의 정보를 제공하기 위한 시스템을 정보통신이라 할 수 있다. 자동차의 정보통신 시스템으로 멀티 인포메이션(multi-information), 내비게이션(navigation), 그리고 자동차 전화 등을 통합한 정보통신 시스템이 있다.

멀티 인포메이션은 지도정보, 지역정보, 정비정보, TV 방송, 후방 감시 카메라 정보 등을 탑승자의 선택에 의해 자동적으로 표시하는 다기능 정보통신 시스템이다. 자동차 정보통신의 표시 장치(display)에는 CRT, 컬러 LCD(Liquid Crystal Display) 등이 사용되고 있다.

최근 고급 승용차를 중심으로 적용되고 있는 내비게이션은 운전자에게 자동차의 현재 위치나 목적지로 신속·정확하게 도착할 수 있는 경로를 표시 장치(display)의 지도 위에 표시하는 디지털 정보 시스템이다. 현재 위치의 측정 방법에는 방위 센서와 차량의 속도에 따라 위치를 결정하는 방법과, 인공 위성에서 제공되는 실시간 신호에 따라 자동차의 위치를 측정하는 GPS(Global Positioning System)방법 등이 있다. 최근에 자동차의 CDMA 무선통신, 자동항법장치(GPS), 전자제어, 인터넷 기능이 통합되면서 새로운 개념의 텔레매틱스(telematics) 기술이 차세대 자동차의 핵심기술로 발전되고 있다.

또한, 추정된 현재의 위치를 지도의 데이터 베이스와 비교하는 맵 매칭(map matching) 등의 방법도 자동차 정보통신 시스템의 핵심이다. 한편, 도로를 따라서 주요위치에 설치된 통신기를 통해 얻는 위치 정보만이 아니고, 도로의 지리 정보, 통신 규제 정보, 주차장 정보 등을 얻는 것과 차량 사이의 통신 시스템도 개발되어 있다.

그러나, 자동차의 무선 전화(car phone)는 최근 CDMA 휴대폰의 급속한 대중화로 자동차에서 불필요하게 되었다. 이와 같이 자동차에 적합한 정보통신 시스템은 사회 기반의 정비가 전제로 되는 경우가 많지만, 이제 자동차는 사람이나 물건을 단순히 이동하는 수단에서 보다 쾌적하고 편리한 다목적 이동 공간을 확보해주는 것으로 변화되고 있다. 따라서, 미래의 자동차는 배기가스의 무공해성을 달성하고 쾌적성과 편익성을 보다 증진시켜주는 새로운 운송 시스템으로 발전될 것으로 예상된다.

5.1.3 자동차 전자제어의 향후전망

반도체 기술, 마이크로/나노 기술, 정밀가공 기술, 컴퓨터 응용 최적화 설계기술 등의 획기적인 발전으로 자동차에 전자제어 시스템의 적용기술 개발은 더욱 심화될 것이다. 특히, 최근의 자동차는 고출력, 저연비, 고기능, 경량화, 소형화, 환경 친화적 설계를 복합적으로 요구하고 있기 때문에 자동차에서 전자제어 기술 의존도는 더 높아질 것이다.

따라서, 차량에서 기존의 기계부품 가격은 떨어지지만, 다음과 같은 전자제어 기술에 의한 차량의 첨단화와 환경규제에 필요한 전자제어 연료분사 시스템 기술은 차량 가격을 전체적으로 상승시키는 원인으로 작용할 것이다.

(1) 반도체 기술

자동차 전자제어 기술의 핵심인 ECU의 소형화, 경량화, 저소비 전력화의 요구가 높아짐에 따라 LSI(Large Scale Integration)의 대규모 집적화나 출력 소자의 기능성화, 센서의 다기능성화가 더욱 진행될 것이다.

(2) 컴퓨터의 네트워크

자동차에 탑재된 여러 개의 ECU를 네트워크로 연결하면, 정보의 공유나 고장 진단, 고장시의 백업, 모든 데이터의 저장과 관리 등을 효과적으로 처리할 수 있게 된다. 또한, 주행중에 외부와의 통신을 실시간으로 진행하여 도로나 위치 정보 등을 CRT로 표시한다든지, 외부에서 자동차에 탑재된 제어기기를 작동시키는 네트워크 시스템이 개발될 것이다.

(3) 새로운 제어이론의 도입

자동차의 기능을 더욱 높이기 위해서 새로이 개발된 각종 제어이론이 적극 도입될 것이다. 즉, 기존의 PID 제어를 대신한 최근의 제어이론에 의해 자동차를 다이내믹 모델로 잡고, 보다 정밀한 동력 전달장치의 제어나 차량에 대한 종합 제어가 추진될 것이다. 여기에 인간의 감성적 표현을 디지털로 구현할 수 있는 퍼지이론에 의한 통합제어가 마이크로 컴퓨터의 고성능화와 새로운 로직 개발로 이어질 것이다.

(4) 컴퓨터 기술의 향상

컴퓨터의 인공지능 실현에 의해 숙련자의 지식을 집약하여 자동차의 정기 점검, 차량의 작동상태 점검, 고장 해석 등을 쉽게 할 수 있는 전자제어 시스템이 개발되었다. 인간의 신경망 동작을 시뮬레이션한 뉴럴 네트워크 제어(neural network control)를 통해 운전자의 습관을 학습하고, 운전자의 특성에 적합한 최적의 주행상태를 유지시켜 줄 수 있는 자동차를 실현하는 것이 가능하게 될 것이다.

(5) 환경규제 극복기술

자동차에서 배출되는 유해가스를 줄이기 위한 노력은 자동차의 편리성보다 앞서는 전제조건으로 자리를 잡은지 오래되었다. 따라서, 유해 배기가스는 자동차 메이커들이 세계 각국의 환경규제 조건에 따라 기술개발 방향을 결정할 정도로 유해가스의 감소는 가장 중요한 지표가 되고 있다. 특히, 자동차 엔진의 전자제어 시스템 구축은 환경규제 조건을 만족시키기 위해 개발되는 최우선 첨단 기술로 연료의 완전 무화, 최적 점화조건, 배출가스 정화장치 등이 가장 중요한 환경기술이다.

현재 개발된 자동차의 환경오염 극복기술로는 배기가스 재순환 장치(EGR), 배기가스 정화장치, 전자제어 연료 분사장치 등이 있고, 특히 최근에 개발된 초고압 분사개념의 전자제어식 커먼레일 디젤 엔진(common rail Diesel engine)과 가솔린 직접분사 엔진(GDI engine)에 큰 기대를 하고 있다.

5.2 자동차의 중앙제어 시스템

전자제어 엔진에서 가장 중요한 중앙 제어 시스템인 전자제어 유니트(Electronic Control Unit : ECU)는 엔진이나 섀시 등에 설치된 각종 센서로부터 입력되는 신호를 처리하는 마이크로 컴퓨터로 자동차의 출력과 저연비 조건, 유해 배출가스 발생량 저감을 좌우하는 가장 중요한 핵심부품이다. 즉, 자동차 시스템에서 발생되는 모든 정보를 센서에 의해 감지하고, 전자제어 유니트(ECU)에 의해 종합적으로 분석하여 액츄에이터를 통해 시스템을 조정하는 기능을 갖고 있다. 즉, ECU는 자동차의 모든 신경망을 관장하는 두뇌와 신경 계통을 총체적으로 조율하는 전자제어 유니트이다. ECU에는 엔진의 작동조건에 관련된 연료-공기 혼합기, 압축상태, 분사조건, 점화조건, 배출가스 규제조건, 냉각수 제어조건, 노킹조건 등의 다양한 제어정보가 내장되어 있다. ECU는 센서에 의해 실제로 측정된 데이터와 연산·비교처리 과정을 통하여 엔진의 운전상태를 최적의 조건으로 유지한다.

ECU는 센서를 통하여 입수되는 각종 정보를 변환하는 입력 인터페이스, 정해진 순서에 따라 입력 데이터의 산술 연산 또는 논리 연산을 수행하는 마이크로 컴퓨터, 종합적으로 연산된 결과를 액츄에이터의 작동 신호로 변환하는 출력 인터페이스로 구성된다. 그림 5.1은 자동차의 중앙제어 시스템을 보여주는 것으로 데이터를 수집하는 센서부, 각종 정보를 처리하여 최적의 작동조건을 찾아내는 ECU, ECU에서 공급된 정보를 수행하는 작동부(액츄에이터)로 구성된 신호 전달체계를 보여주고 있다.

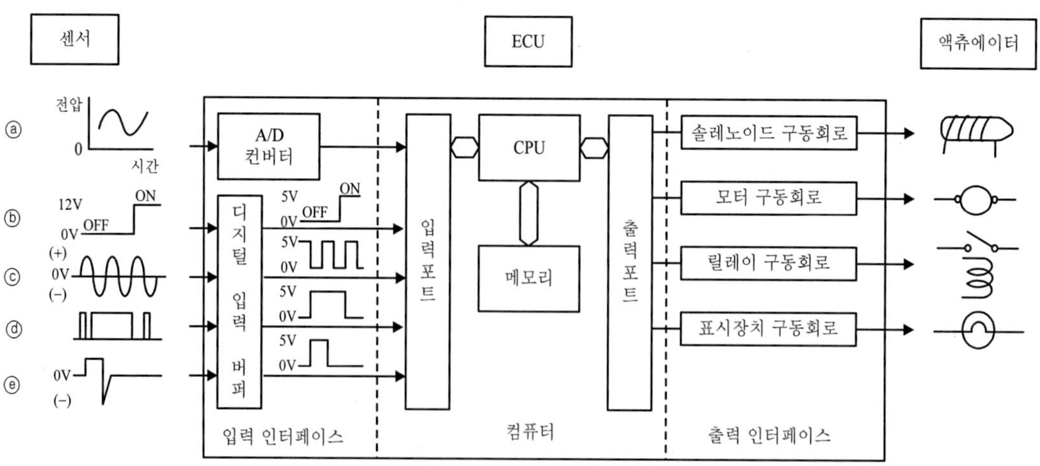

그림 5.1 전자제어 유니트(ECU)의 구성도

(1) ECU의 구성

▣ 입력 인터페이스

엔진이나 섀시에 장착된 각종 센서로부터 감지되는 신호(ECU에 입력되는 신호)는 센서의 종류에 따라 다양한 형태로 나타낸다. 따라서, 입력 인터페이스는 센서의 다양한 출력 신호를 컴퓨터(ECU)가 취급할 수 있는 값으로 변환하는 중요한 디지털 회로로 다음과 같은 부품이 필요하다.

① A/D 컨버터

ECU는 디지털 신호를 사용하기 때문에 센서에서 감지된 아날로그 신호를 아날로그/디지털 변환기(A/D converter)를 사용하여 디지털 신호로 변환한 다음 ECU에 공급한다. 엔진으로 유입되는 공기량을 계측하기 위한 공기 유동 센서(AFS)에서 입력되는 공기 유량 신호는 고분해 기능과 고정도를 요구하기 때문에 11비트 정밀도의 축차 비교형 A/D 컨버터를 사용한다. 이것은 AFS의 아날로그 출력 최고 전압값은 4ms마다 샘플링하여 2진 코드로 출력한다.

② 디지털 입력 버퍼

센서에서 감지된 출력이 디지털 신호라 할지라도 ECU에 디지털 신호를 직접 입력할 수는 없다. 자동차에서 사용되는 컴퓨터는 ECU 내부에서 만들어지는 안정된 +5V 전원으로 작동되기 때문에 그림 5.1의 ⓑ~ⓔ와 같은 여러 가지 형태의 입력 신호를 컴퓨터가 처리할 수 있도록 정형화(sinusoidal wave)를 만들어 줄 필요가 있다. 그림 5.1에서 ⓑ는 컴퓨터의 전원 전압 범위를 넘는 것, ⓒ는 전압이 ⊕와 ⊖로 균일한 진폭을 갖는 것, ⓓ는 기계식의 전기 접점 채터링과 노이즈에 의해 불필요한 전압이 발생하는 것, ⓔ는 높은 서지 전압을 포함하는 신호를 각각 나타내고 있다.

▣ 출력 인터페이스

출력 인터페이스는 전자제어 유니트(ECU)에서 출력되는 신호를 증폭하여 액츄에이터를 작동시키는 것이다. ECU에서 출력되는 전압은 미소 전류이기 때문에 큰 토크를 필요로 하는 액츄에이터를 직접 구동할 수는 없다. 따라서, 출력 인터페이스는 ECU의 미소 신호를 파워 트랜지스터로 전력을 증폭하여 액츄에이터에 공급하는 회로이다. 액츄에이터는 솔레노이드, 모터, 릴레이, 표시 장치(램프, 형광 표시관, LCD 등) 등이 있다.

▣ 마이크로 컴퓨터

마이크로 컴퓨터는 ECU의 핵심부로 보통은 8비트 마이크로프로세서(microprocessor)를 사용한다. 마이크로 컴퓨터는 명령을 해독하여 데이터 처리를 실행하는 중앙 정보처리 장치

(Central Processing Unit : CPU), 프로그램이나 데이터를 유지하는 기억장치(RAM과 ROM), 외부의 센서에서 신호를 수신하는 입력포트(input port), 외부의 액츄에이터로 신호를 보내는 출력포트(output port)의 4가지로 구성되며, 수집된 모든 정보를 산술 연산과 논리 연산을 통하여 빠르게 자동적으로 처리하는 데이터 처리 장치를 갖고 있는 시스템이다.

CPU와 메모리(memory)나 입/출력 사이에는 버스(bus)라고 하는 라인으로 접속되어 있다. 버스에는 메모리나 입/출력의 어드레스(address)를 지정하는 어드레스 버스, 데이터의 송수신을 하는 데이터 버스, 시스템 전체의 작동을 제어하는 콘트롤 버스가 있고, 이들의 버스를 총칭하여 시스템 버스라 한다.

자동차에 탑재되는 마이크로프로세서는 자동차의 주행 특성상 다음과 같은 제어기능을 갖추고 있는 것이 필요하다.

▷ 고속 연산 기능
▷ 고속 타이머 입/출력 기능
▷ 고속 A/D 변환 기능
▷ 다중 인터럽트 기능

① 마이크로 컴퓨터의 구성

그림 5.2는 자동차에서 사용하는 마이크로 컴퓨터의 구성도를 보여주고 있다. CPU는 컴퓨터의 핵심으로 메모리 시스템에 이미 기억(memory)되어 있는 프로그램의 내용을 일정한 작업 순서에 따라 받아들여서 처리한 다음 출력을 실행한다. 즉, CPU의 프로그램에서 정해진 순서에 따라 메모리 장치에서 실행 지시사항을 불러내어 디코드(CPU 내부에서 처리에 필요한 제어 신호로 변환)하고, 오퍼랜드(명령의 실행이 대상이 되는 데이터)를 입력포트나 메모리로부터 읽어내는 것으로서 CPU는 그들 데이터의 산술 연산과 논리 연산을 처리하여 그 결과를 메모리 장치에 저장시키거나 출력포트를 통해 외부로 출력하여 액츄에이터 등을 작동시키기도 한다.

컴퓨터의 입·출력 포트는 중앙 정보처리 장치(CPU)의 지시에 의해 센서와 같은 입력장치로부터 기본 데이터를 받아들이거나 액츄에이터와 같은 출력장치에 의해 데이터를 출력하는 인터페이스 역할을 한다. CPU, 메모리, 입·출력 포트는 어드레스 버스, 데이터 버스, 제어 신호선에 의해 함께 연결되어 있으므로 데이터를 주고받는 과정에서 대단히 빈번하게 정보교환이 이루어진다.

메모리 프로세스에서 모든 데이터의 저장 장소는 어드레스(address)가 설정되어 있고, CPU는 이 어드레스를 호출함으로써 필요한 데이터를 입수할 수 있다. 또한, 재차 어드레스를 지정함으로써 연산 처리한 결과의 데이터를 그 장소에 저장해 둘 수 있다. 입력포트 및 출력포트(쌍방 모두 I/O 포트라고 부름)도 일종의 메모리 장치로서 다루기 때문에 어드레스(실제는 포트 번호로 다룬다.)를 가지고 있다.

CPU에서 메모리와 I/O 포트(port)로는 어드레스 버스(번지명을 전송하는 공통 신호선)를 통해 필요로 하는 어드레스를 호출하여 해당하는 메모리, 또는 I/O 포트는 데이터 버스(데이터를 전송하는 공통 신호선으로 쌍방향 통신)에 데이터를 실어 보낸다. 이때, CPU로부터 동시에 제어 신호가 보내져 오고 있으며, 제어 신호가 "입력 지령"일 때는 메모리 및 입력포트는 자기의 데이터를 CPU로 출력한다. 그러나, 제어신호가 "출력 지령"일 때는 CPU로부터의 데이터를 메모리에 기입하고 출력포트는 출력 변환 회로로 데이터를 보낸다.

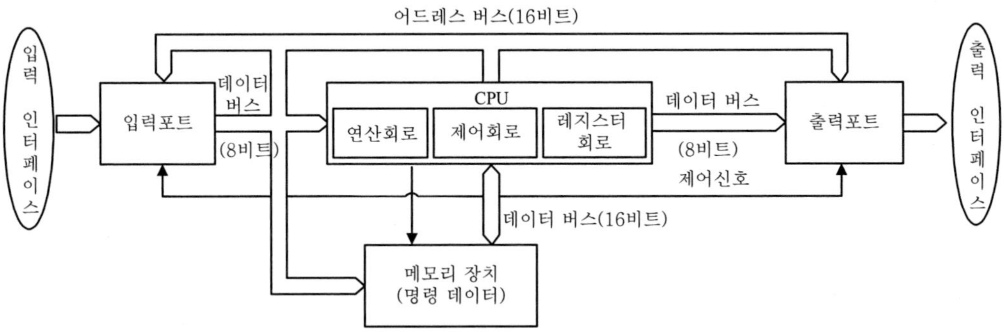

그림 5.2 자동차 마이크로 컴퓨터의 구성도

② 마이크로 컴퓨터의 구조

자동차에서 사용하는 마이크로 컴퓨터의 용량은 현재 8비트가 주류이지만, 자동차의 전자제어 시스템 구축이 강화되면서 많은 데이터를 동시에 연산 처리하기 위한 16비트, 32비트 이상의 대용량 컴퓨터를 필요로 한다. 즉, 자동차는 출력향상, 저연비, 배출가스 만족을 위해 불가피하게 제어 시스템에 대한 의존도가 더욱 높아지고, 보다 고성능 컴퓨터를 요구하고 있다. 따라서, 다양한 센서로부터 동시에 입력되는 수많은 데이터를 효과적으로 처리하기 위해서 고속·대량 데이터를 처리할 수 있도록 컴퓨터의 지속적인 업그레이드가 필요하다.

컴퓨터에서 중앙 정보처리 장치(CPU)는 레지스터(연산 처리를 하기 위한 일시적인 메모리), 연산부(사칙 연산·논리 연산을 수행), 제어부(연산 처리에 필요한 데이터 전송 타이밍 등의 순서를 제어함)로 구성된다. 이러한 기능을 LSI 마이크로 칩으로 제조한 것을 "마이크로 컴퓨터"(또는, 마이크로프로세서)라 한다. 또한, 메모리나 I/O 포트도 LSI로 하나의 마이크로칩 위에 구성한 마이크로 컴퓨터는 "싱글 칩 마이크로 컴퓨터"라고 하며, 다음과 같은 특징을 갖기 때문에 자동차용으로 사용하기에 가장 적합하다.

▷ 모든 기능이 mm 크기의 칩에 고밀도로 집적되어 있기 때문에 소형화 측면에서 대단히 유리하다.

▷ 메모리와 I/O 포트를 연결하는 버스 라인 등이 1개의 실리콘 칩에 일체형으로 배치되기 때문에 외부로부터 전기 노이즈에 따라 컴퓨터의 오작동 우려와 주변 회로에 대한 노이즈 방출이 없다.

③ CPU의 작동

그림 5.3은 8비트 CPU의 내부 회로 구성도를 보여주는 것으로 레지스터부, 연산부, 제어부 등으로 구성된다. 자동차에서 널리 사용하는 8비트 마이크로프로세서 구성도에 대해 요약하면 다음과 같다.

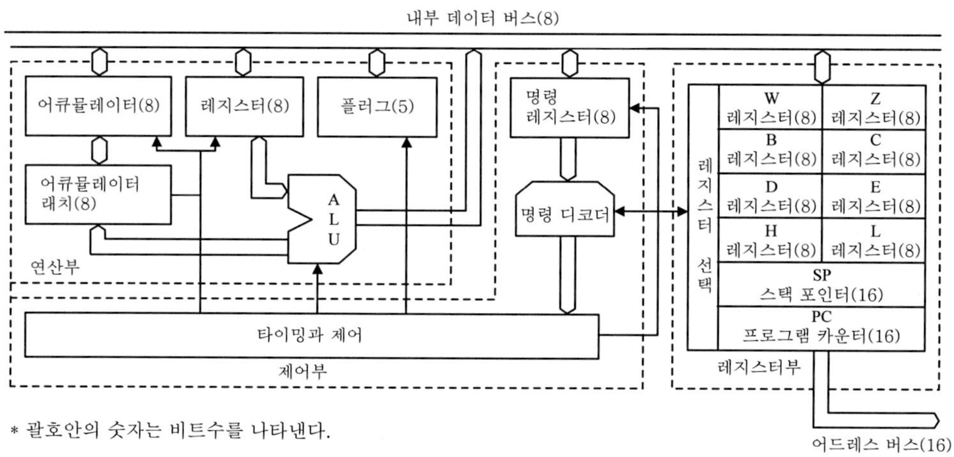

그림 5.3 8비트 CPU의 내부 회로 구성도

▷ 레지스터부

CPU에서 레지스터(register)는 데이터를 "등록"한다는 의미로 일부 기능을 제외하고는 데이터의 연산을 위해 메모리와 I/O 포트로부터 읽는 데이터나, 연산 도중에 결과를 일시적으로 메모리하는 기능을 가진다.

레지스터에는 실행 프로그램의 지시에 따라 데이터의 이동, 일시 보관이나 연산을 위한 범용 워킹 레지스터(working register), CPU가 명령을 처리하는 과정에서 데이터를 일시적으로 보유해 두는 임시 레지스터(temporary register), 프로그램 메모리의 번지를 순번으로 지정하여 실행하도록 하는 프로그램 카운터, 프로그램 실행중에 현재 처리중인 데이터를 메모리 내에 미리 설정하여 둔 영역으로 전송하거나 저장된 데이터를 다시 꺼내는 조작을 하기 위한 스택 포인터 등이 있다.

▷ 연산부

CPU에서 연산부는 산술 연산, 논리 연산, 비교 연산 등을 실행하는 산술논리 유니트(Arithmetic Logic Unit : ALU)이다. ALU는 연산하는 데이터를 일시적으로 기억하는 메모리인 어큐뮬레이터(accumulator), 임시 레지스터(temporary register), 플러그 등으로 구성된다.

▷ 제어부

CPU에서 제어부는 CPU 내부의 레지스터와 산술 논리 유니트(ALU)에 대해 데이터 전송을 지령하거나 ALU의 작동 제어, CPU 외부 회로의 제어 및 외부에서 제어 신호(control signal)를 받아 그에 필요한 CPU 내부의 제어를 실행하기도 한다. 주요 제어기능은 메모리와 I/O 포트의 데이터 입·출력이다.

④ 메모리

메모리(memory)는 컴퓨터가 작동할 때 필요한 명령과 데이터를 기억해 두는 장치로, 컴퓨터에서 메모리가 없으면 컴퓨터는 전혀 작동할 수 없다. 컴퓨터에서 모든 데이터를 저장하기 위한 메모리 장치에는 RAM과 ROM의 두 가지가 있다.

RAM(random access memory)은 데이터의 수정을 자유롭게 할 수 있지만, 전원을 차단하면 기억(memory)되고 있었던 데이터는 모두 지워지게 된다. RAM은 데이터의 일시 보유와 시시각각으로 변화하는 리얼 타임 데이터값의 기억에 사용된다.

ROM(read only memory)은 한번 기록된 데이터의 수정 없이 영구적으로 계속적으로 유지하여 전원을 차단하더라도 데이터가 지워지지 않는다. 즉, 변경되면 안되는 중요한 고정 데이터를 기억하기 위해 사용되는 것으로 컴퓨터의 작동 프로그램과 계산 결과의 기준값을 기록해 두는데 사용된다.

⑤ 마이크로 컴퓨터의 사용 예

자동차에 사용된 싱글 칩 마이크로 컴퓨터를 그림 5.4에서 설명하고 있다. 싱글 칩 마이크로 컴퓨터는 CPU, 메모리 장치(RAM과 ROM), 입력 포트와 출력 포트 등으로 구성되어 있다. 점화 스위치를 제어하고, 센서에서 입력되는 아날로그 신호를 A/D 컨버터로 변환하여 마이크로 컴퓨터를 거치면서 결정된 최적 신호를 액츄에이터에 공급함으로써 시스템이 작동하는 전자제어 시스템을 그림 5.4에서 보여주고 있다.

즉, 마이크로 컴퓨터의 입력 포트는 아날로그 값으로 출력하는 센서의 신호들이 A/D 컨버터(A/D converter)를 경유하여 접속되고, 디지털 값으로 출력하는 센서의 신호들은 디지털 입력 버퍼를 경유하여 접속된다. 또한, 출력 포트에 접속된 출력 버퍼를 경유하여 CPU의 연산 결과인 디지털 값은 그대로 또는 아날로그 값으로 변환되어 액츄에이터가 필요로 하는 전력 레벨로 증폭되어 작동부 액츄에이터를 구동하게 된다.

클록(clock) 단자에는 수정 발진기가 접속되어 CPU의 가장 기본이 되는 클록 펄스가 만들어진다. 수정 발진기의 발진 주파수는 마이크로 컴퓨터의 제어 대상에 따라서 4~16MHz 정도의 주파수가 사용된다. 일반적으로 자동차의 정격 전원은 12V(배터리 전압)이지만, 주행 상태에 따라 정격 전압값은 크게 변동하기 때문에 마이크로 컴퓨터에서 필요한 5V 전원을 안정적으로 공급받기 위해서 정전압 전원이 설치되어 있다. 즉, 점화 스위치(ignition switch)를 "ON"하고 있을 때 전원 단자 V_{CC}에 전압이 가해지고, 전원 단자 V_O에는 점화 스위치가 "OFF"일 때도 전압이 가해지고 있다. 따라서, 점화 스위치가 "OFF"되어도 마이크로 컴퓨터 내부의 일부 RAM에 저장된 메모리가 소멸되지 않도록 백업한다.

전원 단자는 V_O만의 구조인 마이크로 컴퓨터가 있다. 이 경우는 점화 스위치가 "ON"일 때와 "OFF"일 때에 필요로 하는 전류값을 마이크로 컴퓨터 내부에서 교환하는 기구를 가진다.

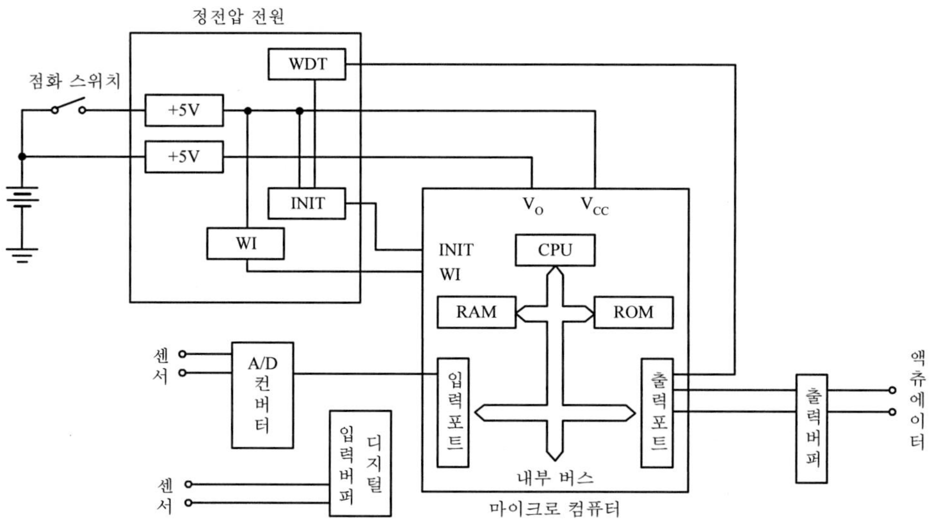

그림 5.4 마이크로 컴퓨터의 회로도

▷ INT 단자

INT 단자는 프로그램의 이니셜라이징(initializing : INT), 또는 리셋(reset)을 하는 단자이다. 정전압 전원 장치에 일체로 구성된 INT 회로에서 리셋 펄스가 발생된다. 펄스는 점화 스위치를 투입하고, 5V 전압이 V_{CC} 단자에 걸린 직후에 1회 출력되어 프로그램 실행을 이니셜라이징 루틴(initializing routine)에서 실행시킨다.

▷ WDT

WDT(watch dog timer)는 마이크로 컴퓨터의 출력 포트에서 주기적으로 출력되는 펄스 수를 카운트하는 것으로 마이크로 컴퓨터가 프로그램의 실행이 정상적으로 이루어지고 있다는 것을 일정 시간 간격으로 펄스를 출력해서 알려준다. 결국, WDT는 펄스를 카운트하여 마이크로 컴퓨터의 정상 작동 여부를 감시하는 것이다.

WDT의 펄스를 감시하는 과정에서 규정 시간내에 바람직한 수의 펄스가 카운트되지 않을 경우는 프로그램 실행의 과다 등에 의해 컴퓨터가 잘못된 처리를 하고 있다는 것을 의미하므로 WDT는 INT 회로에 리셋 펄스 발생을 요청하게 된다.

▷ WI

WI(write inhibit)는 전압이 이상 저하를 일으킬 경우는 마이크로 컴퓨터의 RAM에서 개정이 이루어지지 않도록 기록을 금지하는 것으로 엔진의 크랭킹시 배터리 전압이 순간적으로 저하하는 경우에 잘못된 데이터가 기록되는 것을 방지한다.

5.3 전자제어 엔진관리 시스템

5.3.1 EMS 개론

그림 5.5의 전자제어 엔진관리 시스템(Engine Management System : EMS)은 연료분사 제어 시스템과 점화 제어 시스템을 통합적으로 관리하는 새로운 개념의 전자제어 엔진 관리 시스템이다. 최근의 전자제어 엔진은 엔진의 작동조건에 관련된 정보를 각종 센서로부터 실시간으로 받아서 다량의 데이터를 대용량 마이크로프로세서에 의해 동시적으로 처리할 수 있도록 통합적으로 관리하는 최첨단 엔진관리 시스템을 구축하고 있다.

결국, 전자제어 엔진관리 시스템(EMS)은 ECU로 입력되는 각종 센서의 입력 신호를 바탕으로 최적의 연료 분사량, 공기량, 점화시기, 점화기간 등을 제어하여 엔진에 최적의 시동성과 운전성을 제공하면서 최대 출력과 최저 연료 소비율을 확보하고 동시에 유해 배기가스 저감을 실현한 통합적 엔진관리 시스템(EMS)을 말한다.

엔진을 통합적으로 관리하기 위한 EMS는 그림 5.5에서 보여주는 것처럼 전자제어 유니트(ECU), 연료 인젝터(fuel injector), 산소 센서(oxygen sensor), 공기 유동 센서(AFS), MAP 센서, MAPAT 센서, 가속 센서, 공회전 액츄에이터, 스로틀 밸브 위치 센서(TPS), 연료탱크 압력 센서(fuel tank pressure sensor), 배기가스 재순환 장치(EGR), 액츄에이터 등으로 구성된다.

자동차 엔진의 작동상태를 센서로 감시하여 엔진의 출력, 연비, 유해 배기가스 제어 등을 항상 최적의 주행성능을 발휘하도록 하기 위해 엔진관리 시스템(EMS)을 필요로 하지만, 자동차가 전복되거나 충돌에 의해 연료계통의 이상에 의해 화재가 발생한다 해도 EMS는 연료계통을 자동적으로 차단하는 역할을 한다. 즉, 자동차 사고로 엔진의 시동은 꺼졌으나, 연료 펌프가 계속 작동하게 되면, 연료라인의 압력증가로 화재가 발생될 우려가 높기 때문에 ECU는 엔진의 시동이 꺼진 상태에서 메인 릴레이를 약 1초 동안 작동시켜 모든 액츄에이터를 점검하여 이상우무를 확인하고 신속한 안전조치를 하게 되어 자동차의 안전성을 확보하게 된다.

자동차의 엔진관리 시스템(EMS)에 추가하여 엔진에서 오는 동력을 바퀴에 자동으로 안전하게 전달하기 위해 자동 변속기(AT)로부터 획득한 제어 내용을 바탕으로 최적의 변속조건을 수행할 수 있도록 제어하는 자동 변속제어 시스템(Transmission Management System : TMS)이 개발되었다. TMS는 자동차의 주행 안전성과 편리성 등의 측면에서 대단히 중요한 전자제어 변속 시스템이다.

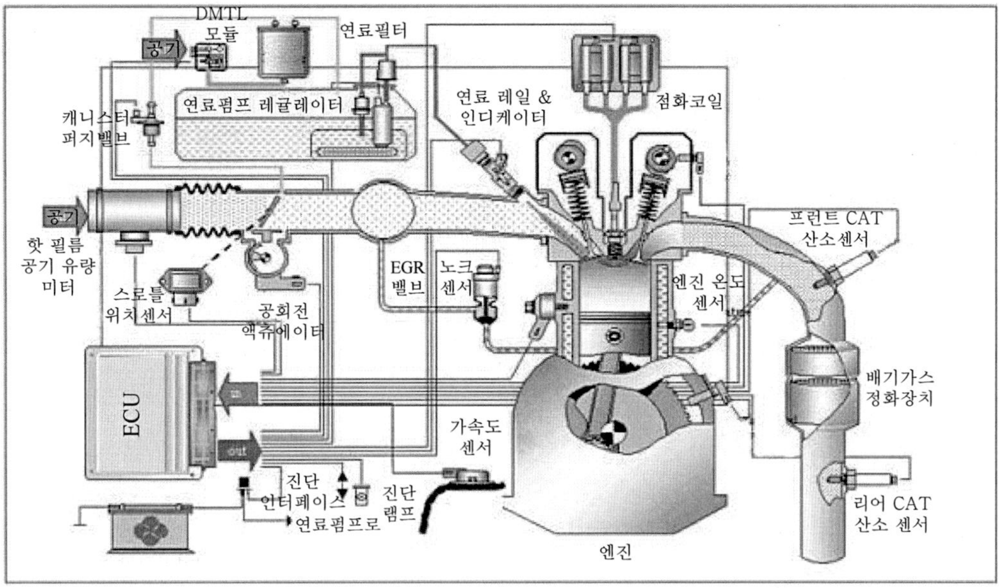

그림 5.5 전자제어 엔진관리 시스템(EMS)

5.3.2 EMS의 주요 역할

전자제어 엔진관리 시스템(EMS)의 핵심은 전자제어 유니트(ECU)를 중심으로 센서와 액츄에이터가 효율적으로 통합된 전자제어 시스템이다. 현재 개발된 EMS는 독일의 지멘스(Siemens)와 보쉬(Bosch) 타입의 두 가지가 있다. 결국, EMS는 엔진에 공급되는 연료와 공기량을 최적의 상태로 제어하고, 점화시기와 점화기간을 최적의 조건으로 제어하며, 방출되는 배기가스를 환경 규제치 이하로 적절하게 관리하여 엔진을 부하조건에 따라 최적의 작동상태를 유지하도록 제어하는 통합기술로 고출력, 저연비, 저공해를 추구하는 자동차에서는 대단히 중요한 제어 시스템이다.

전자제어 엔진관리 시스템의 핵심인 전자제어 유니트(ECU)는 엔진의 작동 상태에 대한 정확한 정보를 여러 센서로부터 실시간으로 획득하여 분석하고, 연산하여 이들 데이터를 바탕으로 최적의 점화 시기와 점화 기간, 연료분사 압력, 연료 분사량을 결정하여 연료 분사기(fuel injector)에 신호를 보내는 체계를 말한다. 즉, ECU는 연료 분사량, 연료분사 시점, 연료분사 지속기간 등을 총괄적으로 제어하는 핵심 장치로 EMS에서 두뇌에 해당하는 중요한 역할을 담당하고 있다.

전자제어 엔진관리 시스템(EMS)이 설치된 자동차에서는 전자제어 엔진에 의해 최적화되고, 효율성 관리가 수행되면서 엔진의 고출력과 효율성, 유해 배기가스 배출량 저감 등 다양한 긍정적인 효과는 다음과 같은 제어관리를 통하여 얻을 수 있다.

(1) 연료 분사량 제어

엔진에서 공기량에 기초한 연료의 분사량 조절은 출력과 유해 배기가스에 의한 환경오염 측면에서 대단히 중요하다. 따라서, 가솔린 엔진에서 공기와 연료의 혼합비는 가능한 14.7 : 1의 이론 공연비를 유지할 수 있도록 하기 위해 엔진의 연소실에 유입되는 공기량이 어느 정도인지를 정확히 파악하는 것은 중요하다. 엔진에 유입되는 공기량을 정확하게 알게 되면 ECU는 이론 공연비를 유지하기 위해 필요한 연료량을 어느 정도 공급해야 좋은가를 결정하여 연료 분사기(fuel injector)에 정보를 보내게 된다.

인젝터(injector)는 ECU에서 제공된 신호를 받아서 엔진의 작동조건에 맞도록 엔진에 최적의 연료량을 분사한다. 이것을 위해 인젝터는 고압분사, 최적의 분사시기와 분사기간을 선정해야 한다. 결국, 연료를 공급하기 위한 전자제어 기능은 공기 유동 센서(AFS)의 작동에 의해 흡기라인에서 획득한 정보와 배기라인에서 감지된 잔류 산소량 등을 바탕으로 ECU는 최적의 연료 분사량을 연산하여 인젝터에 분사 압력과 분사시기를 조정해 준다. 인젝터(또는 연료 분사기)는 적량의 연료를 실린더에 분사함으로써 연료의 분사량, 분사시기, 분사기간 등은 항상 최적의 상태로 이루어진다.

(2) 공기 유동량 측정

실린더로 유입되는 공기량을 계산하기 위해서 매분당 실린더에 유입되는 공기의 무게를 측정하면 된다. 그러나, 유입된 공기중에 포함된 산소량은 대기압, 공기 온도, 엔진의 형식, 실린더의 크기 등에 따라 변하기 때문에 가장 기본적인 공기 유입량은 다음과 같이 계산한다.

① 흡입공기 온도센서의 입력 신호를 측정한다.
② 공기 유동 센서(AFS)와 엔진의 회전수를 측정하여 공기량을 받아들인다.
③ ECU에 공급된 이들 데이터를 ROM에 저장된 기준 데이터(reference data)와 비교하여 항상 최적의 흡입량을 결정한다.

(3) 흡입 공기량 효율

엔진에 흡입되는 공기 유동량을 계산하기 위해서 ECU는 ROM에 저장되어 있는 기준 데이터를 참고로 결정한다. 엔진이 완벽한 상태의 공기 펌프라면 각 실린더의 흡입행정에서 최대 흡입 공기량을 100% 채울 수 있겠지만, 각 실린더는 엔진 작동중에 항상 최대 흡입 용량만큼 채우지 못하는 것이 일반적이다. 따라서, 흡입 공기량 효율은 공기를 실린더에 어느 정도 많이 흡입하였는가를 나타내는 기준이 된다.

엔진의 최대 흡입용량은 보통 50~80% 사이를 유지하는 것이 일반적이다. 엔진의 흡기 효율이 100%까지 도달하지 못하는 이유는 여러 가지 있지만, 이것들을 요약하면 다음과 같다.

① 피스톤-실린더 간극에 형성된 유막조건
② 실린더의 크기
③ 피스톤의 행정(stroke)
④ 실린더 수
⑤ 연료 - 공기 혼합기가 통과하는 유입통로의 크기와 형상
⑥ 밸브 타이밍

(4) 흡입 공기 온도

공기중의 산소는 공기의 밀도에 따라 크게 달라진다. 공기 온도가 낮게 되면 공기 밀도는 높아지므로 같은 부피 내의 산소 농도는 높아지게 된다. 그러나, 공기 온도가 올라가게 되면 공기 밀도는 낮아지므로 같은 부피 내의 산소 농도는 낮아지게 된다.

공기의 온도를 감지하는 흡기 온도 센서(ITS)는 공기가 흡입되는 통로에 장착되어야 온도 감지가 용이하다. 온도가 낮을 때는 ITS의 높은 전압이 ECU로 보내지고, 온도가 높을 때는 낮은 전압이 ECU로 보내지게 된다. 차량 주행시의 흡기 온도 센서는 약 65℃(약 2.5V)를 지시하게 된다. 흡입 공기온도 센서의 입력 신호는 주행중에 데이터가 수정되며, 이들 수정 데이터는 흡입되는 공기량을 계산하는데 이용된다.

(5) 흡기 절대 압력

MAP(Manifold Absolute Pressure) 센서는 흡기 매니폴드 내부의 부압(negative pressure)을 측정하게 된다. 흡기 매니폴드의 절대 압력은 일반적으로 엔진을 가속하거나 스로틀 밸브를 열면 증가하고, 아이들(idle)시나 감속시(엔진 브레이크의 작동으로 속도가 줄어듬)에는 낮아진다. 여기서, 흡기 매니폴드 내의 절대 압력은 서지탱크 내의 부압을 의미한다.

예를 들어 절대 압력이 증가한다는 것은 부압이 감소한다는 것이다. 이러한 신호는 어느 정도의 공기가 흡기 매니폴드를 통하여 실린더로 유입되는지를 ECU로 하여금 판단하게 된다. MAP 센서의 신호가 정상으로 나타나면, ECU는 대기압을 측정하면서 계속적으로 공기 흐름을 계산하게 된다.

(6) 대기압

대기압이 높아지면 낮은 대기압 상태보다는 산소 농도가 올라간다. 자동차에서 대기압의 변동 상태를 감지하기 위하여 대기압 센서(barometric pressure sensor)를 사용한다. MAP 센서가 장착된 차량의 경우는 점화 스위치를 “ON”시킨 상태에서 엔진이 회전하지 않을 때와 엔진이 완전하게 부하가 걸린 조건, 즉 스로틀 밸브가 완전히 열렸을 때를 감지하여 대기압을

측정한다. 결국, 대기압은 차량의 주행 상태에서 센서에 의해 지속적으로 측정되고, 그 대기압은 차량의 속도와 주변의 환경조건에 따라 변화하게 되므로 계속하여 수정하게 된다.

(7) EGR 가스 유동량

배기가스 재순환 장치(EGR)에서 배기가스는 실린더로 흡입되는 공기의 일부를 대체하므로, 실린더로 유입되는 새로운 공기를 ECU가 정확하게 측정하기 위해서는 실린더에 EGR 배기가스가 어느 정도 포함되어 있는가를 계량해야 한다. 이것은 흡기 매니폴드로 흡입되는 전체 공기량에서 EGR의 배기 가스량을 빼면 된다.

5.3.3 EMS 센서의 종류와 기능

자동차의 엔진관리를 위한 전자제어 시스템은 그림 5.6에서 제시한 것처럼 여러 종류의 센서로부터 검지된 데이터를 ECU에서 공급받아 연산처리하고, 최적의 엔진관리 조건에서 인젝터나 ISC-서보와 같은 작동부를 유기적으로 구동함으로써 엔진의 전자제어 관리가 효율적으로 진행된다. EMS에 관련된 센서의 기능을 간략하게 소개하면 다음과 같다.

(1) 공기 유동 센서(AFS)

흡입되는 공기량을 계측하여 분사시기와 분사기간을 결정하는 기본 센서로 사용한다.

(2) 1번 실린더 TDC 센서

1번 실린더의 압축행정 상사점 위치를 검출하여 기준 신호로 삼고, 이 신호를 ECU로 보낸다. ECU는 이 정보를 기초로 엔진의 분사시기 순서를 결정한다.

(3) 크랭크 각도 센서(CAS)

압축행정에서 피스톤이 상사점의 어느 위치에 있는가를 검출하여 엔진의 회전수와 분사시기를 결정하는 기준 신호로 사용한다.

(4) 공회전 스위치

아이들 스위치(idle switch)라고도 하며, 엔진의 공회전 상태를 검지하여 ECU는 적정한 공전 상태를 제어한다.

(5) 스로틀 위치 센서(TPS)

스로틀 밸브(throttle valve)의 열림 정도를 검출하여 엔진의 회전운전 모드를 판정하도록 한다. TPS(Throttle Position Sensor)는 가속과 감속 상태를 감지하여 연료 분사량을 적정하게 보정한다.

(6) 대기압 센서(APS)

대기의 압력을 연속적으로 검지하여 ECU로 보내진 신호는 자동차의 고도에 따른 연료 분사량과 점화시기를 보정한다.

(7) 냉각수 온도 센서(WTS)

냉각수의 온도를 검출하여 연료 분사량, 점화 진각, 공회전 속도 등을 보정한다.

(8) 흡기 온도 센서(ITS)

흡기 매니폴드의 흡기 온도를 검출하여 연료 분사량, 점화 진각, 공회전 속도 등을 ECU에 의해 정밀하게 보정한다.

(9) 모터 위치 센서(MPS)

ISC 모터의 플런저 위치를 검출하여 ECU로 전달하고, ECU는 이 데이터를 기초로 ISC 제어를 한다.

(10) 점화 스위치

시동 모터(start motor)의 “ST” 단자 전압으로부터 연료 펌프가 구동되고, 분사량, 점화시기, 스로틀 개도를 제어한다.

(11) 차속 센서(VSS)

차속 신호를 펄스 신호로 변환시켜 ECU로 보내면, 이 정보를 기초로 공회전 속도를 조정하여 자동차가 공회전 상태인지 또는 주행 상태인지를 파악한다.

(12) 에어콘 릴레이

에어콘의 제어 신호를 읽어서 ISC-servo 제어 신호로 사용된다.

(13) 가변 저항기(variable resistor)

유해 배기가스를 조정하기 위한 조절장치이다.

(14) 산소 센서

배기가스에 포함된 산소농도에 따라 이론 공연비를 중심으로 출력 전압이 급격히 변화하는 원리를 이용한 센서로, 변동되는 출력 전압을 ECU로 보낸다. 이 신호에 따라 흡입되는 공기량의 피드백 제어가 이루어진다.

(15) 연료탱크 압력 센서

연료탱크 압력 센서(fuel tank pressure sensor)는 연료탱크 내부에서 증가된 압력을 측정하여 신호를 ECU로 전달하는 증발가스 압력 측정센서이다. 압력 센서는 연료탱크와 흡기 매니폴드 사이에서 연료의 누설 유무를 판정하는 진단 기능을 수행한다.

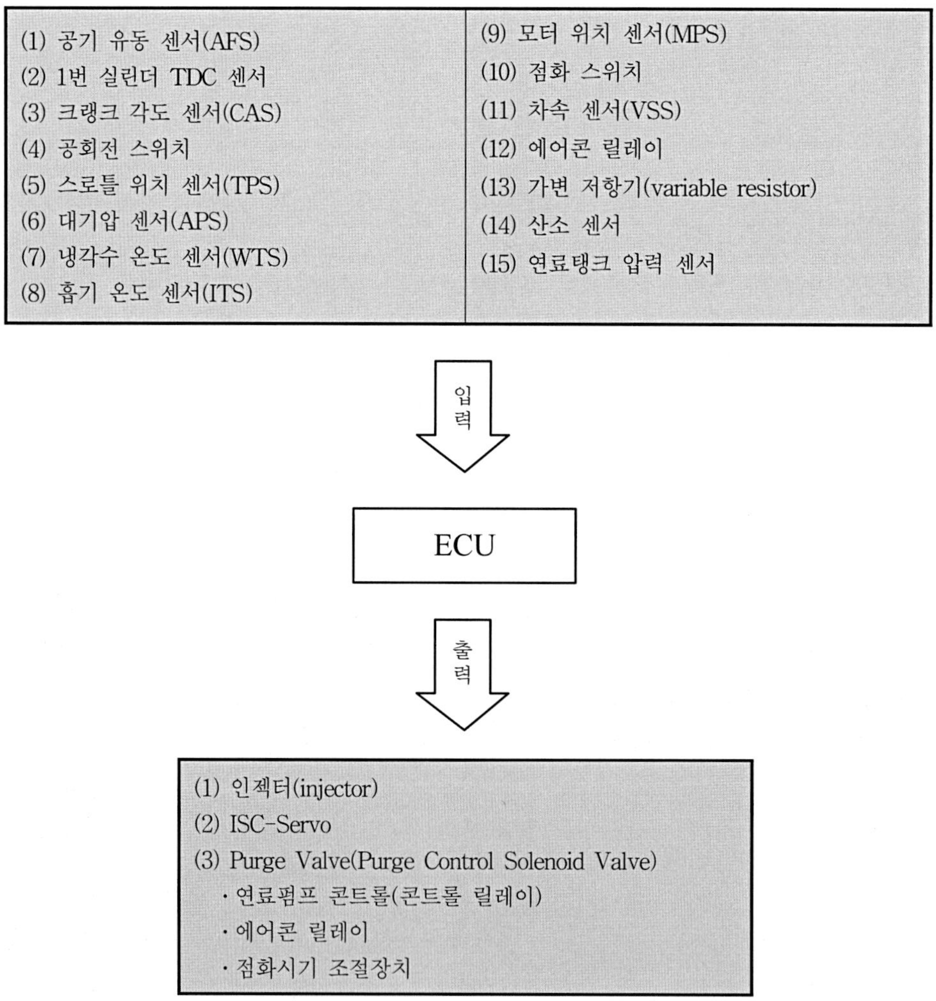

그림 5.6 전자제어 엔진관리 시스템의 작동 흐름도

5.4 자동차 센서

5.4.1 센서 개론

센서(sensor)는 마이크로 컴퓨터에서 필요한 자동차의 엔진이나 섀시 시스템(chassis system)의 주요 변수(온도, 압력, 유량, 속도 등)들을 검지하여 그 값을 디지털로 나타내는 일종의 감응장치이다. 자동차에 설치된 센서는 온도, 압력, 유량, 변위, 속도 등에 관련된 물리적 변화량을 측정하여 A/D에 의해 전기적 신호로 변환된 값을 생산하는 전자제어 시스템 구축을 위한 검지 부품이다.

자동차에서 전자제어 시스템은 엔진의 운전상태를 전기적 신호로 바꾸어 마이크로 컴퓨터로 전달하는 각종 센서 검지부가 있고, 여기서 전달된 전기 신호를 분석하고 판단하여 연료 인젝터의 밸브 열림량이나 분사시간을 결정하는 ECU 제어부, 여기서 결정된 최적조건의 신호를 받아서 작동하는 액츄에이터 구동부로 그림 5.7과 같이 구성된다.

ECU에는 각종 센서로부터 검지되는 엔진의 회전수, 흡입 공기량, 시동신호, 스로틀 밸브의 열림 정도, 냉각수 온도, 흡기온도, 산소함량 등에 대한 모든 정보를 수집한다. 전자제어 유니트(ECU)는 검지부의 각종 센서에서 생산되는 각종 정보를 수집하고 저장한 데이터를 최적의 분사량이나 분사시기 등을 계산하여 연료 인젝터에 명령을 내리는 순서에 따라 처리하게 된다. 전자제어 엔진을 제어하기 위해 각종 센서가 설치되어 있다. 즉, 배기가스에 함유된 산소의 양을 측정하는 산소 센서, 흡입 공기량을 검출하는 공기유동 센서(AFS), 스로틀 밸브의 열림정도를 검출하는 스로틀 위치 센서(TPS), 엔진의 냉각수 온도를 검출하는 냉각수 온도 센서(WTS), 흡입공기의 온도를 검출하는 흡입온도 센서(ITS), 크랭크의 각도를 측정하기 위한 크랭크 각도 센서(CAS) 등 그림 5.6에서 제시한 것처럼 엔진을 최적의 운전조건으로 유지하는데 필요한 센서의 종류는 대단히 많다.

또한, 자동차의 섀시 시스템을 전자제어하기 위해 현가장치, 조향장치, 제동장치, 에어백, 에어콘, 운행장치, 편익장치 등에는 여러 종류의 센서들이 사용되고 있다. 이들 센서는 자동차 엔진에서처럼 현재의 주행조건, 운행 환경조건, 엔진 작동조건 등에 적합한 데이터를 확보하고 ECU에 의해 결정하여 최적의 안전성, 경제성, 운행성, 쾌적성 등을 운전자나 탑승자에게 제공하고자 한다. 특히, 자동차의 섀시에 관련된 제어 시스템은 주요 부품에 대한 개별적 제어를 하기보다는 차량 시스템을 하나의 제어 대상으로 삼아서 시스템 전체를 제어하고, 이것으로부터 차량의 안전성과 쾌적성, 편익성을 운전자나 탑승자에게 제공하는 특징을 갖고 있다.

5.4.2 엔진제어 센서

(1) 엔진제어의 개요

엔진에서 전자제어는 그림 5.7과 같이 검지부(입력부), 제어부, 출력부(액추에이터)로 구성되며, 입력은 엔진의 각종 작동 상황, 즉 흡입 공기량, 냉각수 온도, 흡기 온도, 엔진 회전수, 차속 등의 상태를 센서에 의해 측정한 후 마이크로 컴퓨터에 입력된다.

자동차에 사용되는 컴퓨터(computer)를 일반적으로 ECU(electronic control unit)라 하며, 8비트 마이크로프로세서(microprocessor), RAM(random access memory), ROM(read only memory), 입출력 단자로 구성되어 있다. 전자제어 엔진에서 가장 중요한 핵심 부품은 ECU로 엔진의 모든 정보를 센서로부터 수집하고, 이들 신호를 엔진의 현재 작동조건에 가장 적합하도록 데이터를 처리하여 각종 장치를 실제로 제어하는 액추에이터(actuator)에 신호를 보낸다. 따라서, ECU는 전자제어 엔진의 핵심으로, 데이터를 수집하고 연산하여 지시하는 등 사람의 두뇌와 같은 역할을 한다.

즉, 전자제어 엔진에 설치된 각종 센서에 의해 엔진의 현재 상태를 검지한 ECU는 그 작동조건에서 가장 적절한 제어 기준 조건을 기억하고 있는 ROM으로부터 최적조건을 비교 판단한 후 작동부인 액추에이터를 적기에 적량을 구동시켜 엔진의 성능을 가장 좋은 환경에서 운전되도록 한다. 즉, 연료 소비량을 줄이면서 엔진의 출력을 극대화시키고 배기가스에 포함된 유해 성분을 제거하는 중요한 역할을 담당한다.

출력부에 해당하는 액추에이터는 ECU로부터 보내오는 전기적인 신호를 기계적인 일로 변환시키고, 제어 대상을 자동적으로 작동시키는 역할을 한다. MPI 엔진의 액추에이터로는 인젝터, 파워 트랜지스터, ISC-서보, 콘트롤 릴레이 등이 있다. 그림 5.8은 MPI 엔진에서 최적의 구동조건으로 제어하기 위해 필요한 전자제어 기본구성 부품을 보여주고 있다.

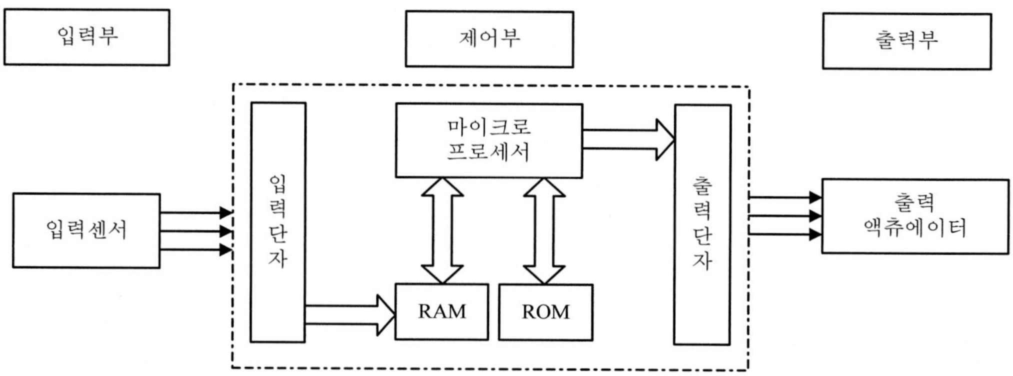

그림 5.7 엔진 전자제어의 기본구성

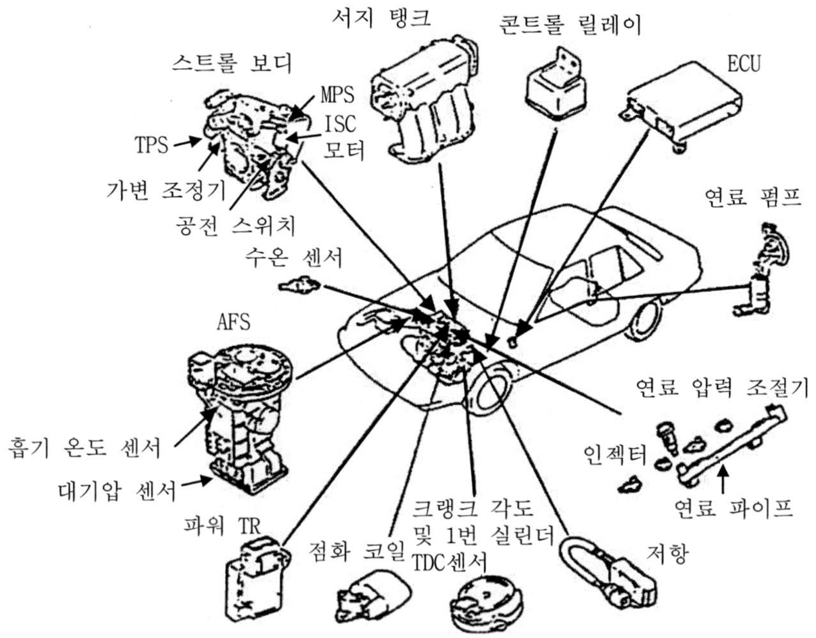

그림 5.8 MPI 엔진의 각종 전자제어 구성 부품

(2) 엔진제어 관련 센서

1) 공기 유동 센서(AFS)

그림 5.9의 공기 유동 센서(Air Flow Sensor : AFS)는 공기 청정기 내부에 설치되어 연소실로 공급되는 흡입 공기량을 측정하는 센서이다. 공기 유동 센서는 연소실로 유입되는 공기량을 측정한 후에 전기적인 신호로 바꾸어 ECU에 보내게 된다. ECU는 공기 유동 센서의 흡입 공기량 신호와 엔진 회전수 신호(크랭크 각도 센서)를 이용하여 엔진에 걸린 부하를 연산한 후 기본적인 연료 분사시간과 기본 점화시기를 결정한다.

칼만 와류 현상은 공기 유동부의 중간부분에 삼각기둥(저항체)을 두면, 기둥 뒤의 공기가 유동함에 따라서 유동체의 유속에 따른 소용돌이는 규칙적인 관계가 있다는 것이다. 즉, 칼만 와류수(Karman vortex number)는 유속에 비례한다. 즉,

$$f = 0.2\frac{V}{D} \tag{5.1}$$

여기서 f = 칼만 와류수, 개수/sec

V = 유속, cm/sec

D = 저항체의 지름, cm

칼만 와류의 발생 수량을 검출하는 방법으로 초음파를 이용하고 있다. 그림 5.10과 같이 칼만 와류의 발생 부분에 발진기인 초음파 진동자를 놓고, 소용돌이의 흐름과 직각 방향으로 초음파를 발진하여 반대쪽의 수신기로 이러한 신호를 받는다. 발신기로부터 발신된 초음파는 맴돌이의 영향을 받아 수신기에 도달할 때까지의 시간이 빨라지거나 늦어지게 되므로 이 위상차의 소밀음파를 변조기에서 전기적인 펄스 신호로 변환시켜 ECU로 보내게 된다. 공기 유동 센서(AFS)에는 대기압 센서(APS)와 흡기 온도 센서(ITS)가 일체형으로 장착되어 있다.

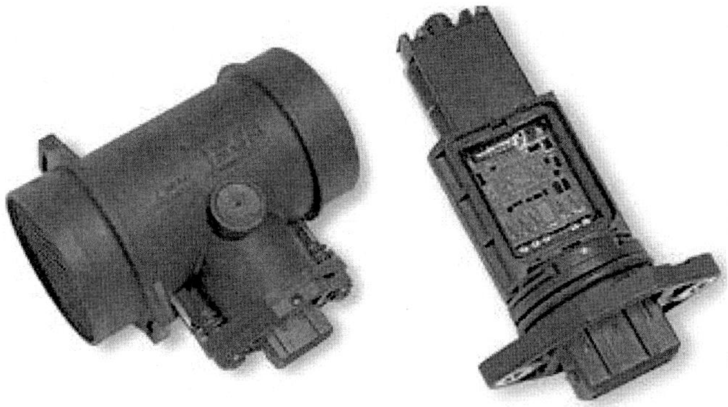

그림 5.9 공기 유동 센서(AFS)

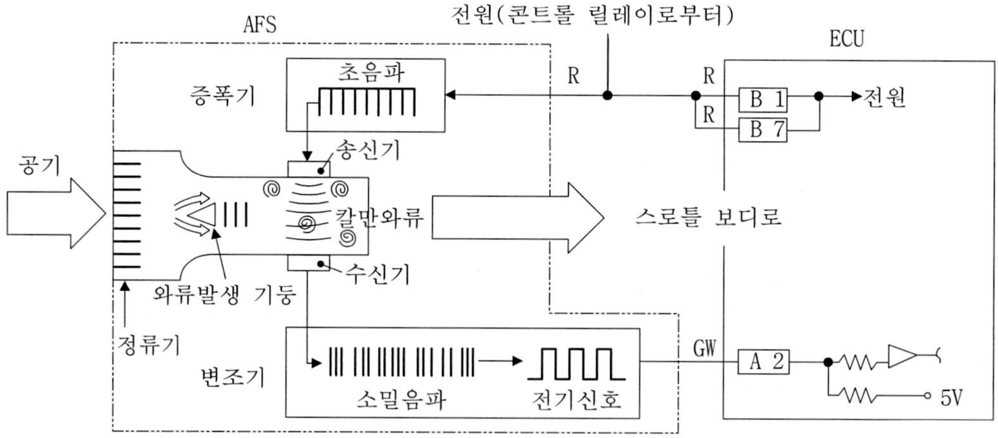

그림 5.10 공기 유동 센서(AFS)의 작동 회로도

2) 대기압 센서(APS)

그림 5.11의 대기압 센서(Atmospheric Pressure Sensor : APS)는 공기 유동 센서(AFS)에 부착되어 대기압을 검출해서 전압으로 변환한 신호를 ECU로 보낸다. ECU는 이 신호를 이용

하여 전압차에 의한 고도(level)로 계산하고, 그 고도에서 적당한 공연비가 되도록 연료 분사량과 점화시기를 계속 보정한다. 이것은 연소효율 뿐만 아니라 배출가스 저감효과에도 큰 도움이 된다.

따라서, 대기압 센서는 고도의 변동에 따른 연비조건의 조정으로 주행성을 향상시켜주는 역할을 한다. 대부분의 차량에서 대기압 센서는 그다지 중요한 역할을 하지 않지만, 고도차가 있는 지역에서는 연료 분사량과 공기량의 혼합비를 절절하게 유지하여야 출력이 증가하고, 배출가스를 규정에 적합하도록 유지할 수 있다.

대기압 센서는 그림 5.12와 같이 스트레인 게이지의 저항치가 압력에 선형적으로 비례하여 변화하는 특성을 이용한다. 대기압 센서는 압력을 전압으로 변환시키는 반도체 피에조(piezo) 저항형 센서를 널리 사용하고 있다.

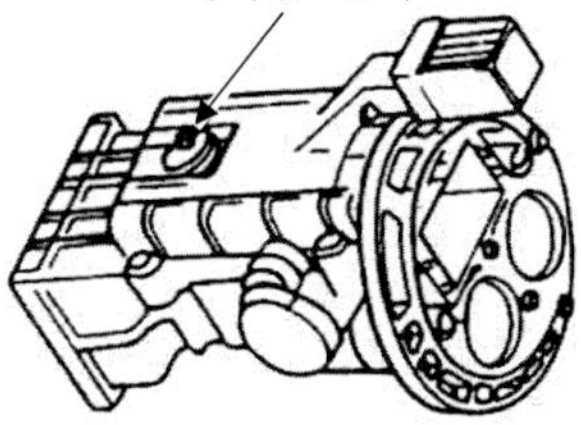

그림 5.11 대기압 센서(APS)

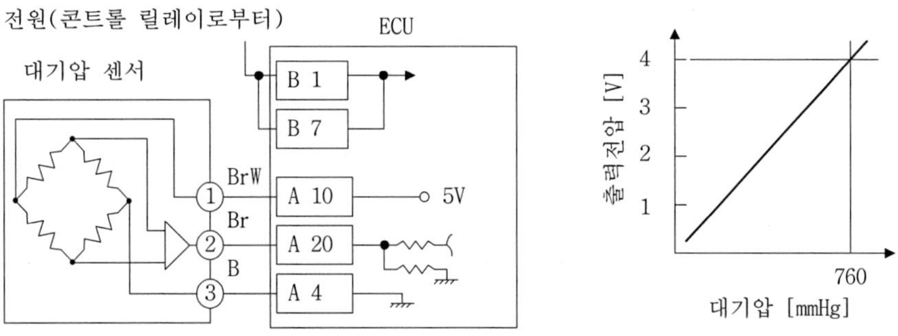

(a) APS의 회로도 (b) APS의 출력특성

그림 5.12 대기압 센서(APS)의 작동회로 및 출력특성

3) 흡기 온도 센서(ITS)

흡기 온도 센서(Intake Temperature Sensor : ITS)는 그림 5.13과 같이 일반용과 터보용으로 분류되고, 공기 유동 센서(AFS)의 공기 통로에 검출부가 노출되도록 장착되어 있으며, 흡

입공기의 온도를 측정하는 서미스터(thermistor)이다.

흡기 온도 센서(ITS)의 서미스터는 온도에 따라 그림 5.14와 같이 저항값이 변하게 되고, 이 저항에 따른 출력전압의 변화치를 ECU로 보낸다. ECU는 공기 유동 센서의 출력전압에 의한 흡입공기의 온도를 측정하여 흡입공기 온도에 대응하는 최적의 연료 분사량을 보정한다. 즉, 흡입공기의 온도는 외부에서 유입되는 공기의 밀도에 영향을 주기 때문에 공기의 온도변화에 따라 연료 분사량의 보정이 필요하다.

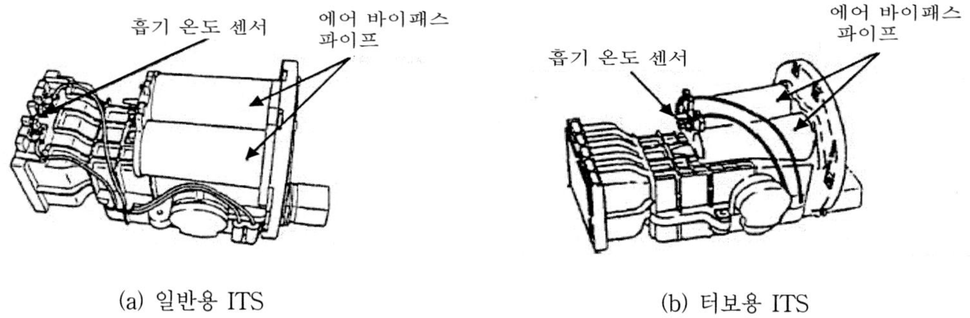

그림 5.13 흡기 온도 센서(ITS)

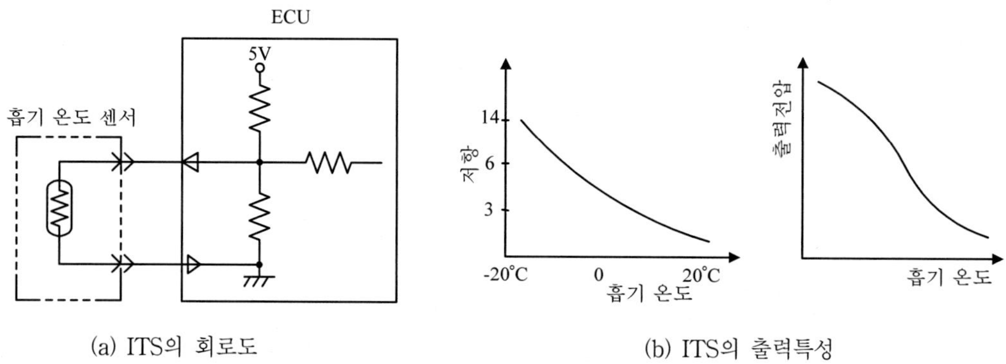

그림 5.14 흡기 온도 센서(ITS)의 작동회로 및 출력특성

4) 스로틀 보디

스로틀 보디(throttle body)는 그림 5.15와 같이 흡입 공기량을 제어하는 스로틀 밸브, 공전시 회전수를 제어하는 ISC-servo, 스로틀 밸브 개도를 검출하는 스로틀 위치 센서(Throttle Position Sensor : TPS)가 조립되어 있다. 스로틀 보디의 하부에는 냉각수 물통로가 설치되어 엔진의 냉각수가 순환하므로 한냉시 빙결(icing) 현상을 방지한다.

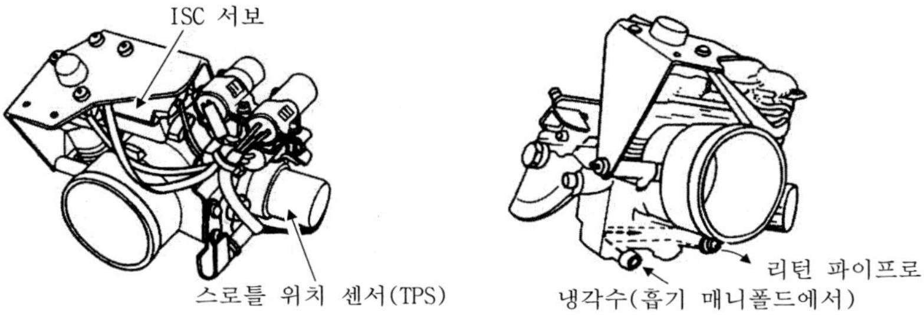

그림 5.15 스로틀 보디

5) ISC 서보

엔진을 공회전 상태에서 운전하게 되면 흡입 공기량이 가장 적고 연료 분사량도 최소가 된다. 엔진은 냉각수의 온도변화에 따라서 불안정한 상태가 되기도 한다. 또한, 공회전 상태에서 에어콘이나 파워 스티어링 펌프가 작동하게 되면, 부하조건에 따라서는 엔진의 회전수가 낮아지고 불안정한 공회전 상태가 될 수 있다. 따라서, 공회전의 운전 성능에 영향을 주지 않는 최저의 회전속도로 제어할 필요가 있으며, 이것을 위해서 개발된 ISC 서보(idle speed control servo)는 모터를 사용하여 스로틀 밸브를 조절함으로써 안정된 공회전 상태를 유지할 수 있다.

ISC 서보의 구성부품은 그림 5.16과 같이 모터, 웜 기어, 모터 위치 센서, 공회전 스위치 등으로 구성되어 있다. ECU의 신호에 의해 모터가 회전하게 되면, 모터의 회전축에 설치된 웜 기어가 웜 휠의 회전 방향에 따라서 플런저는 왕복운동을 하게 되고, 동시에 ISC 레버를 작동시킴으로써 스로틀 밸브의 개도를 조절하여 안정된 공회전을 유지시킬 수 있게 된다.

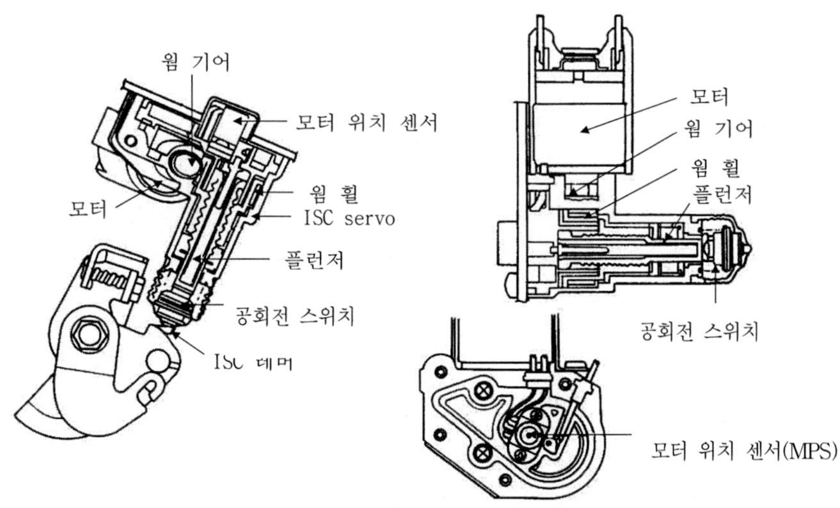

그림 5.16 공회전 스위치와 MPS의 구조

6) 모터 위치 센서(MPS)

모터 위치 센서(Motor Position Sensor : MPS)는 그림 5.17과 같이 가변 저항식으로 ISC 서보내에 설치되어 있다. 플런저의 끝 부분이 모터 위치 센서의 슬라이딩 핀(sliding pin)에 접촉되어 플런저가 작동할 때 모터 위치 센서의 내부 저항이 변화하므로 출력 전압이 변하게 된다.

모터 위치 센서(MPS)는 그림 5.18과 같이 ISC servo 플런저의 위치를 검출한 신호를 ECU로 보내고, ECU는 모터 위치 센서 신호, 공회전 신호, 냉각수 온도 신호, 에어콘 부하 신호, 차속 신호를 이용하여 스로틀 밸브의 개도를 제어함으로써 엔진의 공회전시에 회전수를 최적의 조건으로 제어한다.

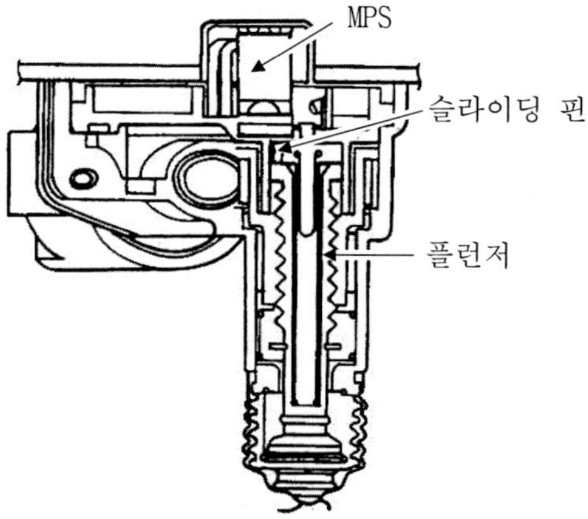

그림 5.17 모터 위치 센서(MPS)의 구조

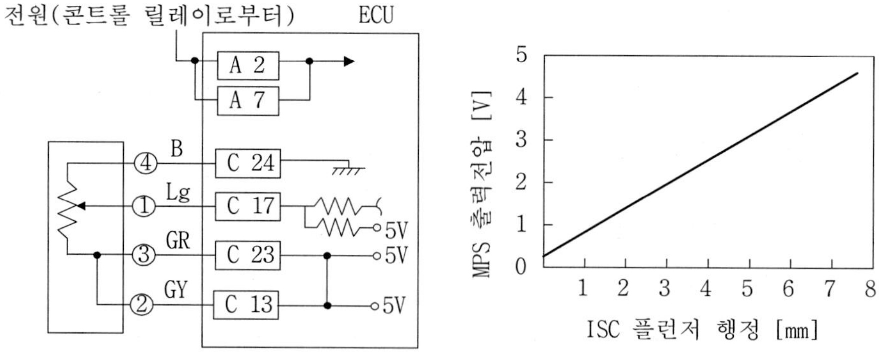

(a) MPS의 회로도 (b) MPS의 출력특성

그림 5.18 모터 위치 센서(MPS)의 작동회로 및 출력특성

7) 스로틀 위치 센서(TPS)

스로틀 위치 센서(Throttle Position Sensor : TPS)는 그림 5.19와 같이 슬라이드가 스로틀 보디의 스로틀 밸브의 축과 함께 회전하는 가변 저항기로서 스로틀 밸브의 개도를 검출하는 기능을 갖고 있다. ECU는 스로틀 밸브가 회전함에 따라 변화하는 출력 전압으로 스로틀 밸브의 개도를 검지한다.

스로틀 위치 센서(TPS)는 전자제어 엔진, 전자제어 변속기 등과 함께 사용되며, 가속 페달(accelerometer pedal)의 급감속이나 급가속 상태를 감지하여 스프링 상수, 감쇠력 제어 등에 다양하게 연계되어 사용되고 있다.

엔진에서 스로틀 밸브의 개도를 검출하는 이유는 엔진의 가속과 감속 상태를 검출하기 위해 TPS가 이용된다. 여기서 얻은 TPS의 정보는 엔진의 공기량과 연료 분사량을 제어하는데 사용한다. TPS의 작동 회로도와 출력 특성은 그림 5.20에서 보여주고 있다.

그림 5.19 스로틀 위치 센서(TPS)

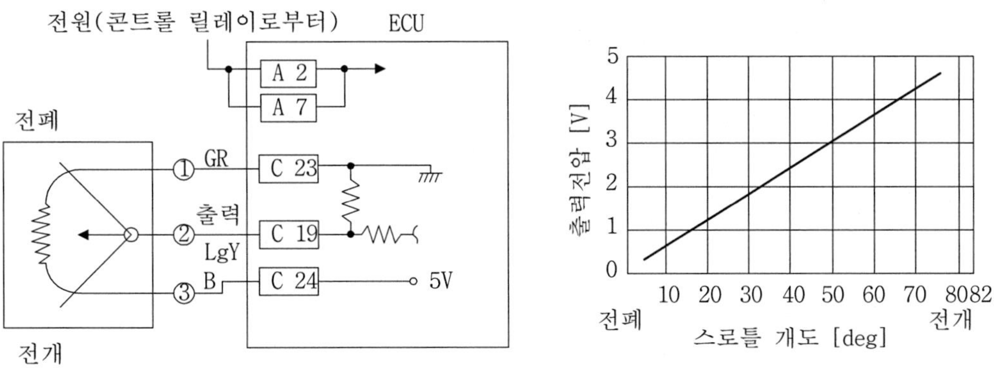

(a) TPS의 회로도

(b) TPS의 출력특성

그림 5.20 스로틀 위치 센서(TPS)의 작동회로 및 출력특성

8) 아이들 스위치

그림 5.21은 아이들 스위치(idle switch)와 전위차계(potentiometer)를 함께 조립된 형상을 보여주고 있다. 그림 5.21(a)의 아이들 스위치는 엔진의 공회전 상태임을 검출한 신호를 ECU에 보내서 최적의 공회전 조건을 제어한다. 아이들 스위치는 접점식으로 되어 있으며, ISC servo의 끝부분에 설치되어 스로틀 밸브가 공회전 상태에 놓이면 ISC 레버에 의해 푸시핀(push pin)이 눌려져 접점이 "ON" 상태로 된다.

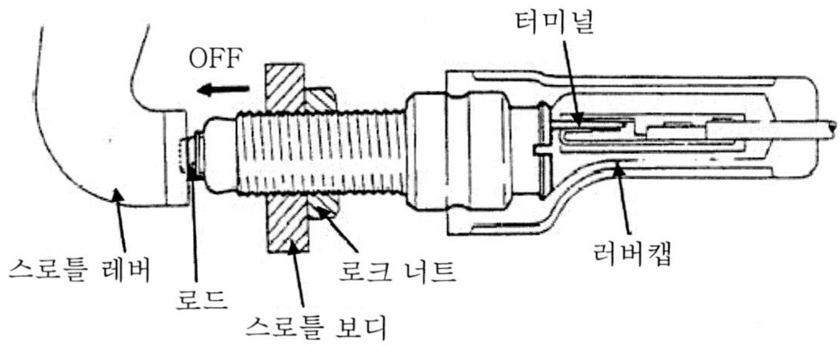

(a) 아이들 스위치

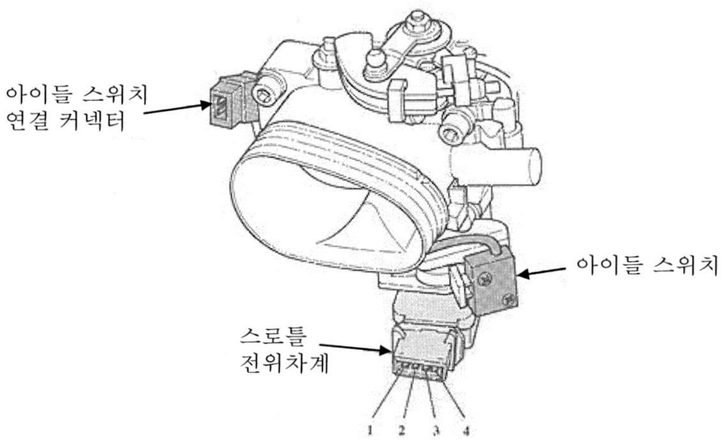

(b) 설치 위치도

그림 5.21 아이들 스위치와 설치 위치도

9) 공회전 액츄에이터(ISA)

공회전 액츄에이터(Idle Speed Actuator : ISA)는 공회전을 하고 있는 엔진의 부하조건에 따라 흡입 공기량을 제어하여 항상 최적의 엔진 회전수를 유지하도록 하는 역할을 한다. 그림 5.22는 공회전시 엔진의 회전수를 최적의 작동조건으로 구동하는 공회전 액츄에이터(ISA)를 보여주고 있다.

ISA는 제어 방식에 따라 그림 5.23에서 보여주는 것처럼 스텝 모터(step motor)로 구동하는 스로틀 밸브 방식과 솔레노이드 밸브에 의해 구동되는 바이패스 에어 방식의 두 가지가 있다. 그림 5.23(a)의 스로틀 밸브 구동 방식은 스텝 모터의 회전에 의한 변위량 만큼 스로틀 밸브를 직접 열거나 닫아주는 방식이다. 그러나, 바이패스 에어 구동 방식은 그림 5.23(b)처럼 별도의 바이패스 통로를 만들어 스로틀 밸브가 닫혀있을 때, 이곳을 통과하여 엔진으로 유입되는 공기량을 제어하는 방식이다.

공회전 액츄에이터(ISA)를 스로틀 밸브 어셈블리에 직접 설치하여 흡입되는 공기량을 제어함으로써 엔진은 다음과 같은 특성을 확보할 수 있게 된다.

① 차량의 부하조건에 적합한 공기량 제어를 할 수 있다.
② 공회전시 정숙한 운전이 가능하고, 최적의 연비를 유지할 수 있다.
③ 공회전시 유해 배기가스 발생량을 줄여줄 수 있다.
④ 엔진의 워밍업 시간단축을 위한 신속한 공회전 제어가 가능하다.
⑤ 차량의 급감속도에 따른 엔진의 충격을 완화시킬 수 있다.
⑥ 림프홈(limp home) 기능을 갖고 있다.

그림 5.22 공회전 액츄에이터(ISA)

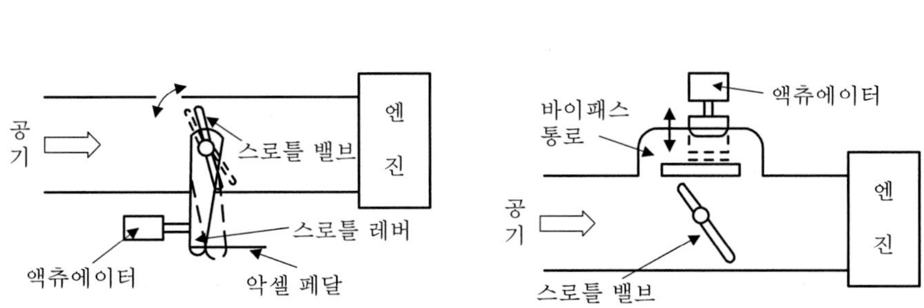

(a) 스로틀 밸브 구동방식 (b) 바이패스 에어 구동방식

그림 5.23 공회전 액츄에이터의 구동 방식

10) 크랭크 각도 센서(CAS) 및 1번 실린더 TDC 센서

크랭크 각도 센서(Crank Angle Sensor : CAS)와 1번 실린더 TDC 센서는 그림 5.24와 같이 디스크와 유니트로 구성되어 있다. 디스크는 금속제 원판으로 되어 있으며, 디스크 주변의 외측에는 90° 간극의 빛 통과용 슬릿(slit) 4개가 있고, 내측에는 1개의 슬릿이 있다. 여기서 디스크 외측의 4개 슬릿은 크랭크 각도 센서용 슬릿이고, 디스크 안쪽의 1개 슬릿은 1번 실린더 TDC 센서용 슬릿이다.

디스크는 배전기(distributor)의 회전축에 고정되어 축이 회전하면 디스크의 슬릿이 움직여서 유니트 어셈블리에 의해 빛으로 감지할 수 있도록 되어 있다. 유니트 어셈블리는 2종류의 슬릿을 검출하기 때문에 발광 다이오드(Light Emission Diode : LED) 2개가 내장되어 발광 다이오드와 포토 다이오드(photo diode) 사이에서 디스크가 회전함으로 발광 다이오드에서 방출된 빛은 포토 다이오드에 도달한다.

그림 5.25와 같이 포토 다이오드가 발광 다이오드에서 공급된 빛을 받으면 포토 다이오드와는 반대되는 방향으로 통전되고, 이 전류는 비교기(comparator)로 약 5[V]가 들어가 감지된다. 단자 ②에서 ECU로 5[V]가 감지된 후 슬릿이 회전하면, 포토 다이오드의 빛이 차단되어 전류가 흐르지 않고 단자 ②는 0[V]가 된다. 이 때문에 유니트 어셈블리(unit assembly)에서의 펄스 신호로써 ECU에 전달된다. 4개의 슬릿(slit)에 의해 얻어지는 신호는 엔진의 회전수를 연산하는 기준 신호이므로 크랭크축의 압축 상사점이 정위치에 있는지를 검출하는 크랭크 각도 센서(CAS)이다.

디스크 내측의 한 개 슬릿에서 얻어지는 신호는 1번 실린더에 대한 기초 신호를 식별한다. 이 두 개의 센서 신호는 ECI-Multi 장치의 연료 분사순서와 점화시기를 결정하는데 가장 중요한 신호로 이용된다.

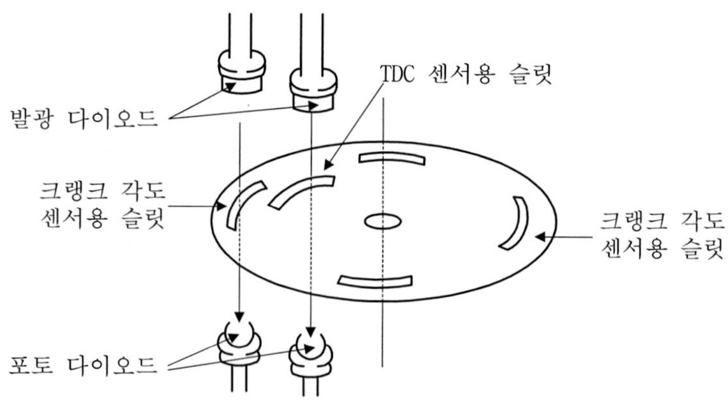

그림 5.24 크랭크 각도 센서(CAS) 및 1번 실린더 TDC 센서

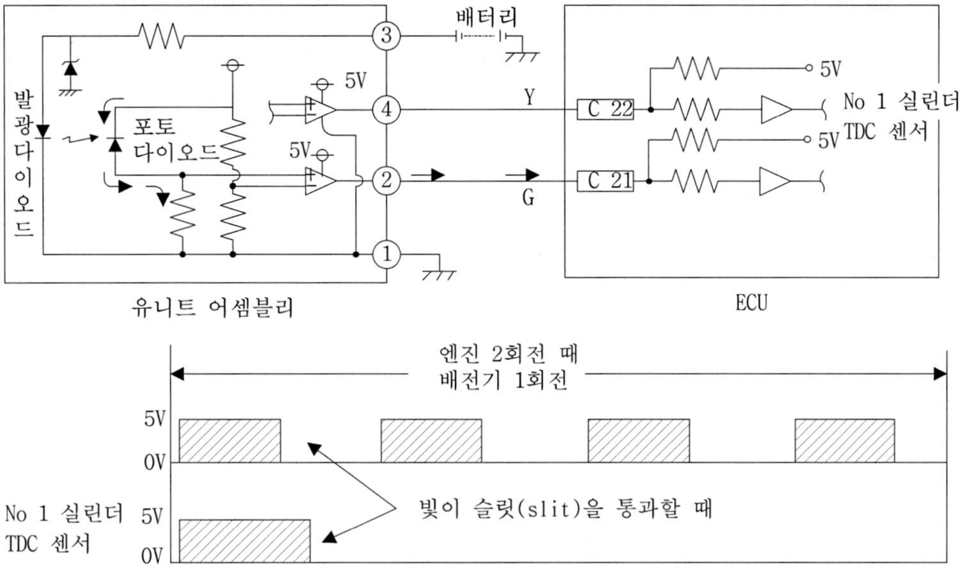

그림 5.25 크랭크 각도 센서(CAS) 및 1번 실린더 TDC 센서의 회로도

11) 차속 센서(VSS)

그림 5.26의 차속 센서(Vehicle Speed Sensor : VSS)는 리드 스위치 형식으로 변속기 속도계 피동기어의 회전상태를 디지털 펄스로 검출하여 컴퓨터(ECU)에 입력시키면 ECU는 이 신호를 기초로 펄스 발전기에 이상이 있을 경우 현재의 주행속도를 ECU로 보내어 페일(fail) 또는 세이프(safe) 기능을 갖도록 한다.

그림 5.26의 차속 센서(VSS)는 리드(lead) 스위치식으로 스피드 미터에 내장되어 변속기의 스피드 미터 기어의 회전(차속)을 전기적 신호로 변환하여 ECU로 보낸다. 차속 센서에는 리드 스위치식 차속 센서, 광전식 차속 센서(전자미터 차량에 장착됨), 전자식 차속 센서 등이 있다.

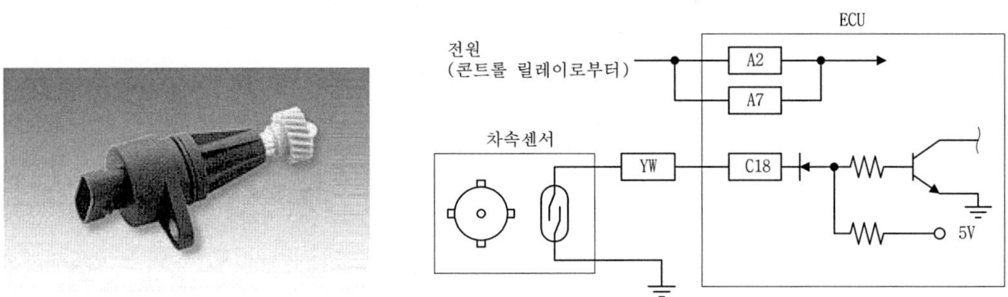

(a) 차속 센서의 외관도 (b) 차속 센서의 회로도

그림 5.26 차속 센서(VSS) 및 회로도

12) 수온 센서(WTS)

그림 5.27의 수온 센서(Water Temperature Sensor : WTS)는 흡기 매니폴드의 냉각수 통로에 설치하여 냉각수의 온도를 검출하는 일종의 저항기이다. 여기서 수온 센서(WTS)는 냉각수 온도 센서라고도 한다. 검출된 신호는 ECU로 보내져 공연비를 제어하여 엔진의 출력을 증가시키고 동시에 배출되는 유해 배기 가스량을 규정치 이내로 제어한다. 즉, 검출된 전압으로 엔진의 웜업 상태를 판단하여 엔진이 냉각 상태일 때는 연료량을 적절히 증가시키고, 점화시기도 일정한 각도만큼 진각시킨다. 그림 5.28은 수온 센서의 구동 회로도를 나타낸 것이다.

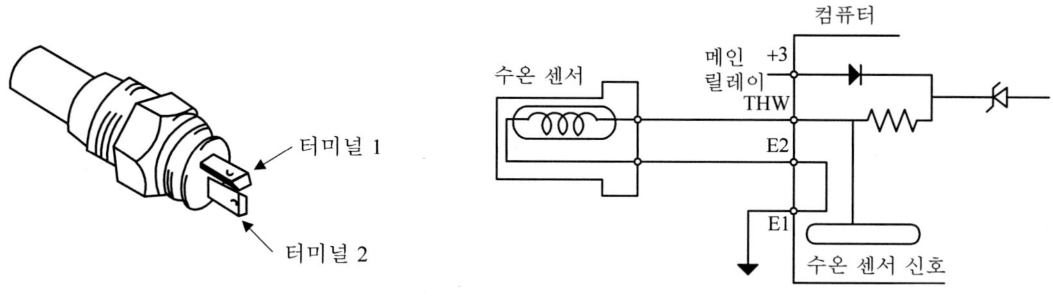

(a) 수온 센서의 외관도　　(b) 수온 센서의 회로 구성도

그림 5.27　수온 센서(WTS) 및 회로도

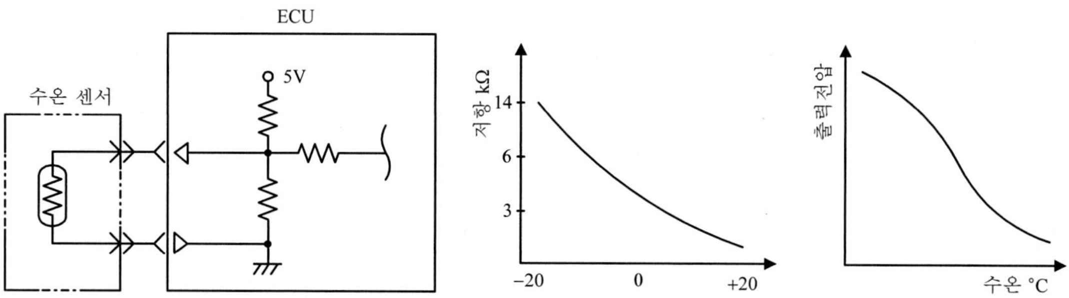

(a) WTS의 회로도　　(b) WTS의 출력특성

그림 5.28　수온 센서(WTS)의 작동회로 및 출력특성

13) 에어콘 스위치와 릴레이

에어콘의 "ON", "OFF" 신호는 그림 5.29와 같이 ECU에 입력되고, ECU는 이 신호를 이용해 에어콘을 "ON"시켰을 때 ISC servo를 제어하여 공회전수 설정치까지 상승시킨다. 또한, 자동 변속기(AT)의 경우는 급가속시 5초 동안 에어콘 작동을 잠시 중지시킨다.

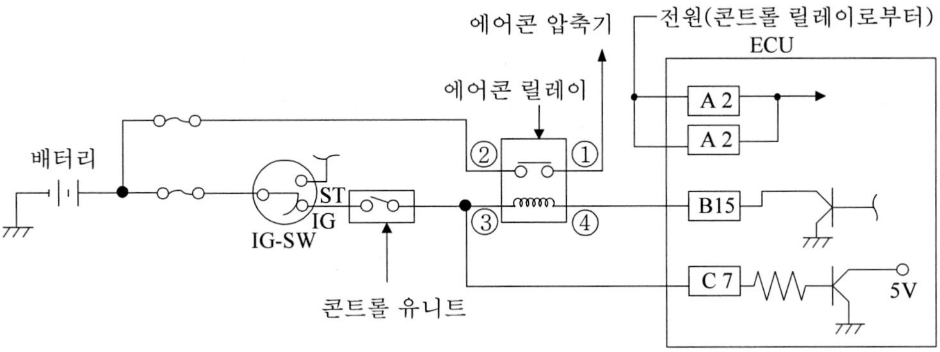

그림 5.29 에어콘 스위치와 릴레이 회로도

14) 산소 센서

그림 5.30의 산소 센서(oxygen sensor)는 방출되는 배기가스에 함유된 산소량을 측정하여 신호를 엔진 컴퓨터(ECU)로 제공하기 위한 센서로 배기 매니폴드에 장착되어 있다. 산소 센서는 배기가스에 포함된 산소 농도에 따라 0~1V의 기전력을 발생시켜 배기가스 정화장치의 공연비를 제어하는 핵심 부품이다. 해마다 강화되는 유해 배출가스 규제에 적절하게 대응하기 위한 산소 센서는 자동차의 유해 배기가스 규제정책을 제어하기 위한 필수 부품이다.

즉, 산소 센서의 출력 전압은 이론 공연비 부근에서 급격히 변화하는 특성을 가지고 있다. 이러한 특성을 이용하여 배기 가스중에 포함된 산소농도를 검출해서 ECU에 피드백(feedback) 제어를 수행함으로써 공연비가 이론 공연비보다 농후(rich)한지, 또는 희박(lean)한지 여부를 판정한다. 이 판정에 따라서 엔진의 공연비는 삼원촉매 정화율이 가장 우수한 이론 공연비가 되도록 피드백 제어를 한다. 그림 5.31은 산소 센서에 관련된 작동 다이어그램을 보여주고 있다.

그림 5.30 산소 센서

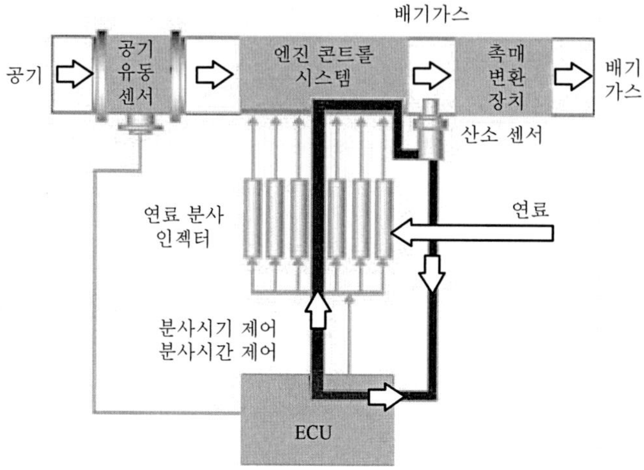

그림 5.31 산소 센서의 작동 다이어그램

15) 인히비터 스위치

그림 5.32의 인히비터 스위치(inhibitor switch)는 점화 스위치를 ST(크랭킹) 위치로 돌려주면 엔진이 크랭킹되는 동안에 컴퓨터(ECU)로 그 신호가 입력되고, ECU는 이 신호를 기초로 연료 분사시간을 조절한다. 인히비터 스위치는 자동 변속기(AT)의 각 위치에 따른 배터리의 12V 전압을 ECU로 보내주기도 하지만 P(parking)와 N(neutral) 범위에서 시동모터가 작동할 수 있게 시동회로를 연결해 주고, 이 신호를 컴퓨터(ECU)로 입력한다. ECU는 주차(P)와 중립(N) 범위에 적합하게 ISC 서보를 조절한다. 또한, R(reverse) 범위에서 후진(R) 등이 점등되도록 하는 스위치이다.

자동 변속기(AT)가 장착된 자동차에서 엔진의 시동을 걸기 위해서는 변속기 레버를 반드시 "P"(Parking) 또는 "N"(Neutral)에 놓고 시동이 걸어야 하는데, 이것은 안전 통제장치를 하는 인히비터 스위치(inhibitor switch)에 의한 것이다.

그림 5.32에서 보여준 인히비터 스위치의 회로도에서 ON("N" 또는 "P") 또는 OFF("N" 또는 "P") 신호를 ECU에 입력하고, ECU는 이 신호를 기준으로 변속기가 중립(neutral)인지, 또는 주행(drive) 범위인지를 판정하여 ISC servo를 구동함으로써 자동차의 공회전수를 제어한다.

인히비터 스위치는 알루미늄으로 제작된 둥글 납작한 전기 부품으로 내부에는 여러 가지 복잡한 회로의 전기 접촉기판으로 구성되어 있으며, 변속 케이블을 통하여 변속기 레버와 직접 연결되어 있다.

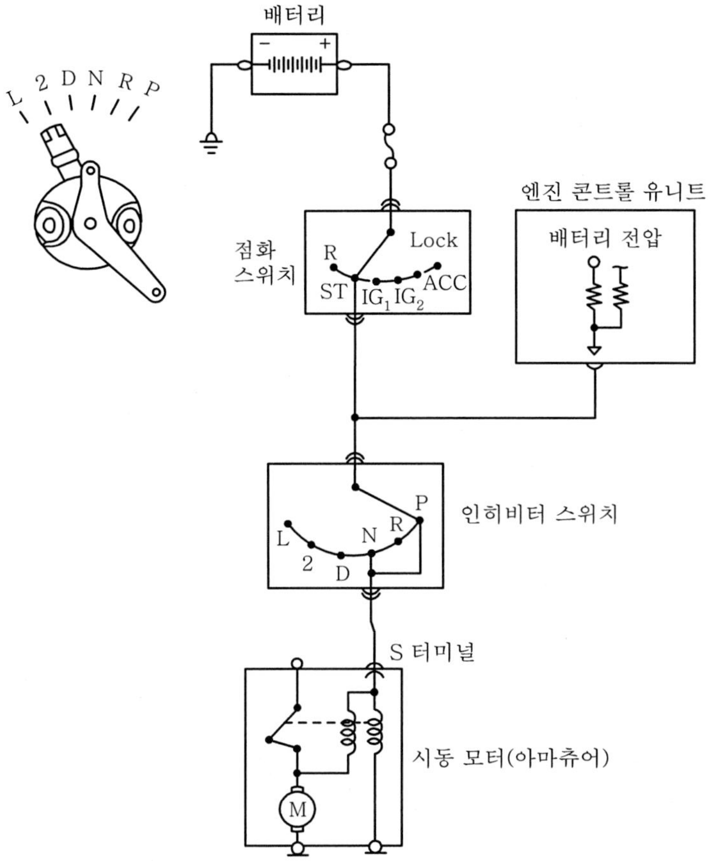

그림 5.32 인히비터 스위치와 회로도

16) 노킹 센서

그림 5.33의 노킹 센서(knocking sensor)는 엔진의 이상연소에 의해 발생하는 노킹을 감지하기 위한 센서로 엔진의 출력과 연소효율, 배출가스 등과 직접적으로 연계되어 있다. 보통은 노킹 센서를 실린더 측면에 설치하여 진동 유무를 검지하는데 4실린더에는 1개, 6실린더에는 2개를 설치한다.

엔진에서 발생되는 노킹은 연료의 연소과정에서 연소실의 압력이 급격하게 올라가기 때문에 발생하는 이상현상으로 엔진의 출력저하, 유해 배기가스 과다 발생, 연비 악화 등은 물론 엔진이 진동과 소음에 시달리게 된다. 이러한 노킹을 제어하기 위한 방법에는 여러 가지가 있지만, 일단 노킹이 발생되면 노킹이 멈출 때까지 점화를 늦추는 것도 한가지 방법이다.

노킹을 검지하기 위한 노킹 센서는 자기봉을 이용하는데, 연소과정에서 노킹이 발생하면, 자기장내에 위치한 자기봉은 코일의 자속을 스위칭시킨다. 이 때에 자속의 변화는 코일의 전압 변화를 유발하여 노킹을 감지하는 것이 노킹 센서의 기본 측정 원리이다. 대부분의 센서가 압전 결정(piezoelectric crystal)을 사용하거나 실리콘 반도체의 압전저항 방식을 사용하는 것과는 다르다. 어떠한 상황에서도 연소실에서 발생되는 노킹을 감지한 후에 점화시기를 늦추는 폐루프 시스템(closed loop system)의 형태를 사용하는 것이 일반적이다.

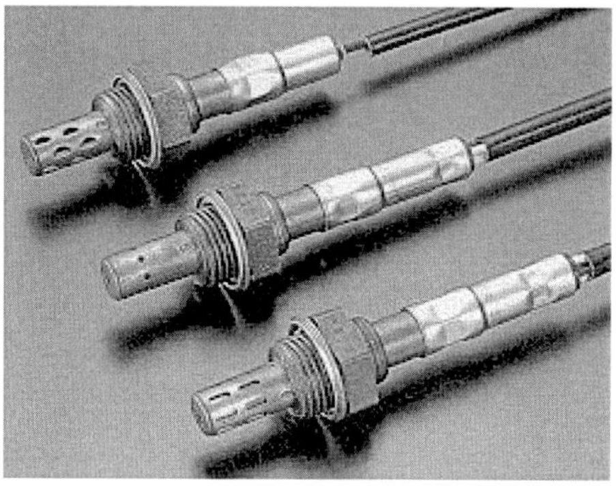

그림 5.33 노킹 센서(지르코니아 타입)

17) 온도 센서

자동차 엔진 시스템의 정상적 작동을 위해 가장 중요한 요소의 하나는 냉각수나 엔진오일과 같은 작동유체에 관련된 온도의 안정성 유지이다. 즉, 전자제어 엔진에서 흡입공기, 배기가스, 윤활유, 냉각수 등의 온도를 균일하게 유지하고 검지하는 기능은 자동차의 출력과 배기가스 문제, 안전운행 등에서 필수적으로 확보되어야 할 기본 데이터이다. 작동유체에 따라 온도센서는 여러 종류가 있으며, 이들 센서의 기본은 정확한 온도를 측정하여 ECU에 공급하는 것이다.

18) 엔진 회전수 센서

엔진의 속도를 측정하기 위해 사용되는 센서로 엔진을 제어하는데 필요한 기본 정보를 제공한다. 그림 5.34의 엔진 회전수 센서(engine rpm sensor)는 각 크랭크축의 회전당 4개의 탭이 센싱 코일을 지나가는 경우, 매분당 센싱 코일로부터 전달되는 펄스를 카운트하고, 그것을 4로 나누면 이것이 엔진의 분당 회전수가 된다.

엔진의 속도를 검지하기 위한 센서는 대부분 플라이휠 부근에 설치되어 있으며, 4개 이상의 탭을 가지고 엔진의 속도를 정밀하게 알아내고 있다.

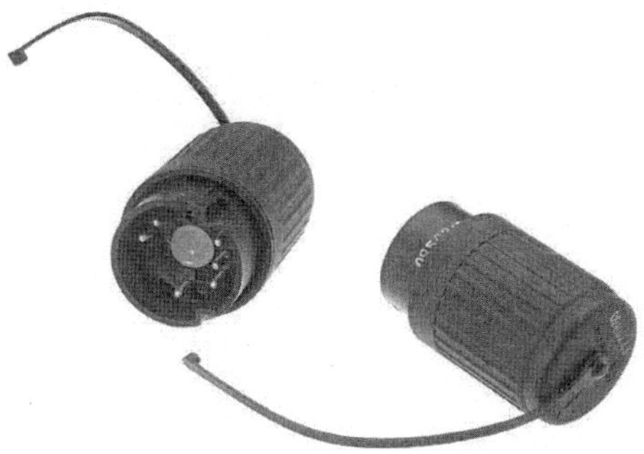

그림 5.34 엔진 회전수 센서

5.4.3 섀시제어 센서

(1) 섀시제어의 개요

자동차에서 동력을 생산하는 엔진을 제외한 동력 전달장치, 조향장치, 현가장치, 제동장치, 에어백, 에어콘, 운행장치, 편익장치 등에 대한 전자제어 시스템은 운전자나 탑승자에게 직접적으로 영향을 미치는 경우가 많다. 자동차 섀시 시스템을 안정적으로 제어하기 위해서는 정보를 획득하기 위한 각종 센서, 수집된 신호를 처리하여 최적의 운전조건으로 판단하고 지시하기 위한 전자제어 유니트(ECU), 결정된 지시 사항을 수행하기 위한 액츄에이터 등으로 구성된다.

그림 5.35에서 보여준 것처럼, 자동차의 섀시 시스템에 관련된 각종 제어장치는 엔진에 대한 제어와는 다르게 차량 시스템의 주행성, 안전성, 효율성 등을 총체적으로 확보하기 위해서 주요 부품에 대한 개별적 제어를 하기보다는 차량 시스템을 하나의 제어 대상으로 삼아서 시스템 전체를 제어하는 특성을 갖고 있다. 따라서, 섀시에 대한 전자제어는 차량을 전체적으로 볼 때 차량의 시스템적 안전성, 쾌적성, 편익성, 효율성 등을 확보하여 운전자나 탑승자에게 직접적으로 제공하는 제어 특징을 갖고 있다.

따라서, 자동차의 섀시에 대한 제어를 적절히 수행하기 위해서 많은 종류의 센서들이 사용되고 있으며, 이들 센서는 엔진처럼 현재의 주행조건, 운행 환경조건, 엔진 구동조건 등에 적합한 데이터를 센서에 의해 확보하고 ECU의 결정으로 최적의 안전성, 경제성, 운행성, 쾌적성, 제동성 등을 운전자나 탑승자에게 제공하여 느끼도록 하는 제어 특성을 갖는다.

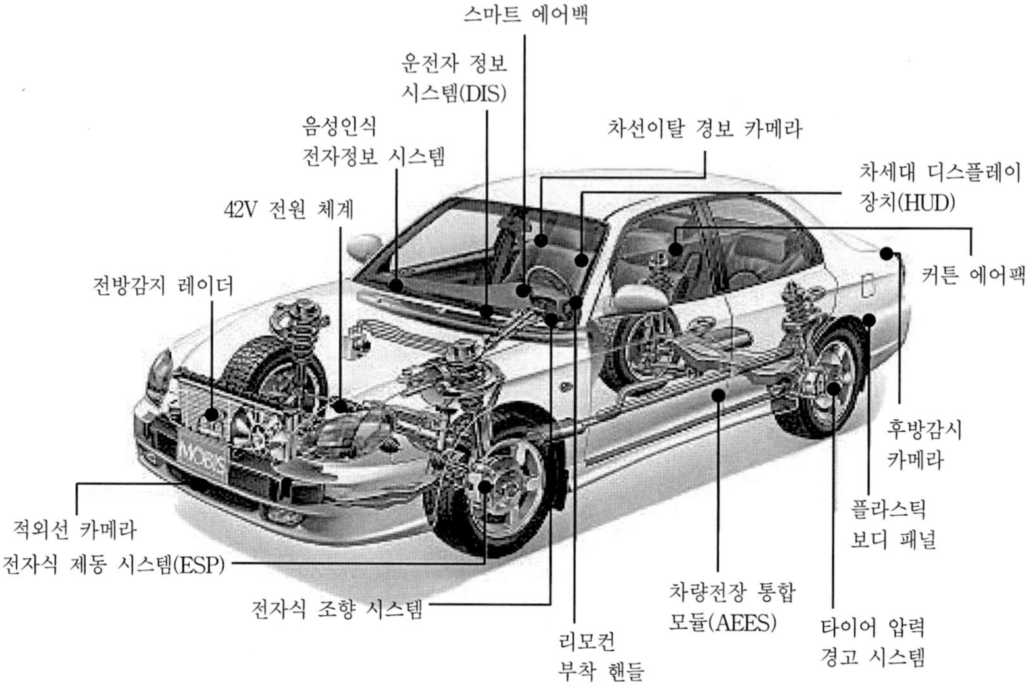

그림 5.35 자동차의 대표적인 섀시제어 시스템

(2) 섀시제어 관련 센서

1) 차고 센서

차고 센서는 자동차의 높이 변화에 따른 차체(body)와 차축의 상대적 위치변화를 검출하여 ECU로 입력시킨다. 차고 센서는 차체와 노면 사이의 거리를 직접 검출하는 초음파 방식과 현가장치의 신축량을 검출하는 광단속기 방식의 두 가지가 있고, 센서는 설치하는 위치에 따라 차량의 프론트용과 리어용 두 개로 분류된다. 차고 센서는 그림 5.36에서 보여준 것처럼 자동차의 앞·뒤로 1개씩 설치되며, 레버(lever)와 연결된 로드(rod)와 센서 보디(sensor body)로 구성된다. 로드에 연결된 레버의 회전량이 센서 보디로 전달되므로 차고 변화에 따른 차체와 액슬축의 위치를 센서는 검출하게 된다. 앞차고 센서(그림 5.36(a))에는 광단속기가 4개, 뒤차고 센서(그림 5.36(b))에는 광단속기 3개가 각각 설치되며, 이들 각각의 광단속기에는 발광 다이오드(LED)와 포토 다이오드가 1개의 세트로 구성된다.

차고 센서는 레버에 설치된 디스크(disc)가 차고의 변화에 따라 발광 다이오드와 포토 다이오드를 통하여 발광 다이오드의 빛이 통과하면 센서의 출력은 약 0~0.5V가 되고, 차단되면 5V의 출력에 의해 차고가 검출된다는 원리를 이용한 것이다.

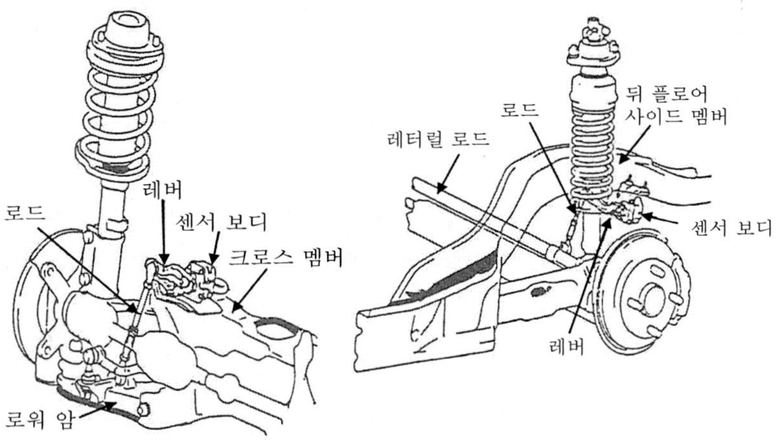

(a) 앞차고 위치 (b) 뒤차고 위치

그림 5.36 차고 센서의 설치위치

2) 차속 센서(VSS)

그림 5.37의 차속 센서(Vehicle Speed Sensor : VSS)는 트랜스미션의 스피드 미터 드리븐 기어(driven gear)에 장착되어 자동차의 주행속도를 검출하여 ECU로 입력시킨다. 차속 센서는 리드 스위치 타입으로 변속기 출력축이나 속도계 구동축에 설치된다. 변속기 출력축의 회전을 펄스신호로 변환시켜 ECU에 입력된 신호는 차고, 스프링 상수, 쇽업소버의 감쇠력 제어를 위해 사용된다.

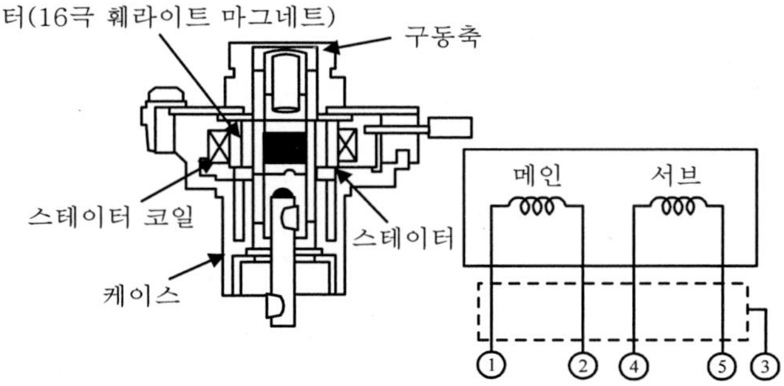

그림 5.37 차속 센서(VSS)

3) 중력 센서

그림 5.38의 중력 센서(gravity sensor)는 차체의 바운싱(bouncing)에 대한 신호 정보를 ECU에 입력시킨다. 중력 센서는 피에조 소자의 압전효과를 이용한 것으로 센서에 변위를 주

면 약 2ms의 대단히 짧은 시간에 도로면의 요철(凹凸)을 인식하게 된다. ECU의 제어로 역압전 효과를 이용한 액츄에이터에 고전압을 공급하면 유압회로 내에서 약 50μm의 빠른 변위량을 5ms의 응답 속도로 작동할 수 있게 된다.

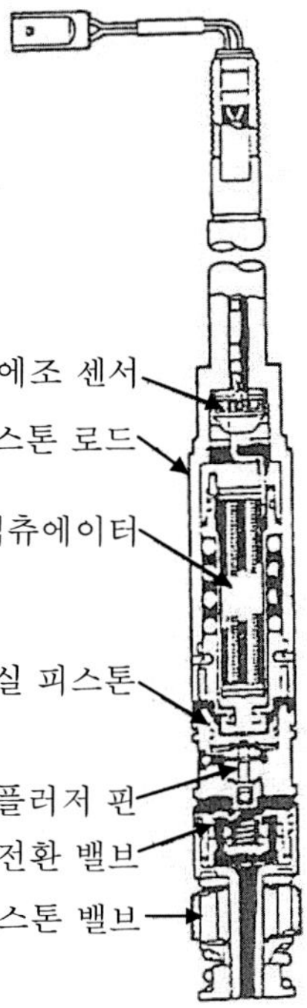

그림 5.38 중력 센서가 설치된 속업서버

4) 조향휠 각속도 센서

조향휠(steering wheel) 각속도 센서는 조향휠(또는, 핸들)의 작동속도를 검출하여 ECU로 입력시키며, 2개의 광단속기와 1개의 디스크로 구성된다. 광단속기는 조향 칼럼(steering column)에, 그리고 디스크는 조향축에 각각 고정되어 조향휠과 함께 회전한다. 그림 5.39는 조향휠 각속도 센서의 구조와 설치 위치를 각각 보여주고 있다.

그림 5.40에서 조향휠 각속도 센서는 광단속기의 발광 다이오드(LED)와 포토 다이오드 사이에 설치되며, 조향휠의 작동속도에 따라 광단속기 A와 B에는 번갈아 가면서 빛이 차단되거나 빛이 통과되어 센서는 작동하게 된다. 즉, 디스크가 핸들(조향휠)의 회전속도에 따라서 핸들의 각속도 변동에 따른 전기적 신호가 발생한다. 이 신호에 따라 핸들의 회전 방향이 검출되지만, 핸들의 유격과 같은 작은 움직임은 센서에 의해 감지되지 않는다. 조향휠 각속도 센서의 출력은 포토 다이오드가 "ON"으로 되면 1V, "OFF"로 되면 3.5V 정도가 된다.

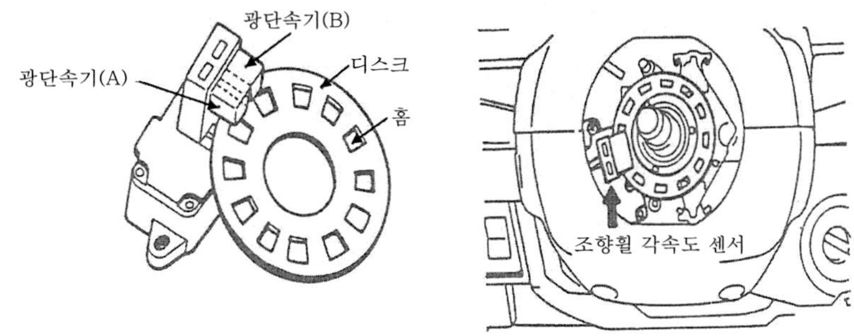

(a) 센서구조 (b) 설치위치

그림 5.39 조향휠 각속도 센서

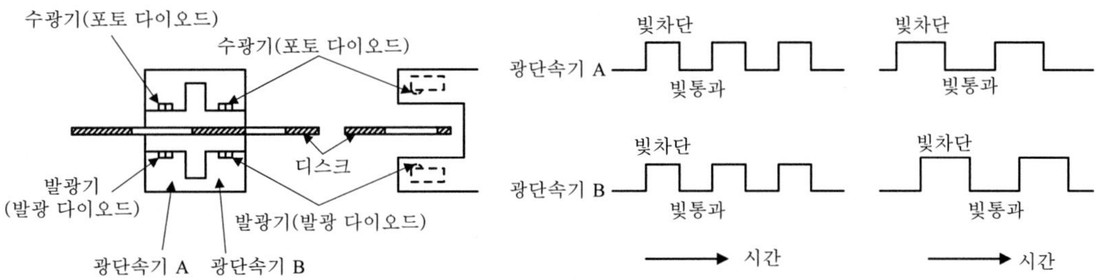

(a) 각속도 센서의 구조 (b) 작동속도가 느릴 때 (c) 작동속도가 빠를 때

그림 5.40 조향휠 각속도 센서와 조향휠의 작동속도

5) 가속도 센서

그림 5.41의 가속도 센서(acceleration sensor)는 서스펜션 컨트롤 시스템(Suspension Control System : SCS)에서 사용하는 센서로 노면조건, 차량의 움직이나 흔들림, 운전자의 반응 동작 등에 관련된 모든 진동 요소를 감지하여 차량의 조향 및 주행성능, 안전성을 높이기 위해 차량의 조향휠과 차체(body)에 전달되는 진동을 모니터링하는 센서이다.

그림 5.41 가속도 센서

6) 일사 센서

일사 센서(solar radiation sensor)는 태양의 일광량 변동에 따라 차량의 실내온도 상승을 억제하기 위해 사용하는 제어용 센서로 그림 5.42와 같이 설치되어 있다. 일사 센서는 보통 서미스터나 포토 다이오드(photo diode) 타입을 사용하는데, 특히 포토 다이오드는 주변의 온도 영향이 적기 때문에 선호하는 편이다. 또한, 포토 다이오드 센서는 태양 광선에 대한 응답이 우수하고, 일광량을 검출하는데 적합하다.

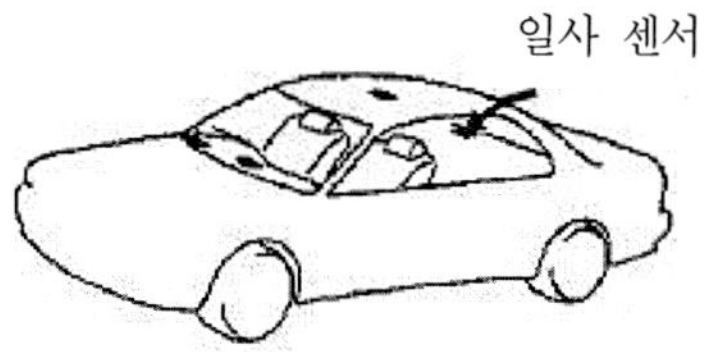

그림 5.42 일사 센서

연습문제

5.1 가솔린 엔진이나 디젤 엔진에 전자제어 시스템을 도입함으로써 궁극적으로 얻고자 하는 목적에 대하여 설명하시오.

5.2 자동차 전자제어 시스템의 핵심은 검지부에 해당하는 센서, 정보를 최적의 작동조건으로 처리하기 위한 전자제어 유니트(ECU), 구동부에 해당하는 액츄에이터로 구성된다. 엔진이나 섀시장치를 최적의 작동조건에서 가장 안정적으로 제어하기 위한 ECU의 역할에 대하여 자세하게 설명하시오.

5.3 자동차 동력 전달장치의 전자제어 시스템에 대하여 설명하고, 그 장점을 간략하게 기술하시오.

5.4 전자제어 엔진관리 시스템(EMS)의 설치 목적과 EMS의 작동 흐름도에 대하여 설명하시오.

5.5 자동차 엔진의 작동 상태를 감지하기 위해 사용하는 주요 센서의 기능과 설치 위치를 간략하게 설명하시오.

5.6 자동차 섀시 시스템을 최적의 작동 상태로 제어하기 위해 검지부 센서로부터 정밀한 데이터를 입력받기 위해 사용하는 대표적인 센서의 기능과 설치 위치에 대하여 간략하게 설명하시오.

제 6 장

자동차 엔진의 전자제어

6.1 자동차 엔진 개론

자동차 엔진에 전자제어 시스템을 도입하게 된 것은 기존의 기계식 연료 공급장치로는 고출력과 저연비를 동시에 실현하기가 어렵고, 특히 강화되고 있는 국내외적 환경규제 조건을 만족하기 어렵다는 사실 때문이다. 즉, 기존의 기계식 엔진으로는 환경규제 조건과 소비자의 요구를 만족할 수 있는 합의점을 찾기가 어렵기 때문에 엔진의 모든 작동 조건을 가능한 최적의 운전상태로 유지시킬 수 있는 전자제어 시스템을 적극 도입하여 효율적인 전자제어 엔진을 개발하고자 한다.

전자제어 엔진은 기존의 기계식 엔진에 전자제어 연료 분사장치를 설치하여 완벽한 무화 분사를 실현함으로써 출력의 향상, 유해 배기가스 발생량의 감소, 연료 소비량의 감소, 운전성을 향상시킨 것이다. 이러한 전자제어 엔진의 장점을 실현하기 위해 흡기계통, 연료계통, 배출가스 제어계통, 점화계통 등에 필요한 센서를 설치한다. 이들 센서에서 검지되는 신호를 전자제어 유니트(ECU)에 저장하고, ECU의 기준 데이터를 활용한 최적의 주행 작동조건을 도출하고, 이러한 최적조건을 인젝터, ISC 서보, 솔레노이드 밸브 등에 제공하여 자동차 엔진을 가장 효율적으로 최적의 조건에서 안전하게 운전하도록 한다.

결국, 엔진에 전자제어 기술의 도입은 연료장치의 분사 제어, 점화장치의 점화시기 및 점화기간 제어, 아이들 회전수의 제어, 엔진 진단 시스템 등에 관련된 기능을 최적의 상태에서 작동시켜 출력을 증대시키고, 연비를 이론적 근사치로 향상시켜 유해 배기가스 발생량을 최대한 줄이는데 그 목적이 있다.

가솔린 엔진에서 널리 사용하는 자동제어는 각 실린더에 연료분사 인젝터를 한 개씩 설치한 MPI 엔진(multi point injection engine)이 대표적이다. 효율성의 극대화를 추구하는 MPI 엔진은 최고의 출력을 유지하면서 저연비를 달성하고, 환경 규제조건을 만족하는 희박 연소 조건을 유지하고 있다. 또한, 최근에는 향상된 출력과 최고 연비를 위해 가솔린 직접 연료 분사방식(gasoline direct injection)을 채택한 GDI 가솔린 엔진을 많이 사용하고 있다.

6.1.1 전자제어 엔진 시스템의 구성

자동차 엔진에서 전자제어 시스템은 센서, 전자제어 유니트(ECU), 액츄에이터를 총괄하여 말한다. 기존의 엔진에서 사용하던 기계식 장치와, 연료와 윤활유를 포함한 각종 작동유체에 전자제어 시스템을 추가하면, 그림 6.1에서 보여주는 것과 같은 현재의 전자제어 엔진이 구성된다.

그림 6.1에서 전자제어 가솔린 엔진은 연소실을 중심으로 왼쪽 상단부는 공기와 연료를 흡입하는 흡기계통이 있고, 오른쪽 하단부는 연소가스를 배출하는 배기계통이 설치되어 있다. 또한, 오른쪽 상단부에는 전자제어 유니트(Electronic Control Unit : ECU)가 설치되어 모든 센서와 액츄에이터를 콘트롤하고 있다. 자동차에서 ECU는 전자제어 엔진의 핵심으로 마이크로 컴퓨터가 내장되어 엔진을 포함한 자동차의 전체 시스템을 제어하는 부분이다. ECU는 마이크로 컴퓨터, 전원부, 입력 처리 회로, 출력 처리 회로 등으로 구성된다.

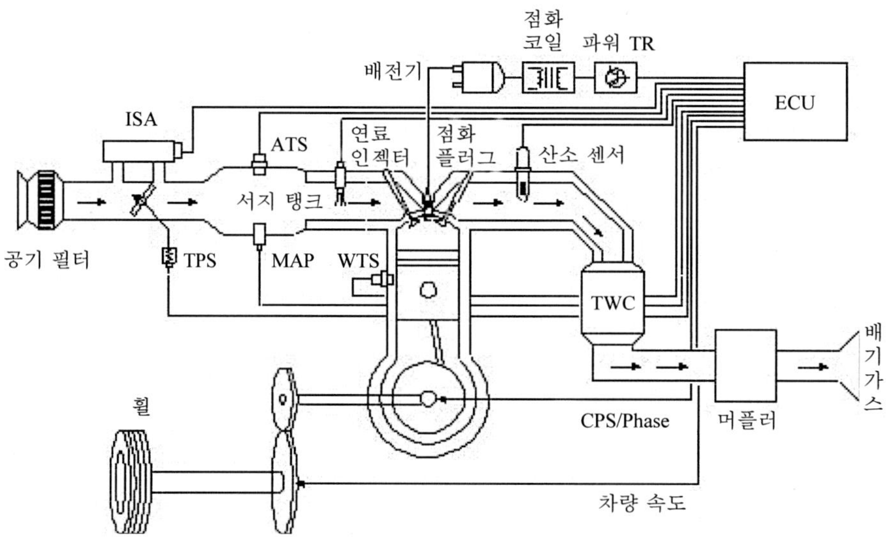

그림 6.1 MPI 엔진의 전자제어 시스템 구성도

전자제어 엔진은 연소효율과 출력, 배기가스에 포함된 각종 유해가스 성분 등에 관련된 정확한 정보를 획득하기 위해서 각종 센서를 사용하고, 여기서 획득한 엔진의 작동상태 정보는 ECU의 처리결과에 따라 출력 신호를 액츄에이터로 보내서 최적의 엔진 운전상태를 유지하도록 한다. 이러한 정보 획득과 연산처리 및 조정작업은 자동차의 운전조건에 가장 적합하도록 센서, ECU, 액츄에이터에 의해 유기적으로 연동처리가 이루어질 수 있도록 그림 6.2와 같은 신호처리 프로세스를 거친다.

결국, 엔진의 각부에서 검출된 신호를 최적으로 콘트롤하는 ECU의 기능이 핵심적인 제어 기술이다. 차량의 크기와 성능조건, 차량의 주행조건에 따라 변동하는 실제 데이터를 비교·판단하기 위한 기준 데이터(reference data)의 설정이 전자제어 엔진 시스템의 노하우가 된다. ECU에 내장된 기준 데이터는 개발된 차량의 성능, 유해 배기가스, 연비조건 등에 직접적으로 연계되어 작동한다.

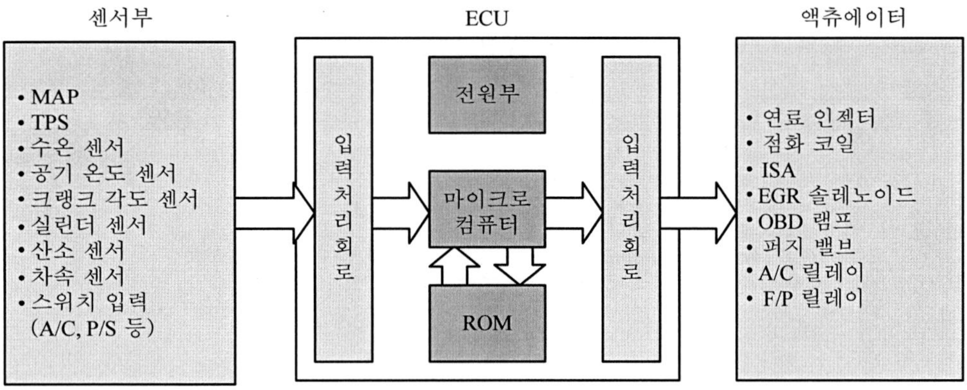

그림 6.2 전자제어 엔진 시스템의 신호처리 프로세스

6.1.2 전자제어 엔진 시스템의 향후 전망

자동차 엔진에서 전자제어 시스템에 대한 의존도는 포괄적인 대기 환경규제와 반도체 기술의 발전으로 더욱 높아질 것이다. 즉, 자동차에서 배출되는 배기가스는 최대한 줄여야 하고, 연료 소비율은 절약해야 하지만 속도와 출력은 높게 유지되어야 한다. 또한, 자동차의 안전성, 안락성, 경제성, 저공해성 등을 더욱 높여야 한다는 소비자의 요구는 전자제어 시스템의 중요성을 더욱 강조하게 되었다. 자동차에 대한 이러한 요구는 엔진의 전자제어 시스템의 강화, 브레이크와 현가장치, 조향장치를 포함한 새시 시스템에 대한 전자제어 기능의 강화 등으로 연계되기 때문에 자동차의 가격 상승과 복합적인 기술개발을 추진해야 하는 어려운 상황에 놓이게 된다.

특히, 환경 보존에 대한 관심이 크게 높아짐에 따라 자동차 배출가스에 포함된 유해성분은 최대한 줄이면서 연비가 높은 고효율 엔진을 개발하는 것이 자동차 메이커의 궁극적인 기술개발 목표이다. 따라서, 전자제어 엔진의 개발은 필연적이고, 엔진의 순간 고응답성, 고성능화, 차량의 컴팩트 설계에 의한 실내 공간 확보, 주행성, 제동성 향상 등을 동시에 요구하지만, 저렴한 가격도 보장해야 하기 때문에 자동차 메이커는 현재의 시점에서 전자기술에 많이 의존하고 있는 실정이다.

그림 6.3에서 요구하는 다양한 조건들을 모두 만족시키기 위해서는 엔진을 중심으로 센서, ECU, 액츄에이터로 구성되는 전자제어 엔진 시스템의 경제성, 저공해성, 안전성, 쾌적성 등을 감안하여 설계해야 한다. 이러한 조건들은 향후 전자제어 엔진이 추구하고자 하는 기술개발 방향이 될 것이다. 그러나 여기에는 차량 가격 상승이라는 문제점 때문에 전자제어 기술이나 무선통신 노하우를 급격하게 도입하지 못하고 있다. 차세대 전자제어 엔진에서 요구하는 각종 조건들을 요약하면 다음과 같다.

① 내장형 엔진 진단장치(on-board diagnosis system)
② 산소센서에 의한 각 실린더의 독립적 공연비 제어
③ 초희박 연소 제어
④ 직접 분사식(GDI type) 가솔린 엔진 제어
⑤ 연소실의 압력을 직접 측정하여 노크 제어
⑥ ECU와 TCU의 통합 제어
⑦ CAN 통신을 이용한 자동차 제어 시스템과의 통신 제어
⑧ 텔레매틱스(telematics) 기술에 의한 무인 자동화 엔진 제어

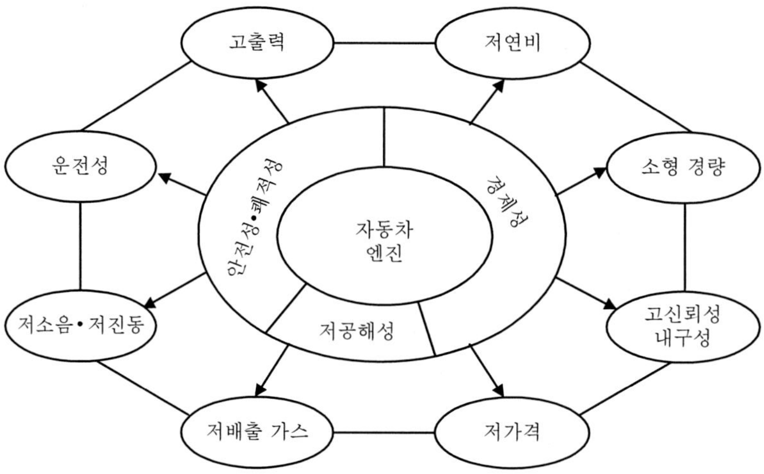

그림 6.3 자동차 엔진에서 전자제어 시스템 도입의 연계도

6.2 흡기계통의 전자제어 시스템

6.2.1 흡기계통의 구성도

흡기계통의 전자제어 시스템은 그림 6.4에서 보여준 것처럼 공기 청정기(air cleaner)를 통하여 흡입된 신선한 공기는 공기 유량 센서(AFS)에 의해 공기량이 계측된 후 스로틀 보디(throttle body)를 지나 서지탱크(surge tank)로 유입된다. 서지탱크의 공기는 각 실린더(cylinder)의 흡기 매니폴드로 분배되어 인젝터에서 분사된 연료와 혼합되어 혼합기 상태로 실린더에 보내진다.

즉, 엔진에서 흡기계통은 외부의 공기와 무화된 연료를 받아들여서 완벽한 연료-공기 혼합기를 형성하고, 이것을 연소실로 흡입하는 역할을 담당하고 있다. 따라서, 흡기계통은 엔진의 출력과 배기가스의 유해성에 중요한 역할을 담당한다.

흡기 매니폴드로 유입되는 공기량은 스로틀 밸브에 의해 제어되며, 공회전시 스로틀 밸브의 개도는 ECU의 계산에 따라 제어되는 공회전 속도 조절서보(Idle Speed Control servo : ISC servo)에 의해 정확하게 조정된다. 또한, ISC 서보는 엔진의 감속과 엔진의 웜업 동안에 스로틀 밸브의 개도를 최적의 상태로 조절한다.

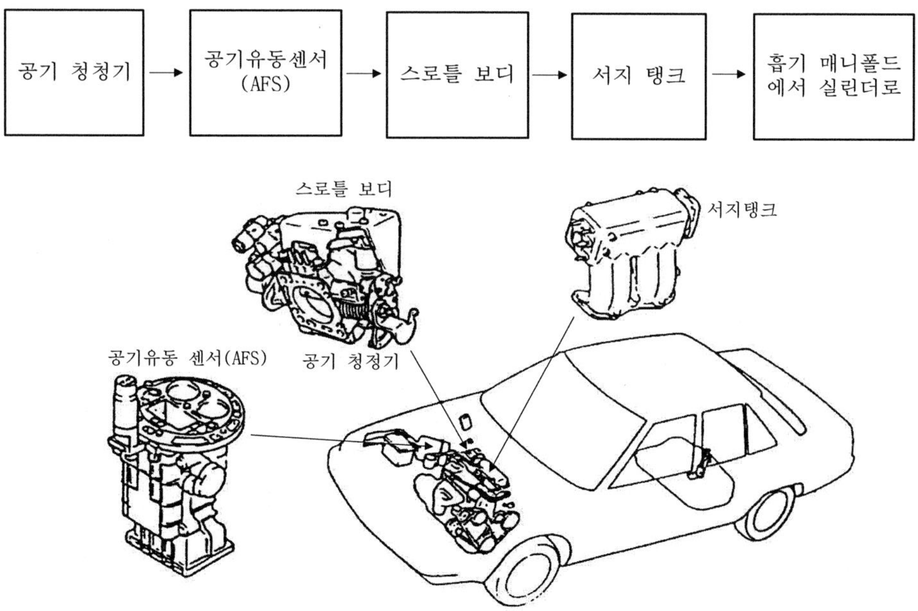

그림 6.4 흡기계통의 구성도

6.2.2 흡기계통의 센서

(1) 공기 유량 센서(AFS)

공기 유량(동) 센서(Air Flow Sensor : AFS)는 실린더로 유입되는 외부의 공기량을 측정하기 위한 센서로 엔진의 연소효율을 검지할 수 있다. 즉, AFS는 연료의 불완전 연소 정도를 측정하고, 공기 유동량을 제어하는 중요한 역할을 담당한다.

공기 유량 센서(AFS)는 칼만와류 방식, 맵센서 방식, 베인 방식, 열선(hot wire) 방식, 열필름(hot film) 방식 등 5가지가 있다. AFS에서 칼만와류 방식은 펄스제어 방식이지만, 나머지는 모두 전압을 검출하는 방식을 채택하고 있다. AFS는 칼만와류 현상을 전기적 디지털 신호로 바꾸어 ECU로 보내면, ECU가 흡입 공기량 신호와 엔진 회전수를 고려한 최적의 연료 분사량과 분사시간, 분사기간을 연산할 수 있도록 공기량 정보를 제공하는 흡기계통의 핵심 센서이다.

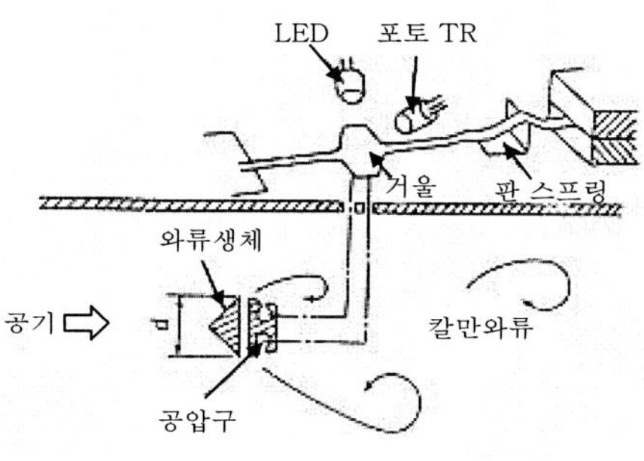

(a) 칼만와류 방식의 AFS

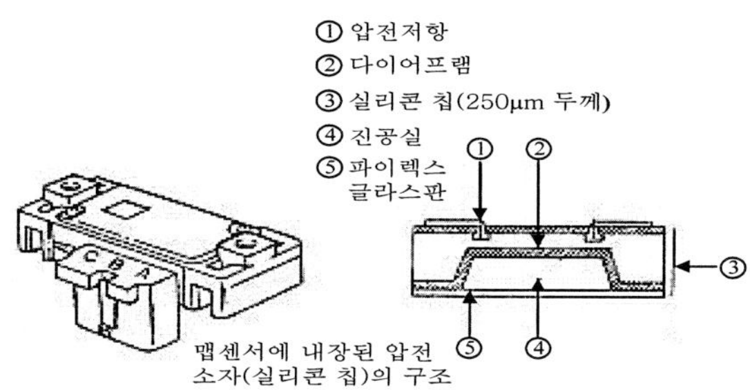

(b) 맵센서 방식의 AFS

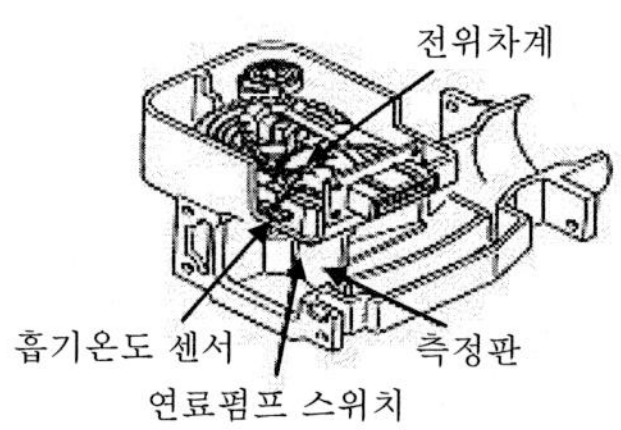

(c) 베인 방식의 AFS

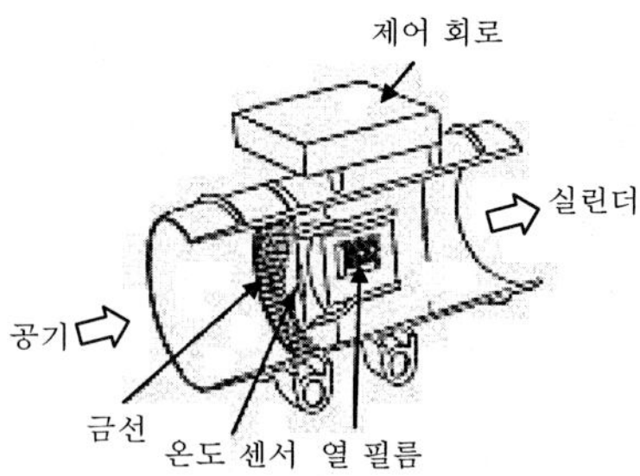

(d) 열필름 방식의 AFS

그림 6.5 공기 유량 센서(AFS)

공기 유량 센서(AFS)를 제시한 그림 6.5의 사례에서 AFS의 4가지 타입과 기능을 간략하게 요약하면 다음과 같다.

① 칼만와류 방식 : 칼만와류 현상을 이용하여 흡입 공기량을 측정한 후에 전기적 신호로 바꾸어 ECU로 전달하면, ECU는 흡입 공기량 신호와 엔진의 회전수 신호를 동시에 고려하여 기본적인 연료 분사량과 분사시간을 결정한다. ECU는 엔진의 운전 상태에 적합한 연료-공기 혼합비를 최적의 상태로 제어한다.

② 맵센서 방식 : 흡기 매니폴드의 압력변화, 즉 엔진의 부하변동을 전기적 신호로 바꾸어 ECU로 전하여 간접적으로 공기량을 계측하는 방식이다.

③ 베인 방식 : 공기 유량계를 사용하여 실린더로 흡입되는 공기량을 간접적으로 계측하는 방식이다.

④ 열필름 방식 : 백금 박막으로 제작된 열필름(hot film)과 온도센서 사이의 온도차에 따라 발생하는 전류를 이용하여 연소실로 유입되는 연료-공기 혼합비가 일정하게 유지되도록 제어하는 방식이다.

⑤ 열선 방식 : 백금선으로 제작된 열선(hot wire)과 온도센서 사이의 온도차에 따라 발생하는 전류를 이용하여 연소실로 유입되는 연료-공기 혼합비가 일정하게 유지할 수 있도록 제어하는 방식이다.

(2) 대기압 센서(APS)

그림 6.6의 대기압 센서(Atmospheric Pressure Sensor : APS)는 공기 유량 센서(AFS)에 부착되어 대기압을 측정한 신호를 전압으로 변환하여 ECU로 보낸다. ECU는 수신된 신호를 이용하여 이들의 전압차를 현재의 고도(level)로 계산하여 최적의 공연비가 되도록 연료 분사량과 점화시기를 보정한다. 따라서, 대기압 센서는 고도(level)의 변동에 따른 주행성을 향상시켜주는 역할을 한다.

자동차를 고지대에서 운전하게 되면 공기중의 산소(O_2)는 상대적으로 줄어든다. 그러나 이러한 고도 데이터를 고려하지 않고 연료 분사량을 평지에서처럼 동일하게 분사하게 되면 연료-공기 혼합비는 농후한 상태로 되어 불완전 연소가 될 가능성이 크다. 따라서, 자동차의 적정 공연비를 유지하도록 연료의 분사량을 조절하고, 동시에 점화시기와 점화기간을 조정하는 제어기술이 필요하다. 대기압 센서는 고산지대에 도시가 형성된 나라에서 특히 중요한 역할을 한다. 고지대에서 운행하던 차량은 산소 공급량 부족에 따른 불완전 연소를 보정하기 위해 APS와 ECU의 제어를 대단히 중요시한다.

대기압 센서(APS)에 결함이 있을 때는 대기압 상태를 유지하는 평지에서도 검은 색깔의 연기(CO가 증가된 상태)가 배출될 수 있다. 대기압 센서에 입력되는 전압은 5V이지만 출력값은 대기압 상태(760mmHg)에서 4V, 750mmHg에서 3.8V, 770mmHg에서 4.2V가 출력된다. 따라서, 대기압 센서(APS)가 3.8V~4.2V 사이를 유지한다면 대기압 센서는 정상이다.

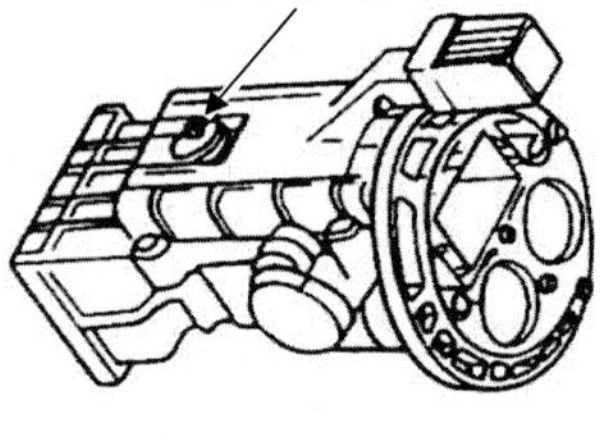

(a) 대기압 센서　　　(b) APS의 설치

그림 6.6　대기압 센서(APS)

(3) 흡기 온도 센서(ITS)

그림 6.7의 흡기 온도 센서(Intake Temperature Sensor : ITS)는 연소실로 흡입되는 공기의 온도를 측정하는 센서로 공기 유량 센서(AFS) 내에 함께 일체로 되어있는 방식과 흡기온도 센서만 독립적으로 달려있는 두 가지 방식이 있다. 이들의 온도 검출방식은 모두 엔진으로 흡입되는 공기의 온도가 변화하기 때문에 저항값이 따라서 변하는 일종의 NTC 저항방식을 채택하고 있다.

흡기 온도 센서(ITS)의 서미스터(thermistor)는 온도의 변화에 따라 그림 6.8과 같이 저항값이 변하게 되고, 이 저항에 따른 출력전압의 변화량을 ECU로 보내게 된다. ECU는 공기 유량 센서의 출력 전압에 의한 흡입공기의 온도를 측정하여 흡입공기 온도에 대응하는 연료 분사량을 보정한다. 즉, 흡입공기의 온도는 공기의 밀도에 영향을 주기 때문에 공기의 온도에 따라 연료 분사량을 보정하는 것이 필요하다.

ECU는 센서의 저항값 변동에 따라 변화하는 전압을 감지하여 공기의 온도를 계산하기 때문에 점화진각, 분사량, 점화시기, 공회전 속도 등을 정밀하게 보정하는 역할을 한다.

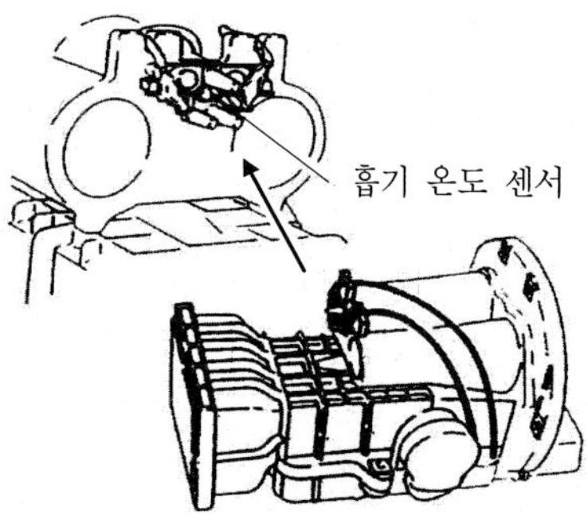

(a) 흡기 온도 센서　　　(b) ITS의 설치

그림 6.7　흡기 온도 센서(ITS)

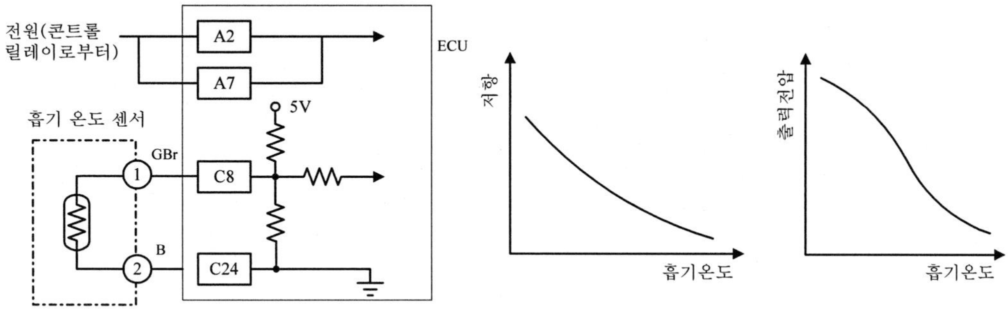

(a) 회로도 (b) 저항특성 (c) 전압특성

그림 6.8 흡기 온도 센서(ITS)의 작동 회로도

표 6.1 흡기 온도 센서와 냉각수 온도 센서에서 온도 변화에 따른 저항치

엔진 온도, ℃	저항값, Ω	엔진 온도, ℃	저항값, Ω
120	99.8	60	670
110	131	40	1,460
105	152	20	3,510
100	177	10	5,670
95	205	0	9,420
90	240	-10	16,100
80	332	-40	100,000

(4) 스로틀 위치 센서(TPS)

스로틀 보디(throttle body)에 설치되어 있는 그림 6.9의 스로틀 위치 센서((Throttle Position Sensor : TPS)는 스로틀 밸브(throttle valve)의 열림 정도를 검출하여 ECU로 신호를 보낸다. 즉, 엔진의 공전상태, 가속상태, 감속상태, 전부하 상태 등의 정보를 ECU에 공급하여 연료 분사량을 결정하고, 점화시기를 보정하며, 부하 상태에 따라 에어콘 압축기의 단속기능을 담당한다. 스로틀 위치 센서에는 접점식과 가변 저항식의 두 가지가 있지만, 현재의 TPS는 가변 저항식 TPS를 사용한다. 그림 6.10은 스로틀 위치 센서의 작동 회로도와 스로틀 개도에 따른 출력 전압의 크기를 제시하고 있다.

자동 변속기(AT)의 경우는 TPS 수치에 따라 변속 패턴이 달라진다. 따라서, 변속시기가 잘못된 자동차들은 TPS값으로 조정할 수 있다. 즉, TPS값이 규정보다 낮으면 변속이 빨리 이루어지고, TPS값이 높으면 변속이 늦게 이루어진다. 보통의 TPS 규정값은 0.5V이지만, 자동 변속기의 경우는 0.45V~0.73V의 범위에서 조정이 가능하다.

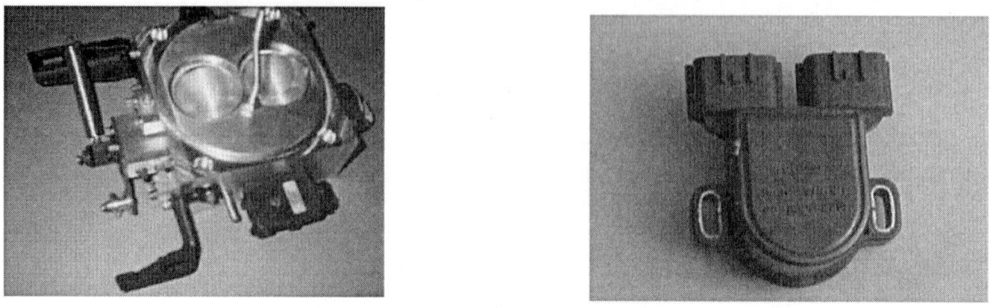

(a) (b)

그림 6.9 스로틀 위치 센서(TPS)

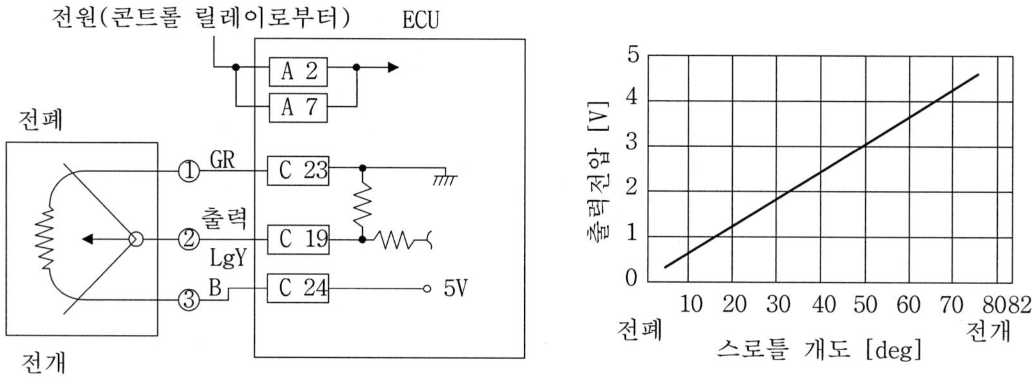

(a) 회로도 (b) 전압특성

그림 6.10 스로틀 위치 센서(TPS)의 작동회로 및 출력전압

(5) ISC 서보

그림 6.11의 ISC(Idle Speed Control : ISC) 서보는 아이들 상태에서 부하가 걸리면서 떨어지는 엔진의 출력만큼 흡입 공기량을 증가시켜 엔진의 출력 저하로 발생할 수 있는 엔진의 부조화 현상을 방지하는 장치이다. 그림 6.12는 엔진에 설치된 ISC 서보를 보여주는 것으로 EGR 밸브의 옆에 설치되어 있다.

ISC 서보 시스템에는 엔진의 부하 조건에 따라 떨어진 출력만큼 스로틀 밸브를 강제로 열어서 흡입 공기량을 증가시킴으로써 엔진의 출력을 향상시키는 방식과 스로틀 밸브가 닫힌 상태에서 바이패스 공기 통로를 따라서 공기를 추가로 공급함으로써 떨어진 출력만큼 공기량을 보상하는 바이패스 에어 공급방식의 두가지가 있다. 대부분의 차량은 바이패스 에어 공급방식을 채택하고 있으며, 바이패스 에어 공급방식에는 ISC 모터 방식과 스텝 모터 방식의 2가지가 있다.

모터, 웜기어, 웜휠, 모터 위치 센서(MPS), 공회전 스위치 등으로 구성된 ISC 서보에서 웜

기어는 모터축에 설치되어 모터가 회전하면 웜휠이 따라서 회전하면서 웜휠 내의 플런저가 왕복운동을 하게 된다. ECU 신호에 의해 모터가 좌우로 회전을 하게 되면, 모터의 회전방향에 따라 플런저가 왕복운동을 하면서 스로틀 밸브의 열림 정도가 조절되고, 공회전 속도는 제어된다.

공회전 스위치는 운전자가 가속 페달을 밟았는지, 아니면 밟지 않았는지를 감지하여 디지털 신호를 ECU에 입력하고, 입력된 신호는 ECU의 결정에 따라 ISC 서보를 작동시키는 기본 입력 신호가 된다.

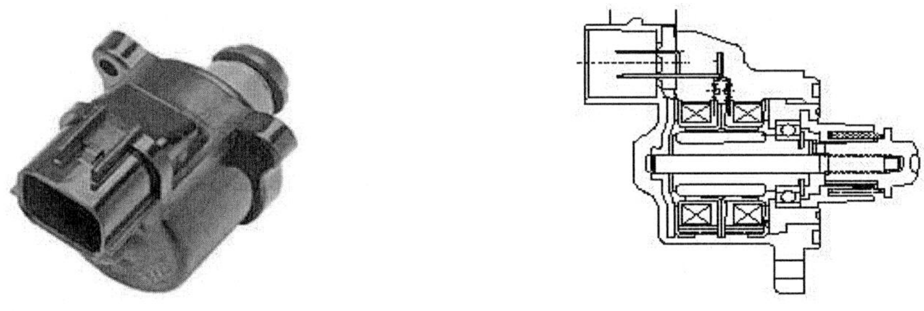

(a) ISC 모터 어셈블리 (b) ISC 모터 전개도

그림 6.11 ISC 서보

그림 6.12 ISC 서보의 설치

(6) 모터 위치 센서(MPS)

그림 6.13의 모터 위치 센서(Motor Position Sensor : MPS)는 가변 저항식으로 ISC 서보 모터 위 또는 ISC 서보 모터 옆에 설치된다. 모터 위치 센서(MPS)에 의해 ISC 서보 플런저의 위치를 검출한 신호를 ECU로 전달한다. ECU는 전달된 신호를 근거로 공회전 신호, 냉각수 온도 신호, 부하 신호, 차속 신호 등을 이용하여 스로틀 밸브의 열림 정도를 제어하여 공회전 속도를 조절한다.

모터 위치 센서(MPS)의 규정값은 공회전 상태에서 0.9V~1.2V 사이에 있어야 정상이다. 만약 규정값을 벗어나거나, 이상이 발생하였을 경우는 어떠한 조건이 ECU에 입력되어도 ISC 모터는 정상적인 작동을 하지 않으므로 원활한 아이들 상태를 유지할 수 없게 된다. 즉, 엔진이 냉간 상태에서 엔진의 회전수가 원활하게 올라가지 않고, 에어콘을 작동할 때도 엔진의 회전수가 충분히 올라가지 않아 공회전 상태가 불안정하면서 덜덜거리는 현상이 발생한다.

그림 6.13 모터 위치 센서(MPS)

(7) 공회전 스위치

아이들 스위치(idle switch)라고도 하는 그림 6.14의 공회전 스위치는 스로틀 보디(throttle body)에 독립적으로 설치한 방식과 스로틀 위치 센서(TPS)에 내장한 두 가지 방식이 있다. 공회전 스위치 모두는 접점식으로 스로틀 밸브가 공전상태에 있으면 “ON” 신호가 ECU로 입력된다. ECU는 입력된 신호를 기반으로 최적의 공회전 상태를 제어하게 된다.

공회전 스위치가 정상적으로 작동하지 않을 때는 가속 불량으로 이어질 수도 있고, 자동 변속기(AT)의 기어 변속 상태가 잘 이루어지지 않을 수도 있다. 따라서, 공회전 스위치에서 “ON”/“OFF” 신호가 정상적으로 작동되지 않을 때는 정확한 연료분사를 하지 못하므로 자동차가 가속하는 순간에 비동기 분사가 이루어지지 않기 때문에 순간적으로 가속상태가 나빠지기도 한다. 여기서, 비동기 분사는 연료의 분사가 동기분사처럼 일정한 주기로 분사하는 것이 아니라 비정기적으로 분사하는 것을 말한다.

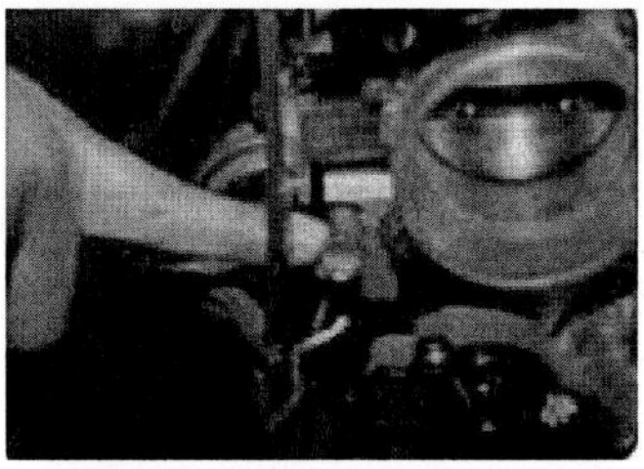

그림 6.14 공회전 스위치

(8) 크랭크 각도 센서(CAS)

전자제어 엔진에서 가장 기본이 되는 신호가 바로 엔진의 회전수[rpm]이다. 엔진의 회전수 신호가 ECU로 입력되지 않으면 연료의 공급, 콘트롤 릴레이(control relay) 등이 작동하지 않으므로 엔진은 구동할 수 없게 된다.

따라서, 그림 6.15의 크랭크 각도 센서(Crank Angle Sensor : CAS)는 엔진의 회전수 신호를 ECU로 보내는 방식이 차종이나 시스템에 따라 틀린 경우가 많으며, 펄스 수(pulse number)도 각기 다르기 때문에 가끔은 오작동을 일으키는 경우가 있다.

크랭크 각도 센서(CAS)에는 옵티컬 방식과 페이스 신호 방식의 두 가지로 나눌 수 있다. CAS에서 측정된 신호가 ECU로 입력되면, ECU는 이 정보를 기준으로 점화시기와 점화기간, 엔진 회전수를 연산하게 된다.

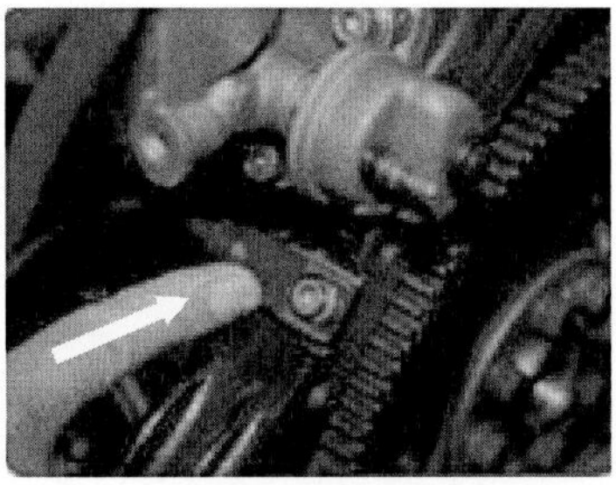

(a) 옵티컬 방식의 CAS

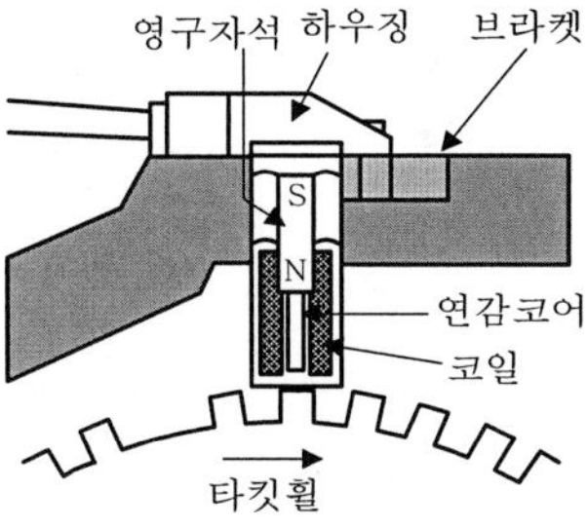

(b) CAS의 작동원리

그림 6.15 옵티컬 방식의 크랭크 각도 센서(CAS)

(9) 1번 실린더 상사점 센서(TDC 센서) 및 CAS

TDC(Top Dead Center) 센서는 1번 실린더의 압축 상사점 위치를 검출하여 펄스 신호로 ECU에 입력하는 역할을 한다. 그림 6.16의 1번 실린더 TDC 센서에 의해 ECU에 공급된 신호는 ECU에서 이 정보를 기준으로 순차적 분사를 위한 최초 분사를 결정하게 된다. 그림 6.17은 크랭크 각도 센서(CAS-1, CAS-2)와 No.1 TDC-1과 No.2 TDC-2에서 검지된 신호가

ECU로 전달되어 엔진의 제어 시스템이 작동하고 있는 회로도를 보여주고 있다.

그림 6.16 1번 실린더 상사점 센서(TDC 센서)

크랭크축에 설치된 크랭크 각도 센서(CAS)는 크랭크축 돌기 부분이 마그네틱 사이를 지나갈 때 자장이 변화하는 것을 이용하여 그 신호를 검출함으로써 제어하도록 되어 있다. 결국, 엔진의 ECU는 크랭크 각도 센서와 1번 실린더 TDC 센서로부터 크랭크축과 캠축의 위치를 판단하여 점화시기와 연료 분사시기를 결정하는 기준 신호로 사용한다.

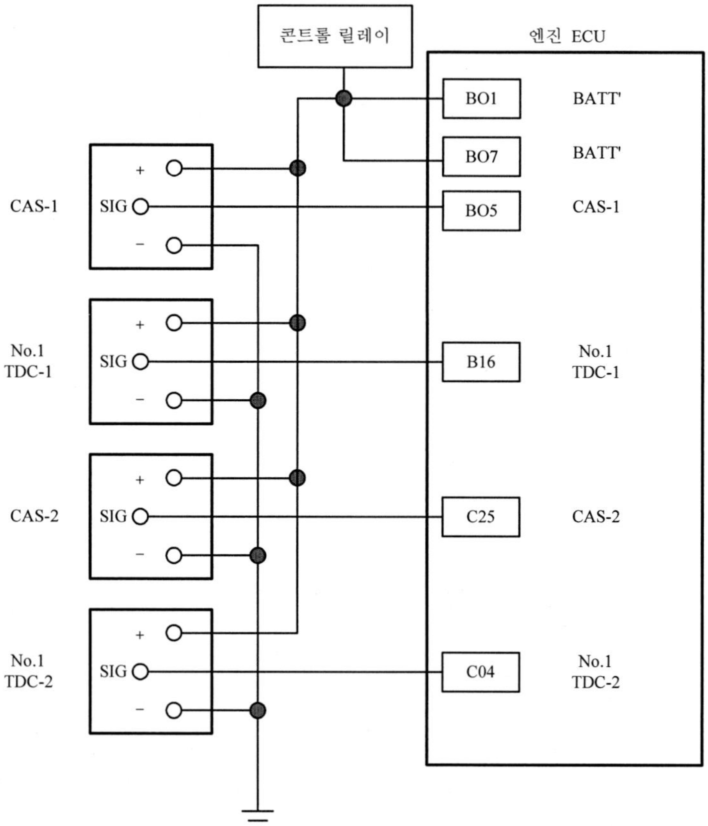

그림 6.17 크랭크 각도 센서(CAS) 및 No.1 TDC 센서의 회로도

(10) 차속 센서(VSS)

그림 6.18의 차속 센서(Vehicle Speed Sensor : VSS)는 리드 스위치 형식으로 스피드 미터에 내장으로 설치된 것과 홀센서 원리를 이용한 것으로 트랜스 액슬의 스피드 미터 드리븐 기어(driven gear)에 설치된 것이 있다. 리드 스위치 형식의 차속 센서(VSS)는 출력기어 1회전에 4펄스 신호가 출력된다.

ECU에서 공급된 5V의 전원을 리드 스위치로 차단함으로써 발생되는 차속 신호를 펄스신호로 변환시켜 ECU로 보내지면 ECU는 이 정보를 기준으로 공회전 속도를 조정하게 된다. 또한, 홀센서 방식은 자동차가 공회전 상태인지 아니면 주행 상태(작동할 때)인지를 파악해야 한다. 즉, 전류가 흐를 때는 0.5V, 홀센서가 작동하지 않을 때는 12V 신호를 받아 자동차의 속도를 감지한다. 이것은 엔진의 부하와 무부하 상태를 감지하는 역할도 하게 된다.

특히, 자동 변속기(AT)에서 차속 센서가 불량할 때는 자동차가 정지 상태에서 시동이 꺼질 수 있으므로 주의 깊게 점검해야 한다. 또한, 홀센서 방식은 종류에 따라 펄스 수가 다른 경우가 있으므로 부품번호를 확인하여 정확하게 정비해야 한다.

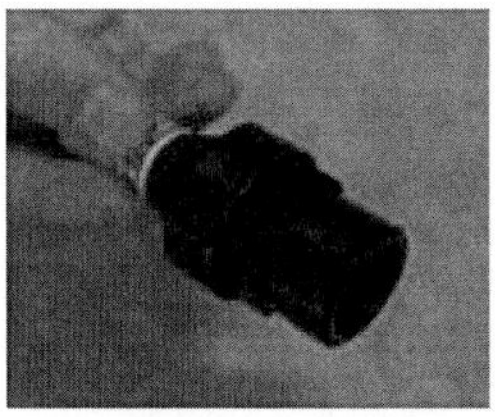

(a) 차속 센서

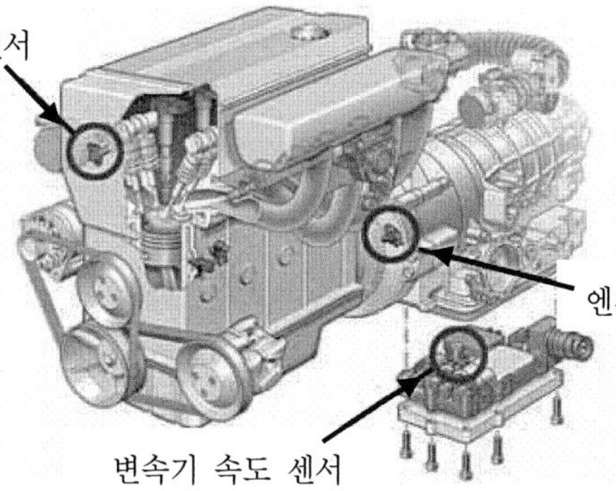

(b) 차속 센서의 설치

그림 6.18 차속 센서(VSS)

(11) 에어밸브

에어밸브(air valve)는 스로틀 밸브가 닫혀 있을 때, 실린더로 흡입되는 공기를 바이패스시켜 베인식 공기 유동 센서(AFS)의 센서 플랩을 보다 많이 열어서 ECU의 작동으로 연료의 분사량이 증가하도록 제어한다. 즉, 냉간시 엔진의 불안정한 회전속도를 보상하기 위하여 공전속도를 상승시키는 패스트 아이들 시스템(fast idle system)이다. 엔진의 형식에 따라서 바이메탈 타입과 왁스 타입의 두 가지를 사용하고는 있으나, 제어 시스템이 발달함에 따라 컴퓨터 제어가 용이한 공전제어 액추에이터를 보다 많이 사용하고 있다.

▣ 바이메탈식 에어밸브

그림 6.19는 온도차에 따라 변하는 바이메탈 형식의 에어밸브를 보여주고 있다. 엔진 냉간 시에 게이트 밸브는 완전히 열리므로 공기는 바이패스 통로를 통하여 유입되고, 연료 분사량은 증대된다. 엔진이 웜업된 후에는 히팅 코일(heating coil)에 전류가 흘러 바이메탈에 의해 게이트 밸브가 점차 닫히면서 흡입 공기량과 연료 분사량이 감소되어 엔진은 공회전하게 된다.

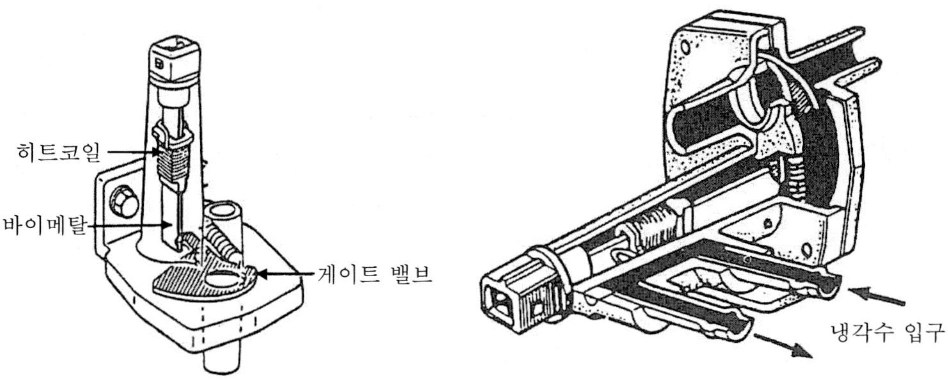

(a) 히트코일을 이용한 에어밸브　　　(b) 냉각수를 이용한 에어밸브

그림 6.19 바이메탈식 에어밸브

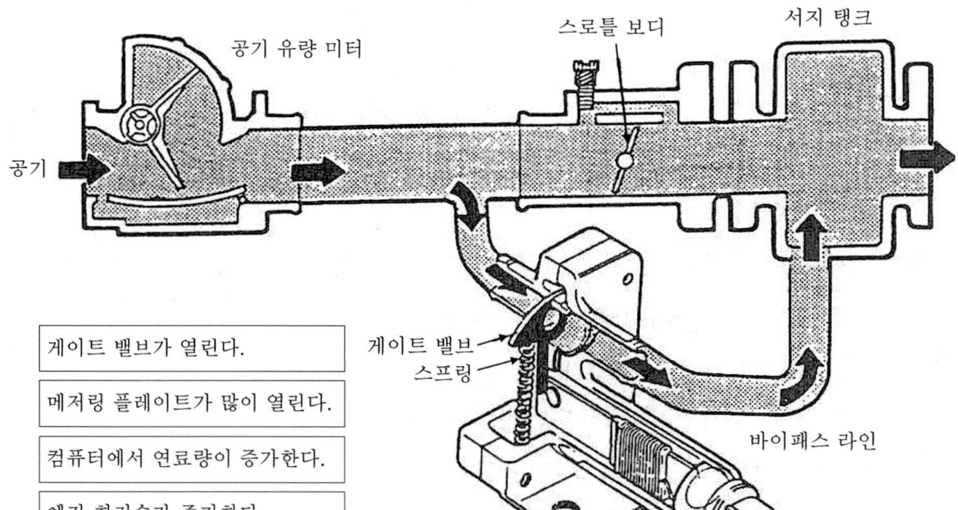

그림 6.20 왁스식 에어밸브

▣ 왁스식 에어밸브

냉각수 온도의 변동에 따라 왁스가 수축 또는 팽창하는 특성을 이용한 것이 왁스식 에어밸브(air valve)이다. 즉, 냉각수의 온도가 낮을 때에는 왁스가 수축되어 그림 6.20에서 보여준 게이트 밸브가 스프링 장력에 의해 열리면서 흡입 공기가 바이패스되면 엔진의 공회전 속도는 상승한다. 반대로 냉각수의 온도가 상승하게 되면, 왁스는 팽창하게 되므로 게이트 밸브는 서서히 닫히면서 엔진은 공회전 상태를 유지하게 된다.

(12) 스텝 모터

그림 6.21에서 보여준 것처럼, 스텝 모터(step motor)는 스로틀 밸브를 바이패스하는 별도의 공기 통로에 설치되어 있다. 스텝 모터는 공기 통로를 열고 닫음으로써 엔진의 회전속도를 조절하게 된다. 스템 모터는 전진과 후진의 방향 설정이 자유롭고, ECU의 신호에 의해 신속하게 작동되므로 모터 위치 센서(MPS)와 같은 피드백(feed back) 센서가 없어도 된다.

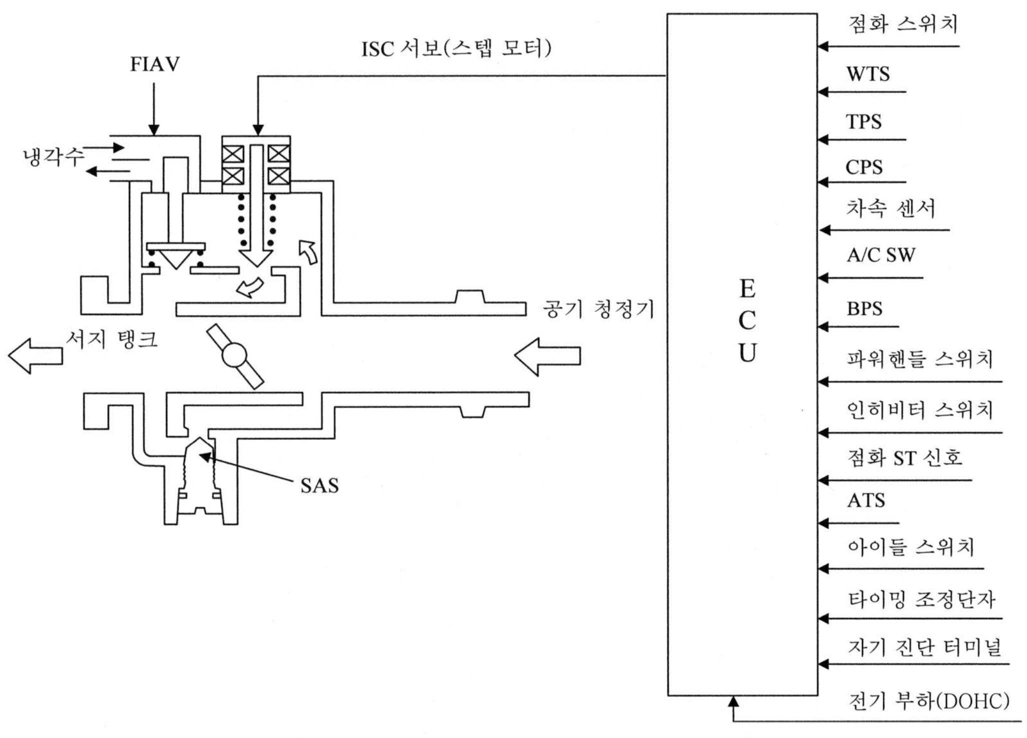

그림 6.21 스텝 모터의 제어 다이어그램

그림 6.22는 스텝 모터의 구조와 펄스신호 변동에 따른 바이패스 공기량의 변화를 보여주고 있다. 그림 6.21에서 ECU로 연계된 스텝 모터를 1펄스 신호에 따라 좌우 방향으로 15°만큼씩 마그네트 로터가 일정하게 회전을 하고, 마그네트 축과 연결된 핀틀(밸브의 열림량을 조절함)의 길이가 변화함에 따라 바이패스 공기량이 증감하게 된다. 즉, 핀틀의 리프트가 증가하면 바이패스 공기량은 늘어나고, 반대로 되면 공기량이 줄어드는 특성을 보여주고 있다.

그림 6.23은 스텝 모터에서 전자석을 나열하고, 아래쪽에 구동 마그네트(magnet)를 나란히 설치한 후 전자석을 순차적으로 여자시키면 자력에 의해 구동 마그네트는 오른쪽으로 이동하는 것을 보여주고 있다. 그림 6.23에서 전자석 1을 여자시키면 오른손 엄지 손가락 법칙에 의하여 전자석 아래쪽은 N극이 되고, 구동 마그네트의 S극과의 흡인력에 의해 "A"의 위치에 정지한다. 다음 단계로 전자석 2를 여자시켜 N극이 발생하게 되고, 전자석 1의 전류를 차단하면 구동 마그네트는 전자석 2에 흡인되어 "B"의 위치로 이동하게 된다.

이와 같이 전자석의 순차적 여자에 따라 구동 마그네트는 직선 운동이 가능해지며, 그림 6.24과 같이 전자석을 90° 위상으로 설치하고, 구동 마그네트를 로터(rotor) 구조로 조립하면 회전운동이 이루어진다. 실제의 스텝 모터에서는 자극수에 따라 스텝수와 회전각을 결정할 수 있으며, 스텝 모터는 그림 6.25와 같은 구조로 조립된다.

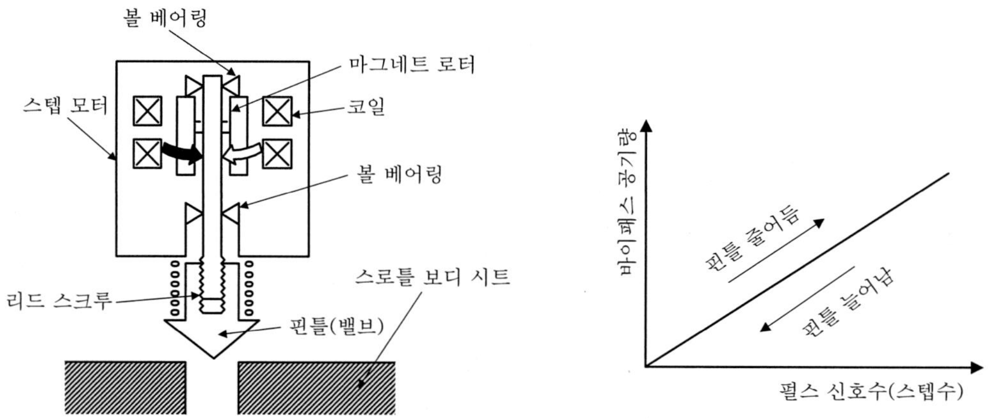

(a) 스텝 모터의 구조 (b) 펄스신호와 바이패스 공기량 특성

그림 6.22 스텝 모터의 구조 및 펄스 신호와 바이패스 공기량

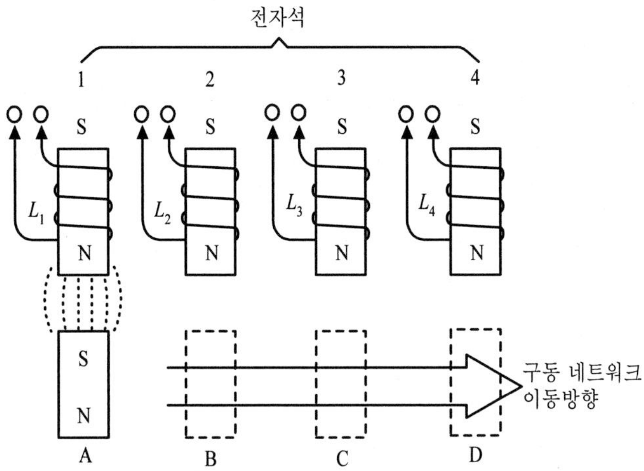

그림 6.23 스텝 모터의 작동원리

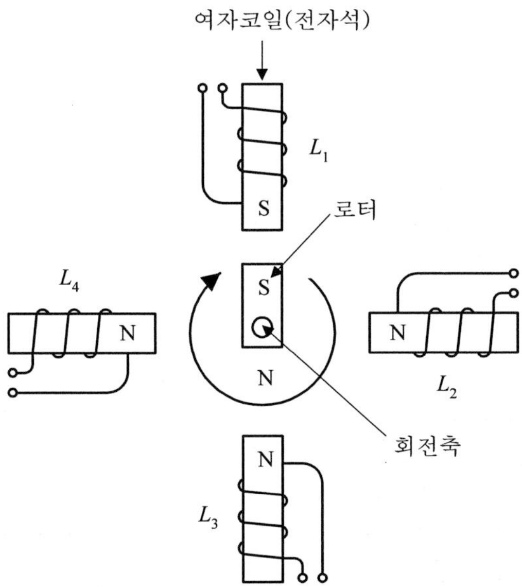

그림 6.24 스텝 모터의 회전 구조

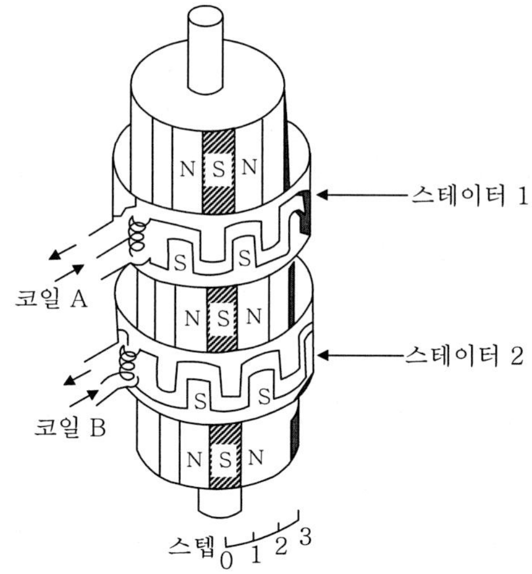

그림 6.25 스텝 모터

6.3 연료계통의 전자제어 시스템

6.3.1 연료공급 시스템 개론

(1) 연료 공급장치의 변천사

자동차 엔진에 전자제어 기술을 도입하게 된 가장 큰 이유는 벤튜리 타입(venturi type)의 기화기(carburetor) 연료공급 장치를 사용해서는 고출력과 유해 배출가스 저감 문제를 해결할 수 없다는 사실이다. 그 동안 반도체 기술의 획기적인 발전과 석유 가격의 급등, 대기환경 보전을 위한 엄격한 배출가스 규제 정책, 자동차 회사의 고출력, 저연비 기술개발 등은 전자제어 엔진에 대한 급속한 기술개발 노력을 기울이게 하였다.

자동차에서 전자제어 개념을 엔진에 처음 적용하게 된 것은 연료를 무화상태로 잘 만들어 흡입된 공기와 충분히 혼합하여 연소실에 유입하게 함으로써 완벽한 연소효율을 어떻게 확보하는냐가 중요한 관심사였다. 따라서, 자동차에서 전자제어 기술은 엔진의 출력, 연료 소모량, 특히 국제적으로 강화되고 있는 유해 배기가스(CO, HC, NO_X 등) 배출량 규제조건을 충족시키기 위해 엔진에 가장 먼저 적용하게 되었다.

연료 분사제어에 대한 연구는 1940년대 후반에 항공기 엔진을 중심으로 보다 적극적인 기술개발이 진행되었고, 1970년대에는 가솔린 엔진의 연료 분사제어 시스템에 대한 연구로 확대 발전하였다. 양산 자동차 엔진에 적용한 연료 분사 시스템은 1950년 초에 Gutbrod사가 개발한 2실린더의 2사이클 엔진이 처음이다.

자동차 엔진에 연료분사 제어기술을 개발할 당시는 전자제어 시스템의 성능에 비하여 가격이 고가였기 때문에 일반 자동차에 실제로 적용하기에는 기술과 경제성 측면에서 어려움이 많았다. 그러나, 자동차의 출력과 응답성을 크게 요구하는 경주용 자동차 산업의 필요성은 실용화를 촉진하는 계기가 되었다. 승용차 엔진에 연료분사 전자제어 기술을 적용하기에는 경제적 측면에서 어려움이 많았으나, 1970년대 선진국을 중심으로 진행된 자동차의 대중화는 전자제어 엔진의 가격을 크게 낮추었고, 특히 미국의 대기오염 환경규제 정책은 결정적인 영향을 미쳤다.

자동차에 의한 대기환경 오염문제는 미국의 연방정부와 캘리포니아 주정부가 1957년부터 1960년대 전반에 걸쳐 조사한 환경오염 실태조사 결과에 따라 자동차의 배기가스 개선책을 자동차 업체에 강력하게 요구하면서 자동차와 환경문제의 연관성이 크게 부각되었다. 특히, 1960년에 미국의 캘리포니아 주정부는 자동차에 의한 배기가스 대기오염 규제법을 제정하였고, 1965년 7월부터 세계 최초로 자동차 배출가스 환경규제를 강제로 시행하면서 자동차 기술 방향에 큰 영향을 주었다. 그 당시에 제안된 배기가스 규제 대책은 촉매에 의한 배기가스 정화방식, 후연소 처리방식, 흡기 매니폴드에 강제 공기 주입방식 등 후처리에 의한 배출가스 개선책이 대부분이었다. 그 이후로 자동차 업계는 전처리 과정이라 할 수 있는 공연비 제어기술, 터보차저, DOHC 등을 적용하여 연소효율을 최대한 향상시킬 수 있는 전자제어 기술에 대한 연구를 보다 적극적으로 추진하였다.

그림 6.26에서 보여준 연료 분사장치 시스템은 Gotbrod사가 개발하여 전자제어 가솔린 엔진에 탑재한 대표적인 초기 분사장치로 연료 탱크에서 공급된 연료는 연료 분사펌프에서 가압하여 인젝터로 공급한다. 인젝터의 고압 연료는 노즐을 통하여 연소실에 무화 상태로 분사하게 된다.

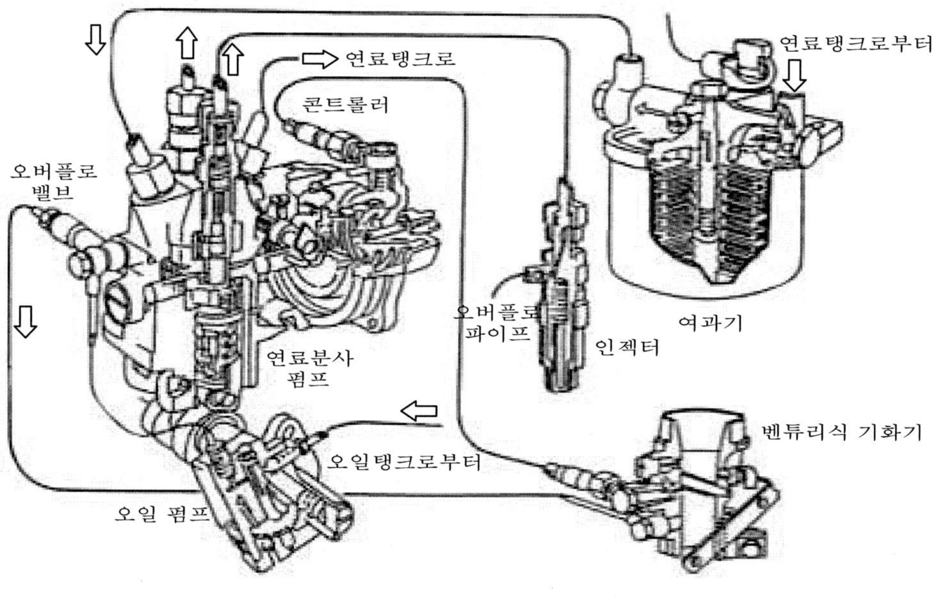

그림 6.26 Gutbrod사가 개발한 연료 분사장치 시스템

기계식 연료 분사장치

1950년대 가솔린 엔진용 연료 분사장치의 대부분은 독일의 보쉬(Bosch)사가 개발하여 공급한 플런저 연료 분사장치로, 디젤 엔진의 연료 분사펌프와 유사한 분사장치이다. 그림 6.27은 독일의 벤츠(Benz)사가 개발한 4사이클 엔진의 기계식 연료 분자장치를 보여주고 있다. 1957

년에 독일의 벤츠사는 Benz 300SL(4사이클 엔진)에 탑재하기 위한 새로운 연료 분사제어 장치를 개발하였다. 또한, 1958년에 개발한 Benz 200SE 연료 분사장치는 기계식 분사제어 시스템이지만, 흡기관에 그룹 분사방식(group injection)으로 분사하는 신기술이 적용되었다. 여기에는 시동 분사장치와 온도시간 스위치에 의한 시동 방법, 시동 및 웜업(warm-up)에 따른 공기의 증가량, 흡기온도, 대기압에 따른 공연비 보상장치 등은 엔진에 기계식 전자제어 개념을 많이 도입하였다.

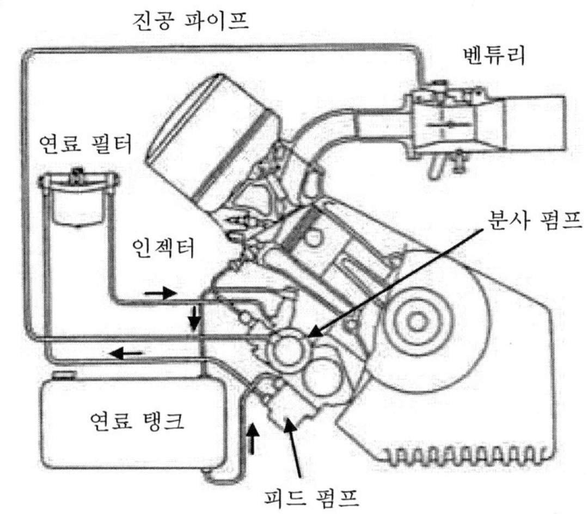

(a) 벤츠 300SL 엔진(1957)

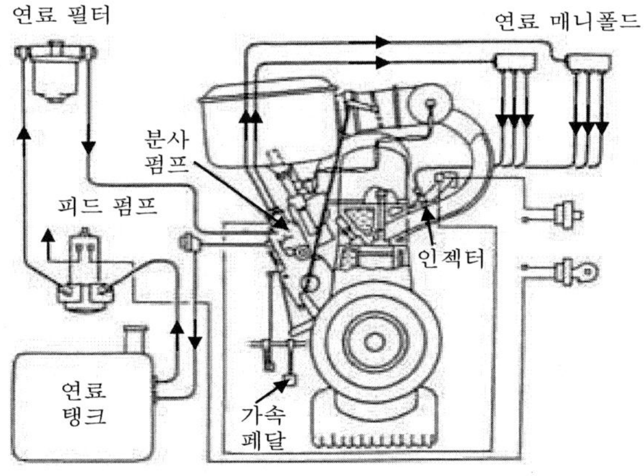

(b) 벤츠 200SE 엔진(1958)

그림 6.27 독일 벤츠사의 연료 분사장치

▣ 전자제어식 연료 분사장치

자동차 엔진에 전자제어식 연료 분사장치를 도입한 첫 번째 사례는 1957년에 미국의 Bendix사가 개발한 그림 6.28과 같은 Electrojector이다. 그러나, 자동차에 전자제어 연료 분사장치를 본격적으로 사용하게 된 계기를 마련한 것은 독일의 보쉬(Bosch)사가 1967년에 개발한 그림 6.29와 같은 D-Jectronic 시스템이다.

엔진에 적용된 전자제어 기술은 기존의 게르마늄 트랜지스터 방식에서 실리콘 트랜지스터로 넘어 가면서 가격은 떨어지고, 분사장치의 신뢰성은 크게 향상됨에 따라 자동차의 연료 분사장치로 전자제어 방식의 사용이 가능하게 되었다. 따라서, 미국을 중심으로 진행된 자동차 배출가스 규제법의 제정과 전자제어 기술의 발전은 D-Jetronic과 같은 전자제어 연료 분사장치를 개발하게 되었다. D-Jetronic은 엔진 연료분사 시스템이 기화기(carburetor) 방식의 기계식에서 MPI 전자제어식으로 급격한 변화가 진행되는 계기를 제공하였다.

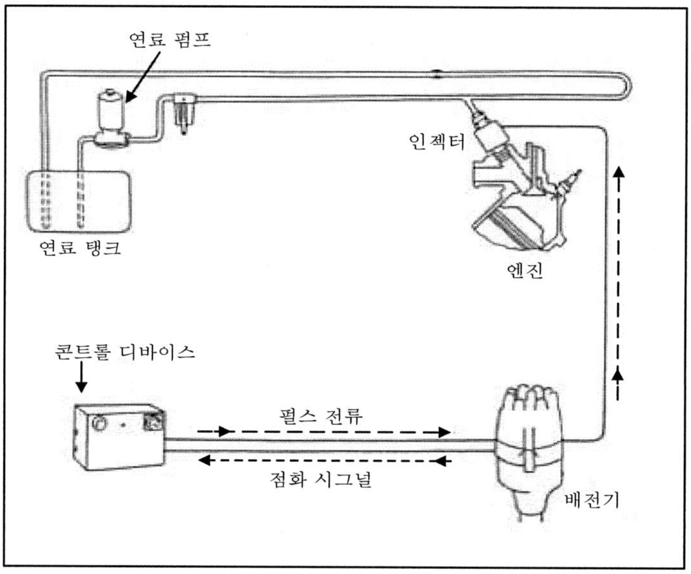

그림 6.28 미국의 Bendix사가 개발한 Electrojector 전자제어 연료 분사장치

독일의 보쉬사는 1967년에 그림 6.29의 D-Jetronic을 개발하였고, 1972년에는 질량유동(mass flow) 방식의 새로운 연료분사 방식을 채택한 엔진 전자제어 장치를 개발하였다. 엔진의 전자제어 장치에는 2가지가 있는데, 그 하나는 기계식 연료 분사장치인 K-Jetronic이고, 다른 하나는 전자제어식 순차 분사장치인 그림 6.30의 L-Jetronic 시스템이다. 또한, 독립 연료분사 방식의 희박연소 시스템인 스피드 밀도(speed density) 연료분사 방식을 1984년에 일본의 도요타 자동차가 T-LCS(Toyota Lean Burn Combustion System)으로 실용화를 달성하였

다. 스피드 밀도 연료분사 방식은 간접적인 공기량 측정 방식이지만, 질량유동 방식은 공기 유량계(air flow meter)로 공기량을 직접 검출하기 때문에 유해 배기가스 규제조건을 보다 용이하게 만족시킬 수 있어 공연비 제어 정도를 크게 향상시킬 수 있다는 장점이 있다.

그림 6.31은 독일의 보쉬사가 개발하여 가솔린 엔진에 탑재한 연료 분사제어 시스템으로 흡기 매니폴드에 분사되고 있는 연료 분사과정을 보여주고 있다. 인젝터에서 분사된 무화 연료는 흡입된 공기와 혼합되면서 점화 플러그에 의해 불꽃 점화가 발생한다.

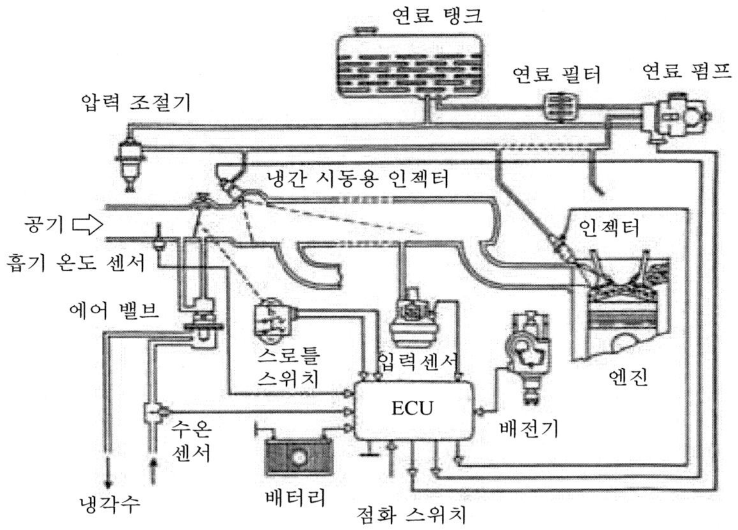

그림 6.29 독일 Bosch사가 개발한 D-Jetronic 전자제어 연료 분사장치

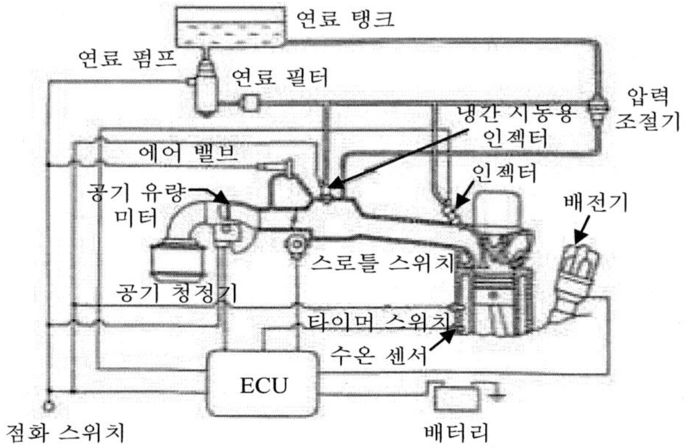

그림 6.30 독일의 Bosch사가 개발한 L-Jetronic 전자제어 연료 분사장치

그림 6.31 독일의 Bosch사가 개발한 가솔린 엔진의 연료 분사제어 장치

(2) 전자제어 연료 공급장치

연료장치는 엔진의 연소에 필요한 연료-공기 혼합기를 공급하는 장치로 연료를 저장하는 연료탱크, 연료에 포함된 각종 불순물을 제거하기 위한 연료 여과기, 연료 분사장치에 연료를 공급하는 연료펌프, 연료-공기 혼합기를 만들어 엔진에 공급하는 연료 분사장치, 이러한 장치를 연결하는 연료 파이프 등으로 구성된다.

그림 6.32와 같은 전자제어 연료 분사장치에서 연료의 공급 프로세스를 보면, 연료 저장탱크의 연료는 내장된 필터를 통해 연료 펌프에 의해 압송되고, 이 연료는 다시 연료 파이프, 고압 필터, 공급 파이프(delivery pipe)를 거쳐 각 실린더에 장착된 인젝터(injector)에 분배되어 무화된 연료와 스로틀 밸브를 통하여 흡입된 공기와 혼합하게 된다. 연료의 분사 압력은 인젝터에 걸리는 연료 압력 조절기(pressure regulator)에 의해 이루어진다. 이 때 연료의 압력은 흡기 매니폴드 내부의 압력보다 3.35kg/cm^2 높은 압력이 일정하게 유지되도록 해야 한다. 여기서, 규정 압력 이상의 잉여 연료는 리턴 파이프(return pipe)를 통하여 연료탱크로 되돌아간다.

인젝터(injector)에 전류가 흐르면 솔레노이드 작동에 의해 인젝터의 니들밸브가 완전히 열리면서 연료가 흡기 매니폴드로 분사된다. 이 때의 연료 분사량은 인젝터에 항상 일정한 압력이 유지되므로 인젝터에 흐르는 통전 시간에 비례하여 증감한다. 인젝터는 ECU의 점화순서 신호에 따라 각각의 흡기 매니폴드 포트(manifold port)에 분사하게 된다. 이러한 분사방식을 MPI(Multi Point Injection)이라 하고, 대부분의 전자제어 엔진에서 채택하고 있다. 그러나, 최근에는 연료의 무화성을 증대하고, 출력과 유해 배기가스 발생량 측면에서 직접 연료분사 방식(GDI)이나 커먼레일 연료분사(common rail fuel injection) 방식을 빠르게 채택하고 있다.

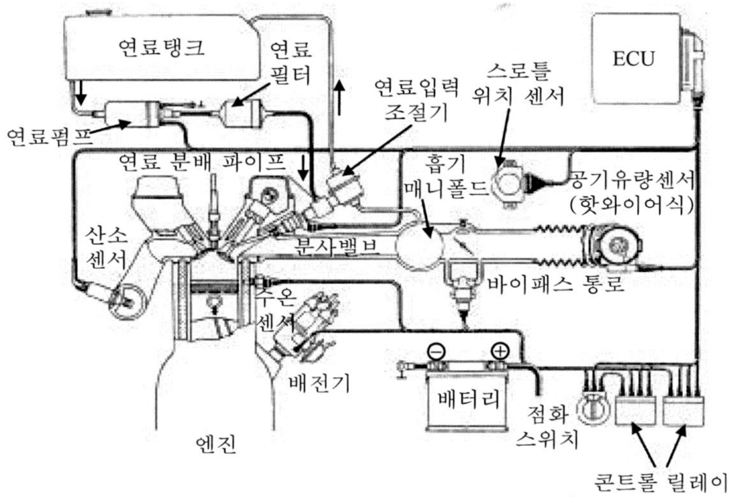

그림 6.32 전자제어식 연료 공급장치

6.3.2 연료장치의 전자제어

(1) 전자제어 연료 분사장치의 개요

전자제어 연료 분사방식을 채택하고 있는 엔진은 연소에 필요한 최적의 연료-공기 혼합기를 공급하기 위하여 엔진을 포함한 자동차의 주행 상태를 다양한 센서로부터 검지하여 ECU에 공급한다. 여러 센서로부터 신호를 충분히 확보한 ECU는 자동차의 작동 상태에 가장 적합한 최적의 연료량을 결정하여 인젝터를 통해 연료를 무화상태로 공급함으로써 유해 배기가스 발생량을 줄이고, 연료 소비량을 저감하면서 자동차의 주행 성능, 저온 시동성, 출력 등을 크게 향상시킨다. 따라서, 전자제어 연료 공급장치는 그동안 폭넓게 사용하였던 기계식 기화기(carburetor) 방식에 비하여 연비, 출력, 유해 배기가스, 시동성 등의 측면에서 많은 장점을 갖고 있다.

(2) 전자제어 연료 분사장치의 특징

공기 청정기(air cleaner)를 통과한 공기를 흡기 매니폴드(intake manifold)로 보내고, 동시에 연료를 분사 노즐에서 무화 상태로 연료와 공기를 혼합하여 엔진으로 유입시키는 과정이 흡입행정이다. 따라서, 흡입행정의 말기에는 실린더 내에 연료-공기 혼합기가 충분하게 공급되고, 연소실에 유입된 혼합기는 피스톤의 압축행정에서 고온·고압의 혼합기로 압축되어 점화 플러그에서 공급한 강력한 불꽃에 의해 연소하게 된다. 연료 분사펌프에 의해 연료의 무화 상태로 공급하는 과정을 담당하는 연료 분사장치는 가솔린 엔진에서 연소효율을 높이고 유해 배기가스를 줄여주는 중요한 역할을 하고 있다.

가솔린 엔진에서 전자제어 연료 분사장치의 특징을 요약하면 다음과 같다.

① 전자제어 연료 분사장치를 이용한 연료 공급 방식은 연료를 공급하는 시기와 엔진의 부하 변동에 따라 연료의 공급량을 정확하게 조절할 수 있다.

② 가솔린 연료 분사식에서는 혼합가스가 흡기 매니폴드 관내를 통과하지 않기 때문에 파이프 지름을 크게 할 수 있다. 따라서, 흡입효율이 높아지고, 흡기 매니폴드내에 가솔린이 액체상태로 흡착되는 현상이 발생하지 않으므로 실린더 내의 혼합가스는 항상 정확한 혼합비를 유지한다.

③ 공기를 대기온도 그대로 실린더내로 흡입하므로 흡입효율이 좋아지고, 동시에 필요한 옥탄가가 낮아지며, 압축비의 증가와 점화시기의 진각을 크게 할 수 있다.

④ 흡기 매니폴드 내에 무화 가솔린이 통과하지 않으므로 가솔린 입자의 관성에 의해 각 실린더로 불균등한 혼합가스의 분배를 피할 수 있다. 엔진의 부분 부하시 적당한 희박 혼합가스를 공급할 수 있으며, 최대 토크가 얻어지는 회전수를 낮출 수 있다.

⑤ 연료 분사방식은 정밀한 전자제어 방식을 채택하고 있으므로 가격이 높고, 고온시에 고압 회로내에서 가솔린이 기화하여 베이퍼록(vapor lock)이 일어나며, 분사기구의 고압 유동 마찰부의 마모 또는 부식이 생기는 문제점이 있다.

⑥ 가솔린 연료 분사방식은 기존에 사용하였던 기계식 기화기에 비하여 출력은 10~20% 증가하고, 연료 소비율은 10% 정도 감소한다.

6.3.3 연료 공급장치의 주요 구성부품

전자제어 연료 분사장치의 기본 시스템은 엔진에 연료를 공급하기 위한 연료펌프, 연료를 분사하는데 필요한 인젝터, 연료를 연소하는데 필요한 공기를 공급하는 공기장치, 엔진 등의 모든 시스템이 최적의 상태로 작동하도록 조정하는 ECU, 연료 여과기, 압력 조절기 등 많은 주요 부품으로 구성되어 있다.

(1) 연료펌프

그림 6.33(a)에서 보여준 연료펌프는 차체의 하부에 설치된 그림 6.34와 같은 연료탱크에 저장된 연료를 그림 6.33(b)와 같은 연료 필터를 거쳐서 인젝터로 압송하는 장치로, 모터 또는 피스톤(플런저)을 사용하는 전동식 연료펌프와 엔진의 구동력을 이용한 기계식 연료펌프의 두 가지가 있다.

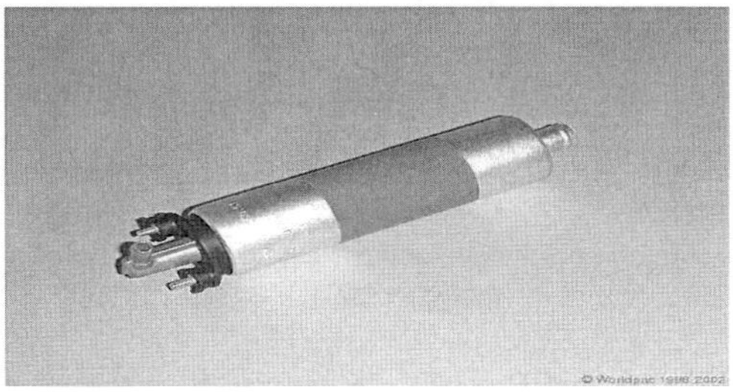

(a) 연료 펌프

(b) 연료 필터

그림 6.33 연료 펌프 및 연료 필터

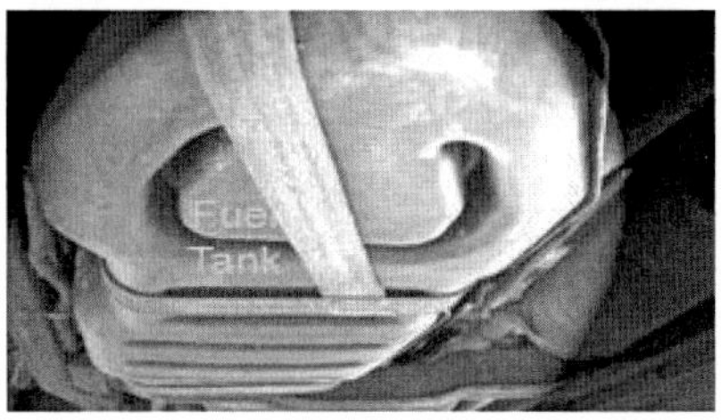

그림 6.34 연료 탱크

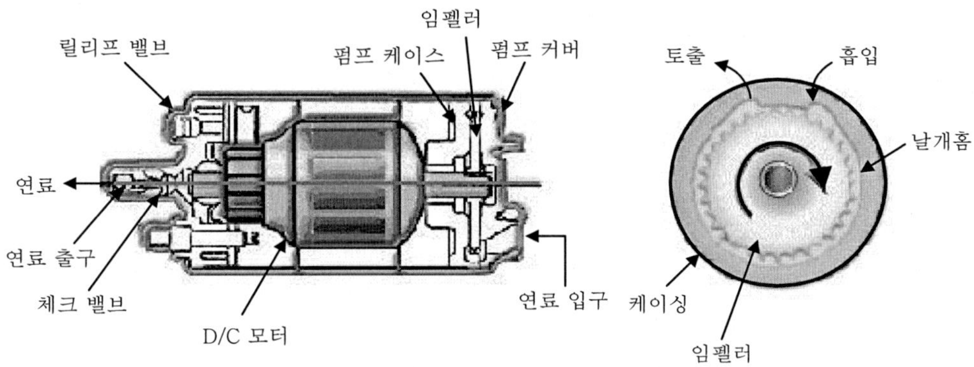

그림 6.35 전동식 연료펌프

▣ 전동식 연료펌프

전동식 연료펌프는 연료탱크에 저장된 연료를 흡상하여 고압의 연료를 인젝터로 압송한다. 연료펌프는 탱크의 연료에 잠겨 있기 때문에 펌프의 작동으로 인한 소음이나 베이퍼록(vapor lock) 억제 효과가 우수하다. 그림 6.35의 전동식 연료펌프는 직류 모터와 터빈 펌프의 두 가지 유니트로 구성되어 있고, 체크 밸브, 릴리프 밸브, 필터가 결합되어 있다.

모터에 연결된 임펠러(impellor)가 회전되면 연료는 임펠러의 내경측에서 외경측으로 이송되면서 원심력에 의해 압력이 상승하여 연료탱크에 저장된 연료는 압송하게 된다. 연료는 상승된 압력에 의해 체크밸브를 열면서 연료출구를 통과하여 연료필터, 연료 파이프를 거쳐 연료분배 파이프로 공급되어 인젝터에서 연료가 고압으로 분사되면서 공기와 혼합기를 형성하게 된다.

▣ 기계식 연료펌프

기계식 연료펌프는 다이어프램의 상하 운동으로 펌프 케이스에 용적변화를 주어 펌핑작용을 하도록 설계된 것으로, 펌프 보디(pump body)에 장치되어 있다. 연료펌프는 그림 6.36에서 보여주는 것처럼 알루미늄 다이케스팅 제품의 상하 보디(body), 흡입·배출용 밸브, 내유성의 수지나 고무제품으로 제조된 다이어프램, 다이어프램을 밀어 올리는 다이어프램 스프링, 다이어프램을 끌어내리는 링크와 로커암 등으로 구성되며, 구동은 캠축에 설치된 구동캠에 의해 작동한다.

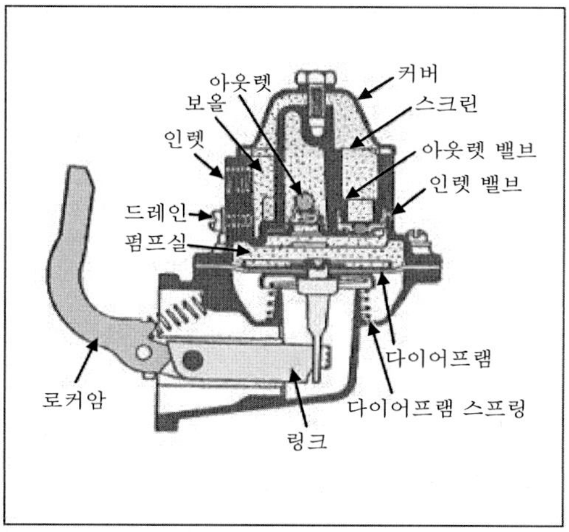

그림 6.36 기계식 연료펌프

(2) 인젝터

▣ 전자제어 인젝터의 개요

전자제어 인젝터(injector)는 ECU에서 전달된 분사신호에 의해 연료를 분사하는 솔레노이드 밸브가 내장된 분사 노즐이다. MPI(Multi Point Injection) 방식의 인젝터는 그림 6.37에서 보여준 것처럼 흡기 매니폴드와 연결된 실린더에 독립적으로 작동하는 인젝터를 장착하여 연료를 공급한다. 니들밸브(needle valve)는 플런저(plunger)와 일체형으로 조립되어 인젝터가 작동하게 되면 플런저와 같이 분사출구를 열고, 연료는 연료라인의 분사압력에 의해 연소실로 분사된다.

인젝터는 분사출구의 개구 면적과 연료의 압력이 일정하기 때문에 니들밸브의 개방시간, 즉 솔레노이드 코일의 통전 시간에 의해 연료의 분사량이 결정된다. 따라서, ECU는 솔레노이드 코일의 통전 시간을 제어하여 연료의 분사량과 분사시기를 조절하게 된다.

(a) 인젝터

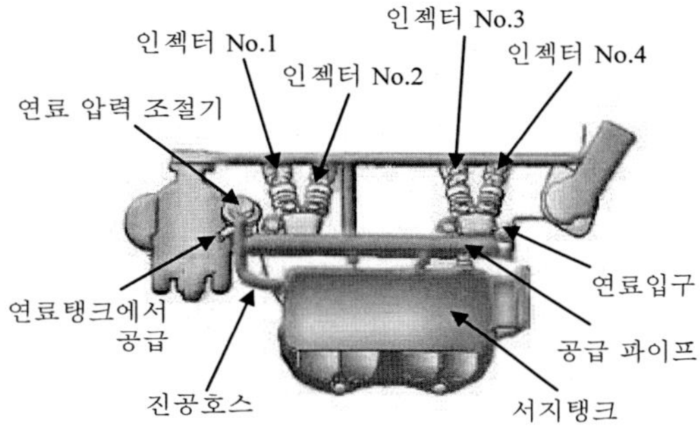

(b) 인젝터의 설치 위치

그림 6.37 MPI 구동 인젝터와 설치위치

SPI(Single Point Injection) 시스템은 흡기 매니폴드의 입구에 1개의 인젝터가 장착된 것으로 기존의 기화기(carburetor) 방식에 비해 연료계량이 일정하고 출력 성능이 우수하지만, 상대적으로 가격이 높아진다. 연료 분사노즐인 SPI가 MPI에 비해 가격은 저렴하지만, 제반 성능이 떨어지기 때문에 초창기의 전자제어 연료분사 모델로 많이 사용하였다. 그러나, 지금의 엔진은 고출력과 유해 배기가스 발생량 저감에 큰 비중을 두기 때문에 무화 성능이 우수한 MPI 연료 분사 방식으로 대부분 대체되었다.

결국, 연비와 배출가스 규제에 대응하기 어려운 기존의 기화기 방식은 SPI 전자제어 연료분사 시스템의 도입으로 사라졌다. 그러나, 전자제어 연료 분사장치의 대중화를 열었던 초창기 SPI도 연비성능과 배출가스 규제, 고출력 추구, 제작원가 절감 등으로 MPI 시스템으로 대체되었다. MPI 방식의 전자제어 분사 시스템은 보급이 더욱 확대되고는 있지만, 2000년대에 들어서면서 보급되고 있는 커먼레일(common rail) 연료분사 방식에 의해 빠르게 대체될 것으로 예상된다.

▣ 전자제어 인젝터의 작동원리

실린더로 공급되는 흡입 공기량은 센서에 의해 감지되어 ECU로 보내지고, ECU는 이 신호를 기초로 최적의 연료분사 신호를 결정한다. 이 결과는 파워 트랜지스터의 베이스 전류가 이미터로 흐르도록 하기 때문에 트랜지스터가 "ON"이 되면서 고압분사를 위한 인젝터(그림 6.38)는 작동을 하게 된다. 이에 따라 파워 트랜지스터의 커넥터에도 전류가 흐르게 되고, 파워 트랜지스터 커넥터는 인젝터의 솔레노이드 코일에 연결되어 있기 때문에 배터리에서 공급되는 전류는 배터리의 (+)전원 → 저항 → 콘트롤 릴레이 → 인젝터 → ECU의 파워 트랜지스터 → 접지(earth)로 흐르면서 연료는 노즐에 의해 연소실 내부에 고압으로 분사하게 된다.

그림 6.39는 멀티 포인트 분사방식(MPI)의 전자제어 연료 분사 시스템 회로도를 보여주고 있다. 또한, 그림 6.40은 인젝터의 연료 분사시기를 순차적으로 보여준 4행정 엔진의 MPI 모델 사례를 제시하고 있다.

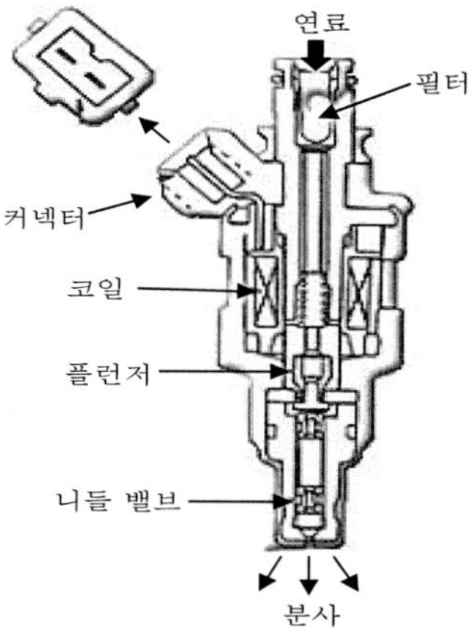

그림 6.38 연료 분사 인젝터

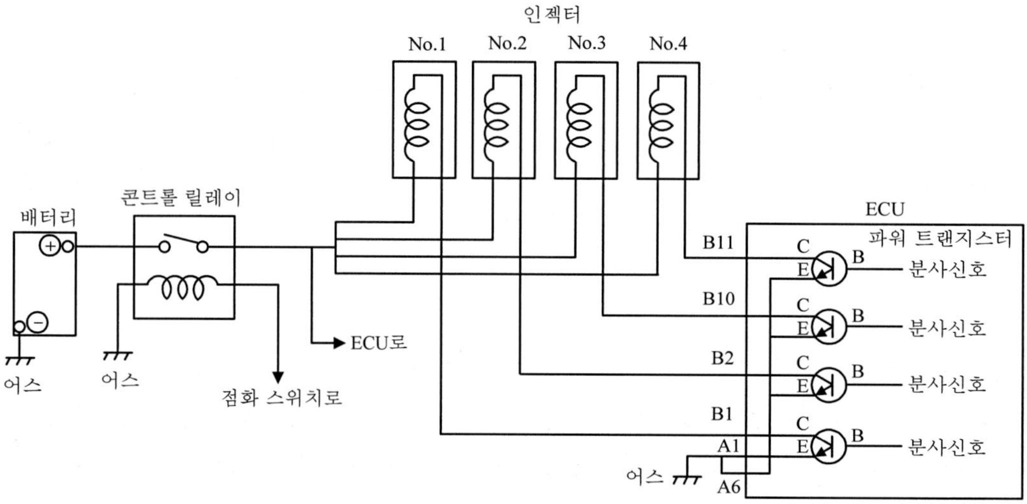

그림 6.39 MPI 방식의 전자제어 연료분사 시스템

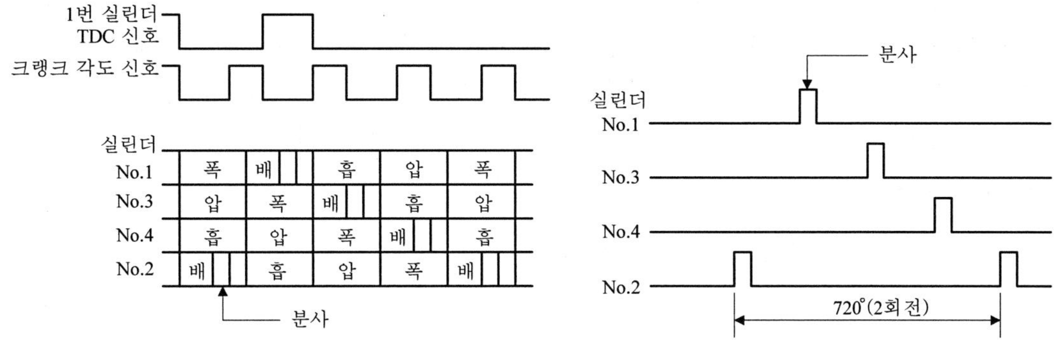

그림 6.40 MPI 인젝터의 순차적 연료 분사도

▣ 전자제어 인젝터의 분류

전자제어 연료 공급장치에서 연료의 연소 성능에 직접적으로 영향을 미칠 수 있는 중요한 부품이 인젝터이다. 흡기 매니폴드에 연료를 분사하여 무화시키는 인젝터는 하나의 인젝터로 모든 실린더에 분사하는 싱글 포인트 분사방식(Single Point Injection : SPI), 실린더마다 독립적으로 분사하는 멀티 포인트 분사방식(Multi Point Injection : MPI), 엔진의 연소실에 연료를 직접 분사하는 가솔린 직접 분사방식(Gasoline Direct Injection : GDI) 등이 있다. 여기서, 4실린더 엔진에서 SPI 방식의 연료분사는 1개의 인젝터를 사용하지만, MPI와 GDI 방식의 연료분사는 4개의 인젝터를 설치하여 독립적으로 연료를 분사한다.

1) 전자제어 분사방식

① 싱글 포인트 분사방식(SPI)

싱글 포인트 분사방식(Single Point Injection : SPI) 방식은 그림 6.41과 같이 하나의 분사 인젝터로 흡기 매니폴드에 무화 연료를 분사하여 스로틀 밸브를 지나 각각 실린더로 공급하는 방식이다. 싱글 포인트 분사방식(SPI) 방식은 기존의 기화기(carburetor) 방식과 멀티 포인트 분사방식(MPI)의 중간적인 특성을 갖는 연료공급 시스템이다.

기계식의 기화기 연료 공급방식은 흡입공기와 연료가 벤튜리(venturi)를 통과하는 사이에 연료와 공기가 혼합되어 흡기 매니폴드에 공급되지만, SPI는 흡기 매니폴드의 집합부에 1개의 인젝터를 설치하여 흡입 공기량과 작동조건에 따라 ECU의 분사신호에 의해 분사된 연료입자가 연료-공기 혼합기를 형성하고, 이 혼합기가 흡기 매니폴드를 지나서 순차적으로 각 실린더에 분배되는 연료 공급방식이다. 따라서 SPI 연료공급 방식은 기화기 방식에 비하여 무화조건이 크게 향상되었지만, 엔진의 부하조건에 신속한 응답이 어렵고, 유동저항이 크다는 문제점이 있다.

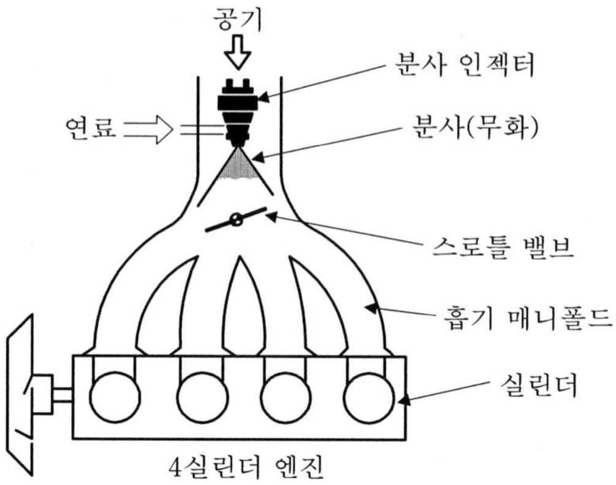

그림 6.41 싱글 포인트 연료 분사방식(SPI)

② 멀티 포인트 분사방식(MPI)

멀티 포인트 분사방식(Multi Point Injection) 방식은 그림 6.42와 같이 각 실린더마다 연료를 공급하는 전용 분사 인젝터(fuel injector)를 흡기 매니폴드에 설치하여 각 실린더로 무화된 연료를 직접 분사하는 방식이다. 멀티 포인트 분사방식(MPI) 방식은 각 실린더의 흡기밸브 바로 앞에 전용 인젝터를 설치하므로 엔진의 각종 부하조건에 따라서 최적의 연료 공급조건을 만들어 준다.

MPI 엔진의 작동상태를 정확하게 판단하기 위해, 센서에서 측정된 데이터를 미리 저장된 ECU내의 기준 정보와 비교하기 위한 연산·종합화 과정을 거쳐서 연료량 분사조건을 결정하여 각 실린더의 인젝터에 동시 또는 순차적으로 공급하는 전자제어 시스템이다. MPI 방식은 기화기 방식이나, SPI에 비하여 비용이 높다는 단점은 있으나 연비향상과 배기가스 저감, 출력향상 등 많은 장점을 갖고 있다. 따라서, 오늘날 자동차 엔진의 대부분은 MPI 가솔린 엔진으로 제작되고 있다.

결국, 전자제어 연료분사 장치는 연비성능, 배출가스 규제조건, 원가절감 등의 측면에서 기계식의 기화기 방식은 전자제어 분사장치의 개발로 퇴출되었고, 초창기의 SPI는 기능성 측면에서 MPI에 비하여 떨어지기 때문에 전자제어 연료 분사장치는 MPI 방식으로 빠르게 대체되고 있다.

전자제어 엔진은 기계식 연료분사 시스템을 개량하여 연료분사 고압펌프와 인젝터에 ECU를 연결한 것으로 MPI 시스템이 대표적이다. MPI 연료 분사장치는 그림 6.42에서 보여준 것처럼 실린더 바로 직전에 설치한 인젝터에서 분사한 연료는 각 실린더의 작동조건에 적합하도록 무화된 상태에서 공기와 혼합하게 된다. 특히 MPI 시스템은 연료-공기 혼합기의 유동저항이 작고 엔진의 부하조건에 신속하게 응답할 수 있기 때문에 출력 증가에 기여한다. 현재 MPI

엔진을 가장 많이 생산하고는 있지만 실린더에 연료를 직접 분사하는 GDI 엔진이나, 특히 분사압력을 크게 높여서 분사하는 커먼레일 엔진으로 생산량이 빠르게 이동하고 있다.

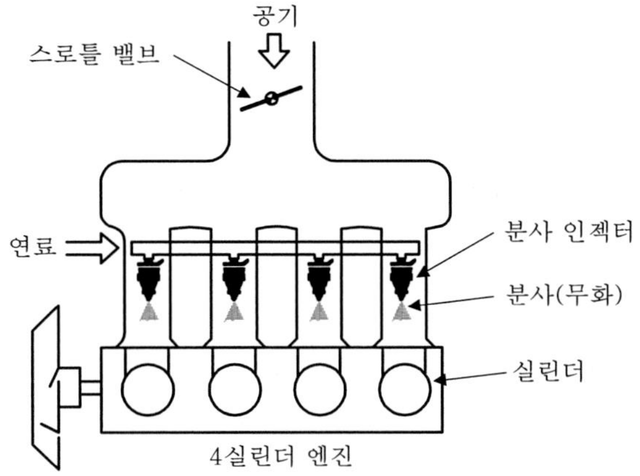

그림 6.42 멀티 포인트 연료 분사방식(MPI)

2) 가솔린 직접 분사방식(GDI)

가솔린 엔진도 디젤 엔진처럼 연료를 연소실에 직접 분사시키는 새로운 가솔린 직접 분사방식(Gasoline Direct Injection : GDI)을 채택하고 있다. 따라서, 가솔린 직접 분사방식(GDI)은 연료를 흡기 매니폴드에 분사하는 기존의 SPI나 MPI 연료 분사방식과는 근본적으로 다르다. GDI를 설치한 가솔린 엔진을 그림 6.43(a)에서 보여주는데, 연소실에 흡입된 공기에 연료를 연소실 내부에 직접 분사하여 연료와 공기를 압축하는 과정에서 연료-공기를 완벽하게 혼합하는 새로운 연료 분사방식이다.

흡입과정에서 연료를 연소실에 직접 분사하기 위해 고압의 연료 분사압력이 필요하므로 고압 연료분사 펌프를 사용하고, 연료의 스월(swirl)에 의한 연료-공기 혼합기 형성이 용이하도록 하기 위해 GDI 엔진은 그림 6.43(b)에서 보여준 것과 같은 스월 인젝션과 바울 피스톤(bawl piston)을 채택하여 연료의 분사에 따른 혼합기 형성 문제를 해결하고 있다. 이 때에 연료의 고압 분사를 용이하기 위해 그림 6.44에서 보여준 고압 인젝터(high pressure injector)와 인젝터 드라이브(injector drive)를 사용한다.

기존의 SPI나 MPI는 혼합기가 연소실로 유입하기 이전에 혼합되었기 때문에 연료의 공급성과 연소반응 측면에서 한계가 있었다. 그러나, GDI는 이러한 한계점을 극복할 수 있다는 것이 GDI 엔진이 기존의 MPI 엔진에 비하여 우수한 점이다. 그림 6.45는 가솔린 엔진의 연료공급 시스템이 발달해 온 변천사를 보여주고 있다. 즉, 초창기 기화기(carburetor) 방식의 연료공급장치에서 전기제어 연료 분사방식의 SPI와 MPI, 그리고 최근의 GDI에 이르기까지 시대별로 잘 제시하고 있다.

저부하에서 이상적인 연비와 고부하에서 필요한 고출력과 유해 배기가스의 절감을 위해 연소실에 연료를 직접 분사하는 방식이 유리하다. 연료를 연소실에 직접 분사하기 위한 고압 연료분사 펌프가 필요하고, 연료와 공기의 원활한 혼합을 위해 스월 인젝터와 피스톤 상단부에 공간을 확보해준 새로운 바울 피스톤이 개발되었다. GDI는 가솔린 엔진에서 사용되므로 연료와 공기의 혼합성이 대단히 중요하다. GDI는 연소실 내부에서 이상적인 연료-공기 혼합기 형성을 위해 연소실 내부를 그림 6.43(b)에서 보여준 것처럼 역텀블 방식(연소실 내부에서 혼합기의 상하 회전)을 채택하였고, 이러한 역텀블을 효과적으로 발생시키기 위한 바울 피스톤을 개발하였다.

가솔린 직접 분사(GDI)의 전자제어 시스템은 초희박 연소(ultra lean burn)를 위한 고압 인젝터, 고압 연료펌프, 고압 레귤레이터, 연료 압력센서 등으로 구성된다. GDI는 장착하여 흡입된 공기에 연료를 고압으로 짧은 시간에 연소실로 직접 분사하여 연료와 공기를 연소실 내부에서 혼합하는 새로운 방식이다. 연료의 고압 분사를 위해 ECU는 고압 연료라인의 압력, 각종 입력센서 등에서 신호를 받아 인젝터 분사시간을 연산하여 인젝터 드라이브로 신호를 보낸다. 그러면, 인젝터 드라이브는 ECU로부터 인젝터 분사 신호를 입력받아 각 인젝터를 구동하고, 인젝터의 이상유무를 검출하여 ECU로 보냄으로써 최적의 연소 작동조건을 항상 유지하게 된다.

일본의 미쓰비시(Mitsubishi) 자동차에 의해 도입된 GDI 기술은 연료의 신속한 공급에 따른 출력 증강과 향상된 연소효율 측면에서 긍정적이기 때문에 특히 유럽과 일본을 중심으로 GDI 기술은 기존의 MPI 연료분사 시스템을 빠르게 대체할 것으로 예상된다. 그러나 최근에 도입된 커먼레일 고압분사 시스템은 GDI 연료 분사방식의 시장 확대에 강력한 도전자로 등장하였다.

(a) GDI 가솔린 엔진

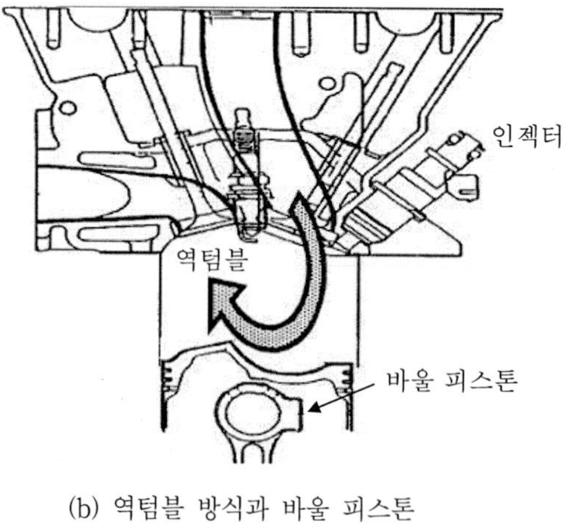

(b) 역텀블 방식과 바울 피스톤

그림 6.43 직접 연료분사 방식(GDI)의 가솔린 엔진

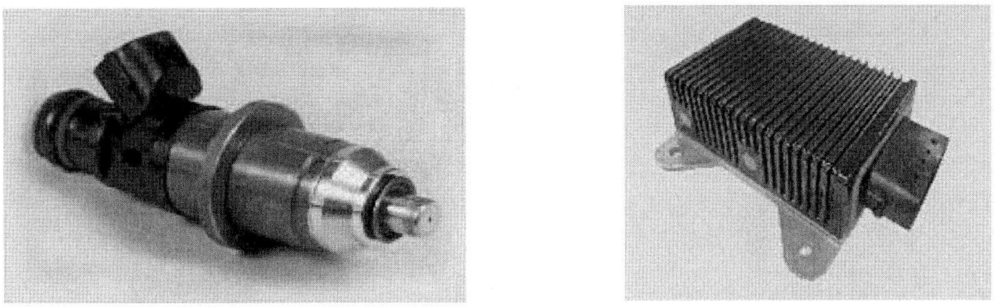

(a) 고압용 인젝터 (b) 인젝터 드라이브

그림 6.44 GDI 고압 인젝터와 인젝터 드라이브

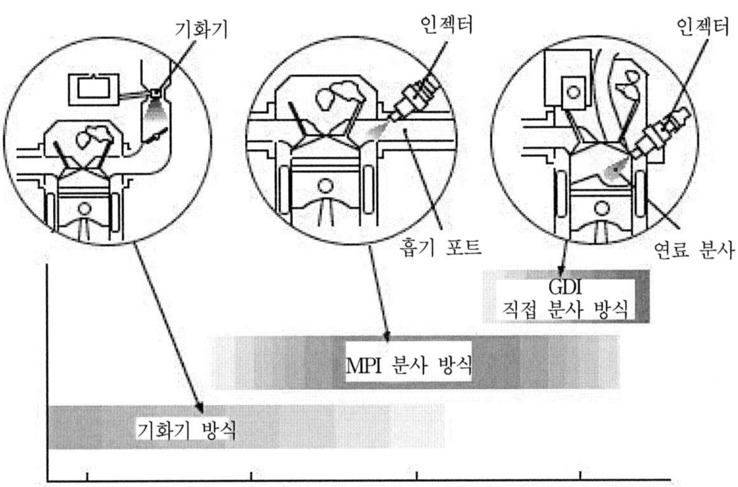

그림 6.45 가솔린 엔진의 연료공급 시스템 변천사

3) 커먼레일 고압 분사방식

전자제어 커먼레일 엔진에서 연료 인젝터(fuel injector)는 ECU에서 공급되는 전기적 신호(injection pulse width)에 따라 연료를 고압으로 공급하는 역할을 한다. 펌프에 의해 가압된 연료가 연료 필터를 지나서 연료레일(fuel rail)로 이송된 연료는 순간적으로 레일에 잠시 체류하였다가 인젝터에 의해 무화상태의 연료가 실린더로 분사된다. 이 때에 레일로 공급된 연료의 압력은 연료압력 조정기(fuel pressure regulator)에 의해 인젝터로 공급되는 연료의 압력을 정확하게 조정하여 연료를 공급하기 위해 연료압력을 300kPa 정도로 유지한다.

전자제어 커먼레일 엔진의 연료 공급 시스템(fuel supply system)에서 연료를 공급하는 체계는 그림 6.46에서 보여주는 것처럼 연료탱크 → 연료펌프 → 연료필터 → 연료레일(커먼레일) → 인젝터(무화 분사) → 연료압력 조정기 → 연료탱크(분사하고 남은 연료가 있을 경우)로 연결된다.

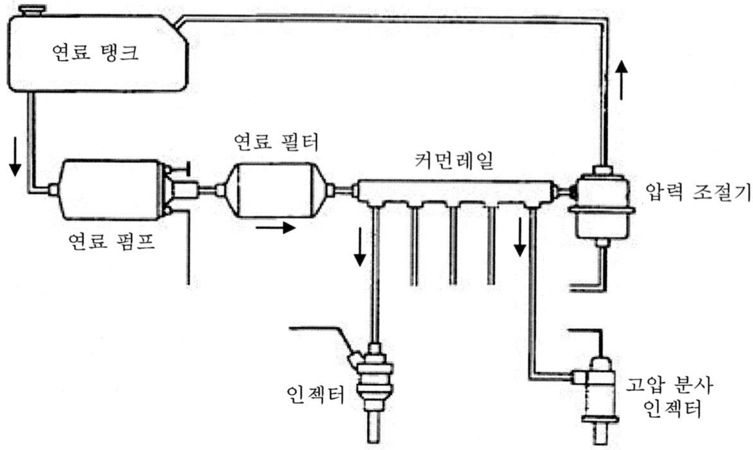

그림 6.46 전자제어 커먼레일 엔진의 연료공급 시스템

(3) 연료 여과기 및 압력 조절기

▣ 연료 여과기

연료 여과기(fuel filter)는 연료에 들어 있는 먼지 등과 같은 각종 이물질을 분리하는 장치로 그림 6.47에서 보여주고 있다. 일반적으로 가솔린에는 미세한 섬유질의 먼지, 연료 탱크에서 생기는 각종 부식 물질, 수분 등이 혼합된 연료가 엔진으로 공급되는 과정에서 연료 통로, 노즐 구멍 등을 막음으로써 연료의 분사 성능을 저하시키거나 연료의 공급을 원활하지 못하게 연료의 흐름을 방해하는 현상이 나타난다. 따라서, 가솔린에 혼입된 각종 이물질을 제거하기 위하여 연료 탱크의 주입구에는 간단한 연료 여과망을 설치하고, 연료펌프와 인젝터 사이에는 여과 성능이 우수한 연료 여과기를 설치하여 불순물을 모두 제거함으로써 인젝터의 분사작동에 문제가 없도록 한다.

전자제어 엔진에서 연료의 무화성을 높이기 위해 연료의 분사압력은 증가하고, 특히 인젝터의 분사구멍은 대단히 작게 가공한다. 따라서 MPI 엔진에서는 연료에 포함된 이물질을 모두 제거해야 연료의 유동성을 보장하고 노즐의 구멍이 막히지 않도록 관리할 수 있다.

전자제어 연료 분사장치에서 이물질을 제거하기 위해 사용하고 있는 연료필터는 다음과 같은 특징을 가지고 있다.

① 여과 성능을 높이기 위해 엘리먼트의 메쉬(mesh)를 작게한다.
② 연료의 분사압력이 높기 때문에 여과기의 내압성을 높게 한다.
③ 연료필터의 보디(body)는 금속제를 사용하고, 내부는 부식방지를 위해 도금처리한다.
④ 여과면적을 크게 하기 위해 연료필터 자체를 크게 만든다.

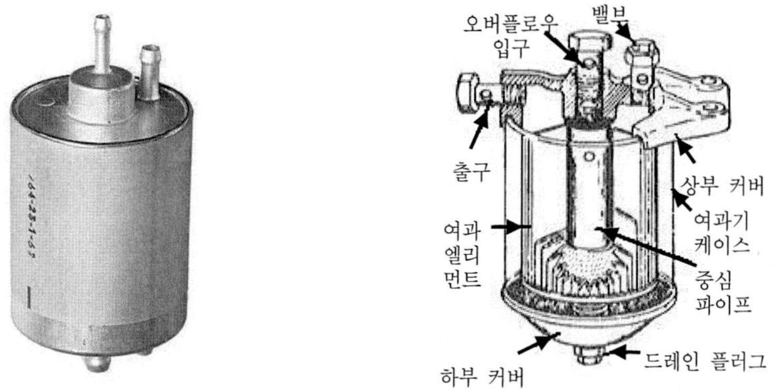

(a) 연료 여과기 (b) 연료 여과기의 구성도

그림 6.47 연료 여과기

▣ 압력 조절기

1) 개론

압력 조절기(pressure regulator)는 연료펌프의 리턴 파이프에 장착되어 있고, 연료 탱크내로 연결되어 있다. 압력 조절기는 연료 시스템 내부의 압력을 일정하게 조절하기 위한 것으로 연료 분사량을 연료 분사밸브가 열리는 시간으로 제어할 때 흡기 매니폴드의 압력변동에 따라 혼합비가 변동하는 것을 방지하기 위해서 사용한다.

따라서, 인젝터 내에 걸리는 연료의 압력을 흡기 매니폴드 내의 압력보다 3.35kg/cm^2 정도 높게 조절한다. 압력 조절기의 내부에는 압착된 다이어프램에 의해 두 부분으로 분리되어 있고, 외부 하우징은 금속으로 제작되어 있다. 그림 6.48에서 보여주는 것처럼 위쪽에는 압축된 스프링이 장착되어 대기압이 작용하고, 아래쪽은 연료가 채워지도록 한다. 연료장치의 압력이 규정치를 초과하면, 다이어프램에 의해 밸브가 열려지면서 오버 플로우 밸브가 열리게 된다. 오버 플로우 밸브가 열리면, 규정압 이상의 연료는 밸브를 통하여 연료탱크로 되돌아간다.

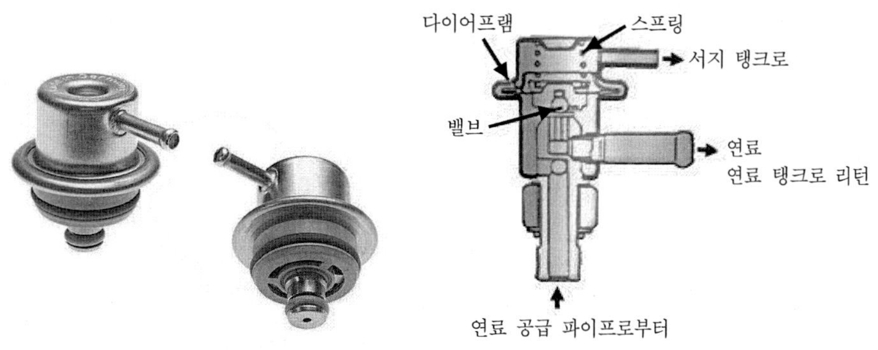

(a) 연료 압력 조절기 (b) 연료 압력 조절기의 구성도

그림 6.48 연료 압력 조절기

2) 연료 압력 조절기의 종류

① 진공식 연료 압력 조절기

그림 6.49의 진공식 연료 압력 조절기(fuel pressure regulator)는 연료 공급 파이프의 한쪽 끝에 설치되어 흡기 부압의 변동에 따른 분사량의 변화를 방지하는 역할을 한다. 따라서, 인젝터에 가해지는 연료의 압력을 흡기 매니폴드의 압력보다 2.2~2.6kg/cm^2 높게 조절한다. 진공식 압력 조절기는 스프링 챔버를 서지 탱크와 진공 호스에 연결하여 항상 흡기 부압이 작동하게 되므로 스로틀 밸브의 열림 정도에 따라 부압, 즉 진공도의 크기를 결정한다.

엔진이 저속 또는 공회전을 할 때는 스로틀 밸브의 열림 정도가 작으므로 서지탱크 내의 진공도가 다이어프램 스프링 장력보다 크게 되어 다이어프램을 잡아당겨 밸브가 열리게 되므로 과잉의 연료를 다시 연료탱크로 바이패스시켜 압력을 조절한다. 즉, 진공식 연료 압력 조절기에서 고속회전을 하는 엔진은 연료의 소비량이 많기 때문에 작용을 하지 않으나, 저속회전을 하는 경우는 정상적인 연료 소비량에 비하여 잉여 연료량이 많으므로 과잉의 연료를 탱크로 바이패스시켜 엔진의 회전속도와 관계없이 일정한 압력이 유지되도록 한다.

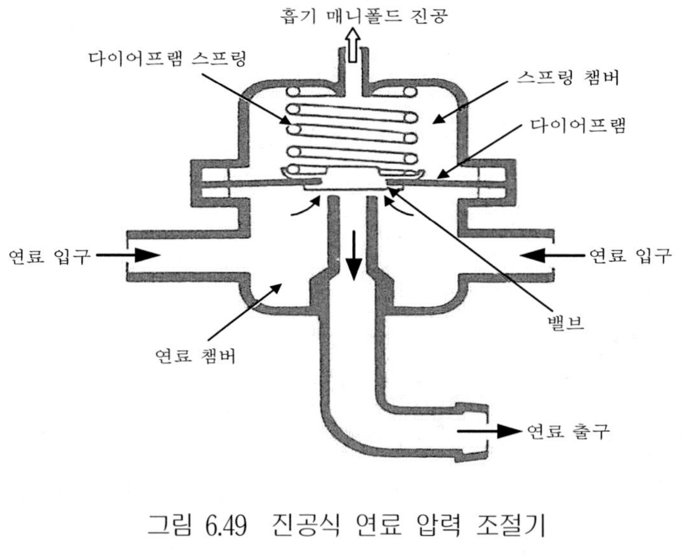

그림 6.49 진공식 연료 압력 조절기

② 전자식 연료 압력 조절기

전자식 연료 압력 조절기를 고온 상태에서 재시동을 하게 되면, 인젝터 내에는 베이퍼록(vapor lock) 현상의 발생으로 혼합기가 희박해지는 것을 방지하기 위하여 진공식 연료 압력 조절기에 대기압 솔레노이드 밸브를 추가로 설치함으로써 연료 압력 조절기의 기준 압력보다 약 2.9kg/cm^{2}까지 상승시키는 역할을 한다. 또한, 전자식 연료 압력 조절기는 솔레노이드의 저항이 20℃에서 28~34Ω이고, 작동 조건은 냉각수 온도가 70℃ 이상, 흡기 온도가 20℃ 이상일 경우에만 작용한다.

그림 6.50에서 보여준 전자식 연료 압력 조절기에는 평상시 전원을 공급하지 않으므로 스프링 챔버(spring chamber)에 서지탱크(surge tank)의 진공을 받아서 진공식과 같이 작용하지만, 고온 재시동시에는 ECU로부터 신호를 받아 솔레노이드 밸브가 작동하여 스프링 챔버에 대기압이 작용하도록 한다. 따라서, 진공이 약하게 미치게 되면서 연료가 바이패스되지 않아 인젝터에 가해지는 연료의 압력을 상승시킨다.

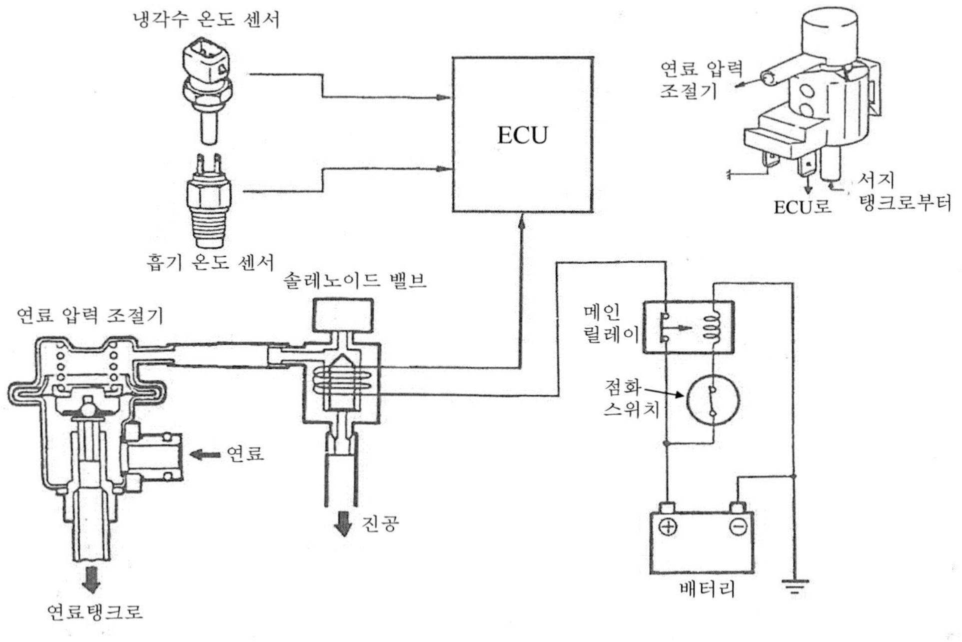

그림 6.50 전자식 연료 압력 조절기

(4) 공기 흡입 장치

공기 흡입 장치(intake air system)는 공급된 연료의 연소에 필요한 공기를 연소실로 공급하는 장치이다. 공기 흡입 장치의 대표적인 부품은 그림 6.51에서 보여주는 것처럼 공기 청정기(air cleaner), 공기 유동 센서(또는, MAP 센서), 스로틀 보디, 서지탱크, 스로틀 위치 센서, 흡기 온도 센서, 에어 밸브(air valve), ISC 밸브, ECU 등으로 구성된다.

공기 흡입 장치는 엔진이 작동하게 되면 연소실에 발생하는 진공(부압)에 의해 대기중의 공기는 공기 청정기(air filter)에서 모든 이물질을 모두 제거한 후에 공기호스(air hose)를 통하여 스로틀 보디로 공급이 된다. 여기서 L-Jetronic이 장착된 차량은 공기 청정기와 공기호스 사이에 흡입 공기량을 측정할 수 있도록 공기량 측정 센서가 설치된다.

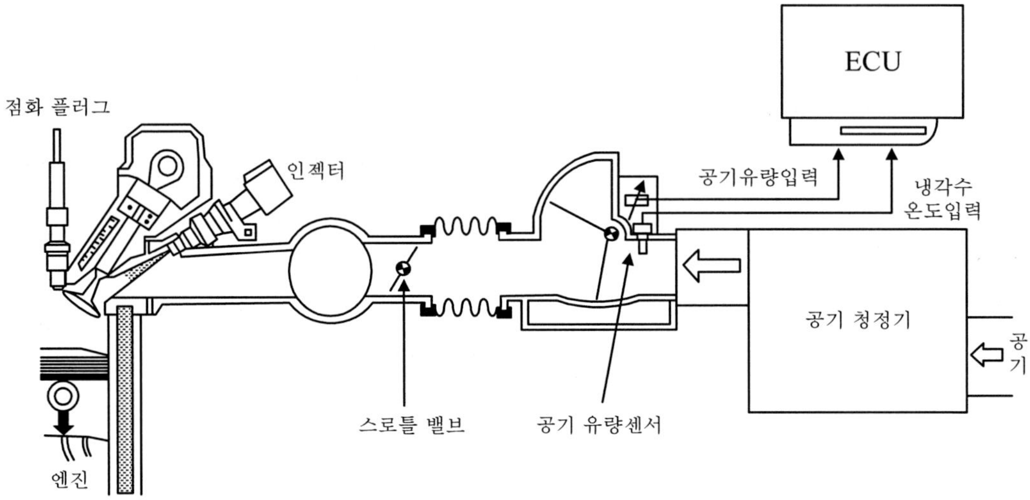

그림 6.51 공기 흡입 시스템

6.4 배기계통의 전자제어 시스템

6.4.1 배기가스 계통도

피스톤이 하사점(BDC)을 지나 배기행정으로 진입하게 되면, 연소가스는 열린 배기밸브를 통하여 배기 매니폴드로 모아져서 대기중으로 방출하게 된다. 배출된 연소가스는 배기 매니폴드에서 배기관을 타고 배기가스 정화장치로 이동하고 그 곳에서 불완전 연소가스나 유해 배기가스의 대부분이 환원 또는 산화 반응에 의해 정화된 고온·고압의 배기가스는 소음기(muffler)에서 저온·저압의 배기가스로 바뀌어 대기중으로 방출하게 된다.

배기가스는 이러한 촉매방식의 정화과정을 거치면서 CO, HC, NO_x, 미세 탄화물질(particulate)의 대부분이 정화되고, 안전한 배기가스로 변환되어 대기중으로 소산하게 된다. 그림 6.52에서는 유해 배기가스를 정화하고, 소음 레벨을 낮춰주는 배기관(exhaust pipe), 정화장치(catalytic converter), 소음기로 이어지는 배기가스 방출 계통도를 보여주고 있다.

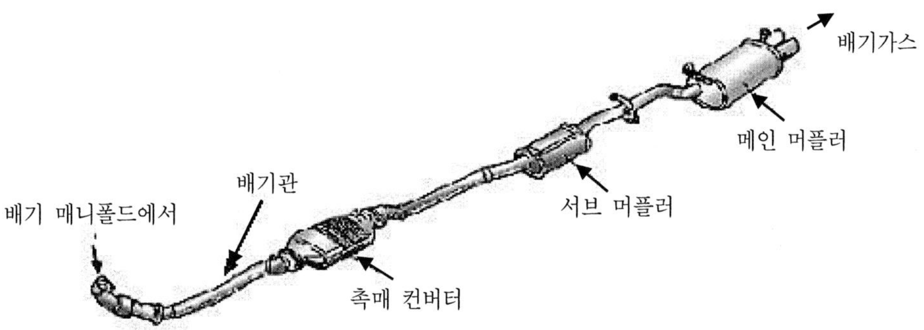

그림 6.52 배기가스 방출 계통도

(1) 배기 매니폴드

배기 매니폴드(exhaust manifold)는 실린더에서 연소된 고온의 배기가스를 한곳으로 모아서 배기관(exhaust pipe)으로 배출하기 위한 부품으로 보통은 주철로 제작되며, 실린더 헤드에 장착되어 있다. 배기 매니폴드에는 방출된 연소가스에 함유된 잔류 산소량을 검출하기 위한 산소센서(O_2 sensor)가 부착되어 있다. 센서에서 측정된 산소량 데이터는 ECU로 보내져 연료와 공기의 혼합비를 조절하는 기본값으로 사용되어 출력과 유해 배기가스 발생량을 제어하게 된다.

(2) 산소 센서

산소 센서(oxygen sensor)는 방출하는 배기가스에 함유된 산소의 농도를 감지하여 산소 잔량 정보를 ECU로 전달하면, ECU는 산소 센서로부터 신호를 받아 인젝터의 분사시간과 분사기간을 적절하게 제어함으로써 이론 공연비 14.7 : 1에 가깝도록 공연비 피드백(feed-back) 제어를 실행하여 촉매 변환기의 정화율을 높여준다.

그림 6.53과 같은 구조를 갖는 산소 센서는 배기 매니폴드에 설치되며, 감지부 내측은 항상 대기가 흡입되고, 외측은 배기가스에 접촉된다. 이 때 산소 농도의 차이에 의해 기전력이 발생되는데, 이때 발생된 전압은 0.1V~0.9V 정도이다. 산소 센서에서 기전력이 항상 발생하는 것은 아니고, 일정한 조건일 때만 작동한다. 즉, 배기 온도가 약 250℃ 이상일 때 작동을 시작해서 400~800℃에서 기전력이 가장 원활하게 발생한다.

배기 매니폴드에 설치된 산소 센서는 이러한 작동조건에서 이론 공연비 14.7 : 1을 유지하기 위해 ECU와 함께 지속적으로 산소 함유량 정보를 교환하여 피드백 작동을 한다. 그러나, 배기 온도가 200℃ 이하일 때는 피드백 작동이 이루어지지 않아 유해 배출가스가 그대로 대기중으로 방출된다. 따라서, 최근에는 저온에서 센서의 이러한 문제점을 해결하기 위해 산소 센서에 히터선을 따로 연결하여 엔진이 정상적인 웜업을 하기 이전이라도 산소 센서가 작동하도록 한다.

산소 센서에는 지르코니아(ZrO_2)와 티타니움(Titanium)의 두 가지 형식이 있지만, 대부분은 지르코니아 방식을 많이 사용한다. 이것은 지르코니아 타입의 산소 센서가 열을 받으면 기전력이 잘 발생하는 특성을 갖고 있기 때문이다.

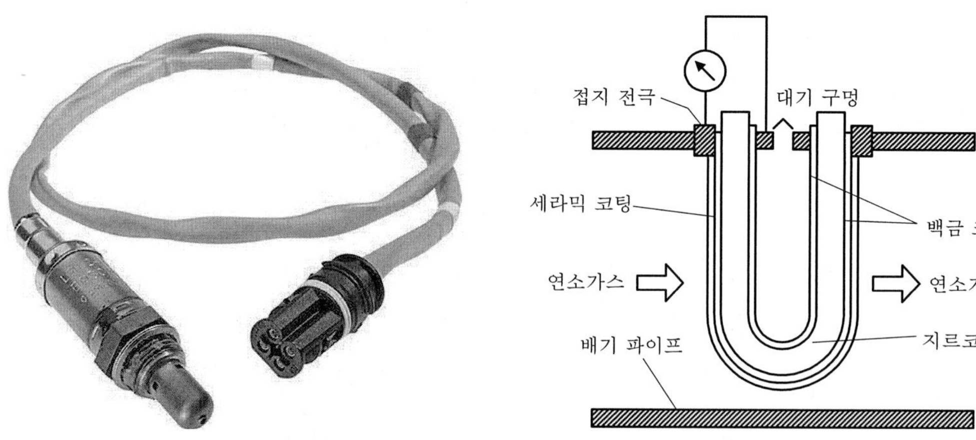

(a) 산소 센서 (b) 배기 매니폴드에 설치된 산소 센서

그림 6.53 산소 센서

(3) 배기관

배기관(exhaust pipe)은 그림 6.54에서 보여준 것처럼 차체의 하부에 고정되어 있고, 대기중에 노출되어 배기가스를 공기에 의해 냉각되면서 소음기(muffler)를 거쳐 외부로 방출하도록 연결된 강관(steel pipe)이다. 따라서, 배기 매니폴드를 빠져나온 배기가스는 배기관을 거쳐 소음기(머플러)에서 저온·저압으로 바뀌어 대기중으로 방출된다. 또한, 배기관의 중간에는 배기가스에 포함된 각종 유해성분(CO, HC, NO_x 등)을 처리하기 위한 촉매 변환장치가 설치되어 있다.

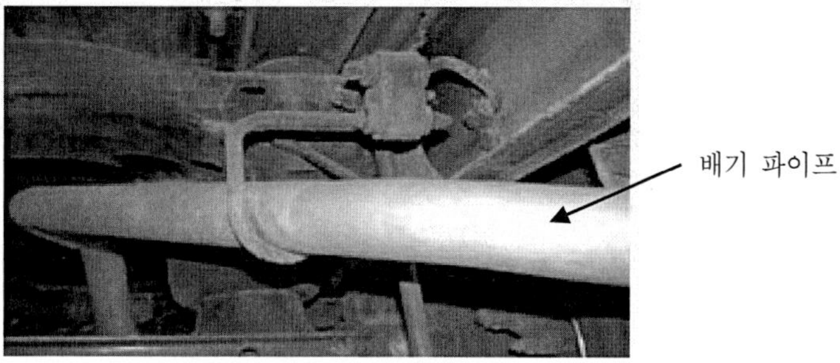

그림 6.54 배기 파이프

(4) 배기가스 정화장치

배기가스에 포함된 유해가스 성분으로는 일산화탄소(CO), 탄화수소(HC), 질소산화물(NO_x), 탄화물질 등이 있고, 이들 성분이 유해가스의 대부분을 차지한다. 그림 6.55에서 보여준 유해 배기가스를 정화시키는 대표적인 배기가스 정화장치는 배기가스에 포함된 각종 유해성분을 화학적으로 직접 변화시키는 3원촉매 컨버터(catalytic converter), 실린더에서 배출된 연소가스를 다시 한번 실린더로 되돌려 보내는 배기가스 재순환 장치(EGR) 등이 있다.

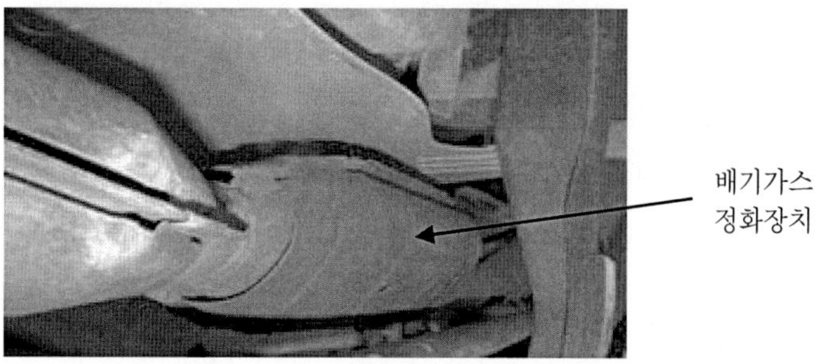

그림 6.55 배기가스 정화장치

▣ 삼원촉매 컨버터

그림 6.56의 3원촉매 변환장치(catalyst converter)는 배기가스에 포함된 CO, HC를 공급된 2차 공기에 의해 산화되도록 하여 CO_2와 H_2O로 완전 연소가 되게 하고, 질소산화물(NO_x)은 환원되어 N_2와 O_2가 되도록 한다. 따라서, 유해 배기가스를 3원촉매 변환장치에 의해 조절하기보다는 가능한 이론 공연비 14.7 : 1 부근에서 완전 연소가 이루어지도록 전자제어 유니트(ECU)에 의한 최적의 공연비를 조절하여 최고의 연소효율을 얻도록 하는 것이 더 중요하다.

3원촉매 변환장치는 실화(misfire)를 일으키게 되면 촉매장치가 과열되어 정화능력이 크게 감소되고, 특히 납(Pb) 성분이 포함된 유연 연료(leaded fuel)는 촉매의 정화기능을 손상시키므로 절대 사용해서는 안 된다.

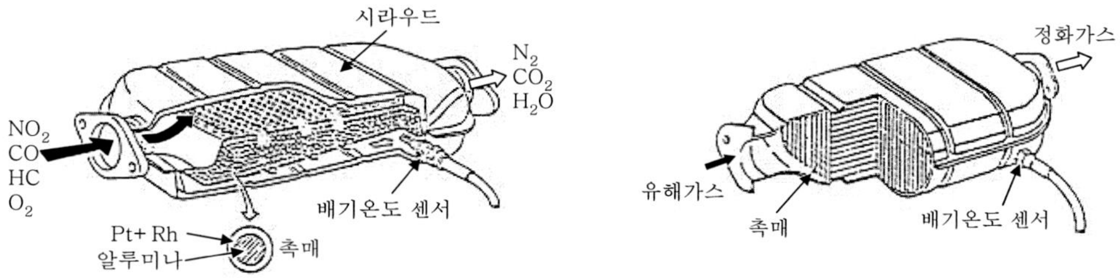

(a) (b)

그림 6.56 3원촉매 변환장치

▣ 배기가스 재순환 장치(EGR)

그림 6.57의 EGR(Exhaust Gas Recirculation) 장치는 배기 매니폴드를 따라서 방출되는 배기가스의 일부를 흡기계통으로 재순환시켜 연소할 때 발생되는 연소실의 최고 온도를 낮춤으로써 NO_x의 발생량을 억제하는 장치이다. EGR은 새로운 연료-공기 혼합기를 연소실에 보다 많이 흡입하여 연소실의 팽창압력을 높여서 동력을 얻고자 하는 보통의 엔진 출력향상 기술과는 다르게 오히려 엔진의 출력, 즉 최고 온도를 떨어뜨려 유해 배기가스 발생량을 완화시키는 방식이다.

결국, 배기가스의 재순환 시스템(EGR)은 연소실의 최고 온도를 낮추어서 NO_x 발생량을 효과적으로 줄여줄 수 있는 배기가스 정화장치이다. 즉, 연소가 끝난 배기가스의 일부를 연소실 내부로 다시 끌어들여 연소 가능한 혼합기의 유입량을 줄임으로써 최고 연소온도를 낮추어 최종적으로 NO_x 발생량을 줄이는 장치이다. 연소실로 유입된 공기의 구성성분인 질소(N_2)와 산소(O_2)의 연소과정에서 발생된 높은 온도는 N_2와 O_2의 반응을 충분히 촉진할 수 있으므로 NO_x 발생이 가능하다.

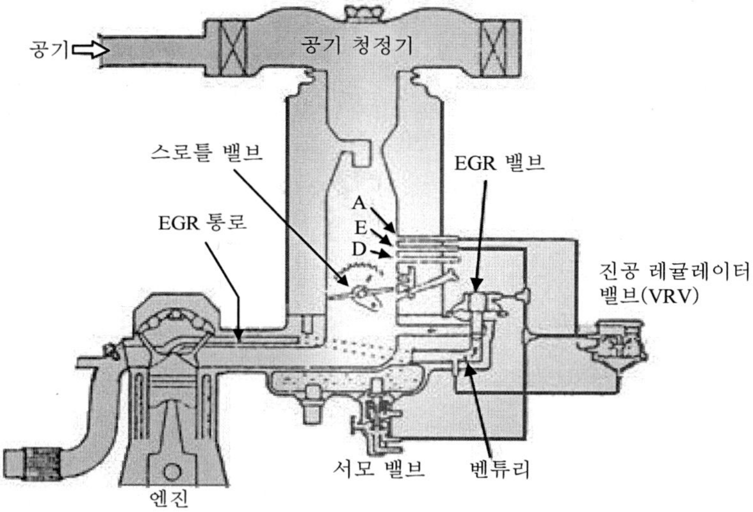

그림 6.57 배기가스 재순환 장치(EGR)

(5) 소음기

그림 6.58의 소음기(muffler)는 연소실에서 방출된 고온·고압의 연소가스가 대기 중으로 급격하게 빠져나오면 소음이 크게 발생하기 때문에 가능한 연소실을 빠져나온 배기가스의 압력과 대기압과의 차이를 줄여서 방출 배기가스에 의한 폭발음을 낮추기 위한 장치이다. 머플러라고도 하는 소음기의 내부에는 여러 개의 파이프를 엮어 만든 구조물로 이루어지며, 배기가스는 소음기의 벽면을 통과하는 동안에 배기가스의 온도와 압력이 낮아지면서 배기가스에 의한 소음이 크게 줄어들게 된다.

소음기는 배기관에 연결된 큰 파이프로 배기가스의 압력을 갑자기 떨어뜨려 대기압과의 압력차에 의한 소음을 효과적으로 줄여준다. 따라서 소음기는 자동차의 폭발 소음을 줄여주기 때문에 법규에 의해 반드시 부착하도록 규정되어 있다.

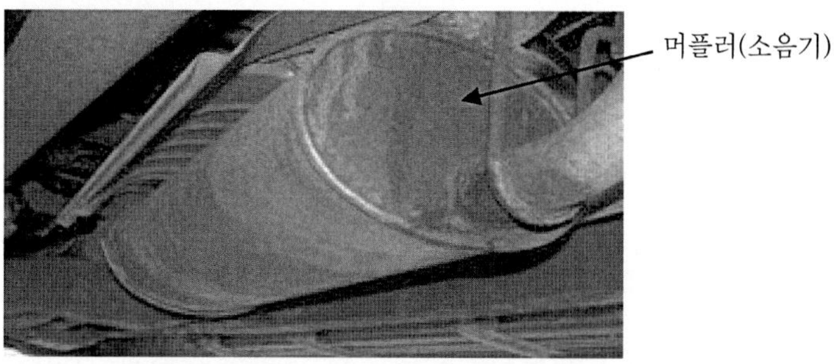

그림 6.58 소음기(머플러)

6.4.2 배기가스 제어장치

전자제어 엔진에서 발생되는 각종 유해 배기가스를 줄이기 위한 흡기장치, 연소장치, 배기장치 등 다양한 제어장치들이 ECU를 중심으로 연계 작동하면서 효율을 극대화하고 있다. 그림 6.59는 자동차 엔진에서 발생되는 CO, HC, NO_x 등 배출가스의 생성에 관련된 흡기 시스템에서 산화 촉매 정화장치에 이르기까지 유해 배기가스를 저감하기 위한 각종 유해가스 제어 시스템을 보여주고 있다.

유해 배기가스 저감을 위해 개량된 그림 6.59에서 보여준 배기가스 제어 시스템은 블로바이 가스 제어, 증발가스 제어, 제트공기 제어, 공연비 제어, 배기가스 정화장치 제어, 배기가스 재순환 장치 제어, 연료 분사 시스템 제어 등에 폭넓게 복합적으로 적용되고 있다. 전자제어 엔진에 이러한 개량 기술의 적용은 엔진에서 생성되는 유해 배기가스 발생량을 원천적으로 줄이려는 전처리 과정과 연소실에서 발생된 유해 배기가스를 산화과정이나 환원과정을 통하여 적극적으로 줄이는 후처리 저감 시스템을 그림 6.59에서 잘 제시하고 있다. 결국, 연소과정에서 발생되는 불완전 가스나 미연소 가스 발생량, 즉 CO, HC, NO_x 등을 최대한 줄이고자 다양한 장치들이 개발되었다.

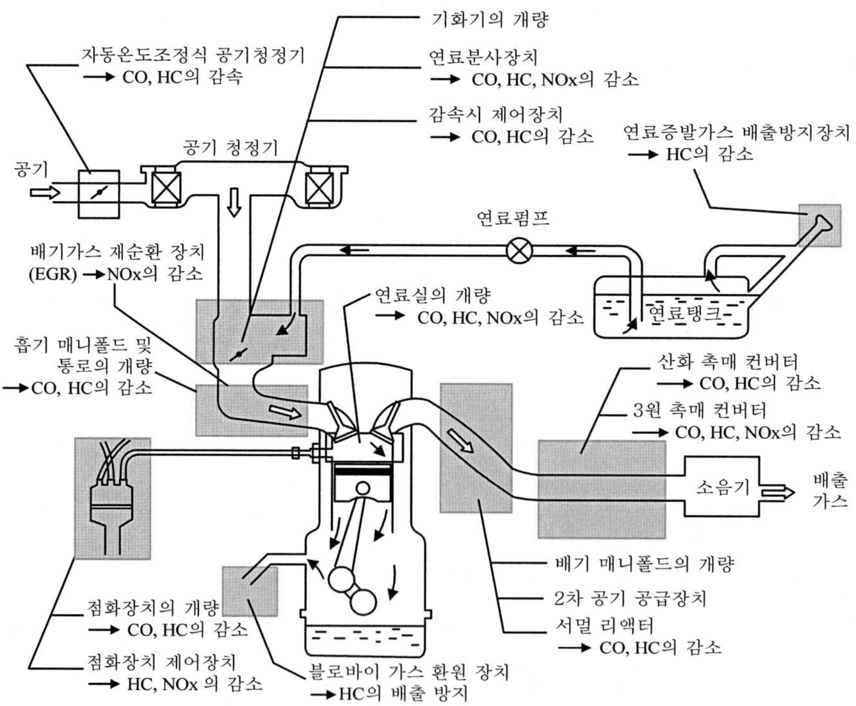

그림 6.59 각종 유해 배기가스 저감 시스템

(1) 블로바이 가스의 제어장치

블로바이 가스(blow-by gas)는 압축행정 과정에서 발생된 압축가스의 일부가 압력차에 의해 피스톤과 실린더의 간극(clearance)을 통과하여 크랭크 케이스로 유입되는 누출가스를 말한다. 블로바이 가스에는 압축과정의 연료-공기 혼합기와 잔류 가스를 모두 포함하지만, 블로바이 가스의 70~95%는 미연소 탄화수소(HC)이고, 나머지는 연소가스와 부분적으로 산화된 혼합가스이다. 또한 블로바이 가스는 팽창과정에서 연소가스가 크랭크 케이스로 누출되어 출력이 저하되고 연소가스가 엔진오일과 혼합되면서 오일의 열화를 촉진하게 된다.

블로바이 가스가 연소실을 빠져 나와 크랭크 케이스에 체류하게 되면 엔진 내부가 부식되고, 엔진 오일의 성능이 나빠지기 때문에 기존의 블로바이 가스 처리 방식은 크랭크 케이스에 잔류하는 블로바이 가스를 대기중으로 방출하였다. 그러나, 탄화수소(HC) 배출에 따른 에너지 손실과 특히 블로바이 가스의 대기 방출에 따른 환경오염 문제를 완화시키기 위해 개발된 블로바이 가스 제어장치는 압축과정에서 연소실로부터 유입되는 블로바이 가스를 혼합기 흡기 라인으로 되돌려 보내서 정상적인 연소과정을 다시 밟도록 개량된 새로운 블로바이 가스 제어 시스템이다.

표 6.2는 가솔린 엔진에서 배출되는 모든 탄화수소 가스의 배출 비율을 정상적으로 발생되는 배기가스, 연소실의 블로바이 가스, 증발가스 등으로 제시하고 있다. 배출되는 가스의 대부분을 배기가스가 차지하지만, 블로바이 가스량도 15% 정도로 적지 않다는 사실을 표 6.2에서 알 수 있다.

표 6.2 탄화수소 배출가스의 배출 비율

탄화수소 배출가스의 종류	배출 비율
• 배기 가스	60%
• 블로바이 가스	25%
• 증발가스(연소장치, 연료탱크 등)	15%

(2) 증발가스의 제어장치

연료탱크에 저장된 가솔린 연료가 대기중으로 증발하거나, 연소장치 또는 배기장치의 연결 파이프 등에 실링(sealing)이 불완전하기 때문에 외부로 방출하는 가스를 총칭하여 증발가스라 한다. 증발가스는 연료가 증발한 것이므로 탄화수소(HC)와 같은 미연소 가스 성분이다. 연료의 증발로 인한 HC의 배출 비율은 배출가스의 전체 비율을 제시한 표 6.2와 같이 엔진에서 방출되는 증발가스 탄화수소량은 약 15%를 차지하고 있다.-

(3) 배기가스의 제어장치

▣ 제트공기의 제어

흡기밸브와 배기밸브 이외에 연소실로 유입하는 제트공기(jet air)를 제어하기 위해 그림 6.60과 같이 제트밸브를 추가로 설치한다. 제트공기의 통로는 스로틀 보디와 실린더 헤드사이에 있다. 스로틀 보디의 스로틀 밸브 근처에 있는 2개의 흡입구를 통하여 유입된 공기는 흡기 매니폴드와 실린더 헤드내의 통로를 통과한 후, 제트 구멍을 통하여 연소실로 분출하게 된다.

제트밸브는 흡기밸브를 구동시키는 캠과 로커암에 의해 구동되므로 흡기밸브와 동시에 열리고 닫히나, 흡·배기 밸브가 밸브 간극 자동 조정기(auto-lash adjustor)에 의해 조절되는 반면에 제트밸브의 간극은 수동으로 조정하도록 되어 있다. 제트구멍을 통해 분사된 제트공기는 점화 플러그 주위의 잔류 연소가스를 배출시켜 보다 양호한 점화상태를 유지하며, 연소실 내의 혼합기에 생성된 강한 소용돌이가 압축행정까지 연속되어 점화 후의 화염전파를 향상시킴으로써 높은 연소효율을 유지하고 유해 배기가스의 배출량도 저감하게 된다.

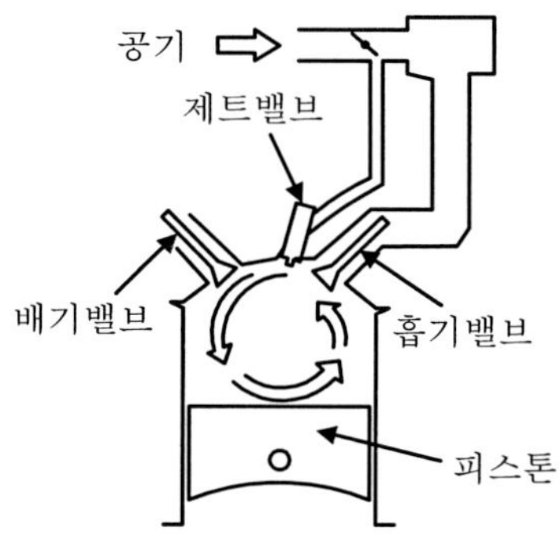

그림 6.60 제트공기 장치의 구조

▣ 공연비 조정장치

공연비 조정장치는 배기 매니폴드에 설치된 산소센서로부터 연소에 따른 혼합비 상태에 관련된 신호를 ECU에 보내고, ECU는 각 실린더에 장착된 인젝터의 개방시간을 조절하여 공기와 연료의 혼합비를 적절히 조절하면서 유해 배기가스를 감소시키는 역할을 한다. 공연비 조정장치를 이론 공연비로 제어하는 가장 큰 이유는 촉매장치의 정화 성능이 이론 공연비의 농도 부근일 때 가장 효과적으로 작동하기 때문이다.

▣ 촉매 변환장치

그림 6.61의 촉매 변환장치(catalytic converter)는 배기 파이프의 중간에 장착되는 모노리스

식(momolithic type)의 3원 촉매 변환장치로 탄화수소(HC)와 일산화탄소(CO)를 산화시키고, 질소산화물(NO_x)을 환원시키는 역할을 한다.

촉매 변환장치는 그림 6.62와 같이 납(Pb) 성분이 포함되어 있는 유연 가솔린(leaded gasoline)을 사용하면 촉매(백금, 팔라듐 등)가 파손되므로 반드시 무연 가솔린(unleaded gasoline)을 사용해야 한다. 엔진이 실화하게 되면, 촉매가 과열되어 손상되는 경우가 발생하면서 유해 배기가스 정화기능은 극도로 약화된다.

3원 촉매 변환장치는 그림 6.63과 같이 이론 공연비(14.7 : 1)의 농도 부근에서 CO, HC, NO_x를 효과적으로 제어할 수 있으며, 공연비 피드백 제어는 이론 공연비로 조절하여 배기가스가 대기중으로 방출되기 전에 유해 배기가스를 산화(H_2O 또는 CO_2 가스) 또는 환원(N_2 또는 O_2 가스)시킬 수 있다.

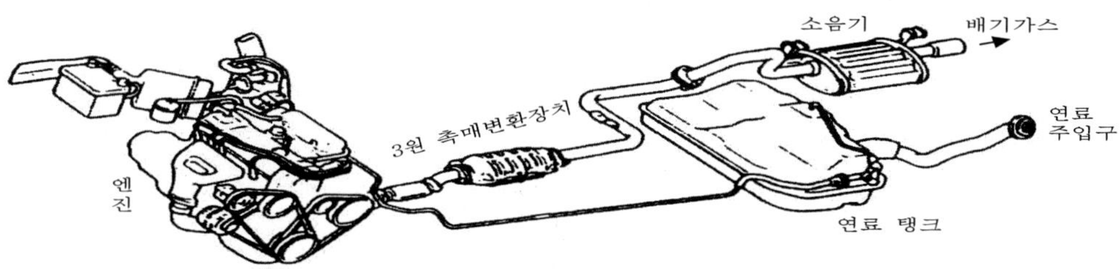

그림 6.61 3원 촉매 변환장치의 설치위치

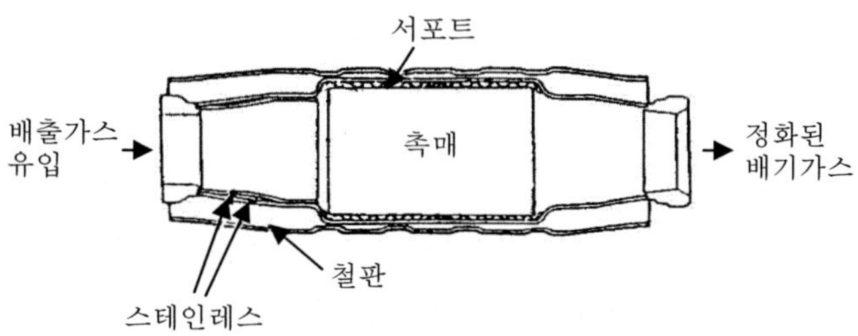

그림 6.62 3원 촉매 변환장치의 구조

▣ 배기가스 재순환 장치(EGR)

질소산화물(NO_x)은 연료의 연소과정에서 발생된 연소실 내부의 높은 온도에 의해 공기중의 질소(N_2)와 산소(O_2)가 스스로 반응하여 생성된다. 자동차의 배출가스에 함유된 NO_x는 NO가 95% 이상을 차지한다. NO의 생성은 주로 고온에서 크게 나타나고, 특히 연소온도가 높은 고부하에서 많이 배출되므로 연소과정에서 과도한 연소열 발생을 최대한 억제할 필요가 있다.

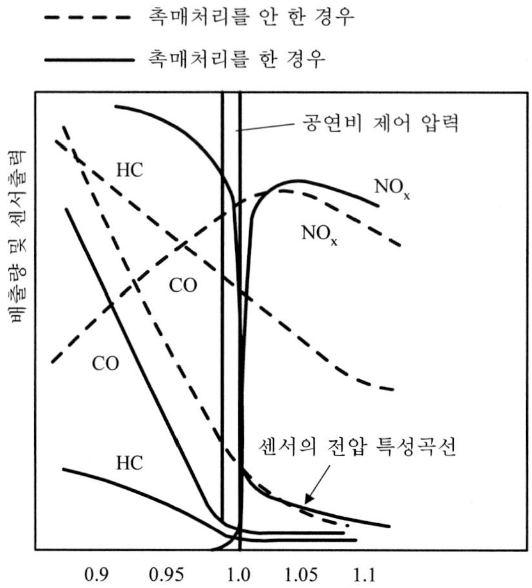

그림 6.63 3원 촉매 장치의 정화율

즉, 연소효율은 증가하지만 동시에 배출가스 발생량은 줄이도록 노력해야 한다. 이것을 위해서는 연료-공기 혼합기의 압축온도는 가능한 높여주고, 연소과정에서 최고 연소온도는 낮추는 기술이 필요하다. 이러한 목적을 달성하기 위해 개발된 순환 장치가 배기가스 재순환 장치(Exhaust Gas Recirculation System : EGR)이다.

EGR 장치는 배기가스의 일부를 다시 흡기계통으로 재순환시키는 것으로, 배기가스를 흡기와 혼합시켜 연소시의 최고 온도를 낮추어 NO_x 발생량을 줄여주는 장치이다. 그러나, 연소된 배기가스가 연소실로 재유입되는 정도에 따라서 출력과 연비에 영향을 주기 때문에, 이들의 영향을 최소한으로 줄일 필요가 있다. 따라서, 냉각수의 온도와 엔진에 걸리는 부하를 조절하여 배기가스를 적절히 유입시킬 필요가 있다. EGR 장치는 그림 6.64와 같이 서모 밸브, 스로틀 보디, EGR 밸브 등의 부품으로 구성된다.

그림 6.64는 배압 제어식 EGR 장치를 보여주는 것으로 엔진의 배압을 이용하여 EGR 밸브에 작용하는 E 부압을 제어하고, 저속 영역에서 주행성의 향상을 도모하기 위한 배기가스 재순환 장치이다. 배압 제어식 EGR은 싱글식 EGR 밸브, 진공 레귤레이터 밸브(VRV), 서모 밸브, 벤튜리 등으로 구성되며, 배기 매니폴드의 라인에서 배기가스를 일부 채취하여 흡입 계통으로 순환시킨다. 그림 6.64에서 냉각수의 온도가 65℃ 이하일 때는 스로틀 밸브를 열어서 서모밸브가 대기(A 라인)와 스로틀 보디 부압(E 라인)을 연결시키게 되므로 EGR 밸브는 작동되지 않는다. 그러나, 냉각수의 온도가 65℃ 이상으로 높아질 때는 스로틀 밸브가 열리게 되

면서 서모밸브는 대기라인(A 라인)을 차단시켜 EGR 밸브에 부압(E 라인)이 형성되므로 EGR 밸브가 열리면서 배기가스는 재순환하게 된다.

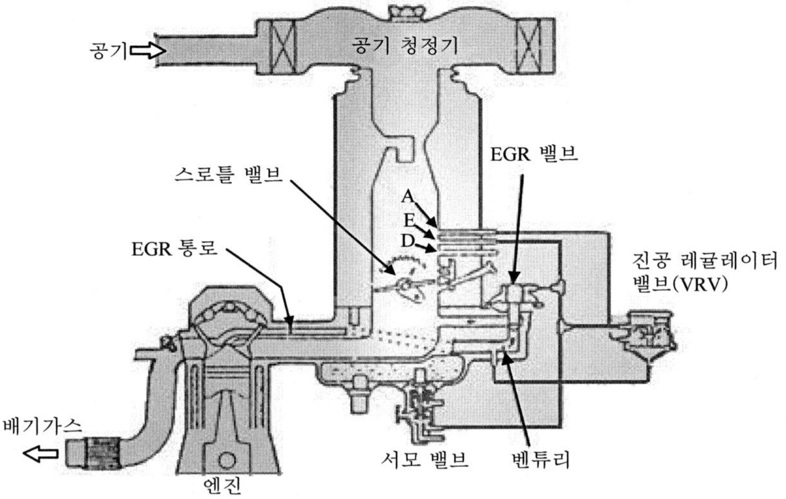

그림 6.64 배압 제어식 재순환 장치(EGR)

6.5 윤활 및 냉각 시스템의 전자제어 시스템

6.5.1 윤활계통

(1) 윤활장치

자동차 엔진의 윤활장치(lubricating system)는 엔진 각부의 마찰운동을 원활하게 하고, 마찰열과 마멸량 발생을 작게 하며, 엔진의 수명을 연장하거나 운전에 따른 문제점을 일으키지 않도록 엔진의 모든 마찰 운동부에 엔진오일을 공급하는 장치이다.

엔진에는 실린더와 피스톤처럼 직선운동을 하는 부분과 크랭크축이나 캠축과 같이 회전운동을 하는 부분으로 나눌 수 있다. 이러한 미끄럼 마찰접촉 운동 부분에는 엔진오일의 부족이나 부적합한 엔진오일의 선정 등으로 문제가 발생하게 되는데, 특히 금속끼리 마찰접촉 운동을 하면 마찰열이 크게 발생하면서 스커핑(scuffing)이나 시져현상(seizure)이 일어나고, 마찰면이 거칠게 되면서 마멸량이 크게 증가한다.

따라서, 엔진에서 마찰열에 의한 마멸량 증가, 성능저하 등을 방지하기 위해 마찰면에 엔진오일을 충분히 공급하고, 마찰 운동부에는 유막(oil film)을 반드시 형성하도록 해야 한다. 엔진의 미끄럼 마찰 운동면은 고체 마찰에서 유체 마찰로 바뀌도록 설계하고, 마찰접촉 운동조건에 적합한 엔진오일을 선정해야 한다. 엔진오일의 적정한 공급은 마찰 저항력을 떨어뜨리므로 에너지 절감효과를 기대할 수 있고, 특히 응착마멸(adhesive wear)을 방지할 수 있다. 또한, 마찰 접촉면의 마찰열 온도 상승을 방지할 수 있어 엔진의 구동 안전성에 대한 신뢰성과 내구성은 크게 향상되고, 마찰접촉 운동부품의 수명도 길어지는 등 많은 장점이 있다.

▣ 윤활장치의 구성부품

엔진의 마찰 운동부에 적정한 점도를 갖는 적량의 윤활유를 적기에 공급하기 위한 윤활장치를 그림 6.65에서 보여주고 있다. 윤활장치의 주요 구성부품에는 오일팬(oil pan), 오일 스트레이너(oil strainer), 오일펌프(oil pump), 오일필터(oil filter), 오일압력 조정기(oil pressure regulator), 오일 스크린(oil screen), 오일 냉각기(oil cooler) 등이 있다.

▣ 윤활유의 공급경로

가솔린 엔진에서 엔진오일을 각 윤활부위에 공급하기 위한 윤활장치는 그림 6.65에서 보여준 것처럼 엔진오일을 저장하고 있는 오일팬에서 윤활이 필요한 부품(엔진 베어링, 캠축, 피스톤 핀, 밸브스템 가이드 등)으로 공급하기 위한 엔진 윤활유의 공급 경로를 요약하면 다음과 같다.

오일팬 → 오일 스트레이너 → 오일펌프 → 릴리프 밸브(감압밸브) → 오일필터 → ①과 ②의 양쪽으로 윤활유는 동시에 공급되고, 마지막으로 오일탱크로 모두 되돌아온다. 즉,

→ ┌ ① 메인 오일통로 → 크랭크축 → 커넥팅 로드 → 실린더 및 피스톤으로 엔진오일의 공급
  └ ② 상부 오일통로 → 실린더 헤드 → 로커암축 → 로커암 → 캠 및 밸브 → 캠축(저널)으로 엔진오일의 공급

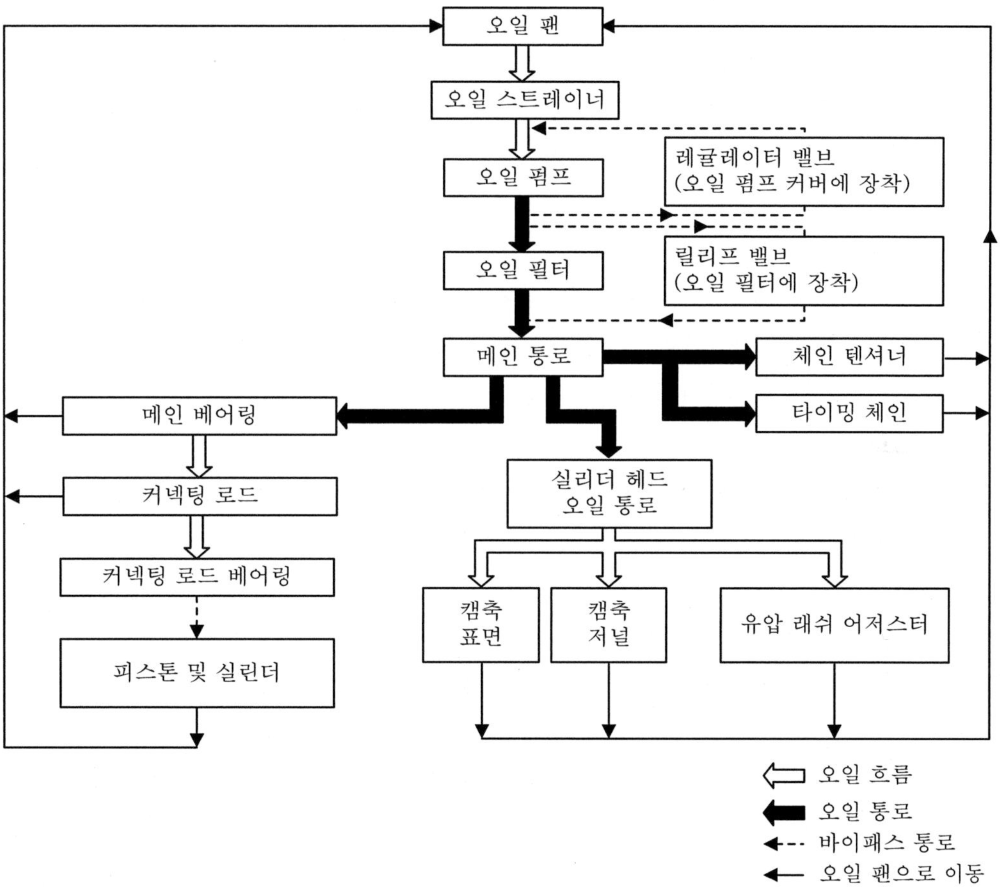

(a) 엔진오일의 공급경로

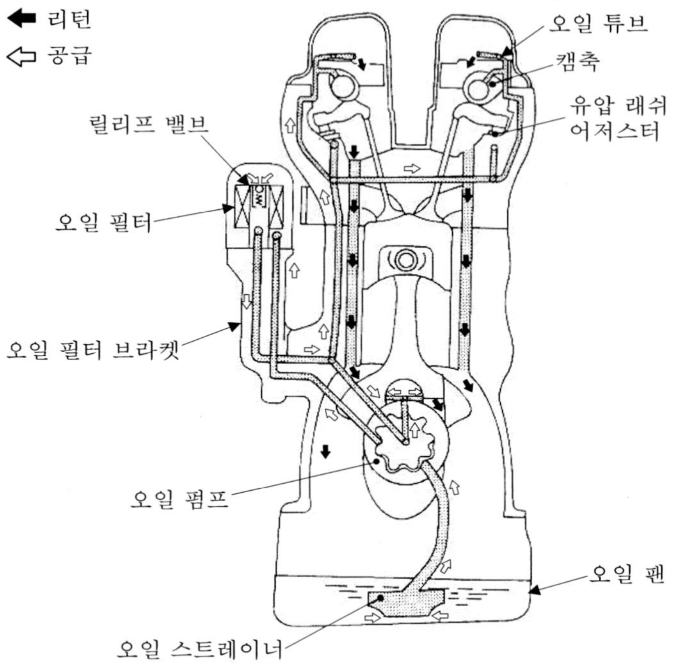

(b) 윤활 시스템

그림 6.65 윤활 시스템의 구성부품 및 엔진오일의 공급경로

(2) 윤활계통의 센서와 전기장치

▣ 유압 조절기

유압 조절기(relief pressure valve)는 오일의 압력을 항상 일정하게 유지시키는 역할을 하기 때문에 감압 밸브(relief valve) 또는 릴리프 밸브라고도 하며, 프런트 케이스의 측면에 설치되어 있다. 감압 밸브는 윤활 회로내의 유압이 과도하게 올라가는 것을 방지하여 엔진오일의 유압을 항상 일정하게 유지시키는 역할을 한다. 따라서, 감압 밸브의 동작이 원활하지 못하면 윤활 회로에는 유압이 과도하게 걸리고, 심할 경우에는 오일 필터가 파열되어 중대한 결함을 발생하기도 한다.

감압 밸브는 윤활 통로에 과도한 압력이 걸리게 되면 릴리프 플런저(relief plunger)는 스프링 힘을 이기고, 그림 6.66과 같이 바이패스 라인을 따라 위로 이동하여 과도하게 형성된 압력만큼의 오일을 오일팬으로 되돌려 보낸다. 유압 조절 압력은 자동차에 따라 약간의 차이는 있으나, 대개는 3~5kg/cm^{2}로 일정하게 유지시켜 준다.

(a) 정상 작동 (b) 바이패스 작동

그림 6.66 유압 조절기

▣ 유면 표시기 및 유압경고등

자동차는 크랭크 케이스에 저장된 엔진오일의 양을 확인할 수 있도록 엔진의 측면이나 앞쪽에 오일 레벨 게이지(oil level gauge)를 설치하고 있다. 자동차를 운행하기 전에 주기적으로 엔진오일의 적정량이 레벨 게이지의 적정선을 유지하고 있는지를 확인하는 것이 필요하다.

또한, 자동차를 운행하는 도중에 엔진오일의 압력이 정상인지를 항상 확인할 수 있도록 운전석 계기판에는 유압계가 설치되어 있다. 따라서, 엔진오일의 압력 경고등은 오일 회로내의 오일 압력이 0.2~0.4kg/cm^2 정도로 떨어지면 경고등이 자동적으로 켜지도록 되어 있다.

6.5.2 냉각계통

(1) 냉각장치

냉각장치(cooling system)는 작동중인 엔진을 적정온도로 냉각하여 엔진의 과열을 방지하고, 최적의 작동상태를 유지하여 연소효율을 높으면서 구조물의 기계적 강도를 확보하기 위한 장치이다. 가솔린 엔진의 연소과정에서 발생된 연소실의 연소가스 온도는 2,000~2,500℃에 이르고, 연소열의 대부분은 실린더, 실린더 헤드, 피스톤, 밸브 등으로 전도되어 그림 6.67에서 보여준 것처럼 온도가 분포한다. 엔진의 연소열과 직접 접촉하는 부분의 온도가 과도하게 높아지면 소재의 기계적 강도가 저하되어 고장이 생기거나 수명이 단축되고, 국부적 과열에 따른 노킹이나 조기 점화가 발생될 우려가 높으며, 이에 따른 엔진의 출력 저하와 연료 소비량 증가, 불완전 연소 등의 문제점을 예상할 수 있다.

따라서, 엔진의 냉각이 충분히 안되면 실린더-피스톤 간극의 유막(oil film)이 열에 의해 손상되면서 마찰부의 윤활기능 저하와 엔진 오일의 변질 등이 생기고, 이로 인해 이상 마멸량의 증가, 스커핑(scuffing)과 시져(seizure) 현상으로 연결되는 열적손상 등이 발생되는 문제점이 있다. 여기에 실린더의 유막손상으로 블로바이 현상에 의한 압축가스의 손실에 의해 출력저하가 일어난다.

그러나, 엔진이 지나치게 냉각하게 되면, 연소실의 압축 혼합가스의 불완전한 연소를 유발하여 엔진의 열효율은 떨어지고, 유해 배기 가스량이 증가하는 등의 환경적 문제점이 더 증가한다. 따라서, 엔진의 과냉은 연료 소비량이 증가하는 등의 문제가 생기므로, 온도를 적절하게 유지하는 것이 엔진의 열효율, 배출가스, 연료저감 등의 측면에서 중요하다. 일반적으로 엔진을 설계할 때 냉각장치의 온도는 80~90℃로 유지하는 것이 바람직하지만, 연소효율과 배출가스, 에너지 절약의 측면에서 냉각수의 온도를 가능한 높게 유지하는 것이 엔진의 출력상승과 유해 배기가스 저감에 좋다.

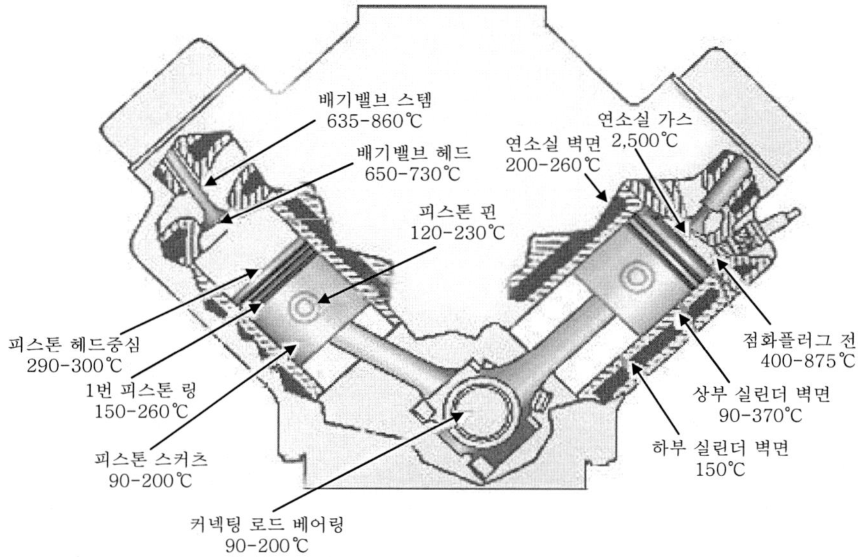

그림 6.67 엔진의 온도분포

엔진의 냉각 방식에는 냉각수를 엔진의 내부로 순환시켜 냉각하는 밀폐형의 수냉식과 외부 공기를 엔진으로 유입시켜 엔진을 직접 냉각하는 개방형의 공랭식 두 가지가 있다. 수냉식은 엔진을 효과적으로 냉각하고, 일정온도로 유지하기가 대단히 용이하므로 자동차의 냉각장치로 채택되고 있지만, 공랭식은 불안정적인 냉각효율과 냉각성이 떨어지기 때문에 현재의 자동차에서는 채택하지 않는다.

표 6.3은 자동차에서 널리 사용하는 수냉식과 오토바이나 소형 경비행기에서 채택하고 있는 공랭식 냉각장치의 장단점을 비교하고 있다.

표 6.3 수냉식과 공랭식의 장단점

특징	수냉식 냉각장치	공랭식 냉각장치
냉각효과	엔진 각 부품의 균일한 냉각이 가능하고, 냉각성이 우수하다.	엔진 각 부품의 균일한 냉각이 곤란하고, 국부적인 열변형을 일으키기 쉽다.
출력 및 내구성	압축비가 높고, 평균 유효압력 증대로 출력이 증가한다. 열부하 용량이 크므로 내구성이 우수하다.	압축비가 낮고, 냉각팬 손실마력이 크기 때문에 고출력 발생이 어렵다.
연비 및 마멸량	열효율이 높고 연비가 좋으며, 열변형이 작고 오일 소비량이 적다. 그러나, 저온 마멸의 가능성이 높다.	연비와 오일 소비가 증가하는 경향이 있고, 오일의 고온열화가 일어난다. 그러나, 저온 마멸은 비교적 작다.
중량 및 용량	워터자켓, 라디에이터, 워터 펌프 등이 필요하지만 체적은 작다.	냉각팬, 실린더, 통풍커버 등이 필요하므로 체적이 크다.
소음	워터자켓이 방음벽 역할을 하므로 소음이 작다.	냉각팬에 의한 진동과 소음이 크다.
보수	냉각수의 보수와 점검이 필요하다.	보수 점검이 간단하다.

▣ 수냉식 냉각장치

수냉식(water cooling) 냉각장치는 냉각수를 사용하여 엔진을 강제적으로 냉각시키는 순환 시스템이다. 라디에이터(radiator)에 저장된 냉각수는 워터펌프(water pump)에 의해 실린더 블록과 실린더 헤드의 워터자켓(water jacket)으로 보내져 엔진의 열을 빼앗아오지만, 냉각수 자체의 온도는 점차로 높아진다. 상승된 온도의 냉각수는 라디에이터로 보내서 외부의 공기를 사용하여 방열하고, 냉각된 냉각수는 워터펌프에 의해 다시 순환된다. 냉각팬(cooling fan)이 부착된 워터펌프는 그림 6.68에서 보여준 것처럼 외부의 공기를 강제적으로 라디에이터를 통해 유입시켜 방열효과를 좋게 한다.

그림 6.68은 냉각수를 이용하여 엔진을 강제로 냉각시키는 수냉식 냉각장치로, 냉각수를 워터펌프로 강제 순환시켜 엔진의 연소실에서 발생되는 열을 빼앗아 엔진 구조물의 기계적 강도를 보장하고, 엔진오일의 윤활성과 내구성을 확보하도록 한다.

▣ 공랭식 냉각장치

공랭식(air cooling) 냉각장치는 엔진을 외부의 냉각된 공기와 접촉시켜 과열된 엔진을 냉각시키는 형식이다. 공랭식 냉각장치는 수냉식에 비해 구조가 간단하고, 외부의 풍부한 공기를 사용하기 때문에 엔진이 상대적으로 가벼워진다. 그러나, 공랭식은 엔진의 운전 상태에 따른 엔진의 온도가 변화되기 쉽고, 냉각이 균일하지 못할 가능성이 대단히 높다는 사실 때문에 엔진이 과열되기 쉽다. 따라서, 공랭식은 자동차 엔진에는 사용되지 않고, 외부공기에 충분히 노출된 모터 사이클이나 경비행기의 엔진을 냉각하기 위해 사용된다.

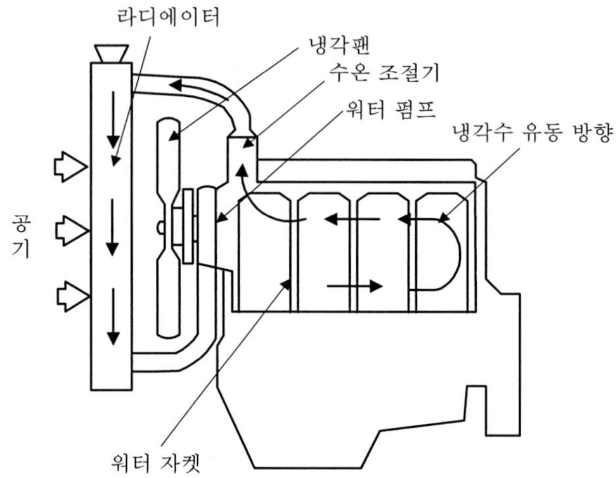

그림 6.68 강제 순환방식의 수냉식 냉각장치

(2) 냉각계통의 센서와 전기장치

▣ 수온 센서(WTS)

그림 6.69의 수온 센서(Water Temperature Sensor : WTS)는 흡기 매니폴드의 냉각수 통로에 설치되어 냉각수 온도를 검출하는 일종의 가변 저항기로 냉각수의 온도를 아날로그 전압으로 변환시키는 센서이다. 온도 센서(WTS)에서 측정된 신호가 ECU로 입력되면 냉각수 온도는 센서의 신호값에 따라 냉간일 때는 엔진의 회전수[rpm]를 높여 보상시켜 주고, 엔진 온도가 높아지면 높아진 만큼 엔진의 회전수를 저하시키는 역할을 한다. 즉, 냉간일 때는 아이들 회전수의 보상, 농후한 혼합기의 공급, 점화 진각 등의 역할을 하지만, 냉각수의 온도가 105℃ 이상으로 열간일 때는 전동팬을 고속으로 회전시켜 엔진을 냉각시킨다.

그림 6.69 수온 센서(WTS)

▣ 냉각장치의 회로도

강제 순환식 냉각장치는 자동차 엔진을 냉각시키기 위해 워터펌프로 냉각수를 강제로 순환시키는 냉각 방식으로, 주요 구성부품은 라디에이터, 워터펌프, 워터자켓, 수온 조절기(thermostat) 등으로 구성된다.

자동차 냉각장치는 바이패스 방식에 따라 바텀 바이패스(bottom by-pass) 방식과 인라인 바이패스(in-line by-pass) 방식의 두 가지가 있다. 대부분의 자동차에서는 인라인 바이패스 방식을 많이 사용하고 있다.

1) 엔진이 시동된 후 냉각수 온도가 낮을 때(웜업 전)

엔진을 웜업하기 위해서 그림 6.70(a)처럼 초기의 냉각수는 수온 조절기(thermostat)가 닫혀 있는 관계로 라디에이터로 보내지 않고 워터펌프를 통해 엔진으로 직접 순환시키기 때문에 엔진은 빠르게 웜업이 진행된다.

2) 엔진의 냉각수 온도가 정상온도로 유지될 때(웜업 후)

엔진의 온도가 약 80℃ 이상으로 가열되면, 그림 6.70(b)에서 보여준 것처럼 엔진의 수온 조절기(thermostat)가 열리면서 가열된 냉각수는 라디에이터로 유입되어 외기와의 열교환에 의해 냉각되고, 냉각된 물은 워터펌프를 통하여 엔진으로 공급되는 냉각수 순환 사이클이 완성된다.

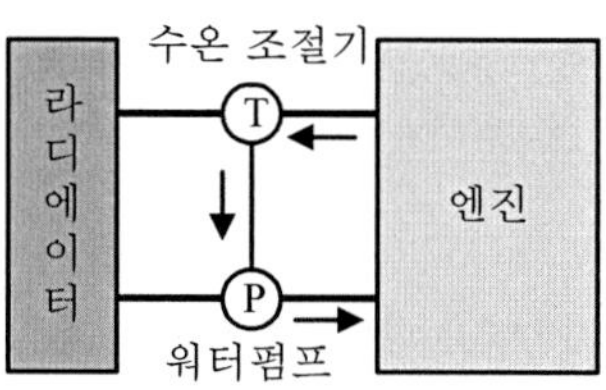

(a) 웜업 전의 냉각회로

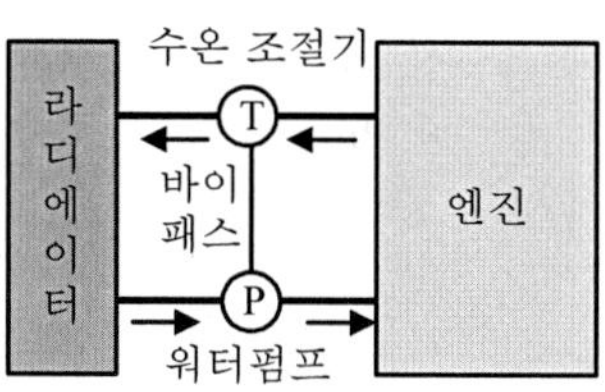

(b) 웜업 후의 냉각회로

그림 6.70 냉각장치의 웜업 회로 구성도

▣ 수온 조절기

수온 조절기(thermostat)는 엔진 내부의 냉각수 온도가 변화함에 따라 밸브가 자동적으로 개폐하여 라디에이터로 흐르는 냉각수 유량을 조절함으로써 냉각수의 적정 온도를 유지시켜 주는 일종의 개폐장치이다.

수온 조절기의 밸브는 80℃를 기준으로 열리며, 수온 조절기에는 그림 6.71에서 보여준 것처럼 펠릿형(pellet type)과 벨로스형(bellows type)의 두 가지가 사용되고 있다. 펠릿형 수온 조절기는 벨로스 타입보다는 수압의 영향을 덜 받으므로 냉각수의 온도를 정확히 제어할 수 있는 장점이 있다.

펠릿형 수온 조절기는 수온의 규정온도인 약 80℃까지 높아지면 펠릿에 채워진 왁스가 팽창하여 고무부분을 압축함으로써 그 중심부에 있는 스핀들(spindle)을 밀어 올리려고 하지만, 스핀들은 케이스에 고정되어 있기 때문에 펠릿이 밑으로 내려가서 밸브가 열린다. 그러나, 수온이 낮아지면 팽창하였던 왁스가 수축되고 고무의 압축이 제거되어, 펠릿은 스프링에 의해 원위치로 되돌아가면서 밸브는 닫힌다.

냉각회로에서 수온 조절기의 주요 역할은 다음과 같다.

① 엔진의 작동온도를 일정하게 유지하여 엔진의 성능을 최고로 발휘시킨다.
② 엔진의 과열이나 과냉을 방지한다.
③ 엔진오일의 열화를 방지하고, 엔진의 수명을 연장시킨다.
④ 차량 내부의 난방효과를 높인다.
⑤ 냉각수의 소모를 방지한다.

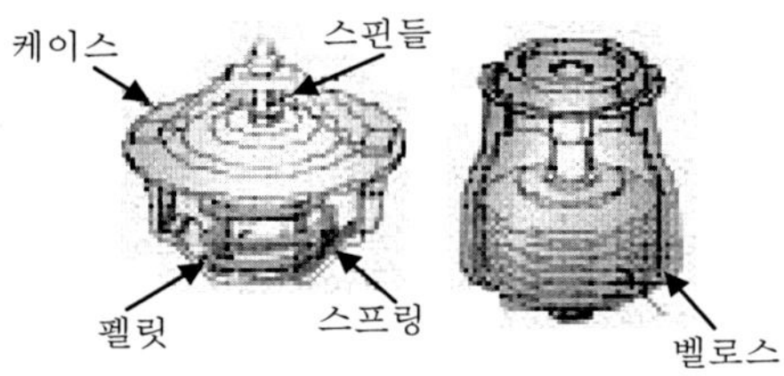

(a) 펠릿형 (b) 벨로스형

그림 6.71 수온 조절기(thermostat)

▣ 전동팬

전동팬(electric cooling fan)은 전동기(motor)로 냉각팬을 구동하는 형식으로 엔진의 전면에 설치한 전륜 구동(FF car) 자동차에서 많이 사용하고 있다. 라디에이터에 부착된 서모 스위치는 냉각수의 온도를 감지하여 어느 정도의 온도에 도달하면 팬을 작동(냉각팬 "ON")시키고, 어느 정도의 온도 이하로 내려가면 팬의 작동을 정지(냉각팬 "OFF")시킨다.

서모 스위치의 설정온도는 일반적으로 80~100℃이고, "ON"과 "OFF"의 온도차는 약 3~5℃이다. 전동팬은 작동이 간단하고, 신뢰성이 높기 때문에 대부분의 승용차에서 사용되고 있다. 전동팬은 그림 6.72에서 보여주는 것처럼 팬 시라우드(fan shroud)에 부착된 후에 라디에이터에 밀착되게 조립된다.

그림 6.72 전동팬

6.6 엔진에 사용되는 센서

6.6.1 냉각수 온도 센서(WTS)

그림 6.73의 냉각수 온도 센서(Water Temperature Sensor : WTS)는 흡기 매니폴드의 냉각수 통로에 설치되어 냉각수의 온도를 측정하는 가변 저항기의 일종으로 냉각수의 온도를 아날로그 전압으로 변환시키는 센서이다. 냉각수 온도 센서(WTS)에서 감지된 온도 신호가 ECU로 입력되면 냉각수 온도 센서값에 따라 냉간일 때는 엔진의 회전수[rpm]를 높여 보상시켜 주고, 엔진 온도가 높아지면 높아진 만큼 엔진의 회전수를 떨어뜨리는 역할을 한다. 즉, 엔진이 냉간일 때는 아이들 회전수[rpm]의 보상, 농후한 혼합기의 공급, 점화 진각 등의 역할을 하지만, 열간일 때(냉각수 온도 105℃ 이상)는 그림 6.72의 전동팬을 고속으로 회전시켜 엔진을 급히 냉각시킨다.

만약 WTS가 고장으로 판정되면, 엔진의 과열을 방지하기 위해 ECU는 라디에이터의 냉각팬을 고속으로 구동시킨다. 인젝터 분사방식이 순차분사인 경우는 냉각수 온도를 낮게 입력하고, 셀프모터 신호가 들어올 때는 연료분사를 동시분사로 바꾸어 냉간일 때 시동을 원활하게 해주는 역할도 겸하고 있다.

또한, 온도센서의 페일(fail), 세이프(safe) 기능에서 온도센서가 고장을 일으켰을 때 ECU에서 20℃로 감지하는 타입과 80℃로 감지하는 타입 두 가지가 있다. 80℃로 감지하는 타입은 20℃로 감지하는 타입보다 냉간일 때 시동이 잘 걸리지 않는 현상이 생길 수도 있다.

그림 6.73 냉각수 온도 센서(WTS)

6.6.2 노크 센서

(1) 개요

그림 6.74의 노크 센서(knock sensor)는 압전소자를 사용하고, 엔진의 이상연소에 의한 진동의 크기를 전기신호(전압)로 변환하는 센서로 엔진의 노킹(knocking)을 검출한다. 노크 센서를 장착한 엔진에서 노킹이 일어나면 이상 연소현상을 감지한 센서는 신호를 ECU로 보내고, ECU는 감지된 신호를 기반으로 무접전식 전자제어 배전기(DLI)의 점화시기를 지각 제어함으로써 노킹을 방지하게 된다.

일반적으로 노크 센서의 고장은 없으나, 엔진이 부조현상을 일으키면 ECU는 노크 센서의 고장으로 인식하는 경우가 있다. 예를 들어 인젝터 불량, 플러그 불량, 플러그선 불량, 압축비 불량, 진공상태 불안정 등이 발생하면, 엔진의 부조가 일어나면서 노크 센서는 규정값 이상의 신호가 ECU로 입력되고, ECU는 이것을 노크 센서의 고장으로 인식하게 되므로 문제가 발생한다.

노크 센서는 보통 과급기(터보차저, 수퍼차저 등)를 부착한 엔진이나 무연 프리미엄(unleaded premium) 가솔린 사양의 고급 엔진에 장착되어 사용되고 있다.

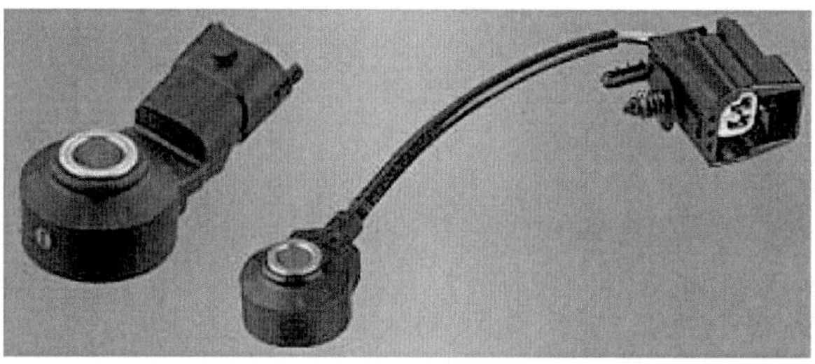

(a) 모델 A

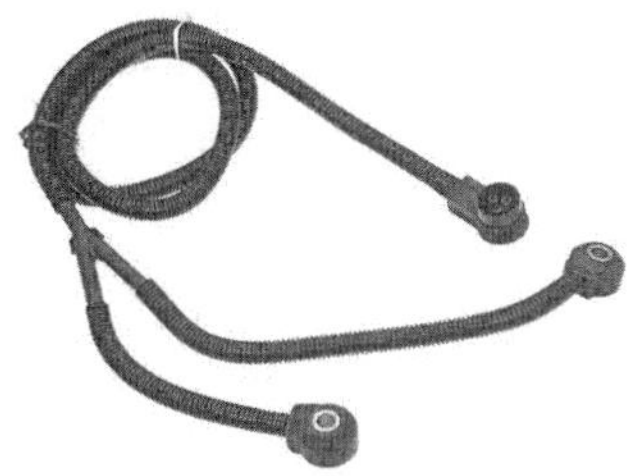

(b) 모델 B

그림 6.74 노크 센서(플러그인 타입과 케이블 연결 타입)

(2) 노크 센서의 종류

노크 센서(knock sensor)는 엔진 블록에서 발생하는 진동 신호를 측정하여 전자제어 유니트(ECU)에 전달하는 역할을 한다. 이 때에 측정된 신호는 정상적인 것과 비정상적인 두 가지 압력파형 모델에 대해 분석하고 비교·평가를 수행함으로써 노크 발생 여부를 판정한다. 노크 센서에는 전자유도식, 압전식, 광대형, 공진형 등이 있고, 보통 4실린더의 경우는 1~2개, 6실린더의 경우는 2~3개 정도를 실린더 측면에 설치한다. 노크 센서는 실린더 블록의 진동을 감지하여 노크의 발생여부를 판정하게 된다.

(3) 노크 제어 시스템

▣ 점화시기와 노크발생의 관계

가솔린 엔진의 정상 연소는 스파크의 전기불꽃으로 연료-공기 혼합기를 점화하고, 점화된 화염면이 전파되면서 연소가 완료된다. 그러나, 화염면이 정상적으로 전파되기 이전에 부분적으로 자기착화에 의하여 연소가 발생하는 경우도 있다. 이것을 비정상 연소라 하고, 이러한 연소에 의하여 발생되는 압력상승은 실린더 내의 연소가스에 의한 진동을 일으키고 소음을 발생하는 원인으로 작용하며, 이것을 가솔린 엔진의 노크(knock)라 한다.

그림 6.75는 실린더에서 발생하는 노크에 의한 비정상 연소압력을 측정하는 시스템과 점화시기에 대하여 나타내고 있다. 그림 6.75(b)에서 곡선 a는 최적의 점화시기 Z_a에 의한 정상 연소압력을 나타내고, 곡선 b는 점화시기 Z_b가 약간 빠르게 진행될 경우에 비정상 연소압력이 크게 발생되는 노크현상을 보여주고 있다. 여기에, 곡선 c는 점화시기 Z_c가 약간 느리게 진행될 경우의 낮은 압력변화를 보여주고 있다.

일단, 엔진에 노크가 발생하면 연소열은 연소실의 벽면으로 잘 전도되기 때문에 노크현상의 지속적인 발생으로 연소실에 열이 축적되면서 엔진을 과열하게 되고, 그 결과는 자기착화의 지속, 점화 플러그와 피스톤의 소손, 실린더 헤드의 열손상, 유막의 파손, 베어링의 손상 등으로 나타난다. 결국, 노크가 발생하게 되면 엔진의 출력은 떨어지고 소음과 진동은 증폭되며, 유해 배기가스 발생량은 급격하게 증가한다. 따라서 가솔린 엔진에 노크가 발생하게 되면, 궁극적으로 엔진의 출력저하와 연료 소비량 증가, 유해 배출가스 증가로 나타나기 때문에 가장 피하고 싶은 문제이다.

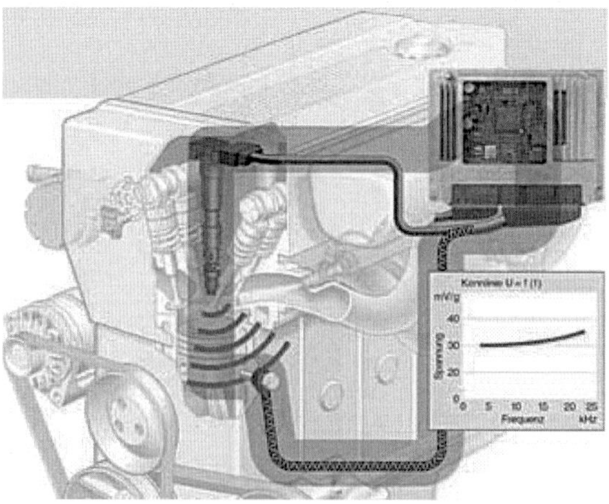

(a) 노크 측정 시스템(Bosch 방식)

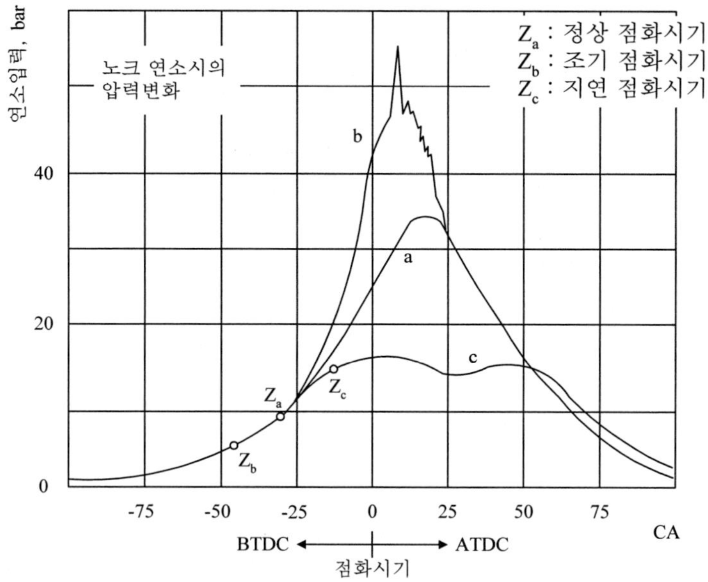

(b) 점화시기와 연소압력 변화

그림 6.75 노크 측정과 노크 압력 변화

▣ 노크 센서의 작용 및 설치

가솔린 엔진에서 노크가 발생하면 실린더 블록은 특정 주파수(5~10KHz)에서 진동을 하게 된다. 그림 6.74에서 보여준 노크 센서는 실린더 블록의 진동을 전기적 신호로 변환하여 ECU에 신호를 입력시킨다. 노크 센서는 그림 6.76에서 보여준 것처럼 실린더 블록에 볼트로 확고하게 설치하여 진동을 잘 측정할 수 있도록 한다. 그림 6.77은 노크 센서(knock sensor)에서 측정된 신호를 정상작동 엔진과 노크발생 엔진 사이의 압력 변동상태를 상대적으로 잘 비교하고 있다.

4실린더 엔진에서 1개의 노크 센서를 사용할 경우는 제2번과 제3번 실린더 사이에 설치하고, 2개의 노크 센서를 사용할 경우는 제1번과 제2번 실린더 사이와 제3번과 제4번 실린더 사이에 각각 설치한다. 노크 센서의 사용온도는 130℃정도이고, 센서의 단열을 위하여 플라스틱으로 코팅을 한다.

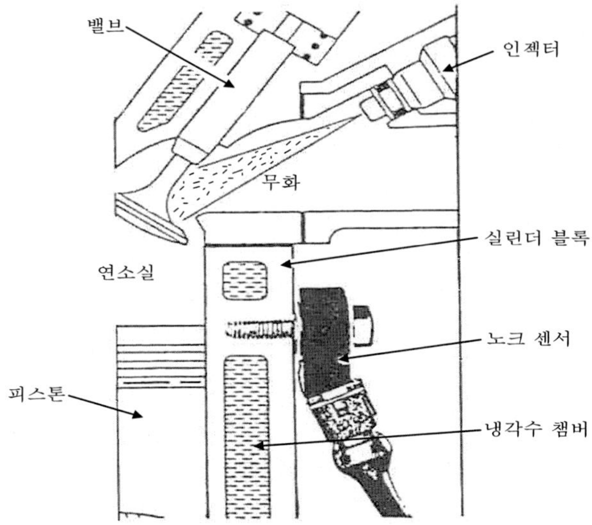

그림 6.76 노크센서의 설치

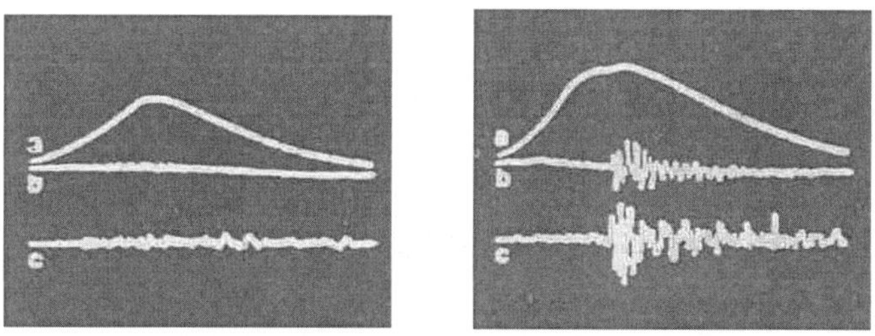

(a) 노크가 없을 때 (b) 노크가 발생할 때

그림 6.77 노크센서의 신호

▣ 노크 제어

노크 센서에 의해 검출된 출력은 전기적 신호로 변환되어 컴퓨터 제어 유니트(ECU)로 입력된다. 엔진에서 발생될 수 있는 노크의 한계는 항상 고정된 수치가 아니고, 엔진의 작동 상태에 따라서 수시로 변화한다.

엔진에 설치된 노크 센서의 출력 신호는 ECU에 내장된 A/D 변환기를 거쳐 분석되어 정상 작동인지 아니면 비정상 노크 발생인지를 그림 6.78과 같은 프로세스를 거쳐 판정한다. 노크 센서에서 이상 압력의 노크가 검출되면 즉시 점화시기를 늦추지만, 노크가 발생하지 않는 상태에서는 점화시기를 노크 한계까지 진각시키는 피드백 제어를 진행하여 엔진의 연소효율을 최대로 높이고, 연료 소비율은 최저로 낮추어 가장 이상적인 출력과 저연비 조건을 얻어낸다. 엔진을 최적의 작동조건으로 유지하면 유해 배기가스 발생량은 크게 줄어들고, 노크에 의한 진동과 소음 레벨은 낮아진다.

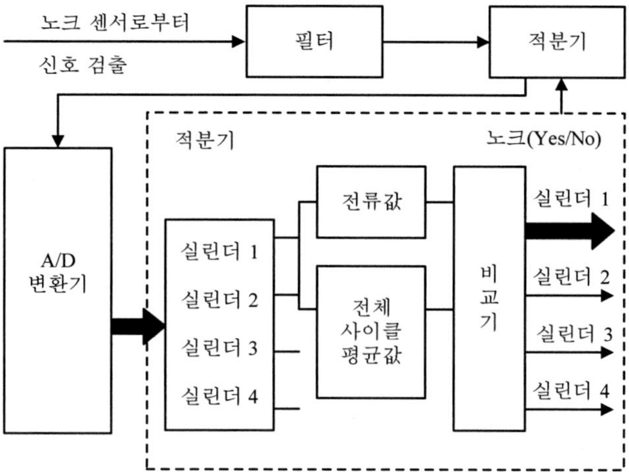

그림 6.78 ECU에 의한 노크 판정 프로세스

연습문제

6.1 전자제어 기술 의존도가 날로 높아지고 있는 차세대 자동차의 전자제어 엔진에서 궁극적으로 추구하고자 하는 향후 기술개발 방향에 대하여 포괄적으로 기술하시오.

6.2 전자제어 흡기 시스템에서 연료-공기 혼합기를 잘 형성하기 위해 외부로부터 유입되는 공기의 흡입 프로세스를 순차적으로 기술하시오.

6.3 가솔린 엔진의 전자제어 연료 공급 시스템에서 기존의 기화기 공급방식 대신에 연료 분사장치를 도입하게 된 이유와 연료 분사 프로세스에 대하여 설명하시오.

6.4 연료공급 시스템에서 연료의 분사를 직접 담당하는 대표적인 연료 분사방식으로 사용하는 SPI, MPI, GDI, 커먼레일의 4가지 전자제어 연료 분사방식에 대하여 설명하시오.

6.5 가솔린 엔진에서 연료의 공급 시스템은 고출력, 저연비, 유해 배기가스 저감 등의 측면에서 변천되어 왔는데, 이들 연료 공급 시스템의 특징을 서로 비교하면서 간략하게 설명하시오.

6.6 배기가스의 방출 계통도를 그림으로 그리고, 배기 라인에 관련된 주요 부품의 역할을 간략하게 설명하시오.

6.7 배기 매니폴드에 근접되게 설치하여 사용하고 있는 배기가스 재순환 장치(EGR)의 역할과 작동 프로세스에 대하여 기술하시오.

6.8 강제 순환식 냉각장치의 웜업 전과 웜업 후의 냉각수 순환 시스템에 대하여 간략하게 설명하시오.

6.9 가솔린 엔진의 비정상 연소에 의해 발생되는 노크 형상을 감지하기 위해 설치된 노크 센서와 여기서 획득한 신호를 기반으로 노크를 판정하는 전자제어 방법(ECU)에 대하여 기술하시오.

제 7 장

자동차 섀시의 전자제어

7.1 섀시의 전자제어 시스템
7.2 동력 전달장치의 제어 시스템
7.3 현가장치의 제어 시스템
7.4 제동장치의 제어 시스템
7.5 조향장치의 제어 시스템
7.6 에어백의 제어 시스템

7.1 섀시의 전자제어 시스템

7.1.1 섀시의 전자제어 시스템 개론

자동차는 크게 동력을 생산하는 엔진(engine), 동력을 전달하고 하중을 지지하며 주행성과 안전성을 확보하기 위한 섀시(shassis)와 차체(body)로 구성된다. 자동차에서 엔진은 출력과 환경조건에 직접적으로 영향을 주지만, 섀시는 운전자나 탑승자에게 보다 가까운 주행과 안전성을 제고한다는 측면에서 상호 보완적 관계에 있다. 따라서, 자동차의 섀시는 운전자에게 안전성과 쾌적성을 제공한다는 측면에서, 그리고 차체는 자동차의 디자인과 이미지 측면에서 중요성을 갖고 있다. 자동차의 섀시 시스템을 보다 안정적으로 유지 관리한다면 편리하고 안전한 운전조건을 확보할 수 있을 것이다.

자동차의 섀시 시스템에 관련된 각종 제어장치는 엔진에 대한 제어와는 다르게 차량 시스템의 주행성, 안전성, 효율성, 제동성 등을 총체적으로 확보하기 위해서 주요 부품을 개별적으로 제어하기보다는 차량 시스템을 하나의 제어 대상으로 삼아서 시스템 전체를 제어하는 특성을 갖고 있다. 따라서, 섀시에 대한 전자제어는 차량을 전체적으로 볼 때 필요한 차량의 시스템적 안전성, 쾌적성, 편익성, 효율성, 제동성 등을 확보하여 운전자나 탑승자에게 직접적으로 제공하는 특징을 갖고 있다.

따라서, 자동차의 섀시에 대한 제어를 하기 위해서 많은 종류의 센서들이 사용되며, 이들 센서는 엔진처럼 현재의 주행조건, 운행 환경조건, 엔진 구동조건 등에 적합한 데이터를 센서에 의해 실시간으로 확보하고 ECU에 의해 운전과 주행에 적합한 조건의 결정으로 최적의 안전성, 경제성, 운행성, 쾌적성 등을 운전자나 탑승자에게 제공한다.

7.1.2 섀시 시스템의 전자제어 분류

섀시장치의 전자제어는 동력 전달장치, 조향장치, 현가장치, 제동장치 등에 관련된 작동조건을 효율적으로 제어함으로써 응답성, 조향성, 쾌적성, 안전성 등을 획기적으로 개선하기 위한 시스템 제어를 말한다. 자동차의 섀시 제어에는 현가장치 제어, 조향장치 제어, ABS 제동장치 제어, 4WS 제어, TCS(Traction Control System) 등 다양하게 개발되어 있다.

전자제어 시스템에서 대표적인 전자제어 자동 변속기는 유압회로 내에 들어 있는 솔레노이드의 통전 상태를 제어함으로써 변속기의 변속 시점과 과도 특성을 그림 7.1과 같은 이상곡선을 따라서 자유롭게 제어할 수 있다. 전자제어 자동 변속기는 기존 자동 변속기의 문제점을 보완하여 출발할 때의 회전력을 증대시키고, 일정 주행속도 이상으로 구동되면 토크 컨버터의 펌프와 터빈을 엔진과 직결시켜 연료 소비량을 줄이면서 엔진 브레이크 기능을 향상시키는 등 장점이 많아졌다. 또한, 전자제어 변속기는 변속단수가 많을수록 엔진 부하는 감소하고, 그림 7.1과 같은 이상 변속곡선에 근접하게 되므로 자동 변속기의 성능과 기능을 향상시킬 수 있다.

현가장치 제어 시스템(suspension system control system)은 차량에 걸리는 하중 상태나 주행 조건에 따라 차량의 높이, 스프링 상수, 쇽옵서버 감쇠력을 최적의 조건으로 제어하는 것으로 차량의 주행 중에 굴곡진 노면에서 전달되는 불안정한 진동상태를 안정되게 자동적으로 조절해준다.

차량 높이 제어는 적재 하중의 증감이나 노면의 요철에 관계없이 차량 높이를 일정하게 유지하고, 고속으로 주행할 때는 차량의 높이를 낮추어 공기 저항을 감소시키며, 또한 조향 안전성을 향상시키기 위해서 제어하는 것이다. 전자 제어식은 차량 높이 센서, 차량 속도 센서 등에서 검출되는 신호를 ECU에 입력하여 액츄에이터를 작동시켜, 항상 최적의 차량 높이를 일정하게 유지할 수 있도록 한다.

스프링 상수 및 쇽옵서버 감쇠력 제어는 조향 안정성을 향상시킨다든지, 또는 급선회, 급가속, 급제동을 할 때의 차량 자세 변화를 억제하기 위해서 제어하는 것이다. 일반적으로, 자동차를 타는 사람의 기분을 좋게 하려면 서스펜션(suspension)을 부드럽게(soft) 하는 것이 좋다. 그러나, 운행중인 차량의 조향 안정성을 좋게 하려면 반대로 서스펜션을 단단하게(hard) 할 필요가 있다.

조향장치 제어 시스템은 파워 핸들(power steering wheel)의 조향력을 전자제어하는 것으로 저속 주행일 때에는 핸들의 조향력을 가볍게 하고, 고속 주행할 때에는 무겁게 하여 조향 안전성을 확보하는 것이 일반적이다. 그러나, 차량의 설계특성이나 운전자의 운전 습관에 따라 조향 특성을 임의로 선택하도록 제작된 것도 있다.

ABS(Anti-lock Brake System)의 전자제어는 주로 차량을 정지시키고자 하는 경우에 일어나는 차바퀴의 순간 로크(lock) 상태를 방지하여, 차량의 제동성과 조향 안정성을 확보하는 것이다. 차바퀴의 로크 상태는 차체의 속도와 차바퀴의 속도를 비교하여 검출할 수 있다. 그러나, 실제로 차량의 속도를 정밀하게 검출하는 것은 노면에 대한 타이어의 미끄럼 마찰작용 때문에 쉽지는 않다. 따라서, 일반으로는 차바퀴 속도의 근사 추정치를 통하여 연산된 기준 속도를 대체하여 차량 속도로 사용하고 있다.

기존의 ABS는 제동시의 안정성을 확보하기 위해 2바퀴를 제어하는 방식을 채택하였지만, 지금은 4바퀴를 모두 제어하는 방식으로 대부분 바뀌었다. 4바퀴 제어방식의 경우는 조향 차량의 바퀴도 로크 방지를 할 수 있으므로 주행방향 안정성과 함께 운전자의 핸들 조향성을 확보할 수 있다.

4WS(4 Wheels Steering) 제어는 리어 서스펜션(rear suspension)에 뒷바퀴를 조향하는 스티어링 기구를 설치하여 4바퀴를 모두 조향할 수 있도록 한 전자 제어 시스템이다. 4WS 제어는 저속시의 선회 성능과 고속시의 조향 안전성을 동시에 향상시키고자 개발한 조향장치 제어 신기술이다.

트랙션 제어 시스템(Traction Control System : TCS)에 의한 제어는 차량이 출발할 때나 또는 급가속할 때에 구동 바퀴의 타이어 스핀을 막고자 하는 것이다. 차체의 속도와 차바퀴 속도의 차이(difference)에서 슬립(slip) 상태를 검지하여 구동 바퀴에 브레이크를 건다든지 아니면 엔진의 출력을 저하시켜서 타이어와 노면 사이에서 발생되는 슬립율(slip rate)을 최적의 값으로 유지함으로써 핸들의 조향성이나 구동 및 제동 안정성을 확보하기 위하여 TCS 제어를 하면 효과적이다.

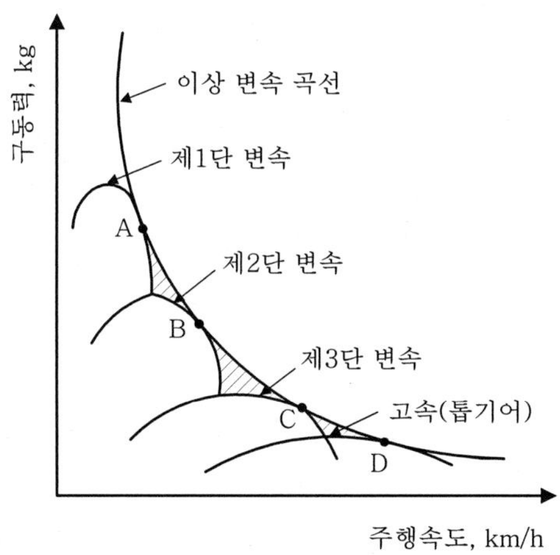

그림 7.1 자동 변속기의 이상곡선

7.2 동력 전달장치의 제어 시스템

7.2.1 동력 전달장치 개론

엔진에서 얻어진 회전력을 안전하게 바퀴에 전달하는 시스템을 총칭하여 동력 전달장치(power transmission system)라 한다. 동력 전달장치는 그림 7.2에서 보여주는 것처럼 클러치, 변속기, 차동장치로 구성되며, 엔진에서 전달된 동력은 클러치를 통해 변속기로 연결되고, 변속기는 전달된 회전력의 속도를 운전조건에 적절하게 조절하여 차동장치로 전달한다. 차동장치는 엔진에서 전달된 동력의 회전방향을 직각이 되게 바꾸어 바퀴에 동력을 전달함으로써 자동차는 움직이게 된다.

그림 7.2는 자동차의 엔진에서 생산된 구동력이 클러치, 변속기, 차동장치를 거쳐 바퀴로 전달되는 동력전달 체계를 간단하게 보여주고 있다. 엔진에서 생산된 회전 구동력을 노면(road)과 접촉하는 바퀴(tire)에 안전하게 전달하는 동력전달 시스템은 동력을 발생시키는 엔진과 노면과 마찰접촉을 하는 바퀴사이에서 동력을 전달하는 중간 매개체로 그 역할이 대단히 중요하다.

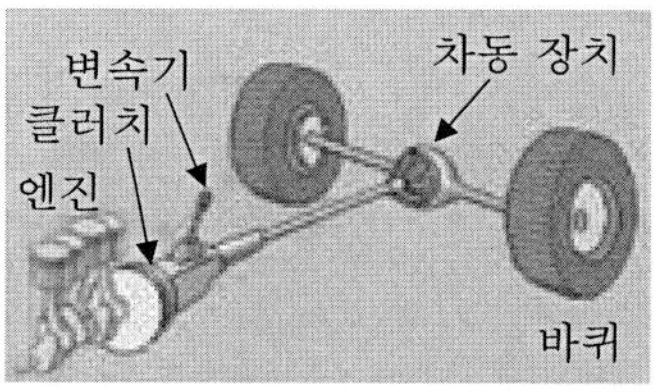

그림 7.2 동력 전달장치 체계도

7.2.2 클러치 시스템

(1) 클러치 일반

클러치 시스템은 엔진에서 전달되는 회전 동력을 받아 변속기로 전달하는 과정에서 동력을 차단하거나 연결하는 시스템을 말한다. 엔진과 변속기는 클러치에 의해 항상 연결되어 있고 운전자가 클러치 페달에 조작력을 가함으로써 엔진의 구동력이 변속기로 전달되는 것을 임의로 차단할 수 있다. 그림 7.3은 클러치 마찰판과 압력판으로 구성된 대표적인 기계식 클러치의 조립도를 보여주고 있다.

(2) 클러치 구성부품

▣ 클러치 본체

클러치 본체(clutch body)는 동력을 직접 단속하는 부분으로 그림 7.3에서 보여준 것처럼 클러치 마찰판, 클러치 압력판, 클러치 스프링, 클러치 커버, 클러치 페달 등이 있고, 이들 부품을 부착시키기 위한 플라이휠과 클러치축으로 구성된다. 클러치 압력판은 클러치 스프링에 의해 클러치 마찰판을 플라이휠에 압착시키는데, 클러치를 작동하는 과정에서 클러치 압력판은 클러치 마찰판과 접촉하면서 미끄럼 마찰작용에 의해 마찰열이 많이 발생한다. 따라서 클러치 압력판은 내마멸성, 내열성, 열전도성이 우수한 특수 주철을 사용하며, 마찰 접촉면은 평면으로 정밀하게 가공한다.

▣ 클러치 스프링

클러치 스프링은 클러치 커버와 클러치 압력판 사이에 설치되어 있고, 압력판에 압력을 가하는 스프링은 6~20개 정도의 코일 스프링이나 다이어프램 스프링을 사용한다. 다이어프램 스프링은 건식 단판 클러치에 주로 사용되며, 다이어프램 자신이 스프링 작용과 릴리스 레버 작용을 겸하고 있다.

▣ 클러치 마찰판

디스크(disk)라고도 하는 클러치 마찰판(clutch disk)은 클러치 압력판과 플라이휠 사이에 설치된다. 클러치 마찰판 중심의 허브는 클러치축(변속기의 입력축)의 스플라인에 조립된다. 클러치 마찰판의 마찰면 양쪽에는 페이싱(facing)을 부착하여 미끄럼 마찰력을 증가시킨다. 클러치 페이싱은 0.3~0.5 정도의 적당한 마찰계수를 가져야 하고, 내마멸성과 내구성이 우수해야 하며, 마찰열에 의해 클러치 마찰판의 온도가 상승함에 따라 특히 페이싱의 마찰계수 변화가 작아야 한다. 따라서, 클러치 마찰판은 석면 직물(asbestos fabric)에 마찰 조정제를 섞은 후에 수지(resin)나 고무 등의 결합제로 본딩(bonding)하여 제조하고, 쿠션판을 통하여 클러치 마찰판에 결합된다.

▣ 클러치 조작기구

클러치 조작기구는 운전자에 의해 가해지는 클러치 페달의 조작력을 클러치 본체에 전달하는 것으로 릴리스 베어링, 릴리스 포크 그리고 및 클러치 페달의 조작력을 릴리스 포크로 전달하는 기구 등으로 구성되어 있다. 특히 클러치 조작기구는 클러치 페달로부터 전달되는 조작력에 의한 모멘트를 충분히 견딜 수 있는 강도를 유지해야 한다.

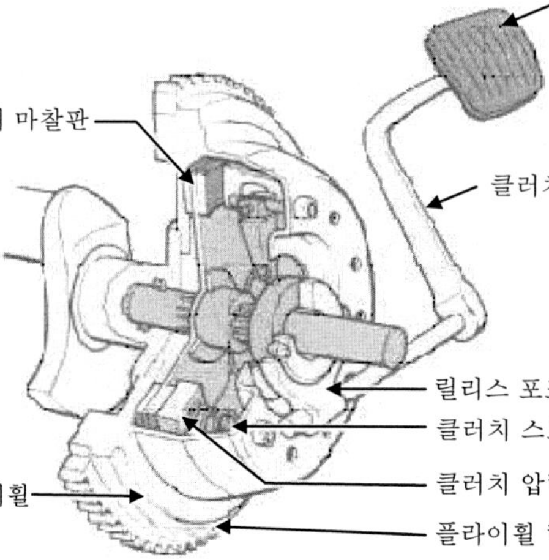

그림 7.3 기계식 클러치의 구성 부품

7.2.3 변속기 시스템

(1) 변속기 일반

엔진에서 생산된 회전 토크는 자동차의 주행조건에 관계없이 항상 일정하게 유지되나, 자동차의 구동력은 노면상태, 주행속도, 하중조건 등에 의해 변동되기 때문에 엔진과 바퀴 사이에 회전력을 적절하게 변화시킬 수 있는 장치가 필요하다. 즉, 일정한 회전력을 갖는 엔진의 동력을 자동차의 주행조건에 따라 적절한 구동력으로 전환해주는 장치를 변속기(transmission)라 한다.

따라서, 변속기는 엔진의 구동력을 변속하여 주행조건을 제어하기 위한 주행상태(drive), 엔진의 구동력을 차단하여 클러치의 작동없이 엔진을 무부하 상태로 유지시킬 수 있는 중립상태(neutral), 자동차의 후진을 위해 역전 기어장치가 설치된 후진상태(back)의 세 가지 기능을 갖도록 설계한다. 엔진의 회전력을 자동차의 주행조건에 적합하도록 변속하여 최적의 조건에서 운전할 수 있도록 변속비를 선정하여 사용한다.

(2) 변속기 종류

자동차의 변속기(transmission)는 클러치와 추진축(propeller shaft) 사이에 설치되어 엔진의 동력을 자동차의 주행상태에 적합하도록 엔진의 회전력을 증대시키거나 감소시켜 노면과 마찰 접촉하는 바퀴에 구동력을 전달하는 역할을 한다.

자동차 엔진은 회전방향이 항상 일정하고, 생산된 회전 토크는 대부분의 회전 속도범위에서 거의 일정하다. 그러나, 자동차의 주행조건은 정지에서 출발, 저속주행에서 고속주행, 고속주행에서 저속주행, 후진주행 등 다양하게 변화한다. 따라서, 자동차는 각각의 주행조건에 대응하기 위하여 변속기를 사용하면 엔진의 회전토크 성능은 안정적으로 보장받게 된다.

이것을 위해 변속기는 변속비 변화에 의한 속도조절 기능, 회전방향을 역전시키는 기능, 동력을 차단하는 기능 등을 확보해야 한다. 즉, 변속기는 자동차의 전진(drive), 차단(neutral), 후진(back)의 기능성을 확보한 속도조절 및 속도 역전장치이다. 변속기에서 속도조절 조작기능을 수동적으로 하면 수동 변속기(MT)이고, 자동적으로 하면 자동 변속기(AT)가 된다.

▣ 수동 변속기(MT)

엔진에서 전달되는 회전 토크를 운전자의 변속 조작에 의해 최적의 기어비(gear ratio)를 임의로 선정하여 변속하는 장치를 수동 변속기(Manual Transmission : MT)라 한다. 그림 7.4와 같은 수동 변속기는 연비와 변속 응답성이 우수하고, 동력손실이 작으며, 특히 가격이 저렴하다는 장점이 있다. 그러나, 수동 변속기는 출발조작이 복잡하고, 동력 단속을 위해 스틱(stick)과 클러치 페달을 동시에 조작해야 하므로 언덕이나 미끄러운 도로에서 출발이 어려우며, 반복되는 변속과정에서 운전자는 피로하기 쉽다. 또한, 변속과정에서 부적절한 조작으로 클러치와 변속기의 불완전한 접촉으로 인해 특히 클러치 마찰판은 미끄럼 마찰과 마멸에 의한 손상이 쉽게 발생한다.

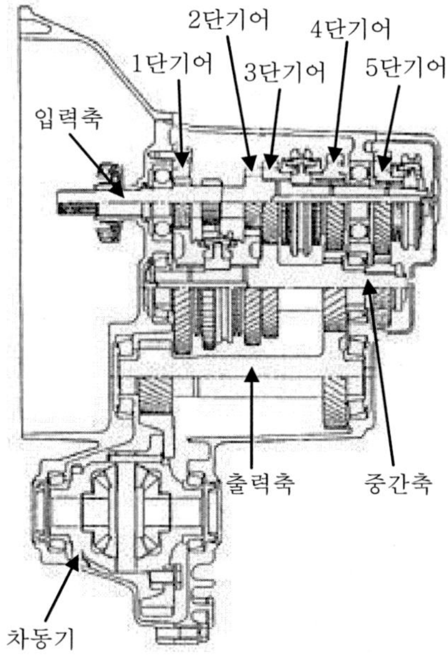

그림 7.4 수동 변속기(MT)

▣ 자동 변속기(AT)

1) 자동 변속기 일반

엔진의 회전 토크를 운전자의 변속 조작에 의하지 않고 자동적으로 최적의 기어비(gear ratio)가 선정되어 변속하는 장치를 자동 변속기(Automatic Transmission : AT)라 한다. 그림 7.5의 자동 변속장치는 변속 기능과 클러치 기능을 동시에 결합하였기 때문에 운전자는 마치 클러치가 없는 것처럼 회전속도가 저절로 변속되는 상태에서 운전을 하게 되므로 운전조작이 대단히 편리하다.

자동 변속기(AT)는 자동차를 주행하는데 필요한 발진조작과 기어변속을 유압이나 전자제어로 자동화를 실현하였기 때문에 운전자는 변속기 조작이 대단히 편리하고 안정적이다. 또한, 자동차에 적합하게 설정된 속도와 가속 페달(accelerator)을 밟는 정도에 따라 적정한 기어비(gear ratio)를 선정해야 하는데, 가속시에도 자동적으로 변속하는 기능을 갖고 있는 자동 변속기를 전자동 변속기(full automatic transmission)라 한다. 자동 변속기의 주요 구성부품은 토크 컨버터, 클러치 디스크, 브레이크 디스크, 유성기어 장치, 유압제어 장치, 전자제어 장치 등이 있다.

자동 변속기는 운전조작이 편리하고, 엔진과 동력 전달장치 이외는 기계적 접촉이 없기 때문에 각 부품에 가해지는 충격력이 작다는 것과 주행 안전성이 우수하다는 장점이 있다. 그러나, 자동 변속기는 수동 변속기에 비하여 구조가 복잡하고, 정비하기가 어려우며, 특히 수동 변속기에 비하여 연료 소모량이 10% 정도 증가한다는 단점이 있다.

주행조건에 따라 자동 변속기(AT)를 원활하게 작동시키기 위해서는 자동 변속기 전용 오일(ATF)를 사용해야 한다. 변속기 오일은 정기적으로 점검하여 부족하면 보충하고, 변속기 오일의 열화가 많이 진행되었으면 교환해야 한다. 자동 변속기 오일(ATF)의 교환주기는 보통 40,000km 정도이지만, 자동차의 주행조건과 운전습관 등에 따라 달라진다. 자동 변속기 오일은 다음과 같은 절차로 점검하는 것이 바람직하다.

① 차량을 평탄한 곳에 주차시킨 후, 자동 변속기 레버를 "P"(Parking) 위치에 놓고, 파킹 브레이크(parking brake)를 채운 상태에서 시동을 걸고, 공회전시켜 충분한 웜업을 한다.

② 엔진이 구동되는 상태에서 변속 레버를 P→R→N→D→2→L의 위치로 2~3회 움직인 다음 "N"의 위치로 설정하고, 자동 변속기 오일 게이지로 오일량을 측정한다.

③ 그림 7.6의 변속기 오일 규정치 범위 "A"를 벗어나면 자동 변속기는 오일부족에 의한 고장이 발생될 우려가 높으므로 항상 규정치 범위에 있도록 변속기 오일 레벨을 관리해야 한다.

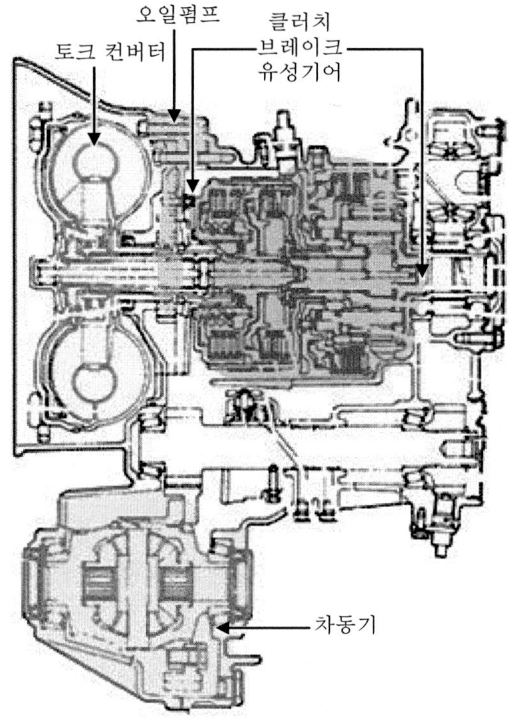

그림 7.5 자동 변속기(AT)

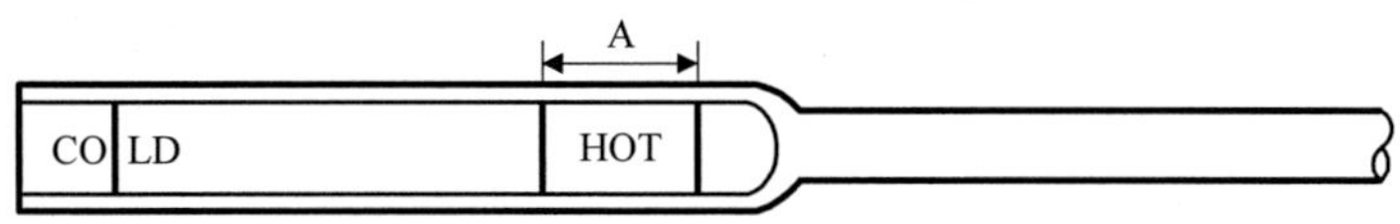

그림 7.6 자동 변속기 오일의 사용범위

2) 변속 제어기구

자동차의 주행속도, 엔진의 부하, 변속 레버의 위치가 변화함에 따라 유압에 의해 자동적으로 유성기어, 변속장치의 브레이크 밴드와 클러치를 작동시키거나 해제시켜 원활한 주행이 이루어지도록 변속 조작하는 기구를 유압제어 변속장치라 한다. 자동 변속기(AT)의 유압 제어장치는 그림 7.7에서 보여주는 것처럼 변속기의 유압을 발생하는 오일펌프와 유압을 배분하는 각종 제어 밸브들의 조합인 밸브 보디(valve body), 유압에 따라 작동하는 토크 변환기, 클러치 브레이크 등으로 구성된다.

① 오일 펌프

유압을 발생시키는 장치로 그림 7.8과 같은 오일 펌프를 사용하며, 토크 컨버터에 의해 구동된다.

② 매뉴얼 밸브

운전석에 있는 변속 레버의 움직임을 유압으로 바꾸는 밸브이다.

③ 압력 조정 밸브

오일 펌프에서 발생한 유압을 항상 일정한 유압으로 조정하기 위한 밸브로, 엔진이 정지하였을 때 토크 컨버터에서 변속기 오일이 역류하는 것을 방지하는 작용을 한다.

④ 거버너 밸브

엔진의 출력 축에 결합되어 출력 축의 회전수(차속)에 따라 축의 원심력이 변화하는 것을 이용하며, 차속에 적합한 유압(거버너 압력)을 얻기 위한 밸브이다.

⑤ 시프트 밸브

시프트 패턴에 따라 자동 변속작용을 하도록 유로를 개폐하는 밸브이다.

⑥ 스로틀 밸브

운전자가 가속 페달을 밟는 정도에 따라 스로틀 압력을 발생하게 하는 밸브이다.

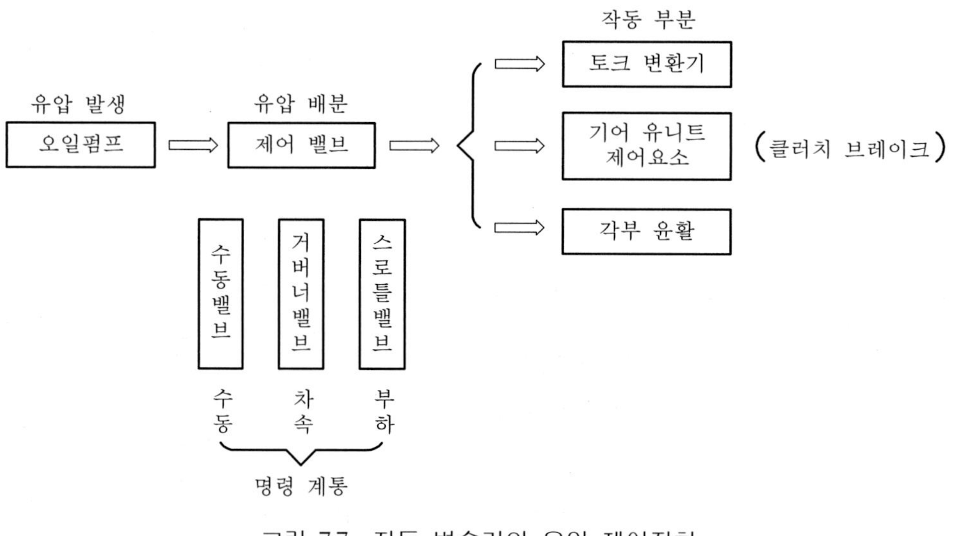

그림 7.7 자동 변속기의 유압 제어장치

그림 7.8 오일 펌프

▣ 4WD 변속기

4륜 구동장치(4 Wheel Drive : 4WD)는 구동력의 충분한 확보로 차량의 주파성을 향상시키고, 차량의 주행 안정성, 조정성 등을 높이기 위해 전후륜의 구동력을 능동적으로 분배하고, 동시에 차동기구나 조작기구를 이용하여 차량의 선회에 의해 발생하는 전륜과 후륜의 선회반경 차이를 흡수하는 기능을 갖고 있다. 그림 7.9에서 제시한 4WD 구동장치는 다음과 같은 특징을 갖고 있다. 즉,

① 등판 능력과 견인력 향상
② 조향성과 안정성 향상
③ 제동력 향상
④ 저연비 달성
⑤ 전륜과 후륜의 선회반경 회전차 흡수에 따른 스핀 현상의 감소

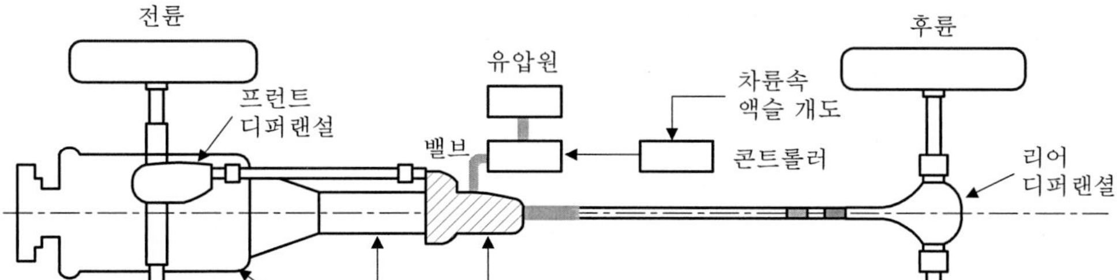

그림 7.9 4륜 구동장치(닛산 자동차 모델)

▣ CVT 변속기

그림 7.10의 무단 변속기(Continuously Variable Transmission : CVT)는 변속비를 연속적으로 바꿈으로써 속도의 변화를 자유롭게 얻을 수 있는 변속기를 말한다. CVT 변속기는 자동 변속기와 달리 연속적인 변속에도 충격이 없고, 운전방법은 자동 변속기와 동일하며, 연비는 수동 변속기와 동일하거나 약간 우수한 특성을 갖고 있다.

최근의 자동차는 높은 출력, 저연비, 환경 조건에 적합한 배출가스의 유지, 변속에 따른 편익성과 같은 운전자의 요구조건을 모두 만족해야 한다. 따라서, 최근의 변속기는 특히 운전자의 편리성을 많이 요구함에 따라 수동 변속기(MT)의 수요는 줄어드는 반면에 자동 변속기(AT)의 수요는 빠른 속도로 증가하고 있다. AT와 MT는 편리성, 구속력, 연비 등의 측면에서 새로운 개념의 무단 변속기(CVT)를 필요로 하고 있다. 그림 7.10에서 보여준 무단 변속기는 다음과 같은 특성을 갖는다.

① 중량, 부피의 감소에 따른 소형화 달성
② 연비 향상에 따른 유해 배기가스, 연료 소비량의 감소
③ 기어 변속에 따른 추진력 변동이 없는 쾌적한 운전성 유지
④ 자동 연속 변속에 의한 운전의 편의성 확보

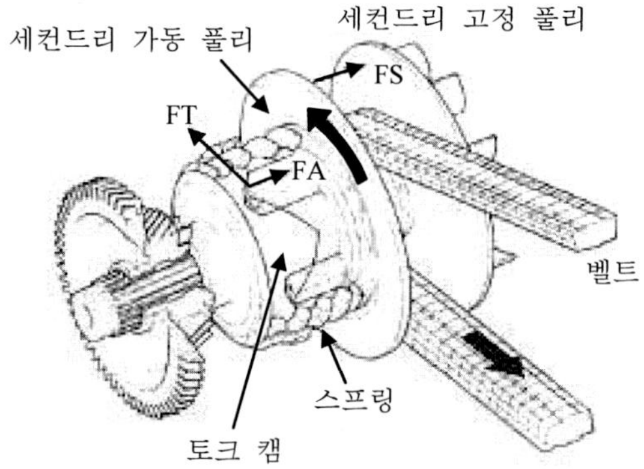

그림 7.10 무단 변속기

▣ 전자제어 자동 변속기(EAT)

전자제어 자동 변속기(Electronic Automatic Transmission : EAT)는 기본적으로 기계식 자동 변속기와 같은 구조를 하고 있으나, 콘트롤 밸브(control valve) 메카니즘을 솔레노이드 밸브(solenoid valve) 메카니즘으로 대체하여 유압 유로를 ECU에서 제어하도록 설계한 것이 다르다.

그림 7.11의 전자제어 자동 변속기(EAT)는 엔진, 트랜스미션에 설치된 각종 센서로부터 획득한 스로틀 밸브의 개도, 엔진의 회전수, 차량의 속도 등 차량의 운행에 관련된 정보를 컴퓨터 제어 유니트(Transmission Control Unit : TCU)에서 감지하여 연산한 후에 최적의 작동상태로 유압, 기어변속, 댐퍼 클러치를 제어하도록 만든 자동 변속기이다. 전자제어 자동 변속기는 기존의 자동 변속기(AT)에 비하여 승차감과 연비가 우수하고, 운전 편리성을 크게 높였다. EAT는 고장시에도 자기보정(fail and safe) 기능에 의해 2단 또는 3단으로 고정되어 운행할 수 있으며, 자기진단(self-diagnosis) 기능으로 전자제어 자동 변속기의 고장 요소를 스스로 찾아낼 수 있는 기능을 갖고있다.

그림 7.11은 승용차에 장착된 대표적인 전자제어 자동 변속기(EAT)의 구성도를 보여주고 있는데, EAT의 TCU에는 회전수, 온도 등의 각종 데이터가 입력되고, 이들 데이터를 연산하여 최적의 자동 변속조건을 찾아 클러치, 변속 유압제어 등을 조절하는 시스템을 갖추고 있다. 여기에는 자기보정과 자기진단 기능을 모두 갖고 있으므로 운전자의 편리성이 대단히 높다.

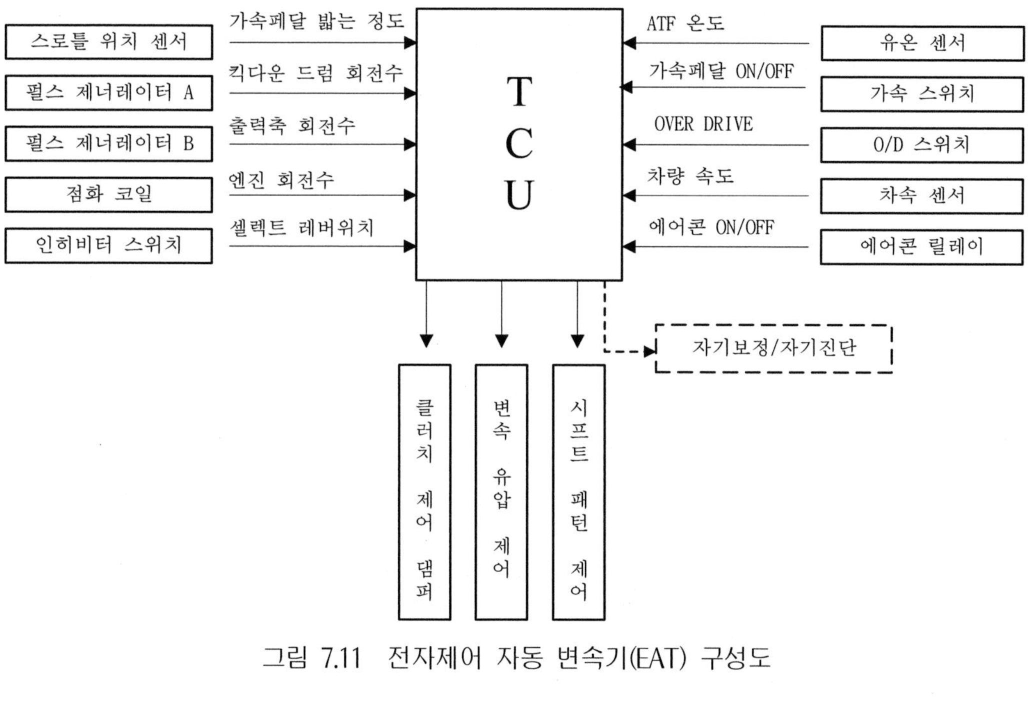

그림 7.11 전자제어 자동 변속기(EAT) 구성도

7.2.4 차동장치

(1) 차동장치 일반

자동차가 커브길을 선회하거나 요철이 있는 도로를 주행할 때에 좌우측의 바퀴는 이동거리 차이, 즉 회전수 차이에 의해 미끄럼 마찰내지는 슬립(slip) 현상이 일어나면서 자동차의 주행 안정성은 크게 나빠진다. 이렇게 좌우측 바퀴의 회전수 차이에 따른 슬립 현상을 잡아주기 위해서 선회 반경이 작은 안쪽 구동바퀴의 회전속도는 작게, 선회 반경이 큰 바깥쪽 바퀴의 회전속도는 빠르게 하여 양쪽바퀴의 구동이 항상 균형을 이루도록 개발한 것이 차동기어 장치(differential gear system)라고도 하는 차동장치이다.

따라서, 차량의 선회조건과 도로의 굴곡상태에 따라서 양쪽 바퀴를 독립적으로 구동하도록 만든 차동장치는 뒷바퀴의 양 차축을 별개로 하고, 그 중간에 차동기어를 설치한 것이 그림 7.12의 기계식 차동장치이다. 이 장치는 좌우축 구동바퀴의 회전저항 차이를 이용하여 양바퀴의 회전수를 서로 다르게 구동할 수 있도록 설계한 기어장치이다. 자동차 바퀴에서 차동장치가 없으면 커브길이나 굴곡진 도로에서 회전 구동에 따른 위험성이 증가하고, 타이어의 마멸도 크게 증가한다.

차동기어 장치는 그림 7.12에서 보여주는 것처럼 차동 케이스(differential case) 내에 차동 피니언이 피니언 축(pinion shaft)에 결합되어 있고, 이것은 사이드 기어(side gear)에 맞물려 있다. 또한, 사이드 기어의 중심부는 스플라인(spline)으로 되어 있고, 구동축인 액슬축(FF차인 경우에는 CV 조인트)과 결합되어 있다. 차동 케이스는 링기어와 일체로 되어 있어서 회전력은 축에서 구동 피니언 → 링기어 → 차동 케이스 → 차동 피니언 → 사이드 기어 → 액슬축의 순서로 회전력이 전달된다.

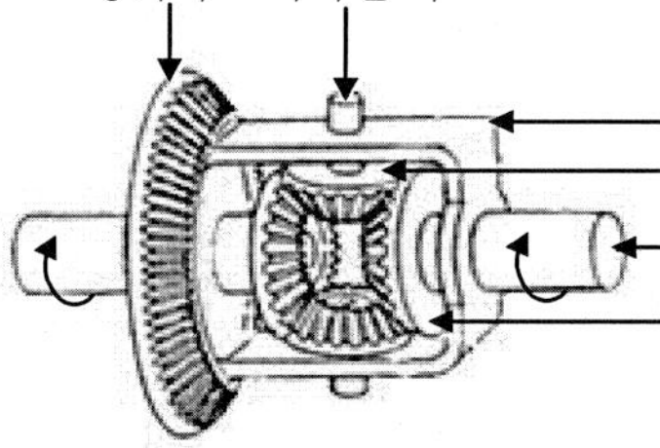

그림 7.12 차동 기어장치의 구조

(2) 차동 제한장치(LSD)

▣ LSD 일반

차동장치에 제어 시스템을 도입한 것이 차동 제한장치(Limited Slip Differential : LSD)이다. 그림 7.13에서 보여준 LSD는 좌우 바퀴에 토크를 적합하게 배분함으로써 급가속이나 급제동에 따른 차량의 직진 안전성을 크게 향상시킬 수 있다. 특히, 자동차가 커브 길을 주행할 경우는 내측 바퀴와 외측 바퀴에 가장 적합한 토크를 배분할 수 있기 때문에 차량이 급회전을 해도 구동륜의 타이어에 걸리는 접촉면압을 균일하게 유지하므로 마멸량 발생이 줄어들고,

선회 가속성은 안정적으로 유지되며, 노면의 굴곡상태가 불량하다 해도 차량의 가속성, 직진성, 주파성은 향상된다.

4WD 차량은 전후 차륜에 구동력을 배분하지만, 좌우 구동륜이나 전후륜의 어느 한쪽이 마찰계수가 낮은 노면상태에서 주행을 하게 되면, 타이어 하중이 감소하면서 미끄럼이 발생하기 때문에 전체적인 구동력은 감소한다. 따라서, 차동장치만으로 제어하기 어려운 주행불능 상태에 빠지게 된다. 주행중인 차량의 차동장치로 제어하기 어려운 주행상태를 극복하기 위해 차동 기어장치가 갖고 있던 원래의 차동기능 일부를 제한하여 구동력을 확보하기 위한 장치가 차동 제한장치(LSD)이다. 액슬의 내부에 차동장치가 있어서 선회운동, 즉 코너링시 좌우 바퀴의 회전수를 다르게 조정하여 안전 회전을 확보하지만, 빗길이나 눈길 등과 같이 노면 상태가 나쁠 때는 미끄러운 부분에서 슬립에 의해 회전력을 원활하게 전달할 수 없으므로 LSD가 필요하게 된다.

그림 7.14는 차량이 정상적으로 직진할 경우에 좌우측의 액슬축에 균형된 회전토크가 발생하지만, 왼쪽 바퀴가 미끄러질 때는 왼쪽 바퀴에는 회전토크가 전달되고, 오른쪽 바퀴에는 토크가 없어서 차량의 주행성을 확보해 준다. 즉, 차동 제한장치는 이러한 국부적 슬립 현상을 방지하기 위해서 차동장치 내부에 마찰저항을 발생시키는 별도의 기구(mechanism)를 설치하여 회전력 전달을 회복시켜 바퀴의 공회전을 방지할 뿐만 아니라 반대쪽 바퀴의 구동력을 상대적으로 증대시켜 차량의 구동력을 최대한 확보해주는 안전장치이다.

자동차의 미끄럼 방지를 위해 사용하는 차동 제한장치(LSD)의 특징을 요약하면 다음과 같다.

① 미끄러운 빗길이나 눈길에서 슬립이 일어나지 않으며, 구동력이 증대한다.
② 선회 운전과 횡방향으로 바람이 강하게 불어도 주행 안전성이 우수하다.
③ 진흙길이나 웅덩이에 빠졌을 때 탈출이 용이하다.
④ 경사진 언덕길에서도 안전한 주정차가 가능하다.
⑤ 급발진과 급가속에서도 차량의 주행 안전성이 우수하다.
⑥ 어떠한 주행 조건에서도 안정된 핸들 조작이 가능하다.

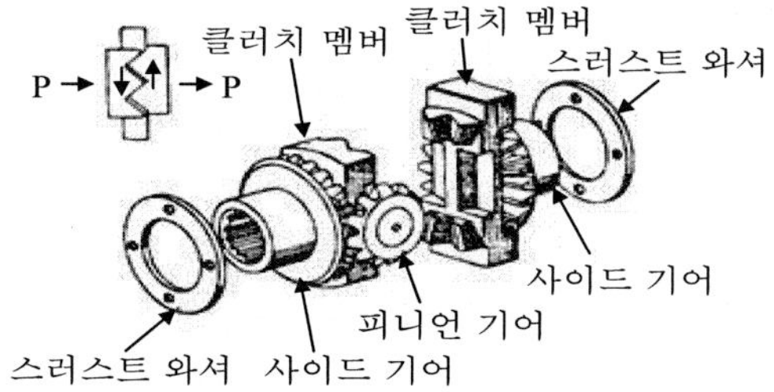

그림 7.13 차동 제한장치(LSD)의 구조

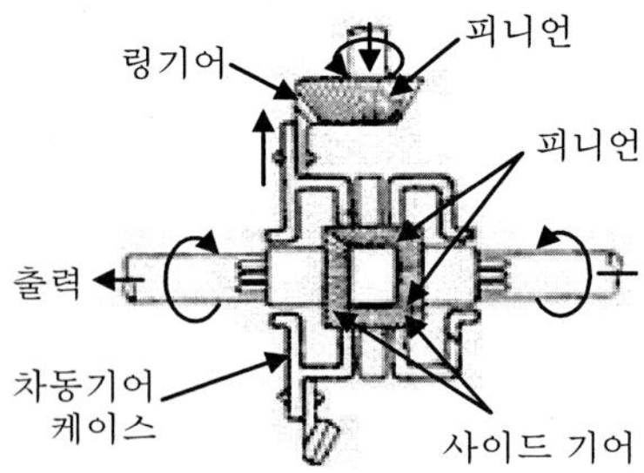

(a) 양쪽 바퀴가 직진 주행을 할 경우

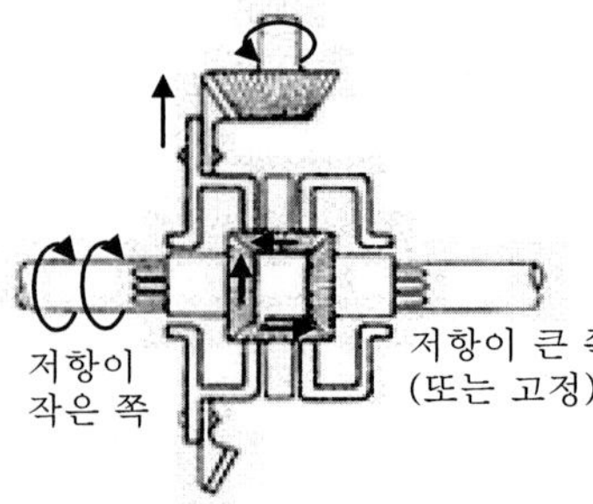

(b) 왼쪽 바퀴에 슬립 현상이 발생할 경우

그림 7.14 차동 제한장치(LSD)의 작동 메카니즘

전자제어 차동 제한장치(ELSD)

전자제어 차동 제한장치(Electronic Limited Slip Differential : ELSD)는 회전 토크를 연속·가변적으로 제어한다. 전자제어 차동 제어장치는 유압 다판 클러치에 가해지는 힘을 제어하는 방식으로, 여기서 일정한 분배비를 갖는 차동기어에 유압 다판 클러치의 차동기구를 부착한 구조를 하고 있다.

1) 차동 제한장치의 구성

차동 제한장치는 회전차 감응식과 같은 모양을 하고 있지만, 유압 다판 클러치를 누르는 힘으로 제어하는 유압제어 서보 기구를 구비하기 위해 유압회로와 유압제어 장치로 구성되어 있다.

2) 차동 제한장치의 토크 설정

차동 제한장치의 최대 토크는 임의로 설정할 수 있으나, 일반적으로 유압실에 공급되는 서보 유압의 제어폭은 유압 제어장치 등의 제약으로 인해 일정한 값으로 제한한다. 따라서, 제한된 기준값은 차동기어의 고정 분배비, 차량의 사용목적 등에 따라 다르게 결정된다.

7.3 현가장치의 제어 시스템

7.3.1 기계식 현가장치

(1) 기계식 현가장치 개론

현가장치(suspension system)는 노면의 굴곡 상태로 인해 발생되는 바퀴의 불안정한 움직임을 차체(body)에 전달하지 않고 감쇄장치에 의해 모두 완화시키도록 개발된 일종의 충격 흡수장치를 말한다. 이러한 현가장치는 자동차를 타고 있는 사람들이 느끼는 승차감을 좋게 하고, 자동차가 선회하거나 급가속과 급제동을 하는 경우에 차량의 주행성과 조향성을 안전하게 확보하도록 하는 두 가지의 중요한 기능을 갖고 있다.

기계식 현가장치는 바퀴 축에 탄성 에너지를 저장할 수 있는 장치, 즉 코일 스프링(coil spring)과 같은 용수철을 그림 7.15와 같이 바퀴 축에 장착하여 노면과 접촉하고 있는 바퀴로부터 전달되는 충격력이나 진동 에너지를 흡수하는 역할을 한다. 차체로 전달되는 하중을 차단하여 구조물의 피로 손상을 완화하고, 탑승자에게 승차감을 좋게 하는 것은 현가장치가 불규칙한 충격 에너지를 흡수하여 항상 일정한 차고를 유지시켜주기 때문이다. 현가장치는 충격 에너지를 흡수하는 기능 이외에 바퀴가 지면에 잘 접촉하도록 하여 타이어의 마찰 구동력을 높임으로써 자동차의 주행성과 조향성을 향상시켜 준다.

현가장치는 자동차의 주행에 따라 노면에서 받는 충격 에너지를 완화하는 섀시 스프링과 섀시 스프링의 자유진동을 억제하여 승차감을 좋게 하는 쇽업소버(shock absorber), 자동차가 옆으로 흔들리는 것을 억제하는 스태빌라이저(stabilizer) 등으로 구성된다. 결국, 이들 구성 부품은 차량에 전달되는 진동 에너지를 감쇄하여 차량의 흔들림을 억제하는 역할을 한다.

(a) 코일 스프링 현가장치

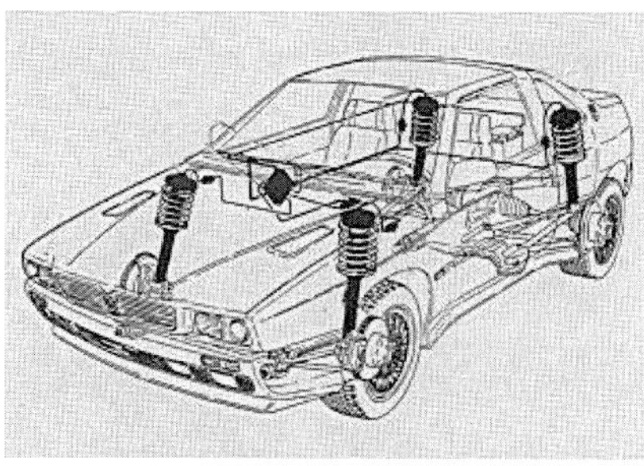

(b) 전자제어 현가 시스템

그림 7.15 현가장치의 구조

(2) 기계식 현가장치의 특징

현가장치는 바퀴의 회전중에 발생하는 구동력이나 브레이크를 제동할 때 각 바퀴에 걸리는 제동력을 차체에 전달하고, 자동차가 선회할 때 발생되는 원심력 등을 모두 견디어야 한다. 또한, 각 바퀴는 차체에 대하여 바른 위치에 현가장치로 연결된 시스템으로 전달하는 하중을 안정적으로 지지해야 한다. 이러한 하중지지 역할을 담당하기 위하여 현가장치가 갖추어야 할 조건은 다음과 같다.

① 자동차의 주행 과정에서 발생되는 노면의 요철에 의한 불규칙한 요동현상을 효과적으로 차단하여 탑승자에게 안락한 승차감을 제공해야 한다.
② 운전자의 커브길 운전이나, 노면의 굴곡에 의해 발생되는 자동차의 전후, 좌우 흔들림을 적절히 제어하여 운전 편의성과 안전성을 제공해야 한다.
③ 불규칙한 노면을 주행할 경우, 타이어와의 접지면에서 걸리는 수직하중을 적절한 수준으로 유지하여 선회력, 제동력, 구동력에 따른 차량의 주행성과 조향 안정성을 확보할 수 있어야 한다.

7.3.2 전자제어식 현가장치

(1) 전자제어 현가장치 개론

전자제어 현가장치(Electronic Control Suspension : ECS)는 노면의 굴곡상태와 선회운동, 제동작동에 따라 마이크로 컴퓨터가 현가장치의 특성을 부드럽다(soft)든지, 아니면 딱딱하다(hard)로 규정지을 수 있고, 주행과정에서 차량의 높이를 높다(high) 또는 낮다(low)로 규정하여 현가장치를 최적의 상태로 전자제어 함으로써 탑승자가 쾌적한 주행 안락성과 승차감, 우수한 조향 안정성 등을 확보할 수 있다. 따라서, ECS가 장착된 자동차는 최고의 안전성과 쾌적성, 조향성, 주행성을 함께 유지하게 된다.

주행중인 자동차가 탑승자의 승차감을 향상시키기 위해 현가장치를 부드럽게(soft) 하면, 차량의 급제동, 급가속, 급회전을 하는 경우는 차량의 자세가 크게 불안정해지면서 동적 변화가 크게 발생한다. 그러나, 현가장치를 딱딱하게(hard) 하면, 차량의 자세를 최대한 억제할 수 있지만 노면의 요철상태를 흡수하지 못하고 진동을 탑승자에게 직접 전달하게 되므로 피로감을 많이 느끼게 한다. 따라서, 기계식 현가장치는 이러한 승차감과 주행 안정성 등의 동적거동 문제점을 동시에 만족시킬 수 없기 때문에 전자제어 기술을 이용하여 최적의 현가조건을 유지할 수 있는 전자제어 현가장치(ECS)를 개발하게 되었다

전자제어 현가장치는 컴퓨터, 액츄에이터, 차속 센서, 조향휠 각속도 센서, 차고 센서들을 부착하고, 노면의 굴곡상태, 주행조건, 운전자의 선택 등과 같은 여러 요소에 따라서 차고와

현가특성(스프링 상수, 감쇠력 등)이 마이크로 컴퓨터에 의해 자동적으로 제어되는 현가장치를 말한다. 전자제어 현가장치의 하중전달 차단성능과 에너지 흡수기능을 요약하면 다음과 같다.

① 현가 특성을 제어하여 주행 중에 안락한 승차감을 제공하고자 할 때는 부드러운 현가성을 제공하고, 안정된 조향성이 요구될 때는 딱딱한 현가성을 선택한다. 그러나, 이들 두 가지 현가조건이 동시에 주어질 때는 우선적으로 딱딱한 현가성으로 제어한다.
② 핸들(steering wheel)의 조향성을 제어하여 주행 중에 급격한 핸들 조작이나, 어느 속도 이상으로 고속 주행을 하는 경우는 부드러운 현가성 유지에서 딱딱한 조건으로 자동 변환되어 핸들(조향휠)의 조향 감도를 좋게 한다.
③ 차량의 높이를 제어하여 주행시 주어지는 4가지("Normal", "Low", "High", "Extra High") 종류의 높이가 콘트롤 유니트(control unit) 및 운전자에 의해 적절히 제어·조정된다.
④ 전자제어 현가장치(ECS)에서 비정상적인 작동상태가 발생하면 비정상 조건에 상응하는 자기진단 기능이 작동하면서 그림 7.16의 ECS 인디케이터 경고등이 점등하여 비정상 상태임을 운전자에게 알려준다.

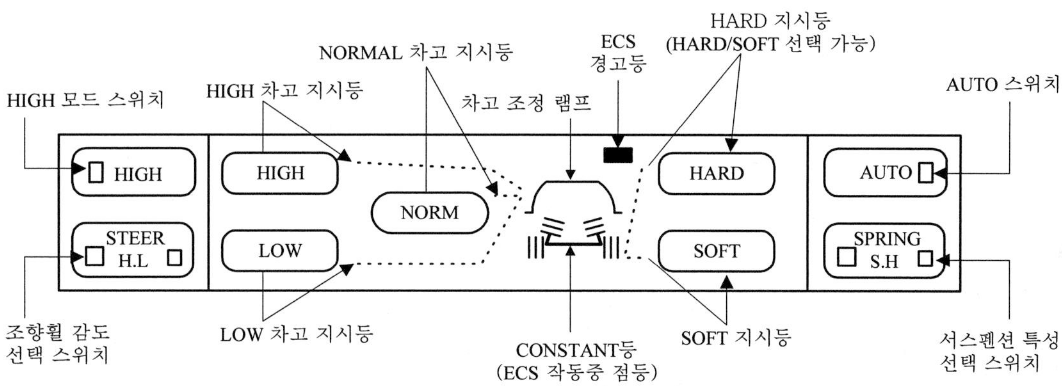

그림 7.16 전자제어 현가장치(ECS)의 인디케이터

(2) 전자제어 현가장치의 종류

▣ 쇽업소버 감쇄력 제어장치

도로상태(노면의 요철, 빙판 등)나 주행조건(급제동, 급가속, 급회전 등)에 따라 쇽업소버의 감쇄력을 자동적으로 제어한다.

▣ 에어 서스펜션 제어장치

에어 서스펜션의 에어 챔버 스프링 상수를 제어하여 부드러운(soft) 승차감을 제공한다.

▣ 액티브 서스펜션 제어장치

하이드로 뉴매틱 실린더(hydro-pneumatic cylinder)의 스프링 상수와 감쇄력을 제어하여 주행조건에 적합한 자동차의 자세를 안정적으로 잡아주고, 자동차의 주행 안전성을 확보해 준다. 액티브 서스펜션은 다음과 같은 장점을 가지고 있다.

① 공압에 의해 안락한 느낌의 승차감을 제공한다.
② 가속과 감속, 또는 조향 변화에 따른 자동차의 자세 변화를 크게 감소시킬 수 있다.
③ 자동차의 운동 특성에 따라 최적의 주행성을 확보할 수 있다.
④ 도로상태나 차속에 적합한 최적의 차고를 제어할 수 있다.

▣ 하이드로 콘트롤 현가장치

자동차의 적재하중, 노면상태, 차량속도에 따라 차량의 높이를 최적의 레벨(level)로 항상 일정하게 제어한다.

(3) 전자제어 현가장치의 제어방법

액티브 전자제어 현가장치(ECS)는 다음의 3가지 제어방법에 의해 차량의 주행과 선회 안정성, 제동 안정성, 승차감 등을 안정적으로 확보한다.

▣ 감쇠력 제어

액티브 ECS는 노면과의 접촉상태와 차량의 주행조건에 따라 최적의 주행상태를 유지할 수 있도록 4단계(Soft, Auto-Soft, Medium, High)로 신속하게 제어하여 탑승자의 승차감과 차량의 주행 안정성을 동시에 확보하도록 한다. 즉, 주행조건에 따라 ECU는 스텝모터를 이용하여 기존의 쇽업소버 오일 통로(orifice)의 크기를 신속하게 조절하여 현가장치의 감쇠력을 제어함으로써 차량의 주행성과 승차감을 향상시킨다.

자동차가 주행할 때는 오일의 통로인 오리피스를 크게 열어서 승차감을 부드럽게(soft) 유지하고, 고속 주행이나 선회 주행, 제동 주행에 따라 차체가 흔들리는 경우는 오일의 통로를 작게 하여 딱딱하게(hard) 함으로써 승차감과 주행 안정성을 확보한다.

스텝모터는 쇽업소버의 피스톤 로드에 내장된 타입과 로터리 밸브의 회전축을 콘트롤 로드에 의해 쇽업소버 상단까지 연장하고 쇽업소버 밖에서 모터축에 결합된 외부 구동방식도 있다.

▣ 차고 제어

액티브 ECS의 차고 제어는 탑승자와 적재화물의 하중에 의해 차량의 높이, 즉 차고가 변화할 때 차고를 일정하게 유지할 수 있도록 하기 위해서 미리 설정된 목표 차고를 벗어나면 차고를 올리거나 내리는 제어를 주기적으로 실시한다. 즉, 차고 센서에 감지된 현재의 차고 높이를 ECU로 보내서, 기준 차고(reference height)보다 낮으면 저장 탱크의 압축공기를 공기 스프링에 공급해 차고를 높인다. 그러나, 현재의 차고가 기준 차고보다 높으면 공기 스프링에 있던 압축공기를 대기중으로 방출시켜 차고를 낮추어 탑승자와 화물의 무게와 관계없이 항상 일정한 높이로 차고가 유지될 수 있도록 앞바퀴와 뒷바퀴를 독립적으로 제어하는 기능을 말한다.

또한, 규정속도 이내에서 운전자의 의지에 따라 차고는 Auto, High, Extra-High 모드의 3단계로 선택될 수 있다. 자동차가 고속주행을 할 때는 ECU가 자동적으로 차고를 낮추어 공기저항을 감소시키고 고속 안정성을 향상시키는 로모드(low mode)가 있으나, 임의로 선택할 수 있는 것은 아니다. 차량의 속도가 80km/h를 넘으면 설정된 기준 차고보다 20mm 정도 낮추어 고속주행 안정성을 확보한다.

▣ 자세 제어

액티브 ECS의 자세 제어는 자동차의 주행중에 운전자의 의지와 현가장치에서 발생되는 고유진동, 롤, 스쿼트, 피칭, 바운싱 등이 일어날 때 감쇠력의 가변과 동시에 4바퀴에 설치되어 있는 공기 스프링의 압력을 독립적으로 공급하거나 또는 방출시켜 차량의 자세를 제어한다. 결국 노면에 대해 차체의 흔들림이 없도록 자세를 제어함으로써 탑승자의 승차감과 차량의 주행 안정성을 크게 향상시킬 수 있게 된다.

(4) 안정성 제어 시스템

▣ SCS 개론

안정성 제어 시스템(Stability Control System : SCS)은 자동차에 설치된 각종 센서와 ECU에 의해 노면의 굴곡정보, 즉 노면의 미끄런 마찰조건에 따른 자동차의 불안정한 주행, 운전자의 실수와 운전 미숙, 갑작스런 돌발상황 발생 등에 의해 핸들(steering wheel)을 과도하게 또는 과소하게 조작하는 상황이 발생하게 되면 센서가 미리 감지하여 자동차의 주행 자세를 효과적으로 제어해주는 능동형 주행안전 제어장치이다.

SCS는 주행 중에 예상되는 운전자의 실수를 센서가 미리 감지하여 전자제어 유니트(ECU)에 의해 차량의 주행 안정성과 제동 마찰력에 대한 안정성을 확보하도록 개발된 최첨단 주행안전장치이다. 그림 7.17은 포르쉐(Porsche) 911 차량에 장착된 안정성 제어 시스템(SCS)을 보여주고 있다.

그림 7.17 Porsche 911의 안정성 제어 시스템(SCS)

SCS의 작동원리

안정성 제어 시스템(SCS)은 운전자의 핸들(steering wheel) 조작없이 굴곡이 심한 노면이나 운전 실수에 의해 일어날 수 있는 위험한 상황을 순간적으로 SCS가 자동적으로 적절하게 제동해줌으로써 그림 7.18에서 보여주는 것처럼 자동차가 주행선을 벗어나는 것을 방지한다. 특히, SCS가 작동하는 경우는 한쪽 바퀴나 한쪽 축의 2바퀴, 또는 대각선의 2개 바퀴를 제동할 수 있고, 또한 자동차가 핸들의 움직임보다 조금이라도 더 크게 움직임을 나타내면 즉시 엔진 관리 시스템(EMS)에 연결하여 위험한 상황에 가장 적합한 조건으로 제어를 한다.

그림 7.18(a)와 같은 커브 길에서 운전자가 너무 작게 핸들(steering wheel)을 조작하게 되면 왼쪽 뒷바퀴에 순간 큰 제동력이 작용하고, 이 힘은 자동차의 요모멘트(yaw moment)로 작동하면서 차량을 반시계 방향으로 회전시키는 제동 운행패턴을 보여주고 있다. 그러나, 그림 7.18(b)에서는 운전자가 핸들을 너무 많이 조작함으로써 오른쪽 앞바퀴에 큰 제동력이 작용하면서 자동차가 갑자기 시계방향으로 요모멘트가 걸려서 반대로 회전하는 제동 운행패턴의 위험한 상황을 맞이하고 있다. 위험한 커브 주행 길에서 운전자에게 조향 안전성을 확보해주는 장치가 최첨단 안정성 제어 시스템(SCS)이다.

안정성 제어 시스템(SCS)의 핵심 기술은 수직축에 대한 자동차의 움직임을 측정하여 자동차가 중심을 잃는 것을 감지할 수 있는 회전비 센서이다. 지금까지는 회전속도를 측정하기 위해 극히 작은 펄스(pulse) 실린더가 사용되었는데, 이 실린더는 자동차의 회전속도에 따라 진동수가 변하기 때문에 회전속도 측정이 가능하다.

SCS에 의한 전자제어는 주행중에 일어날 수 있는 위급한 상황에서 신속하게 대처하고, 운전자의 운전 미숙이나 부주의 상황에서 운전자의 실수를 줄여서 주행 안전성을 확보하기 위한 최첨단 안전장치다. 자동차는 ABS(Anti-lock Brake System)의 도입으로 제동 안전성은 크게 향상되었지만 트랙션 제어 시스템(TCS), 안정성 제어 시스템(ECS) 등의 개발은 운전자에게 위험한 상황까지도 안전하게 극복할 수 있도록 제어하는 기술로 차량의 주행 안전성 측면에서 보면 획기적인 기술 진전이다.

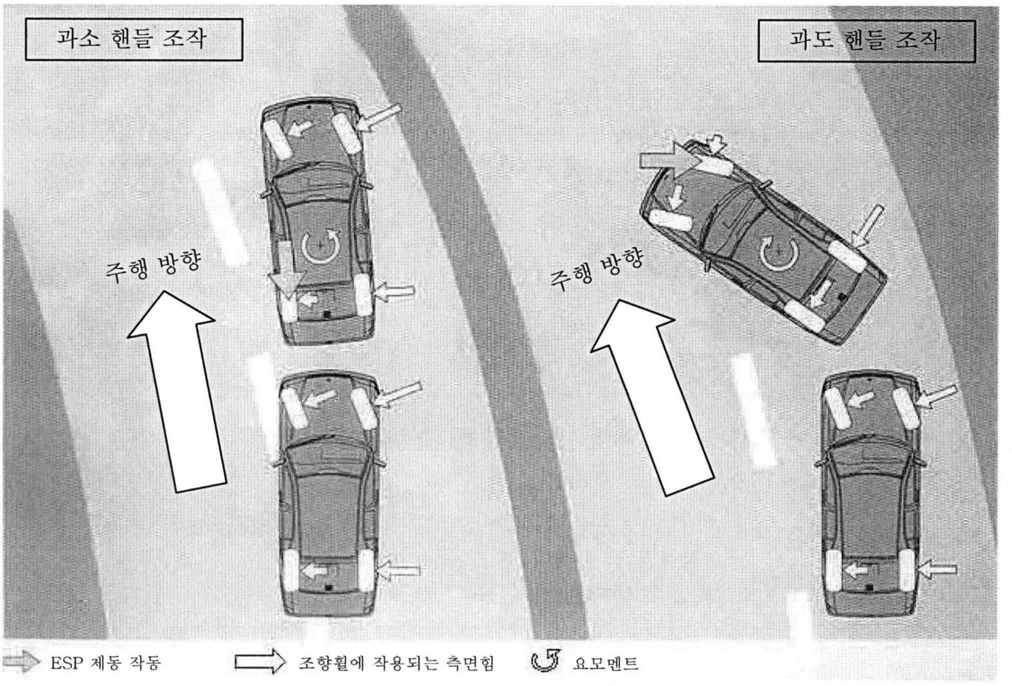

(a) 과소 핸들 조작으로 왼쪽 뒷바퀴에 제동력의 작용 (b) 과도 핸들 조작으로 오른쪽 앞바퀴에 제동력의 작용

그림 7.18 안정성 제어 시스템(SCS)의 작동 사례

7.4 제동장치의 제어 시스템

7.4.1 기계식 제동장치

엔진은 차량 이동에 필요한 구동력을 제공하지만, 달리는 자동차를 일정한 위치에 정지시키거나 감속하도록 하기 위해서는 제동장치(braking system)가 필요하다. 제동장치는 자동차의 운동 에너지를 금속간의 미끄럼 마찰접촉에 의한 열에너지로 전환하여 대기중으로 소산시켜 주행중인 자동차의 속도를 줄이거나 정확한 위치에 정지시키는 등 속도를 안전하게 제어하는 장치를 총칭하여 제동장치라 한다.

주행중인 자동차를 감속하거나 정지시키기 위해서는 그림 7.19에서 보여준 것처럼 운전자가 브레이크 페달(brake pedal)을 밟으면, 그 조작력은 유압장치를 작동시켜 바퀴에 연결되어 작동하는 제동장치에 제동력이 전달되면서 바퀴는 노면과 타이어 사이의 마찰력에 의해 정지하게 된다. 즉, 기계식 제동장치의 디스크와 패드는 미끄럼 마찰접촉 운동을 하면서 바퀴가 회전하지 못하도록 꽉 잡아주므로 바퀴는 회전을 멈추게 된다.

제동장치에는 주행시 발(foot)로 조작하는 푸트 브레이크(foot brake) 방식의 서비스 브레이크(service brake), 자동차의 주정차시 사용하는 핸드 브레이크(hand brake) 방식의 주차 브레이크(parking brake), 기타 보조 브레이크가 있다. 브레이크 장치의 조작기구는 로드(rod)나 와이어(wire)를 사용한 기계식과 유압을 이용한 유압식이 있다. 일반적으로 푸트 브레이크는 유압식이고, 주차 브레이크는 기계식을 많이 사용하고 있다.

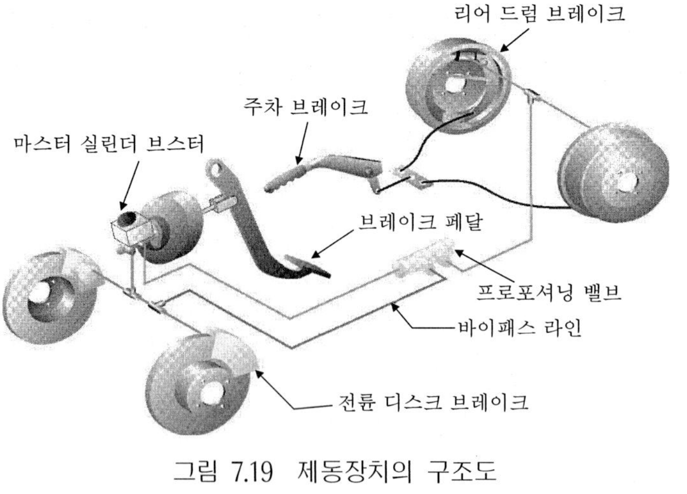

그림 7.19 제동장치의 구조도

(1) 푸트 브레이크

그림 7.20의 푸트 브레이크(foot brake)는 바퀴의 안쪽에 결합되어 있는 전륜(front wheel)의 디스크 브레이크(disk brake)와 후륜(rear wheel)의 드럼 브레이크(drum brake), 또는 디스크 브레이크가 미끄럼 마찰운동을 하면서 제동력을 발생한다. 따라서, 운전자가 주행중에 자동차의 속도를 조절하기 위해서 브레이크 페달을 밟으면 모든 바퀴에는 제동력이 동시에 발생하도록 제작되어 있다.

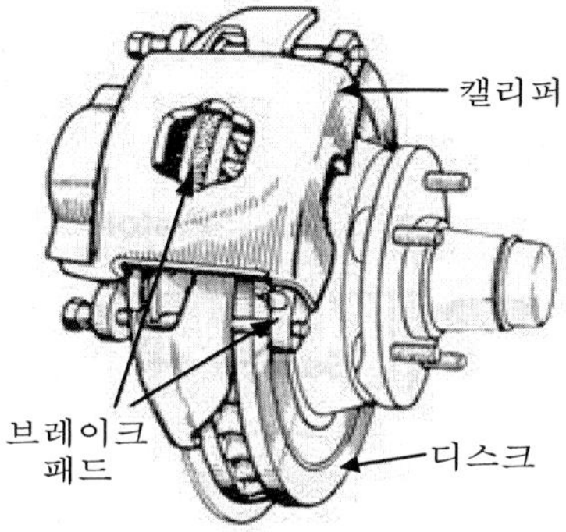

(a) 디스크 브레이크 구조

(b) 설치된 디스크 브레이크

그림 7.20 벤틸레이티드 타입의 디스크 브레이크

(2) 주차 브레이크

그림 7.21의 주차 브레이크(parking brake)는 자동차를 정지한 상태에서 정지 마찰력에 의한 제동력을 안정적으로 확보해주는 제동장치이다. 주차 브레이크에는 추진축에 설치된 브레이크 드럼을 제동하는 센터 브레이크 방식과 뒷바퀴를 제동하는 뒷바퀴 브레이크 방식의 두 가지가 있다. 주차 브레이크의 조작기구는 특별한 경우를 제외하고는 로드(rod)나 와이어(wire)를 사용한 간단한 기계식을 채택하고 있다.

그림 7.21 주차 브레이크

7.4.2 전자제어식 제동장치

(1) ABS 제동 시스템

■ ABS 개론

ABS(Anti-lock Brake System)는 바퀴가 미끄러지기 쉬운 노면의 구동조건에서 브레이크에 의해 제동력이 작용할 경우, 자동차 바퀴가 노면에 대하여 미끄러지지 않으면서 제동력을 안전하게 효과적으로 발휘할 수 있도록 개발된 제동장치이다. 즉, ABS는 주행 중에 급제동이나 특히 미끄러운 노면에서 제동할 경우에 바퀴가 노면에 순간 고정(tire lock)되어 계속적으로 슬립(slip)이 일어나는 현상을 방지하기 위하여 가해진 제동력을 순간적으로 풀어주었다가, 즉시 제동력을 가하여 슬립 현상을 제거하는 반복적 제동장치이다. ABS는 자동차 바퀴의 미끄럼을 방지하고, 동시에 제동력을 연속적으로 얻음으로써 제동력을 증가하고, 제동거리를 단축하는 긍정적 효과가 높다. 특히, 노면과 접촉하는 타이어에 미끄럼 마찰작용이 지속되면서 차량의 순간 스핀(spin) 현상이 발생되는 문제점을 해결한 안전 제동장치이다.

일반 제동장치를 부착한 자동차는 주행중 미끄러운 노면에서 급제동을 하게되면 바퀴가 차체에 고정되어 노면에 대하여 계속 미끄러지므로 제동력이 크게 떨어지고, 제동거리는 늘어나며, 차량은 옆으로 미끄러지는 스핀현상까지 발생하여 핸들 조작이 불가능해져서 위험을 유발한다. 그러나, ABS는 미끄럼 마찰에 의한 제동력 급감을 방지하기 위하여 제동작용을 무수히 많게 반복적으로 조작함으로써 마찰 제동력을 크게 향상시킨 대표적인 안전장치이다.

주행중에 차량에서 이러한 반복적 순간 제동력을 안전하게 확보하기 위하여 전자제어 브레이크 시스템, 즉 ABS를 개발하게 된 것이다. ABS의 제동기능은 다음과 같이 세 가지로 요약될 수 있다.

① 제동거리의 단축 : 노면의 미끄럼 마찰계수가 최대인 상태에서 바퀴를 제동하면 제동거리가 크게 단축되나, 노면 상태에 따라 제동효과 정도가 다르게 나타난다. 즉, 미끄럼 마찰계수가 낮은 노면에서는 제동효과가 크게 떨어진다.

② 방향 안정성 확보로 스핀방지 : 좌우 바퀴의 노면 상태가 다를 때 각각의 노면조건에 적합한 제동으로 바퀴를 노면에 대해 순간적으로 고착(lock)되지 않도록 제어하여 차량의 스핀을 방지한다.

③ 조향성의 확보 : 선회 주행중 제동시 타이어를 노면에 고착시키지 않아 코너링 힘을 충분히 유지하여 조향성을 유지시킨다.

■ ABS의 전자제어 시스템

ABS에 의한 제동은 바퀴와 노면에 걸리는 제동력을 가장 크게, 안정적으로 확보하자는 것이 목적이다. 따라서 바퀴에 걸리는 제동력을 가하였다가 순간 풀어주는 제동작동을 많이 진행함으로써 자동차는 미끄럼 발생이 일어나지 않으면서 큰 제동력을 얻게 된다.

그러나, 자동차를 운전하는 사람의 제동 응답성에 대한 감각에는 한계가 있으므로 주행 중에 급제동을 하면 전자제어 시스템은 자동적으로 바퀴가 노면에 고착(lock)되지 않는 범위에서 브레이크에 유압을 걸든지 아니면 해제하든지 하여, 주행 노면과 바퀴사이에 슬립율을 최적의 마찰제동 조건으로 유지하는 제어를 신속하게 수행함으로써 안정적으로 차량을 정지시키는 것이 ABS 제어의 기본 원리이다.

ABS의 안정된 제동작용을 위한 제동 제어과정을 요약하면 다음과 같다.

① ECU는 각 바퀴에 설치된 속도센서에서 신호로 받아 차륜과 차체의 속도를 정확하게 측정한다.

② 운전자가 브레이크 페달을 밟아 차륜 속도가 떨어지기 시작하여 미리 설정된 제어기준보다 낮아지면 브레이크 액압을 감압한다.

③ 반대로 차륜 속도가 너무 높으면 브레이크 액압을 가압한다.

④ 상기와 같이 차륜 속도에 따라서 바퀴가 노면에 대해 고착(stick)되지 않도록 브레이크 액압을 가압, 유지, 감압을 반복하면서 최적의 제동조건을 안정적으로 유지한다.

▣ ABS의 구성

ABS 전자제어 시스템의 주요 구성부품은 ECU, 유압제어 유니트, 차바퀴 속도센서, 액츄에이터 등이 있다. 차바퀴 속도센서는 4바퀴에 1개씩 설치하여 각 바퀴의 현재 속도를 검출한다. ABS는 차바퀴 속도센서의 신호를 ECU로 보내고, 이 신호를 기반으로 ECU는 차량 속도, 노면상태에 따른 최적 제어를 할 수 있도록 액츄에이터에 신호를 보내서 각각의 휠 실린더 브레이크 유압을 제어하도록 한다.

내장형 ABS의 주요 구성부품을 요약하면 다음과 같다.

① 유압제어 유니트(hydraulic control unit)는 ABS의 핵심부품으로 ECU로부터 전기적 신호를 받아 밸브 개폐를 제어하여 각각의 실린더로 통하는 유압을 조정한다.

② 차바퀴에 설치된 각각의 속도센서는 차륜속도와 차체속도를 검출하여 ECU로 신호를 보낸다.

③ 액츄에이터는 ECU에서 보내온 신호에 따라서 휠 실린더의 유압을 제어한다. 즉, 마스터 실린더와 바퀴 실린더 중간에 설치된 액츄에이터에 의해 바퀴 실린더로 가는 브레이크 액압을 감압하거나 가압하여 제동력을 적절하게 제어한다.

(2) TCS 제동 시스템

▣ TCS 개론

차량이 미끄러지기 쉬운 노면(빙판, 모래가 많은 도로, 젖은 도로 등)에서 출발하거나 또는 가속할 때, 바퀴는 순간적으로 미끄러지는 슬립현상이 발생한다. 이러한 미끄럼 작용이 발생하면 전륜구동 차량은 조향성을 상실하고, 후륜구동 차량은 제동 안전성을 잃게 된다. 따라서, 자동차 바퀴에 걸리는 스핀 형상은 엔진의 출력을 저하시킨다든지, 구동 바퀴에 제동력을 가한다든지 하여 바퀴와 노면 사이의 슬립율을 최저값으로 유지하는 제어를 하여 구동 바퀴가 스핀하지 않고, 최적의 구동력을 얻도록 개발된 것이 트랙션 제어장치(Traction Control System : TCS)이다.

TCS는 미끄러지기 쉬운 노면 조건에서 제동력이 작용할 경우 자동차 바퀴가 미끄러지지 않으면서 공전을 방지할 수 있도록 개발된 스핀방지 첨단 제동장치이다. 노면과 바퀴 사이의 마찰계수 관계는 트랙션 제어에서도 마찬가지로 취급한다. 즉, 바퀴와 노면 사이의 슬립율이 15~20% 정도가 되도록 구동력을 제어한다.

▣ 트랙션 제어 시스템(TCS)

1) TCS 개론

자동차에 제동력을 가할 경우 ABS는 바퀴의 잠김(locking) 현상을 방지하면서 안전하게 정지하도록 개발된 제동 장치이지만, 트랙션 제어 시스템(TCS)은 차량이 출발하거나 가속할 경우에 바퀴가 스핀(spin)하는 것을 방지하는 제동 안전장치이다. 즉, 엔진이 점차로 고출력, 고성능을 확보함에 따라 차량의 순간 가속에 의해 미끄러지기 쉬운 노면에서 주행 안정성과 조향성을 동시에 확보하기 위한 안전장치이다.

TCS는 특히 비, 눈길, 빙판 등과 같이 슬립이 일어나기 쉬운 노면에서 발생되는 차량의 슬립을 최대한 억제하여 급발진, 가속성과 선회 안정성을 크게 향상시켜 준다. 또한, 슬립 콘트롤과 차량의 과도한 횡방향의 가속도를 막기 위해 일반도로 주행에서는 선회 가속시의 구동력을 제어하여 조향성을 향상시키기 위한 트렉션 콘트롤 2개의 기능과 퍼지이론에 최적의 변속단을 결정하는 기능을 갖고 있다.

2) TCS의 제어 방법

차량의 구동력과 코너링 제동력을 확보하기 위하여 바퀴의 스핀량을 검출하고, 이러한 스핀 현상의 발생을 미연에 방지하기 위하여 TCS 제어 시스템이 도입되었다. TCS로 바퀴의 스핀을 방지하기 위하여 엔진의 스로틀을 닫는 제어와 구동륜의 브레이크를 거는 두 가지 TCS 제어 방법이 있다.

여기서, 스로틀 제어는 토크량을 크게 제어한다는 측면에서 응답성은 느리다. 그러나, 브레이크 제어는 응답성이 좋으나 연속제어를 길게 할 수 없다는 문제점이 있다. 따라서, TCS 제어에서 응답성과 연속제어를 동시에 확보하기 위해 엔진의 스로틀 제어와 구동륜의 브레이크 제어를 동시에 사용하는 방식을 많이 채택하고 있다.

TCS 제어 시스템에서 입력신호로는 메인 스로틀 센서, 서브 스로틀 센서, 차륜 속도센서(전후, 좌우)가 있고, 출력신호로는 서브 스로틀 액츄에이터, 브레이크 액츄에이터, 트랙션 인디케이터 등이 있다.

① 슬립 제어(slip control)

구동륜 속도에서 검출되는 차체의 속도와 변속기의 회전속도에서 얻어지는 구동륜 속도를 비교하여 슬립비(slip ratio)를 직진과 선회시에 각각 최고 효율이 되도록 제어한다. 슬립비와 구동력, 코너링 힘과의 관계는 주행시는 슬립비를 비교적 높게, 그리고 선회시는 비교적 낮게 제어한다.

② 트레이스 제어(trace control)

운전자의 핸들(steering wheel) 조작량과 가속 페달(accelerometer pedal)을 밟는 양, 움직이지 않는 바퀴의 좌·우측 속도차를 검출하여 구동력을 제어함으로써 안정된 선회 동작이 이루어지도록 한다.

▣ TCS의 구성

후륜 구동 차량(rear wheel drive vehicle)에서 트랙션 제어 시스템(TCS)은 그림 7.22에서 보여주는 것처럼 ECU, 차바퀴 속도 센서, 스로틀 개도 센서, 스로틀 액츄에이터, 브레이크 액츄에이터, 트랙션 인디케이터 등으로 구성된다. TCS에서 사용하는 센서와 액츄에이터의 역할을 요약하면 다음과 같다. 즉,

① 차바퀴 속도 센서는 앞바퀴의 좌우, 뒷바퀴의 좌우에 각각 1개씩 설치하여 앞바퀴에서는 차체 속도, 뒷바퀴에서는 슬립 상태를 각각 검출한다.

② 스로틀 개도 센서는 운전자의 가속 페달 조작을 검출한다. 차바퀴 속도 센서, 스로틀 개도 센서의 신호를 기본으로 ECU는 속도, 노면상태, 운전자의 가속 페달 조작에 따른 제어를 하도록 액츄에이터에 신호를 보낸다.

③ 액츄에이터에는 엔진의 출력을 억제하는 스로틀 밸브 액츄에이터와 구동 바퀴에 브레이크를 걸어 차바퀴의 속도를 억제하는 브레이크 액츄에이터 2개가 있다.

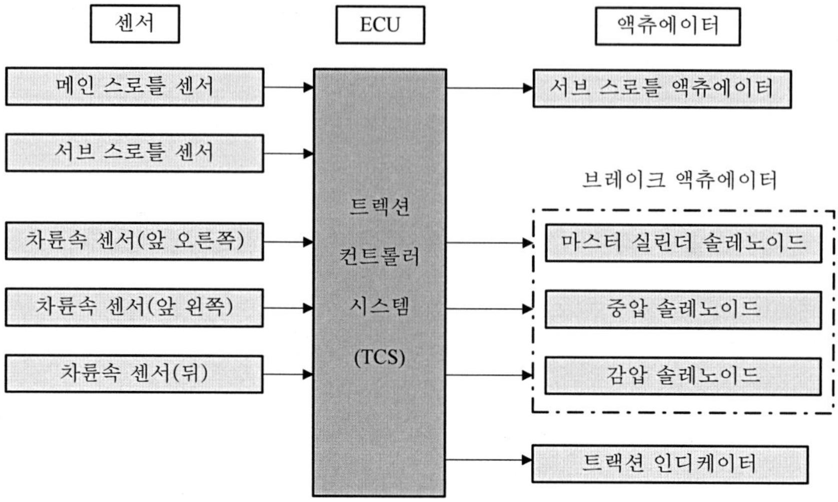

그림 7.22 TCS의 구성도

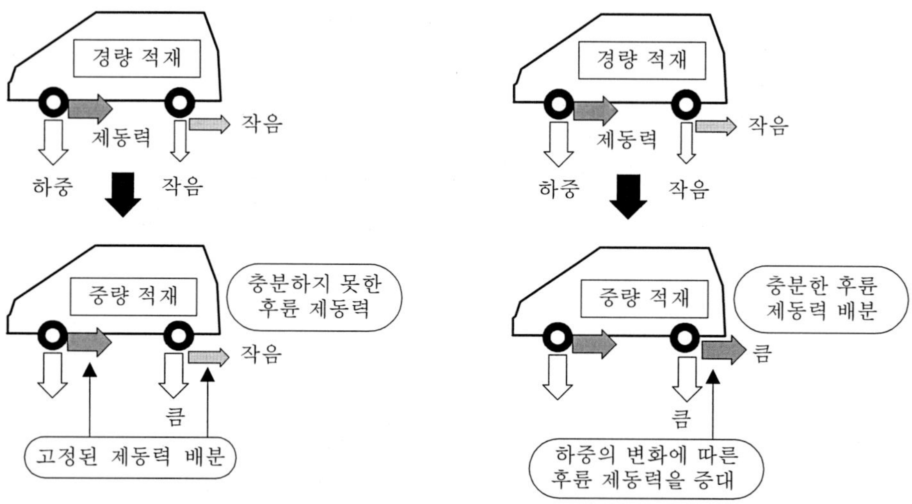

(a) 기존 차량의 제동력 배분 (b) EBD 적용 차량의 제동력 배분

그림 7.23 자동차의 제동력 배분도

(3) 전자제어 제동력 배분 시스템(EBD)

▣ EBD 개론

전자제어 제동력 배분 시스템(Electronic Brake Force Distribution : EBD)은 자동차의 중량 변화에 따라 전륜과 후륜에 걸리는 제동력을 최적의 상태로 유지하도록 배분하는 최첨단 자동제어 시스템이다.

그림 7.23은 기존의 차량에 걸리는 제동력의 배분과 전자제어 제동력 배분 시스템(EBD)을

적용한 후륜 구동 차량의 제동력 배분상태를 각각 보여주고 있다. 기존의 차량은 제동력을 기계적으로 정해진 배분에 따라 작동하기 때문에 후륜의 제동력이 충분하게 작용하지 못하지만, EBD를 적용한 차량은 하중의 변동에 따라 후륜의 제동력을 충분히 증가시킬 수 있으므로 자동차의 제동 안전성은 크게 향상된다.

▣ EBD의 분류

자동차에서 안정된 제동력의 확보는 대단히 중요하기 때문에 기존의 저렴한 마찰식 브레이크에서 우수한 제동 안정성을 보여주는 고가의 ABS로 많이 옮겨가고 있다. 최근 ABS 제동시스템의 보편화는 제동 안정성을 강화시킨 새로운 전자제어 제동력 배분 시스템(EBD)을 필요하게 되었다.

전자제어 제동력 배분 시스템(EBD)은 기존의 ABS 기술에 새로운 제어 로직(logic)을 추가하여 제동력 배분 기술을 개발함으로써 자동차의 제동 안전성을 크게 향상시켰다. EBD는 차량의 적재상태에 따라, 즉 경량 적재에서 중량 적재에 이르기까지 차량의 중량 변화의 모든 조건에 대하여 전륜과 후륜의 제동력을 최적의 조건으로 균등하게 배분하는 전자제어 시스템으로 브레이크의 제동효과를 높이도록 개발한 것이다. 특히, 차량에 많은 하중이 실리는 조건에서 제동 성능을 크게 향상시킬 수 있는 제동력 배분효과가 대단히 우수하다.

운전자가 브레이크 페달을 밟아서 제동할 때의 이상적인 제동효과는 브레이크에 가해지는 조작력을 가장 효과적으로 노면에 전달하는데 있다. 즉, 차량에서 적재 상태(경량 또는 중량)의 변화나 감속도의 변동에 따라 전륜과 후륜에 걸리는 하중의 이동상태에 가장 적합한 제동력의 배분을 적절하게 제어함으로써 제동 안전성을 확보하는데 큰 도움이 된다.

① 기계식 제동력 배분장치

기계식 배분장치는 제동력을 효과적으로 배분하기 위해서 가변 제동력 배분장치를 적용하여 차체 현가장치의 변화량을 이용하였지만, 구동 메카니즘이 복잡하고 조정이 어렵다는 것 때문에 승용차에는 비례유압배분 밸브(proportioning valve)를 사용하여 고정 제동력 배분 개념을 적용하고 있다. 따라서, 비례유압배분 밸브를 사용한 기존의 기계식 제동력 유압 배분 시스템은 차량의 중량 변화에 관계없이 단지 운전자의 브레이크 페달 작동력에 비례하여 전륜과 후륜에 일정한 제동력이 그림 7.23(a)와 같이 적용된다.

브레이크를 설계할 경우, 전륜과 후륜의 배분 비율은 차량 안전성을 감안하여 운전자 1인이 자동차에 탑승한 중량을 기준으로 고정한다. 후륜에 중량이 많이 증가하는 조건, 즉 승객이 뒤에 많이 탈수록 제동력이 많이 필요하게 되지만 전륜과 후륜에 고정 비율로 제동력이 증가하게 되므로 후륜의 제동력은 크게 증가하지 않는다.

② 전자제어 제동력 배분장치(EBD)

전자제어 제동력 배분장치(Electronic Brake Force Distribution : EBD)는 차량의 적재하중 변동조건에 따라 후륜 제동력을 조절함으로써 최대 제동력을 가능케 하고, 차량의 중량 증가에 따른 제동거리의 증가를 최소로 줄일 수 있다. 또한, 보다 작은 브레이크 페달 조작력으로도 안전한 제동이 가능케 함으로써 차량의 중량 증가에 따라 브레이크가 밀리는 느낌도 줄어든다.

그림 7.24에서는 후륜 구동차량의 제동력 배분효과를 기계식 제동력 배분장치(비례유압배분밸브의 사용)와 전자제어 제동력 배분장치(EBD)를 장착한 차량에 대하여 비교하고 있다. 즉, 차량의 적재 하중이 커지면 후륜측의 하중이 크게 증가하지만, 비례유압배분 밸브(proportioning valve)를 적용한 기계식 제동력 배분장치 탑재 차량에서는 제동력 배분이 항상 고정되어 있기 때문에 후륜의 제동력을 적재하중의 증가에 비례하여 증가시키기는 어렵다. 그러나, EBD를 장착한 차량에서는 적재하중에 변화가 큰 후륜에 제동력 배분을 증대시킬 수 있으므로 브레이크의 제동효과가 개선된 제동력을 제공할 수 있어 제동력 배분이 보다 안정적이다. 그림 7.24에서 보여준 제동력은 차량의 적재조건(경량 적재 또는 중량 적재)에 따라 제시된 이상 제동조건 곡선에 근접할수록 후륜 제동력이 우수해진다.

그림 7.25는 EBD의 제동효과를 제동거리 개념으로 설명한 데이터이다. 기계식 제동력 배분장치(EBD)를 장착한 차량에서는 탑승 인원이 증가하여도 제동거리가 크게 감소하는 결과를 제시하고 있다. 1인이 승차한 차량의 제동거리와 EBD를 장착한 차량에 여러 사람이 탄 경우의 제동거리에는 큰 차이가 없다는 데이터를 보여준다. 따라서, 차량에 EBD를 장착하면 중량에 따라 증가하는 제동거리가 대단히 짧아지기 때문에 제동효과가 안정적이라는 사실은 제동력의 안전성 측면에서 대단히 중요하다.

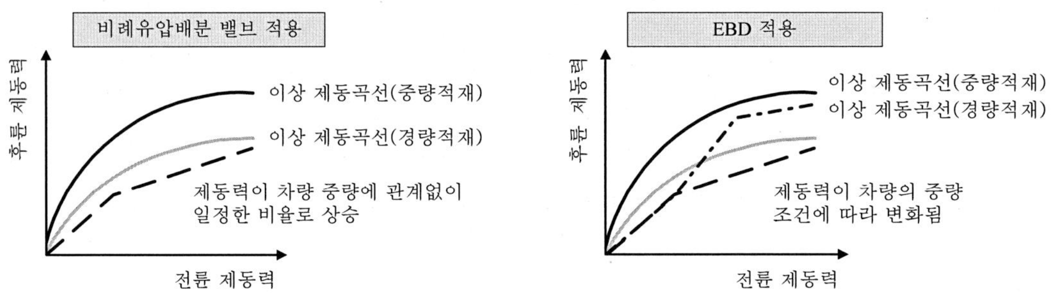

(a) 기계식 제동력 배분장치의 후륜 제동력 (b) 전자제어 제동력 배분장치의 후륜 제동력

그림 7.24 후륜 구동차량의 제동력 배분효과

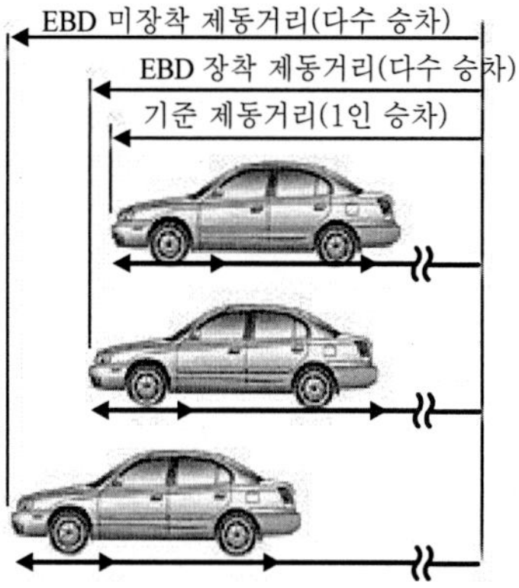

그림 7.25 EBD의 제동거리 효과

▣ EBD의 구성

EBD는 종래의 ABS에서 사용되는 액츄에이터(actuator), 센서(sensor)를 포함하는 ECU 시스템을 그대로 사용하고, 여기에 전륜과 후륜의 제동력을 최적의 조건으로 배분하기 위한 제어 로직(control logic)을 새로이 추가하여 최대의 제동력을 안정적으로 확보해 준다. 자동차의 제동효과를 증대시켜 주는 전자제어 제동력 배분 시스템(EBD) 구성도를 그림 7.26에서 보여주고 있다.

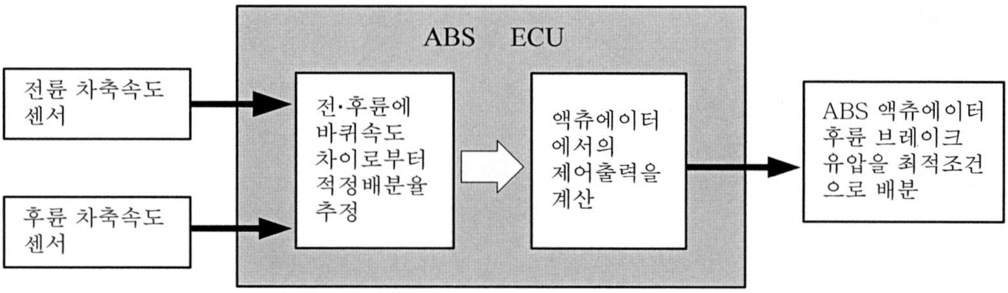

그림 7.26 ABS의 ECU에 전륜과 후륜 제동력 배분 로직을 추가한 EBD 구성도

7.5 조향장치의 제어 시스템

7.5.1 기계식 조향장치

(1) 조향장치 일반

조향장치(steering system)는 자동차의 진행 방향을 임의로 바꿀 수 있는 장치로 주행할 때는 항상 바른 방향을 유지해야 하고, 핸들(steering wheel) 조작이 외부 힘에 의해 주행 방향이 잘못 되었을 때는 즉시 직진상태로 되돌아가는 특성을 요구한다.

운전자가 핸들을 좌측 또는 우측으로 돌리게 되면 래크와 피니언으로 구성된 스티어링 기어(steering gear) 메카니즘에 의해 핸들의 회전운동이 직선운동으로 바뀌면서 바퀴의 방향을 조절한다. 조향장치는 그림 7.27에서 보여주는 것처럼 핸들(조향휠), 조향축 등의 조작기구와 스티어링 기어장치의 작동을 앞바퀴에 전달하고 좌·우 바퀴의 위치를 정확하게 지지하는 링크기구로 구성되어 있다.

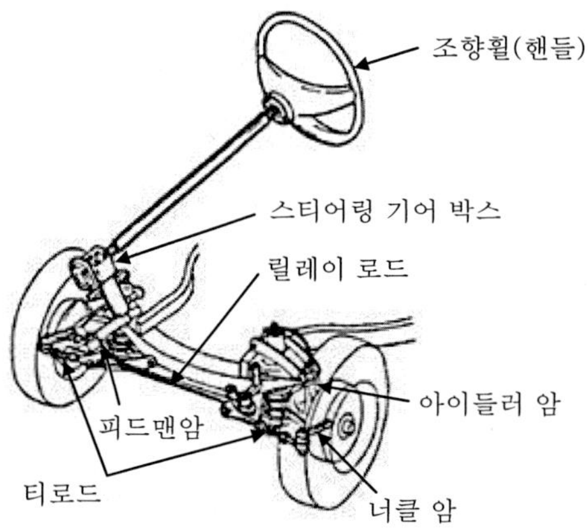

그림 7.27 조향장치의 구조

(2) 조향휠의 유격

조향휠(steering wheel), 즉 핸들을 돌리면 바퀴가 돌아가듯이 바퀴가 노면의 굴곡에 닿아 움직이게 되면 핸들도 같이 움직이게 되므로 차량의 주행 방향이 대단히 불안정하게 된다. 이러한 바퀴의 움직임이 핸들에 직접적으로 영향을 미치지 못하게 각 연결부는 충격 흡수용 구조로 제작되어 있지만, 이것만으로는 그 효과가 미흡하기 때문에 핸들에 약간의 유격이 있도록 설계하여 그 효과를 증가시킨다.

핸들의 유격은 핸들의 바깥 원주에서 30mm 정도이면 양호하다. 그러나, 핸들의 유격이 너무 크거나 작으면 조향 안전성이 떨어지므로 핸들의 유격 정도를 점검해야 양호한 조향 안정성을 유지할 수 있다.

(3) 조향장치의 구성부품

▣ 조작기구

운전자가 핸들(steering wheel)을 회전 조작하여 조작력이 조향 기어, 링크 등에 전달하는 부분이다. 조향장치의 조작기구는 스티어링 휠(핸들), 스티어링 축(조향축), 기어장치, 스티어링 컬럼(steering column) 등으로 구성된다.

▣ 기어장치

기어장치(steering gear)는 조향축의 회전을 감속하여 조작력을 증대시키고, 동시에 조작기구의 운동 방향을 바꾸어 링크기구에 전달하는 부분으로 프레임에 고정되어 있다.

▣ 링크기구

링크기구는 기어의 작동을 앞바퀴에 전달하고, 좌우 바퀴의 관계 위치를 바르게 지지하는 부분이다. 링크기구는 피트맨암(Pitman arm), 드래그 링크(drag link), 너클암(knuckle arm), 티로드(tie load) 등으로 구성되어 있다.

(4) 조향장치의 조건

자동차의 진행방향을 임의로 바꾸도록 제작된 조향장치는 다음과 같은 작동조건을 필요로 한다.

① 주행중에 조향 조작이 외부 충격에 의해 영향을 받지 않아야 한다.
② 조작하기 쉽고, 방향전환이 원활해야 한다.
③ 회전반경이 작아서 좁은 곳에서도 방향 전환이 용이해야 한다.
④ 진행방향을 바꿀 때는 섀시와 보디 각 부분에 무리한 힘이 작용되지 않아야 한다.
⑤ 고속 주행에서 주행 안전성 확보를 위해 핸들은 적절한 조향력을 유지하고 있어야 한다.
⑥ 조향 핸들의 회전과 바퀴 선회의 차이가 크지 않아야 한다.

7.5.2 전자제어식 조향장치(ECPS)

(1) 전자제어 조향장치 개론

조향장치(steering system)는 자동차의 진행방향을 운전자의 의도대로 바꿀 수 있게 제작된 앞바퀴 회전장치이다. 조향장치는 운전자가 핸들을 단순히 왼쪽, 오른쪽, 직진 등의 방향으로 회전하면 된다. 조향장치는 조작의 편리성 때문에 그림 7.28(a)의 웜 기어 방식이나 그림 7.28(b)와 같은 랙 앤드 피니언(rack and pinion) 방식의 유압파워 스티어링을 많이 사용하고 있다. 유압식 파워 스티어링은 엔진의 구동력을 이용하여 유압을 배출시키는 오일펌프와 핸들의 움직임에 의해 유압을 좌우로 흘려주는 콘트롤 밸브, 유압에 의해 바퀴, 즉 타이어를 움직여 주는 파워 실린더가 있다.

또한, 유압 파워 스티어링에는 차량의 속도를 감지하여 핸들의 조작력이 변하는 차속 감응형과 엔진의 회전수에 따라 반응하는 엔진 회전 감응형의 두 가지가 있다. 자동차의 속도가 낮을 때는 유압이 크게 발생하여 조향휠(핸들)의 조작력이 작아지지만, 차량의 속도가 높을 때는 핸들에 적정한 중량을 부여하여 핸들 조작을 무겁게 균형을 잡도록 안전하게 제어해주는 기구이다.

자동차의 조향장치는 운전자에 의해 조작되는 핸들(steering wheel), 조향축(steering shaft) 등의 조작기구와 조향 기어장치(steering gear box)의 구동력을 앞바퀴에 전달하고 좌측과 우측 바퀴의 위치를 정확하게 지지하는 링크기구(steering column & universal joint)로 구성되어 있다.

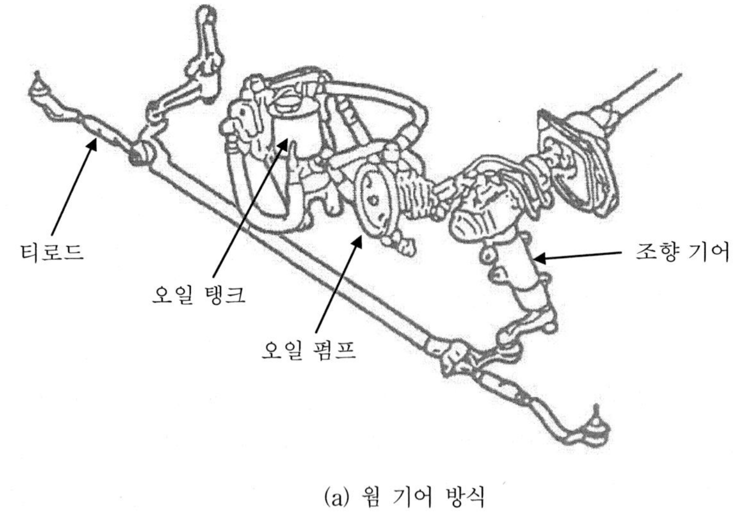

(a) 웜 기어 방식

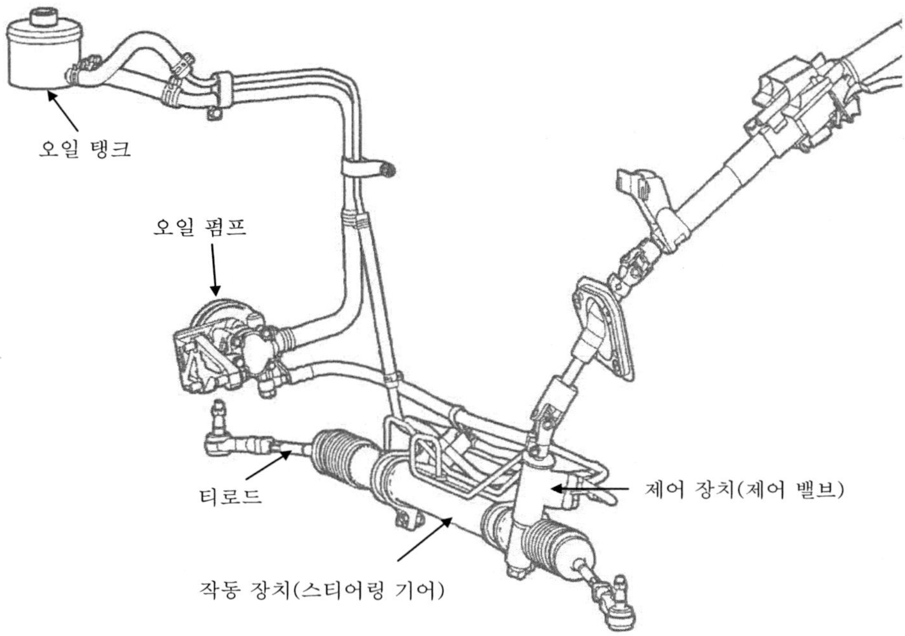

(b) 랙 앤드 피니언 방식

그림 7.28 유압식 파워 스티어링 시스템

(2) 전자제어 파워 스티어링

전자제어 파워 조향장치(Electronically Controlled Power Steering : ECPS 또는 EPS)는 자동차의 주행속도, 조향각도, 조향력 등의 변화를 토크 센서로 감지하여 신호를 ECU로 보내서 자동차의 조향성을 자동적으로 향상시켜주는 전자제어 조향 동력장치이다. 따라서, ECPS는 주차 또는 저속에서 핸들(steering wheel)을 가볍게 조작할 수 있지만, 중·고속에서는 오히려 핸들을 약간 무겁게 조작하도록 제어하므로 최적의 조향 감각과 직진 안정성을 확보할 수 있도록 하여 자동차의 주행 안전성을 크게 향상시킨다. 결국, 전자제어 파워 조향장치(ECPS)는 자동차의 주행속도에 가장 적합한 조향 성능을 제공하는 전자제어 조향장치로 그림 7.29는 차량의 ECPS 시스템 구성도를 보여주고 있다.

그림 7.29에서 보여준 전자제어 파워 스티어링 시스템(ECPS)은 핸들의 조작력을 토크 센서(torque sensor)에서 측정하여 신호를 ECU에 보내고, ECU는 차량의 속도를 감지한 데이터를 조작력과 함께 고려하여 결정된 최적의 작동조건을 구동 모터에 공급함으로써 차량의 조향성과 주행성을 안정적으로 확보하게 된다. ECPS는 운전자의 편리한 조향성을 제공하면서 동시에 주행성을 향상시켜 주는 일종의 주행 안전장치이다.

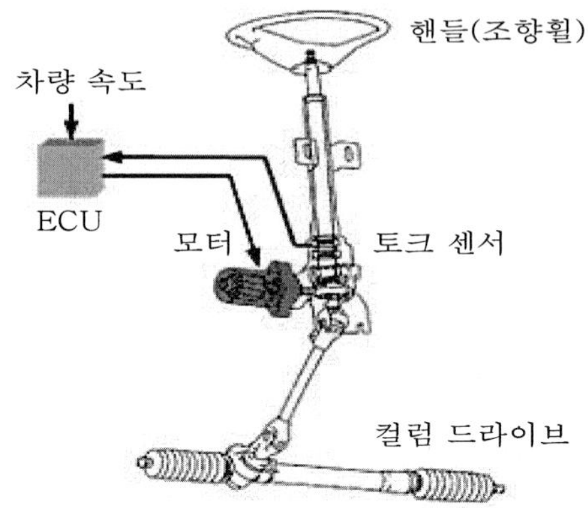

그림 7.29 전자제어 파워 스티어링 시스템(ECPS)

(3) 전륜 제어 시스템

전륜 제어 시스템(All Wheel Control System : AWCS)는 자동차의 바퀴 4개를 모두 제어하는 시스템으로 자동차의 조향성과 주행 안전성을 크게 향상시킨 새로운 전자제어 조향장치이다. 그림 7.30에서 보여준 전륜 제어 시스템(AWCS)은 4WD와 4WS, 그리고 TCS 등의 전자제어 개념을 복합적으로 구현한 전륜 제어 시스템(AWCS)이다.

일본의 미쓰비시 자동차가 개발한 AYC(Active Yaw Control)는 핸들(steering wheel)을 충분히 기울인 상태에서 가속 페달(accelerometer pedal)의 입력에 따라 매우 민감하게 차량의 코너링을 최적의 조건으로 도와주기 때문에 운전자는 안전하게 주행할 수 있다.

그림 7.30 전륜 제어 시스템(AWCS)

7.6 에어백의 제어 시스템

7.6.1 에어백 개론

자동차에서 운전자나 탑승자를 직접적으로 보호하기 위해 개발된 대표적인 충돌 안전장치가 에어백(air bag)이다. 자동차의 정면충돌로 인해 운전석과 승객석에 펼쳐진 그림 7.31과 같은 에어백은 자동차가 충돌하는 순간에 압축공기를 폴리에스터 백(polyester bag)에 넣어서 충돌하는 방향으로 충격력에 의해 이동하려는 사람의 움직임을 순간 제어함으로써 탑승자를 직접 보호하는 안전장치이다.

미국의 포드(FORD) 자동차가 에어백 연구를 처음 시작하였지만, 기술적 어려움으로 초창기에는 성공을 거두지 못하였다. 그러나, 1988년에 에어백을 Tempo 차량에 장착하여 40km/h 정도로 주행하던 자동차를 정면으로 충돌시켜 0.04초 내에 에어백이 터지는 실험을 성공적으로 수행하면서 에어백의 상업화가 촉진되었다. 이 때에 사용된 가스는 질소가스로 인체에 무해하다고 하여 사용하였으며, 질소는 공기에 비하여 우수한 에어백 팽창특성을 갖고 있다.

자동차에서 에어백은 운전자와 탑승자를 보호하는 대표적인 안전장치로 일부 국가에서는 의무적으로 설치하도록 권장하고 있다. 차량의 충돌방향에 따라서 에어백의 설치 위치가 달라진다. 즉, 차량의 정면충돌, 측면충돌, 후방충돌로부터 운전자와 탑승자를 보호하기 위해 1~8개까지 에어백을 설치한다.

에어백은 차량에 가해지는 충돌정도에 따라 그림 7.32와 같은 제어 시스템으로 작동한다. 그림 7.32는 차량의 충돌을 감지하는 충돌센서로부터 획득한 정보에 의해 압축가스를 터지게 하여 에어백을 충분히 부풀게 하는 전체 에어백 제어 시스템을 보여주고 있다. 에어백의 주요 구성요소는 다음과 같다.

(1) 충돌센서

충돌센서는 스트레인 게이지나 피에조 방식의 가속계(accelerometer)에서 발생하는 전기적 신호를 연산·처리하여 자동차의 충돌 정도에 따라 에어백의 작동 여부를 판단하기 위한 기본 정보를 ECU에 제공한다.

그림 7.33은 에어백의 핵심이라 할 수 있는 G-센서로 차량이 정면으로 출동하는 순간의 충격력을 측정하여 ECU에 공급하는 역할을 한다.

(2) 인플레이터

가스 발생을 유도하는 폭발 장치이다.

(3) 백용 기포

나이론 평직으로 네오프렌 또는 실리콘 코팅으로 제조되어 있다.

(4) 회전 커넥터

스티어링 컬럼으로부터 스티어링 휠(steering wheel)내의 인플레이터(inflator)에 전기 신호를 전달하는 회전식 커넥터이다.

(5) 진단회로

에어백의 작동성을 모니터하는 레디니스 인디케이터이다.

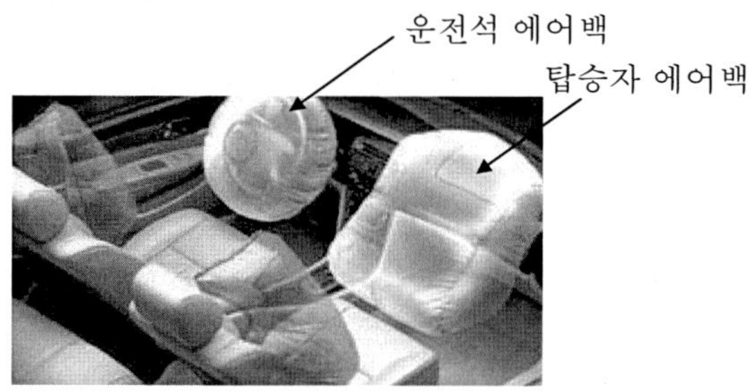

그림 7.31 팽창된 에어백 모형

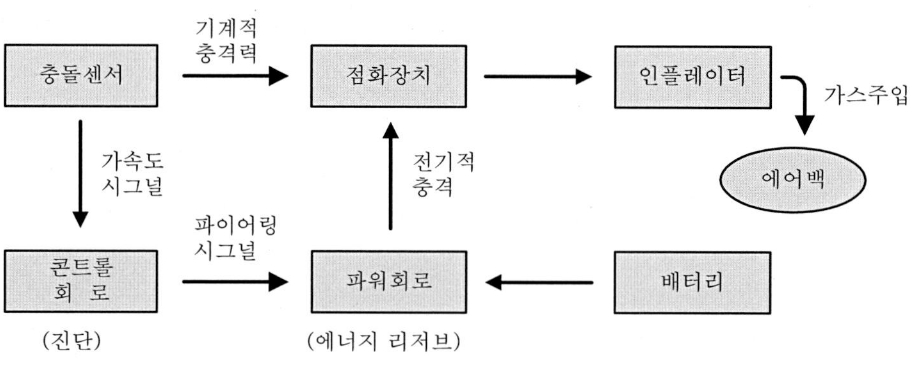

그림 7.32 에어백 제어 시스템의 작동 프로세스

그림 7.33 G-센서

7.6.2 에어백의 작동 프로세스

(1) 작동원리

에어백(air bag)은 자동차가 충돌하는 경우에 운전자나 탑승자를 충돌의 위험성으로부터 안전하게 보호하기 위한 안전장치이다. 에어백은 초기의 정면충돌, 측면충돌, 후면충돌 등 다양하게 일어날 수 있는 순간 충돌의 긴급한 상황에서 충돌센서가 위험성을 신속하게 감지하여 탑승자를 보호하도록 개발된 안전 제품이다.

에어백은 차량의 충돌을 감지하기 위한 충돌센서와 그 충돌의 정도를 분석하여 에어백의 작동여부를 판단하는 전자제어 유니트(ECU), 출력신호를 전달하는 와이어 하네스(wire harness), 압축공기를 주입해야 하는 에어백 모듈(air bag module)의 4가지 기능 부품으로 구성된다.

에어백은 차량의 충돌 세기에 따라 작동되는 센서(sensor)와 충돌과정에서 차량의 감속 변화에 따른 가속도 센서(accelerometer sensor)의 값을 분석하고, 필터링(filtering)하여 그 값이 에어백의 작동조건을 고려한 기준 데이터보다 클 경우는 ECU에서 에어백에 작동 신호가 출력되면서 에어백은 즉시 작동하게 된다. 차량의 충돌과정에서 감지된 신호는 약 20m/s 이내에 분석되어 에어백이 작동되도록 신호를 공급한다. 에어백은 짧은 시간(30m/s~100m/s) 이내에 완전히 팽창하였다가 서서히 소멸되어 차량 충돌에 따른 충격력으로부터 탑승자를 안전하게 보호하게 된다.

에어백 제어 유니트(air bag controller unit)에는 차량 충돌에 따른 충격을 감지하는 센서(safing sensor)와 차량의 순간 감속을 감지하는 가속도 센서(accelerometer sensor)가 내장되어 있다. 에어백 제어 유니트에서 전원이 단락하게 되면 일정시간 동안 전원을 저장하고 공급하는 콘덴서, 시스템의 진단기능과 모든 작동상태를 판단하여 제어하는 마이크로 콘트롤러 등을 집적시켜 놓은 전자제어 안전장치이다.

초기의 에어백 제어 유니트는 센서가 콘트롤러와 분리되어 충돌 신호를 콘트롤러에 전송해주는 멀티 포인트 감지형(multi-point sensing type)이었으나, 시스템의 고장진단과 충돌기록

등을 집약적인 형태로 발전하면서 콘트롤러 내에서 감지하는 싱글 포인트 감지형(single point sensing type)으로 적용되고 있다. 향후에는 승객의 감지, 안전벨트의 조임 기능, 측면 충돌(side impact) 감지기능 등 복합적인 감지 기능을 하나로 집적시켜 놓은 통합적 안전장치 시스템으로 발전될 것이다.

(2) 작동 프로세스

차량이 충돌하면서 발생된 충격력을 센서에서 순간적으로 감지하여 에어백이 터지는 작동 프로세스 메카니즘을 그림 7.34에서 보여주고 있다. 또한, 그림 7.35는 주행중인 자동차가 충돌하면서 에어백이 작동하기 시작하여 탑승자의 움직임을 신속하게 제어함으로써 안전성을 확보해주는 전체 충돌 프로세스 모형을 제시하고 있다. 여기서 제시된 충돌과정에 소요된 시간은 약 0.1초로 빠르게 에어백 제어가 진행된다.

자동차가 충돌하여 에어백이 팽창하고, 탑승자가 원래의 위치로 되돌아가는 프로세스를 단계별로 요약하면 다음과 같다.

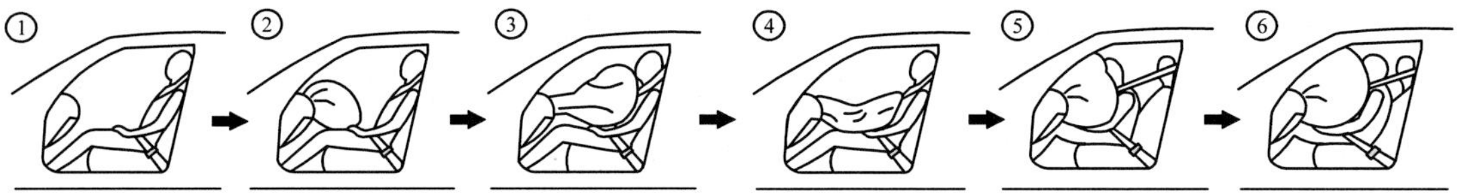

그림 7.34 에어백 작동에 의해 탑승자를 안전하게 보호하는 충돌과정(약 0.1초 소요)

▣ 충돌

이동하던 차량이 충돌하게 되면, 전면 또는 차량내부에 부착된 센서에 의해 충격의 정도를 감지하게 된다. 차량에 가해진 충격력의 크기는 충돌에 의한 차량의 감속도 크기로 판단하며, 충돌 센서가 감지한 감속의 크기는 충돌된 장벽의 등가 장벽속도 또는 차량의 감속도에 의해 표시된다.

▣ 진단

충돌이 발생한 직후에 센서가 기존에 설정된 감속도(센서의 기준치)에 도달하면, 센서에서 오는 신호를 분석하여 위험성 여부를 판단하게 된다. 감속도의 크기가 이미 설정된 값보다 클 경우는 작동가스 팽창장치(inflator)로 작동 신호를 보내어 폴리에스터 백에 질소가스를 순간적으로 충진하게 된다. 차량의 충돌이 일어난 직후에 센서가 공급한 신호와 기준치를 비교하는데 걸리는 시간은 10~20ms 소요된다.

센서에 설정된 기준값은 차량의 구조적 특성이나 센서의 부착위치에 따라 다르기는 하지만, 일반적으로 8~14mph의 등가 장벽속도나 4~10g의 감속도를 기준치로 사용한다.

▣ 가스 생성

센서로부터 작동 신호를 받은 작동가스 팽창장치는 즉시 폭발하며, 이 과정에서 폭발 가스는 냉각층을 통과하여 에어백에 도달한다. 센서가 신호를 보낸 후 작동가스가 폭발하여 가스를 에어백에 공급하기 시작할 때까지 걸리는 시간은 약 5ms 정도로 대단히 짧다.

▣ 에어백의 팽창

작동가스 팽창장치(inflator)로부터 공급받은 질소가스는 에어백을 즉시 팽창시킨다. 에어백이 완전히 팽창하는데 걸리는 시간은 30ms 정도이다.

▣ 충격흡수

충돌 후에 운전자나 탑승자는 차량의 무게 중심에 대하여 진행 방향으로 상대운동을 한다. 에어백이 완전히 팽창되는 순간에 탑승자는 에어백 표면과 직접 접촉함으로써 충돌에 따른 탑승자의 전방 움직임을 구속한다. 결국, 에어백은 차량의 감속도에 의한 충격력을 팽창된 에어백(inflated air bag)이 대신 흡수하여 탑승자의 부상정도를 크게 완화시켜 주는 안전장치이다. 충돌이 발생된 직후에 탑승자가 팽창된 에어백에 직접 접촉하는 순간까지 걸리는 총시간은 40~60ms 정도이다.

▣ 탑승자의 원위치 복귀

탑승자는 팽창된 에어백과 직접 접촉한 후에 반발되면서 원위치로 복귀한다. 이때 발생되는 에어백의 반발력이 작을수록 탑승자의 부상정도는 감소하므로 안전성을 확보한 우수 에어백 시스템이 된다. 이상과 같이 차량의 충돌발생에서 탑승자를 원래의 위치로 되돌아가는데 걸린 시간은 대단히 짧기 때문에 운전자나 탑승자는 충돌에 의한 직접 피해로부터 안전하게 벗어날 수 있게 된다.

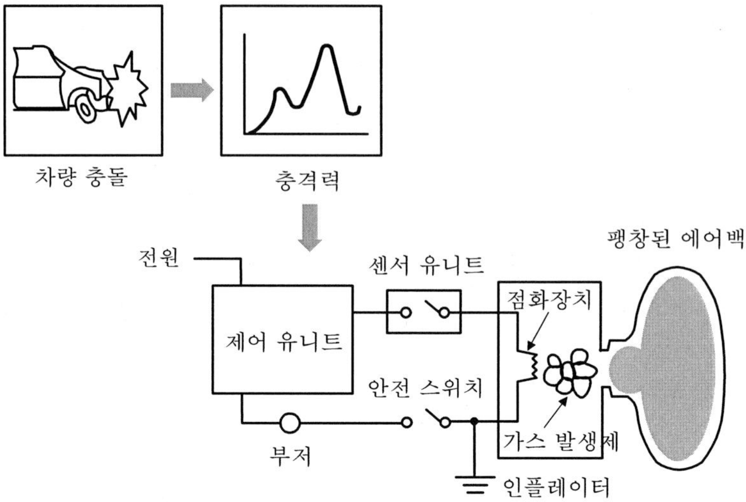

그림 7.35 에어백의 작동 프로세스

7.6.3 에어백의 구성부품

자동차 충돌에 의해 탑승자가 부상당하는 것을 방지하기 위해 개발된 에어백은 충돌센서, 인플레이터(inflator), 폴리에스터 백, 커넥터, 진단회로 등으로 구성되지만, 이것들을 구성부품으로 제시하면 그림 7.36과 같다.

(1) 에어백 모듈

에어백 모듈(air bag module)은 핸들(steering wheel)내에 장착되어 ECU로부터 신호를 받아 백을 충분히 팽창시켜 운전자나 탑승객을 보호한다. 에어백 모듈은 에어백과 팽창 노즐로 구성되어 있다.

(2) 에어백 제어 유니트

그림 7.37에서 보여준 에어백 제어 유니트(air bag controller unit)는 자동차의 충돌에 따른 충격력을 감지하고, 기폭 장치를 에어백 모듈로 전송하는 기능을 갖으며, 에어백을 진단하기도 한다. 제어 유니트는 전원이 단락하는 경우에도 약 0.2초 동안 기폭용 전원을 저장하고 공급하는 기능이 있고, 내부 부품과 주변회로의 정상 작동 여부를 지속적으로 진단하여 고장이 발생할 경우는 시스템 내부의 경고등을 점등시키는 시스템 진단기능을 갖고 있다. 이러한 안전진단 기능은 충돌상황에서 에어백의 상시 작동성을 확보하기 위함이다.

(3) 와이어 하네스 및 클락 스프링 어셈블리

와이어 하네스 및 클락 스프링 에셈블리(wire harness & clack spring assembly)는 시스템에 전원과 신호 전류의 공급을 담당한다.

(4) 에어백 시스템 경고등

에어백 시스템(air bag system) 경고등이 점등하면 약 7초 동안 진단을 하고, 주행중에도 지속적으로 시스템 진단을 수행하여 에어백 시스템의 고장 발생을 경고등으로 운전자에게 알려준다.

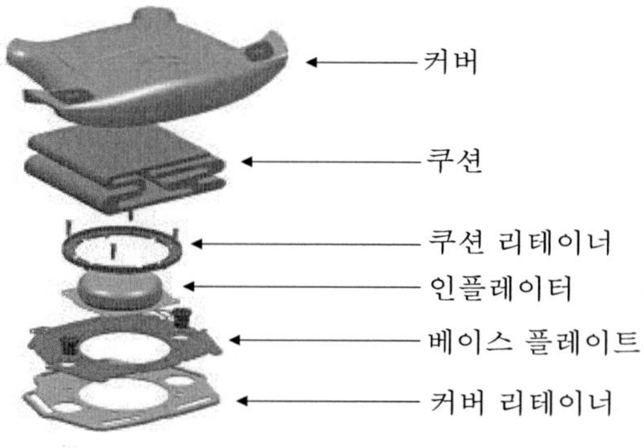

그림 7.36 에어백의 기본 구성품

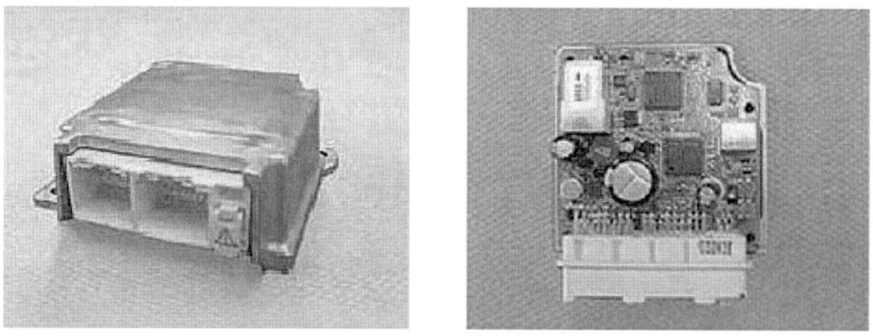

그림 7.37 에어백 제어 유니트

연습문제

7.1 섀시장치에 전자제어 시스템을 도입하여 섀시의 구동을 제어하는 대표적인 유니트 또는 시스템에 대하여 설명하시오.

7.2 4륜 구동(4WD) 변속기와 무단 변속기(CVT)의 기능과 그 특성에 대하여 간략하게 기술하시오.

7.3 전자제어 자동 변속기(EAT)를 기존의 자동 변속기(AT)와 비교하여 특징적 차이점을 설명하시오.

7.4 전자제어 현가장치의 특징을 상호 비교하면서 간략하게 기술하고, 현가장치의 대표적인 제어방법 3가지에 대하여 설명하시오.

7.5 능동형 안전장치인 안정성 제어 시스템(SCS)의 작동 원리를 설명하고, SCS를 설치한 자동차가 커브 길을 운행하는 경우에 자동차의 주행 또는 제동 안전성을 간략하게 기술하시오.

7.6 미끄러지기 쉬운 노면에서 자동차를 급출발하거나 또는 급가속을 하는 경우에 차량의 주행 안전성을 확보해주는 트랙션 제어 시스템(TCS)의 제어 방법에 대하여 설명하고, TCS를 자동차에 설치하였을 경우 얻을 수 있는 장점을 기술하시오.

7.7 전자제어 파워 조향장치(ECPS)의 작동 메카니즘과 ECPS를 설치함에 따라 얻을 수 있는 조향 안전성에 관련하여 유리한 사항을 간략하게 기술하시오.

7.8 에어백의 설치 목적과 자동차 충돌에 따른 에어백의 작동 프로세스에 대하여 설명하시오.

제 8 장

자동차의 운행 · 정보통신 · 편익 제어장치

8.1 자동차의 운행 제어장치

8.2 자동차의 정보통신 제어장치

8.3 자동차의 편익 제어장치

8.1 자동차의 운행 제어장치

자동차를 도로조건이 양호한 포장도로에서 주행할 경우에 운전자가 가속 페달을 밟지 않은 상태에서 차량을 일정한 속도를 유지하도록 제어하여 안전운전과 편익성을 보장하는 장치가 운행제어 시스템(cruise control system)이다. 자동차의 운행 제어장치는 운전자가 원하는 속도를 설정하면 자동차의 주행속도는 항상 일정한 속도를 유지할 수 있으므로 운전자는 운행방향에 따라 간단하게 핸들(steering wheel)을 조작함으로써 안전하고 편리한 운전을 하게 된다.

전자제어 운행 시스템은 그림 8.1에서 보여주는 것처럼 운전자가 원하는 주행속도를 설정하면, 속도를 지시한 명령 신호와 실제의 자동차 속도(actual speed)를 나타내는 피드백(feedback) 속도 신호를 입력받아 두 신호 사이의 차이를 감지하여 스로틀 액츄에이터(throttle actuator)로 보내는 스로틀 신호를 발생시킨다. 스로틀 액츄에이터는 스로틀 위치를 조정하여 자동차의 속도 차이를 수정하는 과정을 반복적으로 수행함으로써 자동차의 주행 속도를 항상 일정하게 유지하도록 한다. 자동차의 속도는 속도 센서로 측정하여 출력된 전압을 ECU의 명령 신호와 비교하고, 이들 결과는 반복적으로 피드백 루프를 형성함으로써 자동차는 항상 일정한 주행속도를 유지하면서 안전한 정속 주행을 하게 된다.

그림 8.1은 운전자가 지시한 설정속도(command speed)와 자동차의 실제속도(actual speed) 사이를 비교하면서 운행제어를 하는 자동 운행제어 시스템을 보여주고 있다. 운행 제어 시스템을 작동하기 위해서 ECU가 엔진의 스로틀 액츄에이터를 조절함으로써 자동차의 주행속도는 운전자의 가속페달 조작없이 일정하게 유지될 수 있다.

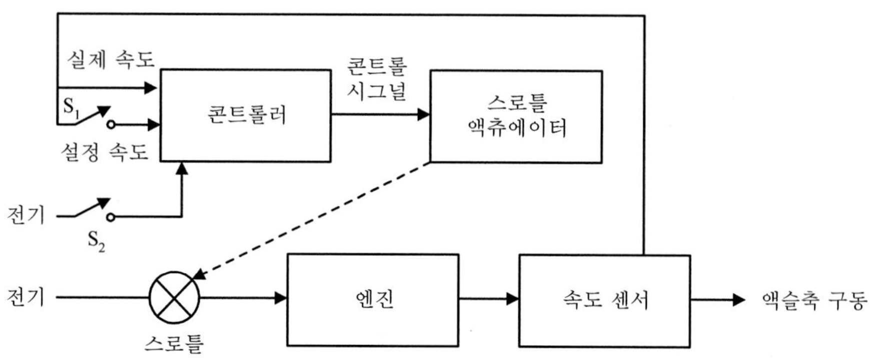

그림 8.1 운행 제어 시스템 구성도

8.2 자동차의 정보통신 제어장치

자동차라는 운송기계에 전자제어 시스템, 정보통신, 제어 등의 첨단기술을 접목시켜 안전성과 편익성, 그리고 신속하면서 저렴한 운송체계를 확보하기 위한 노력은 새로운 교통 시스템의 구축을 요구하고 있다. 여기에 자동차를 중심으로 구성된 교통환경과 운영 시스템의 효율성을 강조한 지능형 교통 시스템(Intelligent Transportation System : ITS)의 구축은 점진적으로 가시적인 현실 세계로 접어들고 있다.

자동차에 설치된 컴퓨터와 전자제어 기술, 무선 통신을 비롯한 인터넷 기술의 급진적 발전에 따라 교통분야도 각 운송장치 상호간의 연계 시스템으로 발전하고, 운송 시스템의 문제점을 무선통신, 정보기술로 극복하려는 기술개발을 적극 추진하고 있으며, 이것들은 현재 텔레매틱스(telematics) 기술로 집약되고 있다. 따라서, 자동차는 기존의 기계식 자동차에서 전자제어 자동차로, 그리고 텔레매틱스 자동차로 혁신적인 변화를 거듭하면서 발전하고 있다.

여기서 언급한 지능형 교통 시스템(ITS)은 원래 자동차, 철도, 항공, 해운 등 기존의 교통 시스템에 전자, 정보통신, 제어 시스템 등을 접목한 복합 기술로 최근의 정보화, 세계화 추세에 적합한 환경으로 개량 발전되면서 신속성, 안전성, 편의성, 효율성 등을 추구하는 차세대 교통체계로 확대된 개념이다. 그러나, 여기서는 포괄적인 정보통신과 제어 시스템을 자동차에 한정된 운행 시스템, 정보통신, 제어장치 등에 대하여 기술하고자 한다.

8.2.1 자동차 항법장치

(1) 자동차 항법장치 개론

차량 항법장치(navigation system), 즉 내비게이션 시스템은 운전자에게 도로정보, 교통정보, 기상정보 등을 실시간으로 제공하여 운전을 보조하는 첨단 정보통신 제어장치이다. 그림 8.2와 같은 최근의 자동 항법장치는 단순한 항법정보를 제공하는 것 이외에 통신 A/V와 연결하여 운전자의 편의성을 중시하는 다기능 시스템으로 발전되고 있다. 즉, 지능형 교통 시스템(ITS)의 개발과 더불어 차량 항법장치는 도로정보, 교통정보를 포함한 개인통신, 정보 단말기에 관한 것으로 각종 정보안내, 전화 및 정보 교환 서비스 기능까지 포함된 통합 정보 시스템으로 발전하였다.

자동차에 탑재된 항법장치의 다기능화는 운전자에게 단순히 위치 정보를 제공한다는 기존의 개념을 벗어나 이동하면서 업무를 수행하는 첨단 사무실로 기능을 확대시켜 탑승자의 비즈니스를 완벽하게 처리한다. 탑승자의 업무처리는 자동차와 CDMA 위성기지국이나 위성항법장치(Global Positioning System : GPS)를 연결하는 무선통신 시스템에 의해 처리되며, 모든 정보는 신속하게 쌍방향으로 제공받아 업무를 처리하는 복합, 온라인(on-line) 기능으로 발전하고 있다.

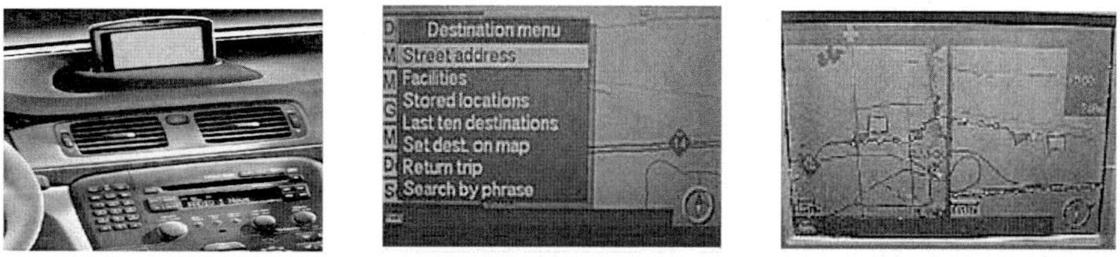

(a) 내비게이션 시스템 (b) 메뉴 (c) 안내 지도

그림 8.2 자동차 항법장치(navigation system)

(2) 항법장치의 발달

▣ 제1세대 항법장치

1981년에 일본의 전기기술연구소는 현재의 주행위치를 지도상에 표시하는 항법장치를 개발하였다. 이것은 투명한 플라스틱 필름에 인쇄된 지도를 CRT 디스플레이에 싣고 자이로 센서로 자동차의 진행 방향을, 그리고 차륜 회전센서로 주행거리를 계측하여 CRT 디스플레이에 현재의 위치를 점으로 표시하는 방식이다. 이러한 항법장치는 빠르게 발전하는 전자제어 반도체 기술과 무선통신 기술 측면에서 보면 초기 단계에 불과하지만, 그 당시에 자동차의 위치를 파악한다는 것은 획기적인 기술의 진보였다.

초기의 항법장치는 그래픽 기술을 이용하여 지도상에 자동차의 현재 위치를 표시할 수 있도록 구성되었기 때문에 차량의 주행중에 다음 주행할 지역의 지도를 수동으로 변환해야 하는 등 조작이 번거로워 보급되지는 않았다. 그 후로 대용량의 메모리 기능 갖춘 콤팩트 디스크(CD)의 보급으로 전국의 지도를 용이하게 내장할 수 있게 되면서 차량 항법장치는 새롭게 발전하였다. 그러나, CD는 최근의 도로정보 변화를 곧바로 수록하기가 어렵고, 변경된 CD를 교환하기가 번거롭다는 문제점은 있었으나 점차로 보급은 확대되었다.

▣ 제2세대 항법장치

컴퓨터에 수치 지도 데이터를 입력시켜 위성항법 장치(GPS) 이용 차량의 위치를 검출하고, 위치 표시를 보정하기 위한 맵 매칭(map matching) 기능을 갖는 새로운 항법 시스템으로 발전하였으며, A/V와 통신 시스템을 통합한 항법장치로 빠른 속도로 개발이 진행되었다.

현재, 국내 차량에 적용되는 항법장치는 기존의 항법장치에 A/V 기능을 추가한 2세대 차량 항법장치가 대부분이다.

▣ 제3세대 항법장치

운전자의 운행을 효과적으로 보조하기 위해 기존의 항법장치에 차량의 주행경로 안내, 음성 출력과 FM 서브캐리어 등 방송 주파수를 이용한 교통정보 수신 및 데이터 처리 능력을 갖춘 첨단 항법장치이다. 따라서, 제3세대 항법장치는 GPS 기능에 음성정보 제공을 복합적으로 연계하고 있다.

▣ 제4세대 항법장치

최근에 개발된 지능형 교통(ITS)에서 제공되는 각종 인터넷 정보망과 연계하여 안전하고 편리한 차량항법을 위한 지능화된 통합정보 시스템을 제4세대 항법장치라 할 수 있다. 향후에는 저궤도 월드 와이드 정보망(low orbit world wide information network)과 연결하여 세계 어디서나 표준화된 하나의 정보 시스템을 자동차에서 이용할 수 있는 통합 항법장치로 개발되고, 여기에 무선통신 기능이 강화된 새로운 텔레매틱스(telematics) 개념으로 발전될 것이다.

자동차의 항법장치에 텔레매틱스(telematics) 기술의 연계는 아직 초기 단계에 머물러 있지만, 대부분의 자동차 메이커는 세계시장 선점을 위한 텔레매틱스 연계 기술개발과 국제 모터쇼(motor show)를 통한 홍보전에서도 치열한 경쟁을 하고 있다.

8.2.2 다중 통신 시스템

자동차에서 다중 통신 시스템은 1개의 신호선(signal line)으로 여러 종류의 신호를 전송하여 와이어 하니스(전선 속)를 단순하게 하고, 센서 등을 공용하고자 하는 것이 다중 통신 시스템이다. 즉, 와이어 하니스를 간단하게 제조함으로써 와이어 하니스의 경량화에 이어 차체의 하니스 관통 부분이나 도어 힌지부 등의 구조를 획기적으로 개선할 수 있게 된다.

종래에는 여러 개의 신호선에 의해 모터, 램프 등의 부하를 제어하던 것을 멀티 플렉서(다수의 신호에서 하나의 신호를 선택하는 장치)에 의해 다중화하고, 1개의 신호선에서 부하 쪽에 송신한다. 수신 쪽에서는 디멀티 플렉서에 의해 각각의 신호를 원래대로 되돌려서 부하를 제어하게 된다.

(1) 다중 통신 시스템의 기능과 구성

다중 통신 시스템은 도어(door)에 제어 시스템의 컨트롤 스위치를 집중적으로 설치한 것으로, 각 도어나 보디(body)에 배치한 ECU 사이를 광 파이버로 연결하여 와이어 하니스를 간단하게 제조한 것이다.

다중 통신 시스템에서 핵심기술이라 할 수 있는 ECU는 다음과 같은 것들을 제어한다.

① 도어 로크 및 언로크 제어
② 벤트 윈도우 제어
③ 파워 윈도우 제어
④ 파워 시트 제어
⑤ 시트 히터 제어
⑥ 재떨이 조명 및 스위치 조명 제어
⑦ 키 조명 램프와 발밑 조명 램프의 제어

각종 센서와 ECU 사이의 통신은 조보 동기방식으로 한다. 조보 동기방식은 데이터의 처음과 끝에 스타트 비트와 스톱 비트를 부가하여, 그것에 의해 송신 쪽과 수신 쪽의 동기를 잡는 전송 방식이기 때문에 전송 효율이 떨어진다. 또한, 타이밍 신호가 없기 때문에 전송 속도를 지연할 필요가 있다. 하지만, 데이터에 동기를 잡는 것만으로 가능하므로 가장 일반으로 사용되고 있다.

조보 동기방식의 다중 통신 시스템은 2,000bps(bit per second)의 전송 속도로 되어 있다. 즉, 콘트롤 코드에 의해 신호의 종류를 지정하여 데이터 구역에서의 처리 내용 및 각 스위치의 상태를 출력한다. 프론트 라이트 도어 ECU는 다중 통신을 하기 위한 마스터 터미널이며, 일정한 순서로 콘트롤 신호를 발생하여 32비트의 기준 신호를 보디(body) ECU를 경유하여 각 도어 ECU에 송신한다. 각 ECU는 기준 신호의 콘트롤 코드에 의거하여 스위치 등의 상태를 데이터 구역에 써넣고, 보디 ECU에 송신한다. 보디 ECU는 각 ECU의 신호를 기초로 연산처리하여 액츄에이터의 구동신호로 송신한다.

광 통신 시스템은 광 송신기, 광 수신기, 광 파이버 등으로 구성된다. 광 송신기는 전기 신호를 광 신호로 변환하는 부분으로 발광 다이오드(light emitting diode)를 사용하고 있다. 광 수신기는 광 파이버를 타고 공급된 광 신호를 전기 신호로 변환하는 부분으로 포토 다이오드(photo diode)를 사용하고 있다. 광 송신기와 광 수신기는 하나의 구조로 되어 있으며, 이것을 통신 모듈이라 한다.

(2) 광 파이버

광 파이버는 크게 유리계 파이버와 플라스틱계 파이버로 분류할 수 있다. 다중 통신 시스템에서는 플라스틱계 광 파이버를 사용하고 있다. 플라스틱계 광 파이버는 유리계통에 비해 손실이 크고 전송 특성은 떨어지지만, 구부러져도 접히기 어렵고 접속이 간단하며 비용이 저렴하다는 장점이 있다.

광 파이버는 코어와 클래드의 굴절율 차이를 이용하여 빛을 전파한다. 코어는 클래드에서 굴절율이 높은 플라스틱 소재를 사용하기 때문에 클래드-코어 경계면에서 빛은 전반사로 전파된다.

8.2.3 멀티미디어 정보 시스템

멀티미디어 정보 시스템(multi-media information system)은 하나의 표시장치(display unit)에 많은 정보를 사용자의 선택에 의해 가시적으로 표시하는 시스템이다. 일반적으로 정보 시스템의 표시장치로 CRT(Cathode Ray Tube)가 많이 사용되고 있다.

브라운관이라고도 하는 CRT는 가정용 TV나 컴퓨터 단말기로써 널리 사용되고 있지만, 자동차에 사용되기 시작한 것은 최근의 일이다. CRT는 자유로운 패턴의 컬러 표시, 빠른 응답속도, 높은 콘트라스트, 넓은 사용 온도 범위 등의 특징을 가지고 있다. 그러나, CRT의 안쪽 길이가 깊고, 구동 방법이 복잡하고 더욱이 구동 전압이 높다는 단점이 있다. 따라서, 휴대용 TV는 컬러 LCD(Liquid Crystal Display)를 멀티미디어 정보 시스템의 표시장치(또는 디스플레이)로 사용하여 TV의 소형·경량화를 통한 차량의 탑재성을 향상시키고 있다.

(1) 멀티미디어 정보 시스템의 기능과 구성

계기판(instrument panel)에 표시장치(CRT 또는 LCD)를 설치하고, 표시장치 주변에 스위치를 배치하여, 운전자의 간단한 조작에 의해 각종 정보를 표시하도록 한다. 또한, 복잡한 조작을 가능하게 하기 위해 표시장치 화면에 스위치를 이미지 형상으로 표시하고, 화면에 직접 터치하는 터치 스위치나 적외선 리모컨 스위치가 사용된다.

멀티미디어 정보 시스템은 시스템 전체를 제어하는 CRT ECU를 중심으로 조작 스위치와 표시장치를 가지는 디스플레이(display), 각종 기능을 제어하는 ECU로 구성된다. 각각의 ECU는 통신 네트워크로 접속되어 CRT ECU를 호스트로 다양한 정보를 주고 받음으로써, 멀티미디어 정보 시스템 전체를 제어하게 된다.

멀티미디어 정보 시스템에서 널리 사용하는 ECU의 역할을 요약하면 다음과 같다.

① CRT ECU : 자동차의 항법장치 기능을 이용한 지도 정보, 연비 정보, 트립(trip) 정보 등 차량의 모든 멀티미디어 정보를 표시하고 마스터 제어(master control)한다.

② 디스플레이 ECU : 모든 정보를 표시하고 스위치 정보를 입력하며, CRT ECU에 스위치 정보를 전달한다.

③ CD ECU : CD-ROM 데이터를 읽고, CRT ECU에 데이터를 전송한다.
④ TV ECU : 공중파 TV 방송을 수신하여 화면 정보를 제공한다.
⑤ 오디오 ECU : 오디오 소스를 제어하여 오디오 정보를 제공한다.
⑥ 에어콘 ECU : 에어콘을 제어하여 에어콘 정보를 제공한다.
⑦ GPS ECU : 인공위성에서 제공하는 전파를 수신하여, 차량의 현재 위치에 대한 정보를 제공한다.
⑧ 전화 ECU : 자동차의 무선 전화를 제어하여 다이얼 화면을 디스플레이에 표시한다.

(2) 멀티미디어 정보 시스템에서 제공하는 정보

▣ 지도정보

도로에 관련된 최신의 지도를 다양한 스케일로 표시한다. 화면에 표시되는 지도는 스크롤 기능에 의해 표시하고 싶은 지역을 축소 또는 확대하여 임의로 표시할 수 있다. 또한, 위성항법 기능에 의해 차량의 현재 위치가 지도상에 표시되므로 지도상에서 차량의 현재 위치를 실시간으로 항상 확인할 수 있다. 항법장치의 주행 경로 안내기능에 의해 차량의 현재 위치에서 다음 목적지까지 최적의 주행조건에 따라 도착지를 안전하고 신속하게 안내하는 기능도 갖고 있다.

▣ 연비정보

연료 소비율[km/l]을 고려하여 연료탱크에 남아있는 현재의 연료로 주행 가능한 이동거리 정보를 제공한다.

▣ 트립정보

자동차의 트립(trip)에 관련된 차량의 시동과 출발에서 시작된 주행거리, 경과시간, 소비 연료에 대한 정보를 제공한다.

▣ 정비정보

자동차의 정비(maintenance)에 관련된 타이어의 교환주기, 소모성 부품 등에 대한 정비이력(maintenance history)을, 그리고 엔진오일을 교환하였을 때부터 주행한 거리에 대한 정보를 제공한다.

▣ 카렌더 정보

운전자에게 카렌더 정보를 제공하여 각 날짜마다 운전자가 필요한 주요 정보를 메모하고, 기억 가능하도록 일정관리 정보를 제공한다.

▣ 에어콘 정보

에어콘의 모드, 풍량 등 에어콘의 작동상태에 대한 정보를 제공한다. 또한, 운전자가 표시 화면을 터치함으로써 에어콘 조작도 가능하다.

▣ 오디오 정보

오디오 시스템의 음악 소스, 수신하고 있는 방송국 이름과 선정 등의 정보를 제공한다. 또한, 운전자가 표시 화면을 터치함으로써 오디오 조작도 간편하게 이루어진다.

▣ TV 방송

공중파 TV 방송을 수신하는 기능을 갖으며, TV 화면은 정차할 때만 표시되고, 주행할 때는 다른 화면으로 자동적으로 바뀐다. 또한, 비디오 단자에 비디오 신호를 접속함으로써 비디오 재생도 가능하다.

▣ 전화정보

자동차 전화의 다이얼 화면 정보를 표시하여 표시 화면을 간단하게 터치함으로써 자동차 전화의 발신과 착신 조작이 가능하다.

▣ 후방 감시 카메라 정보

차량을 후진시킬 때 차량 뒷부분에 장치된 카메라에 의해 차량의 뒤쪽을 감시하는 카메라에 의해 영상정보를 제공한다.

▣ CD CRAFT 정보

CD CRAFT는 멀티 정보 시스템용으로 규격화된 CD-ROM이다. CD CRAFT는 멀티 정보 시스템에서 실행이 가능하도록 제작한 것으로, CD CRAFT 규격에 의해 작성된 CD-ROM을 실행하여 정보를 제공한다. CD CRAFT 규격에는 호텔이나 골프장 등을 안내하는 다양한 레저·관광 정보가 수록되어 있다.

(3) 디스플레이

▣ CRT 디스플레이

CRT 디스플레이(display)의 기본 구조는 유리관 속에 전자총, 새도우 마스크, 형광막이 완벽하게 밀봉되어 있다. 유리관은 콘부와 네크부로 나눠지고, 콘부 밑에는 빛의 3원색으로 발광하는 3종류의 형광체가 칠해져 있다.

전자총은 네크부에 빨강(Red), 초록(Green), 파랑(Blue)의 3개가 배치되어서, 3개의 전자빔이 형광막에서 작은 스포트에 집속하도록 되어 있다. 형광막의 바로 앞에는 금속판에 다수의 작은 구멍을 규칙적으로 설치한 새도우 마스크가 있으며, 1개의 구멍에 대해서 형광막에 빨강(R), 초록(G), 파랑(B)의 한조(one set)로 형광체에 대응하고 있다.

전자총에서 방사된 3개의 전자빔은 편향 코일에 의해 편향되어 형광막의 전체면을 주사한다. 새도우 마스크 구멍을 통과한 전자빔은 형광막 각기 색의 형광체에 방사된다. 전자빔은 각각의 컬러 신호 세기에 따라 제어되기 때문에 형광체의 빨강(R), 초록(G), 파랑(B)의 발광 비율이 변화하면서 다양한 색상을 표시장치, 즉 디스플레이에 재현하게 된다.

▣ 컬러 LCD

컬러 LCD(Liquid Crystal Display)는 TN LCD를 사용하여 각 화소마다 전극을 배치하여, 화상 신호에 의해 구동함으로써 화면을 형성하여 표시한다. 각 전극의 구동 방식은 액티브 매트릭스 방식이 사용되고 있다. 액티브 매트릭스 방식은 스위치 소자로서 FET(Field Effect Transistor)가 사용되고 있다.

즉, 먼저 주사 회로에 의해 행전극(게이트 패스) X_1, X_2, ... X_n을 순차적으로 주사하여, 1차 게이트 패스상의 전 FET를 일제히 "ON" 상태로 한다. 다음에, 홀드 회로에서 드레인 패스 Y_1, Y_2, ... Y_n을 거쳐서, 전기가 통하는 상태의 FET로 결합하고 있는 모든 캐패시터에 신호 전하를 공급한다. 이 신호 전하는 다음 프레임을 주사할 때까지 액정을 계속 여기하여 표시 화면을 유지한다.

스위치용 FET는 α-Si, p-Si, CdSe, Te 등의 박막을 사용하는 박막 트랜지스터(TFT)로 구성하고, 백라이트(backlight)에 의해 조명을 한다. 그래서, 각 화소마다 빨강(R), 초록(G), 파랑(B)의 전극을 배치하여 컬러 필터를 넣어 줌으로써 빨강, 초록, 파랑의 발광을 제어할 수 있으므로 다양한 컬러를 표현할 수 있다.

(4) 터치 스위치

터치 스위치(touch switch)는 디스플레이에 스위치 패턴를 표시하여 표시된 스위치 패턴을 손가락으로 직접 터치함으로써 스위치 조작을 검출한다. 스위치 패턴은 그래픽으로 작성되기 때문에 임의 패턴을 갖는 스위치를 자유로이 만들 수 있으며, 정보 선택을 위한 스위치 조작이 쉽게 제작되어 있다.

디스플레이에 표시된 스위치 패턴을 손가락으로 터치한 것을 검출하는 방법의 하나로 적외선 터치 스위치가 있다. 적외선 터치 스위치는 디스플레이의 양단에 적외선 LED(Light Emitting Diode : LED)와 포토 트랜지스터를 마주보도록 배치함으로써 구성된다. 적외선

LED에서 발광된 적외광은 디스플레이의 표면에 아무 것도 없는 경우, 포토 트랜지스터에 도달하여 포토 트랜지스터를 "ON"한다.

한편, 디스플레이 표면을 손가락으로 터치하면, 적외선 LED에서 발광된 적외광이 가로막혀 포토 트랜지스터에는 적외광이 도달하지 않게 되어 포토 트랜지스터를 "OFF"한다. 적외선 LED와 포토 트랜지스터는 디스플레이의 상하 좌우에 여러 개가 배치된다. 따라서, 손가락으로 디스플레이 표면을 터치하면, "OFF"하고 있던 포토 트랜지스터의 배치에 의해 터치하고 있는 손가락의 위치를 검출할 수 있다.

(5) 통신 시스템

멀티미디어 정보 시스템은 각 기능마다 ECU가 분산되어 있으며, 각 ECU 사이의 정보 교환은 통신 라인을 통하여 이루어진다. 여기서, 통신 시스템의 ECU로는 CRT ECU, 디스플레이 ECU, CD ECU, TV ECU, 오디오 ECU, 에어콘 ECU, GPS ECU, 전화 ECU 등 대단히 많다. 통신 방식에는 다수의 신호선을 사용하여 한 번에 여러 개의 비트 정보를 전달하는 패러렐(parallel) 통신방식과 1개의 신호선으로 1비트마다 분할하여 정보를 전달하는 시리얼(serial) 통신방식의 두 가지가 있다.

패러렐 통신방식은 한번에 여러 개의 비트 정보를 동시에 전달할 수 있으므로 초고속 통신이 가능하지만, 신호선이 여러 개로 되기 때문에 와이어 하니스가 증가하는 단점이 있다. 따라서, 1개의 신호선으로 정보를 제공하는 시리얼 통신방식을 사용하는 경우도 많다.

시리얼 통신방식은 각 데이터의 비트 동기를 잡는 방법으로 조보 동기식, 클럭 동기 방식 등이 있지만, 클럭용의 신호선이 필요하지 않는 조보 동기방식을 선택하는 경우가 많다. 조보 동기는 송신쪽과 수신쪽이 미리 통신 속도를 결정하여 통신하는 방식이다. 시리얼 통신방식의 통신 속도는 bps(bit per second)로 나타내며, 2,400, 4,800, 9,600, ... 56,000bps가 사용되는 경우가 많다.

송신쪽은 정해진 통신 속도로 스타트 비트, 데이터 비트, 스톱 비트의 순서로 송신한다. 수신쪽은 신호선의 신호 레벨이 "H" → "L"로 변화하는 점을 검출하여 변화점에서 통신 속도의 1/2 시간을 데이터의 검출점(sampling point)으로 스타트 비트를 검출한다. 스타트 비트의 검출점에서 통신 속도의 시간 간격 신호선을 샘플링함으로써 통신 데이터를 검출한다.

스톱 비트는 다음 데이터의 스타트 비트를 위해 "H"로 한다. 통신 데이터의 이상(abnormal)을 검출하기 위해 패리티 비트가 사용되는 경우가 있다. 패리티 비트는 데이터 비트와 스톱 비트의 사이에 송신된다. 패리티는 각 데이터의 "1"의 수와 패리티 비트 수의 합계가 홀수로 되는 것을 홀수(odd) 패리티, 짝수로 되는 것을 짝수(even) 패리티라 한다. 이것도 미리 송신쪽과 수신쪽에서 결정하여 둔다.

8.2.4 코너소나

코너소나(corner sonic)는 그림 8.3에서 보여주는 것처럼 차량의 범퍼 주변에 있는 물체를 감지하여 운전자에게 위험성을 알려주는 안전장치이다. 차량의 코너부 근처에 있는 물체를 인지하는 방법에는 초음파, 전파, 빛, 정전 용량 등이 있지만, 여기서는 초음파를 사용한 코너소나 시스템을 설명하기로 한다.

(1) 코너소나의 측정거리와 설치위치

차량의 코너부에서 초음파를 발사하여 차량 주변에 있는 물체를 인지하게 되면 초음파는 반사하여 되돌아온다. 초음파를 발사하여 되돌아오는 시간 t를 측정하면, 차량 코너부에서 물체까지의 거리 D를 검출할 수 있다.

$$D = C\frac{t}{2} \tag{8.1}$$

여기서 C : 초음파의 전파속도($= 331 + 0.6\,T$)

T : 외기 온도

t : 발사된 초음파가 되돌아오는 시간

그림 8.3에서 보여준 것처럼, 앞쪽의 범퍼와 뒤쪽의 범퍼의 양단부에는 송수신 겸용 초음파 센서(ultrasonic sensor)가 장치되어 있다. 차량 주변에 물체가 놓여 있을 경우 송신된 초음파는 반사파로 수신되며, 물체까지의 거리와 그 위치를 디스플레이와 부저(buzzer)에 의해서 운전자에 알려준다. 초음파 센서는 약 50cm 이내의 모든 물체를 검지하여 20cm~50cm는 단속 소리, 20cm 이하는 연속 소리를 발생하여 차량에 물체가 근접되는 위험성을 경고한다. 운전자는 근접하는 물체의 위치를 소리에 의해 판단하게 된다.

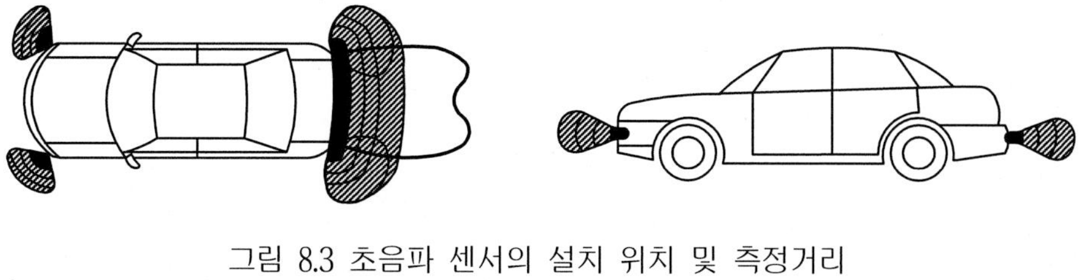

그림 8.3 초음파 센서의 설치 위치 및 측정거리

(2) 초음파 센서

그림 8.4에서 보여준 초음파 센서(ultrasonic sensor)는 PZT의 압전소자를 사용한 초음파 마이크로폰부와 앰프부로 구성되어 있다. 초음파 센서는 송수신 겸용으로 사용되므로, 송신 후 신속하게 잔향 진동을 감쇠시켜 수신상태가 가능하도록 설계되어 있다.

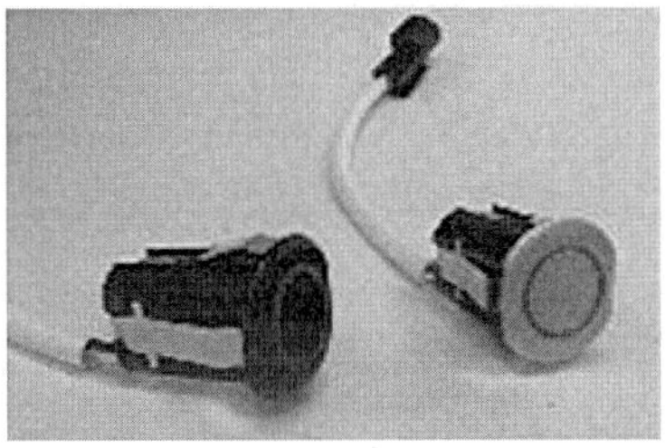

그림 8.4 초음파 센서

8.2.5 텔레매틱스 시스템

(1) 텔레매틱스 개론

텔레매틱스(telematics)는 차량, 항공기, 철도, 선박 등의 운송장비에 내장된 컴퓨터와 무선 통신기술, 위성항법장치(GPS), 인터넷에서 문자신호와 음성신호를 변환하는 기술 등에 의해 이동하는 과정에 실시간으로 다양한 정보를 송신하고 수신하는 무선 데이터 통신 서비스를 총칭하여 말한다. 그림 8.5에서 제시한 것처럼 자동차에서 텔레매틱스 시스템을 안정적으로 운영하는데 필요한 기술을 요약하면 다음과 같다.

① 무선 통신
② 레이더
③ 광 디바이스
④ 반도체
⑤ 컴퓨터 및 전화
⑥ 모니터링 시스템
⑦ 적외선
⑧ 파워 전자기술
⑨ 콘트롤 기술
⑩ 연료 전지
⑪ 초전도체

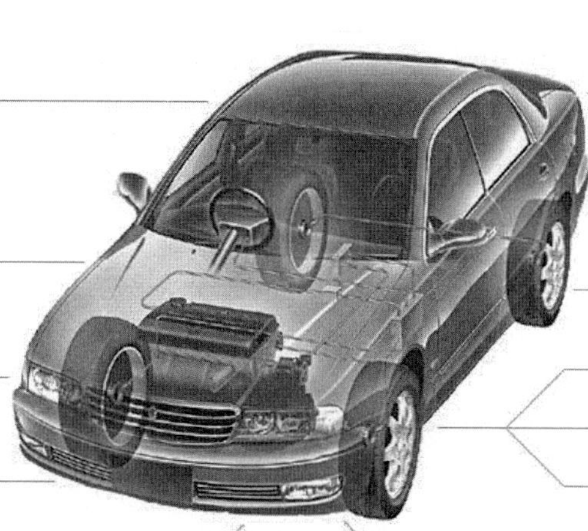

그림 8.5 텔레매틱스 관련 기술분야

자동차에서 텔레매틱스는 이동통신 기술과 위치추적 기술을 접목하여 차량사고, 도난추적, 에어백 전개 자동통보, 도로안내, 교통정보, 레포츠 정보, AV 정보, 음성정보, 핸즈프리 이동전화 등 다양한 정보를 운전자에게 실시간으로 제공하기 때문에 움직이는 첨단 사무실과 같다. 차량을 타고 있는 사람은 컴퓨터 모니터를 통하여 이메일(e-mail)을 받아보거나 도로지도를 항상 볼 수 있으며, 운전자를 제외한 탑승자는 모니터를 이용하여 컴퓨터 게임도 즐기는 등 다양한 정보를 제공하는 최첨단 정보화 시스템이 텔레매틱스이다.

또한, 자동차를 타고 이동중에 예상치 못한 고장이 발생하면, 무선통신으로 정비 센터와 연결하여 차량의 진단과 정비 서비스를 신속하게 받을 수도 있다. 전자제어 엔진은 내장된 컴퓨터에 의해 자동차 주요부분의 운전상태를 상시 기록하고 있어서 정비사에게 정확한 고장위치와 원인을 텔레매틱스에 의해 알려줄 수 있다.

2000년대에 들어서면서 국제 모터쇼에서 세계 유수의 자동차 메이커들이 소개한 미래 자동차의 개발 경향은 친환경적 대체연료 자동차와 인터넷 무선 자동차로 요약될 수 있다. 현재 사용중인 탄화수소(HC) 계열의 연료는 공해문제와 자원고갈이라는 문제점 때문에 불가피하게 친환경적 대체연료 자동차의 필요성이 제기되었고, 최근에 전개된 무선통신과 인터넷 기술의 획기적 발전으로 인해 세계 자동차 메이커들은 새로운 편익성과 효율성을 추구하는 텔레매틱스와 인터넷 기술로 요약되는 인터넷 무선 자동차를 사업화 하기 위해 치열한 시장선점 경쟁을 하고 있다.

그림 8.6은 인공위성을 이용한 인공위성 항법장치(Global Positioning System : GPS)와 무선 통신망(즉, 기지국)을 이용하여 차량의 운전자나 탑승자에게 교통 정보, 음성 정보, 레포츠

정보, 인터넷 서비스(이메일, 검색, 금융, 뉴스, 경제 등), 차량도난 추적 정보, 기상 정보, 원격 차량진단 등 각종 모바일 서비스를 연속적으로 제공하는 텔레매틱스의 단말기와 운영 시스템 체계도를 보여주고 있다. 그림 8.6에서 보여주는 것처럼, 인공위성과 차량은 ①의 GPS 안테나를 통하여 통신을 하고, 차량에 설치된 여러 종류의 전자장치와는 ②의 케이블 어셈블리를 타고 정보의 교환이 이루어진다. 차량의 무선통신은 주변의 무선통신 기지국 안테나와 차량에 설치된 ③의 모바일 안테나 및 ④의 핸즈프리 시스템을 연동함으로써 통신이 이루어진다. 이들 텔레매틱스 시스템의 원활한 작동을 위해 차량에는 ⑤의 배터리 장치가 별도로 설치되어 있다.

① GPS 안테나 ② 케이블 어셈블리 ③ 모바일 안테나
④ 핸즈프리 전화기 ⑤ 배터리 충전기
그림 8.6 인공위성을 이용한 GPS와 무선 통신망을 연계하여 정보를 수수하는 텔레매틱스 운영 시스템

(2) 텔레매틱스 운영 시스템

최근에 휴대용 단말기로 대표되는 무선 통신망의 광역화 구축과 정보화 기술의 상징으로 대표되는 인터넷 고속도로 네트워크가 전국 각지에 연결·개통되면서 텔레매틱스 분야의 획기적 응용 기술개발이 시작되었다. 이러한 텔레매틱스 기술은 기존의 전자제어 자동차에 정보화 기술, 음성인식 기술, 위치추적 기술, 무선통신 기술 등을 통합적으로 연계하였고, 이제는 가상적 개념 기술에서 실용 가능한 사업기술로 발전되면서 인터넷 무선통신 자동차가 개발되었다.

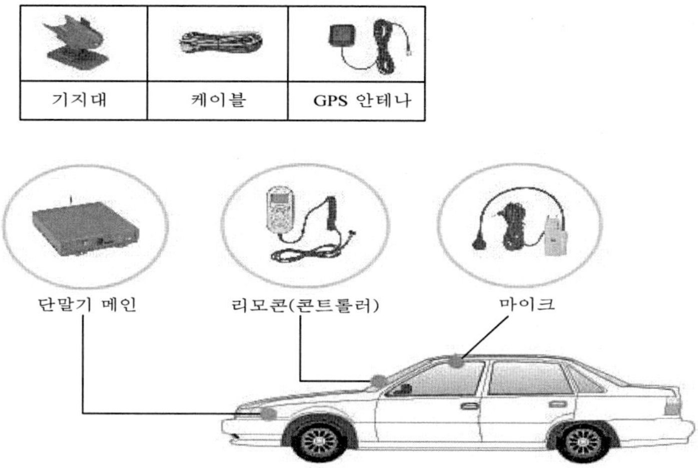

그림 8.7 텔레매틱스 연결 시스템의 구성도

자동차가 텔레매틱스 서비스를 제공받기 위해서는 기본적으로 자동차용 마이크로 컴퓨터(또는, 오토 PC)라고 하는 단말기와 컴퓨터 운영체계(Operation System : OS)에 해당하는 자동차 윈도우 프로그램이 필요하다. 텔레매틱스의 효율성과 편익성을 확보하기 위해서는 음성 인식과 문자 서비스를 원활하게 진행할 수 있는 마이크, 스피커, LCD, 키보드, 터치 스크린 등과 같은 A/V 장비가 사용자에게 편리하도록 설치되어야 한다. 최근의 컴퓨터 단말기는 카오디오, TV 모니터, 내비게이션 시스템, 핸즈프리 휴대전화 등의 기능을 모두 통합하고 있으며, 플래시 메모리, PDA, 노트북 등을 이용하여 외부와 용이하게 데이터를 교류할 수 있도록 개발되어 있다. 이러한 텔레매틱스는 그림 8.7에서 보여주는 것처럼 컴퓨터 단말기, 리모콘, 마이크, 스피커, GPS 안테나 등의 부품으로 사용자의 편익성을 위해 자동차 내부에 구성된 텔레매틱스 연결 시스템을 제시하고 있다.

초창기의 자동차 전용 PC 시스템의 개발은 미국의 델파이(Delphi)나 비스티온(Visteon)과 같은 자동차 부품 생산업체에서 시작되었지만, 최근에는 IBM, Intel, MS와 같은 IT 업체들이 참여하면서 텔레매틱스 운영체계는 크게 발전하고 있다. 최근 자동차 메이커들은 텔레매틱스 서비스 분야를 자동차 시장의 새로운 전략사업으로 추진하고 있기 때문에 자동차의 정보화 기술접목 마케팅은 외형적 발전에 크게 기여할 것으로 예상된다.

텔레매틱스 기술의 눈부신 발전은 그림 8.8에서 보여준 것처럼 다양한 텔레매틱스 단말기

모델이 개발되면서 편리한 기능성과 우수한 디자인 모델로 빠르게 교체되고 있다. 우리나라 자동차 메이커들도 텔레매틱스에 대한 기술개발과 마케팅에 기대하면서 차세대 10대 성장동력 산업군으로 분류하여 큰 관심을 보이고 있다.

자동차 전용 PC의 운영체제(OS)는 하드웨어와 각종 응용 프로그램의 인터페이스 역할을 하기 때문에 텔레매틱스 시스템의 효율적 구동을 가능하게 한다. 자동차에 사용하는 기본 운영체제(OS)는 마이크로소프트(MS)사에서 개발한 윈도즈 CE(Window Automotive)를 많이 사용하고 있다. 윈도즈 CE는 음성 인식, 멀티미디어 정보, 자기 진단 등의 프로그램 기능을 추가하여 최근의 텔레매틱스 자동차 환경에 적합한 운영체제인 닷넷(.net)을 개발하였다. 윈도즈 CE를 PDA, HPC 등과 연계하여 사용할 수 있도록 개발하여 더욱 편리해졌다. 여기에, 선마이크로시스템(SUN)사는 MS사의 닷넷 시스템에 대응하여 SOVE(Sun Open Vet Environment)라는 새로운 운영체제를 전략적으로 출시하였다.

자동차에서 텔레매틱스가 상업적으로 성공을 거두기 위해서는 위성항법장치(GPS)와 무선통신에 관련된 CDMA 네트워크의 체계적인 연계기술 개발이 필요하다. GPS는 인공위성을 이용한 위치추적 시스템으로 자동차의 현재 위치를 파악하는 용도로 사용되고, 모든 서비스는 무선 모뎀을 이용한 네트워크망을 통하여 모바일 서비스가 진행된다. 텔레매틱스에서 무선통신은 기존의 CDMA 휴대전화 네트워크를 중심으로 구성되어 있으나, 동영상을 포함한 모바일 서비스를 위해서는 유럽의 GSM(Global Standard For Mobile Communication)이나 IMT 2000과 같은 광대역 유무선 통신 통합 네트워크의 구축이 필요하다.

그동안 차세대 정보화 자동차 산업으로 분류되어 진행된 주요 텔레매틱스 서비스 분야는 매우 다양한 형태로 발전하고 있다. 특히, 자동차 텔레매틱스 기술은 다음과 같은 분야를 중심으로 개발되고 있다. 즉,

(a) 모델 A

(b) 모델 B

그림 8.8 자동차에 장착된 텔레매틱스 단말기

① 자동차 사고가 발생한 경우, 사고 차량의 위치가 곧바로 파악되면서 인접한 곳에 있는 구조대에게 사고위치와 사고상황 정보를 실시간으로 통보해 주는 자동 사고감지 시스템의 개발
② 일반적인 교통정보와 목적지까지의 교통상황을 수집하고 분석하여 현재의 정체지역을 벗어나 최단 코스를 안내하는 교통정보 시스템의 개발
③ 다양한 문자정보를 음성으로 연결하는 전화 서비스의 개발
④ 이메일 송수신과 각종 단말기를 연계 작동시킬 수 있는 음성 및 문자인식 서비스의 개발

(3) 텔레매틱스의 주요기능

텔레매틱스 서비스는 기본적으로 위성항법장치(GPS)와 무선 통신망(CDMA)을 연계하여 운전자나 탑승자에게 교통 정보, 응급 상황에 대한 대처, 원격차량 진단, 인터넷 이용 서비스, 음성인식 전달 서비스 등 각종 모바일 서비스(mobile service)를 제공하는 컴퓨터 단말기와 운영체제(OS)에 의해 결정된다.

텔레매틱스 기술의 궁극적인 목적은 기존 자동차의 단순한 안전운송 개념에서 운전자나 탑승자에게 보다 신속한 안전운행을 제공하는 안전운전 차량, 외부와의 업무를 수행할 수 있는 환경을 제공하는 업무용 차량, 운행중에 즐거움을 제공하는 엔터테인먼트 차량 등의 다목적 개념으로 바꾸자는 것이다.

현재 텔레매틱스에 의해 제공될 수 있는 모바일 서비스는 매우 다양하게 발전하고 있어 궁극적인 목표를 단정하기가 어렵다. 현재까지 진행된 텔레매틱스의 주요 서비스 내용을 요약하면 다음과 같다.

▣ 응급상황 서비스 분야

① GPS 위치 추적 서비스
② 차량도난 추적 서비스
③ 응급구난 긴급 서비스
④ 블랙박스 기능
⑤ 고장차량 긴급 정비 서비스

▣ 운전 편익성 분야

① 교통정보 안내 서비스
② 주요 도로, 시설 안내 서비스
③ 핸즈프리 휴대전화 서비스

④ 위험지역 경고기능 서비스
⑤ 도어 잠금 및 해제 서비스

▣ 차량관리 분야

① 차량 정비관리 서비스
② 차계부 관리 서비스
③ 운전습관 관리 서비스
④ 스케쥴 관리 서비스

(4) 음성인식 전달 시스템

차량에서 외부로 전달되는 음성인식 시스템은 텔레매틱스 서비스의 기본으로 그림 8.6의 텔레매틱스 연결 시스템에서 보여준 것처럼 위성항법장치(GPS)와 무선 통신망(CDMA)을 연계한 컴퓨터 시스템에 의해 운전자나 탑승자는 공중파 방송과 무선전화 모바일 서비스를 포함한 다양한 음성인식 정보를 그림 8.9에서 보여준 순서에 따라 다음과 같은 전달체계를 거쳐서 제공받게 된다.

① 마이크와 스피커를 이용한 명령의 입력
② 컴퓨터 시스템에 의한 필터링을 거쳐 명령의 인식
③ 에어컨 시스템
④ 라디오/CD 플레이어
⑤ 무선전화

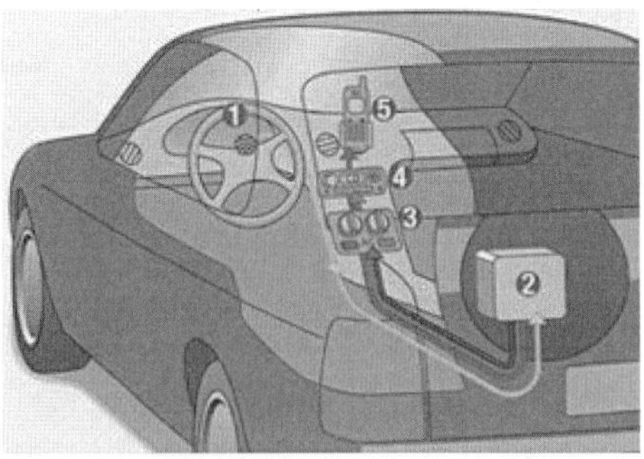

그림 8.9 음성인식 전달 시스템 개략도

8.3 자동차의 편의 제어장치

8.3.1 디지털 미터

(1) 디지털 미터의 개요

디지털 미터는 종래에 아날로그 방식의 지침(pointer)을 사용하여 차량의 속도, 엔진의 회전 속도, 연료량, 냉각수 온도, 배터리 상태 등의 정보를 운전자에게 알려주던 것을 마이크로 컴퓨터에서 연산 처리하여 형광 표시관, 발광 다이오드, 액정 등을 사용하여 숫자(digital)로 표시하는 것이다.

디지털 미터는 운전자에게 차량의 각종 정보를 알려주는 중요한 장치로 정보의 디지털화는 정확한 정보를 신속하게 제공할 수 있다는 측면에서 대단히 유익한 전자제어 정보기술이다. 정보의 디지털 제시는 자동차의 다양한 제어 시스템 도입으로 자동차 체계에도 첨단기술의 적용이 가능해졌기 때문에 보다 안전하고 효율적이며, 신속한 출력과 환경 친화적 디지털 설계가 가능해졌다.

(2) 디지털 미터의 구성

디지털 미터는 스피드 미터(speed meter), 타코미터(tachometer), 연료 게이지 등을 조합하여 구성된다. 디지털 미터로 입력되는 센서에는 차량 속도를 검출하는 차속도 센서, 엔진 회전속도를 검출하는 점화신호, 연료량을 검출하는 연료센서 게이지 신호, 엔진 냉각수 온도를 검출하는 수온 센서 신호 등이 있다.

(3) 디스플레이

표시장치(display)는 차량의 정보를 운전자에게 화면을 통하여 시각적으로 알려주는 디지털 미터의 중요한 구성 요소이다. 현재, 디지털 미터에 사용되고 있는 디스플레이(display)는 발광 다이오드(photo diode), 형광 표시관(Vacuum Fluorescent Display : VFD), 액정 디스플레이(Liquid Crystal Display : LCD) 등이 있다.

자동차에서 이들 디스플레이 유니트(display unit)는 디지털 정보를 단순히 보여준다는 개념에서 정보를 제어하고 통제하는 기능성 핵심부품으로 바뀌고 있다. 운전자는 다스플레이 유니트에 필요한 정보를 입력하거나 출력하는 양방향 통신이 가능해졌다.

8.3.2 편의 제어장치

(1) 도어록 제어

도어록 제어(door lock control)는 차량의 주행 속도가 기준 설정값(일반적으로 40km/h)을 넘으면 자동적으로 도어를 잠궈버리는 제어 시스템을 말한다. 물론, 운전석의 매뉴얼 스위치, 또는 운전석 도어의 조작에 의해 전체 도어를 로크(lock), 언로크(unlock) 할 수도 있다. 또한, 키 잠금 방지기능은 키를 꽂아둔 상태로 로크 조작을 하여 도어를 닫아도 자동적으로 언로크 된다.

이러한 도어록 제어는 솔레노이드 코일과 영구자석을 내장한 플런저를 가진 유극 솔레노이드를 사용하고 있기 때문에 가능하다. 코일의 전기가 통하는 방향을 바꿈으로써 플런저를 푸시-풀(push-pull)의 2방향으로 흡인하여 로크와 언로크 기능을 한다. 그러나, 플런저를 흡인할 수 없었을 때, 또는 흡인되어도 도어 스위치의 접점이 열리지 않았을 경우는 솔레노이드에 전기를 계속 통하도록 설계되어 있기 때문에 과열될 우려가 있다. 따라서, 로크 타이머, 언로크 타이머를 장착하여 솔레노이드에 간헐적으로 전기가 통하는 것으로 과열을 방지하고 있다.

또한, 릴레이의 전원 라인에는 ECU 외부에 서킷 브레이커가 장치되어 있으며, 릴레이 등의 고장에 의해 릴레이 회로가 닫힌 길로 과전류가 흘러도 전원 라인이 일시적으로 끊어지게 되어 있다. 오토 로크 회로는 차량 속도가 설정값 이상일 때 출력이 "H"로 된다. 키 닫힘 방지 회로는 키가 점화 스위치에 꽂혀 있고, 운전석 도어가 열려 있는 상태에서 매뉴얼 스위치를 로크하였을 때만 "H" 신호를 출력한다. 보통 때는 매뉴얼 스위치를 로크쪽으로 하면 로크 타이머가 작동하므로 언로크 타이머는 작동되지 않는다. 따라서, 로크 타이머의 간헐적 신호 시간만으로 트랜지스터는 "ON"으로 되어 릴레이가 작동한다.

(2) 키리스-고 시스템

자동차에 대한 정보를 가진 칩을 내장한 카드와 자동차의 전자제어 유니트(ECU)가 무선으로 상호간에 정보를 교환하여 자동차 키(key)가 없어도 자동차 도어를 열을 수 있는 장치를 키리스-고 시스템(keyless-go system)이라 한다. 이러한 키리스-고 시스템은 자동차 키를 분실하거나 잠시 소지하지 않음으로 인해 발생되는 문제점을 해결하기 위해 개발한 도어를 열기 위한 카드와 자동차 ECU 사이의 상호 정보교환 시스템으로 자동차를 키 없이도 엔진 시동을 걸 수 있다. 전자칩 내장 카드와 ECU 사이의 암호 자료를 통신으로 확인하는 과정에 걸리는 시간은 1μs로 순식간에 이루어진다.

자동차를 키리스-고 시스템으로 시동하기 위해서는 전자카드에 달려있는 "시동(start)" 버튼을 누르고, 엔진의 시동을 끄기 위해서는 "정지(stop)" 버튼을 누르면 된다. 이 때에도 ECU는 운전석에 전자카드를 소지한 운전자가 있는지를 확인한 후에 시동 여부를 판단하기 때문에 대단히 안전하다. 만약 전자카드를 차에 두거나, 도어(door)가 하나라도 열려 있으면 운전자에게 경고하는 시스템도 있어서 운전자는 키리스-고 시스템(keyless-go system)을 편리하게 사용할 수 있다.

(3) 룸미러

뒤에서 따라오는 차량의 전조등(headlight) 빛에 의해 운전자가 차량 뒤의 주행 상태를 실내에 설치된 룸미러(room mirror)를 통하여 관찰하기가 곤란하다면 야간 운행의 안전성은 크게 위협을 받게된다. 특히, 뒤에서 가까이 따라오는 차량의 강한 전조등 불빛이 룸미러를 통하여 운전자에게 반사된다면 그림 8.10에서 보여준 것과 같은 눈부심은 운전자의 시력을 급격히 떨어뜨려 안전 운전에 큰 지장을 준다. 따라서, 야간 운전의 주행 안전성을 확보하기 위해 차량의 실내에는 전조등 불빛의 눈부심 현상을 조절하기 위해 반사각 조절식 룸미러나 감광식 룸미러를 설치한다.

▣ 반사각 조절식 룸미러

반사각 조절식은 뒤에서 따라오는 차량으로부터 강하게 공급되는 전조등의 불빛을 약화시키기 위해 주행중에 룸미러 조절 손잡이를 뒤쪽 방향으로, 또는 반대방향으로 밀어서 반사각도를 조절한다. 즉, 야간 주행에서 뒤쪽 차량의 불빛 각도를 룸미러의 반사각도와 어긋나게 조절하여 뒤 차량의 전조등 불빛 강도를 줄어들도록 하여 운전자가 느끼는 눈부심을 완화시켜주는 장치이다.

▣ 감광식 룸미러

그림 8.10의 감광식 룸미러(Electronic Control Mirror : ECM)는 뒤쪽 차량의 전조등에 의해 룸미러에 유입되는 강한 빛을 센서로 감지하여 룸미러의 반사율을 자동으로 조정함으로써 운전자의 눈부심을 제거하는 야간 안전장치이다. ECM은 후방 차량의 움직임에 대한 관찰이 용이하므로 야간 안전 주행에 큰 도움을 준다.

감광식 룸미러는 센서, 후면경, 제어장치, 스위치로 구성되며, 이들 구성요소를 간략하게 설명하면 다음과 같다.

(a) 감광식 비작동(OFF 상태)

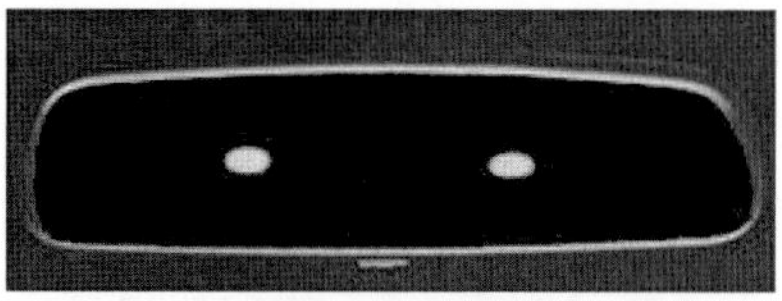

(b) 감광식 작동(ON 상태)

그림 8.10 감광식 룸미러(ECM)의 비작동과 작동에 따른 눈부심 정도

1) 센서

빛의 세기에 따라 센서에 설치된 저항값이 변화하는 구조로 빛의 세기가 크면 저항값은 작아지고, 빛의 세기가 작으면 저항값이 커지는 원리를 응용한 것이다.

2) 후면경

미러(mirror)의 양단에 전극이 설치되어 전류의 세기에 따라 어두워지거나 밝아지는 원리를 응용한 거울이다.

3) 제어장치

앞쪽에 설치된 센서로부터 신호를 받아 주간 또는 야간을 판단하고, 후면경에 설치된 센서는 뒤쪽에서 따라오는 차량의 전조등 불빛의 세기에 따라 후면경으로 보내지는 전류의 세기를 조절하여 반사량을 자동으로 조절하는 장치이다.

4) 스위치

그림 8.10은 감광식 룸미러의 "ON" 또는 "OFF"를 선택할 수 있는 스위치에 따라 룸미러에 나타난 불빛의 세기를 보여주고 있다. 그림 8.10(a)는 감광식 룸미러를 "OFF"로 하면, 룸미러에 의해 반사되는 빛의 양이 많아지면서 눈부심 정도가 심해져 야간 안전운행이 위험해 질 수 있다. 그러나, 그림 8.10(b)는 감광식 룸미러를 "ON"으로 작동하게 되면, 룸미러에 반사되는 빛의 양이 줄어들어 눈부심이 작아지면서 야간 안전 운행성은 크게 향상된다.

(4) 유해가스 유입 차단장치

앞에 가는 차량에서 뿜어대는 배기가스의 차량내 유입을 차단하고, 신선한 공기를 받아들이기 위해 설치한 유해가스 유입 차단장치(Air Quality System : AQS)는 실내 공기를 쾌적하게 관리하는 차단 절환장치이다. 즉, AQS는 오염도가 높은 지역을 통과할 경우는 운전자가 별도의 스위치 조작을 하지 않아도 자동적으로 외부의 배기가스 유입을 차단하고, 공기 오염도가 낮은 지역으로 가면 외부의 신선한 공기를 유입모드로 자동 전환하는 유해가스 유입 차단장치이다.

따라서, 유해가스 유입 차단장치(AQS)를 장착한 차량은 항상 쾌적한 실내공기를 유지할 수 있기 때문에 운전자는 특히 장거리 운전중에 유해가스 유입에 따른 냄새, 두통, 졸음, 피로, 답답함 등으로부터 벗어날 수 있다. 그림 8.11의 AQS는 유해가스를 센서에서 감지하여 컴퓨터가 외부공기의 유입을 자동적으로 전환하여 실내공기의 오염도를 관리한다.

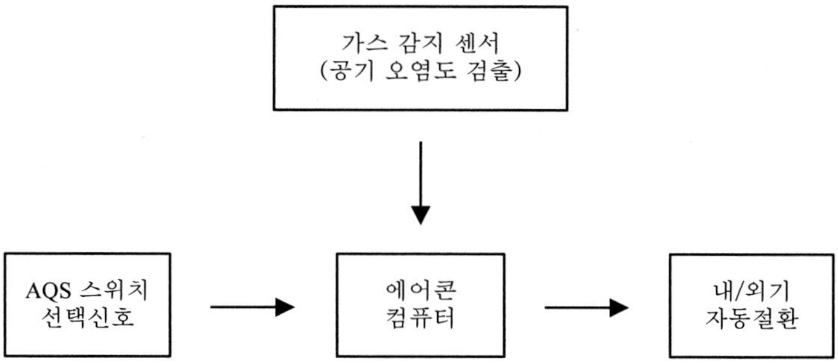

그림 8.11 유해가스 유입 차단장치(AQS)

(5) 나이트 비전

▣ 개론

나이트 비전(night vision)은 야간 운전자에게 시각적 주행 정보를 제공하여 야간 주행 안전성을 높여주는 첨단 장치이다. 나이트 비전은 미국의 레이데온 시스템사가 개발한 적외선 기술을 응용한 시스템으로 자동차의 야간 운전 안전성을 크게 높여준다.

그림 8.12는 기존의 전조등을 사용한 경우와 나이트 비전을 장착하여 확보한 시각거리의 차이를 보여주고 있다. 나이트 비전은 야간 주행 상황에 따라 다르기는 하지만, 보통 전조등(headlight)의 하향 광선(low beam)보다 3~5배 멀리 떨어져 있는 물체를 볼 수 있으며, 다가오는 차량의 전조등 불빛보다도 더 멀리, 그리고 넓은 범위를 커버할 수 있도록 설계된 시각정보 제공장치이다. 또한, 운전자가 반대편에서 다가오는 전조등의 강한 빛으로 인해 일시적으로 보이지 않거나, 또는 길가를 급히 달려가는 야생 동물들을 구별할 수 없는 긴급한 상황에서 나이트 비전은 운전자에게 주행 정보를 미리 제공하여 안전운행을 확보할 수 있도록 개발된 야간 주행 안전장치이다.

▣ 작동원리

나이트 비전은 열영상 기술과 적외선 기술을 접목한 시각정보 획득 시스템이다. 열영상을 이용한 비전은 자동차의 앞에 나타난 모든 이동 물체가 항상 열 에너지를 방출한다는 것에 기초하여 개발된 시각장치이다. 모든 물체는 어느 정도의 열을 발산하지만, 특히 사람이나 동물이 움직일 때에는 주변의 사물에 비해 높은 열을 발산하기 때문에 가상 영상을 대비적으로 분명하게 나타낼 수 있다. 즉, 온도가 높은 물체는 흰색으로, 그리고 온도가 낮은 물체는 검정색으로 나타나기 때문에 나이트 비전에 나타난 가상 영상은 흑백 인화사진과 같은 느낌을 준다. 즉 사람이나 동물은 흰색으로, 그리고 주변의 배경 물체는 검정으로 나타낸다. 이러한 가상적 이미지(image)는 자동차의 대시보드 앞부분에 있는 헤드 업 디스플레이(Head-Up Display : HUD)에

투영되어, 전방에 시선을 둔 운전 상태에서 자연스럽게 앞쪽의 상황을 시각적으로 영상을 미리 볼 수 있기 때문에 안전운행에 큰 도움이 된다.

나이트 비전의 그릴 안쪽에 설치된 적외선 카메라가 물체의 열 에너지를 감지하여 흑백 영상 이미지로 재현한 후, 헤드 업 디스플레이(HUD) 기술로 영상정보를 운전석의 정면 좌측 유리에 투영시킨다. 그림 8.13은 나이트 비전의 설치 유무에 따라 시각정보의 확보 정도를 분명하게 보여주고 있다. 차량에 나이트 비젼을 장착하면, 특히 사람이나 동물들의 움직임을 쉽게 파악할 수 있으므로 예기치 못한 사고 위험성으로부터 벗어날 수 있다. 그림 8.13(b)에서 보여주는 것처럼 이동하는 동물을 HUD의 작동으로 관찰할 수 있다.

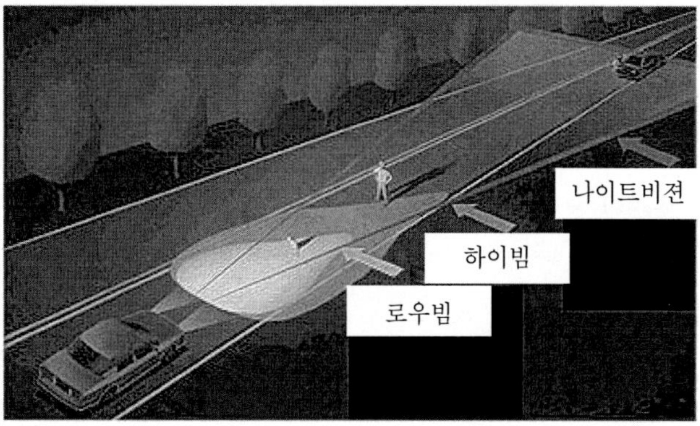

그림 8.12 기존 전조등과 나이트 비전의 시야 범위

(a) 나이트 비전을 장착하지 않은 전방 시야

(b) 나이트 비전을 장착한 전방 시야

그림 8.13 기존 차량과 나이트 비전 장착 차량의 전방 시야

(6) 라이트 제어

라이트 제어(light control)는 주변의 밝기에 따라서 자동적으로 헤드 램프, 테일 램프(tail lamp)를 "ON", "OFF"하는 장치로 편리성과 안정성을 증가시켜 준다. 자동차의 전등장치가 주로 야간에 시야확보를 위해 사용하지만, 현대의 자동차에서 라이트 제어는 자동차 시스템의

효율성과 안전성 측면의 제어가 많기 때문에 그 중요성이 크게 높아졌다.

센서가 주변의 밝기 변화를 감지하여 조금 어두울 때에는 먼저 테일 램프를 점등시키고, 더 어두워지면 헤드 램프를 자동적으로 점등시킨다. 센서로 초기에는 광전도 셀(CdS 반도체)을 사용하였지만, 현재는 소형화가 용이한 포토 다이오드를 많이 사용하고 있다. 포토 다이오드는 수광 양에 비례하여 전류가 흐르는 다이오드로, 포토 다이오드에 흐르는 전류에 의해 주변의 밝기를 검출할 수 있다.

포토 다이오드가 빛을 받으면 전류가 역방향으로 흐르는 성질을 이용한 것으로, 회로에서 전압값으로 변환할 수 있다. 출력 전압 V_0는 포토 다이오드에 흐르는 전류를 IR로 하면 $V_0 = IR$로 되어 전압은 전류에 비례하여 발생한다. 빛의 밝기에 비례한 전압을 조금 어두운 야간 검출 회로에서 미리 설정한 전압과 비교하여 테일 램프와 헤드 램프를 자동적으로 점등한다.

조명등 끄는 것을 실수로 잊어버리게 되면, 배터리는 자연적으로 방전을 하게 된다. 이것을 방지하기 위해서 점화 스위치와 도어(door)의 열고 닫음 신호를 입력하고, 점화 스위치가 점화위치 이외(엔진이 정지한 상태)로 된 상태에서 도어가 열리게 되면 헤드 램프와 테일 램프를 강제적으로 소등한다든지, 부저(buzzer)로 램프 소등이 안되었음을 강제로 경고하는 등의 기능을 가지고 있다.

(7) 와이퍼 제어

와이퍼 제어(wiper control)는 작동 속도의 높고(high), 낮음(low)에 따라서 와이퍼의 간헐작동과 와셔의 연동작동을 조정한다. 최근에는 운전자의 편리성 향상을 위해 차속도 또는 강우량에 따라 간헐 시간을 자동으로 제어하거나, 더 나아가 옆쪽 시야를 확보하기 위한 사이드 와이퍼 제어도 개발되어 운전자의 시야를 최대한 확보해 준다.

특히, 차량의 주행중에 비, 눈, 안개, 황사, 먼지 등과 같은 주변의 환경변화가 일어나면, 차량의 주행 안전성은 크게 위협을 받는다. 따라서, 운전자는 와이퍼 제어를 통하여 와이퍼의 세정작용으로 전방 및 후방시야를 신속하게 확보해야 한다.

연습문제

8.1 차량의 항법장치에서 제공할 수 있는 각종 정보를 간략하게 기술하고, 그 필요성에 대하여 설명하시오.

8.2 자동차의 각종 시각 정보는 디스플레이(display)에 의해 공급되는데, 현재까지 개발된 디스플레이에 대하여 설명하시오.

8.3 향후 자동차의 첨단화는 텔레매틱스 시스템의 개발로 요약될 수 있는데, 텔레매틱스의 주요기능과 안정적인 운영 시스템에 대하여 설명하시오.

8.4 텔레매틱스 서비스에서 차량과 외부를 연결하는 음성인식 전달 시스템에 대하여 설명하시오

8.5 자동차의 편익 제어장치로 개발된 유해가스 유입 차단장치(AQS)의 역할과 작동 프로세스에 대하여 설명하시오.

8.6 야간에 이동하는 자동차의 주행 안전성을 확보하기 위해 사용하는 나이트 비전의 역할과 작동 원리에 대하여 설명하시오.

제 9 장

자동차의 계기 · 표시 · 보안장치

9.1 계기·표시장치

자동차의 계기장치는 운전자에게 현재의 주행상태에 관련된 온도, 압력, 속도, 전압, 오일 등의 정상 작동 여부에 대한 정보를 정확하게 전달·표시하는 장치이다. 자동차 운전자는 계기장치에 나타난 각종 정보를 이용하여 자동차를 안전하게 운행하고, 정비 및 점검을 계획적으로 실시하면 예상된 사고를 미연에 방지할 수 있게 된다.

결국, 계기장치는 자동차의 주행상태, 즉 엔진이나 섀시에서 주요 핵심 부품의 상태가 정상을 유지하고 있는지, 아니면 문제점을 유발할 수 있는 이상징후가 있는지를 운전자에게 미리 제시하는 계기정보 장치이다. 자동차에서 이러한 주행, 안전에 관련된 정보를 획득해야 하는 최소한의 계기장치로는 그림 9.1에서 보여주고 있다. 즉, 차속을 표시하는 속도계, 엔진오일의 유압을 표시하는 유량계, 엔진의 냉각수 온도를 표시하는 온도계, 연료량을 표시하는 연료계, 배터리의 충전상태를 표시하는 전류계 등이 있다. 또한, 자동차의 주행이나 운전에 관련된 각종 표시등, 제동등, 경고등, 거리계(odometer), 시계 등이 아날로그 또는 디지털로 디스플레이되고 있다. 최근에는 엔진의 오일 상태를 점검하여 엔진의 주행 상태나 엔진 오일의 교환시기 등을 알려주는 계기장치가 개발되어 운전자는 안정된 차량관리도 할 수 있게 되었다.

계기장치를 표시하는 방법에는 지침식 계기와 표시등의 두 가지가 있다. 최근에는, 전자회로를 이용한 전기 미터식, 발광 다이오드, 형광 표지판 등 다양한 형식을 채택한 숫자표시(digital)나 막대 그래프(bar graph) 표시가 개발되어 운전자에게 다양한 운전 정보를 효과적으로 전달하고 있다.

(a) (b)

그림 9.1 자동차의 계기장치

운전자는 자동차의 계기장치나 표시장치에서 제공하는 정보를 실시간으로 공급받아 필요한 경우 즉시 처리해야 자동차의 위험 발생을 사전에 방지할 수 있다. 만약, 운전자가 차량의 위험 메시지를 무시하고 계속 운행한다면 큰 사고로 이어질 수 있기 때문에 계기장치에 나타난 위험 메시지는 반드시 점검해야 한다.

자동차의 계기장치와 표시장치는 결국 안전운행에 필요한 정보를 운전자에게 효과적으로 제공하여 안전성, 효율성, 경제성, 차량 관리성 등을 최적의 조건으로 유지·관리하자는 것이다. 이러한 계기·표시장치를 완벽하게 설치해도 정보에 대한 운전자의 부주의나 무관심은 차량의 안전운행과 효율적 관리에 큰 문제를 일으키게 된다. 따라서 운전자는 계기판의 정보를 계속 주시하면서 적절한 대응을 해야 차량의 운행 안전성 확보는 물론 평상시의 차량관리가 안정되게 유지된다.

차량의 운전석에 배열된 계기정보는 각종 전자제어 시스템에서 제공하는 신호를 아날로그 또는 디지털로 바꾸어 제공하고, 특히 최근의 텔레매틱스 정보는 운전자가 너무 많은 정보를 공급받게 되므로 오히려 안전운행에 문제점으로 제기될 가능성이 있다. 따라서 운전자는 다양한 정보를 받는 것으로 만족하고 실제의 제어작용은 ECU가 판단하여 자동적으로 안전운행을 확보하는 기술로 발전하고 있다.

9.2 계기장치

9.2.1 계기장치 개론

최근의 자동차는 기존의 지침(pointer)을 사용하던 아날로그 스타일에서 디지털 기술의 도입으로 표시창(display)을 비롯한 각종 디지털 정보 제공 방식으로 빠르게 바뀌고 있다. 자동차의 주행 속도, 엔진의 회전수, 연료의 잔량, 엔진오일과 배터리의 상태 등 다양한 운행 정보는 전자제어 시스템을 이용하여 형광 표시관, 발광 다이오드, 액정과 같은 디지털 기술에 의해 운전자에게 제공되고 있다.

자동차의 각종 미터(meter)는 운전자에게 차량의 현재 상태를 알리기 위해서 필요한 핵심장치이다. 디지털 미터는 지침 등을 사용한 아날로그 미터에 비해 다양한 복합 정보와 운전 조건을 신속하게 숫자로 표시하는 기능이 대단히 우수하다.

디지털 미터는 속도계, 회전계, 연료 게이지, 오일 유량계, 전류계 등을 조합하여 구성되며, 여기에는 차량의 속도를 검출하는 속도 센서, 엔진의 회전 속도를 검출하는 점화신호, 연료량을 검출하는 연료센서 게이지 신호, 엔진의 냉각수 온도를 검출하는 냉각수 온도 센서 신호 등 다양하게 개발되었다. 이들의 디지털 신호는 전자제어 유니트(ECU)에 의해 시스템적으로 제어되는 것이 대부분이다.

9.2.2 계기장치의 종류

(1) 속도계

자동차의 속도계(speed meter)는 차량의 주행 속도를 감지한 센서의 신호를 기본으로 표준연산을 통하여 자동차의 현재 속도를 표시한다. 자동차의 속도는 시속[km/h]으로 표시하는 속도 지시계와 주행거리[km]로 표시하는 적산계(odometer)로 나타낸다. 트랜스미션의 메인 샤프트(main shaft)에 설치한 속도계를 구동하는 기어에 의해 플렉서블 케이블(flexible cable)이 작동하면서 속도를 계측하게 된다.

▣ 전자식 속도계

그림 9.2는 전자식 속도계의 구조를 나타낸 것으로 플렉서블 케이블(flexible cable)에 의해 자석이 회전하고, 그 회전에 의해 유도판에 회전 토크가 발생하면 연결된 지침(pointer)에 의해 속도가 표시된다. 즉, 전자식 속도계는 자석이 플렉서블 케이블에 의해 구동되면서 유도판

에 회전 토크가 발생한다. 이 때의 회전 토크와 헤어 스프링(hair spring)의 장력이 평형된 위치를 지침이 가리키게 되는데, 이 위치가 차량의 속도를 나타낸다.

전자식 속도계는 설치에 따른 제약조건이 없고, 지침의 작동이 원활하기 때문에 자동차에서 많이 사용하고 있다.

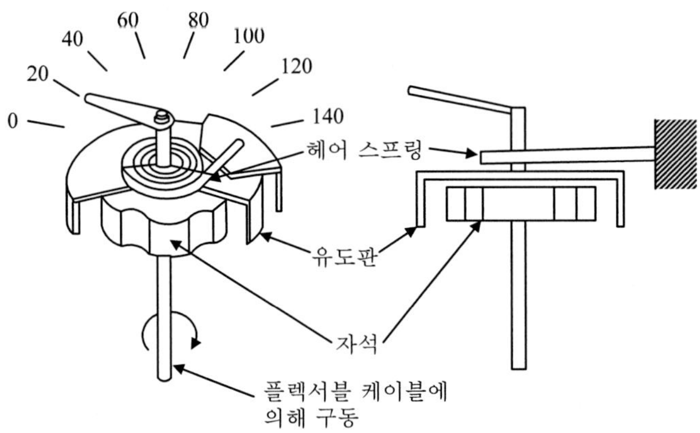

그림 9.2 전자식 속도계의 구조

▣ 적산계

주행거리 적산계(total counter)는 차량의 주행거리를 누적하여 표시하는 것으로 그림 9.3에서 보여주고 있다. 적산 거리계라고도 하는 적산계(odometer)에는 운전자가 임의로 리셋(reset)할 수 있는 트립미터(trip meter)와 차량의 전체 주행거리를 적산하여 나타내는 오드미터(odometer)의 두 가지가 있다.

트립미터나 오드미터는 모두 마이크로 컴퓨터를 사용하여 차량의 속도 펄스를 카운트함으로써 거리가 측정된다. 점화 스위치가 "OFF" 상태로 놓여있어도 주행거리 기록(memory) 상태를 안정적으로 유지하기 위해서 마이크로 컴퓨터의 전원에는 항상 전기가 통할 수 있도록 배터리 백업방식을 채택하고 있다.

따라서, 주행거리를 누적하여 메모리(memory)하는 오드미터는 차량의 배터리를 떼어내도 기억 상태를 유지할 수 있도록 배터리 백업방식에 PROM 메모리 장치(Electrically Erasable PROM : EEPROM)를 추가하여 메모리 안전성을 확보하고 있다. PROM 메모리 장치는 쓰기(write)와 지우기(erase)의 횟수에 제한이 있기 때문에 오드미터의 프로그램에서는 1km 단위에서 메모리를 수정함으로써 사용 횟수를 줄이고 있다.

트립미터(trip meter)는 주행거리를 누적하여 표시하되 운전자가 필요에 따라 임의로 리셋

버튼(reset button)을 누르면 주행거리 적산치가 항상 0(zero)으로 복귀하는 기능을 갖고 있다. 따라서, 운전자가 특정한 거리를 운전하면서 주행거리를 알고 싶거나, 또는 특정 기간동안 주행한 총거리를 알고자 하는 경우에 유용한 주행거리 적산계가 트립미터이다.

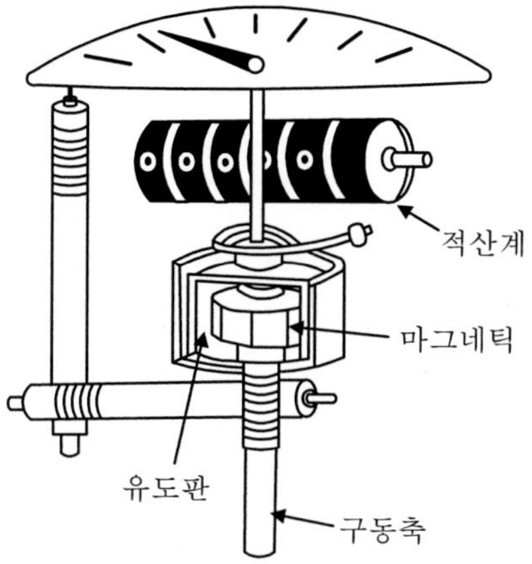

그림 9.3 주행거리 적산계

▣ 엔진 회전계

엔진 회전계(engine tachometer)는 엔진의 회전수를 표시하는 것으로 형광 표시관, 액정 등에 의해 막대 그래프(bar graph)로 표시하는 방식이 많이 사용된다. 엔진 회전수의 측정을 위해 점화 코일의 1차쪽 펄스 신호를 사용한다. 이 펄스 주기의 역수는 엔진 회전수에 비례한다. 기록된 1차쪽 펄스 신호를 마이크로 컴퓨터의 인터럽트 단자(interrupt terminal)에 입력하고, 매 펄스마다 주기를 측정하여 4펄스분의 주기를 평균하여 엔진 회전수를 산출한다.

표시창(display)에 나타내는 주기를 갱신하는 시간은 펄스 주기에 따라 달라지며, 엔진 회전수에 비례하여 빨라진다.

(2) 유압계

엔진의 구동 과정에서 반드시 필요한 엔진오일을 오일펌프에 의해 윤활이 필요한 각종 부위로 압송하기 위해서는 오일에 압력이 걸려야 한다. 이 오일 압력에 의해 엔진오일은 피스톤-실린더의 마찰부, 베어링, 캠축 등의 윤활부위에 원활하게 공급할 수 있게 된다. 따라서, 엔진오일을 안정적으로 공급하는데 필요한 오일의 압력을 운전자에게 표시해주는 장치가 유압계(oil pressure gauge)이다.

엔진오일의 압력을 표시하는 방법에는 미터식 유압계와 경고등식 유압 표시기의 두가지로 분류할 수 있다.

▣ 미터식 유압계

엔진오일의 유동압력을 수치적으로 표시하는 유압계를 미터식 유압계라 한다. 미터식 유압계에는 오일의 유압 변동을 바이메탈(bimetal)의 변형량으로 측정한 신호 데이터를 전류량으로 변환하여 유압을 나타내는 방식과 브로동관을 사용하여 브르동관의 유압변화에 따라 변동하는 관(tube)의 변위량을 지침으로 표시하는 방식, 두 가지가 사용되고 있다.

1) 바이메탈식 유압계

그림 9.4는 바이메탈-바이메탈식 유압계를 보여주고 있는데, 유압이 다이어프램에 의해 센더 유니트(sender unit)의 접점(contact point)에 가해지면 바이메탈은 완만하게 휘어지고, 배터리의 전류는 리시버 유니트(receiver unit)의 열선을 통과하여 센더 유니트의 열선과 접점을 경유하여 어스(earth)로 흐른다. 이 때 유압계의 접점이 닫혀있는 사이에 전류가 흐르고 있으므로 바이메탈에 감긴 열선에 의해 가열되어 유압이 변동함에 따라 밀려지는 방향과 동일한 방향으로 완만하게 휘어지기 시작한다. 만곡 접점이 열리면 전류는 차단되어 열선은 냉각되기 때문에 바이메탈은 원래의 위치까지 되돌아가고, 다시 접점이 닫히는 작동을 하게 된다. 이 때 유압에 의해 만곡된 센더 유니트는 바이메탈의 만곡량에 비례하여 유압으로 표시한다. 센더 유니트의 만곡량은 유압에 비례하므로 처음 리시버 유니트 바이메탈의 변위량으로 지침이 작동하면서 엔진오일의 유압을 나타내게 된다.

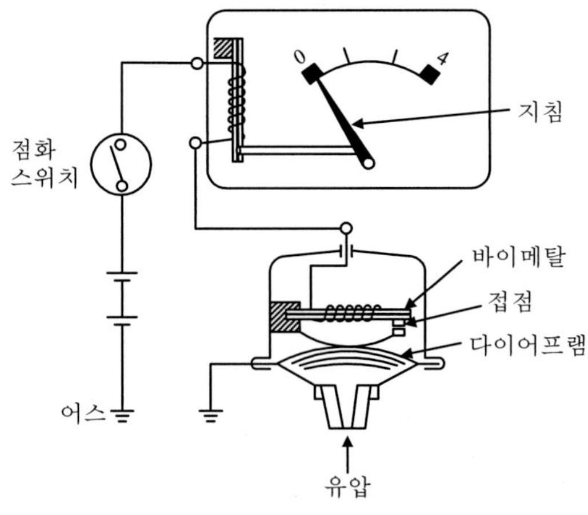

그림 9.4 바이메탈식 유압계

2) 브르동관식 유압계

그림 9.5는 브르동관식 유압계를 나타낸 것으로, 인청동으로 제작된 타원형의 브르동관을 둥글게 만곡시켜 놓은 것이다. 브르동관에 엔진오일의 압력이 가해지면 브르동관이 늘어나면

서 반경은 커진다. 브로동관의 변위량을 피니언과 섹터에 의해 기계적으로 확대되어 지침(pointer)이 움직이도록 설계된 기계식 압력계 구조를 하고 있다.

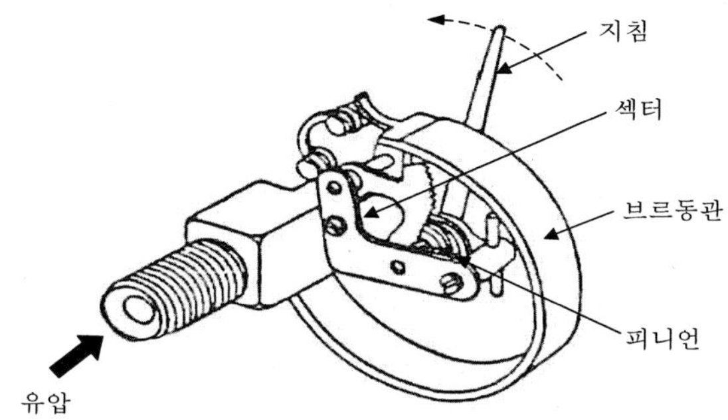

그림 9.5 브르동관식 유압계

▣ 경고등식 유압 표시기

작동중인 엔진오일에 걸리는 유압이 규정압력 이하로 떨어지면 경고등(warning lamp)이 점등하는 방식이다. 그림 9.6은 경고등식 유압계의 작동 구성도를 나타낸 것으로 엔진 각부에 공급되는 유압이 정상적일 경우는 유압의 작동으로 다이어프램이 오일의 압력을 받기 때문에 접점이 열리면서 유압 경고등이 꺼지게 된다.

그러나, 윤활유가 부족하거나, 베어링의 마멸에 의해 유압이 저하되면서 최종적으로 규정값 이하로 떨어지면, 스프링의 장력에 의해 다이어프램이 원래의 위치로 돌아가 접점이 닫히면서 운전석에 설치된 유압 경고등이 점등되어 윤활계통의 이상압력 상승을 알려주게 된다.

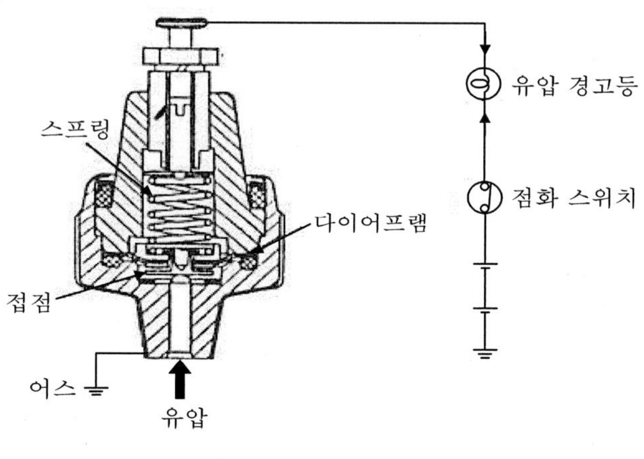

그림 9.6 경고등식 유압 표시기

(3) 온도계

엔진의 냉각수 온도를 표시하기 위해 사용하는 온도계(water temperature gauge)에는 수온을 나타내는 방식과 어느 온도 이상으로 상승하면 경고등이 켜지는 점등 방식의 두 가지가 있다. 엔진의 온도를 항상 일정하게 유지하여 연료의 연소효율을 좋게 하고, 엔진오일의 윤활성을 향상시키기 위해서 엔진의 워터자켓(water jacket)을 따라서 순환하는 냉각수의 온도를 정확하게 측정하는 것이 대단히 중요하다.

냉각수의 온도를 표시하는 방법에는 미터식 온도계와 경고등식 온도 표시기의 두 가지로 분류할 수 있다.

▣ 미터식 온도계

1) 바이메탈-바이메탈식 온도계

그림 9.7과 같은 바이메탈-바이메탈식 온도계는 센더 유니트(sender unit)와 리시버 유니트(receiver unit)에 바이메탈을 사용한 것으로 작동 원리는 유압계와 유사하다. 온도계는 실린더 블록의 워터자켓에 설치된 센더 유니트에서 냉각수 온도 변화에 의해 바이메탈이 자유롭게 휘어지면서 고정 접점과 접점 압력이 변화하는 것을 이용한 것이다.

냉각수의 온도를 표시하는 온도계의 지침이 "C"를 향하고 있으면 엔진의 냉각수 온도가 낮아서 엔진의 웜업(warm-up)이 아직 충분하지 않았다는 것이고, "H"를 향하고 있으면 엔진이 과열되어 위험하다는 것을 의미한다. 따라서, 보통 정상적으로 작동하는 엔진의 냉각수 온도가 80~90℃를 유지하도록 하기 위한 온도계의 지침은 그림 9.7에서 "C"와 "H"의 중간정도에 위치하면 안정적이다.

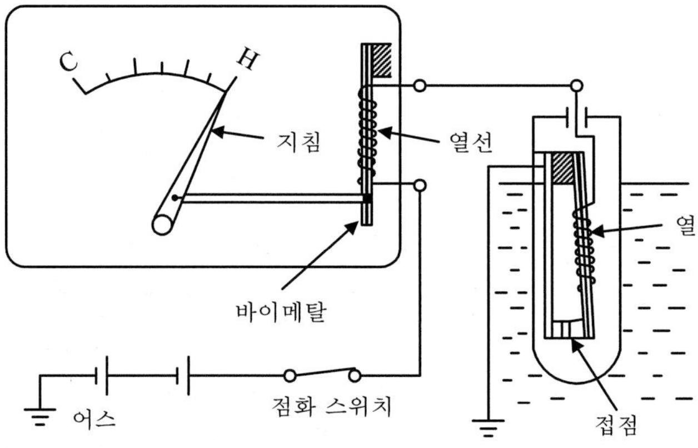

그림 9.7 바이메탈-바이메탈식 온도계

2) 바이메탈-서미스터식 온도계

그림 9.8과 같은 바이메탈-서미스터식 온도계는 센더 유니트(sender unit)에 서미스터(thermister)를, 그리고 리시버 유니트(receiver unit)에 바이메탈을 사용한 것이다. 이 방식의 온도계는 서미스터의 온도가 상승하면 저항값이 떨어지는 변화량이 큰 반도체로 냉각수 온도의 변화에 의해 전류가 변한다. 이것과 직렬로 접속한 열선에 의해 바이메탈이 가열되면서 흐르는 전류량에 비례한 만곡이 얻어지는데, 이 만곡량이 계기의 지침(pointer)을 이동하기 때문에 냉각수의 온도는 계측된다.

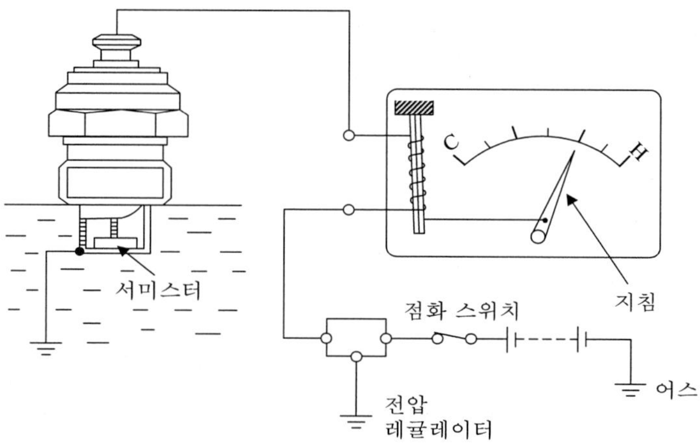

그림 9.8 바이메탈-서미스터식 온도계

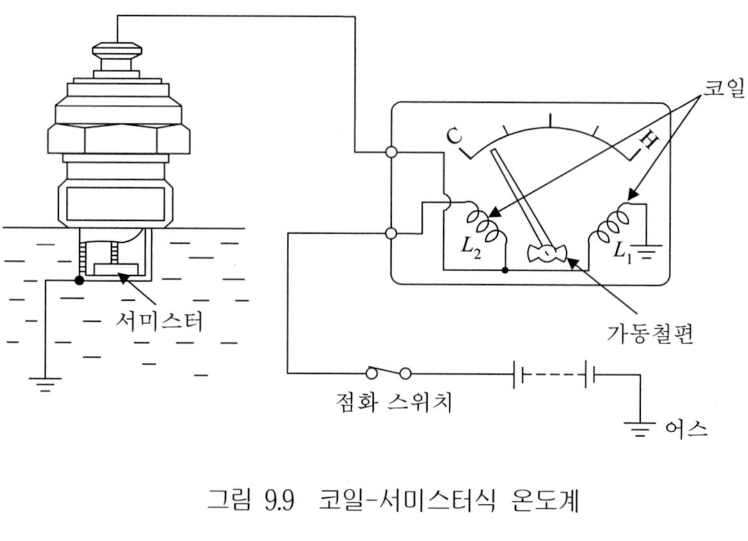

그림 9.9 코일-서미스터식 온도계

3) 코일-서미스터식 온도계

그림 9.9와 같은 코일-서미스터식 온도계는 센더 유니트에 서미스터를, 그리고 리시버 유니트에 코일을 사용한 것이다. 냉각수 온도가 상승함에 따라 서미스터의 저항값이 작아지면 전류와 자력이 변하면서 지침에 해당하는 온도를 지시하게 된다.

4) 브르동관식 온도계

그림 9.10은 브르동관식 온도계를 나타낸 것으로 센더 유니트(sender unit)에 에텔, 에테르 에칠, 크로라이드 등과 같이 휘발성이 높은 액체를 완벽하게 봉입(sealing)하여 같은 도관(pipe)의 리시버 유니트(receiver unit)에 브르동관을 연결한다. 온도가 높아짐에 따라 센더 유니트의 봉입된 휘발성 액체는 기화하여 팽창하고, 이 때의 압력이 파이프를 통하여 브르동관으로 전달되면서 브르동관은 늘어나고 변형되어 그때의 온도에 의해 압력이 변화하므로 지침은 온도를 표시하게 된다.

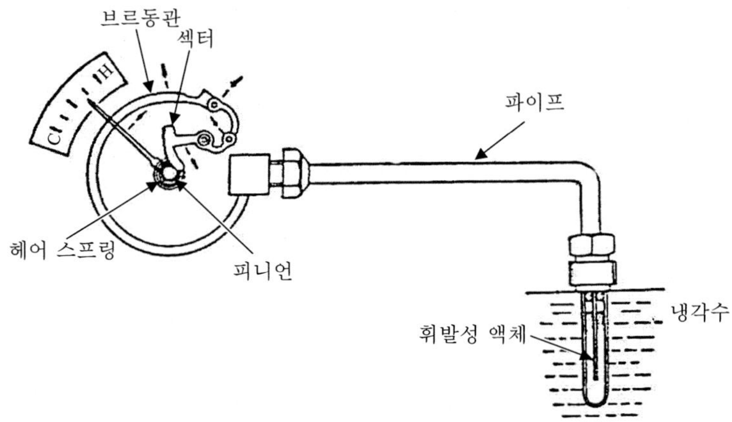

그림 9.10 브르동관식 온도계

▣ 경고등식 온도 표시기

그림 9.11은 경고등식 온도 표시기를 나타낸 것으로 센더 유니트(sender unit) 내부에 바이메탈을 설치하여 냉각수 온도가 기준 규정값 이상으로 올라가면 바이메탈 작용에 의해 접점이 닫히고, 동시에 운전석에 설치된 경고등이 점등하여 냉각수의 이상온도 상승을 알려주는 방식이다.

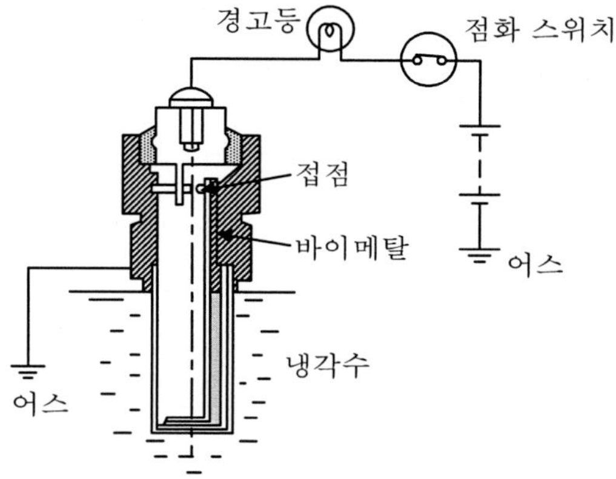

그림 9.11 경고등식 온도 표시기

(4) 연료계

연료계(fuel meter)는 연료탱크에 남아 있는 연료 잔량을 검출하기 위한 장치로 운전자에게는 중요한 주행거리 정보가 된다. 엔진에 공급되는 연료의 부족은 출력을 전혀 발생시킬 수 없다는 측면에서 연료탱크에는 항상 적정량의 연료를 확보하고 있어야 한다. 따라서 운전자는 항상 연료계를 보면서 이동거리를 예측할 수 있어야 한다.

연료탱크의 연료량을 표시하는 방법에는 미터식 연료계와 경고등식 연료 표시기의 두가지로 분류할 수 있다.

▣ 미터식 연료계

1) 바이메탈-바이메탈식 연료계

그림 9.12는 바이메탈-바이메탈식 연료계를 나타내는 것으로 센더 유니트와 리시버 유니트의 양쪽에 모두 바이메탈을 사용한다.

바이메탈식 연료계는 연료탱크에 남아있는 연료량에 의해 플로트(float)가 상하로 오르내리면서 연결된 링크의 작동에 의해 센더 유니트내의 접점에 압력이 가해진다. 저장탱크에 연료량이 많아지면 접점에 가해지는 압력은 강해지고, 연료량이 작아지면 접점에 가해지는 압력은 약해진다. 따라서, 바이메탈-바이메탈식 연료계는 연료압력의 세기에 의해 탱크에 있는 연료의 잔량을 측정하는 방식이다.

연료탱크에 남아 있는 연료량이 적을 때 연료계의 지침(pointer)은 “E”쪽을 향하고, 연료량이 충분히 채워져 있을 때는 “F”쪽을 가리키게 된다.

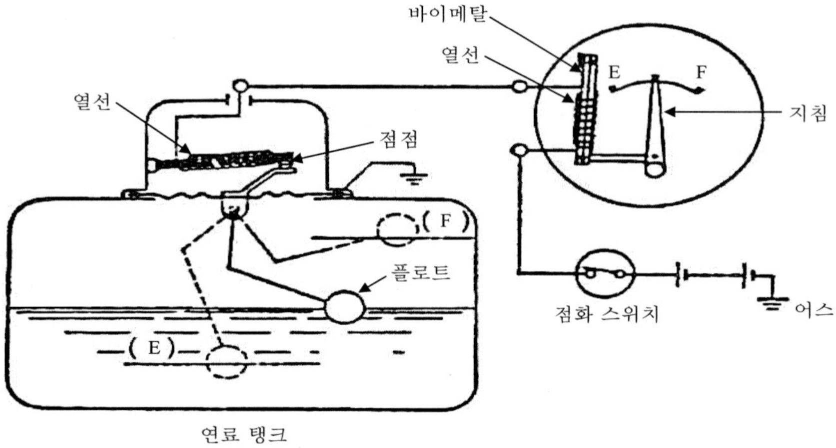

그림 9.12 바이메탈-바이메탈식 연료계

2) 바이메탈-저항식 연료계

그림 9.13은 바이메탈-저항식 연료계를 나타내는 것으로 센더 유니트에 슬라이더 방식의 가변 저항기를, 그리고 리시버 유니트에는 바이메탈을 사용한 것이다. 플로트의 부상(floating) 위치에 따라서 가변 저항기의 슬라이더 위치가 결정되면서 탱크내의 연료량이 측정된다. 이때 저항값에 의해 리시버 유니트내의 열선에 흐르는 전력량이 결정되고, 이것에 대응하는 바이메탈의 휘어지는 정도에 따라 연료의 잔량이 측정된다.

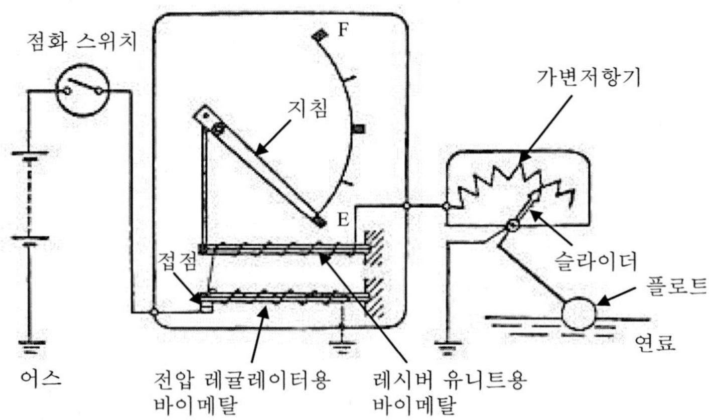

그림 9.13 바이메탈-저항식 연료계

3) 코일-저항식 연료계

그림 9.14는 코일-저항식 연료계를 나타내는 것으로 센더 유니트에 슬라이더 방식의 가변 저항기를, 그리고 리시버 유니트에 코일을 사용한 것이다. 코일-저항식은 플로트(float)의 부상에 따라 링크가 센더 유니트 내의 슬라이더 가변 저항기의 슬라이더를 움직여서 탱크내의 연료량을 리시버 유니트에 의해 표시하도록 한다.

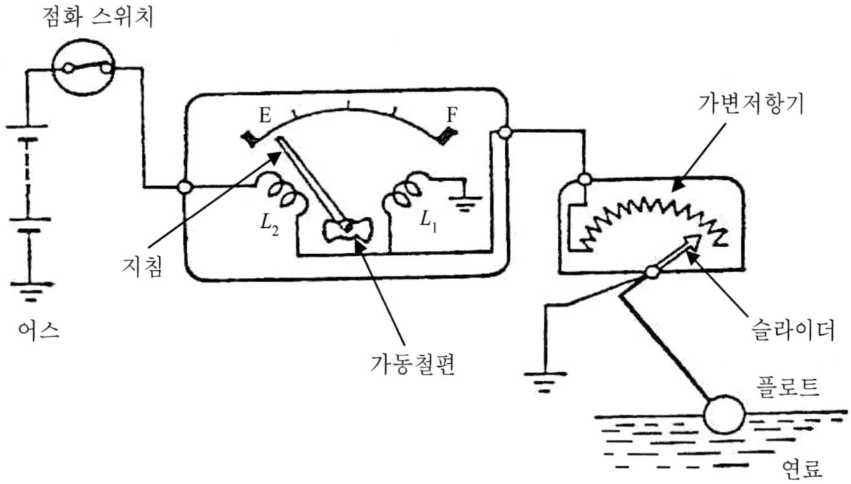

그림 9.14 코일-저항식 연료계

▣ 경고등식 연료 표시기

그림 9.15는 플로트 방식의 경고등 표시 연료계로, 연료의 표면에 떠있는 플로트 위치가 일정 레벨 이하로 내려가면, 스위치가 닫히면서 램프가 점등된다. 이것은 연료탱크에 현재 남아있는 연료가 적다는 것을 나타내는 신호로 반드시 보충해야 한다. 즉, 연료탱크에 남아있는 연료량이 일정 이하로 떨어지면 경고등이 점등되는 방식이다.

그림 9.16은 서미스터식 경고등 표시기를 보여주는 것으로, 서미스터를 연료탱크에 부착하면 서미스터가 그림 9.16(a)와 같이 탱크내의 연료에 완전하게 담겼을 때는 서미스터의 저항값이 증가하면서 경고등이 소등되고, 연료가 줄어들어 서미스터가 그림 9.16(b)와 같이 노출되었을 때는 서미스터 주변의 온도가 연료의 기화열에 의해 달라지기 때문에 서미스터의 저항값이 작아지면서 연료의 잔량이 부족하다는 표시로 연료 경고등에 불빛이 들어오게 된다. 연료 경고등의 점등은 연료탱크에 저장된 연료가 부족하다는 의미를 나타내는 신호로 차량의 주행에서 운전자에게는 대단히 중요한 정보이다.

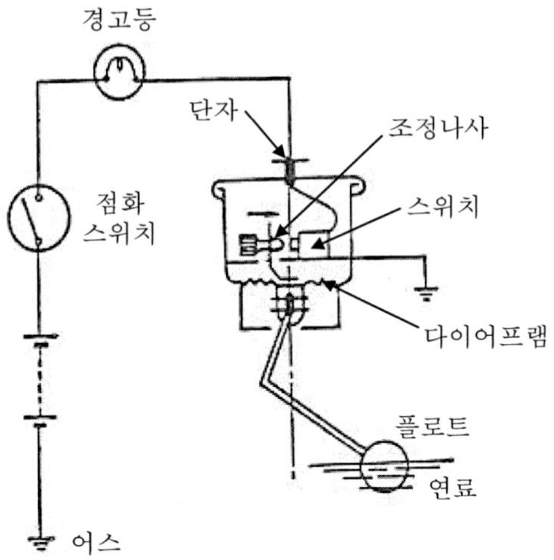

그림 9.15 플로트식 연료 경고등 표시기

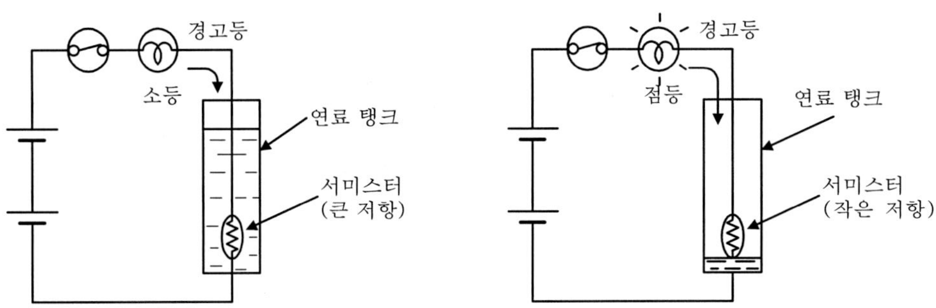

(a) 서미스터가 연료에 잠겨 있을 때 (b) 서미스터가 연료 밖으로 나와 있을 때

그림 9.16 서미스터식 연료 경고등 표시기

(5) 전류계

그림 9.17에서 보여주는 것처럼 엔진의 전류계는 배터리와 발전기(generator) 중간에 접속되어 배터리의 충전상태와 방전상태를 표시한다. 전류계의 작동은 그림 9.18에서 나타내고 있는데, 영구자석의 자계가 가동철판을 통하여 지침이 눈금판의 중간에 정지하려고 한다.

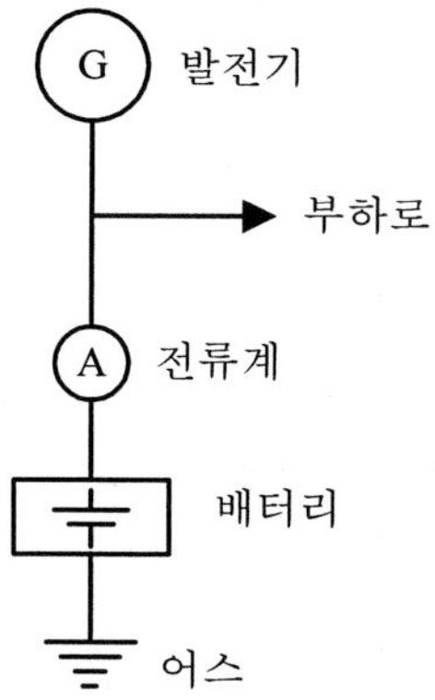

그림 9.17 전류계

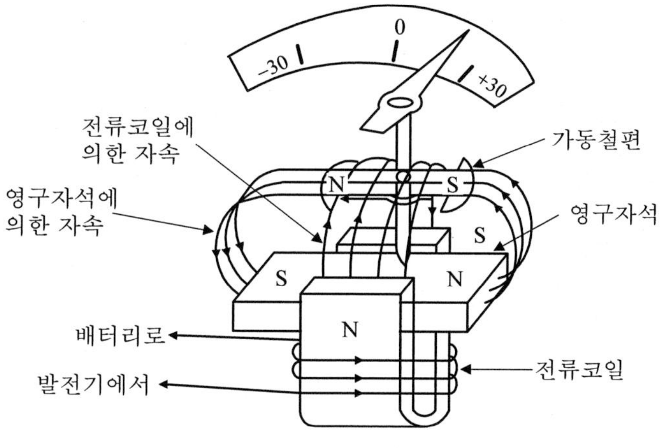

그림 9.18 전류계의 작동

9.3 표시장치

9.3.1 표시장치 개론

표시장치(display)는 디지털 미터로서 차량의 운행, 작동정보를 운전자에게 시각적으로 직접 알려주는 중요한 구성 요소이다. 자동차의 계기장치에서 획득한 정보를 운전자에게 알려주는 방법은 자동차를 운전하는 도중에 데이터를 읽기 쉽고, 이해하기 쉽도록 시각적으로 표시하는 것이 중요하다.

계기장치에서 제시한 속도계, 연료계, 온도계, 전류계 등은 기계-전기장치가 연계되어 구성되었으나 경고등이 추가되고, 최근에는 반도체 제어기술이 적극 활용되면서 다양한 정보가 디스플레이되고 있다. 따라서, 현재의 표시장치는 아날로그가 아닌 디지털 표시를 많이 하고 있다. 현재, 디지털 미터에 사용되고 있는 표시장치에는 음극선, 발광 다이오드, 형광 표시관, 액정 디스플레이 등이 있다.

9.3.2 표시장치의 종류

(1) 음극선관(CRT) 디스플레이

음극선관(Cathode Ray Tube : CRT)은 형광 물질을 코팅한 평평한 표면에 메시지(message)가 나타나도록 만든 진공 유리관으로, 평면의 뒤쪽에는 그림 9.19에서 보여주는 것처럼 전자총과 편향코일이 하나의 CRT를 구성하게 된다. 전자총에서 방출된 수많은 전자들의 전자빔이 수평과 수직방향의 편향회로를 통과하여 스크린의 한 점에 초점을 맞추게 되고, 그곳에 코팅된 형광물질이 빛을 발광하게 된다. 빛의 세기는 전류에 비례하기 때문에, 비디오 신호라는 전압을 시간의 함수로 제어하여 수평방향과 수직방향의 동기신호를 조정함으로써 자동차의 CRT 스크린에 각종 운행 정보를 표시하게 된다.

메시지나 그림 정보(graphic data)를 표시하기가 대단히 유리한 CRT 표시장치는 TV나 컴퓨터의 모니터로 많이 사용되고 있다. 특히, 항공기의 고도, 엔진 성능, 기계 변수, 운항 자료, 경고 메시지 등에 많이 사용되고 있어서 자동차의 표시장치로도 활용 잠재력을 갖고 있다. 그러나 CRT는 다른 표시장치에 비해 몇 가지 단점을 가지고 있다. 우선적으로 CRT는 화면의 크기와 모양을 운전자가 읽기 쉽도록 설치하기가 어렵고, 더욱이 CRT는 부속 회로를 많이 필요로 하므로 다른 표시장치(display)에 비하여 가격이 비싸다. CRT는 다른 표시장치와는 달리 메시지의 복잡함에 상관없이 가격이 결정되므로 단순한 메시지에 활용하기에는 고가이지만, 복잡한 메시지를 다양하게 나타내고자 하는 경우는 상대적으로 가격이 떨어지며, VFD와 비슷한 가격 수준을 유지하게 된다.

자동차에 적용된 CRT 표시장치와 관련 제어기 구성도를 그림 9.20에서 보여주고 있다. 센서에서 감지된 정보는 컴퓨터를 거쳐 AB(Address Bus)와 DB(Data Bus), UART(Universal Asynchronous Receiver/Transmitter)라는 직렬 전송 기술을 사용해 CRT 제어기와 통신을 한다. 데이터 버스(DB)로 전송된 데이터는 비디오 램(video ram)에 저장되었다가 CRT 화면에 문자나 그림으로 표시하게 된다.

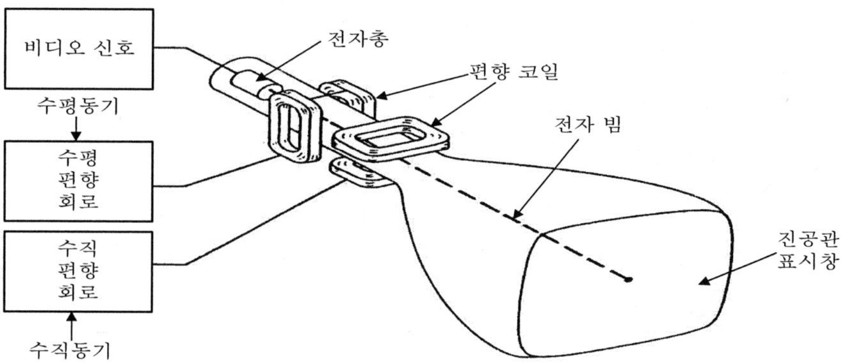

그림 9.19 CRT 시스템과 관련 회로

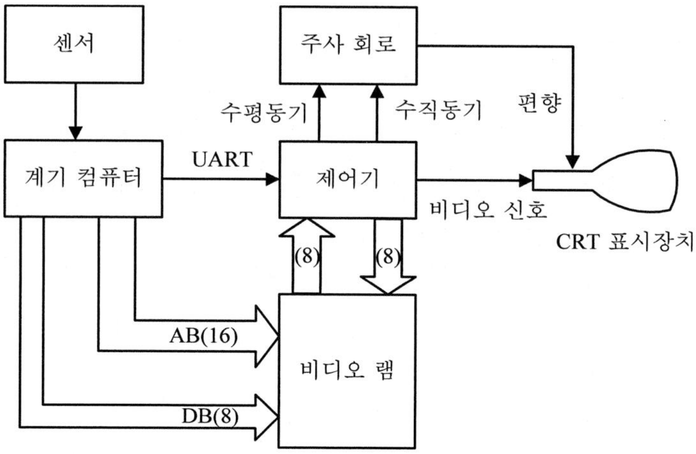

그림 9.20 자동차의 CRT 계기 시스템

(2) 액정 디스플레이(LCD)

그림 9.21의 액정 디스플레이(Liquid Crystal Display : LCD)는 액정의 특정한 분자 배열을 전압인가에 의해 다른 배열로 변화시키는 것으로 액정의 광학적 성질이 변화하는 것을 이용한 소자이다. LCD 표시장치는 사용 전압이 낮고, 전력 소비량이 대단히 작기 때문에 디지털 표시장치로 많이 사용되고 있다.

현재 산업용 표시장치로 많이 사용되고 있는 LCD는 TN(Twisted Nematic)와 GH(Guest Host)의 두 가지 타입이 있다. TN LCD에서 액정층은 2장의 편향판 사이에 끼우고, 액정 분자의 긴축은 전압을 인가하고 있지 않은 경우, 90° 연속적으로 꼬여진 배열 상태로 되어 있어서, 상하의 편향축이 서로 직각으로 배치되어 있다. 이와 같은 구성으로 하면 편향판을 통과한 빛은 액정층에 입사하여, 액정 분자의 배열에 의해 90° 회전하여 또 하나의 편향판에 도달한다. 상하의 편향판은 직교하고 있으므로 빛은 통과한다. 전압을 인가하면 액정 분자는 일정 방향으로 변화하여, 빛이 액정 분자에 의해서 회전하지 않기 때문에 차단된다.

LCD는 LED나 형광 표시판과 같이 자발광 타입의 표시 소자가 아니고, 수광 타입의 표시 소자이므로 밝은 장소에서 잘 보이는 성질이 있다. 따라서, 어두운 장소에서 LCD는 보기가 어렵기 때문에 보통은 조명을 한다. 예를 들어 자동차용 LCD는 백열구나 냉음극 방전관 등을 사용하여 LCD를 후방에서 조명한다.

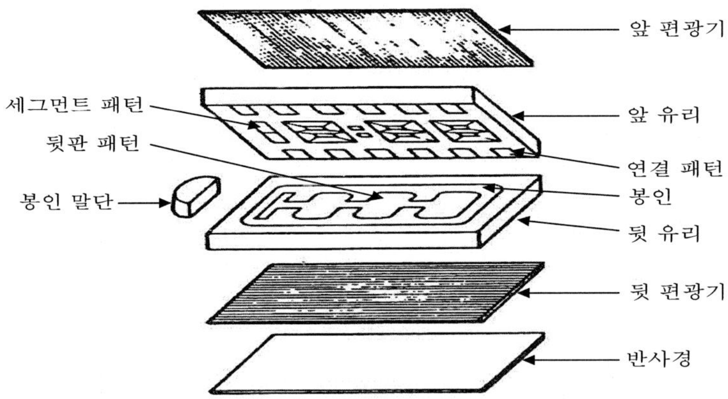

그림 9.21 일반적인 LCD 구조

또한, LCD는 다른 표시 소자에 비교하여 소비전력이 적고, 작동 전압이 낮다는 장점은 있지만, 저온에서 응답성이 떨어진다는 단점을 갖고 있다. 이러한 단점은 기술개발에 의해 점차 개량되고는 있지만, 사용온도 범위가 넓은 자동차에서는 히터 회로를 설치하여 가열한다든지, 또는 구동 방법을 연구하여 이것을 보충하는 두 가지 방식이 대표적이다.

(3) 진공 형광 표시장치(VFD)

진공 형광 표시장치(Vacuum Fluorescent Display : VFD)는 전자선에 의한 형광체의 발광 현상을 이용하는 일종의 진공관이다. 필라멘트(음극)에 전압이 인가하면, 필라멘트는 과열되어 열전자를 방사한다. 그리고, 보통은 금속 메시를 사용하여 정전압을 가한다. VFD 표시장치는 가장 많이 사용되는 디스플레이 장치로 TV에서 빛을 발생시키는 방법과 같이 전자를 형광물질에 쏘면 빛이 발생하도록 개발된 표시장치이다.

필라멘트에서 전자를 표시 세그먼트(양극)에 가속 제어하여 균일한 확산을 하고 있다. 표시 세그먼트에는 형광체가 칠해져 있으며, 표시 세그먼트에 정전압을 인가함으로써 가속되어 형광체 면에 충돌하는 가속 전자에 의해 발광 현상을 일으킨다. 이러한 원리를 이용한 VFD 표시장치를 그림 9.22에서 보여주고 있다.

형광 표시관은 표시장치의 속에서 비교적 결점이 작은 표시 소자이다. 따라서, 진공 형광 표시장치(VFD)는 신뢰성이나 내환경성이 우수할 뿐만 아니라 작동 전압도 비교적 낮고, 컬러 표시도 가능하다.

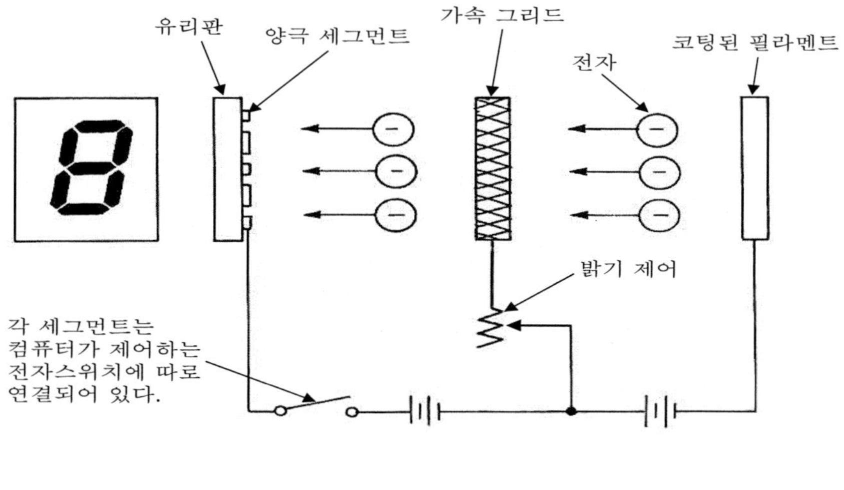

그림 9.22 단순한 진공 형광 표시장치(VFD)

(4) 액정 디스플레이(LED)

액정 디스플레이(Light Emitting Diode : LED)는 발광 다이오드의 약자로 빛을 발광하는 반도체 소자를 말한다. 발광 다이오드에서 방출하는 빛의 색깔은 반도체 칩의 구성원소를 어떻게 배합하느냐에 따라 파장이 만들어지며, 이러한 파장은 빛의 색깔을 결정한다.

LED 표시장치는 보통 작은 점(dot)이나 정렬된 세그먼트로 이루어져 있어서 선택된 점이나 세그먼트를 밝게하여 글자를 형성한다. 전자 디지털 표시장치로 개발된 첫 번째 기술이 LED 표시장치이다. 자동차의 LED 디스플레이는 LED 자체의 낮은 발광성 때문에 표시장치로는 부적합하다. LED가 어두운 야간에는 문제가 없으나, 밝은 낮에는 LED 표시창이 잘 보이지 않는 경우가 많으므로 LCD에 비하여 기술성이 떨어진다. LED는 LCD에 비하여 전력 소비가 약간 높지만, 가격이 저렴하다는 큰 장점이 있다.

LED는 일반 백열전구에 비하여 소비전력은 1/5 정도이고, 반응시간은 1,000,000배나 빠르며, 수명은 반영구적이다. 따라서, LED의 적용 분야가 다양하게 개발되어 정밀 반도체 장비 검사기구, 자동차 계기판 등의 전자 표시판, 전광판, 산업기계 표시기, 각종 교통 안전 신호등의 표시장치로 널리 사용되고 있다.

9.4 보안장치

9.4.1 보안장치 개론

자동차의 보안장치는 다른 차량이 도로 이용자에게 자동차의 주행 상태를 알려주는 것으로, 신호장치라고도 한다. 자동차에서 보안장치로 분류되는 대표적인 것으로 위험한 상태를 소리로 알려주는 경음기(horn), 자동차의 진로 변경을 알려주는 방향 지시등(turn signal flasher), 날씨 때문에 발생되는 주행시야 방해를 운전자에게 안전한 시계를 확보해주기 위한 와이퍼(wiper) 등이 있다.

자동차의 운행상태를 주변의 다른 차나 사람들에게 미리 알려주는 각종 보안장치는 운전자에게 주행성을 미리 알려주지만, 주변의 차량이나 사람들에게는 경고 메시지를 전달하여 상호간의 안전성을 확보하도록 하는 의미를 갖는다.

9.4.2 보안장치의 종류

(1) 경음기

경음기(horn)는 자동차의 운전자가 다른 자동차나 주변의 보행자에게 아주 큰 소리로 긴급하게 주의나 위험성을 알리기 위해 사용하는 장치로 혼(horn)이라고도 한다. 승용차에서 널리 사용하는 경음기에는 간단한 전기식과 버스나 트럭 등의 대형차량에서 사용하는 공기식의 두 가지가 있다. 그러나, 최근의 무선통신 단말기(핸드폰) 및 음향기술의 급속한 발달은 자동차 경음기도 다양하게 개발되는 추세에 있다.

전기식 경음기는 나팔형, 맴돌이형, 평형 등으로 분류할 수 있으며, 진동판의 진동수에 따라, 진동수가 높은 고음 경음기(high pitch horn)와 진동수가 낮은 저음 경음기(low pitch horn), 중간 정도의 중음 경음기(medium pitch horn)로 분류할 수 있다. 또한, 이들 경음기를 세트로 사용하면 음량, 음질 등에 따라서 다양한 합성음을 얻을 수 있다.

최근에는 자동차가 고속 주행을 하는 경향이 있어 경음기도 지향성이 강하고, 멀리까지 소리가 전달되도록 개발되고 있다. 보통은 소형·경량으로 만들기 쉬운 평형 경음기를 비교적 많이 사용하고 있다. 표 9.1은 자동차에서 널리 사용하는 경음기의 종류와 사용예를 기술하고 있다. 또한, 그림 9.23은 자동차에서 대표적으로 사용하는 전기식 경음기와 공기식 경음기를 보여주고 있다.

표 9.1 경음기의 종류와 사용예

종 류			사 용 예
전기식 경음기	직류형	나팔형	대형 버스, 트럭, 특수 차량 일반 자동차, 오토바이
		맴돌이형	
		평형	
	교류형		일반 자동차, 오토바이
공기식 경음기(나팔형)			대형 버스, 트럭, 특수 차량

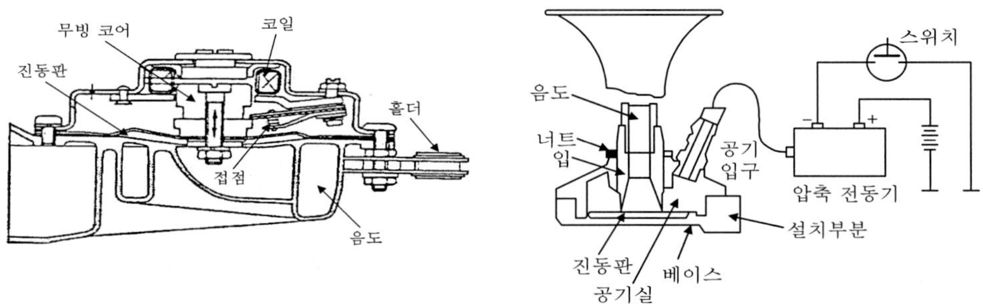

(a) 전기식 경음기 (b) 공기식 경음기

그림 9.23 경음기

(2) 와이퍼

▣ 와이퍼 개론

자동차의 유리면을 항상 깨끗하게 유지하기 위해서 유리면에 와셔액을 뿌리고, 와이퍼(wiper)를 사용하여 유리면에 붙어있는 각종 이물질을 닦아낸다. 일반적으로 와이퍼는 탄성 변형성이 우수한 고무(rubber) 제품을 사용하여 유연성과 내구성을 확보한다. 와이퍼는 매끄러운 유리면과 미끄럼 마찰 접촉운동을 하기 때문에 미끄럼 마찰운동에 따른 고무 블레이드(rubber blade)에는 마멸이 발생되므로 일정시간 사용하면 교환해야 한다.

와이퍼는 와셔액, 빗물, 눈(snow) 등을 사이에 두고 유리면과 미끄럼 마찰운동을 직접하기 때문에 와이퍼 블레이드(wiper blade)가 유리면에 대해 초박막(ultra thin film)을 형성하여 유체 박막에 의한 원활한 윤활작용으로 블레이드 선단이 마멸되지 않도록 관리를 해야 한다. 와이퍼 시스템은 와이퍼 블레이드, 와이퍼 암, 와이퍼 모터, 링크 등으로 구성되어 있다.

와이퍼는 구동방식에 따라 전기식과 진공식으로 분류할 수 있다. 진공식 와이퍼는 흡기 매니폴드의 흡입 부압을 사용하여 작동시키는 것으로 주행상태에 따라 작동속도가 변화되는 단점이 있기 때문에 현재는 사용하지 않는다. 그러나, 전기식 와이퍼는 모터에 의한 작동이 확실하고 속도변경이 용이하므로 현재 많이 사용하고 있다.

▣ 와이퍼 모터의 분류와 작동

와이퍼 모터는 그림 9.24에서처럼 속도가 변화되지 않는 1단형과, 고속 및 저속의 2단으로 변환되는 2단형으로 분류된다. 또한, 와이퍼 모터는 계자 철심에 코일을 감은 권선형과 영구자석을 사용한 자석형으로 분류될 수 있다.

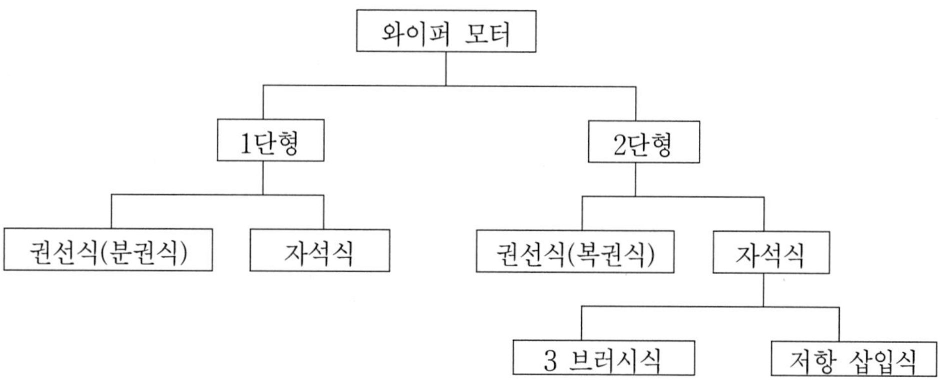

그림 9.24 와이퍼 모터의 분류

1) 저속 회전의 경우

와이퍼 스위치를 그림 9.25(a)와 같이 닫으면 전류는 시리즈(직권) 코일 L_1과 션트 코일(분권) L_2에 전류가 흐르기 때문에 직권모터로 작동하게 된다. 이 경우는 화동 복권이 되므로 회전토크는 크고, 회전속도는 어떤 일정한 값으로 수렴하게 된다. 이러한 결과로 인해, 속도를 줄여야 하는 비(rain)나 눈(snow)이 내리는 경우에는 큰 토크가 요구되기 때문에 그림 9.25(a)와 같은 저속 회로가 적용된다.

2) 고속 회전의 경우

와이퍼 스위치를 그림 9.25(b)와 같은 상태에서 닫게 되면 전류는 시리즈(직권) 코일 L_1에만 흐르기 때문에 직권모터로 작동하게 된다. 이 경우는 션트 코일 L_2의 자속이 감소하기 때문에 회전수는 상승하고, 부하는 평형 상태에서 안정적으로 회전한다. 그림 9.26은 자석식 와이퍼의 모터 구조를 나타낸 것으로 페라이트 코어는 영구 자석의 자계를 이용되기 때문에 자속이 일정하다.

따라서, 모터의 회전수를 변화시키기 위해서는 그림 9.26(a)와 같이 아마추어에 저항을 직렬로 접속하여 아마추어 코일에 흐르는 전류를 감소시켜 저속 회전을 얻는 방식과 그림 9.26(b)와 같은 제3의 브러시를 설치하는 두 가지 방식이 있다. 그림 9.26(b)와 같은 방식은 제3의 브러시를 접속하여 변환하는 것으로 아마추어 코일의 유효 직렬 도체수를 바꾸기 때문에 고속으로 회전할 수 있다. 2단형 와이퍼 모터로서 저항 삽입식을 사용하는 경우는 저항에 의한 열 에너지 손실이 발생되기 때문에 현재는 대부분 제3 브러시식, 또는 복권식 모터를 사용한다.

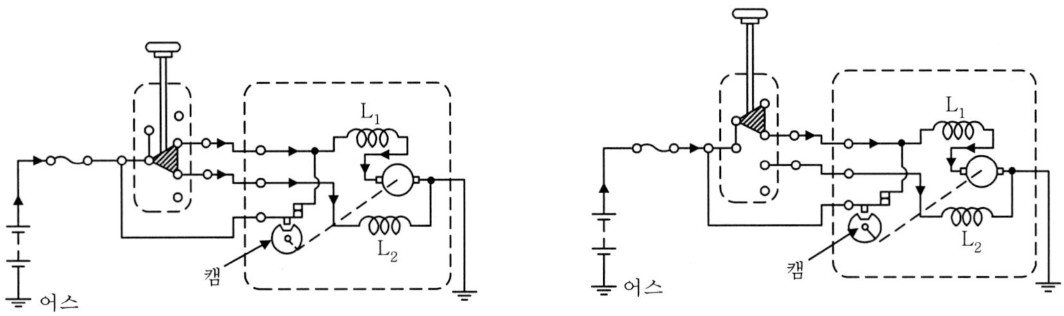

(a) 저속 회전 (b) 고속 회전

그림 9.25 권선형(복권식) 와이퍼 모터의 작동

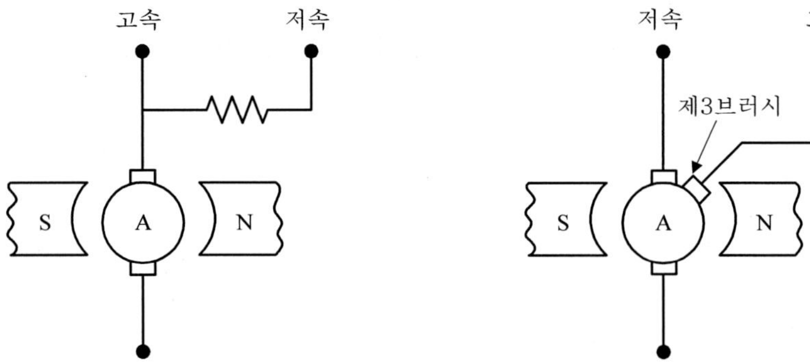

(a) 저항 삽입식 (b) 제3 브러시식

그림 9.26 자석식 와이퍼 모터

▣ 와이퍼 제어

와이퍼의 제어는 작동속도(high 또는 low)에 따라 바꾸기도 하고, 간헐작동이나 와셔 연동 작동으로 제어할 수도 있다. 최근에는 와이퍼 사용의 편리성을 향상시키기 위해 자동차의 속도 또는 비나 눈이 오는 정도에 따라 간헐작동 시간을 자동 제어하는 것과 측면 시야를 확보하기 위한 사이드 와이퍼 제어 등 다양하게 개발되었다.

1) 간헐작동 제어

와이퍼 스위치를 간헐작동(intermittent : INT)으로 연결하게 되면 와이퍼는 트랜지스터, 릴레이 등이 작동하면서 모터의 회전운동을 간헐적으로 구동한다.

2) 와셔연동 제어

와셔 스위치를 누르면 와셔 모터가 회전운동을 하면서 자동차의 전면 유리에 와셔액을 분사하여 유리를 깨끗하게 닦아준다.

(3) 방향 지시등

방향 지시등(turn signal flasher)은 자동차의 진행방향을 다른 차량이나 보행자에게 미리 알려주기 위한 것으로 확실하게 알아보기 쉽도록 자동차의 앞뒤와 양옆에 설치한다. 그림 9.27에서 보여준 방향 지시등은 차량의 측면에 설치된 것으로 플레셔(flasher), 또는 깜박이(winkler)라고도 하는데, 이것은 램프의 점멸에 따라서 표시가 이루어지기 때문에 붙여진 이름이다.

자동차의 방향성을 인식시키기 위한 방향 지시등은 매우 다양하게 개발되어 사용되고 있다. 즉, 전자 열선식, 콘덴서식, 수은식, 트랜지스터식, 시계식, 열선 스냅식, 모터식, 바이메탈식 등이 있다.

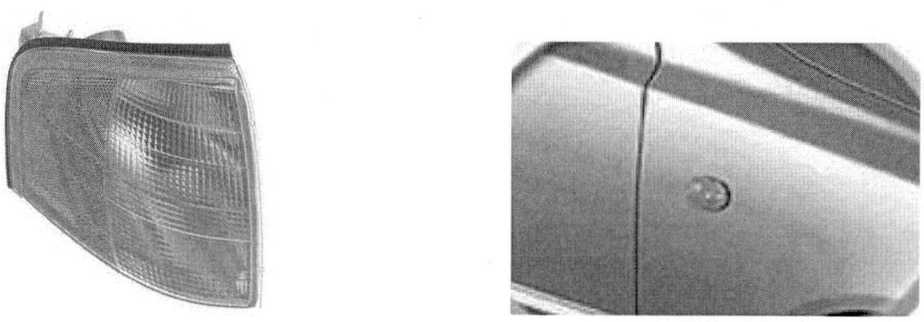

(a) 방향 지시등 렌즈　　(b) 방향 지시등 설치

그림 9.27 방향 지시등

연습문제

9.1 자동차의 안전 운행을 위해 운전자가 반드시 알아야 하는 정보를 제공하는 계기장치에 대하여 간략하게 설명하시오.

9.2 자동차의 각종 정보를 운전자나 탑승자에게 효과적으로 제공하기 위해 사용되는 표시장치(display)에 대하여 설명하시오.

9.3 자동차의 정보를 운전자에게 안정적으로 제공하기 위해 반드시 필요한 계기장치나 표시장치의 기술개발 동향에 대하여 기술하시오.

9.4 자동차의 주행 상태를 주변의 차량이나 사람들에게 알려주기 위해 사용하는 보안장치의 필요성을 기술하고, 자동차 보안장치에 대하여 간략하게 설명하시오.

9.5 운전자의 전방 시야를 안정적으로 확보하기 위해 사용하는 와이퍼의 역할을 기술하고, 와이퍼의 작동 방법에 대하여 간략하게 설명하시오.

제 10 장

디젤 및 LPG 자동차의 전자제어

10.1 디젤 및 LPG 자동차 개론

10.1.1 디젤 자동차

디젤 자동차(Diesel automobile)는 공기만을 흡입하여 고압으로 압축한 상태에서 경유(light oil)를 연소실에 노즐로 분사하여 자연적으로 착화하는 압축착화(compression ignition) 방식의 디젤 엔진을 탑재한 자동차를 말한다. 디젤 자동차는 연소효율이 우수하고, 엔진의 출력이 높기 때문에 트럭, 버스, 중장비, 군용차량 등에 널리 사용되고 있다. 특히, 최근에는 유럽을 중심으로 승용차나 SUV 차량에 디젤 엔진을 탑재한 디젤 자동차(그림 10.1)의 생산량이 크게 증가하고 있다.

디젤 자동차는 동력을 발생하는 엔진, 생산된 동력을 바퀴로 전달하는 동력 전달장치, 차량의 임의 방향 이동성을 보장하는 조향장치, 노면에서 전달되는 진동을 차단하기 위한 현가장치, 이동하는 차량을 안전하게 정지시키기 위한 제동장치, 자동차를 조립하는데 필요한 모든 구성품의 중량이나 각종 전달 하중을 지지하기 위한 차체(body) 등으로 구성된다.

디젤 자동차에서 가장 중요한 구성 유니트인 디젤 엔진(Diesel engine)은 실린더에 공기만을 흡입하여 12~24 정도의 높은 압축비로 압축한 다음, 연료 분사펌프를 사용하여 가압된 연료를 노즐에서 미립자 무화상태로 연소실에 고압으로 분사한다. 공기를 압축하는 과정에서 발생된 공기의 압축열은 무화된 분사연료와 혼합되는 과정에서 자기 착화가 순간적으로 진행되면서 팽창동력을 얻게된다. 디젤 엔진은 실린더 블록과 실린더 헤드, 피스톤-크랭크축 연결 기구로 구성된 엔진 본체와 이들 동력 발생 장치를 안정적으로 구동하기 위해 필요한 부속 시스템인 윤활장치, 냉각장치, 연료장치, 흡·배기 장치, 전기장치, 전자제어 장치 등으로 구성된다.

기본적으로 디젤 차량은 가솔린 차량에 비하여 탑재된 엔진의 타입이 다를 뿐 차체(body)나 섀시(chassis)에 관련된 구성품들은 대부분 같다. 단지, 디젤 차량은 압축비와 연소압력이 높은 관계로 구조물의 기계적 강도를 높여야 하기 때문에 차체의 중량이 많이 나가고, 차체가 모든 하중을 담당하도록 설계되어 진동이나 소음문제가 많이 발생한다. 그러나, 디젤 엔진을 탑재한 디젤 자동차는 엔진의 열효율이 높기 때문에 전통적으로 큰 출력을 요구하는 버스, 트럭, 군용차량, 중장비, 디젤 열차, 산업용 엔진 등에서 많이 사용한다. 최근에는 폭발적으로 신장하는 다목적 승합차나 SUV 차량에 디젤 엔진을 널리 탑재하고 있으며, 특히 연료 분사기술의 획기적인 발달로 높은 열효율과 저공해 특성의 유지는 디젤 승용차의 대량보급을 예상할 수 있다.

(a) 초기 디젤 승용차

(b) SUV 디젤 자동차

그림 10.1 디젤 자동차

10.1.2 LPG 자동차

(1) LPG 자동차 개론

자동차에서 사용되는 연료로 가솔린 자동차의 휘발유와 LPG, 디젤 자동차의 경유가 널리 사용된다. 자동차 연료의 대부분은 운반성이 우수한 액체 연료를 사용하지만, 자동차에 액화석유가스(Liquefied Petroleum Gas : LPG)라는 가스연료를 승용차, 소형 밴, 승합차 등에 사용하고 있다.

LPG 연료는 봄베(bomb)로부터 가스상태로 기화되어 연소실에 연료를 직접 공급하기 때문에 비교적 완전 연소가 용이하므로, 액체 연료인 가솔린이나 디젤보다는 상대적으로 청정 연료라 할 수 있다. 따라서, LPG 차량은 LPG 가스연료를 사용하기 때문에 상대적으로 완전연소가 이루어져 유해 배기가스 발생량이 크게 줄어들므로 환경개선 효과가 우수하다. 그러나, LPG 연료는 대기압 상태에서 가스로 존재하므로 운반하기가 어렵고, 액체 연료에 비하여 안전성이 상대적으로 떨어지므로 적절한 안전 시스템과 최적의 전자제어 분사를 위한 별도의 시스템이 구축되어야 한다.

액화석유가스(LPG)는 원유를 생산할 때 유전에서 회수되거나, 정유공장에서 원유를 정제하는 과정에서 발생되는 가스 부산물 LPG는 상온의 대기압에서 기체상태로 존재하지만, LPG가 냉각되거나 압력을 받게 되면 액체상태로 변한다. 액체상태의 연료는 기체상태보다 부피가 250배 정도로 줄어들기 때문에 액체 연료의 저장, 운반, 취급 등의 측면에서 보면 유리하지만, 엔진의 연료로 사용하기에는 현실적으로 완전 연소가 어렵다. 그러나, LPG는 대기압 상태에서 자연적으로 기화하면서 가스상으로 변환되므로 연료의 연소가 쉽게 진행되고, 특히 불완전연소에 의한 환경오염 발생량을 크게 줄일 수 있다.

LPG 자동차에 사용되는 국내 LP가스 연료는 대부분의 성분이 부탄(butane)과 프로판(propane)으로 구성되어 있다. 하절기(3월~11월)에는 보통 부탄가스를 100% 사용하지만, 동절기(12월~2월)에는 부탄(70%)과 프로판(30%)을 일정량 혼합하여 사용하는데, 이것은 연료의 저온 연소효율을 높이기 위한 방법이다.

그림 10.2는 LPG 엔진에 공급되는 공기와 연료의 피드백 믹서(FBM) 계통도를 보여주고 있다. LPG 연료 탱크에서 공급되는 과정에서 가스연료의 베이퍼라이저(vaporizer)와 각종 안전장치 등을 제외하면 가솔린 엔진과 동일한 구조를 갖는다.

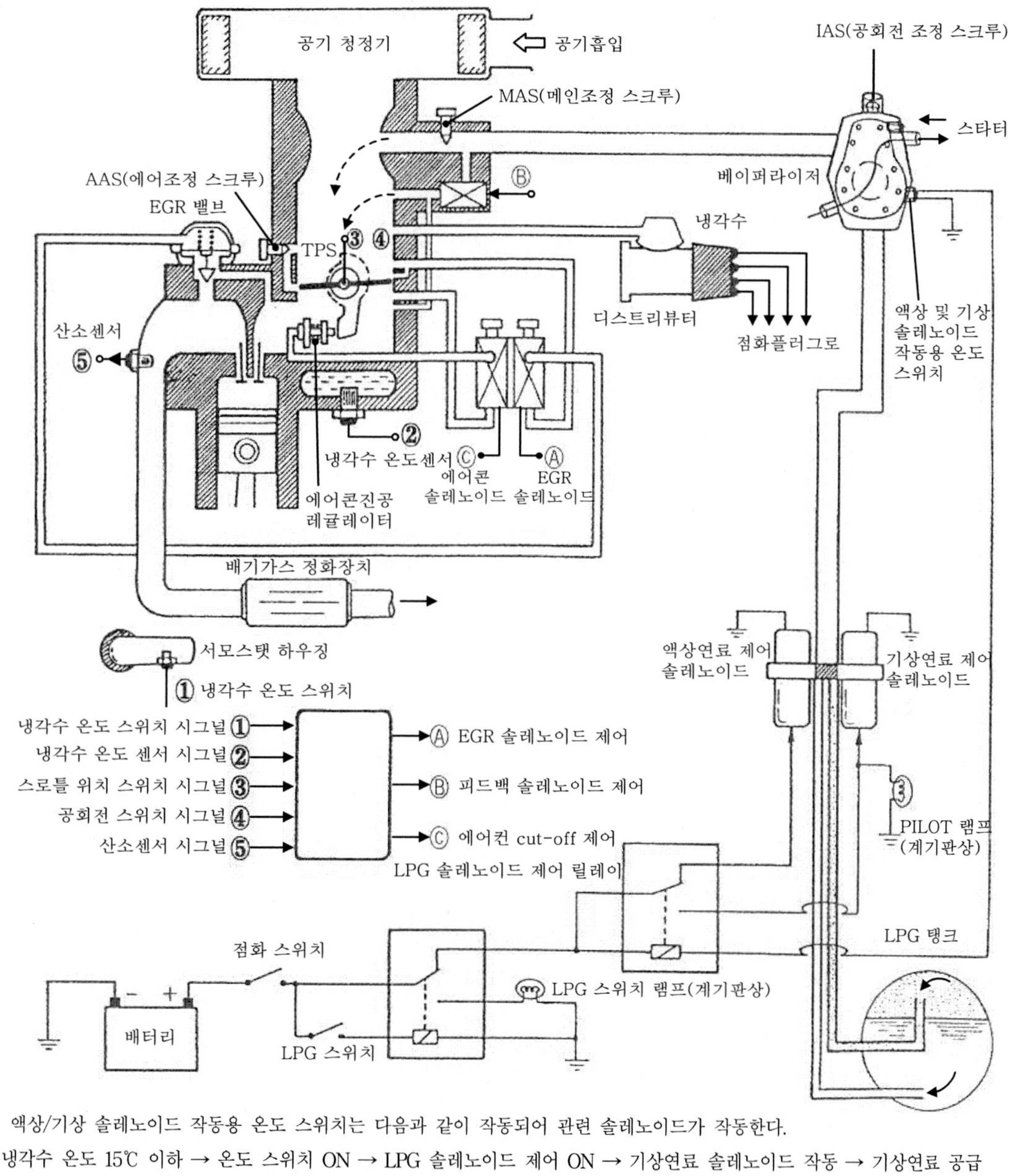

※ 액상/기상 솔레노이드 작동용 온도 스위치는 다음과 같이 작동되어 관련 솔레노이드가 작동한다.

- 냉각수 온도 15℃ 이하 → 온도 스위치 ON → LPG 솔레노이드 제어 ON → 기상연료 솔레노이드 작동 → 기상연료 공급
- 냉각수 온도 15℃ 이상 → 온도 스위치 OFF → LPG 솔레노이드 제어 OFF → 액상연료 솔레노이드 작동 → 액상연료 공급

그림 10.2 LPG 엔진의 피드백 믹서(FBM) 계통도

(2) 가스연료에 따른 차량의 분류

자동차에서 사용하는 가스연료는 크게 액화석유가스(LPG)와 천연가스(natural gas)의 두가지 계열이 있다. 국내에는 택시, 장애인 차량을 비롯한 특정 부류의 차량에만 선별적으로 저렴한 LPG 연료 사용을 허가하여 특혜를 주고 있다. 그러나, 설치 및 유지비가 많이 필요한 CNG 차량은 대도시 지역의 일부 버스나 청소차량 등의 특수차에 적용하여 환경문제를 완화한다는 측면에서 CNG 연료를 사용하도록 강제하고 있다.

▣ LPG 차량

액화석유가스(Liquefied Petroleum Gas : LPG)는 원유를 생산하는 과정에서 발생되는 가스를 회수하거나, 원유를 정제하는 과정에서 부산물로 나오는 석유가스를 가압·액화한 것이다. LPG 차량은 LPG를 연료로 사용하는 가스 차량을 말한다.

▣ CNG 차량

자연상태에서 뿜어져 나오는 메탄가스(CH_4)를 주성분으로 하는 천연가스를 가압·액화한 것이 액화천연가스(Liquefied Natural Gas : LNG)이다. 보통 -162℃에서 액체상태를 유지하는 LNG를 다시 기화하여 상온에서 고압으로 압축한 천연가스를 압축천연가스(Compressed Natural Gas : CNG)라 하고, CNG를 연료로 사용한 차량이 CNG 자동차이다.

(3) LPG 차량의 장단점

LPG 차량은 액체 연료인 휘발유를 사용하는 가솔린 엔진과의 차이점이 별로 없다. 즉, 기본적인 엔진 구조는 같으나, 사용하는 연료가 LPG이기 때문에 LPG를 자동차 연료로 사용하기 위해 필요한 연료 공급장치를 다르게 제작한다. LPG 연료는 온도와 압력의 변동에 따라 쉽게 액화하는 성질이 있어서 LPG를 자동차 연료로 사용해도 별도의 분사펌프 없이 연료를 연소실에 쉽게 공급할 수 있다. 엔진에 연료를 효과적으로 공급하기 위해서는 봄베(bomb)라는 연료 저장탱크에 일정한 가스압력이 항상 존재하도록 하여 저장탱크의 압력으로 가스연료를 공급한다.

따라서, 자동차 연료로 사용되는 LPG는 사용온도와 압력조건에 따라 기화시점이 다른 부탄과 프로판을 기온(하절기와 동절기의 온도 조건)에 따라 적절히 혼합하여 사용하고 있다. 예를들면, 동절기(12월~2월)에는 부탄에 비해 낮은 온도에서 쉽게 기화하는 프로판의 혼합비율을 최대 30%까지 높여줌으로써 연료의 공급과 기화에 필요한 일정한 압력을 형성하도록 하여 연소 효율을 높여준다.

LPG 차량은 연소실로 유입되는 연료가 액체가 아닌 가스이므로 연소가 용이하지만, 가스 연료 사용에 따른 차량의 특성이 달라진다. 따라서, LPG 차량은 기존의 가솔린 자동차나 디젤 자동차에 비하여 다음과 같은 장·단점이 있다.

▣ 장점

① 연소효율이 좋고, 엔진이 정숙하다.
② 대기오염 발생량이 적다.
③ 증발 가스압을 이용하므로 연료펌프가 필요 없다.
④ 유황성분이 적어 연소후 각 부품에 대한 손상이 적다.
⑤ 엔진오일의 수명이 길다.
⑥ 휘발유나 경유에 비하여 연료비가 저렴하다.

▣ 단점

① 가솔린 엔진에 비하여 출력이 떨어진다.
② 겨울철의 시동성이 나쁘다.
③ 증발기(vaporizer)내의 타르(tar) 제거와 같은 정비가 필요하다.
④ 연료의 취급과 공급절차가 복잡하고, 약간 위험하다.
⑤ 고압용기인 봄베는 안전상 정기검사를 받아야 한다.
⑥ 봄베 설치로 트렁크의 사용공간이 줄어든다.

(4) LPG 연료의 일반특성

LPG(Liquefied Petroleum Gas)는 부탄(butane), 프로판(propane) 등과 같이 비등점이 낮은 탄화수소(HC)를 주성분으로 혼합한 가스를 상온에서 가압하여 액화한 것이다. 흔히 LP가스라고 하는 LPG의 비중(specific gravity)은 액체 상태일 때 1.5~0.55, 기체 상태일 때 1.4~1.56 정도로 비교적 무겁다. 반면에 액체 연료인 가솔린의 비중은 0.66~0.75(20℃ 기준)로 LPG가 2배정도 더 무겁다. 여기서 비중 1은 0℃ 공기를 기준으로 한 것이다.

1kg의 LPG 액체가 기화하면 437[ℓ]의 기체로 팽창되고, 액상의 LPG는 기화하는 과정에서 약 102kcal의 열손실이 발생한다. 일반적으로 가스는 운반성과 저장성 측면에서 불안전하기 때문에 기체를 액체로 상변환하여 운반하는 것이 보다 안전하다. LPG 연료의 일반적 특성을 요약하면 다음과 같다.

① LPG는 대기압 상태에서 기체이고, 기체상태의 부탄(C_4H_{10})은 2배, 프로판(C_3H_8)은 공기보다 1.52배나 무겁다.

② 순수한 LPG는 무색, 무취, 무미, 무독성을 나타낸다. 그러나, 시판중인 LPG는 유기 화합물을 약간 혼합하여 자극적인 냄새가 발생하도록 제조한 것이다.
③ 부탄은 대기압에서 -0.5℃ 이하로 냉각시키거나 또는 상온에서 2kg/cm^2 이상으로 가압하면 용이하게 액화된다.
④ 프로판은 대기압에서 -42.1℃ 이하로 냉각시키거나 또는 상온에서 7.4kg/cm^2 이상으로 가압하면 쉽게 액화한다.
⑤ 액체 LPG가 기화하게 되면, 부탄은 240배, 프로판은 270배나 체적이 증가한다.

10.2 디젤 엔진

10.2.1 디젤 엔진 개론

디젤 엔진(Diesel engine)은 연소실에 공기만을 흡입하여 12~24 정도의 높은 압축비로 압축한 다음, 연료분사 노즐에서 연료를 초고압으로 분사하여 압축과정에서 발생된 온도에 의해 자연적으로 착화 점화(compression ignition)하는 방식을 채택하고 있다. 이러한 착화 점화에 의한 동력발생 방식은 가솔린 엔진에서 연료와 공기 혼합기를 압축하고, 여기에 전기 에너지를 공급하여 스파크 플러그(spark plug)에 의한 불꽃 점화(spark ignition)를 하는 가솔린 엔진의 점화 방식과는 근본적으로 다르다. 그림 10.3은 대표적인 디젤 엔진을 보여주고 있다.

디젤 엔진은 공기를 고압으로 압축하여 연료의 인화점 온도 이상으로 압축해야 하고, 동시에 연료를 고압으로 분사시켜 무화 현상이 잘 진행되어야 공기와 혼합되고, 혼합하는 과정에서 무화·분포된 연료는 압축열에 의해 착화가 진행되면서 원활한 연소가 이루어진다. 이러한 압축 착화 연소과정이 효과적으로 진행되기 위해서는 고압의 연료 분사펌프(injection pump)와 연료 분사 노즐(injection nozzle) 등의 연료 분사장치가 연소와 출력 증대에 중요한 역할을 한다.

디젤 엔진에서 사용되는 대표적인 연료는 자기 착화성이 우수한 경유(light oil)를 사용한다. 디젤 엔진에서 사용하는 연료는 압축된 공기온도에 의해 반드시 자연 착화를 달성해야 하므로 연료의 무화성, 관통성, 분산성 등이 우수해야 연료가 분사되면서 착화가 잘 일어난다. 따라서, 디젤 연료는 유동성이 우수해야 고압 연료 파이프와 노즐을 잘 통과하고, 무화 현상을 잘 형성할 수 있다.

디젤 엔진에서 사용하는 연료 분사장치는 가솔린 엔진의 전자제어 연료 분사장치(MPI)와 비슷하지만, 연료 분사원리는 크게 다르다. 즉, 디젤 엔진은 압축 착화라는 연소 프로세스의 특성상 압축비를 높게 유지하므로 항상 다량의 공기를 흡입해야 한다. 따라서, 흡기 라인에 스로틀 밸브(throttle valve)가 없으며, 엔진의 회전수를 높이기 위해서는 가속 페달(accelerometer pedal)을 밟아 연료 펌프로부터 들어오는 연료량을 증가시키는 방법을 사용하고 있다. 반면에 가솔린 엔진에서는 회전수를 높이기 위해 가속 페달에 연결된 스로틀 밸브를 열어서 공기량을 증가시키는 방식을 채택하고 있는데, 이 점이 서로 다르다.

디젤 엔진은 압축착화 방식을 채택하고 있으므로, 전기 에너지에 의한 불꽃점화 방식의 가솔린 엔진과는 여러 가지 측면에서 차이가 있다. 이들 차이점을 중심으로 디젤 엔진의 장·단점을 요약하면 다음과 같다.

그림 10.3 디젤 엔진

(1) 장점

① 흡입공기의 유동저항이 작고, 공기의 압축비가 높으므로 열효율이 우수하다.

② 높은 압축비와 폭발 압력으로 고출력을 얻을 수 있다.

③ 휘발유에 비하여 저렴한 연료(경유)를 사용하므로 경제적이다.

④ 연료의 인화점이 높으므로 화재 위험성이 낮다.

⑤ 디젤 엔진은 노킹 문제로 인해 실린더의 크기 설계에서 제한을 받지 않는다.

⑥ 디젤 엔진은 점화를 위한 전기장치가 없으므로 전기로 인한 고장 발생률이 낮다.

⑦ 엔진 속도를 저속에서 고속까지 연료량을 자유롭게 조절할 수 있으므로 평균 유효압력의 변화가 거의 일어나지 않는다. 따라서, 엔진의 토크 변동이 비교적 줄어든다.

⑧ 희박 연소방식을 채택하고 있으므로, 가솔린 엔진에 비하여 HC, CO 발생량이 대단히 작다.

(2) 단점

① 압축비와 폭발압력이 크기 때문에 엔진 구조물의 강도를 높여야 하므로 중량이 많이 나간다.

② 높은 폭발압력으로 마찰손실이 크고, 소음과 진동이 많이 발생한다.

③ 기계적 강도와 왕복동 운동의 한계로 고속 회전이 어렵다. 즉, 피스톤의 중량 증가로 인한 관성력이 크게 상승하므로 회전 속도에 제한을 받는다.

④ 압축착화 방식이므로 엔진이 냉각되었을 때는 초기 시동이 어렵다.

⑤ 고속 회전에 제약을 받는 것과 연소상의 문제가 있어 최대 분사량이 제한되기 때문에 동일한 출력을 요구할 경우는 배기량이 커진다.

⑥ 엔진의 압축비가 높기 때문에 비교적 용량이 큰 시동 모터를 필요로 한다.

⑦ 연소 최고온도가 높으므로 질소산화물(NO_x)이나 미립자 탄화물질과 같은 유해 배기가스 발생량이 많다.

10.2.2 연료 공급장치

(1) 연료 공급장치 개론

디젤 엔진에서 연료 분사장치는 연료 저장탱크로부터 연료를 공급받아 엔진의 출력 조건에 적합한 연료 분사량과 분사시기의 조정, 환경 규제조건을 만족할 수 있도록 배출가스의 오염도를 조절하기 위한 연료 공급 시스템이다. 그림 10.4는 디젤 엔진의 연료 탱크에서 연료 분사 노즐(injection nozzle)에 이르기까지 필요한 연료 공급 시스템(fuel feeding system)을 보여주고 있다.

연료의 분사량과 분사시기는 분사펌프에 의해 결정되고, 연료의 분무상태는 노즐의 설계조건에 의존한다. 연료탱크에 저장된 연료는 연소실에 연료를 공급하기 위해서 피드펌프(fuel feed pump)에 의해 압송되고, 이 연료는 분사펌프(injection pump)에 의해 가압되어 분사 파이프를 따라 이송된 고압의 연료는 노즐을 통하여 연소실에 무화상태로 분사된다. 이러한 연료 분사 과정에서 혼합되는 순간에 남은 잉여연료는 연료탱크로 다시 되돌아간다. 디젤 엔진에서 연료 분사장치는 적량의 연료를 적기에 고압 분사하여 연료를 미립자로 만들기 때문에 고온의 압축 공기와 자연적으로 혼합되는 순간에 착화되면서 출력을 발생하게 된다. 따라서, 디젤 엔진에서 연료 분사펌프와 연료 분사노즐은 엔진의 출력성능과 유해 배출가스 발생에 중요한 영향을 미치는 핵심부품이다.

결국, 디젤 엔진의 연료 분사장치는 연료를 고압으로 보내서 엔진의 요구조건에 적합한 분사량 조절, 최적의 분사시기와 분사기간 조절로 노즐에서 완벽한 분무상태를 얻고자 한다. 연료의 분사시기는 연료 분사펌프에 의해 결정되지만, 분무는 노즐의 작동 메카니즘에 의해 형성된다. 연료 공급펌프(feed pump)에 의해 분사펌프로 보내진 연료는 일정압력 이상으로 가압되어 분사 파이프를 통해 인젝터로 보내져 각 실린더에 장착된 노즐은 최종적으로 연소실에 연료를 무화 상태로 분무하게 된다. 노즐에 공급된 연료의 일부는 노즐의 마찰 운동부에 윤활을 하여 마찰 운동성을 좋게 하고 연료탱크로 되돌아간다. 디젤 엔진에서 연료 분사장치는 적량의 연료를 적기에 고압으로 분사하여 분무성, 관통성, 분배성을 확보함으로써 엔진의 고출력과 유해 배출가스 저감에 가장 중요한 역할을 한다.

(2) 연료 분사장치의 구조

디젤 연료를 공급하기 위한 연료 분사장치에는 연료를 저장하기 위한 연료탱크(fuel tank), 연료를 압송하기 위한 연료 공급펌프(fuel feed pump), 연료에 포함된 이물질을 제거하기 위한 연료필터(fuel filter), 연료를 노즐에 고압으로 공급하기 위한 연료 분사펌프(fuel injection pump), 고압의 연료를 미립화 하여 연소실에 공급하기 위한 분사 노즐(injector), 이 부품들을 연결하여 연료를 이송하기 위한 파이프와 호스 등으로 구성된다.

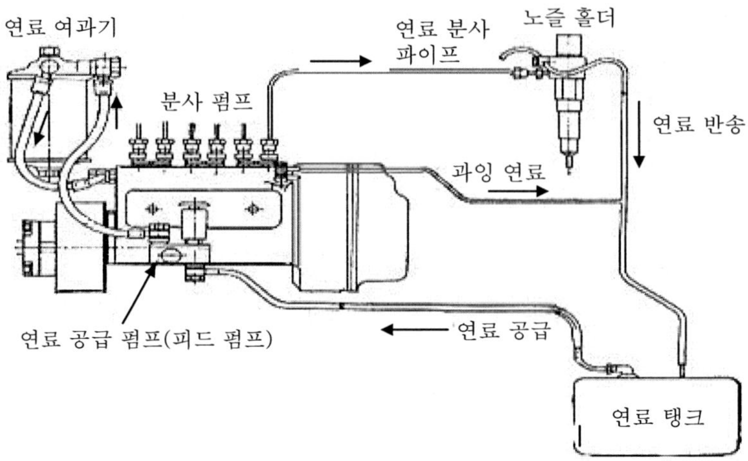

그림 10.4 디젤 엔진의 연료 공급 시스템

▣ 연료 공급펌프

연료 공급펌프(fuel supply pump)는 연료를 저장탱크로부터 흡상하여 연료 여과기(fuel filter)를 거쳐 분사펌프로 보내기 위한 일종의 피드펌프(feed pump)로 그림 10.5에서 보여주고 있다. 분사펌프(injection pump)는 다시 고압으로 올려서 연료를 분사하는 인젝터로 보내면, 이곳의 노즐은 각 실린더의 연소실에 고압으로 분사하여 연료의 미립자화를 달성한다.

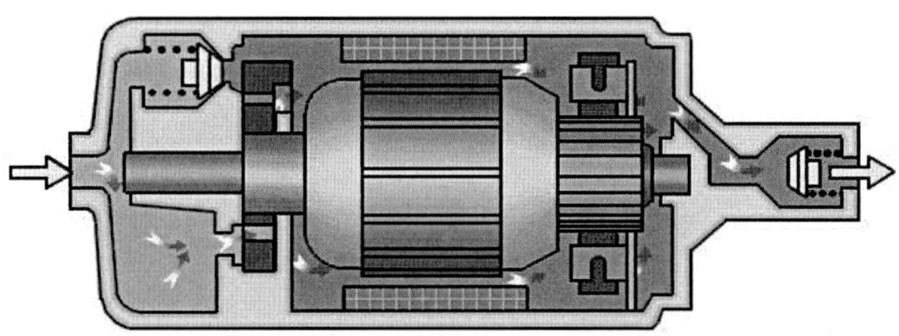

그림 10.5 연료 공급펌프

▣ 연료 여과기

연료 필터(fuel filter)라고 하는 연료 여과기는 휘발유, 경유 등의 연료에 함유된 각종 불순물을 걸러내기 위한 여과 장치이다. 특히, 연료 분사펌프를 사용하는 전자제어 엔진에서 연료 필터는 연료의 정상적인 무화(mist)를 위해 대단히 중요한 역할을 한다.

연료 필터를 적절하게 교환하지 않으면, 분사 노즐 구멍이 막히는 사고로 인해 엔진의 작동

불능으로 연결되면서 연료 공급라인을 교환해야 하는 심각한 상황이 벌어질 수도 있다. 결국, 연료 필터가 이물질을 적절하게 걸러주지 못하면 엔진의 출력저하와 매연발생 등의 문제점을 초래하게 된다.

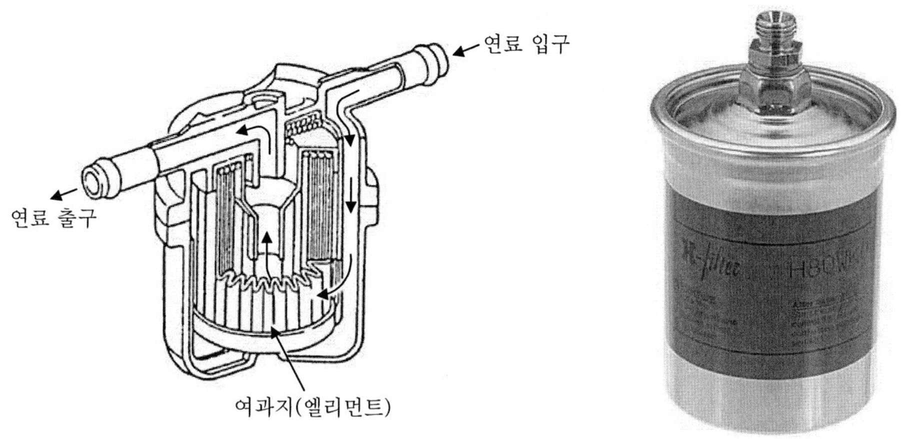

(a) 연료 여과기의 구조 (b) 연료 여과기

그림 10.6 연료 여과기의 구조

▣ 연료 분사펌프

연료 분사펌프(fuel injection pump)는 인젝터에서 무화상태로 연소실에 분사할 정도의 높은 압력으로 끌어올리기 위한 펌프로, 그림 10.7은 접점식의 연료 분사펌프를 보여주고 있다. 플런저식 연료펌프는 500~800kg/cm^2 정도의 최고 압력을 발생하지만, 디젤 엔진은 아직도 완전한 연소를 할 수 없는 처지이다. 디젤 엔진의 신기술 개발은 계속되지만 현실적으로 해마다 강화되는 국제 환경규제 조건(Euro 3 → Euro 4 → Euro 5 등)을 만족시키기는 어려운 상태이다. 특히 연료 분사압력을 높이기 위한 기술개발에서 많은 성과를 올리고는 있지만, 운동부의 마멸발생, 유동마찰 손실, 초정밀 가공기술 등에서 아직도 어려움을 겪고 있다. 그러나, 최근에는 연료 분사압력을 1350~1800kg/cm^2 정도로 크게 높인 커먼레일(common rail) 연료 분사장치가 혁신적으로 개발되면서 이러한 문제들이 크게 개선되었다.

분사펌프는 연료의 압력을 올려서 고압의 연료를 인젝터를 통하여 안정적으로 분사하기 위해서는 최소한 다음과 같은 성능을 확보하고 있어야 한다.

① 연료의 분사량을 정밀하게 조정할 수 있어야 한다.

② 연료의 분사개시와 분사기간을 조정할 수 있어야 한다.

③ 거버너의 작동으로 연료량을 조정할 수 있어야 한다.
④ 감속시 실린더로 공급되는 연료를 간단하게 차단할 수 있어야 한다.

연료분사 시스템은 연료를 고압으로 만들어 노즐로 압송하는 압송기구, 연료 분사량을 조절하는 조절기구를 가진 펌프본체, 펌프본체의 분사량 조절기구와 결합되어 엔진의 회전수와 부하변동에 따라 분사량을 제어하는 거버너(governor), 엔진의 회전수에 따라 분사시기를 제어하는 타이머(timer) 등으로 구성된다.

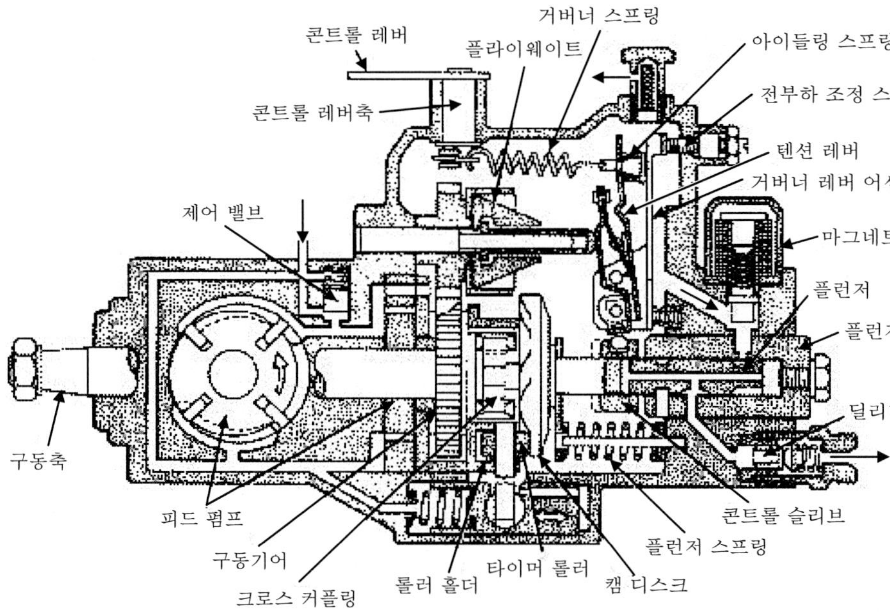

그림 10.7 연료 분사펌프(Bosch사의 VE 디젤용)

1) 거버너

엔진에 걸리는 부하 변동에 관계없이 항상 안정된 회전수를 유지하는 것은 대단히 중요하다. 디젤 엔진의 경우, 흡입 공기량은 엔진의 회전수와 관계없이 거의 일정하기 때문에 발생된 토크의 특성은 연료 분사량에 의해 결정된다. 거버너(governor)는 연료 분사펌프 본체의 분사량 조절기구(연료펌프의 콘트롤 래크)와 연결되어 회전수와 부하에 따라 연료 분사량을 제어하는 역할을 담당한다. 현재 사용하는 기계식 거버너는 중간속도 제어특성이 다른 최고-최저속도 제어식 거버너(maximum-minimum speed governor)와 올스피드 거버너(all speed governor)의 두 종류가 사용되고 있다.

① 최고-최저속도 제어식 거버너

최고-최저속도 제어식 거버너(maximum-minimum speed governor)는 대형 디젤 엔진에 많이 사용되는 제어식 거버너이다. 거버너의 중간 회전수 영역은 외부에서 직접 콘트롤 래크로 제어되며, 거버너는 콘트롤 래크의 위치를 제어하지 않는다. 정속 주행을 하다가 가속을 하기 위해서 가속 페달을 밟아도 가속 페달의 개도에 맞춘 부분부하 토크 이내에서만 가속된다.

② 올스피드 거버너

올스피드 거버너(all speed governor)는 중간 회전수 영역에서 회전수를 제어할 수 있고, 엔진의 부하가 변동해도 같은 회전수를 일정하게 유지할 필요가 있는 건설 기계, 특장차, 자동차용 중·소형 엔진 등에 널리 사용되고 있다. 올스피드 거버너는 전부하 분사량 특성이 자유도가 많은 캠기구(cam mechanism)에 의해 결정되고, 가속 페달(acceleration pedal)에 거버너 스프링의 반력이 직접 작용하지 않도록 제작되어 있다. 이 거버너의 사용은 엔진의 운전성과 정속 주행에서 가속 응답성이 우수하다. 그러나 속도 변동율을 너무 작게 하면 가속 페달의 조작이 민감해지고 가속시 쇼크가 커지는 문제점이 있다.

2) 타이머

연료 분사펌프의 플런져가 연료의 압송을 시작하게 되면, 플런져의 압송에 의한 압력파가 노즐에 전달되는 시간과 압력이 노즐 개변압력에 도달하는데는 어느 정도의 시간이 걸리기 때문에 실제로 분사가 시작되기까지는 약간의 연료 분사 지연시간이 존재한다. 따라서 엔진의 회전속도와 부하조건에 따라서 분사시기를 조정해야 한다.

이러한 연료의 분사지연은 엔진의 회전수가 높아지거나 분사 파이프의 길이가 길어지면 증가하기 때문에 분사시기를 정확하게 제어하기 위해서는 압송개시 시기를 빠르게 할 필요가 있다. 따라서, 연료의 분사시기 조절을 위해 개발된 것이 타이머(timer)이다. 즉, 엔진과 분사펌프의 구동축간에 위상차를 두어 회전속도가 빨라지면 분사시기를 빠르게 하고, 회전속도가 떨어지면 분사시기를 늦추는 작용을 그림 10.8과 같은 프로세스에 따라 연료의 분사시기를 타이머에 의해 조절한다.

타이머는 크게 플라이웨이트의 원심력에 의해 구동축과 캠축(피구동축) 사이의 위상차를 발생시키는 기계식 타이머와 원심력 대신에 외부 유압을 이용하여 작동되는 전자 유압식 타이머로 분류한다. 기계식 타이머는 분사펌프의 구동 토크를 이겨내고, 피구동축을 움직이기 때문에 타이머의 허용 토크와 진각 범위에서 작동해야 하는 한계는 있지만 구조가 간단하므로 많이 사용되고 있다.

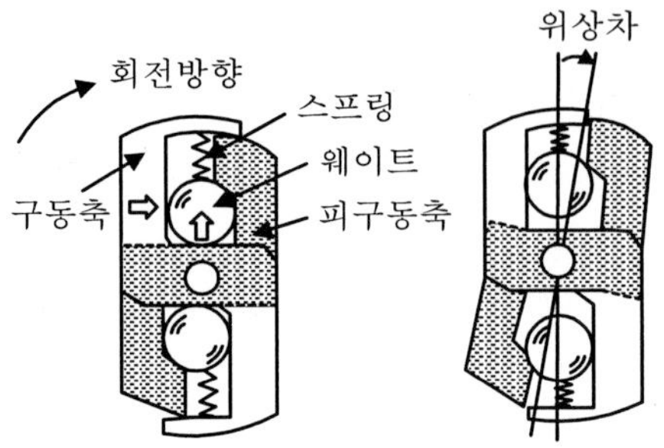

(a) 타이머의 작동 시작 (b) 타이머의 작동 완료

그림 10.8 타이머의 작동 프로세스

▣ 분사 노즐

디젤 엔진에서 연료를 분사하기 위한 분사 노즐(injector)은 연료를 무화시켜 연소실에 공급하는 역할을 한다. 분사 노즐은 크게 니들(needle)의 상하운동을 하는 노즐 어셈블리와 노즐 폐변압을 설정하는 스프링이 있는 노즐홀더로 구성된다. 그림 10.9에서는 여러 가지 타입의 분사 노즐을 보여주고 있다. 또한, 그림 10.10에서는 핀틀형과 스로틀형의 노즐에서 밸브의 리프트(lift) 변동에 따른 노즐의 분사 개구 단면적의 크기를 제시하고 있다. 이러한 개구 단면적의 변화는 연료의 무화에 큰 영향을 미치게 된다.

공급된 연료의 압력이 높아져 스프링 힘을 이기면 니들이 상승하여 연료가 분사구멍을 통과하는 과정에서 교축작용(throttling)에 의해 무화(atomizing)가 이루어지면서 분사가 시작되고, 반대로 압력이 떨어지면 노즐이 시트에 착좌하기 때문에 분사는 종료하게 된다.

연료의 분사과정을 요약하면, 연료가 상승하는 압력, 즉 개변압에 의해 연료는 무화가 시작하고, 떨어지는 압력, 즉 폐변압에 의해 연료의 분사는 종료된다.

1) 분사 노즐의 종류

① 홀형 노즐

그림 10.9(a)의 홀형 노즐은 시트 하부에 색(sec)이라고 부르는 공간이 있고, 이 색을 중심으로 여러 개의 분사구멍이 가공되어 직접 분사방식의 엔진에 사용된다. 엔진의 출력성능에 잘 부합하도록 분사구멍의 크기, 각도, 니들 리프트 등을 조정한다.

② 핀틀형 노즐

그림 10.9(b)의 핀틀형 노즐은 시트(seat) 아래에 분사구멍을 하나 만들어 니들 끝 모양에 따라 분무의 퍼짐 각도나 분사구멍의 개도 면적을 여러 가지로 바꿀 수 있으며, 와류실식에 많이 사용된다.

③ 스로틀형 노즐

그림 10.9(c)의 스로틀형 노즐은 밸브의 리프트 변동에 따라 노즐의 분사 개구면적을 정밀하게 제어할 수 있다. 특히, 고압분사로 연료의 무화 정도를 용이하게 조정할 수 있는 장점이 있다.

그림 10.10은 노즐의 리프트 양을 조정에 따른 핀틀형과 스로틀형 개구면적의 변화특성을 상대적으로 잘 나타내고 있다.

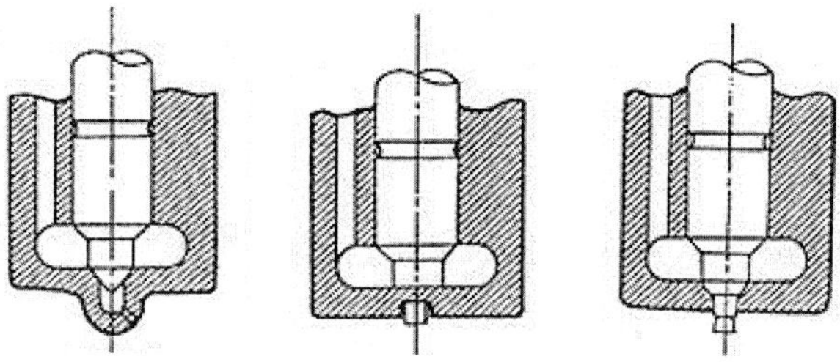

(a) 홀형 (b) 핀틀형 (c) 스로틀형

그림 10.9 분사 노즐의 종류

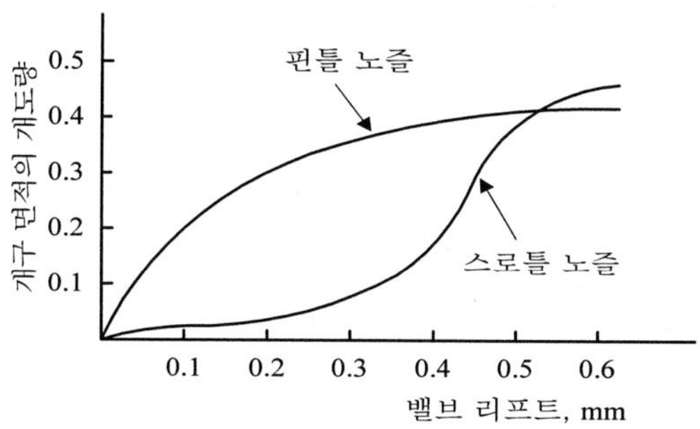

그림 10.10 노즐의 분사 개구면적

2) 분사 노즐의 선정

연료 분사 노즐을 선정하기 위해서는 다음과 같은 항목을 참고로 결정해야 한다.

① 분사구멍

노즐의 분사구멍, 즉 개구면적의 크기는 교축과정(throttling)에서 펌프나 노즐 내부의 압력과 분사 파이프의 캐비테이션 문제를 고려하여 선정한다.

② 분사구멍의 길이

분무하는 과정에서 연료의 관통성과 분배성을 고려하여 분사구멍의 길이를 선정한다.

③ 콘 각도

연소실의 형상에 적합한 콘 각도를 선정하여 연소가 잘 일어나도록 한다.

④ 섹부

시트 하부에 있는 섹(sec) 공간의 용적이 크면 HC가 증가하고, 작으면 분무 특성에 나빠지는 문제점을 고려하여 섹부의 크기와 형상을 선정한다.

⑤ 노즐 홀더

노즐 홀더는 노즐의 리프트와 개변압을 결정하며, 공급하고 남은 연료를 저장탱크로 되돌려 보내는 리크오프(leak-off) 출구가 있다. 최근에 직접분사 엔진에서는 개변압을 2단 제어하는 2개 스프링 노즐 홀더를 널리 사용하고 있다.

(3) 전자제어 연료 분사장치의 특징

전자제어 연료분사 펌프는 연료의 분사량과 분사시기를 전자적으로 정밀하게 제어하는 시스템으로 각 실린더에 공급되는 연료의 분사량을 제어한다. 따라서, 기존의 분사펌프에서 제어하기 곤란하였던 아이들(idle)시에도 회전 변동정도를 검출하여 폭발압력을 균일하게 하는 장점을 갖고 있다. 또한, 전자제어 인젝션 펌프는 차량 시스템과 연동해서 차속(vehicle speed)을 일정하게 하는 트랙션 제어도 한다. 따라서, 엔진은 출력 향상, 정숙한 운전, 매연 발생량 저감이라는 성능 향상을 기대할 수 있다.

▣ 출력 향상

전자제어 인젝션 펌프는 가속페달 각도에 대한 제어로 최적 분사량을 조절하여 출력향상 목표를 달성하고, 저속시에도 토크 향상이 가능하다.

▣ 진동성 향상

기계식 인젝션 펌프는 콘트롤 슬리브 위치가 미세하게 변동되지 않는다. 그러나 전자제어 인젝션 펌프는 아이들링시의 회전변동을 정밀하게 감지하여 각 실린더에 적합한 분사량을 매회마다 증감할 수 있도록 ECU는 콘트롤 슬리브의 위치를 제어하기 때문에 엔진의 진동은 크게 줄어든다.

■ 가속시의 매연 발생량 저감

가속시의 엔진 응답성을 고려하여 연료의 분사량을 증가시키면 기계식 인젝션 펌프는 과급 연료로 인한 매연이 발생한다. 그러나, 전자제어 인젝션 펌프는 가속시에도 분사량을 ECU에 의해 정밀하게 제어하므로 가속성을 유지하면서 매연 발생량을 크게 줄일 수 있게 된다.

■ 부가장치의 불필요

전자제어 분사펌프는 각 센서의 출력신호에 따라 전기적으로 자동보정 작용이 이루어지기 때문에 인젝션 펌프에 기존의 기계식 분사펌프처럼 별도의 각종 부가장치를 필요로 하지 않는다.

10.2.3 디젤 엔진의 출력특성

(1) 전부하 성능

디젤 엔진의 출력은 사이클당 얻어진 일의 크기를 행정체적(stroke volume)으로 나눈 값으로 평균유효압력(mean effective pressure)이라고도 한다. 또한, 엔진의 회전 토크는 피스톤의 상단면에 가해지는 연소가스 압력에 의해 발생하는 힘이 크랭크축 암의 길이를 따라서 접선 방향으로 가해지는 힘의 크기로 나타낸다.

엔진에서 얻어지는 평균유효압력, 즉 회전 토크는 연소실에 공급되는 연료량에 비례하지만, 엔진이 저속으로 운전될 때는 실린더에 공급된 공기와 무화된 연료의 운동량이 작기 때문에 연료와 공기의 혼합 반응이 잘 일어나지 않는다. 따라서, 과도한 연료 공급이나 공기 과잉율이 작을 경우는 불완전 연소에 의한 CO, HC, 매연 등의 발생량이 많아진다. 그러나, 엔진이 중속으로 운전될 때는 연소가 비교적 양호하게 진행되어 회전 토크는 증가하지만, 엔진 구조물의 기계적 강도는 한계를 갖고 있기 때문에 연료 공급량에서 제한을 받는다. 특히, 엔진이 고속으로 회전할 때는 단위시간에 각 부품의 수열량 증가로 열부하가 크게 증가하는 문제가 발생하기 때문에 배기가스의 최고온도를 기준치 이하로 억제할 필요가 있다.

엔진의 회전속도에 따라 연료의 공급량을 조절하는 연료공급 특성이 전부하 성능이라 하고, 최고 회전수는 밸브나 메인 운동부의 한계 회전수에 따라 거버너로 연료 분사량을 직접 조절한다.

(2) 부분부하 성능

엔진의 출력은 연료 공급량에 비례하여 증가하지만, 엔진은 아이들링 부근에서 상대접촉 마찰부의 마찰손실과 공기의 흡입행정과 연소가스의 배기행정에 따른 펌핑 손실(pumping loss)

때문에 일정한 연료 공급량까지는 유효출력을 얻을 수 없고 연료의 대부분은 마찰손실로 소비된다.

전부하 부근에서 연료 공급량이 과대해지면 엔진은 연소과정에서 상대적으로 공기량 부족이 발생되면서 불완전 연소가 보다 많이 진행되고, 실린더의 압력증가로 인한 마찰손실도 증가하게 되어 상대적으로 출력은 떨어진다.

(3) 엔진 출력과 연료 소비율

엔진의 출력은 연소실에 공급되는 연료 분사량을 증가시키면 커지기 때문에 엔진의 성능이나 출력을 직접적으로 비교하기는 어렵다. 따라서, 엔진의 성능을 엔진의 체적에 관계없이 비교하기 위해 평균유효압력을 널리 사용한다. 엔진의 열역학적 사이클 해석에서 평균유효압력이 크면 그만큼 엔진은 출력이 높다는 것을 의미한다.

한편, 연료 공급량을 엔진 출력으로 나눈값을 연료 소비율(fuel consumption ratio)이라 하고, 엔진의 연소효율이 가장 우수한 값을 최소 연료 소비율이라 한다. 그림 10.11은 엔진에서 발생되는 전부하와 부분부하의 출력과 연료 소비율을 공기 과잉율에 대하여 잘 나타내고 있다. 연료에 공기를 충분히 공급하면 연료 소비율은 향상되지만 엔진의 출력은 떨어지는 경향을 보인다.

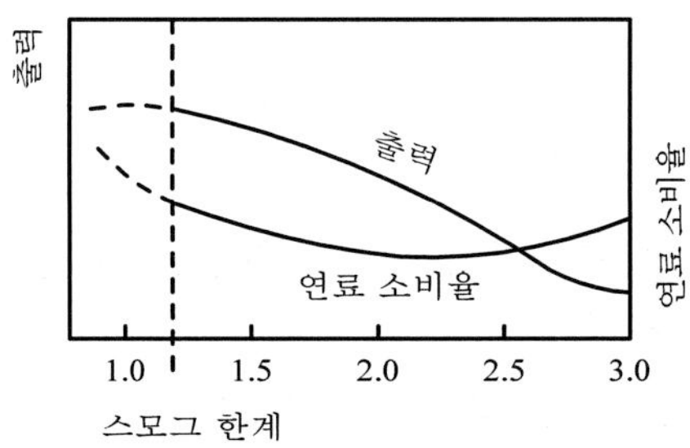

그림 10.11 공기 과잉율 변동에 따른 엔진 출력과 연료 소비율의 관계

10.2.4 디젤 연료의 분사조건

디젤 엔진은 연소과정에서 발화지연을 짧게 하여 디젤 노크 발생을 억제하고, 연소효율을 높여서 출력을 극대화하고, 유해 배출가스 발생량을 줄이기 위해서는 노즐에서 분사되는 연료의 무화성, 분배성, 관통성 등이 우수해야 한다.

디젤 엔진에서 연료를 자연적으로 압축 착화하고 연소하기 위해서 필요한 연료의 분사조건을 요약하면 다음과 같다.

(1) 무화성

연료의 무화성(atomization)은 1,000bar 정도로 압축된 고압의 연료가 노즐(nozzle)을 통하여 분사하는 과정에서 발생한다. 노즐을 통하여 연료를 분사하면 무화된 연료입자는 최대 수백[m/s]의 속도로 연소실의 압축공기 분자와 충돌하여 1~100μm의 미립자로 분쇄되면서 연소실 내부를 비산하게 된다. 연료 입자가 작게 쪼개질수록 무화는 잘 되어 공기와의 실제 접촉면적이 증가되면서 열반응이 원활하게 진행되기 때문에 연료의 완전연소에 의한 출력상승과 유해배기물질 발생량 저하라는 연소효과를 기대할 수 있다.

(2) 관통성

연료입자의 관통성(penetration)은 노즐을 빠져나온 연료 미립자가 고온으로 압축된 공기중을 통과하여 멀리까지 이동할 수 있는 특성을 말한다. 연소실 내부를 멀리 이동해야 하는 연료입자는 순차적으로 고온의 새로운 압축공기와 접촉하는 과정에서 연소가 이루어지기 때문에 연료의 관통성이 좋으면 압축공기의 이용율을 높일 수 있다. 따라서, 노즐에서 분사된 연료 입자는 관통성이 우수해야 멀리까지 비산할 수 있다.

일반적으로 무화성이 우수한 연료입자는 운동량이 작으므로 압축공기에 대한 저항성이 증가하기 때문에 관통성이 떨어지는 문제점이 있다. 그러나, 관통성이 우수한 연료입자는 무화정도가 떨어지기 때문에 연소실에 압축된 고온의 공기를 충분히 활용할 수 없다는 문제점으로 완전 연소가 어렵다.

(3) 분배성

연료의 미립화와 관통성이 우수해도 연료입자가 연소실 내부에 균일하게 분포하는 성질, 즉 퍼짐성이 부족하면 연료는 연소실에 압축되어 있는 공기를 국부적으로만 이용하게 되므로 완전연소가 어렵게 된다. 따라서, 연료입자가 연소실 내부에 고르게 분포하는 성질을 연료입자의 분배성(distribution)이라 한다.

한 개의 분사밸브로부터 분사된 연료의 관통성은 우수하지만, 연소실 공간에 고르게 분포되기는 어렵기 때문에 압축공기의 와류(swirl)가 일어나는 방향을 따라서 노즐분사를 실시함으로써 분사된 연료 미립자가 빠르게 연소실에 고르게 분포된다. 연료의 분배성은 무화된 연료입자가 압축된 고온의 공기와 잘 혼합되어 압축 착화(compression ignition)가 빠르게 진행되도록 하는 디젤 연료의 중요한 분사 특성이다.

10.3 디젤 엔진의 전자제어

10.3.1 디젤 엔진의 전자제어 개론

디젤 엔진(Diesel engine)은 흡기 매니폴드를 통하여 유입된 공기를 연소실에서 12~24 정도의 높은 압축비로 압축한 다음, 노즐에서 초고압으로 분사된 무화 연료입자들이 공기와 서로 혼합하는 과정에서 공기의 압축열에 의해 자연적으로 불이 붙는 착화 점화(compression ignition) 방식을 채택하고 있다. 디젤 엔진의 착화 점화기술은 공기를 분리시켜 압축하고, 연료를 별도로 분사하여 무화시킨 후에 착화점화 연소한다는 측면에서 가솔린 엔진의 공기-연료 혼합기의 압축과 스파크 플러그(spark plug)에 의한 불꽃 점화(spark ignition) 방식과는 완전히 다르다고 할 수 있다.

디젤 엔진의 전자제어는 엔진의 출력 향상, 유해 배기가스의 저감, 진동과 소음의 완화, 아이들 회전의 개선 등 모든 작동조건을 항상 최적조건으로 설정하여 엔진의 효율성과 안전성을 최대한 보장하고자 하는 것이다. 따라서, 디젤 엔진의 기본적인 제어방법은 엔진의 현재 정보를 획득하기 위해 각종 센서로부터 신호를 검출하여 ECU에 입력하고, ECU는 이들 데이터를 기반으로 최적의 연료 분사량과 연료 분사시기를 비교 연산 처리하여 얻어진 데이터를 연료 분사펌프와 인젝터에 전달하여 완전 무화 분사라는 최적의 작동조건을 얻고자 하는데 있다.

따라서, 전자제어 디젤 엔진의 핵심은 연료 분사량 제어, 연료 분사시기 제어, 흡기 조리개 제어, 아이들 회전수 제어, 글로우 플러그 제어 등이라 할 수 있다. 이러한 전자제어는 기본적으로 ECU에 의한 최적화 작동조건을 엔진의 부하조건에 따라 연동되게 찾아내어 펌프나 인젝터 노즐을 구동하는 것이다.

(1) 연료 분사량 제어

ECU는 엔진의 회전수와 가속 페달(accelerometer pedal)의 개도에 의해 연료의 기본 분사량을 연산하지만, 흡입공기 온도, 흡입공기 압력, 냉각수 온도 등을 포함한 각종 센서의 신호를 종합적으로 검토하여 얻어지는 보정치를 고려한 최적의 연료 분사량을 결정한다.

결정된 연료 분사량은 전자 스필 밸브(spill valve)를 사용하여 제어한다. 드라이브 샤프트(drive shaft)가 회전하면 플랜저가 상승하여 연료는 압송하기 시작한다. 드라이브 샤프트와 일체형으로 회전하는 결치(이빨이 빠진)부를 가진 펄서(pulsar)의 이빨 위치를 펌프의 각 센서에 의해서 검출한다. 닫혀 있던 전자 스필 밸브는 플랜저가 상승하기 시작하는 결치부에서 목표 분사량에 해당하는 스필 각도에 도달하면, ECU 신호에 의해 밸브가 열리면서 연료의 압송은 종료한다. 여기서, 스필 각도는 연료 분사량에 따라서 ECU에 의해 시간이 환산된다.

(2) 연료 분사시기 제어

엔진의 회전수, 가속 페달의 개도, 흡입공기의 압력 등 엔진의 각 센서에서 검지된 신호 자료를 기반으로 ECU는 최적의 착화시기를 연산하여 결정된 결과치를 타이머 액츄에이터에 보내서 연료 분사시기를 적극적으로 제어한다.

연료 분사시기 조정과 연관된 타이머 액츄에이터는 엔진의 크랭크축과 펌프축의 사이에 있으며, 두 축의 위상을 조절한다. ECU는 크랭크 각도 센서(CAS)와 펌프 각도 센서의 신호 위상차를 구하여 타이머 액츄에이터의 타이밍 콘트롤 밸브를 움직이게 함으로써 연료 분사시기에 대한 피드백 제어를 한다.

(3) 아이들 회전수 제어

전자제어 유니트(ECU)는 각종 입력 센서에서 엔진의 구동상태가 아이들일 때의 목표 회전수를 연산하여, 목표 회전수가 유지될 수 있도록 연료 분사량을 피드백 제어를 한다.

(4) 글로우 플러그 제어

디젤 엔진을 처음 시동할 때는 글로우 플러그(glow plug)의 예열 전류를 냉각수의 온도조건에 따라 제어하여 부연소실의 초기 예열시간을 단축한다. 또한, 엔진의 시동 후에는 글로우 플러그의 표면 온도를 일정하게 유지되도록 제어하여 엔진의 구동력 안정성을 확보하고, 유해 배기가스 발생량을 줄이는 역할을 하고 있다.

(5) 액츄에이터

전자 스필 밸브는 분사펌프의 분배 헤드에 장치되어 플런저실의 연료 리턴 통로를 ECU 신호에 의해 열고 닫는 역할을 수행하여 연료의 분사기간을 제어한다. 플런저가 상승하여 연료 분사가 시작되면서 리턴 통로가 열리기까지의 시간 증감에 따라 연료 분사량이 제어된다.

(6) 타이머 액츄에이터

타이머 액츄에이터는 엔진의 크랭크축과 분사펌프에 연결되는 캠축 사이에 있으며, 양자의 위상을 조절하여 연료의 분사시간을 제어한다. 분사펌프의 구동 토크를 전달하기 위해 위상의 조절에도 큰 힘을 필요로 하기 때문에 유압을 이용하여 제어하는 경우가 많다. ECU는 유압 피스톤에 작용하는 유압을 조정하는 전자 밸브를 구동하여 크랭크축과 캠축의 위상을 바꾸고 있다.

(7) 전자제어 유니트

연료 분사제어에서 전자제어 유니트(Electronic Control Unit : ECU)는 사람의 두뇌와 같은 것으로 모든 결정과 지시를 최적의 조건으로 조절할 수 있는 컴퓨터이다. 엔진에 설치된 각종 센서로부터 신호를 공급받아 기준 데이터와 비교 연산처리를 신속하게 수행하여 그 결과를 구동부인 액츄에이터로 보내서 엔진의 출력과 연비를 향상시키고, 유해 배기가스 발생량을 저감시키는 등 전자제어 엔진의 핵심적 두뇌 역할을 담당한다.

디젤 엔진의 전자제어 시스템으로 도입된 최근의 분사장치는 유니트 인젝터 시스템과 커먼레일 연료분사 시스템 두 가지가 있다. 이들 전자제어 연료분사 시스템은 연료의 분사압력을 크게 높여서 출력과 연비를 향상시키고 동시에 국제 환경 규제조건에 적합한 유해 배기가스 배출량을 대폭적으로 저감시키는데 주안점을 두고 있다.

10.3.2 유니트 인젝터 시스템

(1) 유니트 인젝터 개론

디젤 엔진은 고출력을 요구하지만, 연료 소비량을 크게 줄이고 동시에 유해 배기가스 발생량을 대폭적으로 감소시키고자 한다. 여기에 디젤 엔진의 구조상 발생될 수밖에 없는 엔진의 진동이나 소음도 낮추어야 하는 전자제어 신기술을 요구하고 있다. 따라서, 디젤 엔진은 연료를 직접 분사하기보다는 엔진의 각기 실린더마다 독립적인 인젝션 펌프를 설치하여 출력과 연비를 동시에 향상시키기 위한 유니트 인젝터 시스템(unit injector system)을 개발하였다. 이러한 목적으로 개발된 인젝터 시스템의 전체 구성도를 그림 10.12에서 보여주고 있다.

유니트 인젝션 시스템은 펌프를 실린더 헤드나 실린더 블록에 직접 장착함으로써 엔진의 소음을 줄일 수 있으며, 인젝터 가까이에 분사펌프를 설치하여 인젝터의 분사 정밀도를 강화하고있다. 유니트 인젝터의 분사펌프는 그림 10.13에서 보여주는 것처럼 엔진의 오버헤드 캠축에 의해 구동하는 로커암과 연결되어 작동하고, 솔레노이드 밸브와 인젝션 노즐 사이의 거리를 가능한 짧게 설치하여 연료 분사압력을 크게 높이고 있다. 따라서, 유니트 인젝터는 기존에 개발된 어떤 분사방식보다 연소효율이 좋고, 최고압력이 높으며, 출력향상과 유해 배기가스 저감 측면에서 장점을 갖고 있다.

승용차에 설치한 유니트 인젝터 시스템의 경우, 노즐의 분사압력을 2000bar까지 초고압으로 높일 수 있으므로 연료의 미립화가 대단히 우수하다. 따라서, 연료와 공기의 혼합이 잘되어 연료는 완전연소가 이루어지고, 출력은 증가하지만 유해 배기가스 발생량은 줄어든다. 특히,

기계식 파이롯트 인젝션(pilot injection) 기능을 갖춘 승용차용 유니트 인젝터는 노즐-니들 댐핑을 결합하였기 때문에 연소소음이 크게 줄어든다.

유니트 인젝터는 각 실린더에 장착된 연료분사 모듈에 의해 분사되도록 제작되어 있고, 연료분사 모듈에는 노즐과 펌프가 하나의 어셈블리로 구성되어 있다. 인젝션 장치에는 솔레노이드가 내장되어 있으므로 ECU에 연계된 솔레노이드의 작동으로 분사개시 시기가 결정되며, 연료 분사량은 솔레노이드 밸브의 작동시간에 의해 결정된다. 연료의 분사량과 분사시기는 작동 당시에 엔진의 운전 상태와 주변의 주행 환경조건을 고려하여 ECU에 의해 결정된다.

유니트 인젝터 시스템은 연료분사 모듈로 구성되어 있기 때문에 엔진에 장착하기가 용이하고, 유니트 인젝터를 정비하고자 할 경우는 다른 부품들을 떼어낼 필요 없이 모듈만을 분리하여 정비할 수 있기 때문에 정비성도 좋다. 유니트 인젝션 시스템은 오픈 또는 클로즈 루프 콘트롤로 조절이 가능하고, 구성부품의 열화나 노후에 따른 보정 기능도 갖추고 있다.

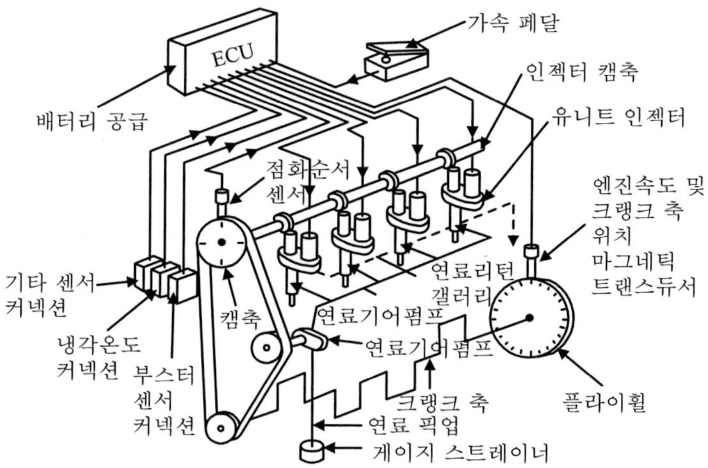

그림 10.12 유니트 인젝터 시스템

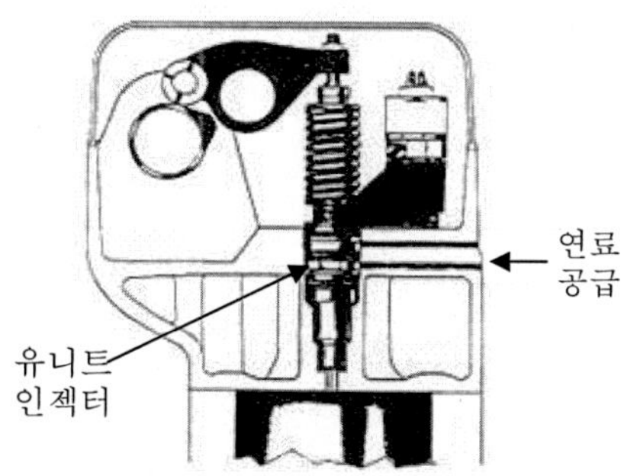

그림 10.13 실린더 헤드에 설치된 유니트 인젝터 시스템의 구동 메카니즘

(2) 유니트 인젝터 시스템의 주요부품

유니트 인젝터(unit injector)는 그림 10.14에서 보여주는 것처럼 분사펌프와 노즐을 일체형으로 제작한 것이다. 유니트 인젝터는 노즐과 같이 엔진의 실린더 헤드에 실린더마다 한 개씩 설치한다. 연료공급을 위한 길게 연결된 분사 파이프가 없으므로 데드볼륨(dead volume)이 작고 고압분사를 위한 압력 발생이 용이하다. 또한, 연결 통로가 짧으므로 펌프 압송에서 노즐 분사까지 걸리는 시간이 짧기 때문에 잔압, 반사파 등의 압력거동에 의한 이상분사가 잘 일어나지 않는 장점이 있다. 즉 연료의 이송에 따른 연료의 유통마찰 손실이 줄어들므로 펌프와 노즐을 일체형으로 제작한 유니트 인젝터는 기존의 분사장치에 비하여 장점을 갖고 있다.

유니트 인젝터는 로커암에 의해 전달된 동력이 펌프의 플런저를 구동하여 연료의 압력을 발생시키는 펌핑 요소(pumping element), 전자제어 유니트(ECU)의 신호에 따라 솔레노이드를 작동시켜 스필 밸브(spill valve)의 개폐시기를 조절하는 제어부, ECU의 지시에 의해 고압으로 이송된 연료를 연소실로 공급하기 위해 연료분사를 담당하는 노즐부로 구성된다. 그림 10.14는 대표적인 유니트 인젝터를 보여주고 있다.

그림 10.14 유니트 인젝터

▣ 스피드 센서(캠 및 크랭크)

감겨진 코일에 작용하는 자속의 변화는 코일에 기전력을 발생한다는 전자유도 현상을 기초로 개발된 스피드 센서를 그림 10.15에서 보여주고 있다. 센서 휠(sensor wheel)의 원주면에는 돌출하거나 함몰된 이빨이 제작되어 있다. 강철(steel)과 같은 금속으로 제작된 센서 휠(sensor wheel)이 센서 부근을 지날 때 센서의 영구자석에 의해 형성된 자기장에 영향을 주게되고, 그 자속의 변화는 주변 코일의 기전력 변화를 유발한다. 이러한 기전력의 변화는 와이어를 통하여 출력되고, 센서 휠의 회전수 변화에 따라 출력특성이 다르게 나타난다.

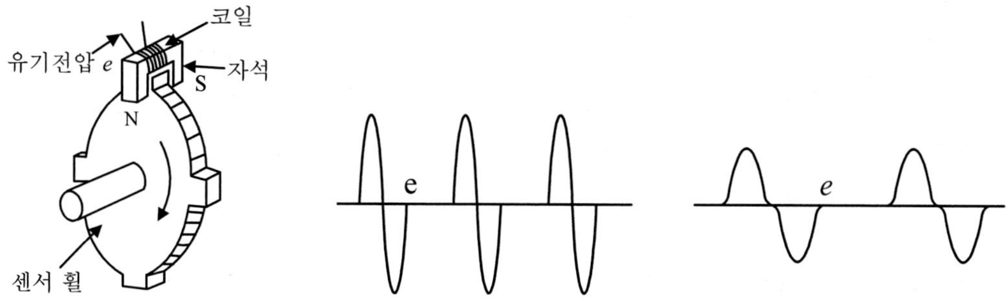

(a) 스피드 센서 구조 (b) 회전수가 큰 경우의 기전력 (c) 회전수가 작은 경우의 기전력

그림 10.15 스피드 센서 및 스피드 센서에 의해 검출된 기전력 파형

공기압력 센서

공기압력 센서는 압력의 변동에 따라 저항값이 변화하는 압전소자 특성을 공기의 압력 측정을 위한 센서로 사용하고 있다. 즉, 공기 압력의 변동에 따라 변화된 소자의 저항은 출력단자의 전압을 변화하게 하고, ECU는 압력상태를 정확히 인식하게 된다.

온도 센서(공기 및 냉각수)

온도 센서는 온도가 올라감에 따라 저항이 작아지는 서미스터(thermister) 소자의 특성을 이용한다. 일반적으로 도체는 온도가 상승하면 저항이 증가하는 특성을 갖지만 서미스터 소자는 크게 다르다. 그림 10.16은 온도의 변화에 따라 다르게 나타나는 서미스터 소재와 일반 금속재의 저항특성을 각각 보여주고 있다. 즉, 백금과 같은 저항체는 온도가 상승함에 따라 저항이 약간씩 증가하지만, 서미스터는 오히려 줄어드는 특성을 갖는다.

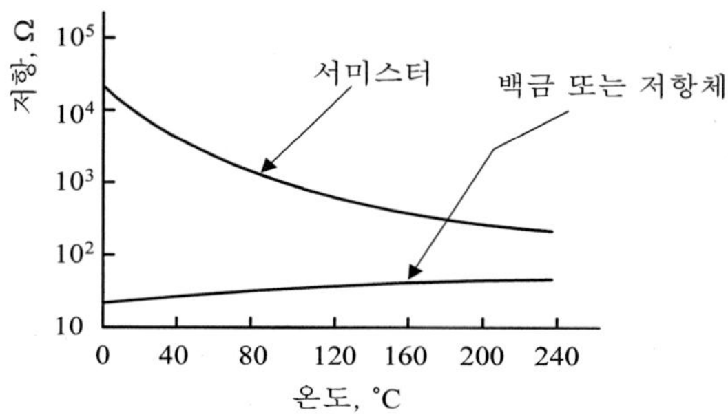

그림 10.16 온도 센서의 저항 특성

▣ 페달 센서

페달 센서(포텐셔미터)는 일반 오디오나 TV에서 사용하는 가변저항과 같은 원리로 구성된다. 그림 10.17에서 보여준 것처럼 페달 센서의 회로는 전체 저항 R에 변위가 달라짐에 따라 이동하는 출력 단자로 구성된다. 센서에 변위가 발생하여 접점이 이동하면 그에 따라서 접점까지 저항이 변화하고, 이는 출력 단자의 전압 변화로 나타난다는 원리를 이용한 것이 페달 센서이다.

페달 센서는 일반적으로 페달 어셈블리로 제작되거나, 또는 페달 부근에 설치되어 링크로 연결된 구조를 하고 있다.

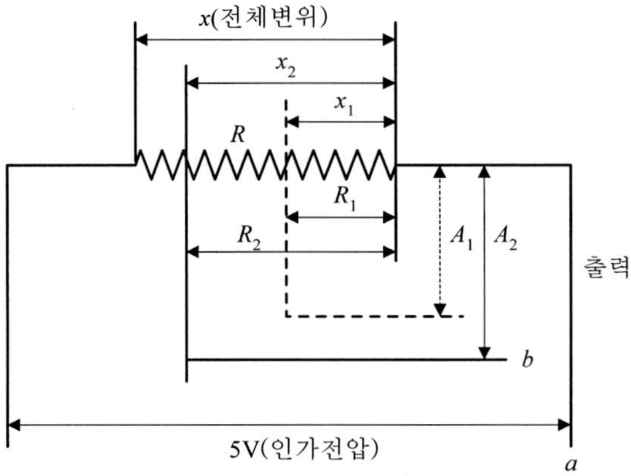

그림 10.17 페달 센서 회로도

10.3.3 커먼레일 연료분사 시스템

(1) 커먼레일 디젤 엔진

커먼레일 디젤 엔진은 기존의 전자제어 연료 분사장치에 고압의 연료를 일시적으로 저장하기 위한 커먼레일(common rail)을 별도로 설치한 것이다. 커먼레일에 저장된 연료 압력을 높게 유지한 상태에서 연료분사 인젝터의 노즐을 통하여 연소실에 1350bar 이상의 초고압으로 직접 분사함으로써 쉽게 압축착화 연소하는 방식이 커먼레일 엔진이다. 기존의 연료분사 디젤 엔진은 분사 사이클마다 매번 압력을 다시 발생시켜 그 때마다 연료를 분사하지만, 커먼레일 디젤 엔진은 매 사이클마다 분사 순서에 관계없이 항상 일정한 분사압력을 커먼레일에 유지하면서 ECU에 의해 분사 조정되기 때문에 연료 분사가 대단히 안정적이다.

즉, 커먼레일 연료 시스템의 분사압력은 연료 라인을 따라 항상 일정하게 유지되고, 엔진의 전자제어 타이머는 엔진속도와 부하의 변동에 따라 분사압력을 적절히 조정한다. 전자제어 유니트(ECU)는 캠과 크랭크 각도 센서(CAS)로부터 얻은 데이터를 기반으로 분사압력을 필요에 따라 적정하게 조정하여 압축과 분사를 각각 독립적으로 발생할 수 있도록 하였다. 결국, 커먼레일 분사기술은 엔진의 출력 부하조건에 따라 연료를 분사할 수 있기 때문에 연료를 절약하고 유해 배기가스 발생량을 크게 줄일 수 있다.

디젤 엔진에서 기존의 연료 분사장치는 연료의 분사압력과 연료 분사량을 캠구동 장치의 회전수에 따라 조절하였으나, 디젤 엔진의 출력 극대화와 유해 배기가스 발생량 저감이라는 두 가지 목표를 동시에 달성하기에는 어려움이 있어 그림 10.18에서 보여준 새로운 연료분사 장치인 커먼레일 분사 시스템(common rail injection system)을 개발하게 되었다.

(2) 커먼레일 분사 시스템 개론

그림 10.18의 커먼레일 분사장치는 분사압력 발생과 연료 분사과정을 완전히 독립적으로 구성하여 연료의 미립화, 관통성 등을 획기적으로 개선함으로써 엔진의 출력을 높이고, 유해 배기가스 발생량을 크게 줄이는 성과를 얻었다. 따라서, 커먼레일 시스템은 고압펌프에 의한 압력발생과 분사공정을 분리하기 위한 새로운 시스템, 즉 노즐에서 분사되는 연료의 압력을 항상 고압으로 유지하기 위한 고압 어큐뮬레이터(high pressure accumulator)라고도 하는 별도의 커먼레일(common rail)을 필요하게 되었다.

커먼레일에서 연료 분사는 각 실린더에 1개씩 배치된 솔레노이드 밸브를 내장한 인젝터를 사용한다. 따라서, ECU는 인젝터에 내장된 솔레노이드 밸브를 제어함으로써 인젝터의 분사과정을 효과적으로 제어할 수 있다. 인젝터의 연료 분사량은 인젝터 노즐의 간극, 솔레노이드 밸브의 열린기간, 그리고 커먼레일의 저장압력에 의해 결정된다. 이러한 정보는 모두 ECU에 의해 센서와 액추에이터를 연계하여 결정하고 작동하기 때문에 효율적인 커먼레일 분사 시스템이 완성된다. 커먼레일 장치에서 ECU는 엔진의 현재 작동조건에 가장 적합한 연료 분사압력과 최적의 연소가 이루어지도록 연료라인의 유동압력, 인젝터의 분사시기와 분사기간을 연산에 의해 결정함으로써 엔진의 출력효율과 연비를 높이고, 유해 배출가스 발생량을 최저로 유지하는 초고압 전자제어 연료분사 시스템이다.

커먼레일의 분사압력은 승용차의 경우 래디얼 피스톤 타입의 고압 분사펌프에 의해 약 1350bar, 대형 상용차의 경우는 1400~1800bar까지 올려 분사효율을 향상시키고 있다. 커먼레일 연료분사 시스템은 기본적으로 연료의 고압화(pressurization)와 분사과정(injection process)을 연소실의 작동조건에 따라 별개로 진행할 수 있기 때문에 엔진의 어떠한 부하조건에서도 연료분사 압력과 분사시기를 최적의 상태로 자유롭게 제어할 수 있어서 연소제어가 용이하다는 장점이 있다.

즉, 커먼레일 연료분사 시스템은 엔진에서 연료의 압력발생과 연료분사를 분리하여 엔진의 회전속도와 독립적으로 제어할 수 있기 때문에 연소와 분사과정 설계가 비교적 자유롭다. 따라서, 엔진의 운전조건에 따라 연료압력과 분사시기를 조정할 수 있으며, 또한, 엔진의 회전속도가 낮을 때도 고압분사가 가능하므로 연료의 완전 연소를 추구할 수 있다. 여기에, 인젝터에서 파일럿 분사(pilot injection)를 하면 유해 배기가스 발생량과 연소 소음을 크게 줄일 수 있고, 연료분사 곡선은 유압제어로 노즐 니들에 의해 조절되므로 연료분사 종료시까지 신속하게 조절이 가능하다.

디젤 엔진에 커먼레일 분사 시스템의 도입은 엔진에서 발생되는 출력과 연비를 크게 향상시키고, 유해 배기가스를 획기적으로 저감할 수 있다는 측면에서 매년 강화되는 환경 규제조건을 만족할 수 있는 새로운 기술혁신으로 디젤 엔진에 빠르게 채택되고 있다. 이러한 초고압 커먼레일 분사 시스템의 개발로 디젤 엔진은 물론 가솔린 엔진에서도 채택되면서 고출력, 환경 친화적 미래 자동차가 출시하게 되었다.

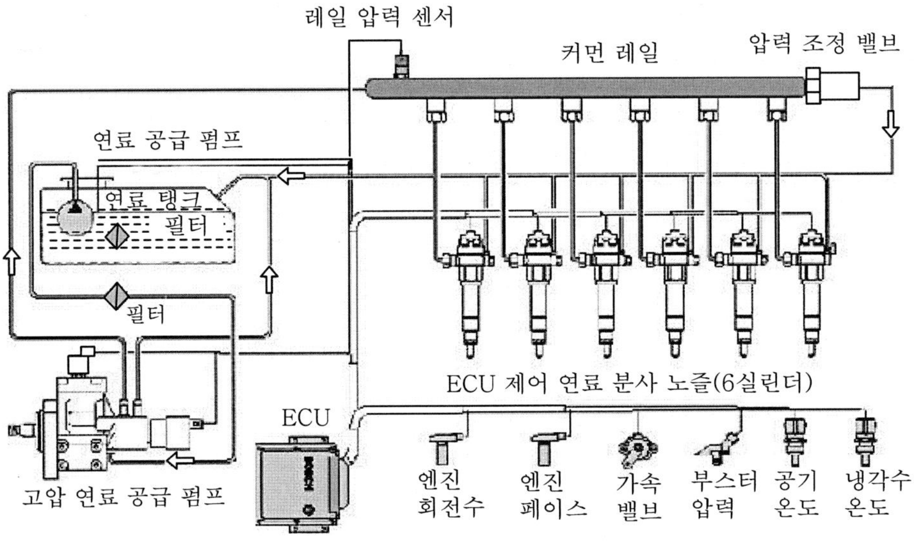

그림 10.18 커먼레일 연료분사 시스템

(3) 커먼레일 시스템의 구성

연료탱크에서 이송된 연료는 고압펌프(high-pressure pump)에 의해 가압된 후에 커먼레일로 압송되어 이곳에 연료를 잠시 저장한다. 커먼레일 내부의 압력은 압력 센서에 의해 지속적으로 감지되어 엔진의 회전수와 부하조건에 따라 최적의 설정된 값이 되도록 압력 센서와 압력 조정밸브, ECU에 의해 제어된다. 커먼레일의 압력은 고압 파이프를 통해 인젝터에 공급되고, 3-웨이 밸브(three-way valve)에 공급되는 펄스에 따라 연료의 분사량, 분사율, 분사시기가 각각 제어되어 최종적으로 인젝터에 의해 연료 분사가 이루어진다.

그림 10.18은 커먼레일 연료분사 시스템의 구성도를 보여준 것으로 연료탱크에 저장된 액체 연료는 연료 공급펌프(fuel supply pump)에 의해 고압펌프로 이송되고, ECU가 제어하는 분사 펌프는 연료를 고압으로 가압하여 커먼레일로 보내서 고압상태로 잠시 체류시킨다. 엔진의 각 센서에서 검출된 온도, 압력, 회전수 등의 정보를 기초로 ECU는 최적의 운전조건을 결정하여 커먼레일에 연결된 인젝터에 연료의 분사시기와 분사기간을 지시하여 완전 연소가 이루어지도록 제어한다.

초고압 분사를 하는 디젤 엔진에서 커먼레일 연료분사 시스템의 주요 구성부품을 요약하면 다음과 같다.

▣ 고압펌프

저장탱크의 연료를 흡상하여 커먼레일에 고압으로 연료를 공급하기 위해서는 그림 10.19에서 보여준 것과 같은 고압펌프(high-pressure injection pump)가 필요하다. 고압펌프는 기존의 인라인 인젝션 펌프와 동일한 피스톤 타입의 구동방식을 채택하고 있다.

고압펌프의 열효율 향상과 과잉 고압연료의 손실방지를 위하여 토출량 제어방식을 채택하였으며, 펌프의 구동토크는 기존 인라인 인젝션 펌프의 1/2~1/3 정도로 크게 줄어들기 때문에 효율적이다.

그림 10.19 커먼레일 고압펌프

▣ 커먼레일

그림 10.20의 커먼레일(common rail)은 고압펌프로부터 이송된 고압의 연료를 잠시 저장하였다가 인젝터가 매회 분사에 필요한 고압연료를 안정적으로 공급하는 역할을 한다. 커먼레일에는 연료의 역류 방지를 위한 체크밸브와 고압센서(pressure sensor)가 부착되어 있고, 레일 내부의 연료 압력은 전자석의 압력 조절밸브에 의해 조정되며, 레일의 연료압력은 압력센서에 의해 항상 모니터링 되어 엔진에서 요구하는 구동조건에 따라 연속적으로 압력을 조절하게 된다.

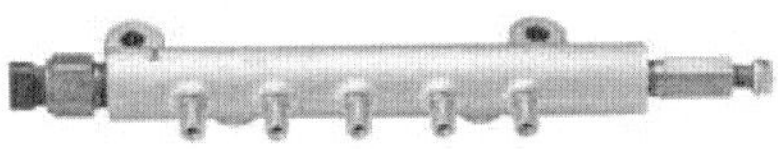

(a) 커먼레일

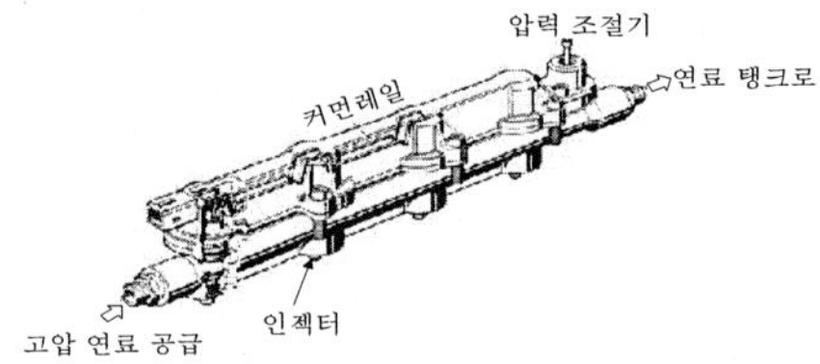

(b) 커먼레일 어셈블리

그림 10.20 커먼레일과 커먼레일 어셈블리

그림 10.21 커먼레일 인젝터

▣ 인젝터

그림 10.21의 인젝터(injector)는 커먼레일에서 공급된 연료를 ECU의 신호처리 결과에 따라 노즐을 통해 분사하는 역할을 담당한다. 엔진에 설치된 센서에서 검출된 각종 신호가 ECU에 보내지면, ECU는 기준 데이터와 현재의 측정 데이터를 비교 연산하여 최적의 분사조건에 해당하는 펄스 신호로 니들(needle)의 리프트를 제어한다. 결국, ECU에 의해 인젝터로 전달된 펄스시기에 의해 분사시기를 조정하고, 펄스 폭(pulse width)에 의해 연료 분사량이 결정된다.

커먼레일 연료장치에는 각 실린더에 사전 분사를 담당하는 파일럿 노즐(pilot nozzle)과 포스트 분사(post injection)를 담당하는 메인 노즐(main nozzle)이 분리된 인젝터에 의해 순차적으로 연료분사가 효과적으로 이루어지기 때문에 디젤 엔진은 연소효율이 높아지고 매연 발생량이 줄어들면서 동시에 진동과 소음을 크게 줄이는 효과를 얻고 있다.

엔진의 각 실린더에는 솔레노이드 밸브에 의해 독립적으로 구동되는 인젝터가 노즐과 함께 장착되고, 분사개시는 ECU의 펄스 신호가 인젝터의 솔레노이드에 전달되면서 시작된다. 연료 분사량은 커먼레일의 연료압력, 솔레노이드 밸브의 개변시간, 노즐의 유체유동 저항조건에 의해 결정된다. 일반적으로 승용차 엔진의 분사압력은 1350bar, 상용차 엔진은 1400bar, 대형 상용차 엔진은 1800bar 이상으로 올라간다.

▣ 전자제어 유니트

그림 10.22의 전자제어 유니트(Electronic Control Unit : ECU)는 센서로부터 공급된 신호를 공급받아 기준 데이터와 비교 연산처리를 신속하게 수행하여 그 결과를 펌프, 인젝터 등에 전달함으로써 엔진의 출력과 연비를 향상시키고, 유해 배기가스 발생량을 저감시키는 등 커먼레일 전자제어 엔진의 핵심적 역할을 담당하다.

ECU는 최적의 연소조건을 확보하기 위해서 기존에 기준 데이터로 내장하고 있는 것과 엔진의 센서에서 감지된 신호에 따라 수정된 작동조건을 선정하여 엔진의 어떠한 작동조건에서 구동해도 항상 고압의 연료압력과 최적의 연소가 이루어지도록 연료의 분사량과 분사압력, 인젝터의 분사시기와 분사기간을 결정하여 연소를 진행한다.

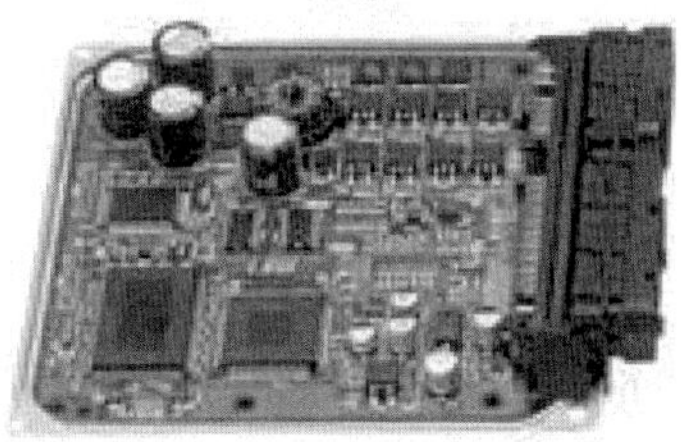

그림 10.22 커먼레일 전자제어 유니트(ECU)

▣ 센서

커먼레일 연료분사 시스템을 안정적으로 운영하기 위해서는 엔진의 각부에 설치된 센서(회전수 센서, 압력 센서, 공기 온도 센서, 냉각수 온도 센서 등)는 검출된 정보 데이터를 ECU에 공급하는 역할을 한다. 엔진의 센서에서 검출된 물리량은 엔진의 작동조건을 최적화 조건으로 운전하는데 절대적으로 영향을 미치는 요소들이다. 그림 10.23에서 보여준 압력 센서는 커먼레일에 설치된 것으로 180MPa 정도의 연료압력을 안정적으로 유지할 수 있도록 ECU에 정보를 제공하고, 압력조정 밸브(pressure control valve)에 의해 연료압력이 항상 조절된다.

그림 10.23 커먼레일 고압 센서

(4) 커먼레일의 분사조건 제어

▣ 분사압력 제어

커먼레일에 설치된 압력센서로부터 신호를 감지하여 고압펌프의 연료 토출량을 변화시켜 연료의 분사압력을 제어한다. 커먼레일 인젝터의 연료 분사압력은 각 센서의 신호를 바탕으로 ECU가 최종 분사압력을 결정하면 그림 10.24와 같은 노즐의 리프트 양에 의해 조정된다.

고압펌프에 의해 커먼레일에 공급된 연료는 인젝터에서 실린더로 공급하는 연료의 분사시기와 거의 일치하므로 연료의 공급과 분사는 균형을 이루게 되고, 고압 연료의 방출과 손실은 줄어들게 된다. 따라서, 고압펌프에 의해 커먼레일로 고압의 연료가 공급되고 노즐에 의해 무화된 연료가 안정적으로 실린더에 공급되면, 연료의 완전연소가 진행되어 엔진은 최대출력을 낼 수 있게 된다. 이렇게 분사압력을 최적의 상태로 제어하는 초고압 기술이 커먼레일 분사제어 시스템의 핵심이다.

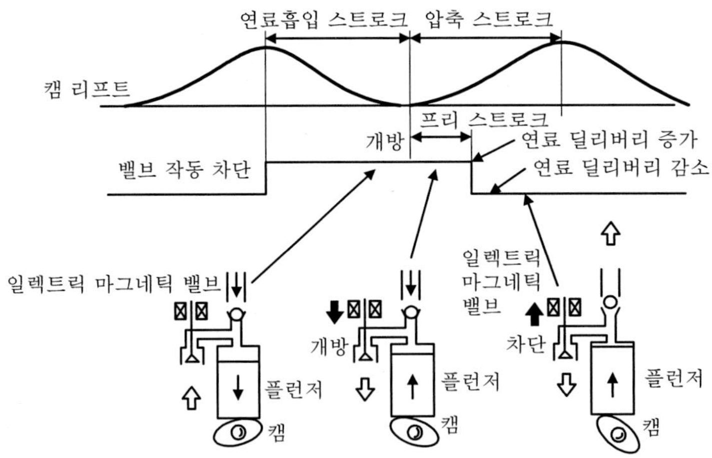

그림 10.24 커먼레일의 연료 압력 제어방식

▣ 연료 분사량 제어

커먼레일 인젝터의 연료 분사량은 커먼레일의 압력과 3웨이 밸브(3-way valve)로 공급되는

ECU의 펄스 폭(pulse width)에 의해 제어된다. 연료 분사량은 엔진의 작동조건에 따라 매회전마다 최적의 연료 분사량이 결정되고, 결정된 분사량에 가장 적합한 펄스 폭을 결정하는 것은 중요하다.

▣ 분사시기 제어

인젝터에서 연료의 분사시기는 인젝터의 3웨이 밸브에 보내지는 펄스 시간에 의해 제어된다. 노즐의 분사각도는 엔진의 회전속도와 부하조건에 의해 결정되는 기준 분사각도를 바탕으로 흡기상태와 냉각수 온도를 고려하여 ECU는 수정된 최종 분사시기를 결정한다. 또한, 커먼레일 엔진에서 연료의 분사시간은 결정된 분사각도를 엔진의 회전속도에 따라 시간으로 환산하면 얻어진다.

▣ 분사율 제어

1) 델타 방식

델타 인젝터는 원웨이 오리피스(one-way orifice)의 직경 단면적을 이용하여 연료 분사량 증가를 그림 10.25에서 보여준 것처럼 점진적으로 제한한다. 엔진 구동조건에 적합한 최적 분사율은 커먼레일의 압력과 원웨이 오리피스 직경 단면적에 따라 선정될 수 있다.

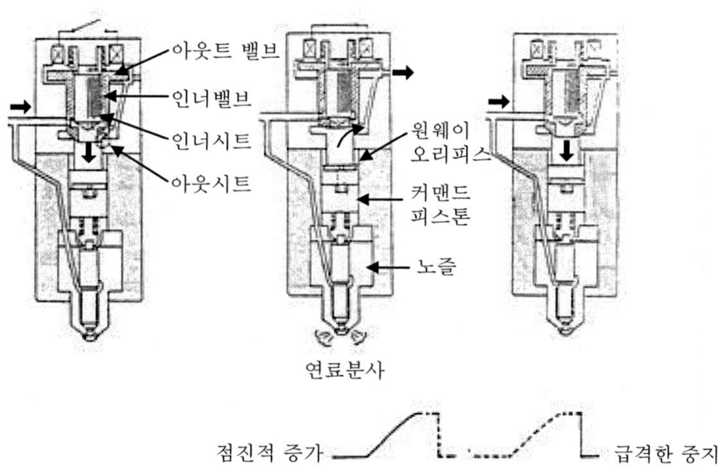

(a) 분사 단락 (b) 보디 단락 (c) 분사 종료

그림 10.25 인젝터의 작동 프로세스

2) 파일럿 방식

파일럿 인젝터(pilot injector)는 고압의 연료를 연소실에 본격적으로 공급하기 전에 소량의 연료를 초기에 파일럿 분사를 하고, 분사된 연료가 연소실에서 착화하는 시기에 맞추어 연료를 본격적으로 분사하는 방식이다. 연료의 매회 분사과정에서 인젝터를 2번 구동시키고, 파일럿 인젝터의 연료 분사량은 $1mm^3$/stroke 이하로 유지하되 파일럿 인젝터의 분사 시간은 1ms 이하로 제한한다.

3) 부트형상 방식

부트 인젝터는 원웨이 오리피스(one-way orifice)에 대싱 부트 밸브가 장착되어 특정의 프리 리프트 포인트(pre-lift point)에서 노즐은 니들 작동을 일시적으로 멈추게 한다. 이 때 프리 리프트 양과 오리피스의 직경 단면적 변동에 따라 다양한 부트 패턴을 얻을 수 있다.

(5) 커먼레일 분사방식의 특징

① 엔진의 회전수에 관계없이 분사압, 분사량, 분사율, 분사시기 등을 독립적으로 제어할 수 있다.

② 기존의 인라인(in-line) 인젝션 펌프에 비하여 경량화가 가능하고, 고압의 연료 손실을 1/2~1/3 정도로 줄일 수 있기 때문에 고압펌프의 구동 토크가 크게 줄어든다.

③ 커먼레일 연료분사 시스템은 인젝터, 공급펌프, 센서, 필터 등 기존의 엔진에서 사용하는 대부분의 부품을 그대로 사용하면서 커먼레일 시스템을 도입할 수 있기 때문에 기존 엔진에도 적용이 가능하다.

④ 고압 연료의 누유가 잘 일어나지 않는다.

⑤ 커먼레일 시스템의 고압분사에 의해 우수한 연비와 최대출력을 얻을 수 있고, 배기가스에 포함된 유해 배출가스 발생량이 크게 줄어들어 가장 효율적인 엔진설계가 가능하다.

(6) 커먼레일 디젤 엔진의 장점

▣ 배출가스 감소

커먼레일 분사장치는 분사된 연료를 완전하게 연소시켜 출력을 극대화하고, 각종 유해 배출가스 발생을 억제할 수 있다. 커먼레일 분사방식을 사용하면, 동일한 질소산화물(NO_x) 발생량에 대하여 CO_2는 20%, CO는 40%, HC는 50%, 미립자상(particulate) 배출물은 60% 정도로 낮출 수 있다.

커먼레일 디젤 엔진은 유럽과 미국의 배출가스 규제조건인 EURO III와 US 98을 모두 만족할 수 있도록 하기 위하여 메인 인젝터 전·후에 연료를 분사하고 있다. 커먼레일 디젤 엔진은 고압 분사에 의한 출력향상과 NO_x와 같은 유해 배기가스 발생량을 크게 줄여주는 새로운 연료 분사 시스템이다. 따라서 커먼레일 연료분사 시스템은 기존의 어떠한 연료분사 시스템에 비하여도 우수하므로 국제적인 환경규제 조건은 커먼레일 연료분사 압력을 더 높이고 전자제어 유니트(ECU)의 제어 시스템을 강화하여 극복할 것으로 예상한다.

▣ 연비 향상

기존 로타리 펌프를 사용하는 엔진에 비하여 A/F를 최대로 높이면, 20% 정도의 연비향상을 달성할 수 있다.

▣ 출력성능 향상

커먼레일의 연료 분사압력은 엔진의 속도나 부하 조건과는 무관하다. 따라서, 저속에서 부하가 많이 걸릴 때에도 고압분사가 가능하므로 기존에 사용되는 일반적인 디젤 엔진보다 저속에서는 50%의 토크향상과 25%의 출력증가를 달성할 수 있다.

▣ 운전성 향상

디젤 엔진에서 가장 문제라고 할 수 있는 진동과 소음문제는 파일럿 분사방식의 도입으로 크게 감소시킬 수 있어 정숙한 운전성을 확보하게 된다. 디젤 엔진에 커머레일 연료 분사방식을 도입하면, 가솔린 엔진에서 발생되는 소음, 진동 수준으로 크게 낮출 수가 있어 정속한 운전이 가능하다.

▣ 컴팩트 설계와 경량화

인젝터의 컴팩트 설계로 2밸브와 4밸브의 기술 적용이 가능하며, 기존의 디젤 엔진에 비하여 중량도 20kg 정도를 줄일 수 있어 경량화 설계를 추진할 수 있다.

▣ 모듈러 시스템

각 엔진의 실린더에 대해 독립적인 전자제어 연료분사가 가능하며, 분사 시스템의 모듈화가 개발되어 다양한 구조의 엔진에 적용할 수 있다. 기존의 전자제어 연료분사 방식을 채택하고 있는 디젤 엔진은 분사 시스템의 큰 변경 없이도 커먼레일 연료분사 시스템으로 개조하여 사용할 수 있다.

10.4 LPG 엔진의 전자제어

10.4.1 LPG 엔진 개론

LPG 엔진은 구조상 가솔린 엔진과 유사하나, 연료가 액체 가솔린이 아닌 가스 LPG를 사용하기 때문에 연료 공급장치가 약간 다르다. LPG 엔진은 가스연료를 사용하기 때문에 증발기(vaporizer) 압력용기에 해당하는 봄베(bomb)와 안전장치가 추가적으로 장착되어 있다.

기본적으로 LPG 엔진은 사용하는 연료가 액화석유가스(LPG)라는 것 이외는 모두 가솔린 엔진의 구조와 같다. 엔진의 사용 연료가 LPG이기 때문에 연료를 저장하는 탱크가 안전한 압력용기로 바뀌고, 연료를 공급하는 라인과 연료분사 시스템이 달라진다. 또한, 가스를 연료로 다루는 관계로 봄베에 가해진 외부 충격이나 고온 상승으로 인한 LPG 폭발사고에 대비하여 각종 안전장치가 보강되어야 한다.

LPG 엔진은 사용하는 연료가 부탄이나 프로판이기 때문에 연료 가스와 공기의 혼합이 잘 되므로 가스연소에 의한 유해 배기가스 발생량은 크게 줄어들지만, 동절기의 초기 점화성이 나쁘다는 문제점을 갖고 있다. 특히, 우리나라의 LPG 승용차는 저렴한 연료비 때문에 일부 특수차량이나 특정 부류의 차종에 대하여 LPG 연료 사용을 정책적으로 허가하고 있다. 따라서 LPG 차량은 제한적으로 생산되고 있다.

10.4.2 LPG 엔진의 전자제어 시스템

액화석유가스(LPG)를 연료로 사용하는 엔진에서 흡기와 배기에 관련된 센서, 엔진의 구동상태를 점검하기 위한 엔진 회전수 센서, 배기가스에 포함된 산소량을 체크하기 위한 산소 센서 등은 각각의 현재 작동상태를 나타내는 물리적 신호를 검지하여 전자제어 엔진 콘트롤 유니트(Engine Control Unit : ECU)에 전달한다. 수집된 각종 데이터는 ECU의 기준 데이터와 센서에서 전달된 데이터를 비교 연산 처리하여 최적의 작동조건을 얻어낸다. 이들 결과를 인젝터, 펌프, 솔레노이드 밸브, 믹서 등과 같은 액츄에이터에 제공하여 이들을 정밀하게 작동시킨다. 결국, 엔진을 최적의 작동조건으로 유지함으로써 LPG 엔진의 출력과 연비를 향상시키고자 한다.

그림 10.26은 LPG 엔진의 전자제어 시스템의 센서부, 제어부, 구동부를 분리하여 제시한 데이터를 보여주고 있다. 센서부에서는 아날로그 신호, 펄스 신호, ON/OFF 신호를 검지하고, 엔진 콘트롤 유니트(ECU)에서는 엔진의 공연비 제어, 아이들 회전수 제어, 점화시기 제어, 연

료 차단 제어, EGR 제어, 고장진단, 에어콘 컷 릴레이 제어, 쿨링 팬 제어 등을 점검하고, 구동부에서는 액츄에이터, 솔레노이드 밸브, 믹서, 증발기(vaporizer) 등에 실질적인 최적 구동을 하도록 유기적으로 연계되어 있다.

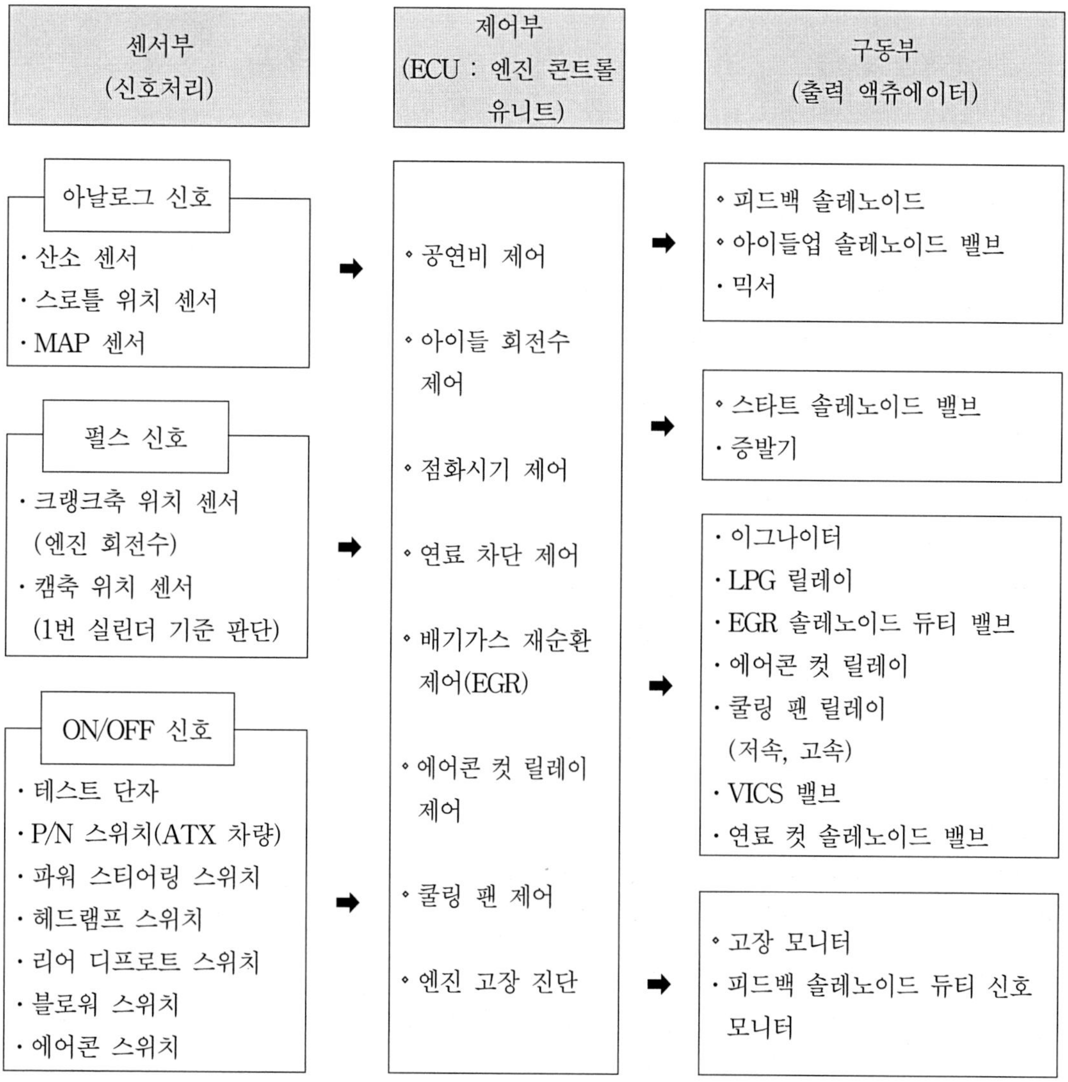

그림 10.26 LPG 엔진의 전자제어 시스템 구성도

(1) LPG 연료 제어

▣ 시동시의 연료제어

LPG 엔진이 회전을 시작하여 엔진의 오일압력이 $0.3 kg/cm^2$에 도달하면, 오일의 압력 스위치가 "OFF"되면서 1번 LPG 릴레이로 전류가 흐르게 된다. 이 때에 엔진 냉각수 온도 센서로부터 냉각수 온도가 15℃에 도달하였다는 신호가 엔진 콘트롤 유니트(ECU)로 전달되면서 ECU는 2번 LPG 릴레이 코일을 자화시켜 접점은 NO측과 접속되므로 점화 스위치(ignition switch)는 기상인 솔레노이드와 필터로 전원을 공급하여 기상 솔레노이드 밸브를 작동함으로써 연소실로 기상 연료의 공급은 냉간시의 시동성을 향상시킨다.

또한, 엔진의 냉각수 온도 센서로부터 냉각수 온도가 이상(abnormal)이라는 신호가 ECU에 입력되면, ECU는 2번 LPG 릴레이 코일을 "OFF"시켜 접점은 NC측과 접속되므로 점화 스위치는 액상 솔레노이드와 필터로 전원을 공급하여 액상 솔레노이드 밸브를 작동함으로써 액상 연료를 연소실로 공급시켜 냉간시의 시동성을 향상시킨다. 그림 10.27은 LPG 엔진이 시동하는 경우의 전기 회로도를 제시하고 있다.

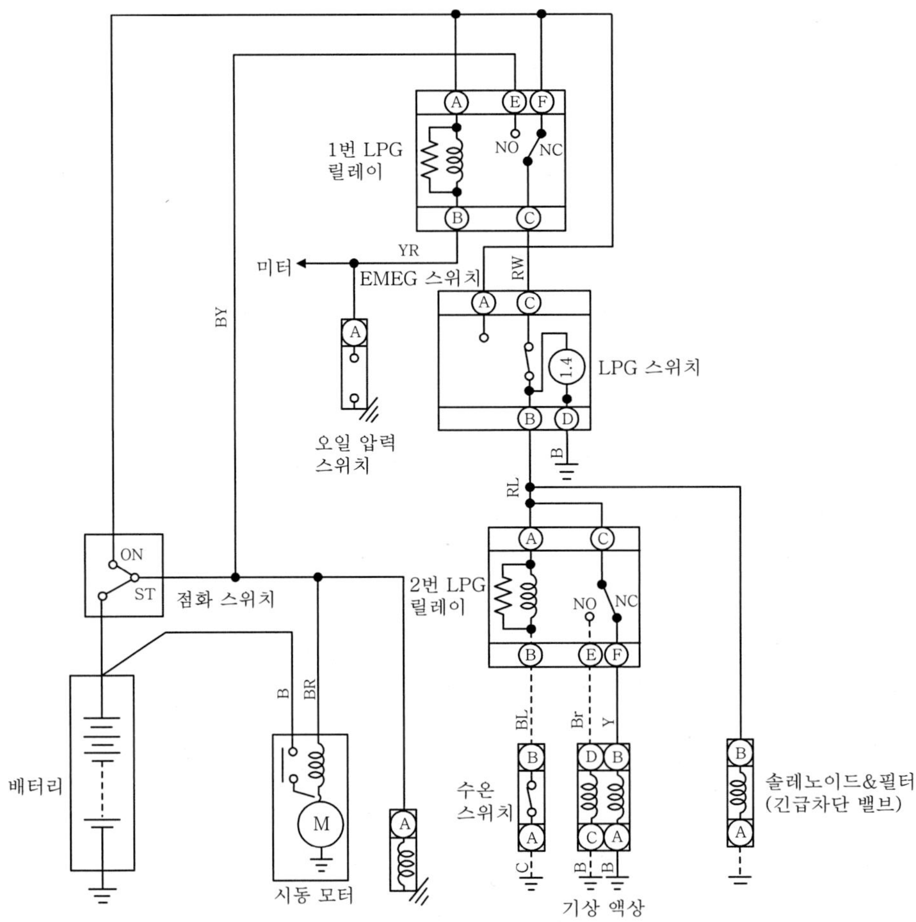

그림 10.27 시동시 LPG 엔진의 전기 회로도

▣ 정상 작동시의 연료제어

LPG 엔진이 정상적으로 작동하면, 오일의 압력 스위치가 "OFF"되므로 1번 LPG 릴레이의 접점은 NO측으로 접속되어 LPG 스위치와 2번 LPG 릴레이로 점화 스위치에 공급된다. 이 때에 엔진의 냉각수 온도가 15℃ 이하가 되면, ECU는 2번 LPG 릴레이의 코일을 계속 자화시켜 기체상태의 연료가 되면서 정상적으로 가동하게 된다.

또한, 엔진의 냉각수 온도가 15℃ 이상으로 되면, ECU는 2번 LPG 릴레이의 코일을 "OFF"시켜 연소실로 액체상태의 연료가 자동적으로 공급되면서 정상 가동을 한다. 그림 10.28은 LPG 엔진이 정상적으로 작동하는 경우의 전기 회로도를 제시하고 있다.

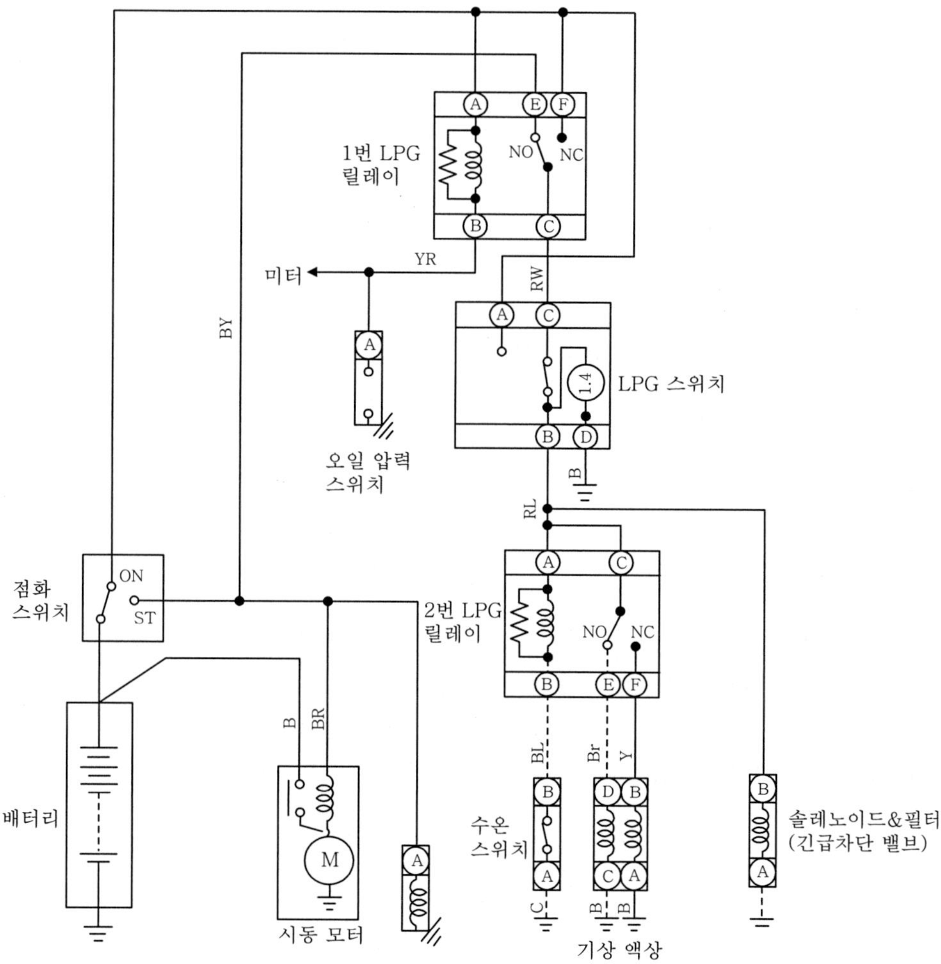

그림 10.28 정상 작동시 LPG 엔진의 전기 회로도

■ 정지시의 연료제어

LPG 엔진의 점화 스위치(ignition switch)가 "ON"으로 켜진 상태에서 엔진이 갑자기 정지하게 되면, 오일의 압력 스위치는 "ON"으로 되어 LPG 릴레이의 1번 접점은 NO측에 접속되면서 전원이 차단된다. 이로 인해 액상 또는 기상 솔레노이드와 필터가 작동되지 않으므로 연소실로 연료 공급이 차단되어 엔진은 정지하게 된다. 그림 10.29는 LPG 엔진이 정지하는 경우의 전기 회로도를 제시하고 있다.

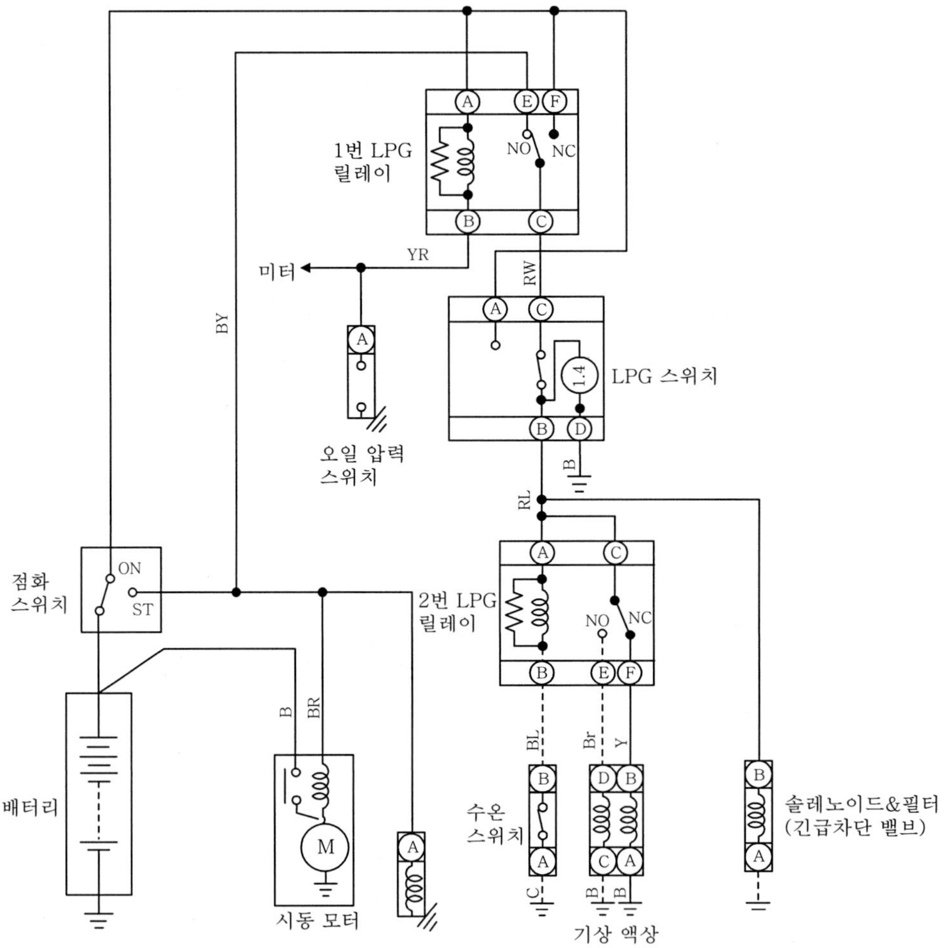

그림 10.29 정지시 LPG 엔진의 전기 회로도

(2) LPG 공연비 및 연료차단 제어

■ LPG 공연비 제어

LPG 엔진에 설치된 각 센서로부터 검지된 입력신호에 따라 ECU는 엔진의 운전 상태를 정확하게 판단하고, 각 영역에 적합한 최적의 공연비가 되도록 피드백 솔레노이드 밸브를 제어한다.

LPG 연료차단 제어

LPG 엔진에서 연료차단 제어는 감속시에 스로틀 밸브가 전폐되고, 흡기 매니폴드의 부압이 상승되어 바이패스 통로로 흡입되는 혼합기가 농후하게 되면 CO, HC가 과다하게 포함된 불완전 연소가스가 배출하게 된다. 따라서, LPG 연료차단 밸브와 피드백 솔레노이드 밸브를 작동시켜 불필요한 연료의 유입을 적극적으로 차단하여 CO, HC와 같은 불완전 연소가스를 저감시켜 연비를 향상시키고, 매연 발생량을 줄이기 위한 연료차단 제어를 한다. 그림 10.30은 LPG 엔진의 연료차단 제어 시스템을 보여주고 있다.

ECU는 아이들 신호, 크랭크 각도 센서(CAS), 냉각수 온도 센서(WTS)의 정보를 공급받아 감속시에는 연료 차단 솔레노이드를 "ON"시킨다. 이 때에 흡기 매니폴드에 걸리는 부압이 믹서(mixer)에 장착된 연료차단 밸브에 전달되어 연료 공급 메인 통로를 차단함과 동시에 피드백 솔레노이드 밸브를 "OFF"하여 연료 유입을 차단한다. 엔진의 속도를 감속하는 조건은 아이들 스위치를 "ON"으로 한 상태에서 엔진 회전수가 규정치보다 일정 이상으로 높아지면 일어난다.

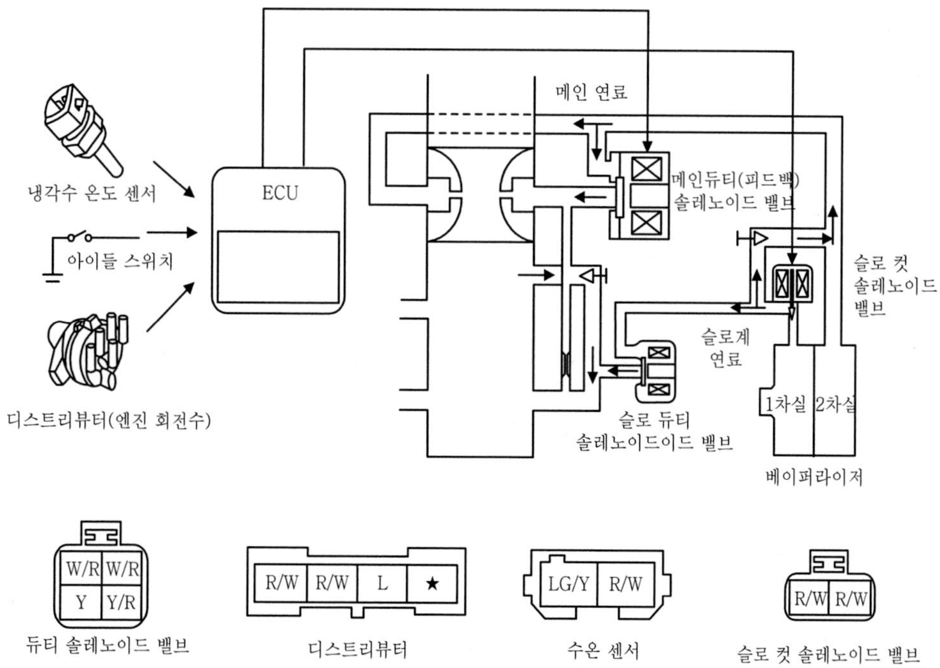

그림 10.30 LPG 엔진의 연료차단 제어

(3) 아이들업 제어

LPG 엔진은 아이들업(idle-up) 제어를 위해 별도의 혼합기 회로 제어 시스템을 그림 10.31과 같이 설정하고 있다. 아이들업 제어는 2개, 또는 3개의 독립된 아이들업 회로를 설치하여 솔레노이드 밸브에 의해 혼합기 회로가 열리고 닫히도록 하였다. 또한, 아이들업 제어 회로는 전기 부하용, 에어컨 부하용, 자동 변속기 부하용 등으로 구분되기도 하고, 전기 부하용과 자동 변속기 부하용 회로를 같이 사용하기도 한다.

엔진속도가 1300rpm 이하에서는 ECU에 어스신호를 보내 "ON" 상태를 유지하고, 아이들업 제어 회로에 의한 솔레노이드 밸브를 작동시켜 추가로 혼합기를 공급한다. 그러나, 1300rpm 이상에서는 ECU가 어스(earth) 신호를 차단하여 아이들업 제어를 하지 않는다.

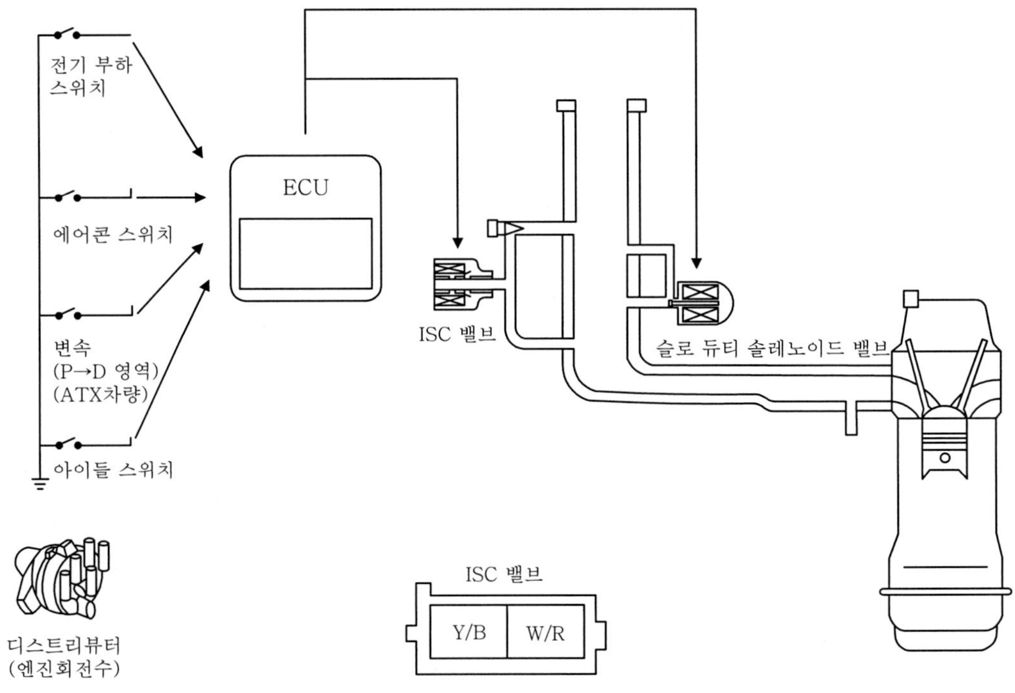

그림 10.31 LPG 엔진의 아이들업 제어 시스템

(4) 배기가스 재순환 제어(EGR)

LPG 엔진에서 배기가스 재순환(Exhaust Gas Recirculation : EGR) 제어는 엔진의 운전조건에 따라 실린더 헤드의 배기포트(exhaust port)에서 유출되는 배기가스의 일부분을 흡기 매니폴드로 보내어 흡기포트(intake port)로 재순환시키는 제어이다. EGR은 궁극적으로 연소실에서 배출된 배기가스에 포함되어 있는 질소산화물(NO_X)을 줄이기 위한 저공해 배기가스 제어장치이다.

엔진 콘트롤 유니트(ECU)는 엔진 회전수, 스로틀 위치 센서, 맵 센서, 냉각수 온도 센서로부터 정보를 검지하여 배기가스 재순환 장치(EGR)의 솔레노이드 밸브가 작동되면서 믹서의 스로틀 밸브 상단을 제어한다. 솔레노이드 밸브가 작동하게 되면 믹서의 스로틀 밸브 상단에 위치한 EGR 부압 포트로부터 부압이 솔레노이드를 거쳐 EGR 콘트롤 밸브 부압실에 전달되고, 이 때에 솔레노이드 밸브가 열려 연소실에서 방출된 배기가스는 엔진의 흡기라인으로 재순환하게 된다.

엔진의 냉각수 온도는 약 32℃ 이상, 부하는 370~900mbar, 엔진 회전수는 약 1500~3600rpm, 아이들(idle)이 아닌 작동조건이 모두 충족되면 배기가스 재순환 제어 시스템은 정상적으로 작동된다. 그림 10.32는 LPG 엔진의 배기가스 재순환 장치(EGR)에 대한 제어 시스템을 보여주고 있다.

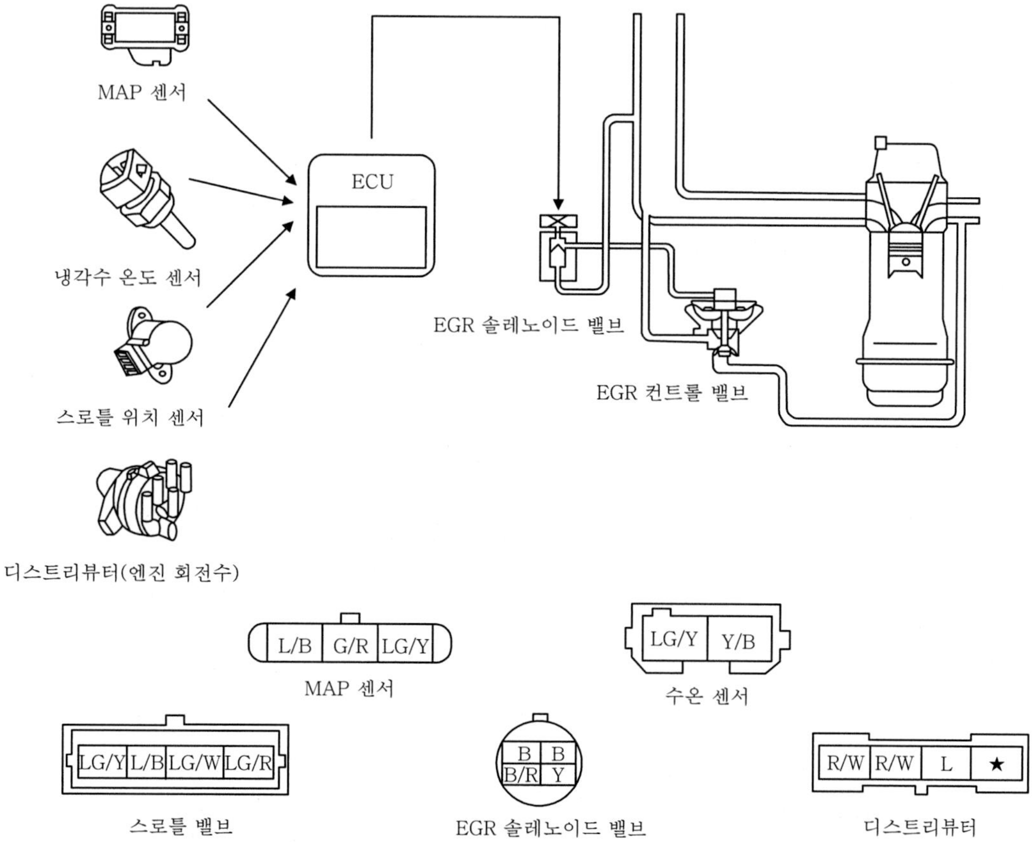

그림 10.32 LPG 엔진의 배기가스 재순환 제어 시스템

10.4.3 안전장치와 솔레노이드 밸브

LPG 차량의 연료공급 시스템을 그림 10.33에서 보여주고, LPG를 안전하게 저장하기 위한 압력용기 봄베(bomb)는 압력에 의한 가스의 폭발이나 화재 위험성을 줄이기 위해 그림 10.34에서 보여주는 것처럼 많은 안전장치와 밸브들이 부착되어 있다. 차량의 충돌이나 전복과 같은 사고로 인해 일어나는 LPG 차량의 화재에 의한 폭발을 사전에 차단하기 위한 안전장치로 솔레노이드 밸브를 사용한다.

LPG 엔진에서 널리 사용하는 솔레노이드 밸브를 요약하면 다음과 같다.

(1) 긴급차단 솔레노이드 밸브

LPG 차량에서 전복이나 충돌과 같은 사고가 발생할 경우, 연료의 누출에 의한 사고를 막기 위해 설치한 안전밸브이다.

(2) 액상 · 기상 솔레노이드 밸브

그림 10.35는 엔진의 온도조건에 따라 액체상태, 또는 기체상태의 연료를 안전하게 공급할 수 있도록 조정하는 안전밸브의 작동조건을 제시하고 있다. 솔레노이드 밸브는 엔진을 종합적으로 제어하는 전자제어 유니트(ECU)에서 공급되는 전기적인 신호에 의해 "ON", "OFF"하는 전자석 밸브이다. 엔진의 온도를 측정하는 냉각수 온도 센서에서 엔진의 현재 온도를 감지하여 ECU로 보내면 ECU는 모든 작동조건을 고려하여 결정된 최적의 작동조건 신호를 솔레노이드 밸브로 보내서 제어한다. 솔레노이드는 액상과 기상의 2가지 밸브로 구성되고, 연료에 혼합된 이물질을 제거하는 필터로 구성된다.

(3) 슬로우 듀티 솔레노이드 밸브

증발기(vaporizer)의 1차실로부터 연료를 공급받아 시동시나 각종 부하시 연료를 안정적으로 공급한다.

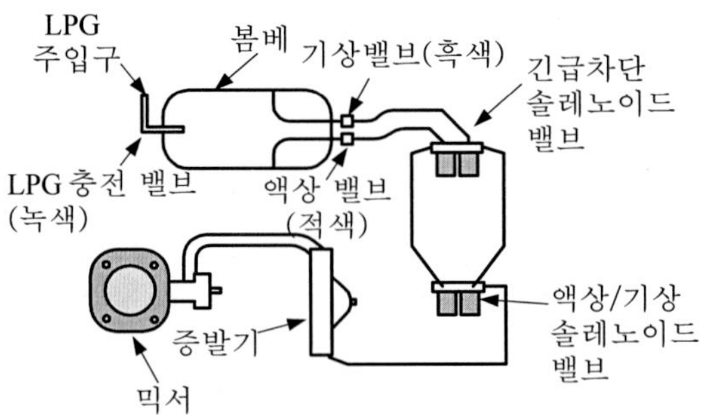

그림 10.33 LPG 차량의 연료공급 시스템

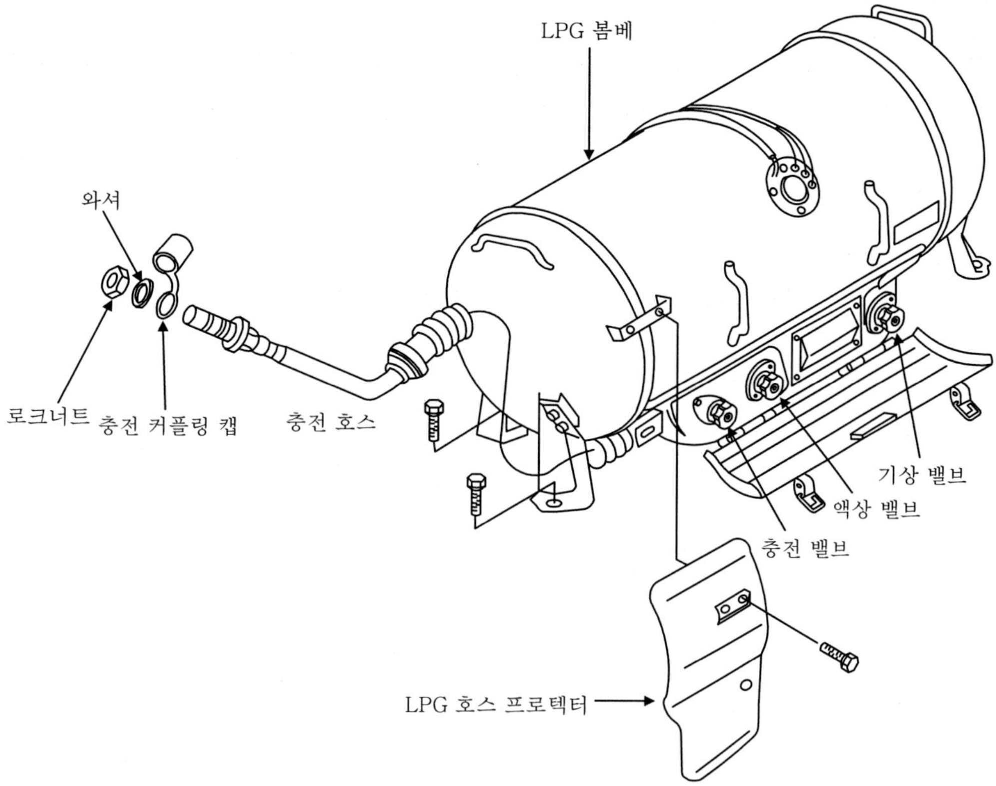

그림 10.34 LPG 연료를 안전하게 저장하는 가스탱크(봄베)

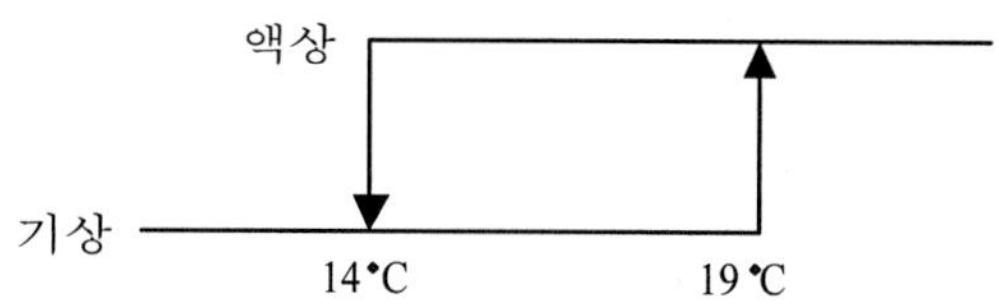

그림 10.35 온도에 따른 액상과 기상 솔레노이드 밸브의 작동조건

연습문제

10.1 불꽃점화 방식의 가솔린 엔진과 구별되는 압축점화 방식의 디젤 엔진이 갖고 있는 장점과 단점에 대하여 기술하시오.

10.2 가솔린 차량이나 디젤 차량에 비하여 LPG 차량은 특히 연료 공급방식이 서로 다른 것으로 알려져 있는데, LPG 차량의 장점과 단점에 대하여 기술하시오.

10.3 압축점화 방식을 채택하고 있는 디젤 엔진의 전자제어 연료 분사장치에 대하여 설명하고, 그 특징을 간략하게 기술하시오.

10.4 디젤 엔진에 전자제어 분사 시스템을 도입함으로써 엔진이 얻을 수 있는 장점에 대하여 간략하게 기술하시오.

10.5 커먼레일 전자제어 연료 분사 시스템을 기존의 연료 분사 시스템에 비교하여 차이점을 중심으로 간략하게 설명하시오.

10.6 커먼레일 시스템은 고출력, 저연비, 저공해성 유지를 위해 분사조건을 엄격하게 제어하는데, 이러한 목적을 달성하기 위해 사용하는 커먼레일 시스템의 분사조건 제어 방식에 대하여 기술하시오.

10.7 LPG 엔진이 기존의 가솔린 엔진에 비하여 크게 다른 점을 기술하고, LPG 엔진의 제어 시스템에 대하여 설명하시오.

10.8 LPG 엔진의 공연비 제어와 연료차단 제어에 대하여 간략하게 설명하시오.

제 11 장

자동차 일반정비

11.1 자동차 정비의 일반사항

11.1.1 차대 번호판의 위치

그림 11.1에서 보여준 것처럼 대부분의 자동차에서 차대 번호판(자동차의 고유번호)은 방화벽(firewall)의 상부에 위치하고 있다.

그림 11.1 자동차 차대 번호판의 위치

11.1.2 정비작업에 따른 주의사항

(1) 자동차 구조물의 보호

자동차를 정비하면서 그림 11.2와 같이 도장을 해야 하는 표면이나 내장부품들을 작업 커버(시트 커버)를 덮거나 테이프(tape)를 활용하여 사용중인 공구나 외부의 각종 물체 등에 의해 손상되거나 파손되지 않도록 보호해야 한다. 따라서, 자동차를 정비하기 전에 반드시 필요한 작업시트를 준비한다.

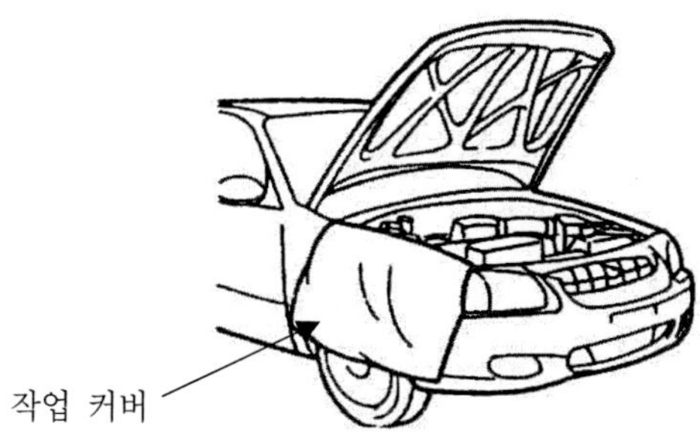

그림 11.2 정비작업에서 자동차의 보호

(2) 분해와 조립과정

자동차에서 결함이 있는 부위를 확인하고, 동시에 고장 원인을 규명하기 위해서는 부품을 떼어내서 확인하고, 보다 정밀한 검사를 위해 분해할 필요가 있는지를 파악한 후에 정비 지침서의 순서대로 작업을 한다. 정비 과정에서 수리한 부품이나 신품으로 교체할 경우는 조립을 잘못하는 것을 방지하고, 조립을 용이하도록 하기 위해서는 펀치 마크 또는 일치 마크를 기능이나 외관에 문제가 없는 부분에 적절히 표시하도록 한다.

정비 과정에서 부품의 개수와 유사 부품이 많은 대상물을 분해할 경우는 그림 11.3과 같이 주의 깊게 확인하여 조립과정에서 혼동하지 않도록 순서대로 잘 정리해야 한다.

① 떼어낸 부품은 순서대로 잘 정리하여 놓는다.
② 교환할 부품과 재사용할 부품을 구분하여 정리한다.
③ 볼트, 너트류를 교환할 때는 지정된 규격품을 사용한다.
④ 작업과정에서 부품이 손상되지 않도록 한다.

그림 11.3 부품을 떼어내는 과정에서 세심한 관찰

(3) 전용공구의 사용

일반공구로 작업을 실시하면서 부품이 파손되거나 손상될 우려가 높은 경우는 전용공구를 사용하여 작업 능률을 높이고, 조립에 따른 안전성을 확보토록 한다. 전용공구의 사용은 일반공구와는 달리 사용방법을 숙지해야 하고, 그림 11.4에서 보여준 것처럼 정비 작업에 적합한 전용공구를 사용해야 한다.

(4) 필수 교환부품

자동차 정비에서 그림 11.5와 같은 주요 부품을 분해할 때는 항상 새로운 부품으로 교환하여 내구성과 안전성을 확보토록 한다.

① 오일시일(oil seal)
② 가스켓(로커 커버의 가스켓은 제외)
③ O-링
④ 패킹
⑤ 록크 와셔
⑥ 분할 핀

그림 11.4 전용공구의 사용예

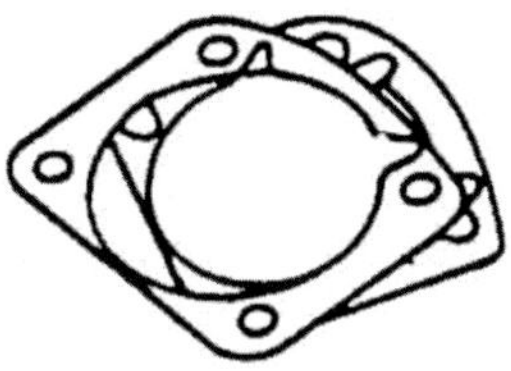

(a) 가스켓

(b) 오일시일

(c) 핀

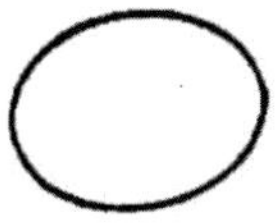

(d) O-링

그림 11.5 엔진 분해과정에서 반드시 필요한 교환부품

(5) 부품의 교환

① 부품을 교환할 때는 자동차 메이커에서 추천하는 순정 부품을 사용한다.
② 보수용 부품은 세트, 키트 부품을 사용하도록 한다.
③ 보수용 부품으로 공급되는 부품은 부품의 통일화 등을 위해 차량에 조립되어 있는 부품과는 차이가 있을 수 있으므로 부품 카탈로그를 확인한 후에 정비작업을 실시한다.

(6) 자동차의 세척

고압 세척장비나 스팀장치를 사용하여 자동차를 세척하는 경우는 그림 11.6과 같이 모든 플라스틱 부품과 도어나 트렁크와 같은 개방 부품들로부터 최소한 300mm의 거리를 두고 스프레이 호스(spray hose)로 세척하는 것이 바람직하다.

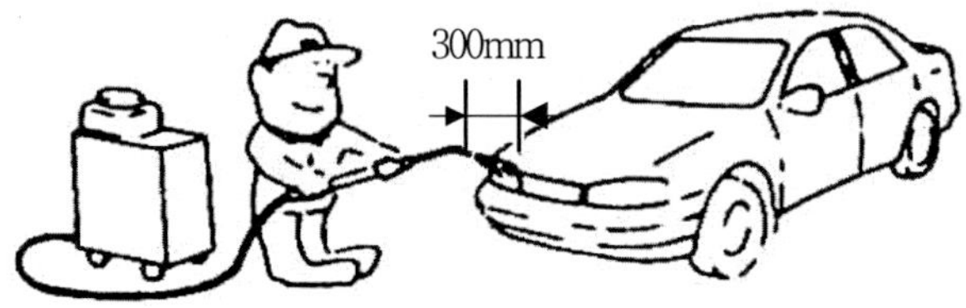

그림 11.6 자동차의 세척

(7) 전기계통

전기계통의 부품 교환이나 수리 작업을 하는 경우는 전기 쇼트에 의한 기기의 손상을 방지하기 위해서 사전에 배터리의 (-) 단자를 그림 11.7과 같이 분리한다. 이 때에 배터리 단자를 탈착하기 위해서는 반드시 시동 스위치와 점등 스위치를 꺼야한다. 그렇지 않을 경우는 자동차의 전자제어 관련 부품에 손상을 받을 수도 있기 때문에 위험하다.

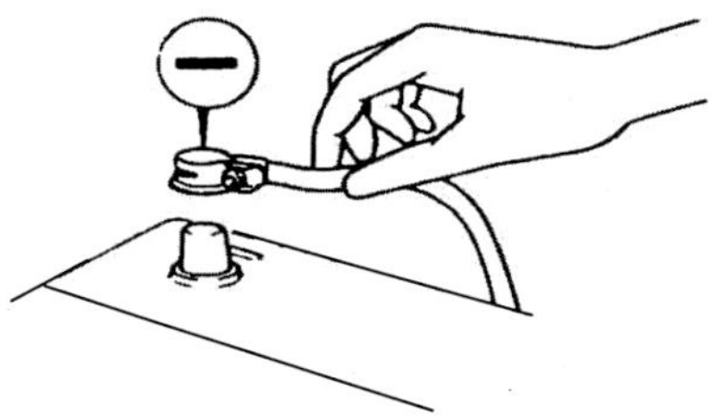

그림 11.7 배터리 (-) 케이블의 분리

11.1.3 촉매 변환장치의 취급시 주의사항

유해 배출가스를 줄이기 위해 사용하는 촉매 변화장치는 배기가스 라인이 설치된 차량의 하부에 설치되어 있으며, 촉매 변환장치에 미연소 가솔린이 많이 유입하게 되면 과열되어 화재가 발생하는 긴급한 상황이 일어날 수 있으므로 다음과 같은 사항에 주의하여 취급해야 한다.

① 무연 가솔린을 사용하지만, 유연 휘발유는 절대로 사용하지 않는다.
② 장기간 공회전을 하지 않는다.

③ 스파크 플러그의 점프 테스트(jump test)를 가능한 하지 않는다. 불가피하게 테스트를 할 경우에는 가급적 빠른 시간에 실시해야 하고, 이 과정에서 엔진은 절대로 작동시키지 않는다.

④ 엔진에서 장시간의 압축압력을 측정하지 않는다.

⑤ 연료탱크가 거의 비어있을 때는 엔진을 작동시키지 않는다. 연료가 거의 없을 때 엔진을 작동시키면 엔진이 실화(misfiring)를 하게 되고, 촉매변환 장치에는 과부하가 걸리게 된다.

⑥ 감속시에는 시동 스위치를 끄거나 브레이크를 너무 장시간 사용하지 않는다.

11.1.4 리프트와 잭의 지지 위치

정비를 위해 자동차를 들어올리기 위한 리프트와 잭의 지지 위치를 다음과 같이 보여주고 있다. 여기서 그림 11.8은 단기둥 리프트(single column lift)를, 그림 11.9는 쌍기둥 리프트(double column lift)를 사용하여 차량을 안전하게 들어올리는 사례를 보여주고 있다.

(1) 단기둥 리프트를 사용할 때

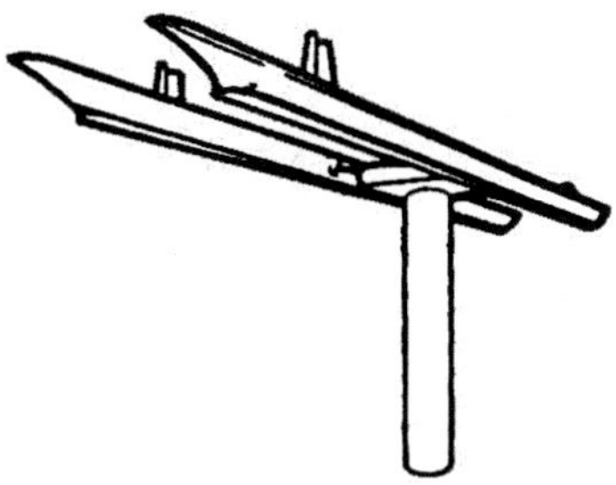

(a) 모델 A

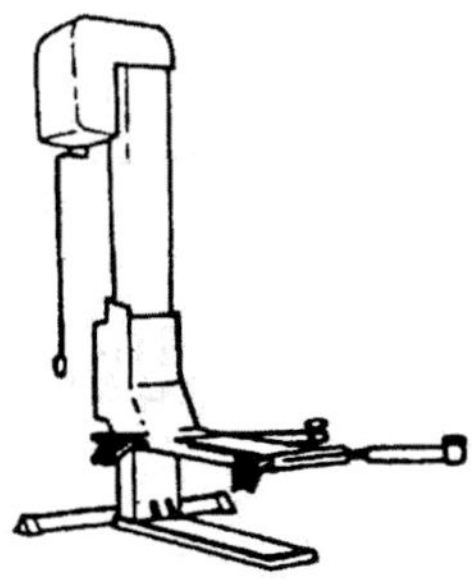

(b) 모델 B

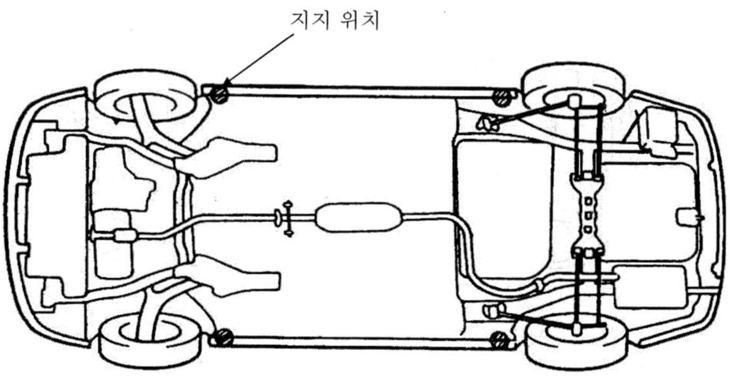

(c) 지지 위치

그림 11.8 단기둥 리프트

(2) 쌍기둥 리프트를 사용할 때

(a) 쌍기둥 리프트

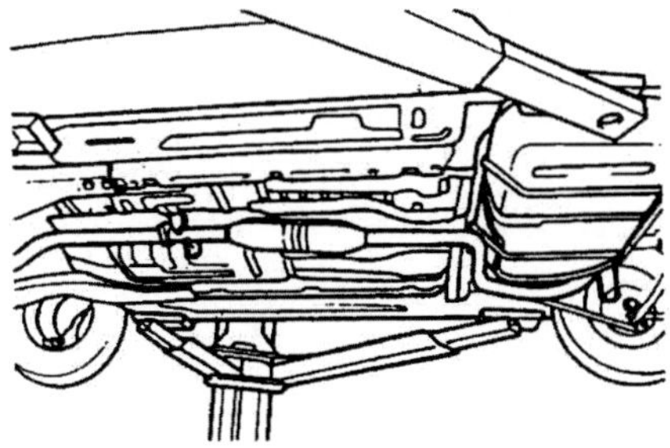

(b) 지지 위치

그림 11.9 쌍기둥 리프트

또한, 그림 11.10은 포터블 개러지 잭을 사용하여 차량을 들어올리는 사례를 보여주고 있다. 그림 11.11은 차량을 안전하게 정지시켜 놓고, 운전자가 타이어를 교환하기 위해 간편하게 사용하는 잭을 제시하고 있다.

(3) 개러지 잭을 사용할 때

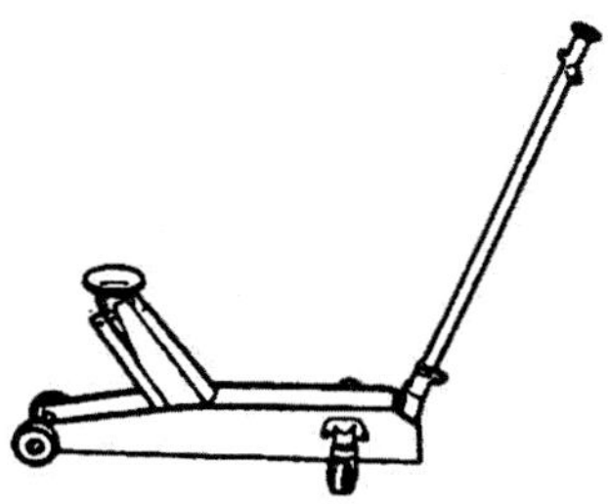

(a) 개러지 잭

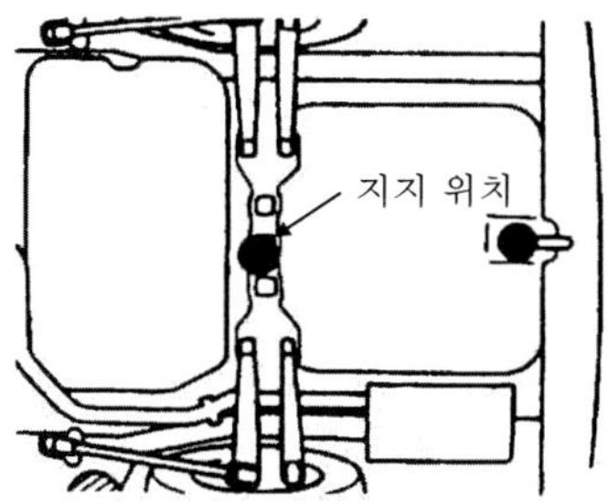

(b) 지지 위치

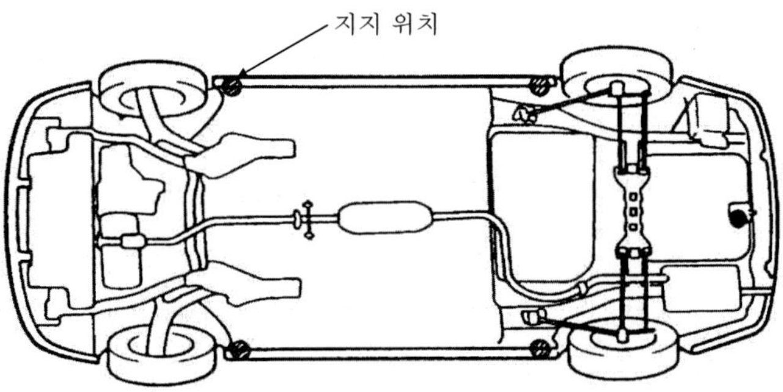

(c) 지지 위치

그림 11.10 포터블 개러지 잭

(4) 포터블 잭을 사용할 때

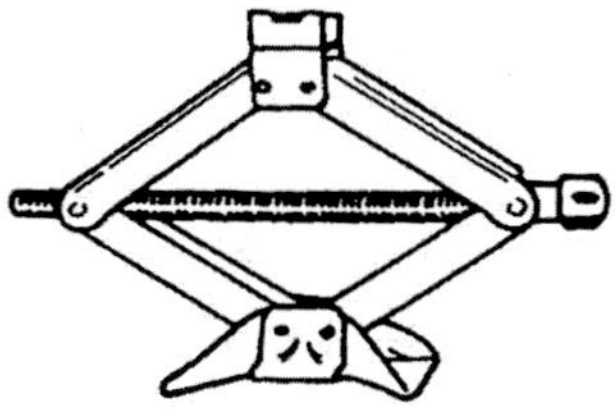

그림 11.11 포터블 잭

11.1.5 정기점검 일람표

(1) 배출가스 제어 관련 항목

배출가스 제어에 관련하여 점검해야 할 항목은 표 11.1과 같다.

표 11.1 배출가스 제어에 관련된 정기점검 일람표

번호	점검 내용	일일 점검	주간 점검	매 5,000 km	매 10,000 km	매 20,000 km	매 40,000 km	매 60,000 km	매 80,000 km
1	엔진오일 및 오일필터	○			●	○			
2	구동벨트(얼터네이터, 파워 스티어링 등)의 장력, 마멸 상태	○			○				
3	점화시기				○				
4	연료필터							●	
5	연료라인과 연결부의 누유				○				
6	타이밍 벨트						○		●
7	연료호스, 증발가스 호스, 연료 주입구 캡					○			
8	각 진공호스, 크랭크 케이스 통풍 호스					○			
9	공기 청정기			○		○	●		
10	점화 플러그					○	●		
11	캐니스터, 산소센서								●
12	PCV 밸브, EGR 밸브					○			
13	컴퓨터 진단기로 부터 종합 TEST								

● : 교환 ○ : 점검후 조정 및 수리, 또는 필요시 교환

(2) 일반점검 항목

일반점검 항목은 표 11.2와 같다.

표 11.2 일반점검 항목

번호	점검 내용	일일점검	주간점검	매 5,000 km	매 10,000 km	매 20,000 km	매 40,000 km	매 60,000 km	매 80,000 km
1	냉각수	○		매 5년 또는 100,000km 마다 교환					
2	각종 오일 누유, 냉각장치의 누수 여부	○							
3	배터리 상태	○							
4	자동 변속기 오일	○				○	● (가혹시)		● (통상시)
5	브레이크 오일, 클러치 오일	○					● (또는 2년)		
6	파워 스티어링 오일 및 호스	○					● (또는 2년)		
7	타이어의 공기압과 마멸 상태	○							
8	타이어의 위치 교환				●	○			
9	브레이크 호스 및 라인의 누유					○			
10	앞 브레이크 패드 및 디스크				○				
11	뒤 브레이크 라이닝과 드럼					○			
12	배기 파이프 연결부, 머플러 및 서스펜션 볼트의 손상, 조임 상태				○				
13	주행 계열의 각 연결부, 기어박스, 부트 손상여부				○				
14	드라이브 샤프트와 부트				○				
15	휠 너트의 조임 상태				○				
16	수동 변속기 오일 교환				● (최초)		●		
17	클러치 및 브레이크 페달 유격	상태에 따라 수시 점검 및 조정							
18	섀시 각부의 조임 볼트				○				
19	휠 베어링의 청소 및 주유				○				
20	로워 암 볼 조인트 청소, 주유				○				
21	주차 브레이크의 행정				○				
22	도어 체커, 각 잠금장치, 각 힌지부 점검주유				○				
23	앞 바퀴 정렬상태	상태에 따라 수시 점검 및 조정							

● : 교환 ○ : 점검후 청소, 조정, 수리, 또는 필요시 교환

다음과 같은 가혹한 조건에서 자동차를 사용하는 경우는 정기점검 주기를 앞당겨 실시하는 것이 바람직하다.

① 단거리를 반복하여 주행하였을 때
② 모래, 먼지, 황사, 습증기 등이 많은 지역을 주행하였을 때
③ 공회전을 과다하게 계속 유지시켰을 때
④ 32℃ 이상으로 온도가 높고, 교통체증이 심한 곳을 50% 이상 주행하였을 때

11.1.6 윤활유 및 유량

(1) 윤활유의 종류

자동차에서 사용하는 윤활유의 종류는 표 11.3과 같다.

표 11.3 자동차 윤활유의 종류

항 목	규정 오일	비 고
엔진오일	API SF, SG, SH, SJ, SL 등	
수동 변속기 오일	API 등급 GL-4	SAE 등급번호 SAE 75W-90
자동 변속기 오일	제작사의 순정 자동 변속기 오일 다이아몬드 ATF SP-Ⅱ M	
브레이크유	DOT 3 또는 동급 이상 제품	
부동액	알루미늄 전용 부동액	
변속기 연결부, 주차 브레이크 케이블, 후드 록크 및 후크, 도어 래치. 시트 조정장치, 트렁크 리드 래치, 도어 힌지, 트렁크 리드 힌지	다목적 그리스 NLGI 등급 #2	함유량 40%
파워 스티어링 오일	PSF-3	

(2) 윤활유의 유량

자동차 엔진에서 필요한 엔진오일, 냉각수, 변속기유, 파워 스티어링 오일 등은 표 11.4에서 제시하는 것처럼 일정한 유량을 필요로 한다.

표 11.4 윤활유의 유량예

(단위 : ℓ)

항 목		규정량		
		1.3[ℓ]	1.5[ℓ]	1.5[ℓ] DOHC
엔진 오일	오일 팬	3.00	←	3.70
	오일 필터	0.30	←	←
	총용량	3.30	←	4.00
냉각수		6.0	←	5.60
수동 변속기 오일		2.15	←	←
자동 변속기 오일		6.70	←	←
파워 스티어링 오일		0.90	←	←

11.1.7 정기점검 및 정비

(1) 엔진오일의 등급

자동차에서 추천하는 API 등급은 CF-4, CG-4, CH-4 등이 있고, SAE 점도 등급은 그림 11.12에서 제시하고 있다. 모든 자동차 엔진이 최상의 성능조건과 최대의 효과를 유지하기 위해서는 다음과 같은 윤활유를 선정해야 한다.

① API 분류의 요구사항을 만족해야 한다.

② 주변의 온도 범위에 적정한 SAE 등급번호를 가져야 한다. 엔진오일의 용기에 SAE 등급 번호와 API 분류가 표시된 윤활유를 사용하는 것이 바람직하다.

(2) 엔진오일의 점검

① 엔진오일의 액위는 그림 11.13의 레벨 게이지(level gage)에 표시되어 있는 “MAX”와 “MIN” 표시선 사이에 항상 위치하도록 관리한다.

② 엔진오일의 액위가 “MIN” 표시선 아래로 떨어질 때는 1리터 정도의 오일을 보충한다.

③ 엔진오일의 오염상태나 점도를 점검하여 불량하면 교환한다.

④ 엔진오일은 차량 메이커가 추천하는 점도와 윤활 특성을 맞추어 선정해야 한다.

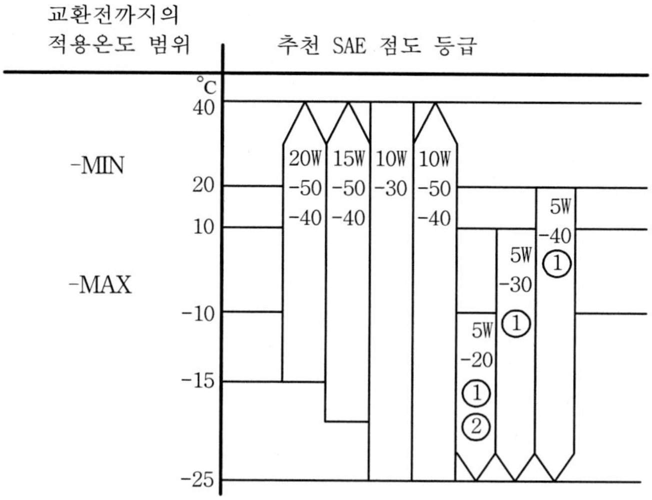

① 주행조건과 지역에 따라 한정한다.
② 고속운전을 계속해야 하는 차량은 제외된다.

그림 11.12 SAE 등급 분류

(3) 엔진오일의 교환

① 엔진을 웜업시킨 후에 엔진의 상단부에 있는 오일휠러(oil filler) 캡을 연다.
② 그림 11.14에서와 같이 설치된 엔진오일 레벨 게이지를 사용하여 현재의 유량을 점검한다.
③ 오일 탱크의 드레인 플러그를 풀어서 엔진오일을 유출한다.
④ 드레인 플러그 가스켓을 신품으로 교환하고, 드레인 플러그를 조인다.
⑤ 엔진오일을 주입한다.

그림 11.13 엔진오일의 기준표시

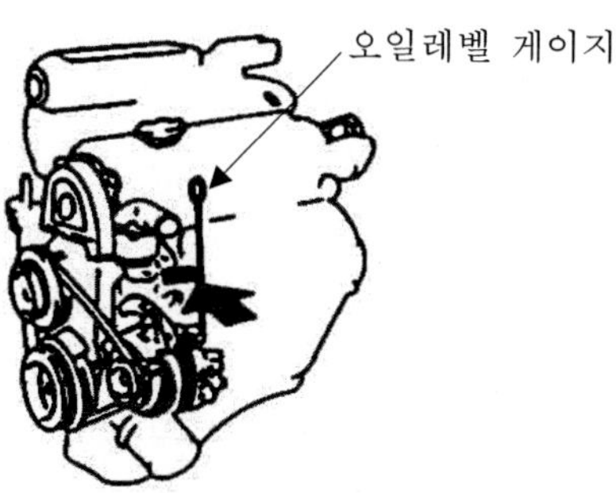

그림 11.14 오일 레벨 게이지의 장착위치

(4) 오일필터의 교환

① 오일필터 전용렌치를 사용하여 그림 11.15와 같은 오일필터를 교환한다.

② 신품 장착시는 오일필터의 O-링에 그림 11.16과 같이 엔진오일을 바른 후에 오일필터를 완전히 조여준다.

③ 엔진을 작동시켜 엔진오일의 누유 여부를 확인한다.

그림 11.15 오일필터

그림 11.16 오일필터의 장착 요령

(5) 구동 벨트의 장력 점검

① 워터펌프의 풀리와 발전기 풀리 사이를 그림 11.17과 같이 10kg 정도의 힘으로 누른다.

② 벨트를 누르면서 벨트의 처짐 정도를 점검한다.

③ 벨트의 처짐량이 규정치를 벗어나면 벨트의 장력을 조정하거나 교환한다.

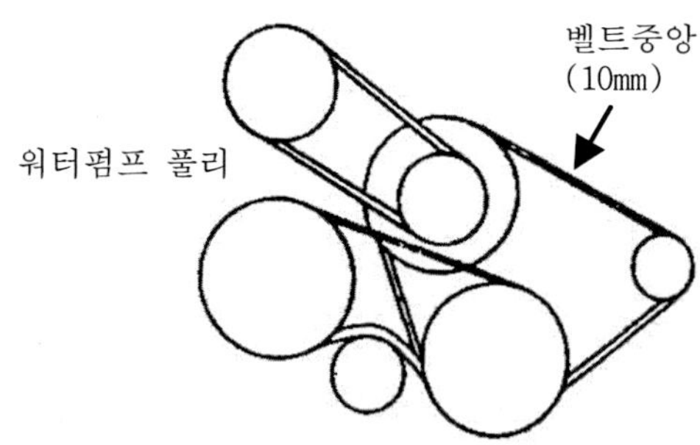

그림 11.17 구동벨트의 점검 방법

(6) 점화 플러그의 점검 및 청소

① 그림 11.18과 같이 점화 플러그에서 케이블을 분리시킨다. 점화 플러그를 분리하기 위해서는 점화 플러그 케이블 캡을 잡고 당겨야 한다.

② 점화 플러그 렌치를 사용하여 실린더 헤드로부터 점화 플러그를 모두 떼어낸다. 이때 점화 플러그의 장착 구멍을 통해서 이물질이 침입하지 않도록 주의해야 한다.

③ 점화 플러그는 다음의 사항을 점검해야 한다.
▷ 인슐레이터의 파손
▷ 전극의 마모
▷ 카본의 퇴적
▷ 가스켓의 손상 또는 파손
▷ 점화 플러그 간극에 있는 사기애자의 손상상태 점검

④ 점화 플러그의 간극 게이지로 그림 11.19와 같이 플러그의 간극을 점검하여 규정치 이내에 있지 않으면 접지전극(-)을 약간 구부려 조정한다. 이때 신품의 점화 플러그를 엔진에 장착할 때는 플러그의 간극이 균일한가를 점검한 후에 장착한다.

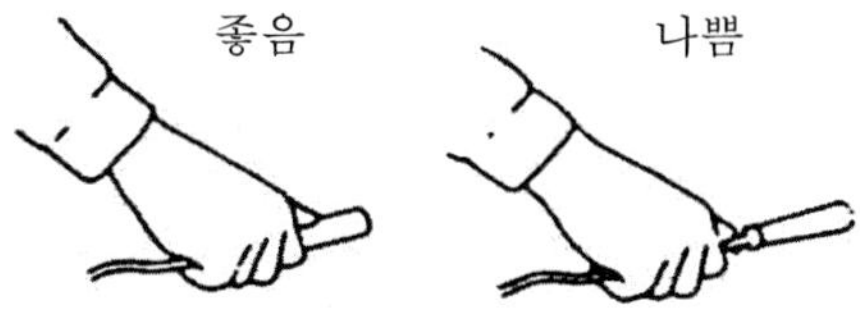

그림 11.18 점화 플러그에서 케이블의 분리 방법

(a) 점화 플러그

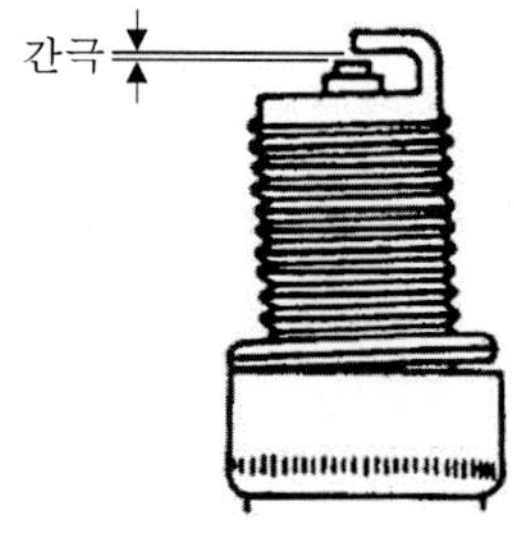

(b) 간극 조정

그림 11.19 점화 플러그와 간극 점검

(7) 공기 청정기의 교환

사용중인 공기 청정기(air cleaner)가 오염되면 연료의 연소효율이 크게 떨어지므로 신품으로 교환한다.

① 공기 청정기의 커버 체결용 볼트를 푼다. 그림 11.20은 공기 청정기의 장착 위치와 엘리먼트를 보여주고 있다.
② 공기 청정기의 커버를 제거한다.
③ 공기 청정기의 엘리먼트를 제거한다.
④ 신품 공기 청정기 엘리먼트를 장착하고, 공기 청정기 커버를 장착한다.

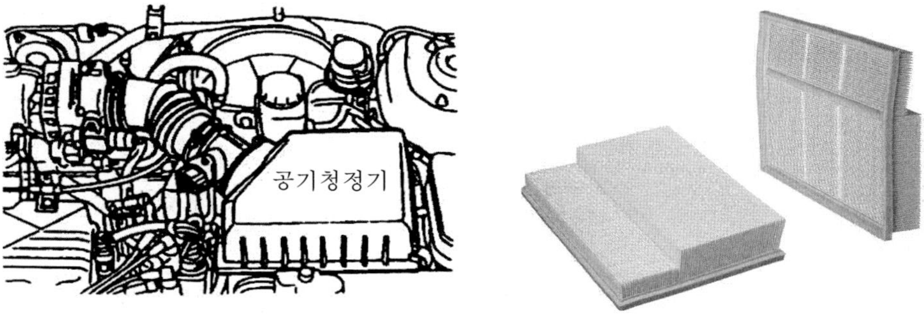

(a) 공기 청정기의 설치 위치 (b) 엘리먼트

그림 11.20 공기 청정기의 장착 위치

(8) 연료 필터의 교환

연료 필터(fuel filter)를 규정기간 이상으로 사용하면 포집된 먼지나 습증기 때문에 성능이 저하되며, 연료의 연소효율이 떨어지는 문제가 있다. 따라서, 연료 필터를 규정된 교환기간 이내에 교체하는 것이 좋다. 연료 필터와 연료 펌프의 장착 위치는 그림 11.21에서 보여주고 있다.

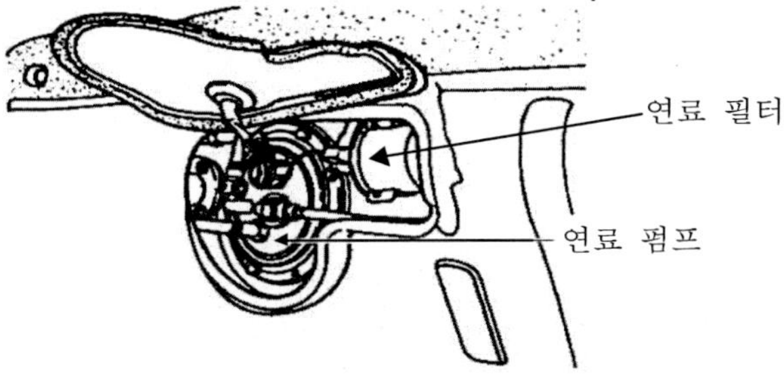

그림 11.21 연료 필터의 장착 위치

(9) 연료계통의 점검

① 연료라인 연결부의 손상이나 누설을 점검한다.

② 연료호스의 표면이 열이나 기계적 손상을 받았는지 점검한다.
③ 고무호스가 손상되면 신품으로 교환한다.
④ 연료필터 캡의 느슨함을 점검한다.

(10) 진공호스, 2차 공기호스, 크랭크 케이스 통풍호스의 점검

① 호스면에 열적 손상이나 기계적인 손상의 흔적이 있는가를 점검한다.
② 고무가 경화되거나 물렁거리는 현상, 균열, 찢어짐, 벗겨짐, 과도하게 튀어나옴 등의 발생은 고무성질의 약화를 나타낸다. 이러한 고무호스는 배기 매니폴드 등과 같은 고열원과 인접해 있으므로 점검시 세심한 주의를 기울여야 한다.
③ 고무호스가 약화되거나 손상된 흔적이 발견되면 즉시 교환해야 한다.

(11) 크랭크 케이스 배출가스 제어장치

① 그림 11.22와 같이 배출가스 호스를 크랭크 케이스 배출가스 밸브로부터 떼어낸다.
② 크랭크 케이스 배출가스 밸브를 로커 커버로부터 떼어낸 후에 호스를 크랭크 케이스 배출 가스 호스에 연결한다.
③ 엔진을 공회전 속도로 구동한다.
④ 크랭크 케이스 배출가스 밸브의 끝단부를 손가락으로 막으면 흡기 매니폴드의 부압(negative pressure)에 의해 손가락이 빨려 들어가는 듯한 느낌이 든다. 이때 크랭크 케이스 배출가스 밸브 내부에 있는 플런저가 반드시 앞·뒤로 움직인다.
⑤ 만약 부압이 느껴지지 않으면 크랭크 케이스 배출가스 밸브를 교환하거나 배출가스 호스 내부를 세척용 솔벤트를 사용하여 깨끗하게 청소한다.

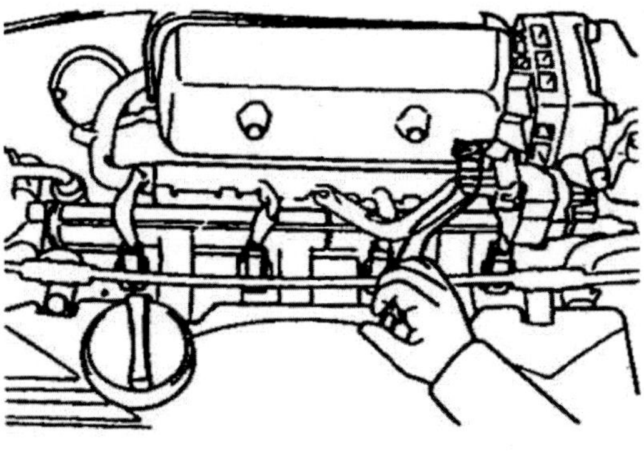

그림 11.22 배출가스 호스 분리

(12) 증발가스 제어장치

연료 증발가스 라인의 구멍이 막히거나 손상을 입게 되면, 연료 증발가스가 대기중으로 많이 방출하게 된다.

▣ 캐니스터

① 그림 11.23에서 캐니스터를 떼어낸 후 연료 증발라인의 연결부 풀림, 과도한 휨, 손상을 점검한다.
② 변형, 균열, 연료누설을 점검한다.
③ 캐니스터를 떼어내어 균열이나 손상 등을 점검한다.

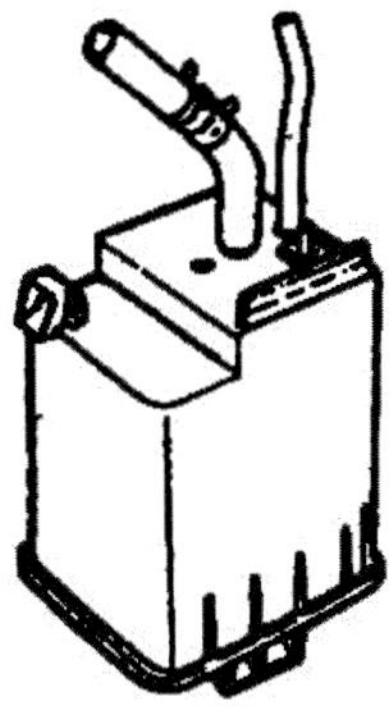

그림 11.23 캐니스터

▣ 퍼지 콘트롤 솔레노이드 밸브

그림 11.24와 같이 진공호스를 분리시킬 때 식별 표시를 해서 원래 위치에 용이하게 장착할 수 있도록 한다.

① 솔레노이드 밸브에서 진공호스를 분리한다.
② 하니스 커넥터를 분리시킨다.
③ 핸드 진공펌프를 진공호스가 연결되었던 니플에 연결한다.
④ 진공을 가하고 퍼지 콘트롤 솔레노이드 밸브에 전압을 공급했을 때와 공급하지 않았을 때 점검한다.

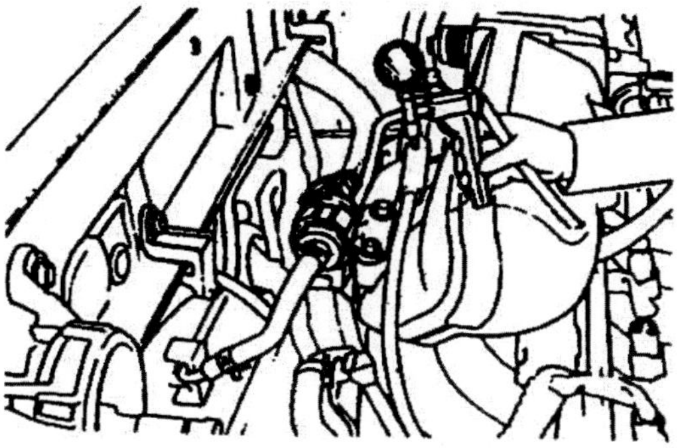

그림 11.24 퍼지 콘트롤 솔레노이드 밸브의 장착 위치

▣ 2-웨이(2-way) 밸브

그림 11.25와 같이 2-웨이 밸브는 압력밸브와 진공밸브로 구성되어 있으며, 압력밸브는 연료탱크의 내부압력이 규정압력보다 높으면 개방되고, 진공밸브는 탱크내에 있을 때 개방되도록 설계되어 있다.

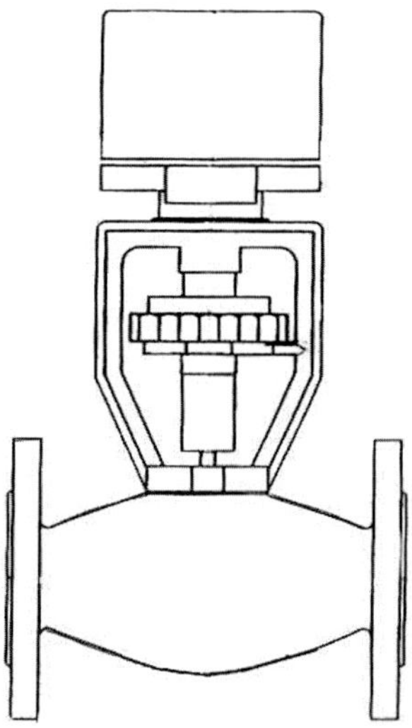

그림 11.25 2-웨이 밸브

(13) 연료휠러 캡

연료휠러 캡에는 진공을 해제하는 밸브가 있어 증발된 연료가스가 대기중으로 방출되는 것을 방지한다.

(14) 산소센서의 교환

산소센서는 연료 혼합조절 장치로서 손상을 입게 되면 자동차의 주행성은 물론 배기가스가 나빠지는 문제점이 제기된다. 그러므로, 산소센서가 고장나면 반드시 교환해야 한다. 그림 11.26은 산소센서의 장착상태를 나타낸 것이다.

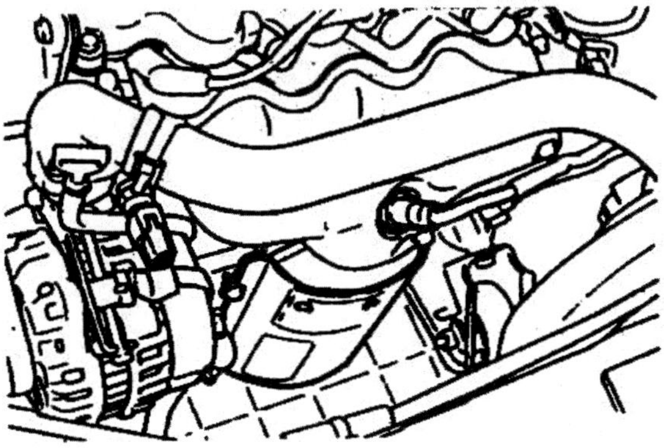

그림 11.26 산소센서의 장착 상태

(15) 냉각장치

냉각계통 고무호스의 손상, 이완 또는 연결부위 등에서 발생될 수 있는 냉각수의 누설을 점검한다.

▣ 부동액

자동차를 출고할 당시는 이미 엔진의 냉각 계통에 부동액이 공급되어 있다. 보통 부동액은 물에 40%의 부동액을 혼합하여 빙점을 크게 낮춘 냉각수로 그림 11.27에서 보여주는 것처럼 녹색을 띄고 있다. 실린더 헤드와 워터펌프는 알루미늄 합금으로 제작되어 있으므로, 냉각수 부동액(에틸렌 글리콜)은 30~60%로 혼합되어야 부식이나 동파를 방지할 수 있다. 부동액의 농도가 30% 이하이면 내식성이 떨어지고, 농도가 60% 이상이면 부동성과 냉각성이 감소하며, 엔진에 급격한 영향을 미치게 된다. 따라서, 자동차 메이커가 추천하는 에틸렌 글리콜(ethylene glycol)을 혼합한 부동액을 사용하는 것이 좋고, 다른 제품과 혼용하여 사용해서는 안된다.

▣ 냉각수의 농도 측정

냉각수가 완전히 혼합될 때까지 엔진을 운전시킨 다음에 안전 작동온도에서 약간의 부동액을 유출시켜 부동액의 농도를 결정한 후에 부동액 비중을 측정하여 냉각수 농도가 규정치 이내에 있도록 조정한다.

그림 11.27 냉각수 부동액

▣ 냉각수의 교환

엔진 냉각수의 온도가 상승하면, 열에 의한 상해를 입을 수 있으므로 엔진이 가동되어 온도가 상승되어 있는 동안에는 절대로 라디에이터 캡을 열면 안되고, 냉각수의 온도가 떨어졌을 때 열도록 한다. 라디에이터 캡을 열 때(open)에는 이미 뜨거워진 냉각수나 증기가 외부로 분출될 우려가 있으므로 조심해야 하고, 라디에이터 캡을 열기 위해서는 캡 상단부를 헝겊으로 완전히 덮은 후에 시계 반대 방향으로 약간 열어서 압력이 리저버 탱크(reservoir tank) 튜브를 통하여 떨어지게 한 다음 천천히 돌려서 다음과 같은 절차에 따라 캡을 안전하게 연다.

① 라디에이터 캡을 연 후에 라디에이터 배출 플러그와 엔진 플러그를 풀어서 냉각수를 배출시킨다.
② 리저버 탱크를 떼어내어 냉각수를 배출시킨다.
③ 냉각수가 완전히 배출되면 배출 플러그를 잠근 후에 라디에이터 세척액을 엔진과 라디에이터에 가득차게 주입하여 엔진과 라디에이터를 세척한다.
④ 세척이 완전히 끝난 후에 세척액을 배출시키고, 라디에이터와 엔진 배출 플러그를 잠근다.
⑤ 부동액과 물을 새로이 주입한 후에 라디에이터 캡을 잠근다.
⑥ 엔진을 잠시 운전시킨 후에 냉각수의 액위(liquid level)를 점검하고, 냉각수를 규정 수준에 도달할 때까지 주입한다.
⑦ 그림 11.28에서 보여준 리저버 탱크에 표시된 "FULL"과 "LOW" 사이에 냉각수 액위가 있도록 냉각수를 채운다. 이때에 리저버 탱크에 냉각수를 규정량보다 초과하지 않도록 한다.

(16) 에어콘용 압축기 벨트의 장력 점검

벨트의 지정부위(화살표로 나타냄)를 그림 11.29와 같이 10kg의 힘으로 눌러서 처짐량이 표준치 이내에 있는지를 점검한다. 다음은 에어콘용 압축기를 구동하는데 필요한 벨트의 표준 처짐량을 제시하고 있다.

① 에어콘 압축기 벨트 : 5~5.5mm
② 신품 교환 후 공회전시 : 6.7mm
③ 사용 벨트의 재장착시 : 8.0mm

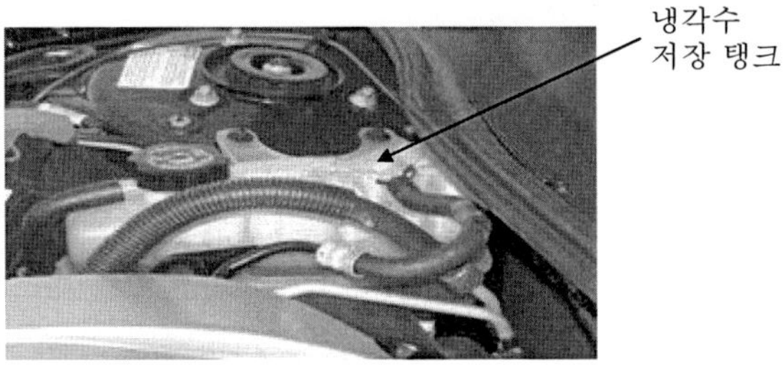

그림 11.28 냉각수 리저버 탱크

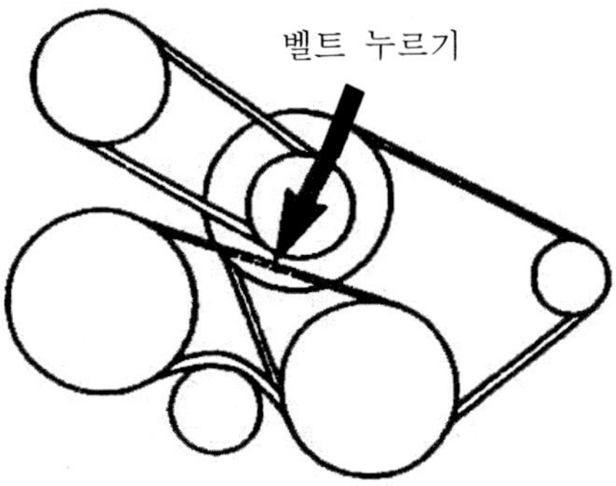

(a) 벨트의 장력 검사

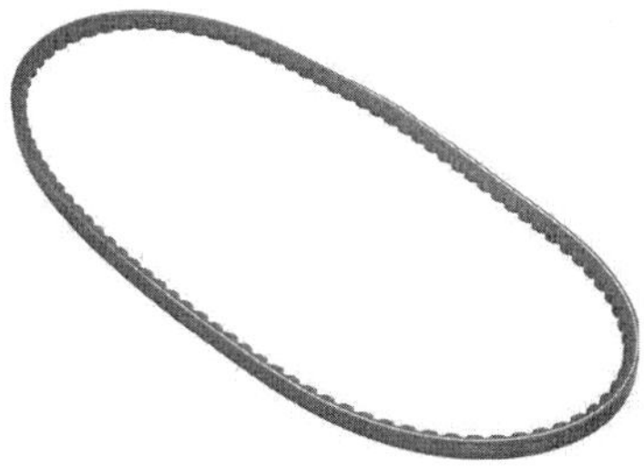

(b) V-벨트

그림 11.29 에어콘 압축기의 벨트 장력 점검

(17) 배기계통

① 배기가스가 지나가는 배기 파이프와 머플러(muffler)의 부식이나 손상 정도를 점검한다.
② 배기 파이프의 연결부 이완이나 연결부에서 빠져나가는 배기가스의 누출을 점검한다.
③ 배기 파이프를 차체(body)에 지지하기 위한 고무행거와 브라켓트의 손상을 점검한다.

11.2 일상점검 및 부품교환

11.2.1 일상점검 및 교환

(1) 일상 점검

▣ 연료 게이지 및 경고등 점검하기

엔진 스위치를 "ON"으로 한 상태에서 예정된 주행거리를 충분히 운행할 수 있는가는 연료계의 지침을 보고 연료탱크의 연료량을 점검함으로써 적정량 여부를 확인한다. 만약, 연료탱크의 연료량이 최소 잔량에 도달하면, 연료 경고등은 자동 점등되므로 운전자는 즉시 연료를 보충해야 한다.

▣ 유압 경고등 점검하기

엔진의 시동중에 유압 경고등이 켜지게 되면, 엔진내부를 순환하는 엔진오일의 압력에 이상이 있음을 나타내는 것으로 엔진오일의 양이나 노화상태, 오일필터의 막힘 등을 점검하여 고장 원인을 해결해야 한다.

▣ 엔진오일 레벨 점검하기

엔진의 구동부에 오일을 공급하여 마찰 운동부의 원활한 작동을 보장해야 한다. 엔진에 공급되는 엔진오일(engine oil)이 부족하거나, 엔진오일을 오랫동안 교체하지 않음으로 인해 발생되는 열화현상은 엔진의 원활한 작동에 큰 문제점으로 나타나게 된다. 따라서, 운전자는 본네트를 열고, 엔진에 꽂혀있는 노란색으로 칠해진 꼭지 모양의 오일 레벨 게이지(oil level gage)를 위로 당겨 올려서 주기적으로 엔진오일의 액위를 점검한다. 엔진오일의 액위가 레벨게이지의 L(Low)과 F(Full) 사이 있으면 적량의 오일이 공급되었고, L 이하로 떨어져 있으면 오일이 소모되거나 누유된다는 것으로 엔진오일의 액위가 F에 도달할 때까지 보충한다. 점검과정에서 엔진오일의 열화정도가 심하거나 오랫동안 엔진오일을 교체하지 않았다면 엔진오일을 교체한다.

▣ 수온 게이지 점검하기

엔진의 작동온도를 일정하게 유지하도록 제어하는 냉각수는 워터자켓을 순환하면서 시동초기에는 엔진의 온도를 올려주고, 정상 작동중에는 엔진의 온도를 낮춰주는 역할을 한다. 엔진 냉각수의 정상적인 적정온도는 보통 80~95℃로 수온 게이지의 지침이 C와 H 사이의 중간부에 있으면 정상으로 간주한다. 수온 게이지(water temperature gage)의 냉각수 온도가 너무 높게 나타나면, 라디에이터의 냉각수 량이나 또는 수온 조절기(thermostat)의 작동 여부를 확인해야 한다.

▣ 사이드 브레이크 점검하기

사이드 브레이크 레버(side brake lever)를 최대로 당겼을 때 당기는 거리가 너무 높지 않나를 확인한다. 만약, 브레이크 레버의 높이가 평소보다 높다고 생각되면, 이것은 브레이크 라이닝의 마모가 많이 진행되었다는 것을 의미하므로 사이드 브레이크 레버의 옆쪽에 있는 조정 너트를 시계방향으로 약간 조여준다.

(2) 단순부품 교환

▣ 배터리 교환하기

자동차에 사용되는 전원을 공급하는 배터리(battery)는 엔진의 시동과 점화, 자동차의 조명과 제어 시스템 작동에 필수적인 전기·제어 시스템의 핵심이다. 배터리로부터 전기 에너지 공급량이 떨어지면, 다음과 같은 순서에 따라 교환하면 된다.

① 모든 전원을 “OFF”로 한다
② (-) 터미널을 먼저 분리한다.
③ (+) 터미널을 분리한다.
④ 스패너로 배터리 고정 플레이트 볼트를 푼다.
⑤ 배터리를 교체한다.
⑥ 조립은 분해의 역순으로 한다.

▣ 공기 청정기 교환하기

공기중에 포함된 먼지나 모래 입자, 습증기 등의 각종 이물질을 제거하여 연소실에 항상 깨끗한 공기를 공급함으로써 완전연소에 의한 고출력을 보장하고, 유해 배기가스 발생량을 줄여서 엔진의 성능을 확보하는데 공기 청정기(air cleaner)의 주기적 관리가 중요하다. 공기 청정기는 이물질 제거작용을 위해 그림 11.30에서 공기 청정기의 엘리먼트 교환은 다음과 같은 순서에 따라 실시한다.

① 공기 청정기의 잠금장치를 풀고 케이스를 열어서 엘리먼트를 제거한다.
② 케이스 내부에 쌓여있는 이물질을 모두 제거하고 새로운 엘리먼트를 장착한다.
③ 공기 청정기의 케이스를 닫고 잠금장치를 조인다.

그림 11.30 공기 청정기

▣ 와이퍼 블레이드 교환하기

비(rain)나 눈(snow)이 내리는 경우, 와셔액으로 유리창을 닦아주어 운전자의 전방 시야를 확보해주는 와이퍼는 고무로 만든 그림 11.31의 와이퍼 블레이드(wiper blade)의 선단부가 마모되어 세정력이 떨어지므로 주기적인 교환이 필요하다. 마모된 와이퍼 블레이드의 교환은 다음과 같은 순서에 따라 실시한다.

① 와이퍼 암을 들어올려 적절히 휘어준다.
② 블레이드를 U-자형 클립으로부터 제거하기 위해 고정키의 돌출부를 누르고 블레이드를 살며시 내려서 와이퍼 암으로부터 분리한다.
③ 새로운 와이퍼 블레이드의 설치는 분리한 순서의 역순으로 조립한다.

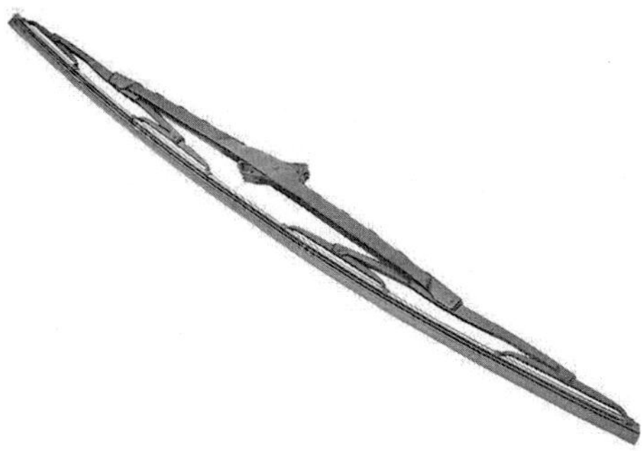

그림 11.31 와이퍼 블레이드

타이어 교환하기

자동차 타이어(tire)에 펑크가 났을 경우, 트렁크에 있는 필수 공구로 예비 타이어를 교환하기 위한 순서는 다음과 같다.

① 자동차를 평지에 안전하게 주차시키고, 주차 브레이크를 채운다. 이 때에 펑크나지 않은 바퀴를 돌이나 나무로 고여주면, 타이어 교환작업은 보다 안전하게 수행할 수 있다.
② 트렁크에 있는 필수 공구와 예비 타이어를 꺼내어 타이어 교환 준비작업을 마친다.
③ 포터블 잭을 차량에 설치하도록 이미 만들어진 프레임에 맞추고, 잭을 평편한 바닥면에 설치한다.
④ 잭 핸들을 돌려서 펑크난 타이어가 땅바닥에 아직 접촉하고 있는 정도까지 차량을 서서히 들어 올린다.
⑤ 전용 렌치를 반시계 방향으로 돌려서 휠너트를 풀어놓는다. 이 때에 휠너트는 대각선 방향으로 지그재그 순서로 풀어주는 것이 좋다.
⑥ 타이어가 땅으로부터 완전히 떨어질 정도로 포터블 잭으로 들어올린 다음, 휠너트를 완전히 푼 상태에서 펑크난 타이어를 떼어낸다.
⑦ 예비 타이어를 장착하고, 휠너트를 조여준다.
⑧ 잭 핸들을 돌려서 타이거가 땅바닥에 접촉하도록 내리고, 휠너트를 완벽하게 조여준다.
⑨ 트렁크에 필수 공구를 원위치하고, 펑크난 타이어는 수리하거나 새것으로 교체한다.

사이드 미러 교환하기

자동차의 후방을 관찰하기 위해 사용하는 사이드 미러(side mirror)는 주행 또는 주차중에 다른 차량과 주변 사람들에 의해 파손될 가능성이 높은 부품으로 다음과 같은 순서에 따라 교환하면 된다.

① 커버의 틈에 드라이버를 넣고 제치면 고정된 핀이 떨어지면서 커버가 제거된다.
② 사이드 미러의 볼트는 스패너로, 그리고 나사는 드라이버로 돌려서 푼다.
③ 사이드 미러를 바깥쪽으로 당겨서 떼어낸다. 사이드 미러가 전동식의 경우는 전원 커넥터를 먼저 분리하고 떼어낸다.
④ 조립은 떼어내기의 역순으로 한다.

(3) 엔진오일 및 작동유 교체

엔진오일 및 오일필터 교환하기

엔진오일은 자동차의 안전성, 정숙성, 수명, 유지비 등 모든 분야에서 가장 중요한 엔진 관리 포인트이다. 따라서, 엔진오일은 주기적인 점검을 통하여 엔진의 작동상태를 사전에 관리함으로써 자동차의 안전성 확보와 관리비 저감, 공해물질 저감, 수명 연장 등에 적합하도록 관리해야 한다. 엔진의 성능에 중대한 영향을 미치는 엔진오일의 부족이나 열화상태를 관찰하기 위해 주기적인 점검과 교환이 필요하다.

1) 엔진오일 점검하기

① 엔진오일의 액위가 오일 레벨 게이지(oil level gage)에 표시되어 있는 "MIN"과 "MAX" 사이에 있는지를 확인한다.

② 엔진오일의 액위가 "MIN" 아래로 떨어져 있을 때는 1리터 정도의 오일을 보충한다.

③ 또한, 엔진오일의 열화상태나 점도를 점검하여 불량하면 교환한다.

④ 엔진오일은 차량 메이커가 추천하는 점도와 윤활 특성에 적합하도록 선정한다.

2) 엔진오일 교환하기

① 엔진에 꽂혀있는 오일 레벨 게이지로 현재의 유량을 측정하여 엔진오일의 보충이나 교환 여부를 결정한다.

② 오일 탱크의 드레인 플러그를 풀어서 엔진오일을 유출한다. 이 때에 엔진오일은 폐윤활유 수거용기에 담아서 절차에 따라 처리한다.

③ 드레인 플러그 가스켓을 신품으로 교환하고, 드레인 플러그를 다시 조인다.

④ 엔진 상부에 있는 오일휠러(oil filler) 캡을 열고서 엔진오일 정량을 공급한다.

3) 오일필터 교환하기

① 오일필터 전용렌치를 사용하여 필터를 분리하고, 필터는 적절한 절차에 따라 처리한다. 또한, 유출된 오일은 폐윤활유 수거용기에 담아서 절차에 따라 처리한다.

② 신품을 장착할 경우는 오일필터의 O-링에 엔진오일을 바른 후에 오일필터를 완전하게 고정한다.

③ 엔진을 가동시킨 후에 엔진오일의 누유 여부를 확인한다.

▣ 냉각수 점검 및 보충하기

엔진의 과열을 방지하고, 시동 초기의 과냉을 빨리 벗어나도록 웜업 작용을 하는 냉각수는 보통 80~95℃의 높은 온도로 유지함으로써 연료의 완전연소에 크게 기여한다. 특히, 냉각수가 부족하면 엔진에서 발생되는 열원을 충분히 냉각시킬 수 없으므로 엔진은 과열되어 큰 문제를 제기한다. 따라서, 차량은 정기적으로 다음과 같은 절차에 따라 적정 냉각수를 관리해야 한다.

① 엔진의 본네트를 열고, 냉각수 리저브 탱크에 저장된 냉각수 레벨이 "MIN"과 "MAX" 사이에 있는지를 점검한다.
② 냉각수 액위가 "MIN" 아래로 떨어져 있을 때는 "MAX"에 도달할 때까지 냉각수를 보충한다.
③ 냉각수의 연결 파이프, 호스 연결부, 라디에이터 블럭 등에 누설된 흔적이 발견되면 즉시 정비를 한다.

▣ 브레이크 오일 점검 및 보충하기

브레이크 오일(brake oil)은 운전자에 의해 가해지는 브레이크 페달(brake pedal) 조작력을 자동차의 안정적인 제동압력으로 전환하여 전달하는 중요한 역할을 한다. 만약, 브레이크 오일의 기능 이상에 의해 정상적인 제동압력이 발생되지 않으면 자동차는 불충분한 제동력 때문에 곧바로 사고로 연결되므로 제동 계통에 이상 징후가 감지되면 즉시 정비를 받아야 한다.

① 브레이크 오일이 리저브 탱크(brake reserve tank)에 표시된 "MIN"과 "MAX" 기준선 사이에 채워져 있는지 여부를 점검하고, 브레이크 오일이 "MIN" 이하를 나타낼 때는 "MAX"까지 보충해 준다.
② 브레이크의 연결 파이프, 호스 연결부, 탱크 주위 등에 누유된 흔적 여부를 점검하고, 누유가 발견되면 즉시 정비를 한다.

▣ 와셔액 보충하기

주행중에 비, 먼지, 눈, 황사 등에 의해 전방 시야가 확보되지 않으면, 안전 운행에 중대한 영향을 주기 때문에 운전자는 와셔액을 뿌리고 윈도우 부러쉬를 작동시켜 전방 시야를 확보한다. 만약, 저장된 와셔액이 부족하면 다음과 같이 보충한다.

① 와셔액이 분출하지 않을 경우는 차량의 본네트를 열고, 하얀색의 플라스틱 통에 채워져 있는 와셔액이 "MIN" 이하로 떨어져 있는지를 먼저 확인한다.
② 와셔액이 부족할 경우는 저장탱크의 뚜껑을 열고 와셔액을 "MAX"까지 보충한다.

11.2.2 소모성 부품의 교환

(1) 램프 교환

▣ 전조등 램프 교환하기

야간주행의 필수품인 전조등이 점등되지 않으면 램프의 수명이 다되어 점등되지 않거나, 휴즈가 나간 경우로 다음과 같은 순서에 따라 교환하면 된다.

① 전조등을 교환하기 전에 먼저 퓨즈를 점검한다.
② 휴즈에 이상이 없으면, 전조등의 먼지 침입방지 캡 후면에 표시된 화살표 방향으로 돌려서 연다.
③ 전기를 공급하는 커넥터를 분리한다.
④ 램프의 고정핀을 위로 살짝 밀어 올리고, 고정핀을 한쪽으로 제친 후에 고장난 램프를 떼어내고, 새것으로 교환한다.
⑤ 조립은 분해의 역순으로 한다.

▣ 콤비네이션 램프 교환하기

제동등, 후진등, 미등으로 구성된 자동차의 리어 콤비네이션 램프는 특히 후진등 램프의 수명이 다되어 점등되지 않거나, 콤비네이션 램프의 렌즈 부분이 파손되는 경우가 많은데, 이때는 다음과 같은 순서에 따라 부품을 교환하면 된다.

① 나비형 나사를 반시계 방향으로 돌려서 콤비네이션 램프 커버를 떼어낸다.
② 전기를 공급하는 커넥터는 커넥터 노브(connector knob)를 누르면서 당겨 분리한다.
③ 스패너로 램프 고정용 너트를 풀어준다.
④ 콤비네이션 램프를 분리하여 떼어낸다.
⑤ 조립은 분해의 역순으로 한다.

▣ 실내등 교환하기

자동차의 실내등이 안켜지는 경우는 전구의 수명이 다되었거나 휴즈가 나갔을 때 일어나는 현상으로 다음과 같은 순서에 따라 교환하면 된다.

① 실내등 커버를 드라이버로 떼어낸다.
② 수명이 다된 전구를 제거한다.
③ 동일한 전구를 설치하고, 커버를 닫는다.

(2) 퓨즈 교환

퓨즈(fuse)는 전기장치의 부품이나 전자제어 시스템에 전기를 공급하는 과정에서 발생되는 이상 과전류를 차단하고, 누전에 의한 화재를 예방하는 중요한 안전장치이다. 퓨즈는 전기장치가 과도한 부하를 받거나 전기 배선이 합선되어 과전류가 흐르게 되면, 발생된 열에 의해 퓨즈가 자동적으로 끊어지면서 관련된 전기장치에 공급되던 전원은 즉시 차단된다.

자동차의 전기·제어 시스템 관리상 퓨즈를 모아 놓은 퓨즈 박스는 일반적으로 배터리 부근과 운전석 좌측 하단부 두 곳에 설치한다. 전기계통에 이상이 발생하면, 그림 11.32와 같은 퓨즈 박스를 열고 다음과 같은 순서에 따라 해당 퓨즈를 교환하면 된다.

① 퓨즈 박스 커버 손잡이를 앞으로 당겨서 연다.
② A 타입의 퓨즈(퓨저블 링크)는 손상된 퓨즈를 빼내고, 새것으로 교환한다.
③ B 타입의 일반 퓨즈는 퓨즈 박스에 비치된 전용 집게로 손상된 퓨즈를 빼내고, 새것으로 교환한다.

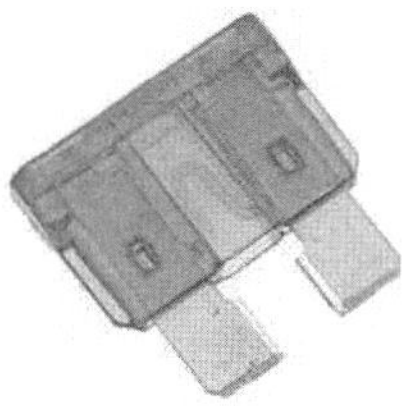

(a) 퓨즈

(b) 퓨즈 박스

그림 11.32 퓨즈 및 퓨즈 박스

11.3 가솔린 엔진의 정비

11.3.1 제원

자동차에서 가장 많이 탑재되는 대표적인 가솔린 엔진의 제원은 표 11.5와 같다.

표 11.5 1500cc급 가솔린 엔진의 제원

	항 목			제 원	한 계 치
일반 사항	형식			직렬 DOHC	
	실린더 수			4	
	실린더 내경, mm			75.5	
	실린더 행정, mm			83.5	
	배기량, cc			1,495	
	압축비			10	
	점화순서			1-3-4-2	
	공회전수			750±100rpm	
	점화시기			BTDC 9°± 5°	
	밸브 개폐 시기	흡기	열림	BTDC 5°	
			닫힘	ABDC 35°	
		배기	열림	BBDC 43°	
			닫힘	ATDC 5°	
	밸브 오버 랩			10°	
실린더 헤드	가스켓의 편평도, mm			0.03 이하	
	매니폴드 장착면의 편평도, mm			0.15 이하	0.08
	밸브 시트 홀의 오버 사이즈 정비 치수, mm	흡기	0.3 OS	29.8~29.821	0.2
			0.6 OS	30.1~30.121	
		배기	0.3 OS	27.3~27.321	
			0.6 OS	27.6~27.621	
	밸브 가이드 홀의 오버 사이즈	0.05 OS		11.05~11.068	
		0.25 OS		11.25~11.268	
		0.50 OS		11.50~11.518	
캠축	캠 높이, mm	흡기		43.4484	42.9484
		배기		43.8489	43.3489
	저널 외경, mm			27	
	베어링 오일 간극, mm			0.035~0.072	
	엔드 플레이, mm			0.1~0.2	
밸브	스템 외경, mm	흡기		5.955~5.97	
		배기		5.935~5.95	
	밸브 헤드의 면각 두께, mm	흡기		1.1	0.8
		배기		1.3	1.0
	밸브 스템과 밸브 가이드 간극, mm	흡기		0.03~0.06	0.1
		배기		0.05~0.08	0.5
밸브 가이드	길이, mm	장착 치수		흡기, 배기 : 12.8	
		오버 사이즈		흡기 : 0.8~1.2	
				배기 : 1.3~1.7	

표 11.5 1500cc급 가솔린 엔진의 제원(계속)

	항 목		제 원	한계치
밸브 시트	시트 각도		45°	
	오버 사이즈, mm		0.3, 0.6	
밸브 스프링	자유고, mm		44.0	
	부하		21.6kg/35.0mm 45.1kg/27.2mm	
	장착높이, mm		35.0	
	직각도, °		1.5 이하	
실린더 블럭	실린더 내경, mm		75.50~75.53	
	실린더 내경의 원통도, mm		0.01 이내	
	피스톤과의 간극, mm		0.025~0.045	
피스톤	외경, mm		75.465~74.495	
	오버 사이즈, mm		0.25, 0.50, 0.75, 1.00	
피스톤링	사이드 간극, mm	1번	0.04~0.085	0.1
		2번	0.04~0.085	0.1
	엔드 갭, mm	1번	0.20~0.35	1.0
		2번	0.37~0.52	1.0
		오일링 사이드 레일	0.2~0.7	1.0
	오버 사이즈, mm		0.25, 0.50, 0.75, 1.00	
커넥팅 로드	휨, mm		0.05 이하	
	비틀림, mm		0.10 이하	
	사이드 간극, mm		0.100~0.250	0.4
커넥팅 로드 베어링	오일 간극, mm		0.024~0.042	
	언더 사이즈, mm		0.25, 0.50, 0.75	
크랭크축	핀 외경, mm		45	
	저널 외경, mm		50	
	휨, mm		0.03 이내	
	저널과 핀의 원통도, mm		0.01 이내	
	엔드 플레이, mm		0.05~0.175	
	핀의 언더 사이즈, mm	0.25	44.425~44.240	
		0.50	44.475~44.740	
		0.75	44.725~44.740	
	저널의 언더 사이즈	0.25	49.227~49.245	
		0.50	49.477~49.492	
		0.75	49.727~49.742	
플라이휠	클러치 디스크 접촉면의 런아웃		0.1	0.13

표 11.5 1500cc급 가솔린 엔진의 제원(계속)

항목			제원	한계치
오일 펌프	외경과 프런트 케이스 사이의 프런트 사이드 간극	팁 간극, mm	0.025~0.18	
		외측기어, mm	0.06~0.069	
		내측기어, mm	0.04~0.085	
오일 압력(오일온도 90℃~110℃)		공회전때, 750rpm	1.5kg/cm²	
릴리프 스프링	자유고, mm		46.6	
	부하		6.1kg/40.1mm	
냉각 방식			수냉 압력식 냉각팬을 이용한 강제 순환식	
라디에이터	형식		압축된 콜 게이트 핀	
	성능, kcal/h		38,000	
라디에이터 캡	고압밸브 개방압력, kg/cm²		0.83~1.10	
	진공밸브 개방압력, kg/cm²		−0.07 이하	
자동 트랜스 액슬 오일쿨러 성능, kg/h			1,200	
워터펌프 형식			원심 임펠러식	
서모 스타트 형식			지글 밸브를 갖춘 왁스 펠릿 형식	
냉각수 용량			6.0 리터	
부동액 농도 범위(%)			40	
서모 스타트		밸브 개방 온도, ℃	82 ± 1.5	
		완전 개방 온도, ℃	95	
수온 게이지 유니트		형식	서미스터식	
		저항 (85℃에서 Ω)	42.4~54.4	
		저항 (110℃에서 Ω)	22.1~26.2	
서모 스위치		OFF→ON(℃)	82~88	
		ON→OFF(℃)	78	
수온 센서		형식	열감지 서미스터식	
		저항(20℃에서 kΩ)	2.31~2.59	
		저항(110℃에서 Ω)	146.9~147.3	
공기 청정기		형식		
		엘리먼트	건식	
배기 파이프		머플러	패널리트 형식	
		지지형식	확장 공명식	
			러버 행거	

11.3.2 고장진단

가솔린 엔진의 고장진단 항목은 표 11.6과 같다.

표 11.6 고장진단 항목

현 상	가능한 원인	정 비
압축압력의 떨어짐	실린더 헤드 가스켓의 손상	가스켓 교환
	피스톤 링의 마멸 및 손상	링 교환
	피스톤 또는 실린더의 마멸	피스톤 및 실린더 블록정비, 또는 교환
	밸브 시트의 마멸 또는 손상	밸브 및 시트 링의 정비 또는 교환
오일압력의 떨어짐	엔진오일의 부족	엔진오일 액위 점검
	오일압력 스위치의 결함	오일압력 스위치 교환
	오일필터의 막힘	오일필터 교환
	오일펌프 기어 또는 커버의 마멸	교환
	엔진오일의 점도 부족	엔진오일 교환
	오일 릴리프 밸브의 고착(개방)	교환 또는 원인 확인
	과다한 베어링 간극	베어링 교환
높은 오일압력	오일 릴리프 밸브의 고착(폐쇄)	릴리프 밸브 정비
밸브소음	희박한 엔진오일의 점도	엔진오일 교환
	HLA의 이상 작동	HLA 교환 또는 공기빼기
	밸브스템 또는 밸브 가이드의 마멸	밸브 또는 가이드 교환
커넥팅 로드 소음 또는 메인 베어링 소음	부족한 오일공급	엔진오일 액위 점검
	낮은 오일압력	오일 펌프 점검
	희박한 엔진오일의 점도	엔진오일 교환
	과다한 베어링 간극	베어링 교환
타이밍 벨트 소음	부적절한 벨트 장력	벨트 장력 조정
과다한 엔진 롤링 및 진동	엔진 롤 스톱퍼의 풀림	재조임
	트랜스 액슬 장착 브라켓의 풀림	재조임
	엔진 장착 브라켓의 풀림	재조임
	센터 멤버의 풀림	재조임
	트랜스 액슬 장착 인슐레이터의 파손	교환
	엔진 롤 스톱퍼 인슐레이터의 파손	교환

표 11.6 고장진단 항목(계속)

현 상	가능한 원인	정 비
냉각수 누출로 인해 냉각수 수준이 낮음	히터 또는 라디에이터 호스	수리 또는 부품교환
	라디에이터 캡 불량	클램프 조임 또는 교환
	서모 스탯 하우징	가스켓이나 하우징 교환
	라디에이터	교환
	워터 펌프	교환
라디에이터가 막힘	냉각수에 이물질의 유입	냉각수 교환
냉각수 온도가 비정상적으로 높음	서모 스탯의 불량	부품 교환
	라디에이터 캡의 불량	부품 교환
	냉각 계통 흐름이 불량	청소 또는 부품 교환
	구동벨트의 풀림 또는 분실	조정 또는 교환
	워터 펌프의 풀림	교환
	수온 게이지나 와이어링의 불량	수리 또는 교환
	냉각 팬의 불량	수리 또는 교환
	라디에이터나 서모 스위치의 불량	교환
	냉각수의 부족	냉각수 보충
냉각수 온도가 비정상적으로 낮음	서모 스탯의 불량	교환
	수온 게이지나 와이어링의 불량	수리 또는 교환
오일 냉각 계통에 누설이 생김	연결부의 풀림	재조임
	호스, 파이프. 오일쿨러의 균열 또는 손상	교환
전기 냉각휀이 동작치 않음	서모센서, 전기모터, 라디에이터 휀 릴레이, 와이어링의 손상	수리 또는 교환
배기 가스가 누설됨	연결부가 풀림	재조임
	파이프 또는 머플러가 파손됨	수리 또는 교환
비정상적인 소음 발생	머플러 내에 있는 배플 플레이트가 떨어짐	교환
	러버 행거의 파손	교환
	파이프 또는 머플러가 차체와 간섭됨	수리
	파이프 또는 머플러의 파손	수리 또는 교환
	촉매 변환 장치의 파손	교환
	각 연결부 가스켓의 파손	교환

11.3.3 정비조정 절차

(1) 엔진오일의 점검

① 그림 11.33과 같이 엔진오일의 액위(oil level)는 레벨 게이지에 표시되어 있는 "FULL"과 "LOW" 표시선 사이에 있도록 한다.

② 만일 엔진오일의 액위가 "LOW" 표시선 아래로 떨어질 때는 1 ℓ 정도의 엔진오일을 추가로 공급해야 한다.

③ 엔진오일의 오염상태나 점도를 점검하고 불량하면 교환한다.

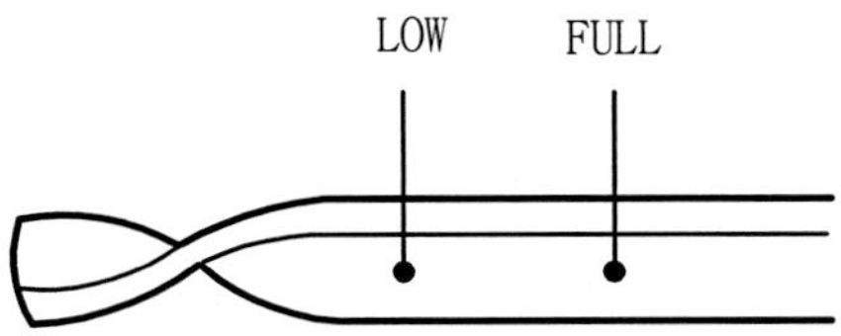

그림 11.33 엔진오일의 점검 기준

(2) 압축압력의 점검

① 압축압력을 점검하기 전에 엔진오일, 시동 모터(starting motor), 배터리 등이 정상상태에 있는지를 확인한다.

② 엔진의 시동을 걸고 냉각수 온도가 80~90℃가 될 때까지 엔진을 가동시킨다.

③ 엔진을 멈추고, 스파크 플러그 케이블과 공기 청정기의 엘리먼트를 분해한다.

④ 스파크 플러그를 떼어낸다.

⑤ 스로틀 밸브를 완전히 연다음 엔진을 크랭킹시켜 실린더로부터 이물질을 제거한다. 이때 스파크 플러그 홀(plug hole)을 반드시 헝겊으로 덮어야 한다. 이것은 균열 등을 통하여 실린더 내부에 들어올 수 있는 뜨거운 냉각수 온도, 오일, 연료, 기타 이물질이 압축압력 점검 시 스파크 플러그 홀로 분출될 위험성이 있기 때문이다. 또한, 압축압력 시험을 위해서 엔진을 크랭킹시킬 때는 반드시 스로틀 밸브를 전개 위치로 한 후에 크랭킹하여야 한다.

⑥ 스로틀 플러그 홀에 압축 게이지를 설치한다.

⑦ 스로틀 밸브를 개방시킨 상태에서 엔진을 크랭킹시켜 그림 11.34와 같이 압축 압력 게이지를 이용하여 압축압력(14~15kg/cm^2)을 측정한다.

⑧ 각 실린더에 대하여 ⑥항과 ⑦항까지의 과정을 실시하여 모든 실린더간의 압축 압력차가 한계치(1.0kg/cm^2)내에 있는가를 점검한다.

⑨ 각 실린더중 어느 하나라도 압축 압력차가 한계치를 초과하는 경우는 스파크 플러그 홀

(spark plug hole)로 약간의 엔진 오일을 주입한 다음 해당 실린더에 대하여 ⑥항부터 ⑧항까지의 과정을 재실시한다. 이 때 압축압력이 증가하게 되면 피스톤, 피스톤링 또는 실린더 벽면이 마멸되었거나 손상된 것이고, 압축 압력이 증가하지 않으면 밸브의 고착, 밸브의 불량한 접촉 또는 가스켓을 통하여 압력이 새는 것이다.

그림 11.34 압축 압력의 측정

(3) 타이밍 벨트의 장력 조정

타이밍 벨트에 대한 장력 조정은 다음의 순서에 따라 실시한다.

① 핸들(steering wheel)을 반시계 방향으로 완전히 돌린다.

② 그림 11.35와 같이 잭을 이용하여 엔진오일 휀에 나무로 만든 블록을 대고 차량을 들어 올린다. 이때 부품에 과도한 부하가 걸리는 것을 막기 위해 살짝 들어 올린다.

③ 그림 11.36과 같이 엔진 서포트 브라켓(support bracket)을 떼어낸다.

④ 그림 11.37과 같이 워터펌프 풀리를 떼어낸다.

⑤ 그림 11.38과 같이 타이밍 벨트의 상부 커버(upper cover)를 떼어낸다.

⑥ 스파크 플러그를 떼어낸다.

⑦ 크랭크축을 시계방향으로 돌려서 1번 실린더의 피스톤을 압축행정의 상사점에 오도록 한다. 이때 크랭크축을 시계 반대방향으로 돌리면 장력이 부적당하게 조정된다.

⑧ 그림 11.39와 같이 피봇측과 슬롯측 텐셔너 볼트를 느슨하게 풀어서 텐셔너 스프링 힘을 이용하여 벨트에 장력을 준다.

⑨ 크랭크축을 2개의 스프로켓 잇수만큼 시계방향으로 돌린다. 이 작업은 벨트의 장력측에 규정압력을 주기 위해 2번 실린더 배기밸브 록커암이 캠의 상단부에 오도록 하기 위한 것이다.

⑩ 타이밍 벨트 텐셔너를 화살표 방향으로 눌러서 각 스프로켓과 벨트 이빨이 완전하게 일치하는가를 확인한다. 확인한 후에 손을 떼고, 텐셔너의 슬롯측 볼트를 먼저 조이고 피봇측 볼트를 조인다.

⑪ 타이밍 벨트 장력을 점검한다. 한손으로 타이밍 벨트와 텐셔너를 잡은 다음 엄지로 벨트의 장력을 약 4.5kg의 힘으로 수평으로 밀었을 때 타이밍 벨트의 톱니끝이 볼트 헤드 직경의 1/4 정도에 있는가를 점검한다.

⑫ 스파크 플러그를 장착한다.

⑬ 타이밍 벨트의 상부 커버를 장착한다.

⑭ 워터 펌프의 풀림 및 엔진 서포트 브라켓(support bracket)을 장착한다.

그림 11.35　잭으로 차량 들어 올리기

그림 11.36　엔진 서포트 브라켓 떼어내기

그림 11.37　워터펌프 풀리 떼어내기

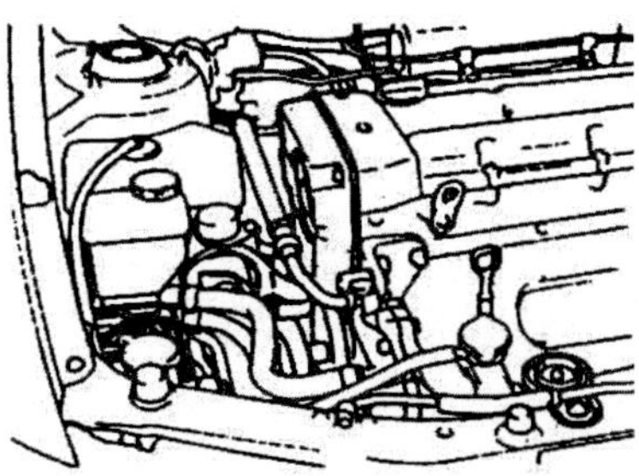

그림 11.38　타이밍 벨트의 상부 커버 떼어내기

그림 11.39　피봇측과 슬롯측 텐셔너를 느슨하게 풀어주기

11.3.4 냉각계통

(1) 냉각수 누출 점검

① 냉각수 온도가 38℃ 아래로 떨어진 후에 라디에이터 캡을 푼다.

② 냉각수 액위가 휠러넥크까지 차 있는지를 확인한다.

③ 라디에이터 캡 테스터를 라디에이터 휠러넥크에 장착하고, 1.4kg/cm^{2}의 압력을 가한다. 2분동안 그 상태를 유지하면서 라디에이터, 호스, 연결부의 누출 여부를 점검한다.

냉각수 누출 점검에서 주의해야 할 일반사항을 요약하면 다음과 같다.

- 냉각수 계통이 뜨거울 때 라디에이터 캡을 개방하면 뜨거운 물이 분출되어 작업자가 화상을 입을 위험성이 높으므로 냉각수가 완전하게 식을 때까지 절대로 개방해서는 안된다.
- 점검한 부분의 물기를 완전히 닦아 낸다.
- 테스터를 떼어낼 때 냉각수가 뿌려지지 않도록 주의한다.
- 테스터를 떼어내거나 장착할 때, 또한 시험을 수행할 때 라디에이터의 휠러 넥크가 변형되지 않도록 주의한다.

(2) 라디에이터 캡의 압력시험

① 그림 11.40과 같이 어댑터를 사용하여 테스터를 캡에 부착시킨다.

② 게이지 바늘이 멈출 때까지 압력(밸브 개방압력 : 0.6kg/cm^2)을 증가시킨다.

③ 압력수준이 한계치를 유지하고 있는가를 점검한다.

④ 측정압력이 한계치 이상에 도달하면, 라디에이터 캡을 교환한다. 이 때에 캡 시일(seal)에 녹 또는 이물질이 끼어있으면 부정확한 압력을 나타내므로 시험하기 전에 제거해야 한다.

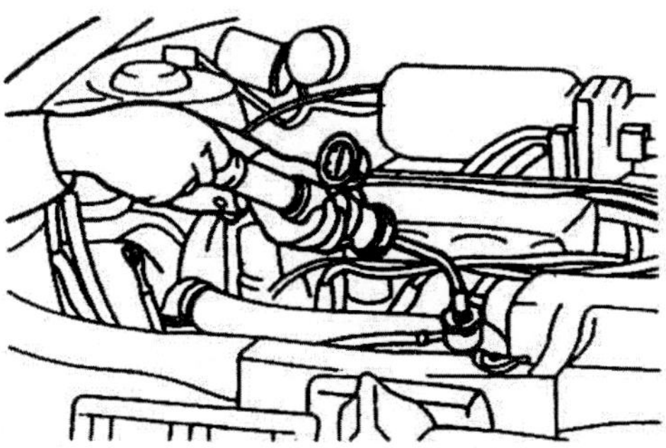

그림 11.40 라디에이터 캡의 압력 시험

(3) 비중시험

① 그림 11.41과 같이 액체 비중계로 냉각수의 비중을 측정한다.

② 냉각수 온도를 측정한 후 제작 차량의 비중표를 사용하여 비중과 온도와 관계로부터 농도를 산출해 낸다.

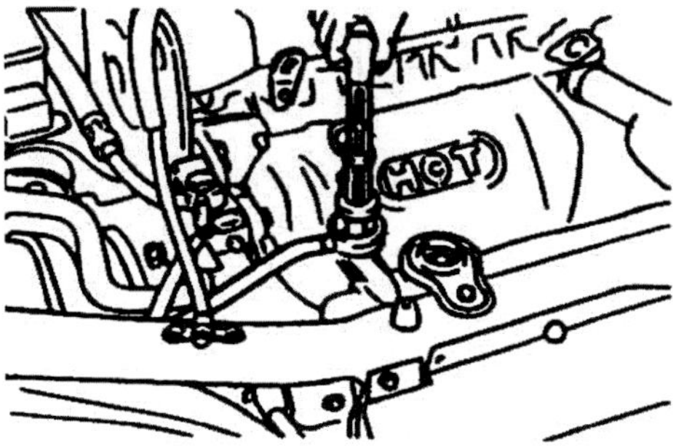

그림 11.41 냉각수의 비중시험

(4) 구동 벨트의 장력 점검 및 조정

▣ 장력점검

① 워터펌프 풀리와 얼터네이터 풀리(alternator pulley) 사이를 10kg의 힘으로 누른다.

② 구동 벨트를 누르면서 벨트의 처짐량을 점검한다.

③ 벨트의 처짐이 규정치(10.0mm)를 벗어나면 다음과 같은 절차로 조정하고, 마멸정도가 심하다고 판단되면 교환한다.

구동 벨트의 장력을 조정할 때에 주의할 사항을 요약하면 다음과 같다.

- 5분 이상 작동된 벨트를 규정대로 조정해야 한다.
- 벨트가 올바르게 장착되었는가를 점검한다.
- 느슨해진 벨트는 미끄러지는 소리가 발생한다.

▣ 장력조정

① 그림 11.42와 같이 얼터네이터 서포트 볼트 "A"의 너트와 조정 잠금볼트 "B"를 푼다.

② 얼터네이터 브레이스 조정볼트를 T 방향으로 움직이며, 벨트의 장력을 조정한다.

③ 볼트 "B"를 조이고 나서 볼트 "A"를 규정 토크로 조인다.

벨트를 조정하는 과정에서 주의할 사항을 요약하면 다음과 같다.

- 벨트의 장력이 과도하면 벨트가 조기에 마멸될 뿐만 아니라 소음이 발생하고, 워터펌프와 얼터네이터의 베어링이 손상될 수 있다.
- 벨트가 너무 느슨하면 벨트가 조기 마멸되고, 얼터네이터가 충분한 전기를 발전하지 못해 배터리나 워터펌프의 성능이 저하되므로 엔진이 과열되거나 손상될 우려가 높다.

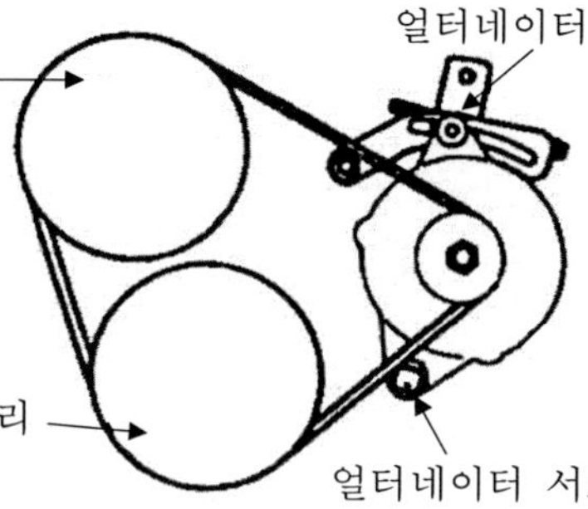

그림 11.42 벨트의 장력 조정 메카니즘

(5) 벨트의 손상점검

벨트를 점검하여 다음과 같은 결함이 발견되면 벨트를 교환한다.

① 그림 11.43과 같이 벨트표면의 손상, 벗겨짐, 균열 여부를 점검한다.
② 벨트의 마찰표면에 오일이나 그리스에 의한 오염여부를 점검한다.
③ 고무 부분의 마멸 또는 경화된 부위가 있는가를 점검한다.
④ 풀리의 마찰표면에서 발생된 균열이나 손상 여부를 점검한다.

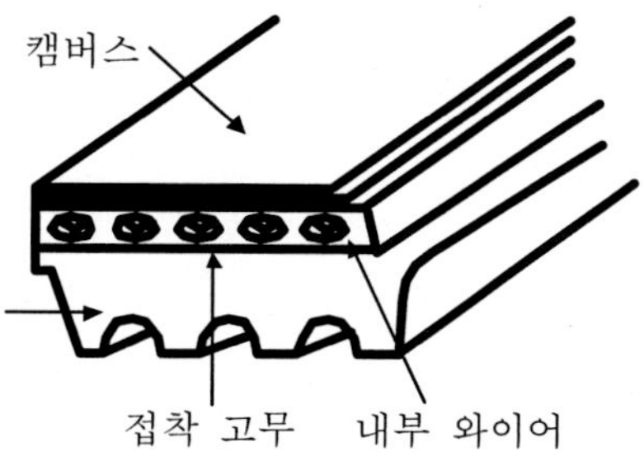

그림 11.43 벨트의 손상 점검

11.3.5 흡기계통

흡기계통의 공기 청정기와 에어 덕트(air duct)를 점검한 후 필요한 경우 교환한다.

(1) 구성부품

공기 청정기 및 에어 덕트의 구성 부품은 그림 11.44와 같다.

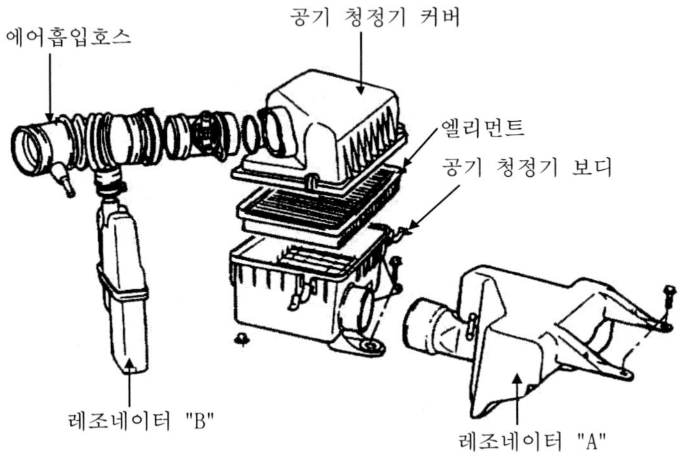

그림 11.44 공기 청정기와 에어 덕트의 구성부품

(2) 떼어내기

① 그림 11.45와 같이 공기 청정기에 연결된 공기 흡입호스와 에어 덕트를 떼어낸다.

② 공기 청정기 커버에서 흡기온도 센서 커넥터를 떼어낸다.

③ 공기 청정기 커버를 공기 청정기 보디(air cleaner body)에서 떼어낸다.

④ 공기 청정기 엘리먼트를 공기 청정기 보디에서 떼어낸다.

⑤ 공기 청정기 보디 장착 볼트를 떼어낸다.

⑥ 공기 청정기를 떼어낸다.

(3) 검사

① 공기 청정기 보디, 커버, 패킹 등의 변형, 부식과 손상을 점검한다.

② 에어 덕트의 손상 여부를 점검한다.

③ 레조네이터의 균열, 손상을 점검한다.

④ 그림 11.46과 같이 공기 청정기 엘리먼트의 막힘, 오염 또는 손상을 점검한다. 엘리먼트

가 약간 막혀 있으면 내측에서 공기를 불어 먼지나 다른 이물질을 제거한다.

⑤ 공기 청정기 하우징의 막힘, 오염, 손상 등을 점검한다.

⑥ 레조네이터의 손상을 점검한다.

(4) 장착

장착은 떼어내기의 역순으로 한다.

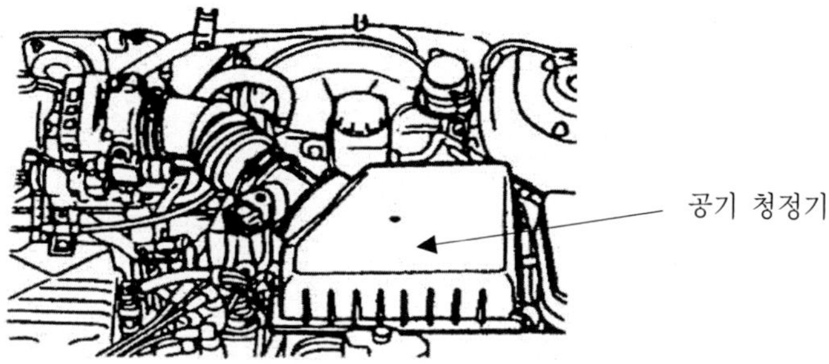

그림 11.45 공기 청정기와 에어 덕트의 장착 사례

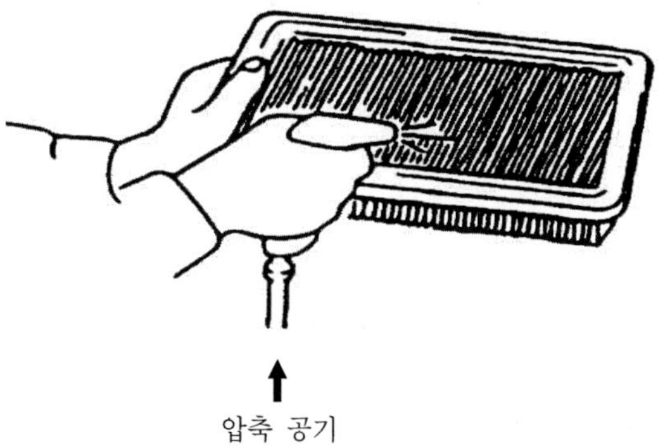

그림 11.46 공기 청정기의 엘리먼트 청소

11.3.6 충전계통

자동차에서 충전계통은 배터리, 레귤레이터가 내장된 얼터네이터, 충전 경고등, 배선 등을 포함하고 있다. 충전계통의 이상발생은 자동차를 시동할 수 없다. 특히 전자제어 시스템이 많이 도입된 첨단제어의 차량은 운전중에 자동차의 안전성을 보장할 수 없다. 얼터네이터(alternator)는 6개의 다이오드(3개의 (+) 다이오드와 3개의 (-) 다이오드)가 내장되어 있어서 AC 전류가 DC 전류로 정류되어 얼터네이터의 "B" 단자에는 DC 전류가 발생된다. 얼터네이터에서 발생되는 충전전압은 배터리의 전압 감지장치에 의해 조정된다.

얼터네이터는 로터(rotor), 스테이터(stator), 정류기, 캐퍼시티, 브러시, 베어링, V-벨트로 구성되어 있으며, 브러시 홀더에는 전자·전압 레귤레이터가 내장되어 있다.

(1) 구성부품

그림 11.47은 엔진에 전원을 공급하기 위한 얼터네이터를 포함한 충전계통의 구성부품을 보여주고 있다.

(a) 얼터네이터

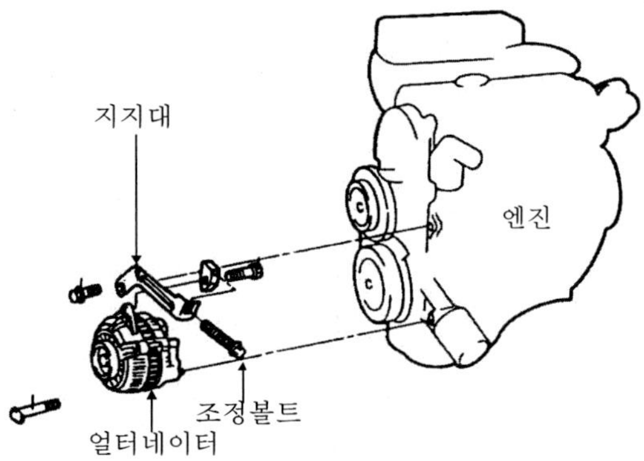

(b) 얼터네이터의 설치도

그림 11.47 얼터네이터를 포함한 충전계통의 구성부품

(2) 고장 진단법

충전계통에서 발생되는 대부분의 고장은 팬 벨트(fan belt)의 장력부족, 와이어링, 커넥터, 전압 레귤레이터의 작동불량 때문에 발생한다. 충전계통의 고장에서 중요한 진단 수단중의 하나가 배터리의 과충전 또는 충전 부족인지를 구별하는 것이다. 그러므로, 얼터네이터를 점검하기에 앞서 배터리의 상태를 점검하는 것이 우선적으로 진행되어야 한다. 얼터네이터의 고장은 다음과 같은 문제점들을 발생시킨다.

▣ 배터리의 충전불량

① IC 레귤레이터 불량(단락)

② 계자코일 불량(와이어 파손, 회로 단락)

③ 메인 다이오드 불량

④ 보조 다이오드 불량

⑤ 스테이터 코일 불량
⑥ 브러시의 접촉불량

▣ 과충전 : IC 레귤레이터의 작동 불량

상기에 열거한 사항 이외는 전압 조정의 문제점이 발생할 수 있으나, 그러한 고장은 극히 드물다. 점화 계통에서 발생될 수 있는 전체적인 고장 진단은 표 11.7에서 잘 제시하고 있다.

표 11.7 점화계통의 고장 진단법

현 상	가능한 원인	조치 사항
시동스위치를 "ON" 위치에 놓고, 엔진을 정지시켰을 때 충전 경고등이 점등되지 않는다.	퓨즈가 끊어짐	퓨즈 점검
	전구가 끊어짐	전구 교환
	와이어링 연결부가 풀림	느슨해진 연결부를 재조임
	전압 레귤레이터의 결함	얼터네이터 교환
엔진 시동을 걸었을 때도 충전 경고등이 소등되지 않는다. (배터리를 자주 충전시켜야 한다.)	구동벨트가 느슨하거나 마멸이 발생됨	구동벨트의 장력조정 또는 교환
	휴즈가 끊어짐	휴즈 교환
	휴저블 링크가 끊어짐	휴저블 링크 교환
	전압 레귤레이터 또는 얼터네이터의 결함	얼터네이터 점검
	와이어링의 결함	와이어링 수리
	배터리 케이블의 부식, 마멸	수리 또는 배터리 케이블의 교환
과충전된다.	전압 레귤레이터의 결함	얼터네이터 점검
	전압 감지 와이어링의 결함	와이어링의 교환
배터리가 방전된다.	구동벨트가 느슨하거나 마멸됨	구동벨트의 장력조정 또는 교환
	와이어링 접속부가 느슨해짐	느슨해진 연결부를 재조임
	회로의 단락	와이어링 수리
	휴저블 링크가 끊어짐	휴저블 링크 교환
	접지불량	수리
	전압 레귤레이터의 결함	얼터네이터 점검
	배터리의 수명이 다됨	배터리 교환

(3) 배터리의 시각적 측정

최근의 배터리는 대부분 MF 배터리(maintenance free battery)를 사용하기 때문에 배터리를 정비할 필요가 없으며, 배터리 셀캡(battery cell cab)을 떼어낼 필요가 없다. 따라서, MF 배터리는 증류수를 첨가할 필요가 없으며, 커버에 있는 벤트홀(vent hole)을 제외하고는 모두 밀봉되어 있다.

여기서는 시각적 측정을 통하여 배터리를 간단하게 점검할 수 있는 방법을 설명하기로 한다.

① 시동 스위치를 "OFF"에 놓는다.

② 그림 11.48과 같이 배터리의 (-)측 케이블을 분리시킨다.

③ 자동차에서 배터리를 떼어낸다. 이 때 배터리 케이스에 균열이 일어나거나 전해액이 누설되면서 손에 전해액이 묻지 않도록 장갑 등을 끼고 배터리를 떼어내도록 한다.

④ 배터리 전해액의 누설로 인한 배터리 캐리어의 손상을 점검하여, 손상이 있으면 따뜻한 물이나 베이킹 소다로 그 부위를 청소하고 브러시 등으로 녹슨 부위를 닦은 다음, 물에 암모니아나 소다를 묻힌 헝겊으로 닦아낸다.

⑤ 배터리 상부도 ④항에서 작업한 방법으로 청소한다.

⑥ 배터리 케이스와 커버의 균열을 점검하여 균열이 있으면 반드시 교환해야 한다.

⑦ 배터리 포스트를 적절한 포스트 세제로 청소한다.

⑧ 터미널 클램프의 내부면을 적정한 공구로 청소하며, 케이블이 손상 또는 휘었거나, 클램프가 파손되었으면 교환해야 한다.

⑨ 자동차에 배터리를 장착한다.

⑩ 배터리 포스트에 케이블 클램프를 연결하고, 클램프의 상단과 포스트 상단의 높이가 일치하는가를 확인한다.

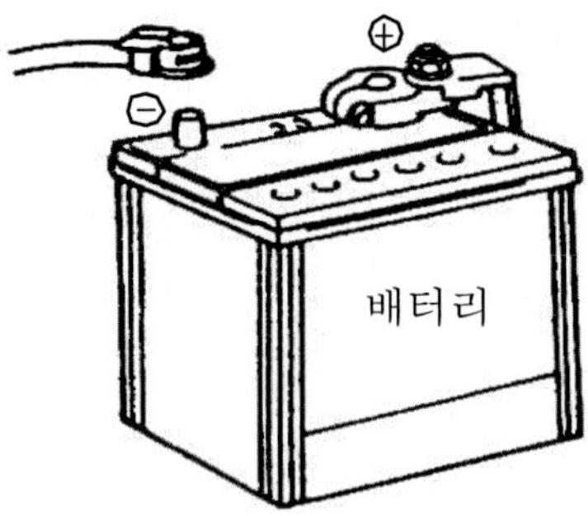

그림 11.48 배터리 케이블의 (-) 단자 분리

11.3.7 시동계통

시동장치는 배터리, 시동 모터(starting motor), 솔레노이드 스위치, 시동 스위치, 인히비터 스위치(자동 변속기 장착 차량에만 해당), 접속 와이어, 배터리, 케이블을 포함한다. 시동키(ignition key)를 "ST" 위치로 돌렸을 때, 시동 모터의 솔레노이드 코일에 전류가 흘러 솔레노이드 플런저와 클러치 쉬프트 레버가 작동하면서 클러치 피니언이 링기어에 맞물려 크랭킹된다. 엔진을 시동할 때 아마츄어 코일의 과도한 회전에 의한 손상을 방지하기 위해 클러치 피니언이 오버런한다.

(1) 구성부품

그림 11.49는 시동계통의 구성부품을 나타내고 있다.

(2) 고장 진단법

시동 계통의 고장은 "스타트 모터(시동 모터)가 작동하지 않음"이나 "스타트 모터가 작동은 하지만 엔진의 시동이 걸리지 않음" 또는 "엔진을 시동하는데 많은 시간이 걸림"과 같은 문제로 분류할 수 있다.

이와 같이 시동계통에 문제가 있을 때에는 스타트 모터를 떼어내기 전에 시동계통의 어느 한 부분에 문제가 있는지를 먼저 알아내야 한다. 일반적으로 시동이 어려울 때는 점화계통, 연료계통, 배터리, 전기배선 등에 문제가 있다. 즉, 전기 공급계통을 점검한다.

시동 계통에서 발생되는 대표적인 고장 현상을 표 11.8에서 제시하고 있으며, 고장 문제를 단계적인 점검을 하여 시동 계통에서 발생되는 문제점을 해결한다.

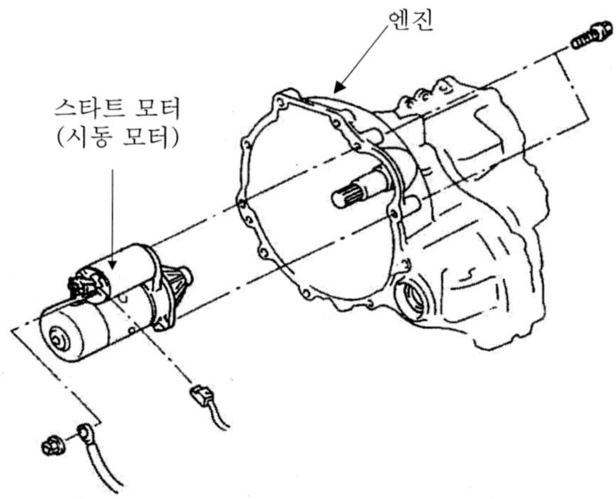

그림 11.49 시동계통의 구성부품

표 11.8 시동계통의 고장 진단법

현 상	가능한 원인	조치 사항
크랭킹되지 않는다.	배터리 충전압이 낮음	충전 또는 배터리 교환
	배터리 케이블의 느슨해짐, 부식 또는 마멸 발생	수리 또는 케이블 교환
	자동 변속기 차량의 인히비터 스위치의 결함	스위치의 조정 또는 교환
	퓨저블 링크의 단락	퓨저블 링크의 교환
	스타트 모터의 결함	수리
	시동 스위치의 결함	교환
크랭킹이 느리다.	배터리 충전전압이 낮음	충전 또는 배터리 교환
	배터리 케이블의 느슨해짐, 부식 또는 마멸 발생	수리 또는 케이블 교환
	스타트 모터의 결함	수리
스타트 모터가 계속 회전한다.	스타트 모터의 결함	수리
	시동 스위치의 결함	수리
스타트 모터는 회전하나 엔진은 크랭킹되지 않는다.	와이어링의 단락	수리
	피니언 기어의 이빨이 부러졌거나 모터의 결함	수리
	링기어 이빨이 부러졌음	플라이휠 링 기어 또는 토크 컨버터의 교환

11.3.8 MPI 장치의 검사

MPI(multi point injection) 엔진의 구성부품(센서류, ECU, 인젝터 등)에 이상이 있으면, 엔진 작동조건에 적합한 연료량을 공급할 수 없게 되어 다음과 같은 문제점이 발생한다.

① 시동 걸기가 어렵거나 시동이 전혀 걸리지 않는다.
② 공회전이 불안정하다.
③ 엔진의 작동상태가 불량하다.

상기와 같은 문제점이 발견되면, 자기진단과 기본적인 엔진점검(점화 장치, 부적당한 엔진 조정)을 한 후에 자기 진단기나 멀티 미터로 MPI 장치의 구성부품을 각각 점검한다. 이때 부품을 떼어내거나 조립하기 전에 자기진단 코드를 읽고 나서 배터리의 (-) 케이블을 분리한다.

(1) 자기진단

ECU는 엔진의 여러 부위에 입력신호와 출력신호(몇몇 신호는 항상 신호를 보내고, 몇몇 신호는 특정 상황에만 신호를 보낸다)를 보낸다. 비정상적인 신호가 처음 보내진 때부터 특정 시간 이상이 지나면 ECU는 비정상이 발생한 것으로 판단하고 고장코드를 기억한 후에 신호를 자기진단 터미널에 보낸다. 자기진단 결과는 다용도 테스터 또는 L-와이어 이용법으로 각각 검사할 수 있다. 또한, 고장코드의 기억은 배터리에 의해 직접 백업(back-up)되어 시동 스위치를 "OFF"시키더라도 고장진단 결과는 기억된다. 그러나, 배터리 터미널 또는 ECU 커넥터를 분리시키면 고장진단 결과는 지워진다.

(2) 자기진단 점검 절차

① 배터리 전압이 낮으면 고장진단이 발견되지 않을 수 있으므로 점검하기 전에 배터리의 전압 및 기타 상태를 점검해야 한다.

② 배터리 또는 ECU 커넥터를 분리시키면 고장 항목이 지워지므로 고장 진단 결과를 완전히 읽기 전에는 배터리를 분리시키지 않는다.

③ 점검 및 수리를 완료한 후에는 하이스캔을 이용하여 고장코드를 소거하는 방법이 가장 바람직하며, 배터리 (-) 터미널에서 접지 케이블을 15초 이상 분리시킨 후에 재연결하고, 고장 코드가 지워졌는지를 확인한다.

(3) 점검 절차

① 점화 스위치를 "OFF"시킨다.

② 그림 11.50과 같이 자기 진단기를 고장 진단용 DLC(data link connector)에 그림과 같이 연결한다.

③ 점화 스위치를 "ON"에 위치시킨다.

④ 하이스캔을 사용하여 자기진단 코드를 점검한다.

⑤ 자기 진단표에서 잘못된 부분을 수리한다.

⑥ 고장 코드를 지운다.

⑦ 자기 진단기를 분리시킨다.

그림 11.50 자동차 컴퓨터(ECU)와 자기 진단기의 연결

11.3.9 정비조정 절차

(1) 공회전 속도 검사

▣ 점검조건

① 냉각수 온도가 85~95℃될 때까지 웜업을 한다.
② 각종 램프, 냉각 팬, 부속장치가 "OFF" 상태인지를 확인한다.
③ 변속기의 레버가 중립상태(자동 변속기 장착 차량은 "N" 또는 "P" 위치)인지를 확인한다.
④ 핸들(steering wheel)이 똑바로 앞을 향하도록 한다.

▣ 속도검사

① 점검하기 전에 MPI 장치의 고장 유무를 먼저 확인한다.
② 점화시기를 점검하여 규정치를 벗어날 경우 점화시기에 영향을 주는 센서를 점검한다.
③ 타코미터를 엔진속도 감지 터미널에 연결하거나, 하이스캔을 자기 진단 커넥터에 연결한다.
④ 엔진을 5초이상 2,000~3,000rpm으로 작동시킨다.
⑤ 공회전 [rpm]을 측정하여 규정치 이내에 있는지를 점검한다.

(2) 퍼지포트(purge port) 진공

▣ 점검조건

① 냉각수 온도가 85~95℃가 될 때까지 웜업한다.
② 각종 램프, 냉각 팬, 부속장치가 "OFF" 상태에 있는지를 확인한다.
③ 변속기의 레버가 중립상태(자동 변속기 장착 차량은 "N" 또는 "P" 위치)인지 확인한다.
④ 핸들이 바르게 앞을 향하도록 한다.

▣ 진공검사

① 서지탱크의 퍼지 진공 니플에서 진공호스를 분리시키고 핸드 진공 펌프를 연결한다.

② 엔진의 시동을 걸고 레이싱시켜 엔진속도를 증가시킨 후에 진공이 일정한 상태를 유지하는지 확인한다. 이 때 진공이 형성되지 않을 때는 호스 또는 니플이 막혀 있는 경우가 있으므로 확인한다.

(3) 연료 필터의 교환

① 연료 필터(fuel filter)를 교환하기 전에 연료 파이프나 호스에 남아 있는 압력을 아래와 같은 방법으로 해체시켜 연료가 흘러나오지 않도록 한다.

▷ 뒷 좌석 아래에 있는 연료 펌프의 하니스 커넥터를 분리시킨다.

▷ 엔진의 시동을 걸고 정지할 때까지 기다렸다가 점화 스위치를 "OFF"시킨다.

▷ 배터리의 (-) 터미널을 분리시킨다.

② 그림 11.51과 같이 연료필터 고정용 탭을 양손가락으로 누르고 나서 호스와 분리시킨다. 이때에 휘발유가 밖으로 뿌려지는 것을 방지하기 위해 반드시 헝겊으로 덮어야 한다.

③ 연료 필터를 교환한 후에 연료의 누설을 점검한다.

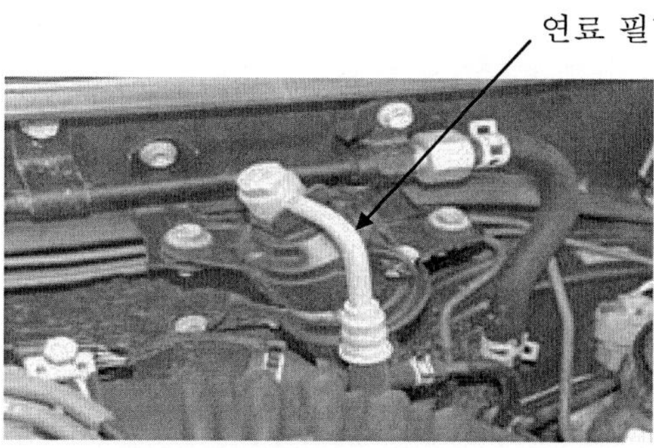

그림 11.51 연료 필터의 교환

(4) 2-웨이 밸브(two-way valve)의 교환

그림 11.52와 같이 진공 호스(vapor hose)와 고압력 호스를 빼낸다. 이때 방향을 주의해서 교환하도록 한다.

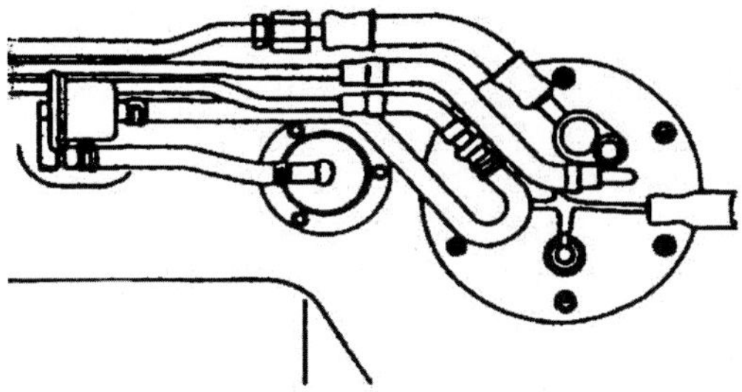

그림 11.52 2-웨이 밸브의 교환

(5) 연료센더의 교환

① 그림 11.53과 같이 연료필터 캡을 열어 연료탱크 내부의 압력을 낮춘다.

② 연료 센더(fuel sender)에서 하니스 커넥터를 분리시킨다.

③ 연료 센더의 장착 스크류를 풀어서 연료탱크에서 연료 센더 어셈블리를 떼어낸다.

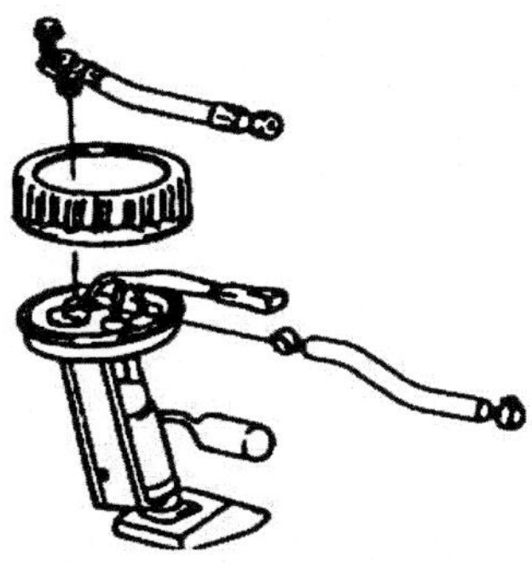

그림 11.53 연료 센더의 교환

(6) 연료펌프의 작동 점검

① 점화 스위치를 "OFF"시킨다.

② 그림 11.54와 같이 배터리 전압을 연료펌프 구동 커넥터에 직접 연결했을 때 펌프의 작동음이 들리는가를 확인한다.

③ 테스터를 사용하여 강제로 구동시킨다. 연료펌프는 탱크에 들어있기 때문에 작동소음을 듣기가 어려우므로 연료탱크 캡을 열고 휠러 포트를 통해 작동 소음을 듣는다.

④ 손으로 연료호스를 잡고 연료의 압력이 느껴지는가를 점검한다.

그림 11.54 연료펌프의 작동 시험

(7) 연료압력의 점검

① 아래와 같은 절차에 따라서 연료 파이프 라인에 남아있는 연료압력을 해제시켜 연료가 흘러나오지 않도록 한다.

▷ 연료 탱크측에서 연료펌프 하니스 커넥터를 분리시킨다.

▷ 엔진의 시동을 걸어 엔진이 정지할 때까지 기다린 후에 점화 스위치를 "OFF"시킨다.

▷ 배터리의 (-) 단자를 분리시킨다.

▷ 연료펌프의 하니스 커넥터를 연결한다.

② 엔진룸 내의 연료공급 파이프 고정 너트를 풀어서 고압 연료호스와 연료공급 파이프를 분리시킨다. 이때 연료 라인 내에 남아있는 잔압에 의해 연료분출을 막기 위해 헝겊으로 덮는다.

③ 그림 11.55와 같이 연료 압력 게이지 어댑터를 이용해서 연료 필터에 연료 압력 게이지를 장착한다. 규정 토크로 볼트를 조인다.

④ 배터리의 (-) 단자를 연결한다.

⑤ 배터리 전압을 연료펌프 구동 터미널(단자)에 연결하여 연료펌프를 작동시키고 나서 압력 게이지 또는 특수공구 연결부에서 연료가 누설되는지 여부를 점검한다.

⑥ 엔진의 공회전 상태에서 연료 압력을 측정한다.

⑦ ⑤항과 ⑥항에서 측정한 측정치와 규정치가 일치하지 않으면 표 11.9에서 가능한 원인을 찾아내어 필요한 수리를 한다.

⑧ 엔진을 정지시키고 연료 압력 게이지의 지침이 변화하는가를 점검한다. 이때 지침이 떨어지지 않아야 한다. 만일 압력 게이지의 지침이 떨어지면 강하율을 점검한 후 표 11.10에 따라 원인을 파악하여 수리한다.

⑨ 연료 라인에서 연료압력을 감소시킨다.

⑩ 고압력 호스를 분리시키고, 공급 파이프에서 연료 압력 게이지를 떼어낸다. 이때 호스 연결부를 헝겊으로 덮어서 연료 파이프 라인에 남아있는 잔여압력 때문에 연료가 뿌려지는 것을 방지한다.

⑪ 고압호스의 끝에 있는 홈(groove)에 신품 O-링을 장착한다.

⑫ 연료 고압력 호스를 공급 파이프에 연결하고, 스크루를 규정 토크로 조인다.

⑬ 아래와 같이 연료의 누설을 점검한다.

▷ 배터리 전압을 연료펌프 터미널에 연결하여 연료펌프를 작동시킨다.

▷ 연료 압력이 작용되는 상태에서 연료라인의 누설을 점검한다.

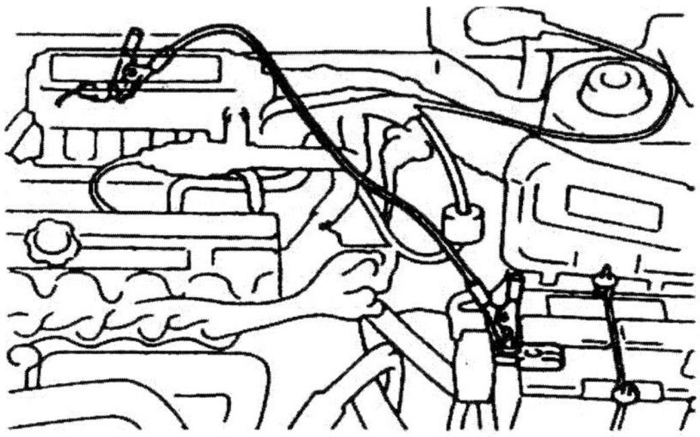

그림 11.55 연료 압력 게이지의 설치

표 11.9 연료 압력이 높거나 낮을 때의 고장 진단법

상 태	가능한 원인	조치 사항
연료 압력이 너무 낮다.	① 연료 필터의 막힘 ② 연료 압력 레귤레이터에 있는 밸브의 밀착상태가 불량하여 귀환구 쪽으로 연료가 누설됨 ③ 연료 펌프의 공급압력이 누설됨	① 연료 필터의 교환 ② 연료 펌프에 장착된 연료 압력 레귤레이터의 교환 ③ 연료 펌프의 교환
연료 압력이 너무 높다.	연료 압력 레귤레이터 내의 밸브가 고착됨	① 연료 펌프에 장착된 연료 압력 레귤레이터의 교환 ② 호스, 파이프의 수리 또는 교환

표 11.10 연료의 압력 강하율 점검 후 고장 진단법

상 태	가능한 원인	조치 사항
엔진이 정지한 후에 연료 압력이 서서히 떨어진다.	인젝터에서 연료가 누설된다.	인젝터 교환
엔진이 정지한 후에 연료 압력이 급격히 떨어진다.	연료 펌프내의 밸브가 닫히지 않는가를 점검한다.	연료 펌프 교환

11.4 디젤 엔진의 정비

11.4.1 제원

디젤 엔진의 대표적인 제원은 표 11.11과 같다.

표 11.11 디젤 엔진의 제원

구분	항목			제 원	한계치
일반사항	형식			일렬형	
	실린더 수			4	
	실린더 내경, mm			91.1	
	실린더 행정, mm			95	
	배기량, cc			2,476	
	압축비			21	
	점화순서			1−3−4−2	
	공회전수			750±100rpm	
	분사시기			ABTD 7°	
	밸브 개폐 시기	흡기	열림	BTDC 20°	
			닫힘	ABDC 48°	
		배기	열림	BBDC 54°	
			닫힘	ATDC 22°	
	밸브 오버 랩				
실린더 헤드	가스켓면의 편평도, mm			0.05	0.2
	매니폴드 장착면의 편평도, mm			0.15 이하	0.3
	밸브 시트홀의 오버 사이즈 정비치수, mm	흡기	0.3 OS	43.3~43.325	
			0.6 OS	43.6~43.625	
		배기	0.3 OS	37.3~37.325	
			0.6 OS	37.6~37.625	
	밸브 가이드홀의 오버 사이즈, mm	0.05 OS		13.05~13.068	
		0.25 OS		13.25~13.268	
		0.50 OS		13.50~13.518	
캠축	캠 높이, mm	흡기		37.05	36.55
		배기		37.05	36.55
	저널 외경, mm			29.935~29.950	
	베어링 오일 간극, mm			0.05~0.08	
	엔드 플레이, mm			0.1~0.2	
로커암	내경			18.910~18.928	
	로커암과 샤프트의 간극, mm			0.012~0.050	
로커암 샤프트	외경, mm			18.878~18.898	
	전장, mm			451.5	
밸브	전장, mm	흡기		136.5	
		배기		136.5	
	페이스 각도			45°~45°30'	
	스템 외경, mm	흡기		7.960~7.975	
		배기		7.930~7.950	

표 11.11 디젤 엔진의 제원(계속)

<table>
<tr><th></th><th colspan="2">항 목</th><th>제 원</th><th>한계치</th></tr>
<tr><td rowspan="4">밸브</td><td rowspan="2">밸브 헤드의 면각 두께, mm</td><td>흡기</td><td>2.0</td><td>1.0</td></tr>
<tr><td>배기</td><td>2.0</td><td>1.0</td></tr>
<tr><td rowspan="2">밸브 스템과 밸브 가이드 간극, mm</td><td>흡기</td><td>0.03~0.06</td><td>0.1</td></tr>
<tr><td>배기</td><td>0.05~0.09</td><td></td></tr>
<tr><td rowspan="4">밸브 스프링</td><td colspan="2">자유고, mm</td><td>49.1</td><td></td></tr>
<tr><td colspan="2">부하</td><td>27.6kg</td><td></td></tr>
<tr><td colspan="2">장착높이, mm</td><td>40.4</td><td></td></tr>
<tr><td colspan="2">직각도, °</td><td>2.0 이하</td><td></td></tr>
<tr><td rowspan="5">밸브 가이드</td><td rowspan="2">전장</td><td>흡기</td><td>71</td><td></td></tr>
<tr><td>배기</td><td>74</td><td></td></tr>
<tr><td colspan="2">내경</td><td>8.000~8.018</td><td></td></tr>
<tr><td colspan="2">외경</td><td>13.06~13.07</td><td></td></tr>
<tr><td colspan="2">압입온도</td><td>실온</td><td>0.2</td></tr>
<tr><td rowspan="3">밸브 시트</td><td colspan="2">시트각도</td><td>45°</td><td></td></tr>
<tr><td colspan="2">밸브 접촉폭, mm</td><td>0.9~1.3</td><td></td></tr>
<tr><td colspan="2">침하량</td><td></td><td></td></tr>
<tr><td rowspan="3">실린더 블럭</td><td colspan="2">실린더 내경, mm</td><td>91.10~91.13</td><td></td></tr>
<tr><td colspan="2">가스켓 표면의 편평도, mm</td><td>0.05 이내</td><td>0.1</td></tr>
<tr><td colspan="2">전체 높이, mm</td><td>318.45~318.55</td><td></td></tr>
<tr><td rowspan="2">피스톤</td><td colspan="2">외경, mm</td><td>79.0~79.2</td><td></td></tr>
<tr><td colspan="2">오버 사이즈, mm</td><td>0.25, 0.50, 0.75, 1.00</td><td></td></tr>
<tr><td rowspan="6">피스톤링</td><td rowspan="2">사이드 간극, mm</td><td>1번</td><td>0.056~.076</td><td>0.15</td></tr>
<tr><td>2번</td><td>0.046~0.066</td><td>0.15</td></tr>
<tr><td rowspan="3">엔드 갭, mm</td><td>1번</td><td>0.35~0.50</td><td>0.8</td></tr>
<tr><td>2번</td><td>0.25~0.40</td><td>0.8</td></tr>
<tr><td>오일링 사이드 레일</td><td>0.25~0.45</td><td>0.8</td></tr>
<tr><td colspan="2">오버 사이즈, mm</td><td>0.25, 0.50, 0.75, 1.00</td><td></td></tr>
<tr><td rowspan="3">컨넥팅 로드</td><td colspan="2">휨, mm</td><td>0.05 이하</td><td></td></tr>
<tr><td colspan="2">비틀림, mm</td><td>0.10 이하</td><td></td></tr>
<tr><td colspan="2">대단부 중심과 소단부 중심간의 길이</td><td>157.95~158.05</td><td></td></tr>
<tr><td rowspan="2">사일런트 축</td><td colspan="2">우측 저널 직경, mm</td><td>18.300~18.467</td><td></td></tr>
<tr><td colspan="2">좌측 저널 직경, mm</td><td>18.959~18.980</td><td></td></tr>
<tr><td rowspan="5">크랭크축</td><td colspan="2">핀 외경, mm</td><td>53</td><td></td></tr>
<tr><td colspan="2">저널 외경, mm</td><td>66</td><td>0.3</td></tr>
<tr><td colspan="2">저널의 오일간극, mm</td><td>0.02~0.05</td><td></td></tr>
<tr><td colspan="2">저널과 핀의 원통도, mm</td><td>0.05 이내</td><td></td></tr>
<tr><td colspan="2">엔드 플레이, mm</td><td>0.05~0.18</td><td>0.2</td></tr>
<tr><td>플라이휠</td><td colspan="2">클러치 디스크 접촉면 런아웃, mm</td><td>0.13</td><td></td></tr>
</table>

표 11.11 디젤 엔진의 제원(계속)

항 목			제 원	한계치
오일 펌프	외경과 프런트 케이스 사이의 팁 간극	사이드 간극, mm	0.04～0.10	0.15
		외측 기어, mm	0.12～0.22	0.4
		내측 기어, mm	0.22～0.35	0.5
냉각 방식			수냉 압력식 냉각팬을 이용한 강제 순환식	
라디에이터	형식		압축된 콜 게이트 핀	
	성능, kcal/h		38,000	
라디에이터 캡	고압밸브 개방압력, kg/cm^2		0.83～1.10	
	진공밸브 개방압력, kg/cm^2		-0.07 이하	
자동 트랜스 액슬 오일쿨러 성능, kg/h			1,200	
워터 펌프 형식			원심 임펠러식	
서모 스텟 형식			지글 밸브를 갖춘 왁스 팰릿형식	
냉각수 용량			6.0 리터	
부동액 농도 범위(%)			40	
서모 스텟		밸브 개방 온도, ℃	82 ± 1.5	
		완전 개방 온도, ℃	95	
수온 게이지 유니트		형식	서미스터식	
		저항(85℃에서), Ω	42.4～54.4	
		저항(110℃에서), Ω	22.1～26.2	
서모 스위치		OFF → ON [℃]	82～88	
		ON → OFF [℃]	78	
냉각수 온도 센서		형식	열감지 서미스터식	
		저항(20℃에서), kΩ	2.31～2.59	
		저항(110℃에서), Ω	146.9～147.3	
공기 청정기		형식		
		엘리먼트	건식	
배기 파이프		머플러	패널리트 형식	
		지지형식	확장 공명식	
			러버 행거	

11.4.2 고장진단

디젤 엔진의 고장 진단에 관련된 일반적 사항은 가솔린 엔진과 동일하므로 여기서는 가솔린 엔진과 디젤 엔진이 서로 다른 시스템을 갖는 부품이나 시스템의 고장진단에 관해서만 언급하기로 한다.

(1) 예열계통

예열계통에 관한 고장진단 항목을 표 11.12에서 제시하고 있다.

표 11.12 예열 계통의 고장 진단법

현 상	가능한 원인	정 비
냉각수 온도 50℃ 미만에서 시동이 잘 안 걸린다.	와이어링 연결부 풀림이나 와이어링 불량	와이어링 수정 또는 연결부 조임
	냉각수 온도 센서 고장	냉각수 온도 센서 점검후 필요시 교환
	예열 플러그 고장	예열 플러그 점검후 필요시 교환
	예열 콘트롤 유니트 고장	새로운 예열 콘트롤 시스템의 유니트로 연결하여 엔진을 시동 테스팅한 후에 필요시 교환
1차 폭발후 엔진이 정지하거나 냉각수 온도 50℃ 미만에서 아이들 상태가 고르지 않다.	연결부의 풀림이나 와이어링 불량	와이어링 수리 또는 연결부 조임
	예열 플러그 고장	예열 플러그의 저항을 점검한 후에 필요시 교환
	예열 플러그 릴레이 고장	릴레이 점검 필요시 교환
	예열 콘트롤 유니트 고장	새로운 예열 콘트롤 유니트로 연결하여 엔진의 시동 테스팅을 한다. 필요시 유니트 교환
황색 예열 지시등이 켜지지 않는다.	램프 단락	황색 램프 교환
	접속부가 풀리거나 와이어링 균열	와이어링 교환 및 연결부 조임
	와이어링 단락	수리 또는 와이어링 교환
	밸브 스템 또는 밸브 가이드의 마멸 발생	밸브 또는 가이드 교환

(2) 연료탱크와 연료라인

디젤 엔진의 연료탱크와 연료라인에 관련된 고장진단 항목을 표 11.13에서 제시하고 있다.

표 11.13 연료탱크와 연료라인의 고장 진단법

현 상	가능한 원인	정 비
연료 공급 부족으로 엔진 성능이 불량하다.	연료 파이프, 호스의 꺽임, 호스의 막힘	수정 또는 교환
	연료 파이프, 호스의 막힘	청소 또는 교환
	연료 필터 및 탱크 내부의 연료 필터 막힘	교환
	연료 필터에 물이 들어감	연료 필터 물빼기
	연료 필터에 공기(air)가 들어감	연료 필터 공기빼기
	연료 탱크 내부의 손상 및 녹발생	청소 또는 교환
	연료 펌프의 작동 불량	교환
연료 탱크 캡을 열 경우 소리가 난다.	베이퍼 라인의 연결불량	수정
	베이퍼 라인 연결부의 불량	조임
	베이퍼 라인의 꺽임, 굽힘, 막힘	수정 또는 교환
	연료 탱크 캡의 불량	교환
	2-웨이(two-way) 밸브의 기능 불량	교환

(3) 가속 케이블과 가속 페달

가속 케이블(accelerator cable)과 가속 페달(acceleration pedal)의 고장진단 항목을 표 11.14에서 제시하고 있다.

표 11.14 가속 케이블과 가속 페달의 고장 진단법

고장 현상	가능한 원인	조치 사항
스로틀 밸브가 전개 또는 전폐가 되지 않는다.	가속 케이블의 조정 불량	조정
	리턴 스프링의 부러짐	교환
	스로틀 레버의 불량	교환
가속 페달의 작동 불량으로 조작력이 과대하다.	가속 페달의 조임 불량	수정
	가속 케이블의 변형	수정
	가속 케이블의 윤활 불량	급유 또는 교환

(4) 연료 인젝션

연료 분사에 관련된 고장진단 항목을 표 11.15에서 제시하고 있다.

표 11.15 연료 분사에 관련된 고장 진단법

현 상	가능한 원인	정 비
엔진의 시동이 걸리지 않는다.	인젝션 펌프의 연료 컷트 솔레노이드 밸브에 전기가 흐르지 않는다.	점화 스위치 "ON" 위치에서 테스트 램프를 사용하여 전원의 유무를 점검후 필요시 퓨즈 또는 배선을 점검한다.
	인젝션 펌프의 연료 컷트 솔레노이드 밸브의 풀림 또는 불량	솔레노이드 밸브의 재조임, 점화 스위치 "ON" -"OFF"시에 작동 소리가 들리는지 점검한다. 불량 솔레노이드를 교환한다.
	예열 플러그에 전기가 흐르지 않는다.	점화 스위치의 "ON" 위치에서 테스트 램프를 사용하여 전가의 유무를 점검하고 흐르지 않는다면 릴레이와 와이어링을 점검한다.
	예열 플러그의 불량	예열 플러그의 점검 및 교환
	연료 계통에 공기가 들어감	공기빼기
	인젝션 펌프가 연료가 공급하지 못한다.	크랭킹시 탈거한 후 인젝션 파이프에서 연료가 나오지 않는 경우는 타이밍 벨트 및 연료 필터의 연료 공급 여부를 점검한다.
	인젝션 파이프의 연결 불량	수정
	인젝션 타이밍의 조정 불량	조정
	인젝션 노즐의 불량	신품의 노즐을 장착해서 시동을 건 후에 필요한 경우 노즐을 교환한다.
	인젝션 펌프의 불량	신품의 펌프를 장착해서 시동을 건 후에 필요한 경우 펌프를 교환한다.
공회전이 불량하다.	공회전 조정 불량	점검 및 필요하면 조정한다.
	액셀러레이터 콘트롤의 불량	펌프의 액셀러레이터 레버의 헐거움을 점검하고 가속 케이블을 조정한다.
	연료 필터와 인젝션 펌프 사이의 연료 호스의 풀림	호스의 교환 및 클램프의 고장상태, 공기빼기
	연료 필터, 연료 리턴 라인과 인젝션 파이프의 연결부에서 누설, 꼬임, 찌그러짐에 의한 연료의 공급 부족	점검 및 필요하면 라인, 호스, 연료 필터를 교환한다.
	공기가 들어감	공기빼기
	인젝션 노즐의 불량	점검 및 필요하면 인젝션 노즐을 교환한다.
	인젝션 타이밍의 불량	조정
	인젝션 펌프의 불량	신품의 펌프를 장착하여 시동을 건 후에 필요한 경우 인젝션 펌프를 교환한다.

표 11.15 연료 분사에 관련된 고장 진단법(계속)

현 상	가능한 원인	정 비
흑색, 청색, 백색의 매연이 발생한다.	엔진 최고 회전수의 불량	점검후 필요시 인젝션 펌프의 교환
	인젝션 노즐의 불량	점검후 필요시 인젝션 노즐의 수정 또는 교환
	인젝션 타이밍의 불량	조정
	인젝션 펌프의 불량	신품의 펌프를 장착하여 매연을 점검한 후 필요시 교환한다.
엔진 출력부족 및 가속불량(스피드미터 정상, 클러치 슬립 없슴)하다.	인젝션 펌프의 액셀러레이터 레버의 헐거움	레버를 재조임한다. 가속 페달의 작동이 원활한가 확인하고 가속 케이블을 조정한다.
	엔진 초기 회전수 불량	점검후 필요시 인젝션 펌프의 교환
	연료 필터, 연료 리턴 라인과 인젝션 파이프 연결부에 의한 누설, 꼬임, 찌그러짐에 의한 연료의 공급 부족	점검후 필요시 라인, 호스, 연료, 필터를 교환한다.
	공기가 들어감	공기빼기
	인젝션 노즐의 불량	점검한 후에 필요하면 인젝션 노즐을 교환한다.
	인젝션 타이밍의 불량	조정
	인젝션 펌프의 불량	신품의 펌프를 장착하여 시동을 건 후에 필요한 경우 교환한다.
연료 누설이 생기거나 고속 회전이 되지 않는다.	연료 누설	점검후 필요시 교환 또는 모든 파이프 및 연결부의 재조임
	리턴 파이프 또는 호스의 막힘	리턴 라인의 꼬임, 찌그러짐을 점검한다. 불량 부품을 교환한다. 만일 라인이 막혀 있는 경우는 압축공기로 뚫은 뒤 연료계통의 공기를 뺀다.
	고속 회전 불량	점검후 필요한 경우 인젝션 노즐의 교환
	인젝션 타이밍의 불량	조정
	인젝션 펌프의 불량	신품의 인젝션 펌프를 장착하여 연료 소비를 점검한다. 필요한 경우 인젝션 펌프를 교환한다.

11.4.3 주요 부품의 정비

(1) 터보차저

▣ 구성부품

엔진의 배기가스를 재활용하여 출력을 향상시키고 특히 NO_x 배기가스를 줄이기 위해 사용되는 터보차저(turbo-charger)와 구성 부품을 그림 11.56에서 보여주고 있다. 터보차저의 분해 순서는 다음과 같다. 즉,

① 호스 클립을 푼다.
② 호스를 분리한다.
③ 커플링을 떼어낸다.
④ 터빈 하우징을 떼어낸다.
⑤ 스냅링을 제거한다.
⑥ 흡기 매니폴드를 분리한다.
⑦ 압축기(compressor) 커버를 떼어낸다.
⑧ O-링을 떼어낸다.

(a) 터보차저

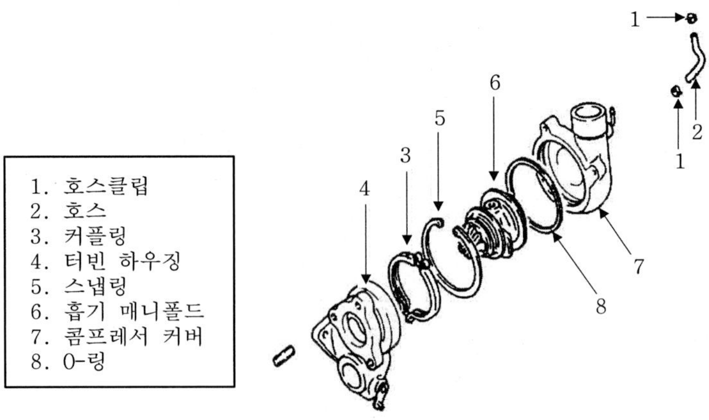

(b) 구성부품

그림 11.56 터보차저와 구성부품

▣ 떼어내기

그림 11.57(a)에서 보여준 것처럼 엔진에 조립된 터보차저(trubo-charger)를 분해하기 전에 그림 11.57(b)와 같이 터빈 하우징, 압축기 하우징, 카트리지 어셈블리 조립부위에 적당한 일치 표시를 해두어 조립을 간편하게 한다. 터보차저를 엔진으로부터 분해할 때는 특히 터빈 휠(turbine wheel)의 블레이드(blade)가 손상을 받지 않도록 주의한다.

(a) 터보차저의 조립도

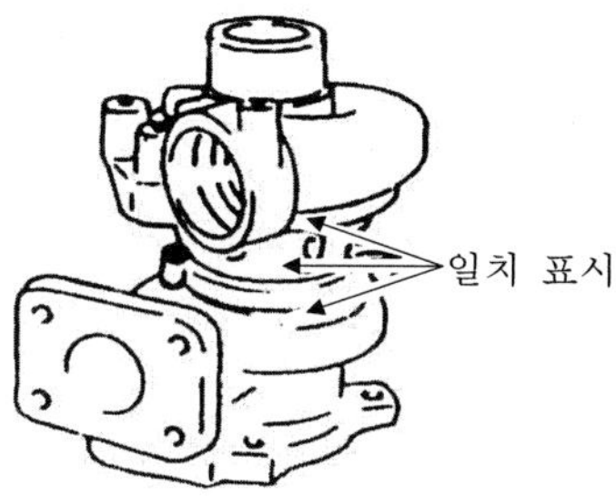

(b) 조립에 필요한 일치 표시

그림 11.57 터보차저의 분해

(2) 인터쿨러

▣ 구성부품

인터쿨러의 기본 구성부품을 그림 11.58에서 보여주고 있다. 인터쿨러의 분해순서는 다음과 같다.

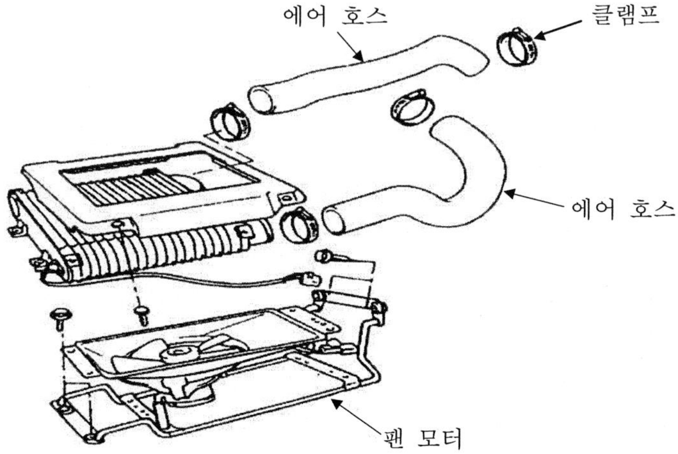

그림 11.58 인터쿨러의 구성부품

① 인터쿨러 커버를 떼어낸다.
② 팬 모터와 공기온도 스위치 커넥터를 분리한다.
③ 에어호스 두 개를 떼어낸다.
④ 인터쿨러 어셈블리를 떼어낸다.
⑤ 팬 모터 어셈블리를 떼어낸다.
⑥ 인터쿨러 어셈블리 브라켓을 분리한다.

▣ 점검

① 공기 온도 스위치

그림 11.59와 같이 용기내에 감응부위를 놓고, 물의 온도를 증가시키면서 통전성을 확인한다.

② 인터쿨러 팬 모터

자동차 속도가 60km/h 이하이고, 회전수가 3500rpm이며, 급기온도가 50℃ 이상일 경우에 작동하는지 여부를 점검한다.

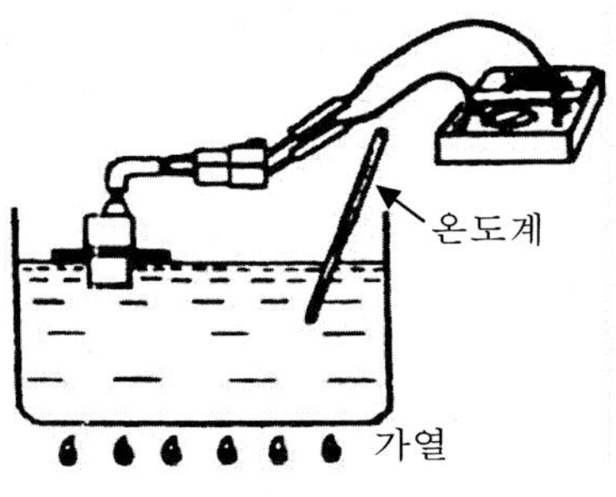

그림 11.59 공기 온도 스위치의 점검

(3) 오일쿨러

▣ 구성부품

오일쿨러의 기본 구성부품을 그림 11.60에서 보여주고 있다.

▣ 점검

① 오일쿨러 핀의 휘어짐, 파손, 막힘 등이 있는지를 점검한다.
② 오일쿨러 호스의 균열, 손상, 막힘 등이 있는지를 점검한다.
③ 가스켓이 손상되었는지를 점검한다.
④ 아이볼트의 막힘, 손상 등이 있는지를 점검한다.

■ 분해순서

① 아이볼트를 푼다.

② 가스켓을 제거한다.

③ 오일공급 호스 어셈블리를 분리한다.

④ 오일리턴 호스 어셈블리를 분리한다.

⑤ 오일쿨러를 분리한다.

⑥ 브라켓트를 떼어낸다.

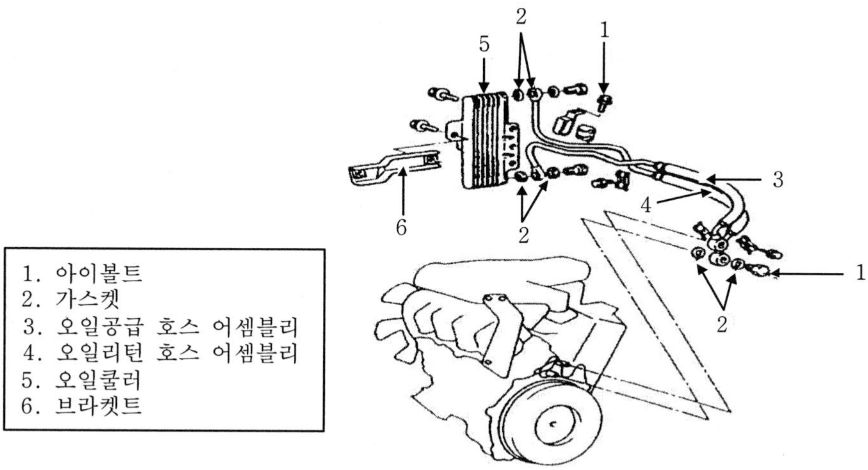

그림 11.60 오일쿨러의 구성부품

(4) 예열장치

■ 작동 점검

① 점검하기 전에 배터리 전압은 12V, 냉각수 온도는 30℃ 이하, 수온센서 커넥터는 분리한 상태로 점검한다. 수온센서 커넥터를 분리한 경우는 점검하고 나서 반드시 커넥터를 접속해야 한다.

② 그림 11.61과 같이 예열 플러그 플레이트와 플러그 접지 사이에 전압계를 연결한다.

③ 점화 스위치를 "ON"으로 한 경우 전압계의 수치를 확인한다.

④ 점화 스위치를 "ON"으로부터 약 6초간, 예열 표시등이 점등되고, 또한 약 36초간 배터리 전압을 지시한다면 예열장치 시스템은 정상이다. 이 때 냉각수의 온도는 20℃로 한다.

⑤ ③항을 확인한 후에 계속하여 점화 스위치를 스타트 위치로 한다.

⑥ 엔진 크랭킹 중, 시동후 약 6초간 배터리 전압이 발생한다면 시스템은 정상이다. 이 때 냉각수 온도는 20℃이다.

⑦ 이상과 같은 점검으로 전압치 또는 통전 시간이 정상이 아닌 경우는 예열 콘트롤 유니트에서 단자 전압의 점검 또는 단품 점검을 실시한다.

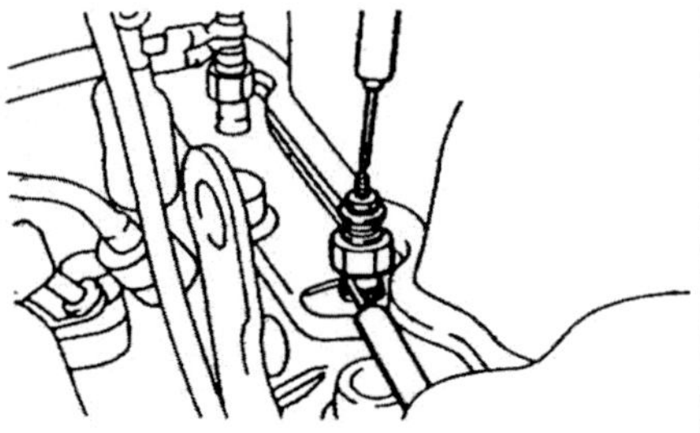

그림 11.61 예열 시스템에 전압계의 접속

▣ 예열 플러그

예열 플러그의 기본 구성부품을 그림 11.62에서 보여주고 있다.

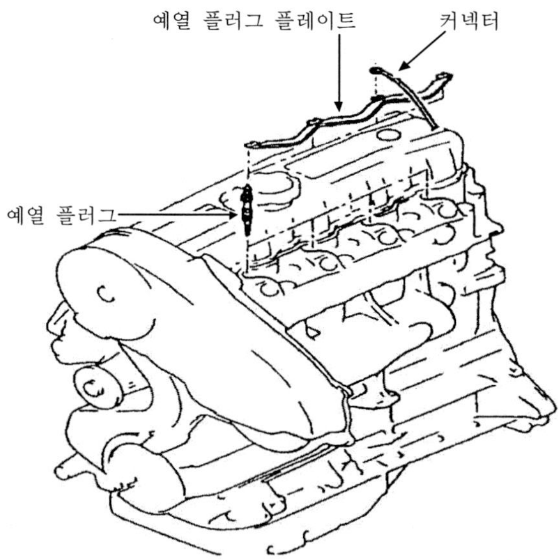

그림 11.62 예열 플러그의 구성부품

▣ 점검 및 정비

① 예열 플러그 떼어내기

예열 플러그를 빼어낼 때는 예열 플러그가 엔진에서 떨어질 우려가 있으므로 공구로 나사를 1개 산 정도를 남겨두고서 손으로 빼낸다.

② 예열 플러그 점검하기

▷ 예열 플러그 플레이트의 녹이나 손상여부를 점검한다. 점검시 떨어뜨리지 않도록 주의한다.

▷ 그림 11.63과 같이 각 예열 플러그의 전원 단자부와 보디 사이의 저항치를 규정값에 맞는지 여부를 점검한다. 이 때 예열 플러그의 저항치는 매우 작기 때문에 측정하기 전에 플러그에 붙어 있는 오일 등을 제거한다.

③ 예열 플러그 조립하기

예열 플러그의 세라믹부가 특히 갈라지기 쉽기 때문에 장착시 나사를 1개 산 이상을 돌린 후에 공구로 조인다.

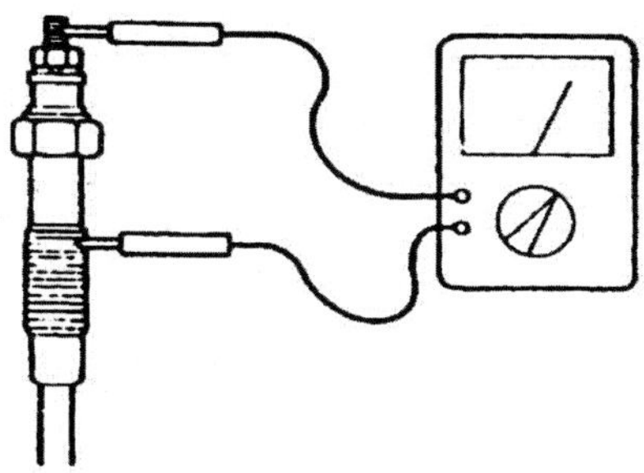

그림 11.63 예열 플러그의 저항치 측정 방법

11.4.4 실차 점검

(1) 액셀러레이터의 점검 및 조정

- 엔진이 공회전 상태로 떨어져 안정될 때까지 웜업을 한다.
- 공회전수가 규정 회전수인가를 확인한다.
- 엔진의 시동을 정지시킨다.
- 가속 케이블을 꺾어 구부러짐이 없는가를 확인한다.
- 내측 케이블의 유격이 적당한가를 점검한다.
- 처짐량이 너무 크거나 또는 없는 경우는 다음의 절차에 따라 유격을 조정한다.

① 그림 11.64와 같이 조정 너트를 풀고, 스로틀 레버를 완전히 돌려서 최소 엔진 회전수로 놓는다.

② 스로틀 레버가 움직이기 직전까지 조정 너트를 조인 후, 1회전만 되돌려 로크 너트로 고정한다. 이 작업에 의해 가속 케이블의 유격이 표준치로 조정된다.

③ 가속 페달부의 스톱퍼는 스로틀 레버가 완전히 닫힌 상태에서 페달암에 닿도록 조정한다.
④ 조정후 페달 조작에 의해 스로틀 레버가 완전히 열린 위치에서 완전히 닫힘 위치가 되는지를 확인한다.

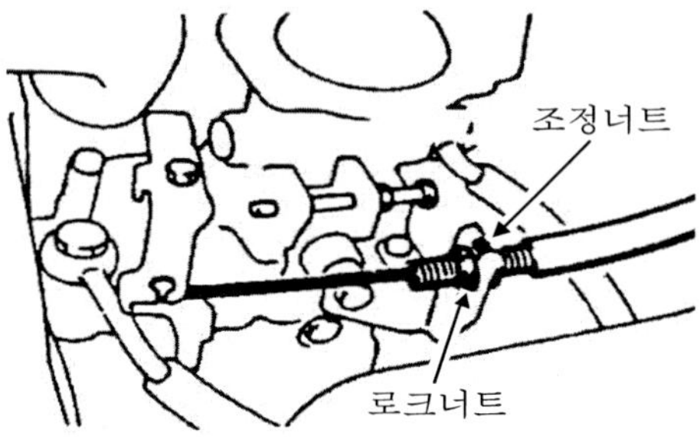

그림 11.64 가속 케이블의 조정

(2) 연료 필터의 물빼기

연료 필터 경고등이 점검된 경우는 필터안에 물이 차 있는 것이므로 다음 순서에 의해 물을 빼낸다.

① 그림 11.65와 같이 드레인 플러그를 푼다.
② 수동 펌프를 조작하여 물을 빼낸 후에 드레인 플러그를 손으로 조인다.

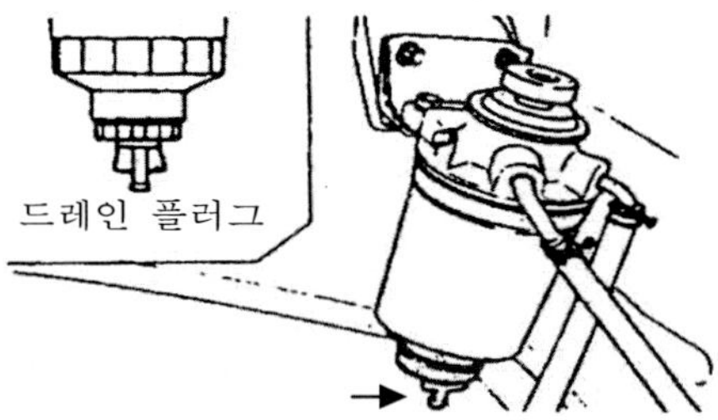

그림 11.65 연료 필터의 물빼기

(3) 인젝션 노즐의 점검 및 조정

▣ 분사 개시 압력의 점검 및 조정

① 그림 11.66과 같이 노즐 홀더를 노즐 테스터에 장착한다.
② 노즐 테스터의 핸들을 초당 1회 정도의 속도로 작동시킨다.

③ 압력계의 지침이 천천히 상승하고 분사중에는 지침이 흔들린다. 지침이 흔들리기 시작한 위치를 읽어 개시 압력이 표준값인가를 점검한다.

④ 불량인 경우는 인젝션 노즐을 분해하여 심(shim)의 두께를 바꿔 분사개시 압력을 표준치로 조정한다. 심의 두께를 0.1mm 증대시키면 분사압력이 약 10kg/cm^2 상승한다. 이때 노즐홀더를 분해할 때는 먼지 등이 들어가지 않도록 한다.

⑤ 심의 두께를 바꾸어도 분사개시 압력을 조정할 수 없는 경우는 인젝션 노즐을 어셈블리로 교환한다.

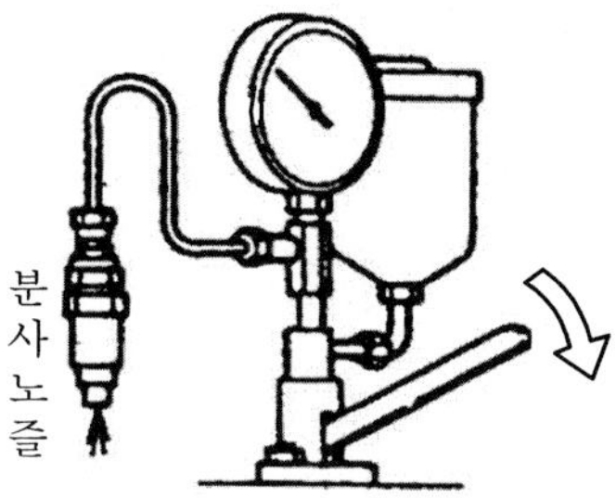

그림 11.66 노즐 분사압력의 점검

▣ 분사 상태의 점검

노즐 테스터의 핸들을 초당 2회 속도로 작동시킨다.

▣ 니들 밸브의 진동 상태

테스터의 핸들 조작중에 특유의 단속음을 내면서 핸들에 니들 밸브의 진동이 전해지면 정상이다.

▣ 분무의 상태

① 분무의 상태가 그림 11.67(a)와 같이 양호한 상태인가를 점검한다. 이때 분사가 봉 형태로 분사 입자가 굵어지고, 분사후 분사 구멍에 경유가 잔류할 수가 있다. 이것은 점검시에 일어날 수 있는 현상으로, 노즐의 기능은 정상이다.

② 노즐 테스터의 핸들을 초당 4~6회 정도의 속도로 작동시킨다.

③ 분무는 약 0°가 되고, 그림 11.67(a)와 같이 양호한 분무 상태인가를 점검한다.

④ 그림 11.67(b)~11.67(e)에서 보여준 것처럼 불량인 경우는 인젝션 노즐을 분해하여 노즐 튜브를 교환하거나, 또는 인젝터 어셈블리를 교환한다.

⑤ 분무가 정지한 후에 그림 11.68과 같은 연료 방울이 떨어지는 후적 현상이 생기지 않는가를 점검한다.

⑥ 불량인 경우는 인젝션 노즐을 분해하여 노즐 튜브를 교환하거나, 어셈블리를 교환한다.

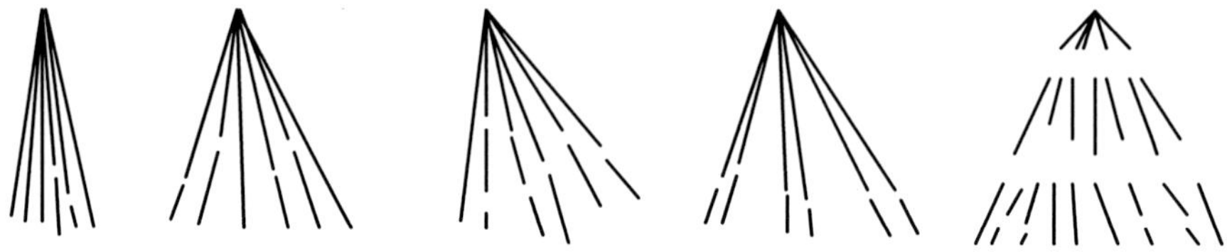

(a) 양호 (b) 과다 분사 (c) 치우친 분사 (d) 흩어진 분사 (e) 간헐 분사

그림 11.67 노즐의 연료분사 형태

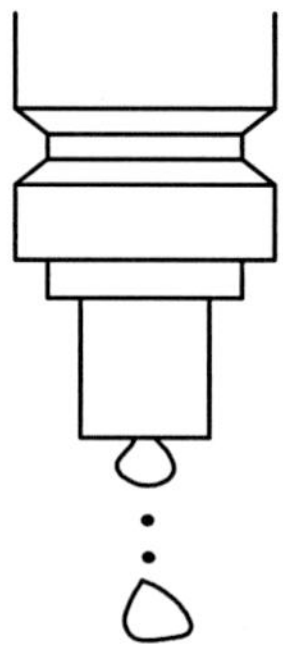

그림 11.68 분무 직후에 생성된 후적

▣ 노즐 유밀의 점검

① 노즐 테스터로 노즐내의 압력(압력계의 지시값)을 100~110kg/cm^{2}로 유지한다. 그림 11.69에서 보여준 것과 같은 상태의 연료의 누설이 노즐 튜브에서 일어나는가를 점검한다.

② 인젝션 노즐이 불량인 경우는 노즐을 분해하여 노즐 튜브를 교환하거나, 또는 노즐 어셈블리를 교환한다.

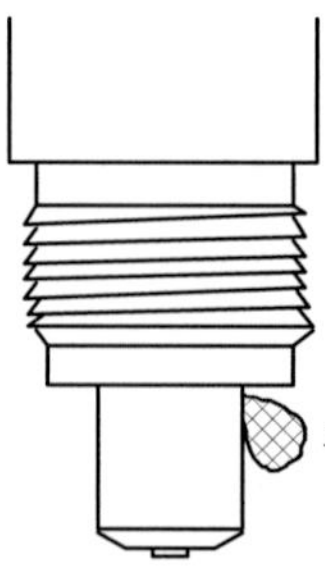

그림 11.69 분사노즐에서 누설된 연료

연습문제

11.1 엔진오일을 점검하고, 교환하는 방법에 대하여 기술하시오.

11.2 오일필터를 교환하고, 적절하게 처리하는 방법에 대하여 기술하시오.

11.3 공기 청정기를 교환하고, 적절하게 처리하는 방법에 대하여 기술하시오.

11.4 냉각수를 점검하고, 교환하는 방법에 대하여 기술하시오.

11.5 차량의 주행중에 운전자의 전방 시야를 확보하기 위해 사용하는 와셔액을 보충하는 방법에 대하여 기술하시오.

11.6 배터리를 교환하고, 적절하게 처리하는 방법에 대하여 기술하시오.

11.7 점화 플러그를 교환하고, 간극을 조정하는 방법에 대하여 기술하시오.

11.8 브레이크 오일을 점검하고, 보충하는 방법에 대하여 기술하시오.

11.9 타이어를 교환하는 방법에 대하여 기술하시오.

11.10 디젤 엔진의 인젝션 노즐을 점검하고, 조정하는 방법에 대하여 기술하시오.

찾아보기

나

다

라

마

바

사

아

자

차

카

타

파

하

저 자 소 개

김 청 균

- 홍익대학교 기계·시스템 디자인공학과 교수
- 홍익대학교 트라이볼로지 연구센터 소장
- 한국윤활학회 부회장

저자와의
협의에 의해
인지 생략

자동차
전기·전자제어공학

2판 4쇄 2020년 8월 25일

저 자 김청균 著
발행인 송광헌
발행처 복두출판사
주 소 서울특별시 영등포구 경인로 82길 3-4
센터플러스 807호 (우) 07371
전 화 02-2164-2580
FAX 02-2164-2584
등 록 1993. 11. 22. 제 10-902 호

정가 : 25,000원
ISBN : 978-89-8000-385-3 93550

한국과학기술출판협회 회원사